Joachim Biskup

Grundlagen von Informationssystemen

Das in diesem Buch enthaltene Programm-Material ist mit keiner Verpflichtung oder Garantie irgendeiner Art verbunden. Der Autor und der Verlag übernehmen infolgedessen keine Verantwortung und werden keine daraus folgende oder sonstige Haftung übernehmen, die auf irgendeine Art aus der Benutzung dieses Programm-Materials oder Teilen davon entsteht.

ISBN-13: 978-3-528-05494-6   e-ISBN-13: 978-3-322-84937-3
DOI: 10.1007/978-3-322-84937-3

Vorwort

Informationssysteme sind von großer praktischer Bedeutung. Sie werden für zahlreiche und vielfältige Anwendungen von Unternehmen unterschiedlichster Art, vom Ein-Personen-Betrieb bis zum weltweit tätigen Konzern, benutzt. Für den Entwurf und die Verwirklichung von Informationssystemen müssen viele Grundtechniken der Informatik geeignet angepaßt werden. Informationssysteme sollen die Kluft überbrücken zwischen den unternehmensbedingten Informationsbedürfnissen der Benutzer einerseits und der tatsächlichen, dauerhaften Speicherung und effizienten Bearbeitung großer Mengen von strukturierten Daten andererseits. Aufgrund dieser Bedeutung von Informationssystemen gibt es zahlreiche kommerzielle Produkte und viele Entwicklungs- und Forschungsprojekte.

Dieses Buch behandelt die Grundlagen von solchen Informationssystemen. Es ist entstanden aus Vorlesungen, die ich wiederholt an der Universität Hildesheim über dieses Gebiet gehalten habe. Die Einführungen und der Hauptteil über "Datenmodelle und ihre Verwirklichungen" entsprechen im wesentlichen einer im Wintersemester angebotenen, vierstündigen Wahlpflicht-Vorlesung für Studenten der Informatik im Hauptstudium. Die Vertiefungen über "Optimierung von Anfragen" und über "Entwurfstheorie für Schemas" entsprechen jeweils weiterführenden, zweistündigen Vorlesungen. Begleitend zur grundlegenden Wahlpflicht-Vorlesung wurden zweistündige Übungen durchgeführt, in denen die Studenten zwei kommerzielle Produkte, ORACLE und C++ / ONTOS, kennenlernen konnten. Ergänzend wurde jeweils noch ein vierstündiges Praktikum angeboten.

Von den Lesern dieses Buches, Studenten der Informatik im Hauptstudium, interessierten Lehrenden sowie Entwicklern und Anwendern von Informationssystemen, werden die üblichen Grundkenntnisse der Informatik vorausgesetzt. Insbesondere wird angenommen, daß die Leser über hinreichende Erfahrungen verfügen, jeweils den Weg von inhaltlichen Anforderungen zu formalen Konzepten nachzuvollziehen. Dies ist nämlich ein bewußt gesetzter Schwerpunkt dieses Buches.

Dabei sind die einzelnen Kapitel durchaus unterschiedlich gestaltet. In manchen Kapiteln werden im wesentlichen nur die inhaltlichen Anforderungen behandelt, während bei anderen die Formalisierungen im Vordergrund stehen. Die Formalisierungen werden manchmal im wesentlichen nur eingeführt, um dadurch ihre grundsätzliche Programmierbarkeit aufzuzeigen, und manchmal als Grundlage einer weitergehenden theoretischen Behandlung genutzt. Die Theorie wiederum wird meistens nur angedeutet und manchmal für ausgewählte Teilgebiete ansatzweise entfaltet. Ferner wird für geeignete Teilgebiete beispielhaft vorgeführt, wie eine tatsächliche Verwirklichung mit gängigen programmiersprachlichen Mitteln aussehen kann. Die jeweilige Auswahl der Gestaltung erfolgte weitgehend nach pragmatischen Gesichtspunkten.

Die Gesamtanlage dieses Buches ist von meiner in der Einleitung dargestellten Sichtweise der Informatik und den daraus abgeleiteten Folgerungen für das Studium und die Benutzung von Informationssystemen geprägt. Allerdings konnte ich nicht alles verwirklichen, was mir eigentlich wünschenswert erschien und immer noch erscheint. Sonst wäre dieses Buch vielleicht nie fertiggestellt worden. Ferner habe ich die Ausarbeitung dieses Textes dazu genutzt, manche meiner eigenen Forschungsergebnisse über Informationssysteme in den größeren Zusammenhang eines Gebietes einzuordnen.

Der Hauptteil des Buches, Kapitel 5 bis 13, kann weitgehend unabhängig vom Rest gelesen werden. Dann empfehle ich aber dringend, die Einführungen, Kapitel 1 bis 4, wenigstens zu überfliegen und zusätzlich jeweils die Einleitung und den ersten Abschnitt der Kapitel 14 und 15 zu studieren. Im allgemeinen sollten aber die Einführungen nicht übersprungen, sondern gründlich mit den jeweils eigenen Erfahrungen überdacht werden.

Dieses Buch ist über mehrere Jahre hinweg stufenweise entstanden. Ausgehend von nur für mich bestimmten Vorlesungsnotizen schrieb ich nach und nach den Hörern der Vorlesungen verfügbare, häufig mehrere Fassungen durchlaufende Ausarbeitungen der meisten Kapitel, die schließlich für dieses Buch noch einmal alle überarbeitet und durch noch fehlende Abschnitte und Kapitel ergänzt wurden. Neben vielen Studenten haben meine Mitarbeiter K. Bähker, H.H. Brüggemann, B. Convent, C. Eckert, R. Menzel, T. Polle, J. Pursche, U. Räsch und H. Stiefeling mir viele Anregungen gegeben und für Verbesserungen gesorgt, wofür ich mich herzlich bedanke.

Schließlich wäre dieses Buch nie verwirklicht worden ohne die unermüdlichen Anstrengungen von C. Wonhardt und A. Lübke, meine mehr oder weniger unleserlichen handschriftlichen Vorlagen in sorgfältig gestaltete Druckseiten zu verwandeln. Beiden Helferinnen danke ich ebenfalls ganz herzlich. Die ersten Fassungen grundlegender Kapitel wurden von C. Wonhardt, alle weiteren Überarbeitungen und viele zusätzliche Kapitel von A. Lübke erstellt. A. Lübke besorgte auch die mühselige, abschließende Aufbereitung des nunmehr vorliegenden Gesamttextes, wofür ich mich noch einmal zusätzlich bedanke.

Hildesheim, August 1995   Joachim Biskup

Inhalt

Inhaltsverzeichnis

1 Einleitung

1.1 Anwendungen, Dienste, Blickwinkel, Fragestellungen

"Unternehmen" unterschiedlichster Art, vom Ein-Personen-Betrieb bis zum weltweit tätigen Konzern, benutzen heute vielfältige Formen von "Informationssystemen". Diese Formen unterscheiden sich in den im einzelnen bereitgestellten Diensten und entsprechend den jeweiligen Anwendungen.

Die Anwendungen stammen zum Beispiel aus den folgenden und vielen anderen Bereichen:
* Unternehmensführung,
* Personal-, Kunden- und Materialverwaltung,
* Auftragsabwicklung,
* Betriebsmittel- und Finanzüberwachung,
* Statistik und Vorhersagemodelle,
* Literaturnachweis und Bibliothekswesen,
* Begriffswörterbücher,
* Landvermessung und Bodennutzung,
* Versuchsplanung, - durchführung und -auswertung,
* Bildauswertung und -archivierung,
* Entscheidungsunterstützung,
* rechnergestütztes Entwerfen und Konstruieren (CAD),
* rechnergestützte Fertigung (CIM),
* rechnergestützte Programmentwicklung (CASE).

Solche Anwendungen treten in den Unternehmen manchmal einzeln, häufiger aber in mancherlei und gegebenenfalls auch wechselnden Zusammenstellungen auf. Dabei überlappen sich im allgemeinen die Anwendungen bezüglich der zugrundeliegenden Gegebenheiten und damit auch in ihren "Informationsbedürfnissen". Zum Beispiel muß man für die Auftragsabwicklung einen Überblick über das vorhandene Personal und deren Qualifikation besitzen, die Eigenheiten der Kunden kennen, das zu benutzende Material einkaufen, lagern und verbrauchen, für die eigene Finanzausstattung sorgen, Gehälter und Rechnungen bezahlen und eigene Rechnungen ausstellen und eintreiben. Darüber hinaus ist zu überwachen, ob die Betriebsmittel kostengünstig eingesetzt werden, es sind betriebliche Statistiken zu erstellen und aufzubereiten für die Unternehmensführung, die Auswertungen des bisherigen Wirtschaftens und Vorhersagemodelle einsetzt, um bei anstehenden Entscheidungen unterstützt zu werden.

Die von Informationssystemen bereitgestellten Dienste müssen einerseits den unterschiedlichen Bedürfnissen der Anwendungen angepaßt sein. Andererseits hat sich gezeigt, daß bei aller Unterschiedlichkeit der Anwendungen viele Dienstanforderungen an ein Informationssystem derart gleichartig sind, daß es sich lohnt, einige wenige Grundformen von Informationssystemen zu entwickeln und zu vermarkten. Neben den sogenannten "Information Retrieval-Systemen", die hauptsächlich für die inhaltliche Nutzung weitgehend unstrukturierter Texte eingesetzt werden, haben sich insbesondere zwei Grundformen durchgesetzt, die häufig als

- *Datenbanksystem* (database system) und als

- *Wissensbanksystem* (knowledgebase system)

bezeichnet werden. Beide Formen werden hauptsächlich eingesetzt für Anwendungen, in denen die benötigte "Information" jeweils bereits mehr oder weniger strukturiert als "Daten" vorliegt oder einigermaßen leicht derart aufzubereiten ist. Die Unterscheidung zwischen *Daten*banksystemen und *Wissens*banksystemen ist dabei fließend und folgt im allgemeinen dem Grad der Strukturierung der vorliegenden "Daten". In einfachen Fällen kann man sich vorstellen, daß die Daten als bloße textuelle oder numerische Einträge in Feldern von Tabellen oder Formblättern vorliegen; in anspruchsvollen Fällen sollen die Daten auch "Wissen" über Zusammenhänge, insbesondere als Regeln in der übersichtlichen Wenn-Dann-Struktur, darstellen. Die in diesem Buch beschriebenen *Grundlagen* für Informationssysteme beziehen sich hauptsächlich auf diese zwei Grundformen und dabei vorrangig auf Datenbanken, sind aber auch darüber hinaus bedeutsam.

Sieht man von den jeweiligen Besonderheiten ab, so kann man die bereitgestellten Dienste eines Informationssystems wie folgt allgemein beschreiben (siehe zum Beispiel auch [Ba 88, ACM 88]):

Ein Informationssystem dient dazu,

- *große Mengen von im allgemeinen strukturierten Daten (structured data)*

- *dauerhaft (persistent) und*

- *verläßlich (dependable),*

- *für im allgemeinen viele und verschiedenartige Benutzer verfügbar (shared)*

- *effizient zu verwalten (management), d.h. Anfragen (queries) und Änderungen (updates) zu bearbeiten.*

Im allgemeinen handelt es sich um so *große Mengen* von Daten, daß diese nicht alle gleichzeitig im Hauptspeicher eines Rechensystems gespeichert werden können, sondern auf Speichergeräten wie Magnetplatten ausgelagert werden müssen. Die größten Systeme verwalten inzwischen Datenmengen im Bereich von vielen Gigabytes; gelegentlich wird bereits über Systeme im Bereich von einigen Terrabytes nachgedacht. Aber auch schon bei kleineren Datenmengen, selbst wenn sie von der Größe her in moderne, viele Megabytes große Hauptspeicher passen sollten, ergeben sich andere Fragestellungen als etwa bei der Verwaltung der Werte lokaler und dynamischer Variablen in prozeduralen Programmiersprachen.

Die Daten sollen *dauerhaft* verfügbar sein. Diese Anforderung allein verlangt, daß Daten außer im Hauptspeicher stets *auch* auf Speichergeräten gehalten werden, die weniger anfällig gegen unbeabsichtigte Löschung ihrer Inhalte sind. Um Dauerhaftigkeit gegen alle Mißgeschicke über viele Jahre durchzusetzen, müssen Daten auf jeden Fall durch die

Erstellung von (Sicherungs-) Kopien geschützt werden. Einerseits wegen des Umfanges und andererseits wegen der geforderten Dauerhaftigkeit sind Daten also im allgemeinen mehrfach, gegebenenfalls zusätzlich auch noch in (leicht veränderten) *Versionen*, vorhanden.

Die Daten sollen *verläßlich* verfügbar sein. Hierdurch wird eine Reihe von Anforderungen zusammengefaßt, die man kurz dadurch umschreiben kann, daß genau die vorgesehenen Benutzer zu den von ihnen bestimmten Zeitpunkten mit genau den für ihre Verpflichtungen benötigten und jeweils zutreffenden Daten die gewünschten Bearbeitungen ausführen lassen können. Diese Anforderungen sind auf vielfache Weise miteinander verbunden und werden häufig auch unter folgenden (und weiteren) Stichworten behandelt:

- *Sicherheit* als *Verfügbarkeit* (von Daten und Bearbeitungsverfahren), *Integrität* (Schutz vor unbeabsichtigter oder bösartiger Veränderung oder Zerstörung von Daten oder zumindest Erkennbarkeit von solchen Veränderungen oder Zerstörungen) und *Vertraulichkeit*;

- *Zugriffskontrolle* mit *Authentisierung, Verschlüsselung* und *digitale Signaturen* als gebräuchliche Mechanismen für Sicherheit;

- *Zuverlässigkeit* und *Fehlertoleranz* durch Redundanz, insbesondere durch Kopien;

- bezüglich der Anwendungen inhaltliches Zutreffen der (durch die) Daten (dargestellten Gegebenheiten) durch Erhaltung *semantischer Bedingungen*;

- wechselseitige *Isolierung* der Benutzer bei Mehrbenutzerbetrieb.

Die meisten dieser Anforderungen sind in vielen Bereichen der Informatik irgendwie bedeutsam und erfahren für Informationssysteme eigentlich nur besondere Verfeinerungen. Einige dieser Anforderungen sind jedoch vorrangig für Informationssysteme untersucht worden, wobei eigenständige Techniken entwickelt wurden. Dies sind insbesondere Techniken für die Dauerhaftigkeit, für die Erhaltung der semantischen Bedingungen und für sogenannte Transaktionen zum fehlertoleranten, isolierenden Mehrbenutzerbetrieb.

Die Daten sollen im allgemeinen für *viele und verschiedenartige Benutzer* verfügbar sein. Über die hierzu schon unter dem Stichwort der Verläßlichkeit genannten Punkte hinaus ist besonders bedeutsam, daß die Gegebenheiten der Anwendung benutzerübergreifend modelliert und mit Hilfe geeigneter Datenmodelle, d.h. Datentypen für Informationssysteme, und entsprechender *Datendefinitionssprachen* formalisiert und vereinbart werden müssen. Solche vom Informationssystem-Administrator als sogenanntes *Schema* getroffenen Vereinbarungen stellen das entscheidende Bindeglied zwischen den späteren (End-) Benutzern dar, die auf dieses Schema auch unmittelbar zugreifen können. Um andererseits auch wieder auf besondere Bedürfnisse einzelner Benutzer einzugehen, kann man auf das gemeinsame Schema und die unter diesem Schema gespeicherten Daten sogenannte *Sichten* einrichten.

Die *Verwaltung* der Daten beinhaltet neben der bloßen dauerhaften *Speicherung* die Beantwortung von Anfragen und die Durchführung von Änderungen. Die Beantwortung von *Anfragen* erfolgt in einfachster Form durch direktes *Wiederauffinden* gespeicherter Daten und in anspruchsvollster Form durch eine vollständige Operationalisierung der *logischen Implikation*, die auf die als Aussagen in einer Logiksprache gedeuteten Daten angewendet wird. Dabei werden jeweils *alle* einer Anfrage genügenden Antworten geliefert. Und der Benutzer braucht nicht im einzelnen anzugeben, wo und wie die benötigten Datenteile aufgefunden bzw. bestimmt und mit welchen Operationen sie dann aufbereitet werden. Anfragen werden also *deklarativ* (durch Angabe des *Was*, aber nicht des *Wie*) gestellt und *mengenorientiert* (*alle* Antworten) bearbeitet. Alle Formen der Anfragebeantwortung, wie auch alle anderen Verfahren in einem Informationssystem, müssen selbst dann *effizient*, d.h. insbesondere zeitlich schnell ausführbar sein, wenn die Datenmengen tatsächlich groß sind. Die teilweise schon durch die Anwendungen gegebene *Strukturierung* der Daten erweist sich dabei als wichtiges Hilfsmittel für die Effizienz: indem die (verhältnismäßig) große Anzahl von Einzeldaten in einer (verhältnismäßig) kleinen Anzahl von (ziemlich) festen *Formaten* dargestellt wird, kann man klassische *Zugriffsstrukturen* wie Sortierungen, Suchbäume und Hash-Verfahren geeignet einsetzen. Darüber hinaus müssen besondere Verfahren zur *Optimierung* von Anfragen verwendet werden. Die Durchführung von *Änderungen* muß insbesondere berücksichtigen, daß die semantischen Bedingungen erhalten bleiben, die das inhaltliche Zutreffen der Daten absichern sollen.

Ein Unternehmen kann sich eines Informationssystems unter verschiedenartigen Blickwinkeln bedienen, die allerdings kaum streng trennbar sind und deshalb auch im allgemeinen gemischt auftreten: das Informationssystem kann

* das *Modell einer Miniwelt* bilden oder
* eine *eigenständige Miniwelt* verwalten oder
* *Mitteilungen vermitteln*.

Wenn das Informationssystem das *Modell einer "Miniwelt"*, d.h. eines für das Unternehmen bedeutsamen Ausschnittes der Welt, bildet, dann sollen die Daten und das Schema Gegebenheiten dieser Miniwelt *abbilden*. Durch Änderungen im Informationssystem werden Vorgänge in der Miniwelt nachvollzogen. Anfragen werden bezüglich des Modells beantwortet, und sinngemäß gedeutet entsprechen den Antworten (hoffentlich) jeweils Gegebenheiten in der Miniwelt. Zum Beispiel bildet ein Informationssystem für das Einwohnermeldewesen einer Gemeinde ein Modell derjenigen Miniwelt, die aus den Einwohnern, ihren für das Meldewesen notwendigen Eigenschaften und ihren Beziehungen zu Gebäuden und Straßen besteht.

Wenn das Informationssystem eine *eigenständige Miniwelt* verwaltet, dann besteht diese Miniwelt im wesentlichen aus (Original-) Dokumenten. Diese Dokumente sind "original" in dem Sinne, daß sie ausschließlich im Informationssystem vorliegen (und kein Abbild von irgend etwas anderem sind). Änderungen im Informationssystem ändern diese Miniwelt unmittelbar. Anfragen werden bezüglich dieser Miniwelt beantwortet und bedürfen keiner weiteren Deutung. Zum Beispiel verwaltet ein Informationssystem für die rechnergestützte Programmentwicklung eine Miniwelt aus Spezifikationen, Programmteilen und Handbüchern, die jeweils in verschiedenen Versionen vorliegen können. Und ein Informationssystem für Literaturnachweise verwaltet Kurzfassungen und Schlüsselworte für wissenschaftliche Arbeiten.

Wenn ein Informationssystem *Mitteilungen vermittelt*, dann wird es wie ein "großes schwarzes Brett" benutzt. Änderungen im Informationssystem bedeuten dann, daß neue Mitteilungen hinterlegt und "am Brett angeschlagen" und daß alte Mitteilungen abgeändert oder entfernt werden. Anfragen werden bezüglich der hinterlegten, "angeschlagenen" Mitteilungen beantwortet. Zum Beispiel vermittelt ein Informationssystem für den Verkauf von Gebrauchtwagen die mit den jeweiligen Kenngrößen versehenen Verkaufsangebote der Besitzer an Kaufwillige, die gezielte Anfragen mit ihren Ausstattungswünschen stellen können.

Untersucht man die angeführten Beispiele für die drei Blickwinkel genauer, so erscheint die Trennung der Blickwinkel strittig und nur vom Standpunkt eines Betrachters abhängig zu sein. Vom Informationssystem für das Meldewesen kann man auch sagen, daß es die "Miniwelt der Meldedokumente" verwaltet oder daß es Mitteilungen über An- und Abmeldungen an alle öffentlichen Stellen vermittelt, für deren Aufgabenstellung dies erforderlich ist. Vom Informationssystem für die Programmentwicklung kann man auch sagen, daß die verwalteten Dokumente textuelle Abbilder abstrakter Gedanken seien oder daß es Mitteilungen über solche abstrakten Gedanken zwischen den an der Programmentwicklung beteiligten Menschen vermittelt. Entsprechend kann man vom Informationssystem für Literaturhinweise auch sagen, daß die verwalteten Dokumente Abbilder der abstrakten wissenschaftlichen Arbeiten oder besonders ausgezeichneter Belegexemplare sind oder daß es Mitteilungen über den Inhalt der Arbeiten von Autoren oder Gutachtern an Leser vermittelt. Schließlich kann man vom Informationssystem für Gebrauchtwagen auch sagen, daß es ein Modell der Miniwelt bildet, die aus den zum Verkauf anstehenden Autos, ihren Besitzern und Kaufwilligen besteht, oder daß es die Miniwelt der Angebots- und Wunschdokumente verwaltet.

In einem gewissen Sinne erweist sich der Blickwinkel, daß ein Informationssystem Mitteilungen zwischen "in einem Unternehmen" handelnden Menschen vermittelt, als der weitreichendste: diese Menschen handeln in einer Miniwelt, deren Gegebenheiten und Vorgänge durch Dokumente abgebildet werden, über die sich die Menschen mit Hilfe des Informationssystems Mitteilungen machen.

Die vorgesehenen Anwendungen, geforderten Dienste und möglichen Blickwinkel für den Einsatz eines Informationssystems führen zu einer Vielzahl von einzelnen Fragestellungen. Manche sind recht allgemeiner Art und lassen sich lösen, indem erprobte Verfahren der Informatik unmittelbar oder angepaßt und verfeinert angewendet werden. Andere, insbesondere die folgenden Fragestellungen verlangen jedoch zumindest teilweise eigenständige Lösungsansätze:

- Wie kann man *Daten strukturieren*, so daß sie einerseits für auch ungeübte (End-) Benutzer "verstehbar" sind und insbesondere unter dem oben erstgenannten Blickwinkel ein treues Abbild der Miniwelt bilden und daß sie andererseits auch in großen Mengen bei heute erhältlicher Technologie in angemessener Zeit und mit vertretbarem Speicheraufwand verwaltet werden können?

- Wie kann man viele und verschiedenartige Benutzer einerseits ein *gemeinsames System* möglichst unabhängig voneinander einsetzen lassen und andererseits diese Benutzer vor unbeabsichtigten oder böswilligen Zerstörungen, fälschlichen Abänderungen, nichterlaubten Zugriffen oder ähnlichem nichterwünschten Gebrauch ihrer jeweils bedeutsamen Daten schützen?

- Wie kann man einheitliche Darstellung und Verwaltung von Daten möglichst *unabhängig* von den jeweils besonderen Wünschen und Ausstattungen der einzelnen Benutzer durchführen, d.h. wie kann man einerseits solche besonderen Wünsche und Ausstattungen unterstützen und andererseits eine gemeinsame Ebene für alle Benutzer unterhalten?

1.2   Sichtweisen der Informatik

Die in diesem Buch vorgestellten Fragestellungen für Informationssysteme und ihre Lösungsansätze sollen jeweils auch in zwei Sichtweisen der Informatik eingeordnet werden.

In meiner eigenen Sichtweise [Bi 89, Bi 94] ist *Informatik die Wissenschaft (und die Kunst), formale (Programmier-) Sprachen zur Beschreibung von abstrakten Dingen und abstrakten Handlungsabläufen*

- *zu erfinden* (zunächst anschaulich, dann genau)

- *zu verwirklichen* (so daß schließlich beherrschbare Systeme tatsächlich verfügbar werden) *und*

- *zu benutzen.*

Eine formale Sprache zu *erfinden* beinhaltet insbesondere, ihr Form zu verleihen und Bedeutung zu geben. Bedeutung kann letztlich nur durch Rückgriff auf schon vorhandene Verständigungsmittel festgelegt werden. Für die formalen Sprachen der Informatik spielen dabei Mathematik und Logik eine besondere Rolle. Die erfundenen formalen Sprachen kann man zunächst als reine Gebilde des Geistes ansehen, die nicht unmittelbar den leidigen Beschränkungen von Raum und Zeit unterworfen sind.

Eine formale Sprache zu *verwirklichen* heißt, sie über gedankliche Zwischenebenen schließlich auf die Ebene von wirklichen Maschinen zurückzuführen. In diesen Maschinen müssen mit den Mitteln der Technik die abstrakten Dinge des Geistes beobachtbar oder meßbar dargestellt werden und die abstrakten Handlungsabläufe des Geistes beobachtbar oder meßbar nachgebildet werden. Für diese Aufgabe muß man selbstverständlich Raum, Zeit und derzeit verfügbare Technologie berücksichtigen.

Eine formale Sprache zu *benutzen* verlangt, eine Aufgabenstellung mit den Ausdrucksmitteln der formalen Sprache zu beschreiben. Große Aufgaben werden dabei in der Regel auch Forderungen der Wirtschaftlichkeit und Ansprüche der betroffenen Menschen umfassen.

Die Informatik trägt einerseits Züge einer auf Mathematik und Logik abgestützten Geisteswissenschaft und andererseits Züge der Ingenieurwissenschaften, die der Kunst des Erreichbaren verpflichtet sind und zielgerichtet Dinge entwerfen, bauen und unterhalten. "Reine Erkenntnis" in der Informatik versucht damit, einerseits Vorgefundenes zu beschreiben, aber andererseits auch Möglichkeiten für Neues zu erschließen.

Wenn Informatiker eine Aufgabenstellung bearbeiten, dann sind die Tätigkeiten des Erfindens, Verwirklichens und Benutzens von formalen Sprachen in der Regel stark miteinander verwoben. Bild 1.1 veranschaulicht vereinfacht die Ausgangslage: Einerseits haben die Betroffenen und die Informatiker zunächst eine nur mehr oder weniger unklare, schwammige, kaum klar umrissene Vorstellung der Aufgabenstellung. Andererseits verfügen sie über eine wirkliche Maschine, die hardware. Durch "Programmieren" soll nun die Aufgabenstellung auf den Formalismus der Maschine abgebildet werden.

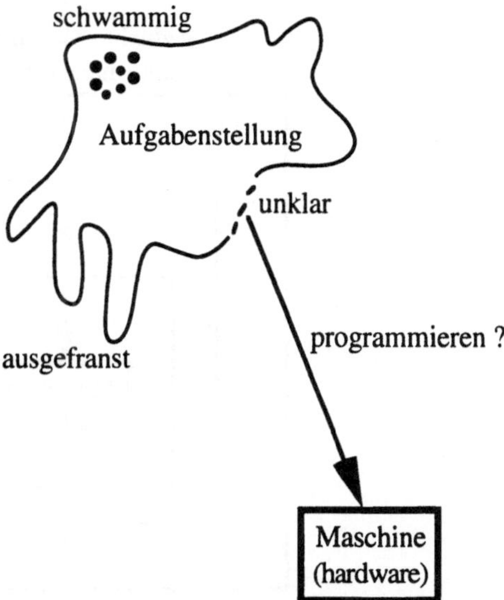

Bild 1.1 Veranschaulichung der Ausgangslage bei der Bearbeitung einer Aufgabenstellung

Das Programmieren kann im allgemeinen nicht in einem "großen Wurf" gelingen, sondern muß schrittweise durchgeführt werden. Die Hauptschritte sind dabei *Modellierung* und schichtenmäßige *Formalisierung*. Im einzelnen bedeutet Programmieren dann wie in Bild 1.2 veranschaulicht eine Aufgabenstellung

- inhaltlich zu erfassen,
- sie zu ergänzen, zu vereinfachen, zu präzisieren
- und somit ein Modell von ihr zu entwerfen,
- sie dann, die Ausdrucksmittel einer geeigneten Schichtung formaler Sprachen *nutzend*, genau zu beschreiben, wobei gegebenenfalls diese Sprachen erst *erfunden* und *verwirklicht* werden müssen,
- sie damit schließlich der Bearbeitung durch eine Maschine zugänglich zu machen,
- ihre maschinelle Bearbeitung zu überwachen und zu verbessern.

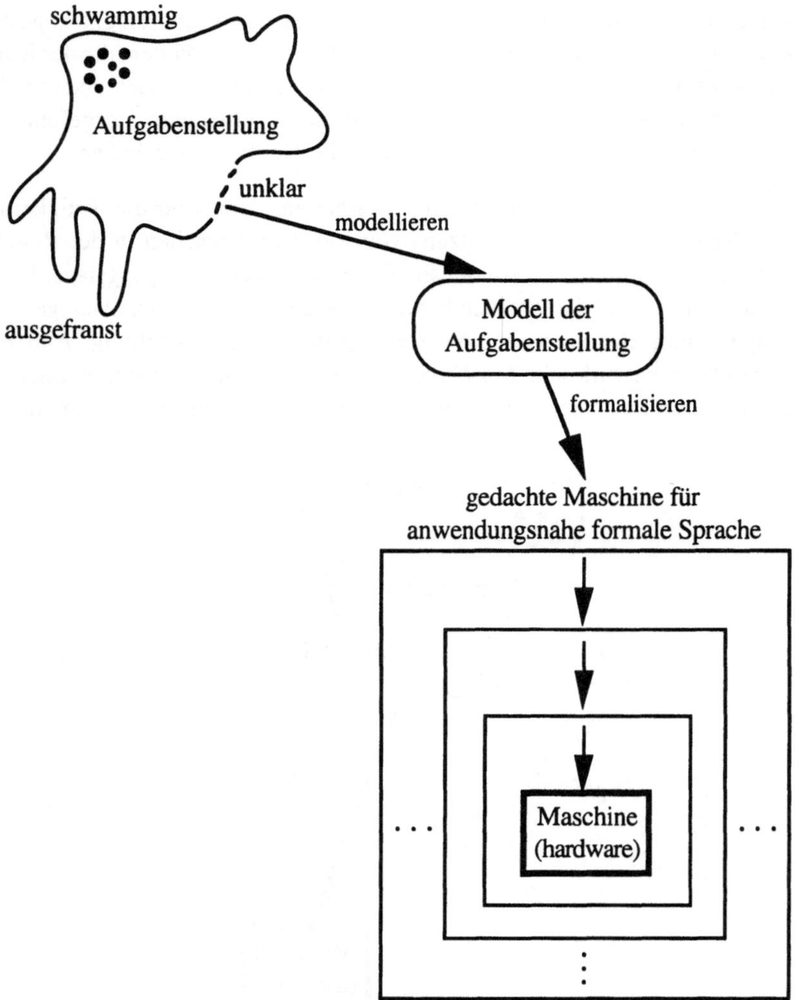

Bild 1.2 Veranschaulichung der schrittweisen Bearbeitung einer Aufgabenstellung durch
Modellierung und schichtenmäßige Formalisierung

Eine andere Sichtweise der Informatik stammt von der "ACM Task Force on the Core of
Computer Science" [ACM 88].   Diese Arbeitsgruppe sieht Informatik, in ihrer
Sprechweise "computer science and engineering", als die systematische Untersuchung
algorithmischer Vorgänge, die Information darstellen und umwandeln: deren Theorie,
Analyse, Entwurf, Effizienz, Verwirklichung und Benutzung. Dabei wird die
grundlegende Fragestellung "Was kann (effizient) automatisiert werden?" als allen
einzelnen Tätigkeiten der Informatik unterlegt angesehen. Ferner wird jedes Fach der
Informatik, also auch das Fach "Informationssysteme", bestimmt durch seine jeweiligen
Fragestellungen, seine wesentliche "Theorie", seine bedeutsamen "Abstraktionen" und
seine Methoden des "Entwurfes". Diese bislang nur kurz umrissene Sichtweise der
Informatik wird am besten durch die folgenden zwei (nicht übersetzten) Originalzitate
weiter erläutert:

[ACM 88, Appendix I]: "Computer science and engineering is the systematic study of algorithmic processes that describe and transform information: their theory, analysis, design, efficiency, implementation, and application. The fundamental question underlying all of computing is, "What can be (efficiently) automated?" This discipline was born in the early 1940s with the joining together of algorithm theory, mathematical logic, and the invention of the stored-program electronic computer.

The roots of computing extend deeply into mathematics and engineering. Mathematics imparts analysis to the field; engineering imparts design. The discipline embraces its own theory, experimental method, and engineering. This contrasts with most physical sciences, which are separate from the engineering disciplines that apply their findings – as, for example, in chemistry and chemical engineering principles. The science and engineering are inseparable because of the fundamental interplay between the scientific and engineering paradigms within the discipline ...

Each of the subareas [of computing] has an underlying unity of subject matter, a substantial theoretical component, significant abstractions, and substantial design and implementation issues. Theory deals with the underlying mathematical development of the subarea and includes supporting theory such as graph theory, combinatorics, or formal languages. Abstraction (or modeling) deals with models of potential implementations; the models suppress detail, while retaining essential features, and provide means for predicting future behavior. Design deals with the process of specifying a problem, deriving requirements and specifications, iterating and testing prototypes, and implementing a system. Design includes the experimental method, which in computing comes in several styles: measurement of programs and systems, validation of hypotheses, and prototyping to extend abstractions to practice ..."

[ACM 88, Paradigms for the discipline]: "...The first paradigm, *theory*, is rooted in mathematics and consists of four steps followed in the development of a coherent, valid theory:
    Characterize objects of study (definition),
    Hypothesize possible relationships among them (theorem),
    Determine whether the relationships are true (proof), and
    Interpret results.
A mathematician expects to iterate these steps – e.g., when errors or inconsistences are discovered.

The second paradigm, *abstraction* (modeling), is rooted in the experimental scientific method and consists of four stages that are followed in the investigation of a phenomenon:
    Form a hypothesis,
    Construct a model and make a prediction,
    Design an experiment and collect data, and
    Analyze results.
A scientist expects to iterate these steps – e.g., when a model's predictions disagree with experimental evidence. Even though "modeling" and "experimentation" might be appropriate substitutes, we have chosen the world "abstraction" for this paradigm because this usage is common in the discipline.

The third paradigm, *design*, is rooted in engineering and consists of four steps followed in the construction of a system (or device) to solve a given problem:
    State requirements,
    State specifications,
    Design and implement the system, and
    Test the system.

An engineer expects to iterate these steps – e.g., when tests reveal that the latest version of the system does not satisfactorily meet the requirements ...

Computing sits at the crossroad among the central processes of applied mathematics, science, and engineering. The three processes are of equal – and fundamental – importance in the discipline, which is a unique blend of interaction among theory, abstraction, and design. The binding forces are a common interest in experimentation and design as information transformers, a common interest in computational support of the stages of those processes, and a common interest in efficiency."

Die beiden Sichtweisen der Informatik bieten damit für Fragestellungen und Lösungsansätze eines Faches der Informatik zwei Einteilungen an, die im wesentlichen nur lose gekoppelt sind und deshalb in Bild 1.3 in Form einer Matrix dargestellt sind: einerseits die Tätigkeiten, formale Sprachen zu erfinden, zu verwirklichen und zu benutzen; andererseits die Paradigmen theory, abstraction und design.

paradigm formale Sprache	theory	abstraction	design
erfinden			
verwirklichen			
benutzen			

Bild 1.3 Einteilungen für Fragestellungen und Lösungsansätze der Informatik entsprechend zwei loser gekoppelter Sichtweisen

In den Zusammenfassungen der Kapitel 5 bis 17 werde ich jeweils versuchen, die in den Kapiteln behandelten Inhalte in die Matrix der Einteilungen einzuordnen. Wie immer, wenn man eine große Vielfalt von tatsächlichen Gegebenheiten auf wenige Begriffe zurückführt, kann dieses Vorhaben auch hier nur näherungsweise und erörterungsbedürftig gelingen.

1.3 Gliederung

Die Darstellungen in diesem Buch folgen im Hauptteil, Kapitel 5 bis 13, im wesentlichen zwei Gedankengängen. Vorrangig wird gezeigt, wie man formale Sprachen zur Definition von Schemas, Anfragen und Änderungen *erfinden* und schrittweise *verwirklichen* kann, und zum anderen wird ergänzend behandelt, wie man solche Sprachen für den Einsatz in einem "Unternehmen" *benutzen* kann. Beide Gedankengänge sind natürlich aufeinander bezogen, denn man kann nur benutzen, was auch vorher erfunden und verwirklicht worden ist, und deshalb wird man nur solches erfinden und verwirklichen, was man später auch benutzen kann. Entsprechend werden in geeigneten Kapiteln beide Gedankengänge miteinander verwoben behandelt.

In Kapitel 5 über *"Semantische Begriffe für die Modellierung"* wird ein erster Schritt für die Erfindung einer formalen Sprache zur Beschreibung statischer und dynamischer Gesichtspunkte eines Unternehmens unternommen.

Kapitel 6 über *"Grundbegriffe der Mengenlehre und Logik"* liefert wohlverstandene Grundlagen, eine solche Sprache syntaktisch und semantisch genau zu fassen.

Kapitel 7 über *"Ein logikorientiertes Datenmodell"* führt die Ansätze aus den Kapiteln 5 und 6 zusammen zur Erfindung formaler Sprachen zur Definition von Schemas, Anfragen und Änderungen in einem sogenannten "Datenmodell" (d.h. einem abstrakten Datentyp für Informationssysteme), das im wesentlichen einer eingeschränkten Logiksprache entspricht. Die betrachteten Einschränkungen, nämlich nur Horn-Klauseln mit Atomen ohne Funktionszeichen zu verwenden, beruhen hauptsächlich auf den Effizienzanforderungen für Informationssysteme. Für diese Logiksprache wird eine deklarative Semantik und als erster Hinweis zu ihrer Verwirklichung eine dazu äquivalente operationale Fixpunktsemantik angegeben.

In Kapitel 8 über das *"Relationale Datenmodell"* werden die Ansätze aus Kapitel 5 und 6 zu einer im wesentlichen noch eingeschränkteren Logiksprache zusammengefaßt, in der kein Relationensymbol rekursiv verwendet werden darf. Diese weitergehende Einschränkung ermöglicht dann aber die volle Verwirklichung der Logiksprache durch die sogenannte "Relationenalgebra", d.h. durch wenige mengenorientierte Operationen auf Relationen mit einfachen algebraischen Gesetzen. Das relationale Datenmodell ist Grundlage vieler kommerzieller Produkte.

Kapitel 9 über *"Beispiele für verwirklichte relationale Sprachen: SQL und QBE"* stellt zunächst eine in solchen kommerziellen Produkten gebräuchliche Sprache, die Structured Query Language, SQL, vor, die als Mischung einer Logiksprache mit algebraischen Zutaten angesehen werden kann. Zusätzlich wird die bildschirmorientierte Sprache Query-by-Example, QBE, behandelt, die ebenfalls als eine eingeschränkte Logiksprache betrachtet und algebraisch verwirklicht werden kann.

In Kapitel 10 über *"Algorithmen und Datenstrukturen für relationale Operationen"* wird hauptsächlich am Beispiel der mächtigsten relationalen Operation, dem sogenannten natürlichen Verbund, gezeigt, wie die relationalen Operationen effizient verwirklicht werden können unter der Anforderung, daß große Mengen dauerhaft gespeicherter Daten verarbeitet werden müssen. Dabei werden die tatsächliche Speicherung auf Magnetplatten und der Datentransport zwischen dauerhaftem Hintergrundspeicher und flüchtigem Hauptspeicher berücksichtigt, sowie bewährte Zugriffsstrukturen wie Sortierungen, Suchbäume und Hash-Verfahren eingesetzt.

Kapitel 11 über *"Objektorientierte Datenmodelle"* führt den Ansatz aus Kapitel 5 für die Modellierung mit Grundbegriffen der objektorientierten Programmierung zusammen, wodurch sich wieder Erfindungen formaler Sprachen zur Definition von Schemas,

Anfragen und Änderungen ergeben. Das in Kapitel 8 vorgestellte relationale Datenmodell kann als Spezialfall objektorientierter Modelle gedeutet werden, die insbesondere zusätzliche Sprachkonzepte für Typen, Objekte, Klassen und Vererbung unterstützen. Mit Hilfe der sogenannten F-Logik wird gezeigt, daß objektorientierte Datenmodelle auch wieder durch geeignete Logiksprachen beschrieben werden können. Die als kommerzielle Produkte vorliegenden Sprachen C++ und ONTOS werden als Beispiel genommen für verwirklichte Sprachen und für eine Reihe von Einzelproblemen, insbesondere der Verwirklichung der Dauerhaftigkeit eindeutig identifizierter Objekte.

Kapitel 12 über *"Transaktionen"* zeigt, wie die Erfindung und die Verwirklichung des programmiersprachlichen Konstruktes einer sogenannten "Transaktion" dazu dienen, unter der Anforderung des Mehrbenutzerbetriebes die Erhaltung semantischer Bedingungen, die Unteilbarkeit unabhängig voneinander ablaufender Anweisungsfolgen und die Dauerhaftigkeit von Daten zu gewährleisten. Diese Betrachtungen gelten sinngemäß für alle vorher behandelten Datenmodelle.

In Kapitel 13 über *"Architektur von Informationssystemen"* wird die gesamte Grobstruktur eines Informationssystems mit seinen schichtenmäßig angeordneten formalen Sprachen entworfen. Die wichtigsten Schichten sind die Anwendungsumgebungen, die als gemeinsame Ebene für alle Benutzer dienende konzeptionelle Schicht mit ihren mengenorientiert arbeitenden Logiksprachen bzw. der Relationenalgebra, die interne Schicht mit Zugriffen auf einzelne Elemente oder Objekte und schließlich das Basissystem mit virtuellem und physisch verwirklichtem Speicher.

Der Kapitel 5 bis 13 umfassende Hauptteil über "Datenmodelle und ihre Verwirklichungen" wird durch weitere "Einführungen" vorbereitet und durch "Vertiefungen" wichtiger Teilgebiete ergänzt.

Die Vertiefungen beginnen in Kapitel 14 mit der *"Optimierung von Anfragen"*. Solche Optimierungen sollen helfen, die große, über alle Schichten eines Informationssystems reichende Kluft zwischen den mengenorientierten, deklarativen Anfragen eines Benutzers einerseits und einfachen Speicherzugriffen des Basissystems andererseits zu überbrücken. Eine erfolgreiche Optimierung ist die entscheidende Voraussetzung dafür, daß die zwar eingeschränkten, aber dennoch mächtigen Logiksprachen überhaupt für große Datenmengen benutzt werden können. Als grundlegende Techniken der Optimierung werden das "Entfernen von Redundanz" und das "Binden von Variablen" an möglichst kleine Suchräume behandelt. Die erste Technik beruht letztlich auf geschickt angepaßten Verfahren zur Entscheidung der logischen Implikation für gewisse Logiksprachen. Die zweite Technik beruht auf der geschickten Zusammenführung einer Reihe von Verfahren, unter anderem der Übersetzung von Rekursionen in Iterationen und der Umwandlung von rückwärts (top-down) gerichteter Suche in die Tiefe in vorwärts (bottom-up) gerichtete Auswertung in die Breite.

Als weitere große Vertiefung wird in Kapitel 15 eine *"Entwurfstheorie für Schemas"* entwickelt. Diese Theorie gibt Hinweise, wie die formalen Sprachen zur Definition von Schemas benutzt werden sollen, so daß für einen Einsatz eines Informationssystems das

Schema die ihm zugedachten Dienste möglichst gut erfüllt: gemeinsame Ebene für die vielen und verschiedenartigen Benutzer, treues Abbild der statischen Gegebenheiten eines "Unternehmens" und Grundlage von späteren Anfragen und deren Beantwortung sowie von Änderungen. Darüber hinaus spielen auch "Optimierungen zum Entwurfszeitpunkt" eine Rolle. Eine Reihe wünschenswerter, rein syntaktisch überprüfbarer Schemaeigenschaften begünstigen nämlich die platzsparende Speicherung von Daten, die effiziente Auswertung von gewissen Anfragen und die effiziente Durchführung von Änderungen mitsamt der Erhaltung der semantischen Bedingungen. Damit ist ein erfolgreicher Schemaentwurf eine entscheidende Voraussetzung für die inhaltlich zutreffende und effizient ausführbare spätere Nutzung des Informationssystems durch die Endbenutzer. Als grundlegende Bestandteile der Entwurfstheorie werden verschiedene Klassen von semantischen Bedingungen mit zugehörigen Verfahren zur Entscheidung der logischen Implikation, bestimmte Teilstrukturen verbietende "Normalformen" für Schemas, und halbalgorithmische Schematransformationen zur Erreichung von Normalformen untersucht.

Kapitel 16 über *"Universalrelation-Sichten"* nimmt Fragestellungen aus Kapitel 8 und Kapitel 15 auf. Im relationalen Datenmodell drückt ein Benutzer Anfragen auf der Grundlage der im Schema vereinbarten Relationensymbole und deren Komponentenbezeichner, sogenannten Attributen, aus. Damit muß ein Benutzer im wesentlichen die Strukturierung der Daten kennen. Bestimmte wünschenswerte Schemaeigenschaften, die graphentheoretisch als Azyklizität des Schemas bezeichnet werden, eröffnen nun die Möglichkeit, für Endbenutzer die Bildung von Anfragen dadurch zu erleichtern, daß viele Anfragen nur noch auf der Grundlage der Attribute ausgedrückt werden können. Die Übersetzung von einer solchen Universalrelation-Sicht, in der die Strukturierung der Daten im wesentlichen verdeckt bleibt, in die konzeptionelle Ebene erfolgt dann automatisch.

Kapitel 17 über *"Sicherheit: Gewährleistung und Begrenzung des Informationsflusses"* stellt drei Ansätze vor, Sicherheitsanforderungen für Informationssysteme auf der konzeptionellen Ebene genau zu beschreiben, und gibt einige allgemeine Hinweise zur Verwirklichung dieser Ansätze.

Natürlich könnten sich viele weitere Vertiefungen anschließen. Insbesondere sind die folgenden Gebiete wichtig, die in diesem Buch aber nur durch ein paar Stichworte beschrieben werden:

- *Zeit*: In vielen Anwendungen sind verschiedene Gesichtspunkte von Zeit zu behandeln. Dabei ist insbesondere bedeutsam zu unterscheiden, wann eine Gegebenheit in der "Miniwelt" stattgefunden hat und wann die diese Gegebenheit darstellenden Daten in das Informationssystem aufgenommen worden sind. Ferner wird häufig verlangt, für eine Gegebenheit, zum Beispiel für das Saldo eines Bankkontos, den gesamten zeitlichen Verlauf dauerhaft verfügbar zu halten (und nicht nur den jeweils letzten Zustand).

- *Raum*: Ebenso wie Zeit spielt auch die Darstellung räumlicher Gegebenheiten häufig eine wichtige Rolle, insbesondere für Anwendungen aus der Landvermessung und

Bodennutzung, für die Bildauswertung und für rechnergestütztes Entwerfen und rechnergestützte Fertigung. Für räumliche Gegebenheiten sind sehr verschiedene Darstellungsarten bekannt, die man jeweils ineinander überführen können muß. Für die Speicherung räumlicher Daten und die entsprechenden Anfragen und Änderungen benötigt man auch besondere Datenstrukturen und Algorithmen.

Die Gebiete "Zeit" und "Raum" sind hervorstechende Beispiele dafür, Informationssysteme dadurch mächtiger zu machen, daß menschliches Wissen über wichtige Gesichtspunkte unserer Welt in der Semantik der zur Verfügung gestellten formalen Sprachen formalisiert wird. Der Ansatz, die "Datenmodelle" als Logiksprachen zu verstehen, behandelt ein einzelnes Datum zunächst uninterpretiert, d.h. wie ein Konstantenzeichen, das man von anderen Konstantenzeichen unterscheiden kann und von dem das Informationssystem nichts anderes "weiß", als sein Auftreten in Aussagen. Soll ein solches Konstantenzeichen darüber hinaus aber "mehr Bedeutung" tragen, soll etwa "1995" als zeitliche Angabe oder "Hildesheim" als räumliche Angabe verstanden werden, so muß das Informationssystem über zusätzliche Formalisierungen von "Zeit" oder "Raum" verfügen. Dabei bemüht man sich, solche Formalisierungen als Dienste des Informationssystems allen Benutzern anzubieten.

Informationssysteme können nicht nur dadurch mächtiger gestaltet werden, daß "mehr Bedeutung" formalisiert wird, sondern auch durch Erweiterung der Logiksprachen im Hinblick auf

- *unvollständiges* oder *ungewisses Wissen*, sowie
- *negatives Wissen*.

Solche Erweiterungen führen jedoch im allgemeinen zu einem sehr hohen, für große Datenmengen meistens nicht tragbaren Aufwand für Speicherung, Anfragen und Änderungen.

Andere Erweiterungen zielen auf eine weitergehende Zusammenführung der Konzepte für allgemeine Programmiersprachen mit denen für Informationssysteme. In "logikorientierten Datenmodellen" sind Konzepte der logischen Programmierung eingeflossen. "Objektorientierte Datenmodelle" sollen die Verbindung zu objektorientierten Programmiersprachen herstellen. Und Konzepte paralleler Programmiersprachen werden berücksichtigt in sogenannten

- *aktiven Informationssystemen*.

Informationssysteme wurden ursprünglich eingeführt, um innerhalb eines Unternehmens *alle* Benutzer *einheitlich* durch ein einziges *gemeinsames* Informationssystem zu unterstützen. Dieser "zentralistische Ansatz" wird jedoch zunehmend durch die schnell fortschreitende Verbreitung von Rechnern aller Art und deren weltweiter Vernetzung unterlaufen. Für die Gestaltung von Informationssystemen ergeben sich dann im wesentlichen zwei Folgerungen: in

- *verteilten Informationssystemen* wird auf der konzeptionellen Schicht die Einheit gewahrt, aber die darunterliegenden Schichten werden verteilt verwirklicht; in

- *heterogenen* und *interoperablen Informationssystemen* werden mehrere selbständige Informationssysteme, die auch gemäß unterschiedlicher Datenmodelle gestaltet sein können, derart gekoppelt, daß für einzelne Benutzer eine einheitliche *Sicht* auf das Gesamtsystem angeboten werden kann.

Der Hauptteil dieses Buches, Kapitel 5 bis 13, und die Vertiefungen, Kapitel 14 bis 17 (und die obigen Stichworte), sind weitgehend ingenieurwissenschaftlich mit mathematischer Abstützung angelegt. Sie folgen den in Abschnitt 1.2 vorgestellten Sichtweisen der Informatik, indem die in Abschnitt 1.1 geforderten Dienste von Informationssystemen entwickelt und dadurch die besonderen Fragestellungen beantwortet werden. Die in Abschnitt 1.1 dargestellten Anwendungen und erörterten Blickwinkel verlangen jedoch, Informationssysteme auch aus einer umfassenderen Sicht zu betrachten.

Ein "Unternehmen" besteht aus Menschen, die gemeinsam Aufgaben durchführen wollen (oder sollen oder gar müssen) und dafür Wissen untereinander weitergeben und ihre Handlungen aufeinander abstimmen. Sie folgen dabei vielen Regeln und Gewohnheiten und bedienen sich vielfältiger technischer Hilfsmittel. Ein Informationssystem ist ein besonderes technisches Hilfsmittel, um menschliches Wissen und menschliche Abstimmung über die technisch verfügbar gehaltenen Daten zu vermitteln. Um die Möglichkeiten und Grenzen solcher Vermittlung hinreichend zu verstehen, erscheint es notwendig, sich zumindest einführend mit folgenden grundlegenden Begriffen auseinanderzusetzen:

- Information (und Wissen),
- Kommunikation (und Abstimmung),
- Wirklichkeit und Modell.

Diese Auseinandersetzung erfolgt in den weiteren "Einführungen".

In Kapitel 2 über *"Information"* wird ein Grundmuster für Bestimmungen dieses Begriffes anhand der wahrscheinlichkeitstheoretischen Sicht und der aus der Logik stammenden modelltheoretischen Sicht beispielhaft erklärt. Die modelltheoretische Sicht liefert dabei einen der Hintergründe für die später behandelten logikorientierten Datenmodelle.

In Kapitel 3 über *"Kommunikation"* werden zwei Ansätze aus der Soziologie behandelt. Im Ansatz über "kommunikatives Handeln" wird deutlich, wie die bei Kommunikation ausgeübten Sprachhandlungen auf verschiedene Ebenen der Weltauffassung zurückgreifen und wie verschiedenartig die mit Sprachhandlungen verbundenen Geltungsansprüche ausfallen. Im Ansatz über "soziale Systeme" wird das Zusammenspiel von Information, Mitteilung, Verstehen und Annahme oder Ablehnung beschrieben. Solche soziologischen Ansätze führen dann zu Hinweisen zur Gestaltung von technischen Informationssystemen.

In Kapitel 4 über *"Wirklichkeit und Modell"* wird schließlich die in dieser Einleitung und in den Kapiteln 2 und 3 noch zunächst unbedacht oder sogar ungenannt benutzte Vorstellung untersucht, daß eine Wirklichkeit durch ein Modell, das insbesondere aus einem Informationssystem bestehen kann, angemessen abgebildet werden kann. Dies wird vorrangig unter dem Gesichtspunkt erfolgen, wie Menschen es wohl vermögen, Gegebenheiten ihrer Umwelt und ihres Erlebens für sich selbst darzustellen und damit für sich verfügbar zu halten.

Kapitel 2 bis 4 liefern einen vorbereitenden Teil einer umfassenderen Sicht von Informationssystemen. Solch eine Sicht verlangt auch einen nachbereitenden Teil. Denn der tatsächliche Einsatz eines Informationssystems innerhalb eines Unternehmens beeinflußt dessen Ausgestaltung und weitere Entwicklung, und zwar sowohl in organisatorischer und wirtschaftlicher Hinsicht als auch im Hinblick auf die Rollen und das Selbstverständnis der im Unternehmen tätigen Menschen. Deshalb wären nachbereitende Kapitel sinnvoll, etwa unter den Überschriften

- Informationssysteme in Wirtschaft und Verwaltung,
- Gestaltung von Arbeitsplätzen,
- zukünftige Entwicklungen.

Solche Nachbereitungen würden jedoch den Rahmen dieses Buches sprengen.

1.4   Bibliographische Hinweise

Über Informationssysteme und insbesondere auch über Datenbanksysteme gibt es bereits eine Fülle von Lehrbüchern und eine unübersehbare Flut von Einzelarbeiten. Im folgenden sollen nur einige wenige Lehrbücher aufgeführt und zum begleitenden Studium empfohlen werden:

C.J. Date [Da 86, Da 83] gibt einen äußerst weitgespannten Überblick über Datenbanksysteme mit einer Vielzahl teilweise kurz kommentierter Literaturangaben. Eine erste Ausgabe erschien bereits im Jahre 1975, und seitdem ist das Werk ständig weiterentwickelt worden. Es kann sicherlich für Entwickler und Anwender von Datenbanksystemen als Standardwerk betrachtet werden.

J.D. Ullman's [Ul 88, Ul 89] Darstellung ist ebenfalls sehr weitgespannt. Seit dem Erscheinen der ersten Ausgabe im Jahre 1980 sind neue wissenschaftliche Erkenntnisse stets in das Werk eingeflossen, das inzwischen zum Standardwerk für Wissenschaftler geworden ist.

C.A. Zehnder [Ze 89] faßt die grundlegenden Ideen und Methoden für Informationssysteme und ihre Anwendungen sehr treffend zusammen und ermöglicht dadurch einen schnellen Einstieg in das Gebiet.

G. Vossen [Vo 94, Vo 91a] dagegen entwickelt viele Einzelheiten, insbesondere relationaler Datenbanksysteme, auf einer formalen Beschreibungsebene und ermöglicht durch ausführliche Literaturhinweise einen guten Zugang zur Forschungsliteratur.

R. Elmasri und S.B. Navathe [ElNa 89] schließlich liefern eine neuere weitgespannte Übersicht für Entwickler und Anwender, in der insbesondere Entwurfsfragen vertieft behandelt werden.

Seit den Anfängen der Informatik haben sich immer wieder Wissenschaftler darum bemüht, ihr Selbstverständnis als Informatiker und die Eigenheiten der Informatik zu beschreiben. Aus der Vielzahl der Äußerungen seien auch hier nur einige genannt: H. Zemanek [Ze 71, Ze 92] betont schon sehr früh den Ingenieur-Charakter der Informatik. Der Studien- und Forschungsführer Informatik [BrHaMü 89] faßt die Vorstellungen zusammen, die den Diplomstudiengang Informatik in Deutschland durchweg bestimmen. A.L. Luft [Lu 88] bemüht sich um eine weitgefaßte Orientierungshilfe. Die von mir bevorzugte geraffte Definition benutzte ich erstmals im Jahre 1983 für eine einführende Vorlesung in die Informatik und wird auch in [Bi 89, Bi 94] erläutert; die weitgefaßte Sicht für die Anlage einer Veranstaltung über Informationssysteme schlage ich in [Bi 89] vor. Die von P.J. Denning geleitete Arbeitsgruppe der ACM [ACM 88] versucht insbesondere der Informatik in den USA neue Anstöße zu geben. W. Coy [Coy 89] stellt manche vorherrschende Meinung in Frage und regt mit einigen Thesen eine neue Diskussion über die Gestaltung einer Theorie der Informatik an. Eine solche Diskussion wird von W. Coy et.al. [CoNPRSSS 92] ausgeführt.

In [MaMa 83] wird eine breite interdisziplinäre Sicht einer "Informationswissenschaft" zusammengetragen. B. Vickery und A. Vickery [ViVi 87] versuchen eine auf Erfahrungen im Bibliothekswesen gestützte Einführung in eine weitgespannte "Informationswissenschaft".

2 Information

Der Begriff der "Information" ist grundlegend für eine Vielzahl von Betrachtungen in beinahe allen Lebensbereichen. Er wird sowohl in der Alltagssprache als auch in vielen Fachsprachen benutzt. So wird die Informatik gelegentlich als die Wissenschaft der "Informationsverarbeitung" bestimmt; dieses Buch handelt von "Informationssystemen"; unsere heutige Art des Zusammenlebens wird manchmal als "Informationsgesellschaft" bezeichnet; und "Information" wird neben zwei klassischen Begriffen der Physik, Materie und Energie, als dritter Grundbegriff zum umfassenden Verständnis unserer Welt angesehen.

Dennoch bleibt der Begriff der "Information" letztlich schwer faßbar, und er kann nur mit Mühe und dann jeweils nur für eingeschränkte Anwendungen genauer definiert werden. Wenn auch die einzelnen Bedeutungen nicht genau übereinstimmen, sondern sich eher ergänzen, so läßt sich doch häufig ein gemeinsames Grundmuster erkennen, mit dem man sich dem Begriff zu nähern versucht:

- Es wird ein *Rahmen von Möglichkeiten* abgesteckt, wobei Unsicherheit über die tatsächlich vorliegenden Verhältnisse vorliegt.

- Es werden aufeinanderfolgende mögliche Ereignisse zueinander in Beziehung gesetzt unter dem Gesichtspunkt, wieweit die *Unsicherheit* über die tatsächlich vorliegenden Verhältnisse verringert wurde.

Information handelt also insbesondere von bewußten Möglichkeiten und damit verbundenen Unsicherheiten, sowie vom "Gewinn", den man erzielen kann, wenn eine Möglichkeit zur Tatsache geworden ist. Als sehr einfaches lebensweltliches Beispiel betrachten wir etwa die Ankündigung eines Freundes, morgen mit dem Zug von Hannover nach Hildesheim zu fahren. Der "Rahmen der Möglichkeiten" ist durch den Fahrplan abgesteckt (wenn wir Unfälle, Unwetter und andere "unvorhergesehene" Mißgeschicke vernachlässigen), wobei wir unsicher bleiben, welchen Zug er nehmen wird. Seine tatsächliche, von uns beobachtete Ankunft mit einem bestimmten Zug läßt diese Unsicherheit vollständig verschwinden. Als "Gewinn" haben wir "Wissen erworben" (über dessen Wert hier nichts ausgesagt werden soll).

Im Bereich der Geistes- und Sozialwissenschaften werden die "Absteckung der Möglichkeiten" und die Hilfsmittel des "In-Beziehung-Setzen" im allgemeinen rein inhaltlich bestimmt. Im Rahmen der Mathematik und der Natur- und Ingenieurwissenschaften kann man die Bestimmungen ansatzweise formalisieren. Im folgenden werden wir zwei derartige Ansätze kurz vorstellen.

2.1 Wahrscheinlichkeitstheoretische Sicht von Information

Die wahrscheinlichkeitstheoretische Sicht benutzt die Begrifflichkeit der Wahrscheinlichkeitstheorie, die wir hier nur kurz andeuten können. Unter dieser Sicht wird der "Rahmen der Möglichkeiten" durch eine *Zufallsvariable* beschrieben:

$$a = \begin{pmatrix} a_1 & \dots & a_k \\ p(a_1) & \dots & p(a_k) \end{pmatrix} \qquad \text{mit} \quad \sum_{i=1}^{k} p(a_i) = 1.$$

Die a_i sind die möglichen Werte der Zufallsvariablen, und die $p(a_i)$ sind die Wahrscheinlichkeiten ihres Eintreffens.

Der *Informationsgehalt* eines Wertes a_i der Zufallsvariablen a wird bestimmt als *die Unsicherheit, die durch das tatsächliche Eintreffen von a_i beseitigt wird*; es wird also das "Nichtereignis", d.h. der Zustand *vorher* in Beziehung gesetzt zum Eintreffen, d.h. dem Zustand *nachher*. Ein genaues Maß $I(a_i)$ für den Informationsgehalt eines Wertes a_i gewinnt man aus folgenden Anforderungen:

(1)   Der Informationsgehalt $I(a_i)$ hängt nur von der Wahrscheinlichkeit $p(a_i)$ ab, d.h. für eine geeignete reelle Funktion f gilt
$I(a_i) = f(p(a_i))$.

(2)   Diese reelle Funktion f ist stetig in $(0,1]$.

(3)   Diese reelle Funktion f ist streng antiton, d.h. wahrscheinlichere Werte enthalten weniger Information als unwahrscheinlichere.

(4)   Der Informationsgehalt ist additiv, d.h. für diese reelle Funktion f gilt
$f(p_1 * p_2) = f(p_1) + f(p_2)$.

Man kann dann beweisen, daß das Informationsmaß I hierdurch eindeutig bis auf die Wahl einer Konstante festgelegt ist, und bei üblicher und zweckmäßiger Wahl ergibt sich der *Informationsgehalt* eines Wertes a_i als

$I(a_i) = -\operatorname{ld} p(a_i) = \operatorname{ld} 1/p(a_i) \qquad$ für $p(a_i) \neq 0$.

Man beachte, daß ein "mit Sicherheit eintreffender" Wert a_i, d.h. es gilt $p(a_i) = 1$, *keine* Unsicherheit beseitigen kann, d.h. es gilt $I(a_i) = \operatorname{ld} 1 = 0$. Trifft dagegen ein Wert a_j mit gleicher Wahrscheinlichkeit ein oder nicht ein (zum Beispiel beim Münzwurf), d.h. $p(a_j) = 1/2$, so wird die Unsicherheit über *eine einzige* gleichverteilte Ja-Nein-Entscheidung beseitigt, d.h. es gilt $I(a_j) = \operatorname{ld} 2 = 1$.

Beispiel: Sei $a = \begin{pmatrix} 0 & 1 & \dots & 15 \\ \frac{1}{16} & \frac{1}{16} & \dots & \frac{1}{16} \end{pmatrix}$ eine gleichverteilte Zufallsvariable, deren mögliche Werte $0,\dots,15$ jeweils mit der Wahrscheinlichkeit $\frac{1}{16}$ eintreffen. Der Informationsgehalt eines jeden Wertes $a_i \in \{0,\dots,15\}$ beträgt dann $I(a_i) = \operatorname{ld} 16 = 4$. Anschaulich verringert die Kenntnis von a_i die Unsicherheit über die vier Ziffern der Dualdarstellung von a_i.

Der Informationsgehalt von einem *einzelnen* Wert a_i der Zufallsvariablen a ist durch
$I(a_i) = - \text{ld } p(a_i)$ festgelegt. Betrachtet man die Zufallsvariable als Ganzes, so kann man
einen gewichteten Mittelwert des Informationsgehaltes bilden, wobei als Gewichte
gerade die Wahrscheinlichkeiten des Eintreffens der einzelnen Werte genommen werden.

$$H(a) = \sum_{i=1}^{k} p(a_i) \, I(a_i)$$

$$= - \sum_{i=1}^{k} p(a_i) \, \text{ld } p(a_i) = \sum_{i=1}^{k} p(a_i) \, \text{ld } \frac{1}{p(a_i)}$$

ist dann der mittlere *Informationsgehalt* der möglichen Werte von a. H(a) wird auch die
Entropie von a genannt.

Bislang haben wir eine Zufallsvariable als eine Art "Informationsquelle" angesehen, die
man losgelöst von anderen Gegebenheiten direkt beobachten kann. Eine weitergehende
Fragestellung untersucht dann die Übertragung von Information über einen sogenannten
Kanal. Die "Informationsquelle" wird dabei als eine Art Sender gedeutet. Die vom
Sender erzeugten Werte werden auf den Kanal gegeben, an dessen anderem Ende ein
Empfänger gewisse Beobachtungen treffen kann. Im allgemeinen wird ein Empfänger
nicht die Senderwerte als solche direkt sehen können, sondern er kann nur gewisse, im
allgemeinen davon durchaus verschiedene Empfängerwerte beobachten. Aus solchen
Beobachtungen kann der Empfänger dann mit Hilfe von Kenntnissen über den Sender
und über den Kanal erschließen, welche Senderwerte wohl vorgelegen haben könnten.
Wenn ein Empfänger auf diese Weise seine Unsicherheit über das Verhalten des Senders
verringern kann, wenn also seine (Rück-) Schlüsse auf das Senderverhalten die sowieso
schon vorhandenen (Vor-) Kenntnisse über den Sender verbessern, dann spricht man
davon, daß Information vom Sender über den Kanal zum Empfänger übertragen worden
sei. Diese Beschreibung von Informationsübertragung wird durch das Bild 2.1
veranschaulicht, wobei man unter der wahrscheinlichkeitstheoretischen Sicht die
einzelnen Bausteine, d.h. Sender, Kanal und Empfänger, wieder geeignet als
Zufallsvariablen ansieht.

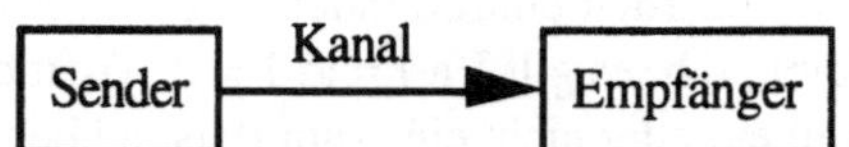

Bild 2.1 Veranschaulichung von Informationsübertragung

Beispiel: Dieses Beispiel stammt aus der prozeduralen Programmierung. Dort
verwendet man getypte Programmvariablen zur Bezeichnung von zu speichernden
Werten. Durch den Typ einer solchen Programmvariablen vereinbart man den "Rahmen
der möglichen Werte"; erst zur Laufzeit des Programmes wird bestimmt, welcher der
möglichen Werte jeweils tatsächlich gespeichert wird. Somit kann man eine
Programmvariable auch als Zufallsvariable deuten, wenn man zum Typ noch zusätzlich
eine geeignete Wahrscheinlichkeitsverteilung angibt. In diesem Beispiel seien die
Programmvariablen x und y mit dem Aufzählungstyp `[0..15]` vereinbart, wobei wir
alle möglichen Werte zunächst als gleichwahrscheinlich annehmen. Dann können wir

diese Programmvariablen wie folgt als Zufallsvariablen auffassen:

$$x = \begin{pmatrix} 0 & 1 & \dots & 15 \\ \frac{1}{16} & \frac{1}{16} & \dots & \frac{1}{16} \end{pmatrix} \quad \text{und} \quad y = \begin{pmatrix} 0 & 1 & \dots & 15 \\ \frac{1}{16} & \frac{1}{16} & \dots & \frac{1}{16} \end{pmatrix}$$

Wir wollen nun x als einen Sender und y als einen Empfänger ansehen. In der prozeduralen Programmierung erfolgt die Informationsübertragung von solch einem Sender zu solch einem Empfänger mit Hilfe von Anweisungen, insbesondere durch Wertzuweisungen und durch Bewachungen. Dabei entspricht das Vorkommen einer Programmvariablen auf der rechten Seite der Wertzuweisung oder im Wächter von strukturierten Anweisungen einem Sender, und das Vorkommen auf der linken Seite der Wertzuweisung einem Empfänger. In der bewachten Anweisung

```
IF  x ≥ 8  THEN  y:=1  ELSE  y:=0
```

kommt x im Wächter x≥8 und damit als Sender vor, und y kommt jeweils auf der linken Seite der Wertzuweisungen und damit als Empfänger vor.

Wir deuten also die obige Anweisung als einen Kanal vom Sender x zum Empfänger y, wobei die Informationsübertragung durch die Ausführung der Anweisung erfolgt. Der vom Sender x auf diesen Kanal gegebene Wert ist derjenige Wert, den die Programmvariable x *vor* Ausführung der Anweisung bezeichnet (gespeichert) hat. Der vom Empfänger y beobachtete Wert ist derjenige Wert, der *nach* Ausführung der Anweisung durch y bezeichnet (gespeichert) wird. Offensichtlich ist ein beobachtbarer Empfängerwert, nämlich 0 oder 1, nicht identisch mit dem jeweiligen Senderwert, aber mit Hilfe der Kenntnis über den Typ des Senders, nämlich [0..15], und über den Kanal, nämlich die Semantik der zweigliedrigen Fallunterscheidung, kann man aus dem beobachteten Empfängerwert gewisse Eigenschaften des aufgegebenen Senderwertes erschließen. Beobachtet man nämlich bei y eine 1, so muß x einen der Werte zwischen 8 und 15 aufgegeben haben. Die Ausführung der Anweisung (Übertragung über den Kanal) verringert also die *Unsicherheit von x unter der Beobachtung von y.* Anschaulich liefert sie uns gerade die Kenntnis der 2^3-Stelle der Dualdarstellung von x, also eine Information vom Maß -ld 1/2 = 1. Bei diesen Beobachtungen haben wir im übrigen vorausgesetzt, daß *vor* Ausführung der Anweisung die Programmvariablen in keinerlei Beziehung zueinander standen und daß die Semantik deterministisch ist (der Kanal selbst in diesem Beispiel also keine echten Zufallseigenschaften besitzt).

Für eine allgemeine, formale Darstellung der Informationsübertragung benötigt man noch einige zusätzliche Begriffe. Dazu betrachten wir die Zufallsvariable x als Sender und die Zufallsvariable y als Empfänger.

- $(x, y) = \begin{pmatrix} (x_1,y_1) & \dots \\ p(x_1,y_1) & \dots \end{pmatrix}$ heißt *Produkt-Zufallsvariable.*

Dabei sind die möglichen Werte gerade alle Paare von einem möglichen (Sender-) Wert von x und einem (zugehörigen Empfänger-) Wert von y. Und $p(x_i,y_j)$ ist die Wahrscheinlichkeit, daß x_i und y_j zusammen eintreffen. Solch eine Produkt-Zufallsvariable kann also im wesentlichen das Verhalten eines Kanales von x nach y beschreiben. Aus der Sicht des Empfängers y sind dann folgende

Wahrscheinlichkeiten besonders bedeutsam: $p(x_i \mid y_j)$ ist die Wahrscheinlichkeit, daß x_i eintrifft (gesendet worden ist) unter der Bedingung, daß y_j eingetroffen ist (beobachtet worden ist). Hierdurch werden also die Möglichkeiten von (Rück-) Schlüssen von einer Beobachtung y_j auf eine Aufgabe von x_i beschrieben. Es gilt dann

$$p(x_i \mid y_j) = p(x_i, y_j) / p(y_j) \qquad \text{für } p(y_j) \neq 0.$$

- Falls x und y *statistisch unabhängig* sind, d.h. falls $p(x_i, y_j) = p(x_i) * p(y_j)$ gilt, so ergibt sich speziell

  $$p(x_i \mid y_j) = (p(x_i) * p(y_j)) / p(y_j) = p(x_i).$$

  In diesem Fall stellt also eine Beobachtung von y_j keinen Gewinn bezüglich des Wissens über x_i dar. Insbesondere können wir also durch die Annahmen der statistischen Unabhängigkeit ausdrücken, daß zwischen einem Sender x und Empfänger y keinerlei Beziehung besteht, *bevor* eine Informationsübertragung stattgefunden hat.

- Der *mittlere Informationsgehalt* eines Wertes der Zufallsvariablen x *unter der Bedingung* y_j wird dann definiert als die Entropie der Zufallsvariablen $x \mid y_j$:

  $$H(x \mid y_j) = - \sum_i p(x_i \mid y_j) \, \mathrm{ld} \, p(x_i \mid y_j) \qquad \text{für } p(y_j) \neq 0.$$

- Der *mittlere Informationsgehalt* eines Wertes der Zufallsvariablen x *unter der Bedingung* y, auch *Unsicherheit von x unter der Bedingung y* genannt, ergibt sich schließlich als gewichteter Mittelwert dieser Entropien, wobei die Gewichte gerade die Wahrscheinlichkeiten des Eintreffens der möglichen Bedingungen y_j sind:

  $$H(x \mid y) := \sum_j p(y_j) * H(x \mid y_j)$$

  $$= - \sum_j p(y_j) * \sum_i p(x_i \mid y_j) \, \mathrm{ld} \, p(x_i \mid y_j) = - \sum_{i,j} p(x_i, y_j) \, \mathrm{ld} \, p(x_i \mid y_j)$$

Mit Hilfe der eingeführten Begriffe können wir nunmehr ein Maß für die Informationsübertragung angeben:

- *Vor* der Informationsübertragung seien der Sender x und der Empfänger y statistisch unabhängig, so daß bezüglich der entsprechenden Produkt-Zufallsvariablen mit $p(x_i, y_j) = p(x_i) * p(y_j)$ die durch $H_{vor}(x \mid y)$ bezeichnete *Unsicherheit* von x unter der Bedingung y vorliege.

- *Nach* der Informationsübertragung über einen durch eine entsprechende Produkt-Zufallsvariable beschriebenen Kanal liege dann die durch $H_{nach}(x \mid y)$ bezeichnete *Unsicherheit* von x unter der Bedingung y vor.

- Die durch die Übertragung bewirkte *Verringerung* der Unsicherheit, d.h.

  $$D(x, y) := H_{vor}(x \mid y) - H_{nach}(x \mid y)$$

  ist dann das Maß für die *übertragene Information*.

Beispiel [Fortsetzung]: *Vor* Ausführung der oben eingeführten zweigliedrigen Fallunterscheidung seien die vorkommenden Programmvariablen x und y, aufgefaßt als

Zufallsvariablen, statistisch unabhängig, so daß

$$H_{vor}(x \mid y) = H(x) = 4$$

die Unsicherheit von x unter der Bedingung y ist. (Es herrscht Unsicherheit über die 4 Ziffern der Dualdarstellung des Wertes von x.)

Nach Ausführung der Anweisung kann y nur Werte aus $\{0, 1\}$ annehmen, und es liegen folgende Wahrscheinlichkeiten vor:

$$p(x_i \mid y_j) = \begin{cases} \frac{1}{8} & \text{falls } y_j = 0 \text{ und } x_i \in \{0,...,7\} \\ \frac{1}{8} & \text{falls } y_j = 1 \text{ und } x_i \in \{8,...,15\} \\ 0 & \text{sonst} \end{cases}$$

$$p(y_j) = \begin{cases} \frac{1}{2} & \text{falls } y_j \in \{0,1\} \\ 0 & \text{sonst} \end{cases}$$

Mit diesen Wahrscheinlichkeiten ergibt sich dann nur noch folgende Unsicherheit von x unter der Bedingung y:

$$H_{nach}(x \mid y) = \sum_j p(y_j) * \sum_i p(x_i \mid y_j) \ \operatorname{ld} \frac{1}{p(x_i \mid y_j)}$$

$$= 2 * \left\{ \frac{1}{2} * \left[8 * \frac{1}{8} * \operatorname{ld} \frac{1}{8} \right] \right\}$$

$$= 3$$

Die *übertragene Information* beträgt also

$$D(x, y) = H_{vor}(x \mid y) - H_{nach}(x \mid y) = 4 - 3 = 1.$$

(Die Unsicherheit über die 4 Ziffern der Dualdarstellung des Wertes von x wurde um eine Ziffer, nämlich die der erschließbaren 2^3-Stelle, verringert.)

2.2 Modelltheoretische Sicht von Information

Die modelltheoretische Sicht benutzt die Begrifflichkeit der mathematischen Logik, die wir erst in Kapitel 6 etwas genauer einführen werden. Unter dieser Sicht wird der "Rahmen der Möglichkeiten" durch eine Klasse κ von Strukturen der Form

$$M = (d, r_1, ..., r_n)$$

beschrieben, wobei

d ein nichtleeres *Universum* und

r_i *Relationen* über d, d.h. $r_i \subset \underbrace{d \times ... \times d}_{(k_i\text{-mal})}$, seien.

Als "Ereignisse" benutzen wir Aussagen, die in einer geeigneten Logiksprache formalisiert sind. Die hier wichtigste Eigenschaft von Aussagen ist, daß eine *Aussage* φ in einer Struktur M *entweder* falsch *oder* gültig (wahr) ist. Ist eine Aussage φ in einer Struktur M gültig, so nennt man M ein *Modell* von φ. Für eine Aussage φ kann man die zugehörige Modellklasse

$$\text{Mod}_\kappa(\varphi) := \{M \mid M \in \kappa \text{ und } \varphi \text{ ist gültig in } M\} \subset \kappa$$

betrachten. Ist Φ eine Menge von Aussagen, so definiert man entsprechend

$$\text{Mod}_\kappa(\Phi) := \bigcap_{\varphi \in \Phi} \text{Mod}_\kappa(\varphi)$$

als die Klasse der Modelle, in der alle Aussagen aus Φ gültig sind. Wenn wir eine Menge von Aussagen Φ kennen, so sind wir im allgemeinen *unsicher*, welches der möglichen Modelle aus $\text{Mod}_\kappa(\Phi)$ vorliegt. Dabei treten zwei Sonderfälle auf:

- Falls $\|\text{Mod}_\kappa(\Phi)\| = 1$, d.h. nur genau eine mögliche Struktur ist Modell von Φ, so liegt *keine* Unsicherheit vor.

- Falls $\text{Mod}_\kappa(\Phi) = \kappa$, d.h. jede als möglich angesehene Struktur ist auch Modell von Φ, so liegt *höchste* Unsicherheit vor.

Auf eine numerische Angabe über das Maß der Unsicherheit wird hier verzichtet. Aber man könnte die Kardinalitäten von Modellklassen zum Vergleich von Unsicherheiten verwenden.

Beispiel: Sei $d = \{0,...,n\}$ ein Universum und $\kappa = \{(d,r) \mid r \subset d \times d\}$ die Klasse der Strukturen, die mit einer zweistelligen Relation über diesem Universum gebildet werden können.

Die stets wahre Aussage $\varphi_1 :\equiv \forall x[x = x]$ läßt uns völlig im Unsicheren:
$$\text{Mod}_\kappa(\varphi_1) = \kappa.$$

Die Aussage $\varphi_2 :\equiv \forall x \forall y \forall z\ [(x,y) \in R \wedge (x,z) \in R \Rightarrow y = z]$ beschreibt Funktionen:
$$\text{Mod}_\kappa(\varphi_2) = \{(d,r) \mid r \text{ ist partielle Funktion von } d \text{ nach } d\}.$$

Mit diesem modelltheoretischen Ansatz kann man wiederum auch die Informationsübertragung über einen Kanal beschreiben, was wir anhand von zwei Beispielen erläutern wollen.

Beispiel [Fortsetzung von Abschnitt 2.1]: Wir betrachten wieder die bewachte Anweisung S, nämlich

```
IF  x ≥ 8   THEN  y:=1   ELSE  y:=0,
```
wobei für die Programmvariablen der Aufzählungstyp [0..15] vereinbart sei. Wir haben schon unter der wahrscheinlichkeitstheoretischen Sicht erörtert, daß die Ausführung dieser Anweisung die Unsicherheit von x unter der Bedingung (Beobachtung von) y verringert, nämlich gerade bezüglich der 2^3-Stelle des Wertes von x. Nunmehr wollen wir entsprechende Untersuchungen unter der modelltheoretischen Sicht durchführen.

Wir stecken zunächst den "Rahmen der Möglichkeiten" als Klasse von Strukturen ab. Das Universum dieser Strukturen wird durch den vereinbarten Typ der Programmvariablen x und y bestimmt:

$$d := \{0,...,15\}.$$

Diese Strukturen sollen jeweils eine Relation enthalten, die einen Zustand des betrachteten Programmabschnittes, also der Anweisung S, beschreibt. Solch ein Zustand ist durch die durch die Programmvariablen x und y bezeichneten Werte, also durch ein Element (a,b) aus der Menge

$$z := d \times d$$

gegeben. Jedes solche Element kann als eine einelementige Relation $\{(a,b)\} \subset d \times d$ aufgefaßt werden. Also definieren wir

$$\kappa := \{ (d,\{(a,b)\}) \mid (a,b) \in z\}$$

als unseren "Rahmen der Möglichkeiten", wobei wir im folgenden zur Vereinfachung der Schreibweisen κ wieder mit z identifizieren werden.

Die Semantik der Anweisung S können wir als eine Zustandstransformation der Form

$$| S | : z \rightarrow z$$

ansehen. Bezüglich dieser Semantik kann man Aussagen betrachten, die (geeignet interpretiert) in einer Struktur aus κ, d.h. hier in einem Zustand $(a,b) \in z$ entweder falsch oder gültig sind. Da wir die Ausführung der Anweisung wieder als Informationsübertragung deuten wollen, interessieren wir uns für Beziehungen zwischen Aussagen *nach* Ausführung der Anweisung und *vor* Ausführung der Anweisung. Sei dann etwa Π eine Aussage, die wir als sogenannte *Nachbedingung* benutzen: Π soll dann einen *nach* Ausführung der Anweisung S vorliegenden Zustand beschreiben. Zur Nachbedingung Π kann man die *schwächste Vorbedingung* Ψ = precond(S,Π) bestimmen:

> precond(S,Π) ist genau für die (Anfangs-) Zustände gültig, die durch die Zustandstransformation $| S |$ in einen (Folge-) Zustand überführt werden, für den Π gültig ist.

Zum Beispiel gilt für die Nachbedingung $\Pi :\equiv y = 1$ (Beobachtung des Empfängerwertes 1 bei der Programmvariablen y), daß precond(S,Π) $\equiv x \geq 8$ (Rückschluß auf den aufgegebenen Senderwert bei der Programmvariablen x).

Mit Hilfe der eingeführten Begriffe können wir nun wieder den Begriff der Informationsübertragung genauer bestimmen, was wir im folgenden nur im Rahmen des Beispieles für den Sender x und Empfänger y bezüglich der durch die obige Nachbedingung Π beschriebenen Beobachtung durchführen wollen:

- *Vor* der Ausführung der Anweisung S seien der Sender x und der Empfänger y unabhängig in dem Sinne, daß bezüglich des entsprechend der Aussage Π vorgegebenen Wertes 1 für die Programmvariable y jeder gemäß der Typvereinbarung mögliche Wert für die Programmvariable x vorliegen könnte:

  $\text{Mod}_\kappa (\Pi) = \{ (a,1) \mid a \in \{0,...,15\} \}$ drückt also die höchste Unsicherheit über x aus.

- *Nach* der Ausführung der Anweisung S ist aus der Beobachtung des entsprechend der Aussage Π vorliegenden Wertes 1 für die Programmvariable y ein (Rück-) Schluß auf Eigenschaften des Wertes für die Programmvariable x möglich:

  $\text{Mod}_\kappa (\text{precond}(S,\Pi) \wedge \Pi) = \{ (a,1) \mid a \in \{8,...,15\} \}$

  drückt dann die verbliebene Unsicherheit über x aus.

- Die *Verringerung* der Unsicherheit zeigt sich in der *echten* Inklusion

  $\text{Mod}_\kappa (\text{precond}(S,\Pi) \wedge \Pi) \subset_{\neq} \text{Mod}_\kappa (\Pi)$.

  Würde man die Kardinalitäten von Modellklassen zum Vergleich von Unsicherheiten verwenden, so könnte man sagen, daß die "Unsicherheit halbiert" sei. Zerlegt man die ursprüngliche Modellklasse $Mod_K(\Pi)$ in die nach Ausführung von S zu betrachtende Klasse $Mod_K(precond(S,\Pi) \wedge \Pi)$ und den Rest, so sind die Zerlegungskomponenten beide gleich groß: die beseitigte Unsicherheit bezieht sich also wieder auf eine einzige, als gleichverteilt anzusehende Ja-Nein-Entscheidung über die Zugehörigkeit zur ersten (bzw. zur zweiten) Zerlegungskomponente.

Das zweite Beispiel zum modelltheoretischen Ansatz, die Begriffe der "Information" und der "Informationsübertragung" zu erfassen, stammt aus dem Bereich der logischen Programmierung, deren Ausprägung als ein logikorientiertes Datenmodell in den Kapiteln 7 und 14 noch ausführlich behandelt wird.

Beispiel: Sei R ein zweistelliges Prädikatenzeichen. Die Aussage

$$\Phi :\equiv \forall y\, [\, R(0,y) \Rightarrow R(y,0)\,]\, \wedge\, R(0,0)\, \wedge\, R(0,1)$$

stelle "Wissen" über eine Struktur dar, die aus einer den "Rahmen der Möglichkeiten" absteckenden Klasse

$$\kappa := \{\, (d,r)\, |\, r \subset d \times d\, \}\qquad \text{mit } d:=\{0,1,2\}$$

stammt. Diese Klasse von Strukturen enthält also im wesentlichen alle zweistelligen Relationen r über dem Universum $\{0,1,2\}$ und wird im folgenden zur Vereinfachung mit $\wp\,(d \times d)$ identifiziert.

Die Aussage Φ ist in allen solchen Strukturen gültig, die die Paare $(0,0)$ und $(0,1)$ enthalten und mit jedem Paar der Form $(0,y)$ auch das Paar $(y,0)$ enthalten. Die zugehörige Modellklasse hat also folgendes (unvollständig aufgeschriebenes) Aussehen:

$$Mod_K(\Phi) = \{\; \{\; \begin{matrix}(0,0)\\(0,1)\\(1,0)\end{matrix}\; \}\quad ,\; \{\; \begin{matrix}(0,0)\\(0,1)\\(1,0)\\(0,2)\\(2,0)\end{matrix}\; \}\quad ,\; \{\; \begin{matrix}(0,0)\\(0,1)\\(1,0)\\(0,2)\\(2,0)\\(1,1)\end{matrix}\; \}\quad ,\; ...\; \}$$

Da $Mod_K(\Phi) \subsetneq \kappa$ gilt, läßt uns das "Wissen" Φ einerseits nicht völlig im Unsicheren, aber andererseits verbleibt die Unsicherheit, welche der Strukturen aus $Mod_K(\Phi)$ tatsächlich vorliegt. Fügt man dem "Wissen" Φ ein neues Literal hinzu, so kann man gegebenenfalls das "Wissen verbessern", d.h. hier die Unsicherheit über die tatsächlich vorliegende Struktur verringern.

Fügt man etwa das Literal $R(0,2)$ hinzu, so erhält man die Aussage

$$\Phi_1 :\equiv \Phi \wedge R(0,2),$$

und für die zugehörigen Modellklassen gilt

$$Mod_K(\Phi_1) \subsetneq Mod_K(\Phi),$$

weil zum Beispiel $\{\, (0,0), (0,1), (1,0)\, \} \notin Mod_K(\Phi_1)$. Also wurde in der Tat das "Wissen verbessert", d.h. durch Ausschluß einiger Strukturen die Unsicherheit verringert.

Manchmal jedoch ist das Hinzufügen eines Literales "redundant": fügt man etwa das Literal $R(1,0)$ hinzu, so erhält man die Aussage

$$\Phi_2 :\equiv \Phi \wedge R(1,0),$$

aber für die zugehörigen Modellklassen gilt

$$\mathrm{Mod}_K(\Phi_2) = \mathrm{Mod}_K(\Phi),$$

weil in diesem Fall das hinzugefügte "Wissen" eine logische Implikation des ursprünglichen "Wissens" ist.

Vergleicht man jeweils das "Wissen" bzw. die Unsicherheit *vor* dem Hinzufügen des Literales mit dem Wissen bzw. der Unsicherheit *nach* dem Hinzufügen, so kann man sagen, daß im ersten Fall "Information übertragen" wurde, im zweiten Fall aber nicht.

2.3 Bibliographische Hinweise

Information wird oft als ein Grundbegriff der heutigen Wissenschaft schlechthin angesehen. H. Zemanek [Ze 92] gibt eine Einführung und verwendet den Begriff als Leitfaden, um die Informatik in unsere Lebenserfahrungen einzuordnen. Ausführliche Erörterungen des Begriffes der "Information" findet man zum Beispiel in [We 85] aus physikalisch-philosophischer Sicht, in [Re 89] aus technisch-biologischer Sicht, in [Lu 84] aus soziologisch-systemtheoretischer Sicht. Die im Abschnitt 2.1 vorgestellte wahrscheinlichkeitstheoretische Sicht geht auf im Jahre 1948 veröffentlichte Arbeiten von C. Shannon zurück; eine gelungene Einführung bieten zum Beispiel A.M. Jaglom und I.M. Jaglom [JaJa 60]; eine Herleitung von ld $1/p(a_i)$ als Informationsmaß findet man auch zum Beispiel bei T. Kameda und K. Weihrauch [KaWe 73]. G. Jumarie [Ju 90] entwickelt eine umfassende Erweiterung des Ansatzes von C. Shannon.

Die im Abschnitt 2.2 vorgestellte modelltheoretische Sicht wird im Rahmen logischer Untersuchungen häufig für die Behandlung von "Redundanz" benutzt, womit wir uns im Kapitel 14 im Zusammenhang mit der Optimierung von Anfragen weiter beschäftigen werden.

3 Kommunikation

Der Begriff der "Kommunikation" wird ebenso wie der Begriff der "Information" wieder sehr vielfältig benutzt, und zwar sowohl in der Alltagssprache als auch in vielen Fachsprachen. Und natürlich sind diese beiden Begriffe im allgemeinen auch aufeinander bezogen: so wie wir bei der Erörterung von "Information" auch die "Information*übertragung*" betrachtet haben, so fragt man bei der "Kommunikation" auch nach dem jeweils übermittelten "*Information*sgehalt".

Für alle Verwendungen des Begriffes der "Kommunikation" ist wichtig, daß – dem Rahmen der Möglichkeiten bei der "Information" entsprechend – die an der Kommunikation Beteiligten über einen gemeinsamen Bezugsrahmen verfügen, mit dem die Möglichkeiten ihrer Verständigung abgesteckt werden. Solch ein Bezugsrahmen kann schon vorgefunden sein, wie zum Beispiel innerhalb eines einheitlichen Sprach- und Lebensraumes durch die üblichen Gruß- und Höflichkeitsgewohnheiten. Oder ein solcher Bezugsrahmen wird, abgestützt auf Vorgefundenes, zwischen den Beteiligten erst festgelegt, wie zum Beispiel wenn eine Versammlung, im Rahmen der Gepflogenheiten, aber dennoch auch der jeweiligen Aufgabenstellung angepaßt, zunächst eine Geschäftsordnung für das weitere Vorgehen beschließt. Wenn man Kommunikation durch "Informationssysteme", so wie sie in diesem Buch beschrieben werden, unterstützen will, dann kommt dem für die Unterstützung ausdrücklich vereinbarten Bezugsrahmen, der in diesem Zusammenhang im allgemeinen als "Schema" bezeichnet wird, eine entscheidende Bedeutung zu. Die Unterstützung wird nur in dem Maße erfolgreich sein, wie für die beteiligten Menschen sowohl die vorgefundenen, oftmals nicht ausdrücklich genannten Bezüge, als auch die erstrebenswert einvernehmlich verabredeten Bezüge klar ersichtlich und bedeutsam sind. Entsprechend dieser Einsicht wird in diesem Buch dem Entwurf von Schemas ein breiter Raum gewidmet, insbesondere durch die Kapitel 5 und 6, sowie durch Kapitel 15.

3.1 Kommunikatives Handeln

Im folgenden soll *Kommunikation* stets nichttechnisch, sondern als eine *Handlung zwischen vernunft- und sprachbegabten Menschen* angesehen werden. *Sprache* ist zwar nicht alleiniges, aber doch ein herausragendes Mittel der Kommunikation zwischen Menschen. In der Sprache sind sowohl ein unermeßlicher gemeinsamer Erfahrungsschatz als vorgefundener Bezugsrahmen enthalten, als auch die Möglichkeiten zur Verabredung von Bezugsrahmen und zum einmaligen Ausdruck gegeben, sowie auch die Entfaltung neuer Bezüge angelegt. Natürliche Sprache dient ferner dazu, formale Sprachen zu definieren, die Grundlage von "Informationssystemen" sein sollen. Die über Informationssysteme vermittelte Kommunikation muß sich dieser formalen Sprachen bedienen. Jede Verdichtung, Verengung oder auch Verarmung der Ausdrucksmöglichkeiten beim Übergang von natürlicher Sprache zu formalen Sprachen betrifft den Gesamtvorgang der Kommunikation zwischen den ein Informationssystem nutzenden Menschen. Entsprechend dieser Einsicht werden wir Informationssysteme vorrangig durch die in ihnen verwirklichten formalen Sprachen darstellen.

Indem Kommunikation als *Handlung* zwischen Menschen angesehen wird und dabei auf deren *Vernunftbegabung* verwiesen wird, soll deutlich werden, wie grundlegend und umfassend der Begriff der Kommunikation verstanden werden sollte. "Kommunikatives Handeln" erscheint dann als ein Sonderfall menschlichen Verhaltens: als Beschreibung von Verhalten werden dabei mehrere, sonst auch getrennt auftretende Züge gemeinsam sichtbar; als Wunschvorstellung von Verhalten wird dabei eine Bündelung von solchen Zügen gefordert. Die folgenden Begriffsbestimmungen, die in Bild 3.1 stichwortartig zusammengefaßt werden, stellen zunächst einzelne Züge als teleologisches, normenreguliertes oder dramaturgisches Handeln dar, wobei jeweils insbesondere die grundlegende Einstellung zur "Welt" und der auftretende Geltungsanspruch benannt werden.

Handlungszug	Funktion	Prägung durch	Weltauffassung	Geltungsanspruch
teleologisch (strategisch)	Zweck verwirklichen	Sachverhalte	objektiv	Wahrheit und Wirksamkeit
normenreguliert	Beziehungen pflegen	Erwartungen anderer	sozial	Berechtigung
dramaturgisch	sich selbst darstellen	eigenes Erleben	subjektiv	Wahrhaftigkeit

Bild 3.1 Einige Grundzüge menschlichen Handelns

Beim *teleologischen Handeln* verwirklicht ein Handelnder einen Zweck, oder er bewirkt, daß ein erwünschter Zustand tatsächlich eintritt. Entsprechend den vorliegenden Sachverhalten werden dabei erfolgversprechende Mittel ausgewählt und in geeigneter Weise angewendet. Berücksichtigt der Handelnde, daß auch andere zielgerichtet Handelnde Entscheidungen für ihr jeweiliges Handeln treffen werden, so ergibt sich *strategisches Handeln*. Die grundlegende Einstellung zur "Welt" ist von der Vorstellung geprägt, daß eine Welt existierender Sachverhalte zugrunde gelegt werden kann. Bezüglich dieser "objektiven Welt" können Geltungsansprüche erhoben werden, daß sprachlich ausgedrückte Behauptungen *wahr* (oder falsch) und zielgerichtete Handlungen *wirksam* (oder unwirksam) seien.

Beim *normenregulierten Handeln* pflegt ein Handelnder als Mitglied einer sozialen Gruppe seine Beziehungen zu den anderen Gruppenmitgliedern. Dabei befolgt er die Normen dieser Gruppe (oder verstößt gegen sie), die ein in der Gruppe bestehendes Einverständnis ausdrücken. Die grundlegende Einstellung zur "Welt" ist von den Erwartungen der anderen Gruppenmitglieder geprägt. Bezüglich dieser "sozialen Welt" tritt der Geltungsanspruch auf, daß Erwartungen und damit zusammenhängende Handlungen als *berechtigt* anerkannt werden.

Beim *dramaturgischen Handeln* stellt ein Handelnder sich selbst einem Publikum dar. Dabei offenbart er Teile seiner eigenen, grundsätzlich zunächst nur ihm selbst zugänglichen Absichten, Gedanken, Wünsche, Gefühle oder ähnlichen Regungen. Die grundlegende Einstellung zur "Welt" ist vom eigenen Erleben geprägt. Bezüglich dieser "subjektiven Welt" wird der Geltungsanspruch erhoben, daß die Äußerungen des Handelnden vom Publikum als (mehr oder weniger) *wahrhaftig* bewertet werden.

Im durch Bild 3.2 veranschaulichten *kommunikativen Handeln* verbinden sich die schon genannten Züge. Zwei oder mehrere Handelnde "suchen eine Verständigung über ihre Handlungssituation, um ihre Handlungspläne und damit ihre Handlungen einvernehmlich zu koordinieren" [Ha 81, I. Seite 128]. Wichtigstes Hilfsmittel dabei ist die Sprache, mit der die beteiligten Handelnden ihre Einstellungen zur "Welt", also zu den (objektiven) Sachverhalten, den (sozialen) Erwartungen anderer und dem (subjektiven) eigenen Erleben gegenseitig darzustellen versuchen. Wie auch immer im einzelnen die Bezugsrahmen für die Kommunikation über diese Einstellungen beschaffen oder abgesteckt worden sind, die wechselseitigen Darstellungen können darüber hinaus nur auf der Grundlage eines schon gemeinsamen erfahrenen Ausschnittes der "Lebenswelt" gelingen, wobei "Lebenswelt" als Kürzel für das schlechthin Vorgefundene, noch nicht Bedachte oder bewußt Geschaffene stehe. Beim kommunikativen Handeln üben die Beteiligten mit ihren Sprachhandlungen nur lokutionäre und illokutionäre Akte[1] aus, insbesondere wird die jeweilige Handlungs*absicht*, etwa ein Versprechen, ein Befehl oder ein Wunsch, vorbehaltlos mit ausgedrückt. Ein Erfolg oder ein Mißerfolg der gesuchten Verständigung erweist sich darin, ob die im kommunikativen Handeln ausgedrückten Geltungsansprüche, jeweils bezüglich Wahrheit von Sachverhalten, Berechtigung von Erwartungen und Wahrhaftigkeit von Selbstdarstellungen, angenommen oder abgelehnt werden. Grundsätzlich können diese Geltungsansprüche von Betroffenen begründet zurückgewiesen werden, d.h. Wahrheit und Berechtigung können bestritten und Wahrhaftigkeit angezweifelt werden. Werden die erhobenen Ansprüche bekräftigt, so werden hierfür ebenso wie für die Zurückweisung Begründungen verlangt. Kommunikatives Handeln ist also von Anbeginn darauf angelegt, daß Auseinandersetzungen zwischen den Handelnden dadurch geschlichtet werden, daß Gründe beigebracht werden. Solche Auseinandersetzungen mit Begründungen kann ein Handelnder auch in einem rückbezüglichen Verhältnis zu sich selbst vorwegnehmen, indem Sprachhandlungen von vornherein im Hinblick auf mögliche Zurückweisungen begründet vorgetragen werden. Insgesamt entwickelt sich kommunikatives Handeln in zweierlei Hinsicht offen in die Zukunft: ein Angesprochener kann Geltungsansprüche annehmen oder zurückweisen, und ein Sprecher kann diese Entscheidungsoffenheit bereits bei seinen Sprachhandlungen berücksichtigen.

Will man "kommunikatives Handeln" durch "Informationssysteme" unterstützen, so

---

[1] Die folgenden Begriffe lassen sich kurz so charakterisieren:
    lokutionärer Akt: *etwas* sagen; man drückt Sachverhalte aus.
    illokutionärer Akt: handeln, *indem* man etwas sagt; man vollzieht Handlungen wie z.B. Versprechen, Befehl, Wunsch, usw. ("hiermit verspreche, befehle, wünsche ich, daß ...").
    perlokutionärer Akt: etwas bewirken, *dadurch daß* man handelt, indem man etwas sagt; man erzielt Effekte.

stellt gerade diese Offenheit eine große Herausforderung dar. Zu Beginn eines Einsatzes des Informationssystems muß nicht nur der Bezugsrahmen für die Kommunikation als ein "Schema" ausdrücklich vereinbart werden, sondern ebenfalls schon zu Beginn müssen für die Zukunft mögliche Zurückweisungen einzelner, durch das Informationssystem vermittelter Sprachhandlungen mitbedacht werden. Im Endergebnis wird ein "Administrator" eines Informationssystems dieser Herausforderung allenfalls näherungsweise gerecht werden können, und die späteren Endbenutzer werden das Informationssystem häufig als starrer und einengender erfahren, als ihnen eigentlich wünschenswert erscheint.

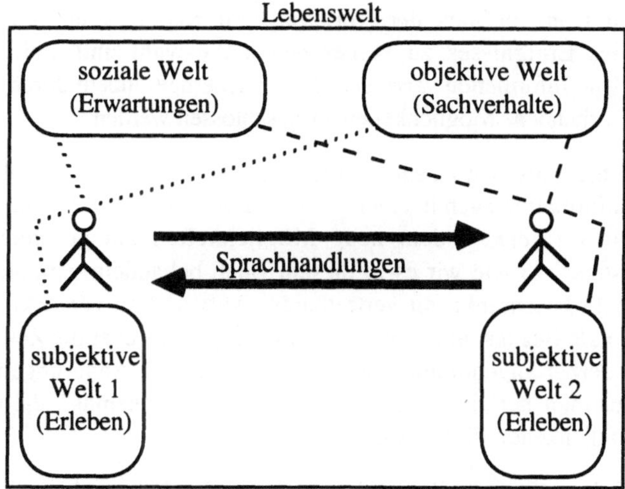

Bild 3.2 Veranschaulichung kommunikativ Handelnder mit ihren Weltbezügen

3.2 Soziale Systeme

Der oben umrissene Ansatz einer "Theorie des kommunikativen Handelns" [Ha 81] stellt die einzelnen handelnden Menschen in den Vordergrund und beschreibt von ihnen ausgehend einen gemeinsamen Bezugsrahmen für ihr Zusammenwirken. Ein anderer Zugang zum Verständnis des Begriffes der "Kommunikation" geht von einem übergreifenden Systembegriff aus und entwirft die Begriffe innerhalb einer "allgemeinen Theorie sozialer Systeme" [Lu 84]. In diesem systemtheoretischen Ansatz wird zunächst angenommen, daß ein *System* und seine *Umwelt* als differenzierte Einheit zu verstehen seien, d.h. einerseits könne man über sie beide jeweils nur als eine Einheit sinnvoll reden, und andererseits stelle die Differenz bzw. die Grenze zwischen ihnen gerade das jeweils Besondere dar. Einem System wird dabei eine Eigenständigkeit zugeschrieben, die sich darin zeigt, daß das System jeweils eine Differenz zur Umwelt erzeugt und über die Zeit erhält. Ein System benutzt dabei seine Grenze zur Umwelt, um seine Differenz zur Umwelt zu bewahren. Ein großes System mit Umwelt kann sich durch wiederholte Systembildung (aus)differenzieren, wobei ein schon vorhandenes Teilsystem als eine Art "interner Umwelt" für ein neu gebildetes Untersystem erscheint. Denn das neue Untersystem ist ja gerade durch Grenzziehung entstanden, und es bleibt als Untersystem nur solange und insoweit bestehen, als es diese Grenze aufrechterhalten kann.

Wie schon allgemein bei den vorangehenden Begriffserklärungen ist auch für ein System jeweils ein Rahmen von Möglichkeiten gegeben, die hier als Systemzustände bezeichnet werden. Eine *Information* wird dann als ein Ereignis angesehen, das Systemzustände auswählt, also Möglichkeiten zu Tatsächlichkeiten werden läßt. Solch ein Ereignis ist wieder durch die Möglichkeiten abgesteckt, und es verändert das System mit dessen eigener Mitwirkung. Während das Ereignis vorübergeht, dauert der veränderte Systemzustand an. Ganz im Sinne der Erörterungen in Kapitel 2 führt eine sinngemäße Wiederholung des Ereignisses zu keiner neuen Auswahl und stellt somit keine Information dar. Und Information *verringert* die Unsicherheit, indem durch die getroffene Auswahl vorher vorhandene Möglichkeiten ausgeschlossen werden.

In diesem systemtheoretischen Ansatz werden darüber hinaus Systeme als derart offen angesehen, daß Information auch in einer weiteren Form auftritt: Information kann auch die Unsicherheit *steigern*, indem neue Möglichkeiten zutage treten. In einem "Informationssystem", so wie wir es in diesem Buch behandeln, ist solche Offenheit allerdings nur recht beschränkt mit vertretbarem Aufwand zu verwirklichen. Der als "Schema" vereinbarte Bezugsrahmen wird im allgemeinen als über die Zeit (weitgehend) fest und unveränderbar angenommen; wollte man auch hier Änderungen zulassen, so benötigte man aus mancherlei Gründen sogenannte "Metaschemas", die nun ihrerseits die Änderungsmöglichkeiten für "Schemas" abstecken.

Um den Begriff der "Kommunikation" von einem Sender zu einem Empfänger zu beschreiben, muß die bislang abstrakt behandelte "Information" auch in ihren äußeren Erscheinungsformen bedacht werden, nämlich einerseits als Mitteilung von einem Sender und andererseits als Verstehen beim Empfänger. *Kommunikation* wird dann begriffen "als Synthese dreier Selektionen, als Einheit aus Information, Mitteilung und Verstehen" [Lu 84, S.203]:
- Die *Information* wählt aus einem Rahmen von Möglichkeiten.
- Die *Mitteilung* wird von einem Sender als sein sichtbares Verhalten gewählt.
- Das *Verstehen* verändert die Möglichkeiten des Empfängers.

So betrachtet erscheint Kommunikation wieder als ein auf sich selbst bezogener Vorgang: der Sender und der Empfänger können zwischen Information (in gewissem Sinne der "Absicht") und der Mitteilung (in gewissem Sinne dem "Beobachtbaren") unterscheiden und diesen Unterschied auch von vornherein in ihrem Verhalten berücksichtigen; in einer anschließenden Kommunikation kann dann auch überprüft werden, ob die vorausgehende Kommunikation verstanden worden ist. Somit hält sich Kommunikation, einmal begonnen, auch selbst durch Vergewisserung über vorangegangene Schritte in Gang.

Im Anschluß an die oben genannten drei Selektionen einer Kommunikation kann der Empfänger jeweils eine vierte Selektion treffen, die ihrerseits auch wieder rückbezüglich wirkt:

- Die *Annahme* oder die *Ablehnung* des Verstandenen durch den Empfänger bestimmt dessen weiteres Handeln.

Will man Kommunikation durch ein Informationssystem zumindest teilweise unterstützen, so werden wieder die Verengungen deutlich. Als "Mitteilungen" können im wesentlichen nur Ausdrücke aus der jeweils verwirklichten formalen Sprache benutzt werden. Und ein "Verstehen" von Mitteilungen innerhalb des Informationssystemes kann nur soweit nichttrivial, d.h. über das bloße Hinzufügen (oder gegebenfalls auch Entfernen) einer Mitteilung hinaus, erfolgen, als es im vornherein in der Semantik der Änderungsoperationen für das Informationssystem vorgesehen und in den entsprechenden Verfahren verwirklicht worden ist.

3.3 Gestaltung von Mensch-Rechner-Interaktionen

Die beiden soweit nur angedeuteten und auch weitere aus der Soziologie stammende Theorien der "Kommunikation" als menschliches und vorrangig auf Sprache beruhendes Handeln können nun Hinweise geben für die Gestaltung von "Informationssystemen". Solche Hinweise kann man, wie auch oben schon vereinzelt erfolgt, aus zwei gegenläufigen Grundeinsichten ableiten:

- Kommunikation zwischen Menschen muß als hochkomplexe Handlung, die nur näherungs- und modellweise verstanden (und wohl auch nur soweit verstehbar) ist, aufgefaßt werden. Jede Vermittlung durch "Informationssysteme" kann dazu führen, daß möglicherweise wichtige Gesichtspunkte unterdrückt werden.

- Die bei der Modellbildung gewonnenen Erkenntnisse über Kommunikation kann man wenigstens ansatzweise soweit formalisieren, daß wichtige Bestandteile von Kommunikation unter Benutzung formaler Sprachen nachgebildet werden können.

Indem man also die Unterschiede zwischen voller menschlicher Kommunikation einerseits und über "Informationssysteme" vermittelter Kommunikation andererseits in ihren Einzelheiten verdeutlicht (und dann auch den Endbenutzern offenlegt), kann man Operationalisierungen zur Überbrückung der Unterschiede gewinnen. Im folgenden sollen dazu einige Überlegungen kurz beschrieben werden.

Ein Vorschlag zielt darauf, den für Kommunikation notwendigen Bezugsrahmen nicht nur als Schema für das gemeinsam zu nutzende Informationssystem zu vereinbaren, sondern auch für jeden einzelnen Benutzer zusätzlich noch jeweils besonders angepaßte "Benutzerrahmen" aufzubauen. Solch ein Benutzerrahmen umfaßt zum Beispiel Stellen für folgende, näherungsweise zu formalisierende Gesichtspunkte:

- Selbstbild,
- Partnerbild(er) mit vermuteten Erwartungen des Partners,
- Gewohnheiten gemäß Vereinbarungen oder erworbenen Erfahrungen,
- Absichten mit Handlungsplänen,
- eigenes Wissen.

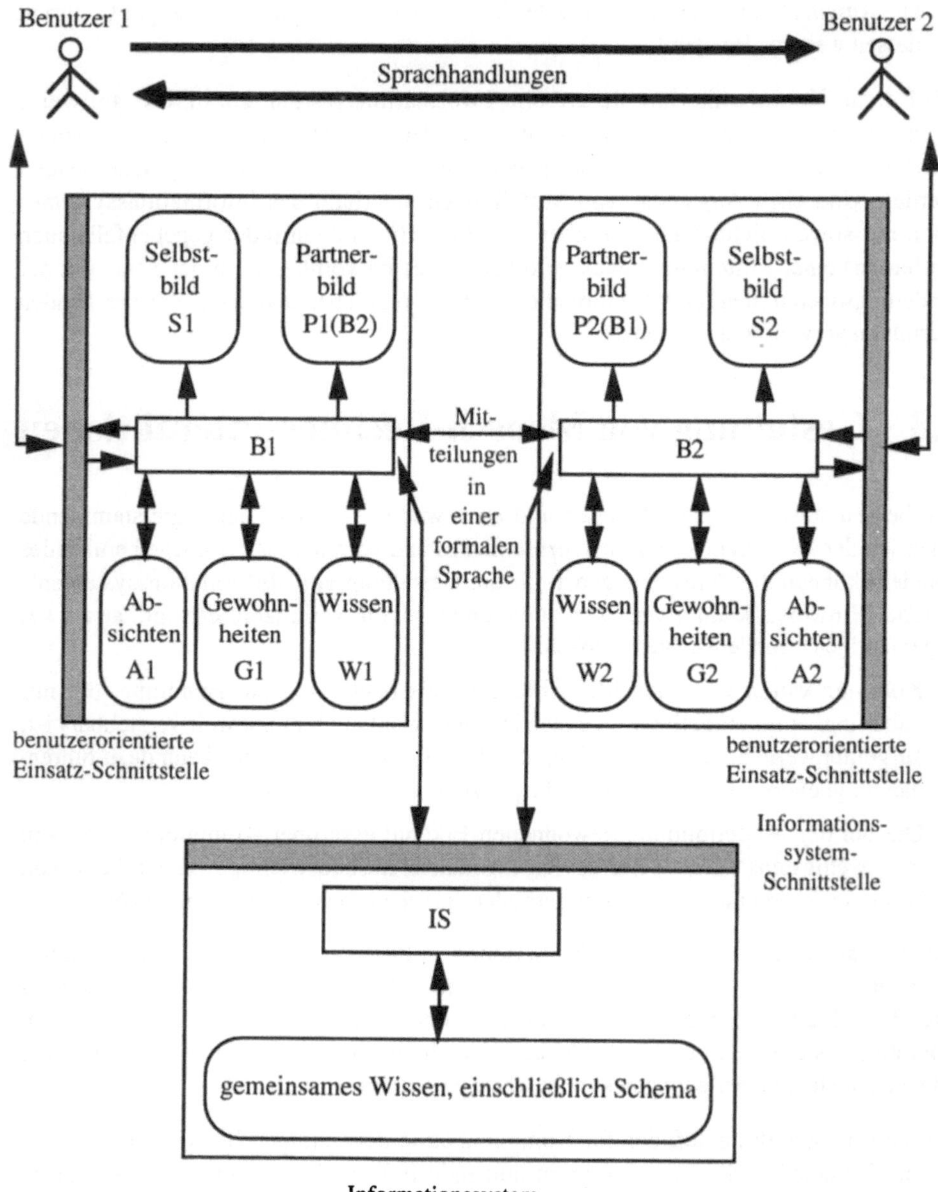

Bild 3.3 Ergänzung zu Bild 3.2: Veranschaulichung der Vermittlung von Kommunikation durch ein Informationssystem mit Benutzerrahmen

Die Veranschaulichung kommunikativ Handelnder aus Bild 3.2 läßt sich dann für den Fall einer Vermittlung durch ein derart gestaltetes Informationssystem wie in Bild 3.3 angedeutet *ergänzen*, d.h *zusätzlich* zu den in Bild 3.2 gezeigten Gegebenheiten, manchmal aber unter Einschränkung oder gar vollständigem Wegfall der unmittelbaren Sprachhandlungen, liegen die in Bild 3.3 veranschaulichten Operationalisierungen vor.

In der Veranschaulichung aus Bild 3.3 sehen die "Benutzer" noch einander als "kommunikativ Handelnde": ihre unmittelbaren Sprachhandlungen oder ihre Mitteilungen in einer formalen Sprache, die über das mit Benutzerrahmen versehene Informationssystem vermittelt werden, erscheinen jeweils als von einem bestimmten Sender an einen bestimmten Empfänger gerichtet. Die Vermittlung durch ein Informationssystem – ebenso wie schon früher die Einführung von Schriftsprache und Buchdruck – eröffnet jedoch neue technische Möglichkeiten, die Vermittlungen auch ungerichtet zu verwenden. Ein Informationssystem kann nämlich wie ein Buch helfen, bei Kommunikation Zeit und Raum zu überbrücken. In das Informationssystem eingegangene Mitteilungen werden als Daten dauerhaft verfügbar gehalten und unter Verwendung von Netzwerkumgebungen räumlich verteilt seinen Benutzern wieder angeboten. Anders als ein Buch kann ein Informationssystem aber auch selbst Handlungen ausführen, die wir abgrenzend von menschlichen Handlungen als formal bezeichnen. Für einen Kommunikation suchenden Benutzer vermag somit das Informationssystem als Träger formaler Handlungen wie das eigentliche Gegenüber erscheinen; ein bei unmittelbaren Sprachhandlungen ursprünglich vorhandener menschlicher Kommunikationspartner bleibt (zunächst jedenfalls) unberücksichtigt.

Solch eine Auflösung von Kommunikation ist im übrigen eingebettet in die klassische Arbeitsteilung innerhalb eines Unternehmens. Gesamtvorgänge werden zerlegt in Einzelschritte, die entweder von Menschen oder von Maschinen oder von Menschen mit Maschinen auszuführen sind. Für die Kommunikation werden als "Maschinen" nun eben auch Rechner und hier besonders Informationssysteme eingesetzt. Somit kann man davon reden, daß Rechner in "formales Kommunikationsverhalten" [Ma 84] mit einbezogen werden, und versuchen, Rechner dementsprechend zu gestalten, etwa dem obigen Vorschlag von Benutzerrahmen folgend.

Die Redeweise vom "formalen Kommunikationsverhalten" verdeckt allerdings die (annehmbar) grundsätzlichen Unterschiede zwischen Menschen und Rechnern, und deshalb wird sie auch als theoretisches Konstrukt kritisiert. Betont man die Unterschiede, so erscheint das Leitbild der "Mensch-Rechner-Interaktion" [He 86] für die benutzerseitige Gestaltung von Informationssystemen angemessen zu sein. Dann kann man auch sprachlich die folgenden drei Wechselbeziehungen trennen:

- *Kommunikation* ist Handlung zwischen vernunft- und sprachbegabten Menschen.

- *Interaktion* ist Wechselbeziehung zwischen einem handelnden Menschen und einem Rechensystem, dem über Arbeitsteilung und Programmierung Teilaufgaben menschlicher Tätigkeit übertragen worden sind.

- *Protokollausführung* ist Wechselbeziehung zwischen verschiedenen Rechensystemen (oder hinreichend selbständigen Teilen eines Rechensystems), etwa so wie sie im Gebiet der Rechnernetze (siehe zum Beispiel [Ta 88]) untersucht wird.

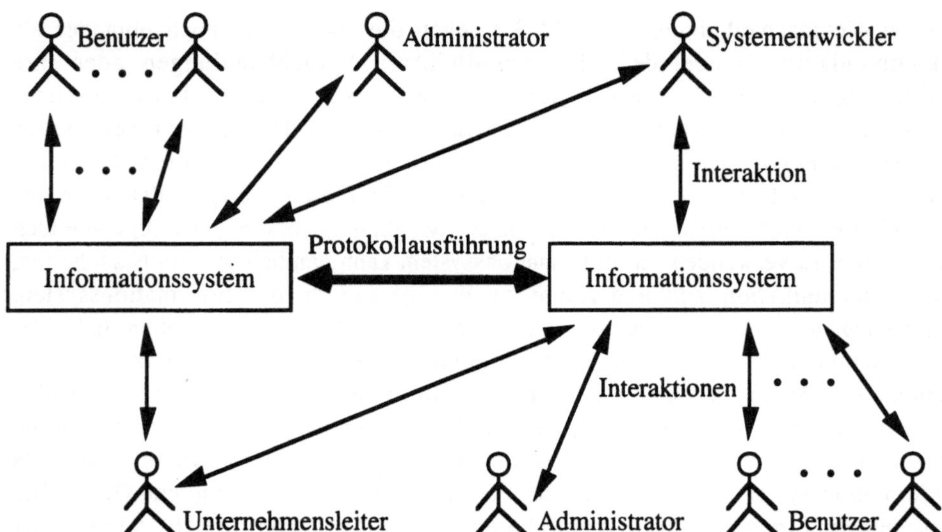

Bild 3.4 Interaktion und Protokollausführung bei Vermittlung von Mitteilungen durch ein Informationssystem

Im Zuge der Arbeitsteilung innerhalb eines Unternehmens treten im allgemeinen alle Formen, häufig zeitlich versetzt und auch räumlich getrennt, auf. Um den übergreifenden Zusammenhang für die betroffenen Menschen wieder sichtbar herzustellen, sind sorgfältig gestaltete Schnittstellen für die Mensch-Informationssystem-Interaktion sowie geeignete Beschreibungen notwendig, insbesondere für die Verpflichtungen der Menschen, für die Spezifikation, den Entwurf und die Verwirklichung der Rechensysteme und speziell für das Schema eines Informationssystems. In den übergreifenden Zusammenhang sind neben den eigentlichen (End-) Benutzern eines Informationssystems stets auch weitere Personen eingebunden, die hier grob und stellvertretend als Unternehmensleiter, Systementwickler und (Informationssystem-) Administrator benannt seien. Bild 3.4 veranschaulicht die auftretenden Interaktionen und Protokollausführungen; unmittelbare Kommunikation findet häufig nur noch während der Systementwicklung und -einführung statt. Stattdessen vermittelt das Informationssystem (als Einheit gesehen, auch wenn es tatsächlich in Komponenten verteilt ist) die Mitteilungen der kommunikativ Handelnden. Die Besonderheiten dieser Vermittlung kann man in Anlehnung an die in Kapitel 1 gegebene technische Zwecksetzung auch wie folgt zusammenfassen:

- Es stehen jeweils große Mengen von Daten vermittlungsbereit zur Verfügung.

- Die Vermittlung erfolgt im allgemeinen zeitlich verzögert.

- Die Qualität der Vermittlung wird durch besondere Protokolle abgesichert, die der unmittelbaren Kontrolle der (End-) Benutzer entzogen werden.

- Die Vermittlung wird im allgemeinen vielen und verschiedenartigen Handelnden angeboten.

- Wird die Vermittlung tatsächlich in Anspruch genommen, so geschieht sie unter einengenden zeitlichen und räumlichen Anforderungen.

3.4 Bibliographische Hinweise

Die hier vorgestellte Einführung in den Begriff der Kommunikation stützt sich
vorwiegend auf die einflußreichen Werke zweier Soziologen: J. Habermas [Ha 81]
beschreibt eine "Theorie des kommunikativen Handelns", und N. Luhmann [Lu 84]
entwirft eine "Theorie sozialer Systeme". Einsichten der Soziologie für die Gestaltung
von Informationssystemen nutzbar zu machen wird insbesondere in folgenden
Dissertationen versucht: S. Maaß [Ma 84] entfaltet den Begriff des "formalen
Kommunikationsverhaltens", und Th. Herrmann [He 86] entwickelt das Leitbild der
"Mensch-Rechner-Interaktion". In den genannten Schriften sind auch umfangreiche
Angaben zur Literatur enthalten, die kaum übersehbar erscheint. Im übrigen sei der Leser
angeregt, einen eigenen, wenn auch notgedrungen schmalen Zugang zum Thema des
Kapitels zu suchen.

4 Wirklichkeit und Modell

In den vorangehenden Kapiteln wird weitgehend unbedacht und manchmal sogar ungenannt die Vorstellung benutzt, daß wir einerseits in einer "wirklichen Welt" leben, aber andererseits für gewisse Zwecke diese Welt durch ein oder mehrere "Modelle" darstellen. Für den Entwurf und die Anwendung eines Informationssystems ist diese Vorstellung außerordentlich nützlich, und dementsprechend wird sie auch im Hauptteil dieses Buches und seinen Vertiefungen weiter verwendet. Aber diese Vorstellung als solche und weitergehende Fragen nach den grundsätzlichen Möglichkeiten und der tatsächlichen Beschaffenheit solcher Abbildungen von "Wirklichkeit" durch ein "Modell" stellen natürlich für die Wissenschaft schlechthin, insbesondere für die Philosophie und die Anthropologie die größten Herausforderungen dar. In der Wissenschaft wird seit langem bedacht, was denn nun eigentlich "Wirklichkeit" sei und auf welche Weise Menschen es als kognitive Fähigkeit vermögen, eine wie auch immer geartete Wirklichkeit zu erfassen und zu "modellieren", sowie solche "Modelle" im Gedächtnis zu bewahren und für anfallende Aufgaben verfügbar zu halten und zu verwerten. Diese tiefen und grundlegenden Fragen führen dann in den Einzelwissenschaften zu Verfeinerungen, zu denen auch die in den Kapiteln 2 und 3 höchst auszugsweise vorgestellten Untersuchungen gehören, was denn "Information" sei und wodurch sich "Kommunikation" auszeichne. Die neue Wissenschaft der Informatik, die ja auch eine Ingenieurwissenschaft ist, eröffnet nun neue Möglichkeiten, die Fragen nach den kognitiven Fähigkeiten, nach der Modellbildung und nach Information und Kommunikation zu untersuchen: mit Hilfe der Informatik kann man nämlich versuchen, ausgehend von Lösungsansätzen zu solchen Fragen simulierende Rechensysteme zu entwickeln und zu beobachten.

Weder die langen Erfahrungen der Wissenschaft insgesamt noch die neuen Techniken der Informatik haben bislang zu allgemein anerkannten Einsichten geführt. Die unermeßliche Vielzahl der Schriften zu diesem Fragenkreis belegt vielleicht zunächst nur wieder zwei gegenläufige Grundeinsichten, die ähnlich auch schon in Abschnitt 3.3 ausgedrückt sind:

- Die angesprochenen Fragen sind nur näherungsweise und dann jeweils nur unter einem ausgewählten Blickwinkel beantwortbar. Jede besondere Antwort verengt notwendigerweise die Vielfalt der Erfahrungen.

- Die bei diesen Annäherungen gewonnenen Erkenntnisse kann man berücksichtigen, wenn man in der Informatik versucht, Teilgesichtspunkte unter Benutzung formaler Sprachen nachzubilden.

In den folgenden Abschnitten werden zwei solche Annäherungen kurz beschrieben und jeweils Hinweise zu ihren Operationalisierungen angedeutet.

4.1 Wirklichkeit und Begriffe

Eine in vielen Fassungen erörterte Annäherung an die in der Einleitung angesprochenen Fragen sieht die *Wirklichkeit* als aus einfachen Elementen bestehend an, aus denen auf wohlstrukturierte Weise alle Erscheinungen unserer erfahrbaren Welt zusammengesetzt sind.

Dieser derart beschaffenen Wirklichkeit entspricht dann ein Raum von *Begriffen*. Begriffe können bestimmten einfachen Elementen oder zusammengesetzten Erscheinungen zugeordnet sein, aber auch durch gemeinsame Eigenschaften festgelegten Gesamtheiten von solchen Elementen oder Erscheinungen. Die Wohlstrukturiertheit der Welt findet dann eine Entsprechung in der logischen Gliederung der Begriffe. Wir Menschen können dadurch Wirklichkeit in solchem Ausmaß verstehen, wie es uns gelingt, mit passenden Begriffen und den Gesetzen der *Logik* die Wirklichkeit gedanklich zu rekonstruieren. Da in dieser Annäherung eine grundsätzliche Übereinstimmung zwischen der wohlstrukturierten Wirklichkeit einerseits und dem logisch gegliederten Raum der Begriffe andererseits angenommen wird, kann man eine begrifflich-logische Rekonstruktion auch wieder an der Wirklichkeit überprüfen: ist die Rekonstruktion mit bestimmten Erfahrungen nicht vereinbar, so muß, da die Gesetze der Logik zutreffen, in den Anfängen der Rekonstruktion ein Irrtum unterlaufen sein, der dann zu beheben ist.

Der Raum der Begriffe und die Gesetze der Logik werden uns Menschen durch unsere *Sprache* vermittelt. In der jeweils erlernten Sprache vermögen wir Begriffe und logische Operationen zu benennen. Jede Sprache enthält auf ihre jeweils eigene Art die Möglichkeit, über den Raum der Begriffe und die Gesetze der Logik mit jeweils geeigneten Ausdrücken und Sätzen zu reden. Die Begriffe der Logik sind damit allen Menschen gemeinsam und unabhängig von ihrer Muttersprache zugänglich.

Insgesamt also liegt eine aufeinander bezogene Dreiheit von Wirklichkeit, Begriffsraum und Sprache vor, die man sich wie in Bild 4.1 veranschaulichen kann. Der Begriffsraum bildet dabei ein gedankliches Modell der Wirklichkeit, die jeweilige Sprache ein unmittelbar zugängliches Modell der Wirklichkeit: Begriffe vertreten die Elemente und Erscheinungen der Wirklichkeit und werden ihrerseits durch Ausdrücke der Sprache benannt; solche Ausdrücke der Sprache erhalten ihre Bedeutung bezüglich der Wirklichkeit dadurch, daß sie Begriffe benennen, die ihrerseits Erscheinungen der Wirklichkeit vertreten.

Soweit die bislang skizzierte Annäherung tatsächlich zutrifft, eröffnet die Informatik eine Möglichkeit, die Dreiheit von Wirklichkeit – Begriffsraum – Sprache zu ergänzen. Da Ausdrücke und Sätze einer Sprache als Zeichenfolgen darstellbar sind und die Gesetze der Logik (zumindest der Prädikatenlogik 1. Stufe) partiell berechenbar sind, kann man Rechensysteme entwerfen, die menschliche Leistungen im Umgang mit Sprache, soweit sie Begriffe benennt und den Gesetzen der Logik folgt, simulieren können. Da Sprache (als Benennung von Wirklichkeit vertretenden Begriffen) Bedeutung bezüglich der Wirklichkeit trägt, könnten dann auch Rechensysteme über Bedeutungen verfügen.

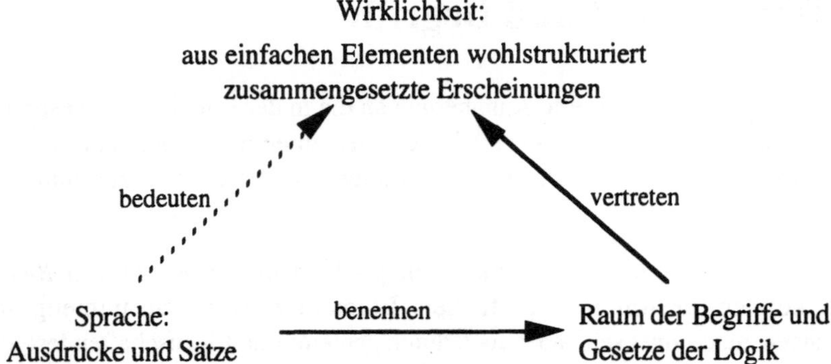

Bild 4.1 Aufeinander bezogene Dreiheit Wirklichkeit – Begriffsraum – Sprache

Die soweit umrissene Art der Annäherung ist mit vielen guten Gründen angegriffen worden, so daß sie in voller Allgemeinheit sicherlich nicht haltbar ist. Wichtige Einwände sind insbesondere die folgenden:

- Die moderne Naturwissenschaft kann überhaupt nicht bestätigen, daß die Wirklichkeit aus "einfachen Elementen" aufgebaut sei. Alle bisherigen Vorstellungen von "atomaren Teilchen" oder ähnlichen Dingen haben sich als letztlich irrig (wenn auch für bestimmte Fragestellungen nützlich) erwiesen.

- Die moderne Naturwissenschaft kann die Zusammenhänge in der Wirklichkeit durchaus nicht nur mit den (häufig nützlichen) Mitteln der klassischen Logik erfassen, sondern sie benötigt dazu notwendigerweise auch geeignete Vorstellungen von Zufall, Wahrscheinlichkeit oder ähnlichen Gegebenheiten.

- In der Philosophie wird gefragt, ob der "Raum der Begriffe" nicht ein (manchmal durchaus nützliches) theoretisches Konstrukt sei, das unseren unmittelbaren Wahrnehmungen und Erfahrungen nur übergestülpt sei.

- Die Anthropologie bemühte sich im wesentlichen vergebens, eine biologisch-materielle Grundlage für so etwas wie einen "Begriff" zu finden. Insbesondere ist recht unklar, wie man sich die Bildung und Verankerung von Begriffen im Gehirn eines Menschen vorzustellen habe. Einige Erklärungsversuche hierfür sind ziemlich sicher als gescheitert anzusehen: die kognitiven Fähigkeiten eines Menschen können wohl weder auf einer Ähnlichkeit zwischen einer biologisch-materiellen Grundlage (für einen Begriff) und der (durch einen Begriff vertretenen) Wirklichkeit beruhen noch auf einer wie auch immer gearteten Kovarianz zwischen dem biologisch-materiellen Abbild und der Wirklichkeit.

- Die Soziologie liefert viele Hinweise darauf, daß Menschen in einem vielschichtigen Geflecht von Bezügen miteinander kommunizieren und dadurch ihre jeweils eigene Sicht auf Wirklichkeit aufbauen. Dabei wird dann nicht eine von Anbeginn wohlstrukturierte Wirklichkeit durch die Suche nach den passenden Begriffen und deren Benennung "aufgedeckt", sondern zunächst nur auf sich selbst gestellte Menschen suchen nach einer jeweils bestmöglichen Verständigung und entscheiden dann begründet über die vorliegenden Geltungsansprüche. Auch die "Welt der

Sachverhalte" mit dem Geltungsanspruch der "Wahrheit" unterliegt dann letztlich den jeweiligen Übereinkünften der kommunikativ handelnden Menschen.

Trotz dieser wichtigen Einwände gegen die *allgemeine* Gültigkeit der Annäherung, die auf der Dreiheit von Wirklichkeit – Begriffsraum – Sprache beruht, ist diese Annäherung doch außerordentlich nützlich, wenn man auf sie ausdrücklich nur begrenzt einsetzbare Methoden aufbaut und die sich ergebenden Begrenzungen bewußt beachtet. Genau diesen Weg beschreitet die Informatik, wenn sie die Dreiheit um die Ebene der simulierenden Rechensysteme ergänzt. Entsprechend wird auch in diesem Buch vorgegangen: dem Hauptteil und den Vertiefungen liegt im weiteren unausgesprochen und im wesentlichen auch unangezweifelt die hier erörterte Annäherung zugrunde. In Kapitel 5 wird ein erprobtes Begriffsgerüst vorgestellt, mit dessen Hilfe man die für eine Anwendung eines Informationssystems jeweils zutreffenden Begriffe "auffinden" kann. In Kapitel 6 wird eine geeignete Fassung der (Prädikaten-) Logik vorgestellt. Und in den weiteren Kapiteln des Hauptteils und der Vertiefungen wird gezeigt, wie man ausgehend von diesen Grundlagen die oben angesprochene Ergänzung der Dreiheit durch ein Informationssystem im einzelnen aufbauen kann. Dies geschieht im wesentlichen dadurch, daß formale Sprachen erfunden, verwirklicht und benutzt werden, durch die man bezüglich der Wirklichkeit Bedeutung tragende Zeichenfolgen maschinell geeignet verarbeiten kann.

In den logikorientierten Ansätzen für solche formalen Sprachen findet sich noch eine Besonderheit: Das Informationssystem selbst verfügt nur in soweit über "Bedeutung", als diese innerhalb des Systems durch das vom Administrator entworfene zeitunabhängige Schema und durch das zeitabhängige Vorkommen der Zeichenfolgen in den vom Schema festgelegten Zusammenhängen formal ausgedrückt ist. Jegliche darüber hinaus gehende inhaltliche Bedeutung findet keine Grundlage im Informationssystem und muß dementsprechend jeweils von den Benutzern des Informationssystems erfaßt werden. In objektorientierten Ansätzen kann das Informationssystem über zusätzliche, aber weiterhin streng begrenzte "Bedeutung" verfügen, wenn der Administrator zu den grundlegenden und anwendungsunabhängigen, schon für die logikorientierten Ansätze benötigten Operationen weitere, die jeweilige Anwendung beschreibende Operationen hinzufügt.

4.2   Bedeutung durch Interpretation

Am Ende von Abschnitt 4.1 wird davon geredet, daß Zeichen "bezüglich der Wirklichkeit Bedeutung tragen" oder daß ein Informationssystem über "Bedeutung verfüge". Die einleitend gestellten Fragen beziehen sich insbesondere auch darauf, was mit solchen Redeweisen genau gemeint sei. In diesem Abschnitt wird eine weitere Annäherung an die einleitenden Fragen unter Berücksichtigung der obigen Redeweisen beschrieben.

Ausgangspunkt der Annäherung ist die Annahme, daß kognitive Fähigkeiten sehr grob wie in Bild 4.2 veranschaulicht werden können. In wieweit diese Annahme für die kognitiven Fähigkeiten der Menschen zutrifft (oder geeignet verfeinert werden kann), ist noch zweifelhaft, aber (simulierende) Informationssysteme werden im allgemeinen entsprechend dieser Annahme entworfen. Gemäß dieser Annahme beruhen die kognitiven Fähigkeiten darauf, daß im wesentlichen Berechnungen mit Zeichen durchgeführt werden, wobei "Berechnungen" hier ganz im Sinne der Informatik verstanden werden. Ein aufgrund einer sinnlichen Wahrnehmung erzeugtes Zeichen und letztlich ebenfalls durch Zeichen (oder Zeichenfolgen) formalisiertes Wissen, das irgendwie (durch Vererbung, Erfahrung, ...) "erlernt" ist, werden als Eingabe für Berechnungen genutzt, deren Ausgabe wiederum ein Zeichen ist, das dann bezüglich der Wirklichkeit "gedeutet" wird, zum Beispiel indem eine der sinnlichen Wahrnehmung *angemessene* Bewegung ausgelöst wird.

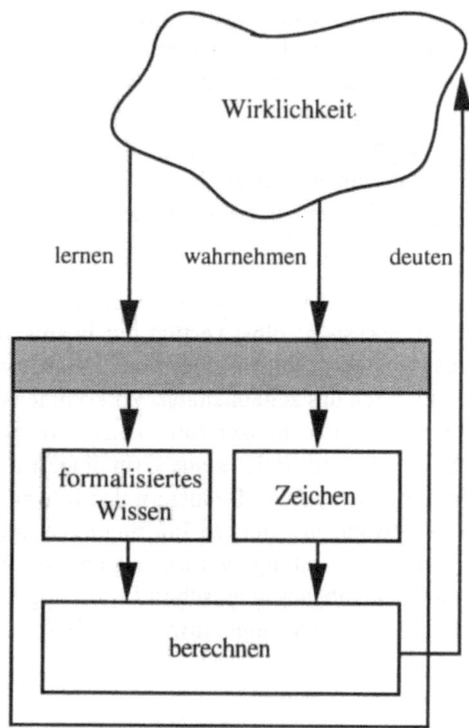

Bild 4.2   Veranschaulichung einer Annahme über kognitive Fähigkeiten

Die hauptsächliche Leistung der kognitiven Fähigkeiten besteht dann darin, daß die "Deutungen" in der Tat den "Wahrnehmungen" angemessen sind. Auf der Ebene der Zeichen heißt das dann, daß die Ausgabezeichen den Eingabezeichen tatsächlich angemessen sind.

Was nun im Einzelfall als *angemessen* anzusehen ist, wird in dieser Annäherung als von *Interpretationen* abhängig angesehen. Die Zeichen besitzen also keine "Bedeutung" schlechthin, sondern sie können je nach den Umständen erfolgreich interpretiert werden. Das auf Berechnungen mit Zeichen beruhende System erfüllt *jeweils* eine in der

Wirklichkeit auszuführende kognitive Funktion, indem unter einer *geeigneten* Interpretation von Zeichen die kognitive Funktion als berechenbare Zeichenverarbeitung *simuliert* wird. Erfolg oder Mißerfolg des kognitiven Systems hängen also wesentlich von den jeweiligen Bezügen ab, die die benutzte Interpretation bestimmen. Und ein Zeichen "repräsentiert" eine Gegebenheit der Wirklichkeit nur bezüglich der jeweiligen Interpretation und des jeweiligen Berechnungsverfahrens.

Unter dieser Annäherung beruhen kognitive Fähigkeiten also darauf, daß für eine jeweils betrachtete kognitive Funktion eine Interpretation und ein Berechnungsverfahren derart zueinander passen, daß das zeichenverarbeitende Berechnungsverfahren unter der Interpretation die kognitive Funktion simuliert. Dieser Vorgang wird in Bild 4.3 veranschaulicht, das auch als Abwandlung der rechten Hälfte von Bild 4.2 angesehen werden kann: bezeichnet man die vorgegebene kognitive Funktion mit f, die Interpretation mit I und das Berechnungsverfahren mit F, so "repräsentiert" ein Eingabezeichen x die Gegebenheit I(x) in der Wirklichkeit vermöge der Gleichung

$$f(I(x)) = I(F(x)).$$

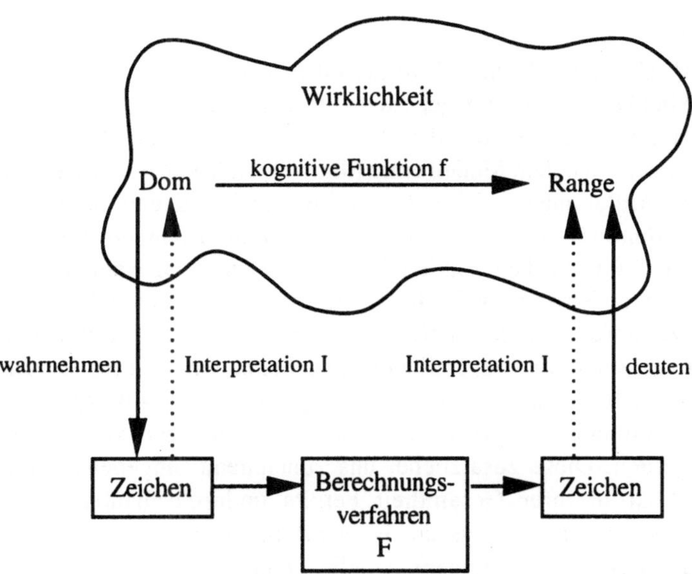

Bild 4.3 Simulation einer kognitiven Funktion durch ein Berechnungsverfahren

Diese Annäherung behandelt demnach kognitive Fähigkeiten wie jede andere Simulation der aus der Mathematik und der Informatik bekannten Art. Dort wird etwa eine physikalische Gegebenheit durch eine auf reellen Zahlen definierte mathematische Funktion simuliert oder die Addition von abstrakten Zahlen durch ein Bitfolgen verarbeitendes Addierwerk simuliert; im ersten Fall wird eine reelle Zahl als physikalische Größe und im zweiten Fall eine Bitfolge als abstrakte Zahl interpretiert.

Natürlich wirft auch diese Annäherung viele weitgehend ungelöste weitere Fragen auf. Insbesondere müßte man genauer klären, welche Eigenschaften bezeichnend für

Interpretationen sind; diese müssen offensichtlich als hinreichend einfach angenommen werden, damit die eigentliche kognitive Leistung nicht als in der Interpretation verborgen angesehen werden muß. Ferner müßten der Einfluß von "Lernen" und damit die Rolle des formalisierten Wissens, das ja ebenfalls als Eingabe für das Berechnungsverfahren verfügbar ist, geklärt werden.

Faßt man ein Informationssystem als aus formalisiertem Wissen und einem zeichenverarbeitenden Berechnungsverfahren bestehend wie in Bild 4.2 und 4.3 gezeigt auf, so verdeutlicht die Annäherung die an den Administrator und die Benutzer zu stellende Anforderung: sie müssen nämlich die beabsichtigte Interpretation einvernehmlich bestimmen, dokumentieren und beherrschen. Die Nützlichkeit der Anwendung des Informationssystems hängt gleichermaßen von einer jeweils zutreffenden, einvernehmlich von allen betroffenen Menschen ausgeführten Interpretation und der korrekten Arbeitsweise des Berechnungsverfahrens ab.

4.3   Wirklichkeit und Formalismus-Wirklichkeit

Die in den Abschnitten 4.1 und 4.2 vorgestellten Annäherungen sind so beschrieben, daß der Wirklichkeit ein von ihr getrenntes, formales, auf Zeichenfolgen beruhendes Modell gegenübersteht. Die in Abschnitt 1.1 erörterten drei Blickwinkel für ein Informationssystem (nämlich Modell einer Miniwelt bilden oder eigenständige Miniwelt verwalten oder Mitteilungen vermitteln) zeigen jedoch, daß eine solche Beschreibung eigentlich irreführend ist. In modernen Gesellschaften handeln wir nicht in einer "naturgegebenen" Wirklichkeit, sondern in einem Geflecht von Naturgegebenheiten und zivilisatorischen Errungenschaften, zu denen insbesondere halbformale Verwaltungsverfahren und durch Rechensysteme aller Art maschinell ausgeführte Formalismen gehören. Zu wesentlichen Gegebenheiten unseres Zusammenlebens gehören jeweils halbformale Dokumente für entsprechende Verwaltungsverfahren, denen ihrerseits Mitteilungen entsprechen, die als Zeichenfolgen von Rechensystemen verarbeitet werden. Diese zusätzliche, uns zunehmend umgebende "Formalismus-Wirklichkeit" ist in ihrer Gesamtheit bereits undurchschaubar geworden. Die Anwendung eines Informationssystems ist damit im allgemeinen in eine vorgefundene "Formalismus-Wirklichkeit" eingebettet, die beim Entwurf und beim Einsatz des Informationssystems hinreichend berücksichtigt werden muß. Insbesondere wird die in Abschnitt 4.2 als Interpretation bezeichnete Leistung häufig nicht direkt durch einen menschlichen Benutzer erbracht. Tatsächlich ist, wie in Kapitel 13 genauer ausgeführt, das "eigentliche" Informationssystem wieder Teil eines größeren Systems mit vielen Anwendungsumgebungen, zu denen insbesondere eine Netzwerkumgebung gehört, die ihrerseits die Verbindung zu einem noch größeren System herstellt. In manchen Einzelfällen ist eine auch nur indirekte menschliche Interpretationsleistung kaum noch eindeutig ausmachbar. Die Nützlichkeit des Informationssystems hängt dann einzig daran, daß es den Entwicklern und Administratoren gelungen ist, eine für die jeweiligen Zwecke vollständige Formalisierung der benötigten Interpretation zu verwirklichen. Dies wird im allgemeinen nur für hinreichend begrenzte Zwecke erreichbar sein.

4.4   Bibliographische Hinweise

Die hier vorgestellten Annäherungen an die angesprochenen Fragen stützen sich insbesondere auf den unter der Annahme von Bild 4.2 bewertenden Überblick von R. Cummins [Cu 89]. A.L. Luft [Lu 88] erörtert Konsequenzen von Erkenntnis- und Wissenschaftstheorie für die Informatik. H. Zemanek [Ze 92] sieht im Lebenswerk des Philosophen L. Wittgenstein eine Computerphilosophie. Ch. Floyd et al. [FlZBK 92] beschreiben Programmierung als "Wirklichkeitskonstruktion". H. Wedekind [We 92] verfolgt einen "kategorialen Ansatz". J. Biskup [Bi 94] betont die Bedeutung der "Formalismus-Wirklichkeit". Im Rahmen der Künstlichen Intelligenz, in die zum Beispiel E. Charniak und D. McDermott [ChMc 85] oder I. Pratt [Pr 94] einführen, ist "Wissensrepräsentation" ein grundlegendes Teilgebiet, das W. Bibel [Bib 93] umfassend darstellt. Möglichkeiten und Grenzen der Künstlichen Intelligenz werden von G. Cyranek, W. Coy et al. [CyCo 94] und kurz zusammenfassend von H. Dreyfus [Dr 94] erwogen. Im übrigen ist natürlich auch die Literatur zu den in diesem Kapitel angesprochenen Fragen kaum übersehbar.

5 Semantische Begriffe für die Modellierung

5.1 Begriffsgerüste

Informationssysteme sollen Mitteilungen kommunikativ Handelnder innerhalb eines "Unternehmens" vermitteln. Dazu müssen Ausschnitte des Unternehmens daraufhin untersucht werden, ob und gegebenenfalls wie sie formalisiert werden können. Ein erster Ansatz für ein Begriffsgerüst umfaßt:

- (handelnde) *Personen*;
- ihre (strukturellen) *Verpflichtungen* innerhalb des Unternehmens,
- die von einer jeweils ausgeführten (sozialen) *Rolle* abhängen;
- ihr dazu notwendiges *Wissen* über das Unternehmen;
- ihre *(formalen) Handlungen*;
- die zugrunde liegenden *Mitteilungen*.

Das *Wissen* einer Person über die *statischen Gesichtspunkte* des Unternehmens kann mit Hilfe des folgenden Begriffsgerüsts beschrieben werden:

Seiendes oder Entität (entity):
etwas, das "wirklich existiert"; das Sein einer Einheit der Welt (im Gegensatz zu seinen Eigenschaften, Beziehungen usw.).

Beziehung (relationship):
ein Zusammenhang zwischen Seienden; die Bestandteile einer Beziehung, die Seienden, werden dabei als bedeutungsvoll auch unabhängig von der Beziehung angesehen.

Eigenschaft / Attribut (predicate / attribute):
Sowohl ein Seiendes als auch eine Beziehung können Eigenschaften besitzen. Seiendes wird (zumindest in einer formalisierten Sicht) häufig durch seine Eigenschaften eindeutig bestimmt; dies ist die extensionale Sicht von Dingen: a ist gleich b genau dann, wenn a und b die gleichen Eigenschaften besitzen bzw. nicht besitzen (d.h. von einem Beobachter, dem nur die Gesamtheit der möglichen Eigenschaften zugänglich ist, können a und b nicht voneinander unterschieden werden).

Eine *Eigenschaft* kann man auch auffassen als einen Zusammenhang zwischen einem Seienden (entity) und dem Wert eines sogenannten *Attributs* (attribute). Wird ein Seiendes durch seine Eigenschaften, d.h. durch die Werte seiner Attribute eindeutig bestimmt, so kann man (in einer formalisierten Sicht) über ein Seiendes ausschließlich über seine Attribute verfügen. Entsprechend kann man auch eine Eigenschaft einer Beziehung als einen Zusammenhang zwischen der Beziehung (relationship) und einem Attributwert ansehen.

Rolle (role):

Die Bedeutung eines Seienden oder einer Eigenschaft in einem Zusammenhang wird durch eine Rolle beschrieben. Damit kann man insbesondere das mehrmalige Auftreten eines Seienden in einer oder mehreren Beziehungen inhaltlich voneinander unterscheiden.

Klassenbildung (abstraction):

Über Seiendes und ihre Beziehungen und Eigenschaften kann man Aussagen machen. Man kann dann diejenigen Seienden (oder Beziehungen oder Eigenschaften) zu einer *Klasse* zusammenfassen, für die gleichartige Aussagen gelten.

Wenn eine Aussageform gegeben ist, so ergibt sich die grundlegende Schwierigkeit, die *Gesamtheit* derjenigen Seienden (Beziehungen, Eigenschaften) zu überschauen, für die sinnvoll gefragt werden kann, ob für sie die entsprechende Aussage gilt oder nicht.

Aussonderung (separation / specialization):

Hat man aber eine wohlbestimmte Menge von Seienden (Beziehungen, Eigenschaften) schon bestimmt, so kann man durch Angabe einer Aussageform diejenigen Seienden (Beziehungen, Eigenschaften) aus der vorgegebenen Menge aussondern, für die die entsprechende Aussage gilt.

Verallgemeinerung (generalization):

Hat man zwei oder mehr wohlbestimmte Mengen von Seienden (Beziehungen, Eigenschaften) schon bestimmt, etwa mit Hilfe geeigneter Aussageformen, so kann man diese vereinigen. Eine die Vereinigung beschreibende Aussageform wird dann als besonders aussagekräftig angesehen, wenn sie die vorgefundenen Aussageformen begrifflich verallgemeinert (anstatt diese einfach nur aufzuzählen und mit dem logischen "oder" zu verbinden).

Aggregation (aggregation):

Was man jeweils als Seiendes oder als Beziehung auffaßt, hängt im allgemeinen vom Standpunkt des Betrachters des Unternehmens ab; letztlich müssen die verschiedenen Betrachter eine Entscheidung darüber aushandeln. Aus diesem Grund, aber auch um Begriffshierarchien aufbauen zu können, ist es häufig zweckmäßig, Beziehungen wieder wie Seiendes verwenden zu können. Beziehungen können dann insbesondere wieder Bestandteile von (höherstufigen) Beziehungen sein.

Die statischen Gesichtspunkte eines Unternehmens kann man nun zunächst ansatzweise mit Hilfe des vorgestellten Begriffsgerüsts durch *Aufzählung* der vorhandenen Seienden, ihrer zutreffenden Eigenschaften und Beziehungen usw. beschreiben.

Dieser Ansatz bedarf aus folgenden Gründen einer Ergänzung:

- Die *Gesamtheit* der als möglich angesehenen Seienden, Beziehungen usw. ist so nicht darstellbar.
- Einschränkende Bedingungen an diejenigen Aufzählungen, die man als (wirklichkeits-) *getreue* (oder wünschenswerte) *Beschreibungen* des Unternehmens ansehen will, sind nicht ausdrückbar.

- Allgemein sind dann keine (Meta-) Aussagen über zukünftige Beschreibungen möglich.

Neben dem *aufzählend dargestellten Wissen* über die statischen Gesichtspunkte benötigt man also noch Wissen in Form von Bedingungen und Regeln:
- *Bedingungen* (constraints) schränken die Aufzählungen ein.
- *Regeln* (rules) dienen dazu, gegebenenfalls mit Hilfe des aufzählend dargestellten Wissens und der Bedingungen, das Sein und die Art von Seienden, Beziehungen usw. zu erschließen.

Typische **Bedingungen** sind die folgenden:
- Innerhalb einer Seiendenklasse müssen die Werte gewisser Attribute die Seienden eindeutig bestimmen: *Schlüsselbedingung* (key constraint).
- Elemente einer Seiendenklasse müssen auch Elemente einer bzw. mehrerer anderer Seiendenklasse(n) sein, wobei folgende Formen wichtig sind. Jedes Seiende aus einer (Teil-) Klasse S_i muß auch in der (Ober-) Klasse S sein: *Aussonderungsbedingung* (specialization constraint, isa-constraint). Jedes Seiende aus der (Ober-) Klasse S muß auch in [genau] einer (ihrer Unter-) Klasse(n) S_i sein: *Verallgemeinerungsbedingung* oder *Partitionsbedingung* (partition constraint).
- Eine Beziehungenklasse soll einen funktionalen Zusammenhang beschreiben, d.h. jedes Seiende aus einer Klasse S1 darf nur mit *höchstens* einem Seienden aus einer Klasse S2 in Beziehung stehen: *viele-eins-Bedingung,* n:1-Bedingung (many-one-constraint, n:1-constraint).
- Eine Beziehungenklasse bezieht jedes Seiende einer Seiendenklasse mit ein, d.h. jedes Seiende aus einer Klasse S1 muß mit *mindestens* einem Seienden aus einer Klasse S2 in Beziehung stehen: *Seinsbedingung* (existence constraint).
- In einer Beziehungenklasse auftretende Seiende müssen in einer Seiendenklasse oder einer anderen Beziehungenklasse vorkommen: *Verweisbedingung* (referential constraint).

Typische **Regeln** sind von folgender Art:
- Die Gesamtheit der möglichen Seienden einer Art wird abschließend durch die Angaben ... beschrieben: *Gesamtheitsregel* (universe of discourse rule).
- Ist eine Beziehung in der Gesamtheit der möglichen Beziehungen, aber weder in der Aufzählung noch erschließbar, so soll die entsprechende Aussage *nicht* gelten: *Verneinungsregel* (negation rule).
- Sind die Beziehungen $R_1,...,R_k$ in der Aufzählung oder schon erschlossen, so soll auch die Beziehung erschlossen werden können, die man aus $R_1,...,R_k$ gemäß den Angaben ... erstellen kann: *Sichtregel* (view rule).

Bedingungen beschreiben nicht nur statische Gesichtspunkte, sondern indirekt auch *dynamische Gesichtspunkte* des Unternehmens. Faßt man nämlich *Mitteilungen* ebenfalls als (Bruchstücke von) Wissen auf, so bedeutet eine Mitteilung die Aufforderung an den Empfänger, sein derzeitiges Wissen zu verändern. Da der Empfänger sein Wissen nur innerhalb der durch die Bedingungen ausgedrückten Einschränkungen aufbauen kann (oder will), müssen gegebenenfalls auftretende Widersprüche unter den Beteiligten aufgelöst werden. So wie Beziehungen wieder für den

Aufbau von höherstufigen Beziehungen verwendet werden können, können zumindest grundsätzlich Mitteilungen nicht nur neues aufgezähltes Wissen umfassen, sondern auch (neue) Bedingungen und Regeln, die gegebenenfalls auch wieder höherstufig sind. Solche beliebigstufig aufgebauten Begriffsgerüste sind jedoch im allgemeinen schwer zu formalisieren und kaum effizient zu verwirklichen.

Die *dynamischen Gesichtspunkte* kann man auch direkter beschreiben, indem man die kommunikativen Handlungen in den Mittelpunkt der Betrachtung stellt: eine *(formale) Handlung* (action) wird dann wie folgt angegeben:
- eine Änderung im Wissen eines Senders, d.h. eine *Information*,
- löst eine *Mitteilung* an einen (oder mehrere) Empfänger aus,
- die dann ihrerseits ihr Wissen geeignet verändern oder eine anschließende Handlung auslösen, d.h. zu *verstehen* versuchen.

Da der Vorgang des Verstehens als grundsätzlich offen für Annahme oder Ablehnung und für Anschlußkommunikation gedacht wird, müssen nicht nur einzelne Handlungen, sondern auch (formale) *Handlungsfolgen* beschrieben werden. So wie die Bedingungen indirekt auch dynamische Gesichtspunkte beschreiben, beinhalten formale Handlungen und Handlungsfolgen auch statische Gesichtspunkte. Tatsächlich sind Wissen und Handlung, statische und dynamische Gesichtspunkte stets unmittelbar aufeinander bezogen und werden nur zum Zweck einer Formalisierung begrifflich getrennt.

Die *Verpflichtungen* (obligation) einer handelnden Person innerhalb einer (sozialen) *Rolle* beschreibt man dann, indem man angibt,
- welches Wissen ihr zugänglich sein bzw.
  welche Handlungsfolgen sie ausführen *muß*,
  gegebenenfalls unter Angabe von *auslösenden Ursachen*;
- welches Wissen ihr zugänglich sein bzw.
  welche Handlungsfolgen sie ausführen *darf*,
  gegebenenfalls unter Angabe von *Voraussetzungen*.

Das eingangs nur im Ansatz angedeutete *Begriffsgerüst* kann nun wie in Bild 5.1 zusammenfassend wiederholt werden. Für semantische Beschreibungen ist es ferner wichtig, zwischen zeitabhängigen und zeitunabhängigen Teilen zu unterscheiden. Bei *zeitabhängigen* Beschreibungen erwartet man häufig Änderungen und möchte diese in der tatsächlichen Verwirklichung leicht durchführen können. Bei *zeitunabhängigen* Beschreibungen erwartet man im allgemeinen keine Änderungen; sie können also in der tatsächlichen Verwirklichung ausschließlich unter dem Gesichtspunkt leichter Nutzung behandelt werden.

Als *zeitabhängig* wird angesehen:
- aufzählend dargestelltes Wissen.

Als *zeitunabhängig* wird in den meisten verwirklichten Ansätzen angesehen:
- Formate für die Aufzählungen,
- Bedingungen,
- Regeln für die Gesamtheit der möglichen Seienden und für negative Information,
- formale Handlungen.

Person	Wissen	Handlung
Verpflichtung	Seiendes	Information
Müssen-Ursachen	Beziehung	Mitteilung
Dürfen-Voraussetzungen	Eigenschaft / Attribut	Verstehen
(soziale) Rolle	Rolle (bei einer Beziehung)	Handlungsfolge
	Klassenbildung:	
	Gesamtheit	
	Aussonderung	
	Verallgemeinerung	
	Aggregation	
	Bedingung:	
	Schlüsselbedingung	
	Aussonderungsbedingung	
	Verallgemeinerungsbedingung	
	viele-eins-Bedingung	
	Seinsbedingung	
	Verweisbedingung	
	Regel:	
	Gesamtheitsregel	
	Verneinungsregel	
	Sichtregel	

Bild 5.1 Begriffsgerüst für die Modellierung

Andere Regeln zum Erschließen von Wissen sowie Verpflichtungen enthalten häufig sowohl zeitabhängige als auch zeitunabhängige Gesichtspunkte. Auch die eben vorgestellte Einteilung kann fließend sein. Insbesondere können durch den Aufbau höherstufiger Konstrukte alle als zeitunabhängig eingestuften Konzepte zeitabhängig werden: die möglichen Änderungen werden dann jeweils auf der nächsthöheren Stufe beschrieben. Die Zusammenfassung der zeitunabhängigen Teile nennt man *Schema*; die Zusammenfassung der zeitabhängigen Teile *Instanz*. In einer aus Schema und Instanz bestehenden Beschreibung kann das Schema als eine Art *Selbstbeschreibung* angesehen werden. In den Verwirklichungen versucht man im allgemeinen das Schema und die Instanz mit den gleichen (oder zumindest ähnlichen) Techniken zu behandeln.

5.2 Graphische Werkzeuge

Die vorgestellten Begriffsgerüste kann man nun keineswegs regelhaft oder gar eindeutig benutzen. Wie und mit welchen Abänderungen und Erweiterungen sie in einem tatsächlich vorliegenden Anwendungsfall eingesetzt werden, muß von den Beteiligten ausgehandelt und einvernehmlich entschieden werden. Entsprechend den im Kapitel 3 entwickelten Vorstellungen sind mindestens die folgenden Personengruppen beteiligt:

- Unternehmensleiter, die insbesondere über Aufgabendelegation entscheiden,
- Systemgestalter (Systementwickler und Administratoren), die eine formale Beschreibung des Unternehmens schließlich in einer geeigneten (Programmier-) Sprache für Informationssysteme ausdrücken und eine Dokumentation für die Benutzer anfertigen,
- Benutzer des Informationssystems.

Die Verständigung zwischen den beteiligten Personengruppen kann häufig durch graphische Werkzeuge unterstützt werden. Besonders nützlich sind solche Werkzeuge, wenn sie interaktiv rechnergestützt verfügbar sind. Allerdings muß man auch vorsichtig sein, daß man nicht durch "offensichtlich ins Auge stechende" Anschauungen fehlgeleitet wird: Graphiken heben manchmal einen Gesichtspunkt besonders hervor, während andere nicht so augenfälltig werden.

5.2.1 ER-Diagramme (entity-relationship-diagrams)

In sogenannten "Entity-Relationship-Diagrammen", kurz ER-Diagrammen, verwendet man die in Bild 5.2 und Bild 5.3 zusammengestellten Zeichen, um jeweils die semantischen Begriffe für die statischen Gesichtspunkte sichtbar zu machen.

5.2.2 Regelgraphen

Regelgraphen dienen der Veranschaulichung von Regeln, die in sogenannter disjunktiver Normalform ausgedrückt sind; sie werden manchmal auch als Und-Oder-Graphen bezeichnet. In Bild 5.5 stehe

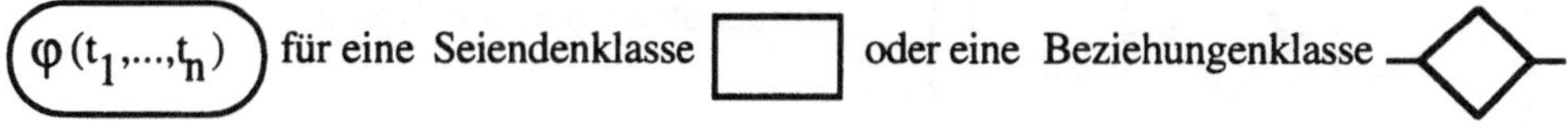

$\varphi(t_1,...,t_n)$ für eine Seiendenklasse [ ] oder eine Beziehungenklasse ◇

oder entsprechende höherstufige Konzepte, wobei die Elemente durch eine Aussageform $\varphi(t_1,...,t_n)$ beschreibbar seien. Ein Regelgraph der in Bild 5.5 dargestellten Form veranschaulicht dann eine Regel folgender Art:

"Wenn die Aussagen

$\psi(r_1,...,r_k)$,..., $\chi(s_1,...,s_l)$ und die Gleichheitsbedingung alle zutreffen
oder eine alternative Menge von Aussagen mit entsprechender
Gleichheitsbedingung zutrifft,

dann trifft auch die Aussage $\varphi(t_1,...,t_n)$ zu,

wobei die Terme t_i wie angegeben gebildet werden."

Aussonderungsbedingungen, Verallgemeinerungsbedingungen und Verweisbedingungen kann man auch als Regeln im obigen Sinn auffassen. Kann man nämlich das Wissen, das mit Hilfe der als Regeln aufgefaßten Bedingungen erschlossen werden kann, zu dem aufgezählten Wissen hinzufügen, so gelten für die derart vervollständigte Aufzählung die Bedingungen.

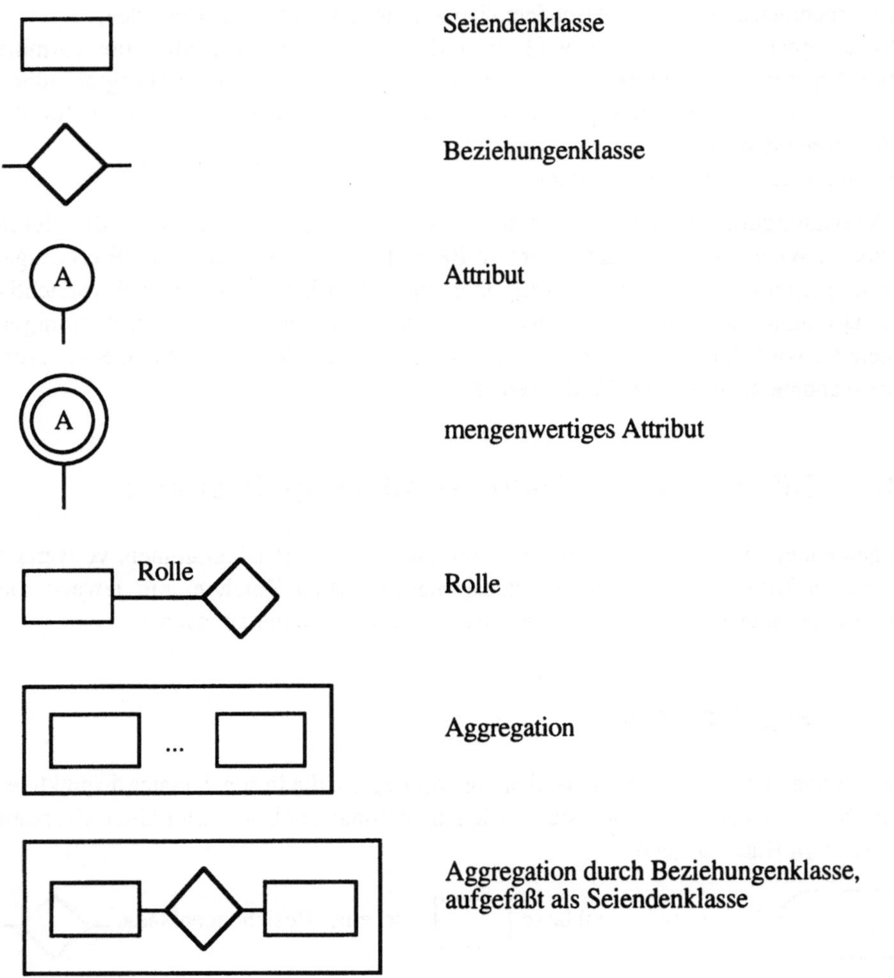

Bild 5.2 Zeichen für Klassen in ER-Diagrammen

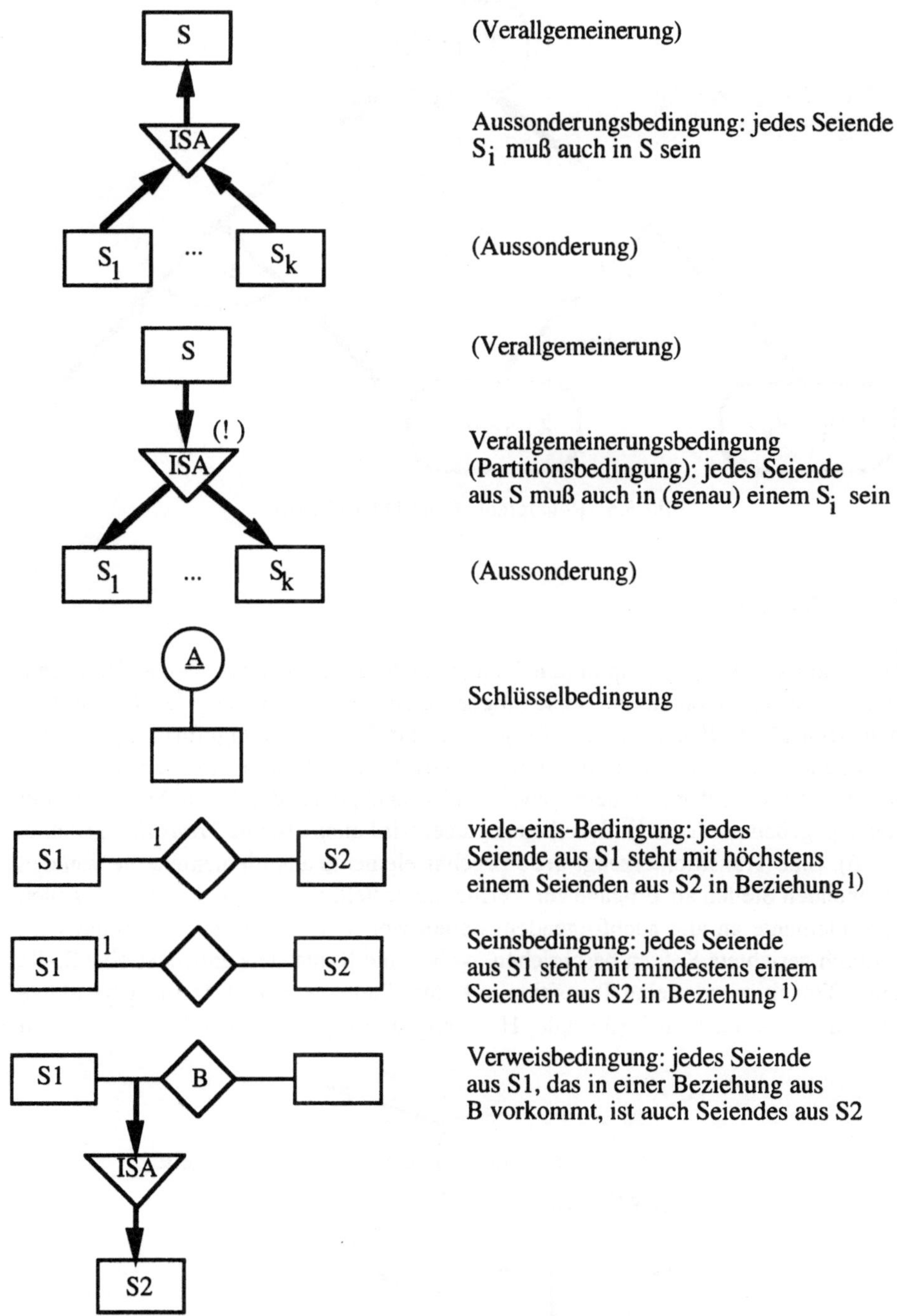

Bild 5.3 Zeichen für Bedingungen in ER-Diagrammen

---

[1] Achtung: Die Notationen für diese Bedingungen fallen in der Literatur sehr
unterschiedlich aus. Die hier verwendete Darstellung kann daher leicht mit anderen
Darstellungen verwechselt werden.

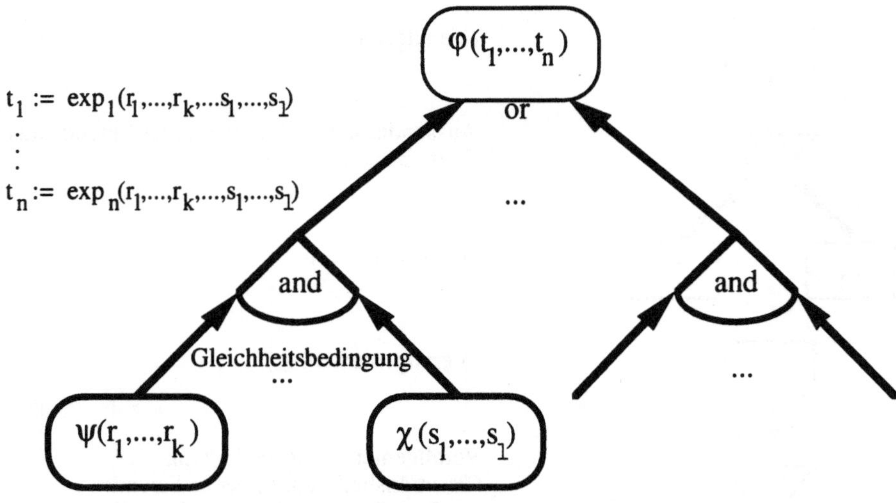

Bild 5.5 Regelgraph (Und-Oder-Graph)

5.2.3 Netze

Unter dynamischen Gesichtspunkten kann man Regeln auch als *Netze* darstellen. Konzepte wie Seiendenklasse, Beziehungenklasse oder entsprechende höherstufige werden dann als *Stellen* gedeutet, die jeweils durch eine Aussageform $\varphi(t_1,..., t_n)$ beschriebene Elemente enthalten können (Bild 5.6). Stellen werden auch wie Programmvariablen behandelt, deren jeweiliger Zustand gerade durch eine Menge solcher Elemente gegeben ist. Jeder Und-Teil einer Regel wird dann als eine *Transition* gedeutet (Bild 5.6). Eine Transition erzeugt neue Ergebniselemente aus Elementen, die von den vorangehenden Stellen als Eingabe zur Verfügung gestellt werden, und gibt diese neuen Ergebniselemente an alle nachfolgenden Stellen weiter. Der Fluß der Elemente wird dabei durch gerichtete Kanten beschrieben, wobei eine Kante stets entweder eine Stelle mit einer Transition oder eine Transition mit einer Stelle verbindet. Derartig gebildete Netze veranschaulichen auch (formale) Handlungen, etwa gemäß dem Muster aus Bild 5.7.

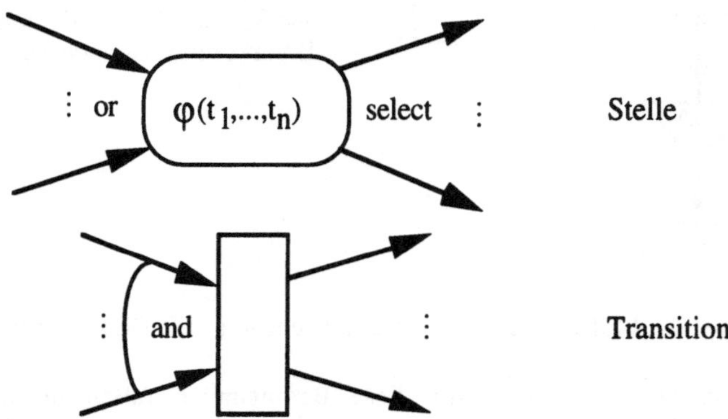

Bild 5.6 Zeichen für Stellen und Transitionen in Netzen

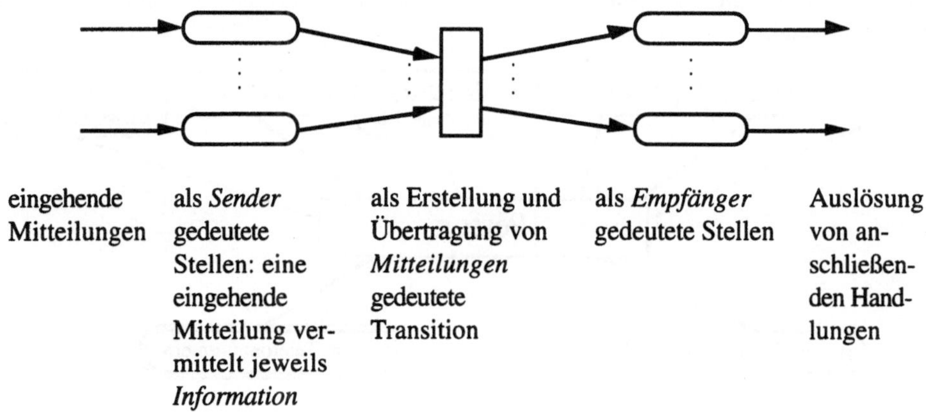

eingehende Mitteilungen	als *Sender* gedeutete Stellen: eine eingehende Mitteilung ver- mittelt jeweils *Information*	als Erstellung und Übertragung von *Mitteilungen* gedeutete Transition	als *Empfänger* gedeutete Stellen	Auslösung von an- schließen- den Hand- lungen

Bild 5.7 Deutung eines Netzes als (formale) Handlung

5.3 Ein Beispiel

Der Vorgang der Modellierung ist nur schwer in einem Text nachzubilden. Trotzdem soll es anhand der Modellierung eines Ausschnitts einer Arztpraxis im folgenden versucht werden.

Als *handelnde Personen* fassen wir auf
- die in der Praxis tätigen Ärzte,
- die in der Praxis tätigen Arzthelfer, Krankenpfleger oder andere Angestellte,
- die Patienten.

Wir stellen uns zunächst vor, daß der als *Leiter* der Praxis tätige Arzt die Gesamtheit des "Unternehmens Arztpraxis" überblickt und beschreiben deshalb sein *Wissen* über das Unternehmen. Wir beginnen mit den *statischen Gesichtspunkten*.

Alle Personen (insbesondere Ärzte, Angestellte, Patienten, aber auch weitere Betroffene) sind *Seiende*. Als grundlegende *Eigenschaften* einer Person sind bedeutsam:
   Name,
   Vorname,
   Geschlecht,
   Geburtstag,
   Geburtsort,
   Anschrift (Hauptwohnsitz),
   private Telefonnummer (vorrangig zu benutzen),
   weitere Telefonnummern.

Name, Vorname, Geburtstag, Geburtsort reichen im allgemeinen aus, um eine Person eindeutig zu bestimmen, d.h. wir können die entsprechende *Schlüsselbedingung* fordern (Bild 5.8). Häufig wird zusätzlich eine identifizierende Personennummer eingeführt.

Dies ist zum Beispiel dann sinnvoll, wenn man die Geburtsdaten nicht immer öffentlich nennen möchte.

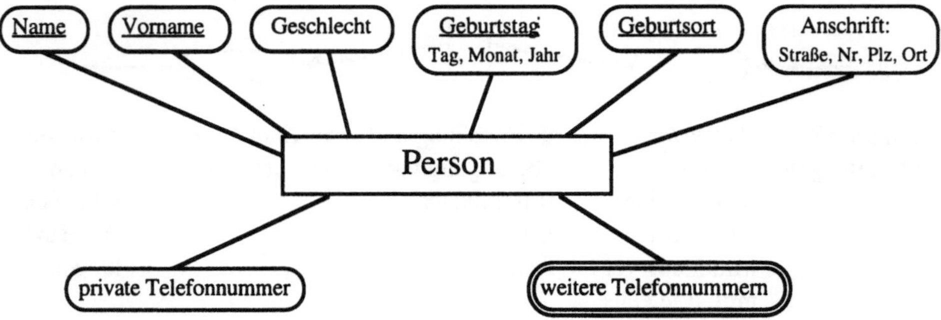

Bild 5.8   Eine Seiendenklasse mit Attributen und Schlüsselbedingung

Jede Person kann Behandelnder, d.h. Arzt oder Angestellter, oder Patient sein; es kann aber auch Personen geben, die weder das eine noch das andere sind. Wir *spezialisieren* deshalb die Klasse der Personen und fordern die entsprechenden *Aussonderungsbedingungen* (Bild 5.9). Dies bedeutet insbesondere, daß sowohl für Patienten als auch für Ärzte und Angestellte die grundlegenden Eigenschaften zutreffend sein sollen. Für jede der ausgesonderten Klassen können wir aber auch weitere Eigenschaften festlegen. Wir lassen auch zu, daß eine Person zu mehreren Unterklassen gehört, d.h. zum Beispiel daß sie sowohl Angestellter als auch Patient ist.

Versicherungsgesellschaften und Arbeitgeber sind zwei weitere Klassen von *Seienden*, für die man die entsprechenden *Eigenschaften* bestimmen kann. Zwischen Patienten, Personen und Versicherungsgesellschaften bestehen *Beziehungen* (Bild 5.10).

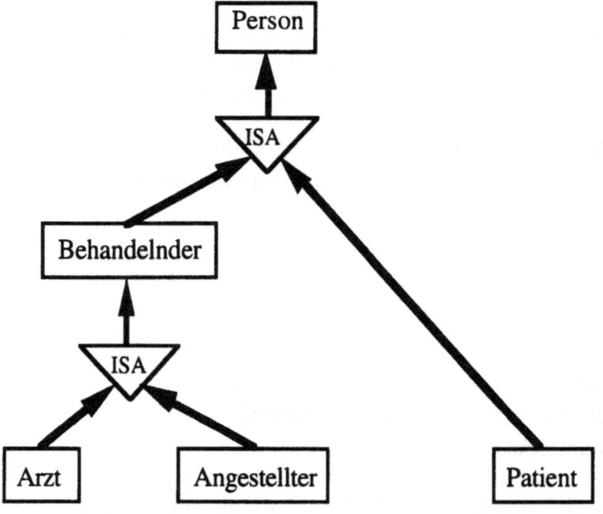

Bild 5.9   Einige Aussonderungsbedingungen

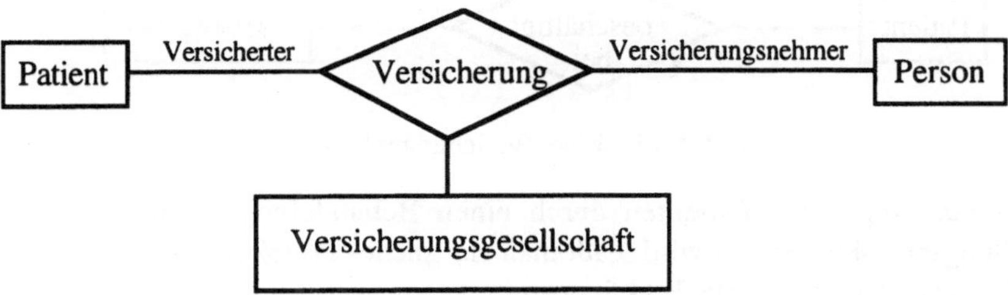

Bild 5.10   Eine Beziehungenklasse

Versicherungsgesellschaft ist die *Verallgemeinerung* von drei Formen von Gesellschaften: Allgemeine Ortskrankenkasse, Ersatzkasse, Privatversicherer, für die eine *Partitionsbedingung* gefordert wird (Bild 5.11).

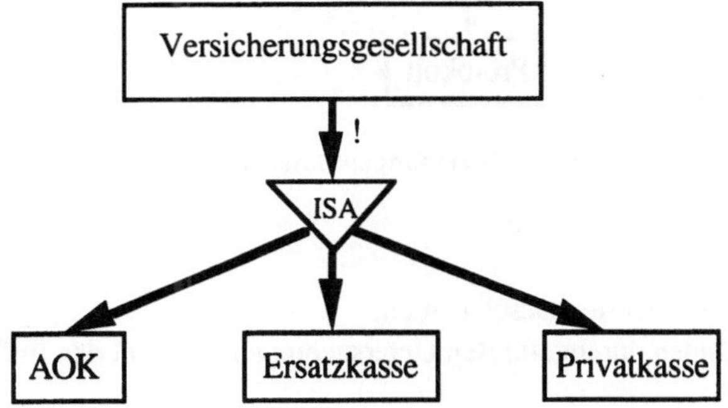

Bild 5.11   Eine Partitionsbedingung

Falls man den üblichen Fall, daß jeder Patient auch ein Versicherter ist, als *Seinsbedingung* fordert, so muß man Vereinbarungen treffen, wie Selbstzahler behandelt werden können. Ferner könnte man fordern, daß (aus der Sicht des Leiters der Praxis) für jeden Patienten nur höchstens eine Versicherung zutreffend ist, d.h. man fordert eine *viele-eins-Bedingung*. Dann ergibt sich die Darstellung aus Bild 5.12.

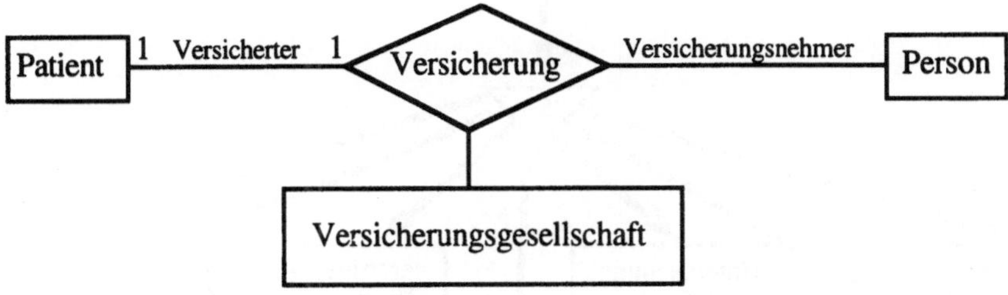

Bild 5.12   Eine Beziehungenklasse mit viele-eins-Bedingung und Seinsbedingung

Zwischen Patienten und Arbeitgebern bestehen ebenfalls *Beziehungen*. Im allgemeinen ist hier weder eine viele-eins-Bedingung noch eine Seinsbedingung sinnvoll (Bild 5.13).

Bild 5.13   Eine Beziehungenklasse

Jede Behandlung eines Patienten durch einen Behandelnden erfordert, daß ein Behandlungsprotokoll erstellt wird. Faßt man ein solches Protokoll als *Seiendes* auf, so liegen *Beziehungen* der Art aus Bild 5.14 vor.

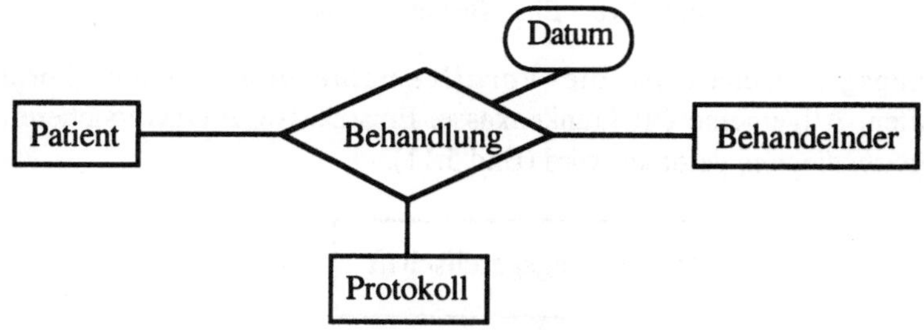

Bild 5.14   Eine Beziehungenklasse mit Attribut

Ein Protokoll kann sich beziehen auf

* die Anamnese,
* die vom Patienten geäußerten Beschwerden,
* die vom Behandelnden durchgeführten Untersuchungen mitsamt den Befunden,
* die Diagnose,
* die verordnete Therapie,
* die durchgeführte Therapie,
* gegebenenfalls weitere Protokollarten.

Damit wird Protokoll aufgefaßt als *Verallgemeinerung* der aufgeführten Protokollarten, wobei eine *Partitionsbedingung* gefordert wird (Bild 5.15).

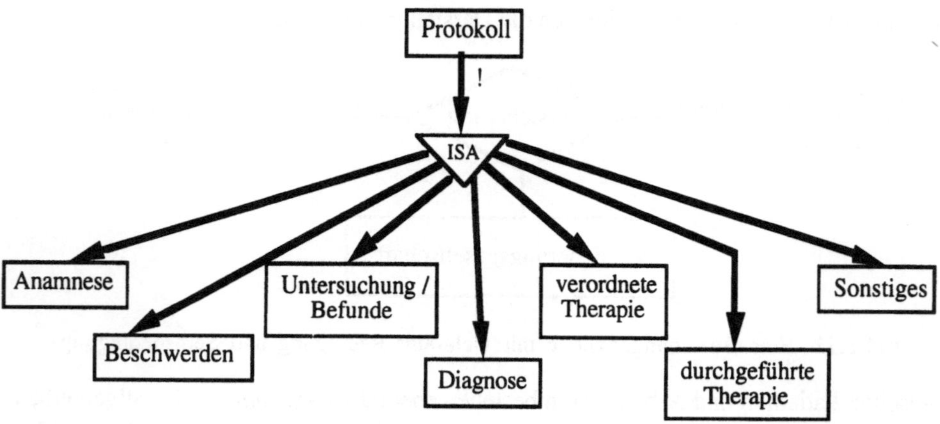

Bild 5.15   Eine Partitionsbedingung

Die Beziehungen der Behandlung stellen die Grundlage für eine Reihe weiterer Gesichtspunkte dar, etwa Leistungsabrechnung mit den Patienten oder Krankenkassen, Statistiken für Forschungszwecke, Erstellung von Berichten oder medizinische Dokumentation. Von diesen Gesichtspunkten soll im folgenden hier nur noch die medizinische Dokumentation betrachtet werden. Die Ärzte sind verpflichtet, für die medizinische Dokumentation zu jedem Patienten eine Karteikarte zu führen. Innerhalb der Praxis soll für jeden Patienten genau eine Karteikarte vorhanden sein, die von allen in der Praxis arbeitenden Ärzten gemeinsam benutzt wird.

Eine Karteikarte wird als *Seiendes* aufgefaßt, das folgende *Eigenschaften* hat:
ein Anonym als *identifizierendes Attribut*,
Geschlecht,
Jahrgang,
andere Personenmerkmale,
Behandlungen als mengenwertiges Attribut.

Eine Karteikarte steht mit dem betroffenen Patienten in *eineindeutiger Beziehung*, und ihre Attributwerte werden durch folgende, in Bild 5.16 dargestellte *Regeln* abgeleitet:
- Stehen ein Patient und eine Karteikarte in der Beziehung `Dokumentation`, d.h. gilt die entsprechende Aussage `dok(patient, kartei)`, so wird das Anonym in der Karteikarte aus den identifizierenden Attributen des Patienten erzeugt, etwa durch eine injektive Einwegfunktion, und die Werte der Attribute `Geschlecht` und `Jahrgang` in der Kartei ergeben sich aus den entsprechenden Werten beim Patienten.
- Stehen ein Patient, ein Behandelnder und ein Protokoll in der Beziehung `Behandlung`, d.h. gilt die entsprechende Aussage `behandlung(pat,dat,prot,beh)`, so ist diese Beziehung auch Element des mengenwertigen Attributs `(dat,prot,beh)` des Patienten.

Diese Regeln kann man äquivalent auch als *Bedingungen* formulieren, wodurch man eher statische Gesichtspunkte betont. Will man von vornherein die *dynamischen Gesichtspunkte* hervorheben, so könnte man auch *formale Handlungen* beschreiben, sehr grob etwa so:
- `Patient` wird behandelt durch `Behandelnden` [Information];
- schicke `Protokoll` mit `Datum` und Identifikation des `Behandelnden` an `Dokumentation` des `Patienten` [Mitteilung];
- füge Mitteilung in `Karteikarte` ein [Verstehen].

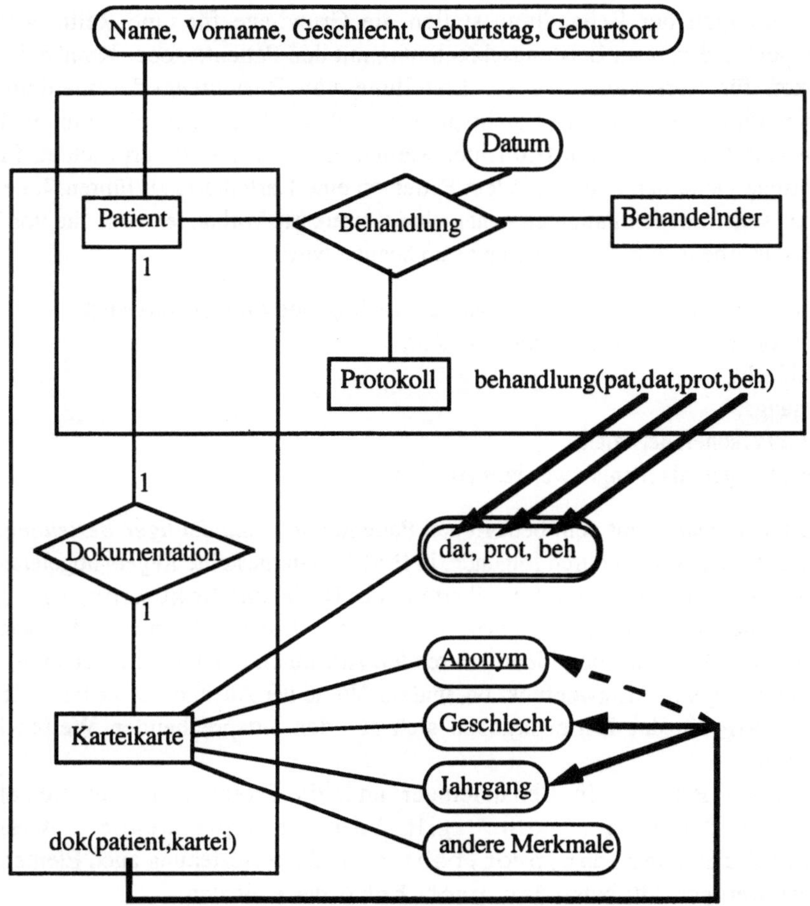

Bild 5.16 Beziehungenklassen mit Regeln, auch als Bedingungen deutbar

Man beachte, daß die graphische Darstellung
* das Gewünschte schon nicht mehr genau darstellen kann,
* schon unübersichtlich wird.

Die dynamischen Gesichtspunkte könnte man als Netz etwa wie in Bild 5.17 veranschaulichen.

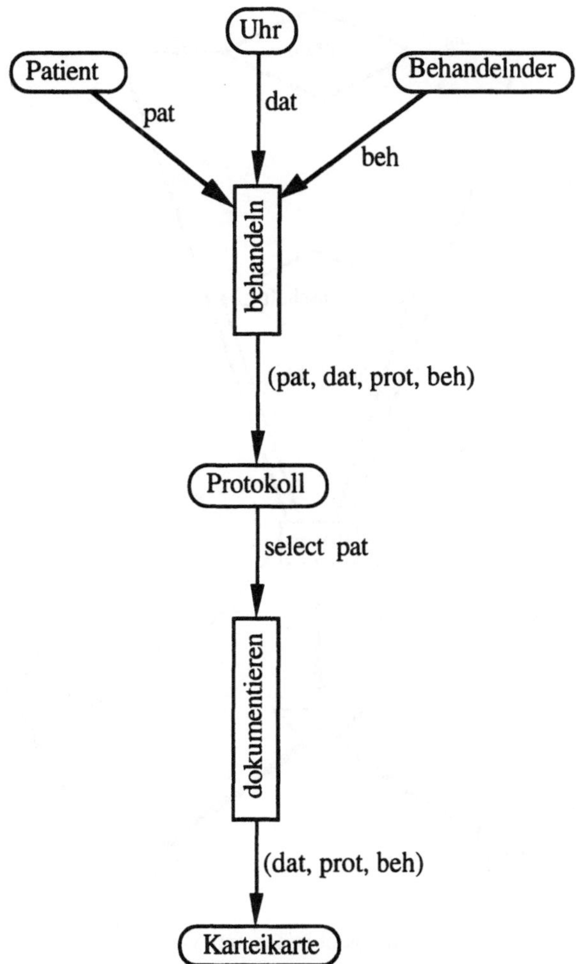

Bild 5.17   Eine Deutung dynamischer Gesichtspunkte als Netz

Schließlich wollen wir annehmen, daß die in der Arztpraxis tätigen Ärzte für
medizinwissenschaftliche Untersuchungen an den Verwandtschaftsbeziehungen ihrer
Patienten interessiert sind und deshalb mit deren Einverständnis die entsprechenden
Daten erheben. Ausdrücklich modelliert werden sollen die *Beziehungen* der Mutterschaft,
der Vaterschaft, der Elternschaft und der Vorfahren. Dazu erscheint es zweckmäßig,
Patient als *Verallgemeinerung* von Frau (-Patient) und Mann (-Patient) anzusehen und
die entsprechende *Partitionsbedingung* zu fordern. Da jeder Patient nur Kind von
höchstens einem weiblichen bzw. höchstens einem männlichen Patienten sein kann,
fordert man die entsprechenden *viele-eins-Bedingungen*. Dann ergibt sich zunächst die
Darstellung aus Bild 5.18.

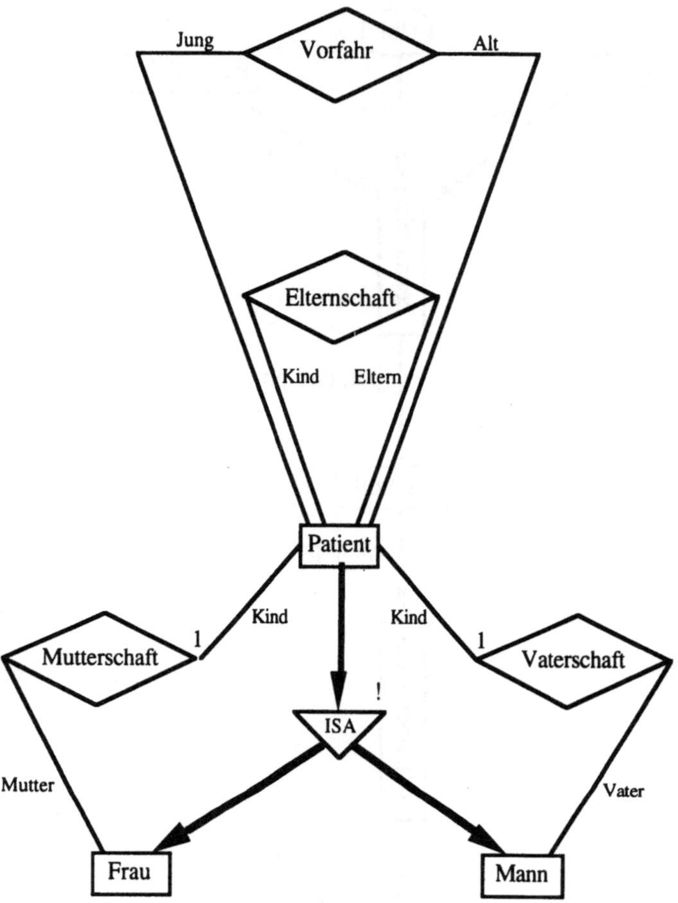

Bild 5.18 Seienden- und Beziehungenklassen mit viele-eins-Bedingungen und Partitionsbedingung

Die angegebenen Beziehungen sind nun aber nicht unabhängig, sondern durch *Regeln* (die man auch als *Bedingungen* auffassen kann) miteinander verbunden:

Eine Elternschaftsbeziehung `Elternschaft(Kind, Eltern)` ist auch eine Vorfahrbeziehung `Vorfahr(Jung, Alt)`, wobei `Jung:=Kind` und `Alt:=Eltern`. Ferner läßt sich aus einer Elternschaftsbeziehung `Elternschaft(Kind, Eltern)` und einer schon bekannten Vorfahrbeziehung `Vorfahr(Jung', Alt')`, die wegen `Eltern=Jung'` zueinander passen, eine weitere Vorfahrbeziehung `Vorfahr(Jung, Alt)` rekursiv erschließen, wobei `Jung:=Kind` und `Alt:=Alt'`.

Eine Mutterschaftsbeziehung `Mutterschaft(Kind, Mutter)` bzw. Vaterschaftsbeziehung `Vaterschaft(Kind, Vater)` stellt auch eine Elternschaftsbeziehung `Elternschaft(Kind, Eltern)` mit `Eltern:=Mutter` bzw. `Eltern:=Vater` dar. Und umgekehrt kann aus einer Elternschaftsbeziehung

`Elternschaft(Kind, Eltern)` zusammen mit dem Geschlechtsattribut des Elternteils, also mit dem Wert von `Eltern.Geschlecht`, die entsprechende Mutterschaftsbeziehung `Mutterschaft(Kind, Mutter)` mit `Mutter:=Eltern` oder Vaterschaftsbeziehung `Vaterschaft(Kind, Vater)` mit `Vater :=Eltern` erschlossen werden. Trägt man in das obige ER-Diagramm noch die diese Regeln veranschaulichenden Regelgraphen ein, so ergibt sich abschließend die Darstellung aus Bild 5.19.

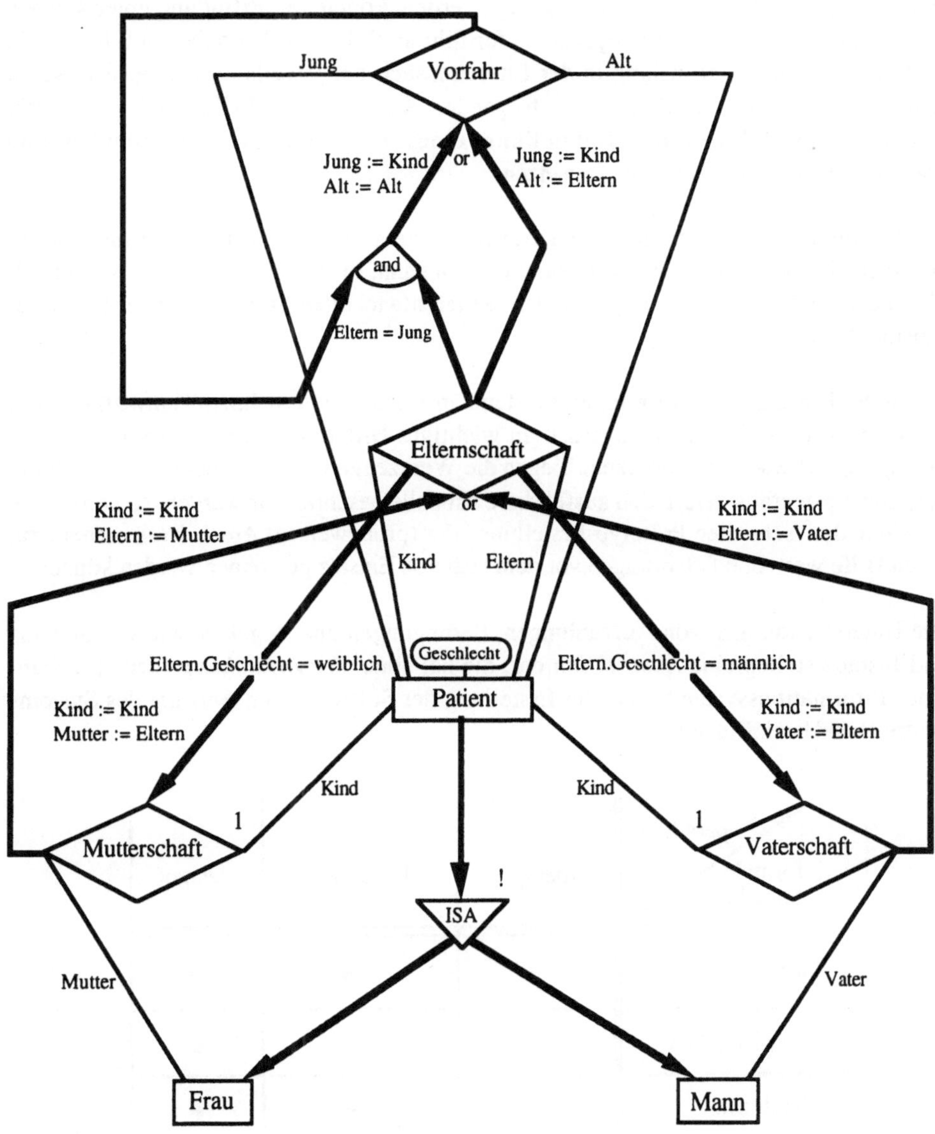

Bild 5.19 Die Modellierung aus Bild 5.18 mit zusätzlichen Regeln, auch als Bedingungen deutbar

5.4 Zusammenfassung

Mit dem vorgestellten Begriffsgerüst für die Modellierung wird ein erster Schritt für die *Erfindung* einer formalen Sprache zur Beschreibung statischer und dynamischer Gesichtspunkte eines "Unternehmens" unternommen. Eine genaue Ausarbeitung der graphischen Werkzeuge, in der die zulässigen Graphen (Syntax) und ihre Bedeutung (Semantik) abschließend formal festgelegt werden, könnte die Erfindung einer solchen Sprache, hier als graphische "Sprache", fortführen. Solch ein Vorhaben soll hier nicht verfolgt werden; es ist bislang in der Literatur auch nur jeweils ansatzweise versucht worden. Stattdessen werden wir in folgenden Kapiteln die "Erfindung" geeigneter Sprachen im Rahmen der Darstellung eines logischen, des relationalen und objektorientierter Datenmodelle fortsetzen.

Die beispielhafte Modellierung einer Arztpraxis zeigt, wie die bislang nur ansatzweise erfundene Modellierungssprache *benutzt* werden kann. In folgenden Kapiteln werden wir die in den verschiedenen Datenmodellen weiterentwickelten Sprachen weiter für dieses Beispiel benutzen.

Wenn der Einsatz eines Informationssystems in einem "Unternehmen" *entworfen* wird, so ist das vorgestellte Begriffsgerüst ein wichtiges Hilfsmittel, um die *Anforderungen* und *Spezifikationen* auszudrücken. Liegen die Werkzeuge in weiter ausgearbeiteter Form vor, günstigstenfalls derart, daß ausführbare Modelle beschreibbar werden, so können sie im Sinne der "schnellen Prototyp-Erstellung" der (probeweisen) *Abstraktion* dienen, mit deren Hilfe wertvolle Erfahrungen vor dem späteren Einsatz gewonnen werden können.

Die Unterscheidungen von Aufzählungen, Bedingungen und Regeln sowie von Schema und Instanz stellen eine *Abstraktion* dar, die bei einer *Verwirklichung* (der Sprachen) eines Informationssystems, also der Erstellung der Software, den *Entwurf* des Systems weitreichend beeinflussen.

paradigm formale Sprache	theory	abstraction	design
erfinden		●	●
verwirklichen			●
benutzen		●	●

5.5   Bibliographische Hinweise

In [Ch 76] führt P.P.-S. Chen das sogenannte "Entity-Relationship-Modell" ein und löst damit eine Vielzahl von Betrachtungen über Seiende, Beziehungen usw. im Hinblick auf Modellierung für Informationssysteme aus. [SmSm 77] ist Grundlage vieler Arbeiten über hierarchische Begriffsbildungen. W. Kent [Ke 78] diskutiert umfassend die Schwierigkeiten, "Wirklichkeit" durch "Daten" darzustellen. Im Sammelband [BrMyS 84] werden in den Gebieten der Künstlichen Intelligenz, der Informationssysteme und der allgemeinen Programmiersprachen erworbene Erfahrungen mit der Modellierung und jeweils als wichtig erkannte Gesichtspunkte zusammengeführt. Die Arbeiten [Hu 87, HuKi 87, PeMa 88] geben neuere Überblicke über sogenannte semantische Datenmodelle, die man häufig als Verfeinerung und Erweiterung des "Entity-Relationship-Modells" ansehen kann. Klassenbildung, Aussonderung, Aggregation und Verallgemeinerung sind auch im Rahmen der axiomatischen Mengenlehre tief untersucht worden, siehe zum Beispiel [TaZa 71].

Einfache ER-Diagramme werden bereits in [Ch 76] eingeführt und später verfeinert und erweitert, etwa wie in [TeYaFr 86]. Regelgraphen bzw. Und-Oder-Graphen sind ein vielbenutztes Hilfsmittel in der Künstlichen Intelligenz, siehe etwa [ChMc 85]. Netze werden in formaler Form von C.A. Petri in [Pe 62] eingeführt und seitdem als sogenannte Petri-Netze umfassend untersucht, siehe etwa [Re 85a, Re85b].

Hintergrund der begrifflichen Aufteilungen von Wissen in Aufzählungen, Bedingungen und Regeln einerseits und in Schema und Instanz andererseits sind die Erfahrungen mit der sogenannten ANSI/X3/SPARC 3-Stufen-Architektur [ANSI 75, TsKl 78].

6 Grundbegriffe aus Logik und Mengenlehre

Die in Kapitel 5 vorgestellten Begriffsgerüste liefern inhaltlich bedeutsame Sprachmittel für die Modellierung. Dabei zielen die informal eingeführten Begriffe auf die *lebensweltliche Semantik* einer Anwendung. In der mathematischen Logik und der Mengenlehre sind andererseits formale Grundbegriffe entwickelt worden, die als Ausgangspunkt einer *formalen Syntax* und einer *formalen Semantik* für diese Begriffsgerüste dienen können. Im folgenden sollen zunächst diese formalen Grundbegriffe kurz vorgestellt und anschließend zu den semantischen Begriffen in Beziehung gesetzt werden.

6.1 Prädikatenlogik

Für eine Logiksprache muß man die Syntax (die als wohlgeformt angesehenen und dann Formeln genannten Worte (Zeichenfolgen)) und die Semantik (die Gültigkeit von Formeln) genau definieren. Wir definieren hier eine Sprache für die *Prädikatenlogik* (1. Stufe mit Gleichheit). Die *Syntax* der Prädikatenlogik ist durch die im folgenden vorgestellten Begriffe gegeben.

- **Funktionszeichen**: $F = \bigcup_{n \in IN} F^n$, wobei für ein $n \in IN$ die Zeichen aus $F^n = \{f_0{}^n, f_1{}^n, f_2{}^n, ...\}$ jeweils n-stellig verwendet werden; für $n = 0$ deuten wir die nullstelligen Funktionszeichen als *Konstantenzeichen*.

Konstantenzeichen dienen dazu, bestimmte einzelne einfache Seiende zu bezeichnen. Allgemein werden Funktionszeichen zur Bildung von Termen benutzt, mit denen dann Seiende bezeichnet werden können.

- **Individuenvariablen**: $V = \{v_0, v_1, v_2, ...\}$.

Individuenvariablen dienen dazu, unbestimmte ("beliebige") Seiende zu bezeichnen; sie werden ebenfalls zur Bildung von Termen benutzt.

- **Terme**: Terme werden induktiv aus Funktionszeichen und Individuenvariablen gemäß folgender Vorschrift gebildet:
  i) Jede Individuenvariable und jedes Konstantenzeichen ist ein Term.
  ii) Ist f^n ein n-stelliges Funktionszeichen und sind $t_1, ..., t_n$ Terme, so ist auch $f^n(t_1, ..., t_n)$ ein Term.

- **Grundterme**: Terme ohne Individuenvariablen.

Terme dienen ganz allgemein dazu, Seiende zu bezeichnen. Dabei benennt ein Grundterm ein bestimmtes, einzelnes Seiendes. Und ein Term, der noch Individuenvariablen enthält, bezeichnet ein zunächst noch unbestimmtes ("beliebiges") Seiendes. Der syntaktische Aufbau eines Termes kann benutzt werden, um die innere Struktur eines zusammengesetzten Seienden auszudrücken. Terme der Form $f(t_1,...,t_n)$ kann man auch verwenden, um eine Eigenschaft einer durch die Teilterme $t_1,...,t_n$ bezeichneten Gegebenheit zu beschreiben: dieser Gegebenheit wird dann gerade eine solche Eigenschaft *funktional* zugeordnet.

- **Prädikatenzeichen**: $P = \bigcup_{n \in \mathrm{IN}} P^n$, wobei für ein $n \in \mathrm{IN}$ die Zeichen aus $P^n = \{P_0{}^n, P_1{}^n, P_2{}^n, ...\}$ jeweils n-stellig verwendet werden.

- **Gleichheitszeichen**: $=$ sei ein Element aus P^2.

Prädikatenzeichen dienen dazu, mögliche Beziehungen zwischen Seienden und mögliche Eigenschaften (Attribute) von Seienden oder Beziehungen zu benennen. Das Gleichheitszeichen wird als besonders ausgezeichnetes Prädikatenzeichen behandelt, das immer so interpretiert wird, daß es die Identität zwischen den bezeichneten Seienden ausdrückt.

- **Formeln (1. Stufe)**: Formeln werden induktiv aus Prädikatenzeichen und Termen mit Hilfe von aussagenlogischen Junktoren und Quantoren für Individuen gemäß folgender Vorschrift gebildet:
  i) Ist P^n ein n-stelliges Prädikatenzeichen und sind $t_1,...,t_n$ Terme, so ist $P^n(t_1,...,t_n)$ eine (atomare) Formel.
  ii) Sind Φ und Ψ Formeln und x eine Individuenvariable, so sind auch
  $(\Phi \wedge \Psi)$,
  $(\Phi \vee \Psi)$,
  $(\neg\Phi)$,
  $(\forall x)\Phi$,
  $(\exists x)\Phi$
  Formeln.

Formeln dienen dazu, Aussagen und Aussageformen über Seiende und ihre Beziehungen und Eigenschaften zu bilden. Dabei werden durch Aussagen bestimmte Seiende behandelt, während in Aussageformen die Seienden zunächst noch unbestimmt bleiben. Diese Unterscheidung wird durch die folgenden Begriffe genauer gefaßt.

- **Freies und gebundenes Vorkommen von Variablen:** Diese Begriffe werden durch Induktion über den Aufbau von Formeln gemäß folgender Vorschrift festgelegt:
  i*)   Alle Individuenvariablen aus $t_1,...,t_n$ kommen in $P^n(t_1,...,t_n)$ frei vor.
  ii*) Kommt eine Individuenvariable x in Φ oder Ψ frei vor, so
  $\begin{cases} \text{kommt sie auch } frei \text{ vor in } (\Phi \wedge \Psi),\ (\Phi \vee \Psi),\ (\neg\Phi),\ (\forall y)\Phi,\ (\exists y)\Phi \text{ mit } y \neq x, \\ \text{kommt sie } gebunden \text{ vor in } (\forall x)\Phi,\ (\exists x)\Phi. \end{cases}$

- **Aussagen:** Formeln ohne freies Vorkommen von Variablen, insbesondere *atomare Grundformeln* (atomare Formeln ohne Individuenvariablen).

Aussagen werden wir hauptsächlich für aufzählend dargestelltes Wissen und für Bedingungen verwenden. Aussageformen, also Formeln, die frei vorkommende Individuenvariablen enthalten, werden wir dagegen hauptsächlich für Regeln benutzen.

Manchmal sind für die Beschreibung von Informationssystemen zwei Arten von Erweiterungen der Syntax nützlich. Zum einen führt man eine Klassenbildung der Konstanten in *Sorten (Typen)* ein und vereinbart entsprechende Einschränkungen für Argumente und Ergebnisse. Zum anderen erlaubt man auch *Prädikatenvariablen* und entsprechende Quantoren (Logik 2. Stufe). Ansätze zur Einführung von Sorten werden wir im Rahmen des relationalen und objektorientierter Datenmodelle erörtern. Prädikatenvariablen werden wir wegen ihrer begrifflichen und damit verbundenen algorithmischen Komplexität hier gar nicht behandeln.

Durch die Syntax ist zunächst nur der sprachliche Rahmen gegeben, worüber man überhaupt reden (schreiben) kann. Den durch die Syntax als wohlgeformt bestimmten Worten (Zeichenfolgen) muß man nun zusätzlich Bedeutungen zuordnen. Diese Bedeutungen hängen im wesentlichen davon ab, wie die Funktionszeichen und die Prädikatenzeichen interpretiert werden und wie die Individuenvariablen belegt werden. Darüber hinaus kann man untersuchen, in wieweit Bedeutungen unabhängig von einer bestimmten Interpretation sind. Im einzelnen wird die *Semantik* der Prädikatenlogik durch die im weiteren vorgestellten Begriffe gegeben.

- **Struktur (Interpretation):** $M = (d, \delta)$ mit
    d   ist nichtleere (Werte-) Menge (*Universum*);
    δ ist eine Zuordnung von Funktionszeichen zu Funktionen auf d und von
        Prädikatenzeichen zu Relationen auf d:
        $$\delta(f^n) : X_{i=1,\dots,n}\ d \to d,$$
        $$\delta(P^n) \subset X_{i=1,\dots,n}\ d,$$
    wobei das Gleichheitszeichen '=' stets durch $\delta(=) = \{(x,x) \mid x \in d\}$ interpretiert sei.

Durch eine Struktur wird festgelegt, welche Elemente eines Universums jeweils durch die Konstantenzeichen benannt werden sollen und welche Funktionen und Relationen über dem Universum durch die (echten) Funktionszeichen und die Prädikatenzeichen benannt werden sollen. Das ausgezeichnete Gleichheitszeichen soll stets die Relation der Identität benennen. Möchte man zum Beispiel Arithmetik betreiben, so wird man in der Syntax etwa das Konstantenzeichen 0, das einstellige Funktionszeichen s und die zweistelligen Funktionszeichen + und *, sowie die zweistelligen Prädikatenzeichen ≤ und I vorsehen. Als Struktur $M = (d, \delta)$ betrachtet man dann für d die natürlichen Zahlen, und δ bildet 0 auf die Zahl null, s auf die Nachfolgerfunktion, + auf die Additionsfunktion, * auf die Multiplikationsfunktion, ≤ auf die Kleiner-Gleich-Relation und I auf die Teilbarkeitsrelation ab.

- **Variablenbelegung** zur Struktur $M = (d, \delta)$: $\beta : V \to d$.
    Eine Variablenbelegung β induziert eine (ebenfalls durch β notierte) *Termbelegung* durch folgende kanonische Erweiterung, die durch Induktion über den Aufbau von Termen gemäß folgender Vorschrift definiert wird:
    i)   Für eine Individuenvariable x ist $\beta(x)$ durch die Variablenbelegung bereits festgelegt.

Für ein Konstantenzeichen f^0 wird $\beta(f^0)$ durch die Struktur M bestimmt:
$\beta(f^0) := \delta(f^0)$.

ii) Für einen Term vom Aufbau $f^n(t_1,...,t_n)$ wird $\beta(f^n(t_1,...,t_n))$ durch die Struktur M und die als Induktionsannahme als bereits bekannt angesehenen Werte $\beta(t_i)$ bestimmt: $\beta(f^n(t_1,...,t_n)) := \delta(f^n)(\beta(t_1),...,\beta(t_n))$.

Sind sowohl eine Struktur als auch eine Variablenbelegung (und damit auch eine Termbelegung) gegeben, so ist für jede Formel ihre *Gültigkeit* bezüglich dieser Gegebenheiten festgelegt. Denn allen syntaktischen Gebilden einer Formel ist eine Bedeutung zugemessen, so daß man sinnvoll davon sprechen kann, ob das von der Formel Gemeinte auch tatsächlich zutrifft. Genauer wird die Gültigkeit durch Induktion über den Aufbau von Formeln gemäß folgender Vorschrift definiert.

- **Gültigkeit** einer Formel Φ in einer Struktur $M = (d,\delta)$ unter Variablenbelegung β, $\models_{M,\beta} \Phi$:

  i) $\models_{M,\beta} P^n(t_1,...,t_n)$:gdw $(\beta(t_1),...,\beta(t_n)) \in \delta(P^n)$

  ii) $\models_{M,\beta} (\Phi \wedge \Psi)$:gdw $\models_{M,\beta} \Phi$ und $\models_{M,\beta} \Psi$

  $\models_{M,\beta} (\Phi \vee \Psi)$:gdw $\models_{M,\beta} \Phi$ oder $\models_{M,\beta} \Psi$

  $\models_{M,\beta} (\neg\Phi)$:gdw nicht $\models_{M,\beta} \Phi$

  $\models_{M,\beta} (\forall x) \Phi$:gdw für alle β' mit[1] $\beta =_x \beta'$ gilt $\models_{M,\beta'} \Phi$

  $\models_{M,\beta} (\exists x) \Phi$:gdw es gibt β' mit[1] $\beta =_x \beta'$ mit $\models_{M,\beta'} \Phi$

- **Modell einer Formel**: $M = (d,\delta)$ ist *Modell* einer Formel Φ,
  $\models_M \Phi$ (Φ *gültig* in M)   :gdw für alle Belegungen β gilt : $\models_{M,\beta} \Phi$.

- **Modellklasse einer Formel (-menge)** Φ:
  $\mathrm{Mod}\,(\Phi) := \{M \mid \Phi \text{ ist gültig in } M\}$.

- **Allgemeingültigkeit**:   Eine Formel Φ ist *allgemeingültig*
  :gdw jede Struktur M ist Modell von Φ.

- **Erfüllbarkeit**:   Eine Formel Φ ist *erfüllbar*
  :gdw es gibt eine Struktur M, die Modell von Φ ist.

- **Unerfüllbarkeit**:   Eine Formel Φ ist *unerfüllbar*
  :gdw es gibt keine Struktur M, die Modell von Φ ist.

- **logische Implikation**:
  Eine Formel (-menge) Φ *impliziert logisch* eine Formel (-menge) Ψ, $\Phi \models \Psi$,
  :gdw $\mathrm{Mod}\,(\Phi) \subset \mathrm{Mod}\,(\Psi)$.

Die Begriffe der Allgemeingültigkeit, der Erfüllbarkeit, der Unerfüllbarkeit und der logischen Implikation sind hier *deklarativ* definiert worden, wobei nicht ohne weiteres zu erkennen ist, ob und gegebenenfalls wie sie *operationalisiert* und damit algorithmisch

---

[1] Hierbei bedeutet die Schreibweise $\beta =_x \beta'$, daß die Variablenbelegungen β und β' bis auf (möglicherweise) ihren Wert für die Variable x gleich sind.

behandelt werden können. Tatsächlich führen sie aus dem Bereich des (algorithmisch) Entscheidbaren hinaus, verbleiben aber mit der Ausnahme der Erfüllbarkeit im Bereich des (algorithmisch) Aufzählbaren. Die erste Behauptung wird in der Literatur im allgemeinen als "Unentscheidbarkeit der Prädikatenlogik" benannt; die zweite Behauptung wird häufig durch die Redeweise der "Vollständigkeit der Prädikatenlogik" angesprochen. Um die "Vollständigkeit" nachzuweisen, sind sogenannte *Ableitungsregeln* entwickelt worden, mit deren Hilfe man auf algorithmische Weise formale Beweise dafür erzeugen kann, daß $\Phi \models \Psi$ gilt (oder daß eine Formel Φ allgemeingültig oder unerfüllbar ist). Zum Beispiel sind die *Schnittregel* und die *Substitutionsregel* zusammen oder die *Resolutionsregel* allein "vollständig" (siehe etwa [ChLe 73, Si 90]). Für Informationssysteme betrachtet man häufig nur einen echten Ausschnitt der Prädikatenlogik. Dabei wird insbesondere angestrebt, durch die vorgenommenen Einschränkungen eine effiziente algorithmische Behandlung der obigen Begriffe, insbesondere der logischen Implikation, zu ermöglichen.

6.2 Mengenlehre

Die (axiomatische) *Mengenlehre* beschreibt insbesondere, wie ausgehend von vorgegebenen Mengen neue Mengen gebildet werden können. Für unsere Betrachtungen ist der Fall besonders wichtig, wie aus einer Menge d von (einfachen) Werten neue Mengen von möglicherweise *strukturierten* Werten gewonnen werden können. Dies wird durch die folgende induktive Definition erfaßt.

Ist d eine nichtleere Menge, so können wir aus d induktiv eine Klasse κ_d von Mengen konstruieren:

i) d ist in κ_d.

ii) Sind m, n schon aus κ_d, so auch $m \times n$ *kartesisches Produkt,*

$\qquad\qquad\qquad\qquad\qquad\qquad\qquad\quad m \cup n$ *Vereinigung,*

$\qquad\qquad\qquad\qquad\qquad\qquad\qquad\quad \wp m$ *Potenzmenge.*

Die formalen Fassungen der Prädikatenlogik und der Mengenlehre sind eng aufeinander bezogen. Einerseits setzt zum Beispiel der für die Semantik der Prädikatenlogik benötigte Begriff der Struktur einen Mengenbegriff voraus. Andererseits erlaubt der Begriff der Gültigkeit die Bildung weiterer Mengen, nämlich von *Teilmengen* oder *ausgesonderten Mengen*:

Ist $M = (d,\delta)$ eine Struktur und Φ eine Formel, in der die Variablen $x_1,...,x_k$ frei vorkommen, so sei

$$d_{M,\Phi} := \{(\beta(x_1),...,\beta(x_k)) \mid \beta \text{ ist Variablenbelegung mit } \models_{M,\beta} \Phi\}$$

die durch Φ (aus $\mathsf{X}_{i=1,...,k}$ d) *ausgesonderte Menge.*

Diese Aussonderung ist im wesentlichen nur eine formal genau ausgearbeitete Fassung der in der Mathematik üblichen Schreibweisen zur Angabe von Mengen: ist d eine Grundmenge und $\Phi(x_1,...,x_k)$ eine Eigenschaft, so schreibt man häufig einfach $\{(x_1,...,x_k) \mid x_i \in d$ für i=1,...,k, und $\Phi(x_1,...,x_k)\}$, wobei der Vorgang der Variablenbelegung und die formale Interpretation der in Φ vorkommenden Zeichen nicht ausdrücklich ausgesprochen und ein anschaulicher Gültigkeitsbegriff zugrunde gelegt wird. Die oben vorgestellte Formalisierung ist ein erster Schritt für die Aufgabe, die Bildung der gewünschten Mengen auf algorithmische Weise durchzuführen.

6.3 Semantische Begriffe, Prädikatenlogik, Mengenlehre und Programmiersprachen

Zwischen semantischen Begriffen und den eben eingeführten Begriffen aus Logik und Mengenlehre gibt es eine Fülle von Entsprechungen, die je nach Zusammenhang nützlich sind. In den einzelnen, in den folgenden Kapiteln besprochenen Datenmodellen für Informationssysteme und in einzelnen Anwendungen werden geeignete Entsprechungen jeweils wie benötigt und algorithmisch handhabbar ausgewählt. Hier soll zunächst nur eine erste beispielhafte und erörterungsbedürftige Aufstellung solcher Entsprechungen angedeutet werden.

Die semantischen Begriffe der Person, der Verpflichtung und der (sozialen) Rolle sind eigentlich erst in erweiterten, hier nicht dargestellten Logiksprachen erfaßbar. Die semantischen Begriffe für Wissen und für Handlungen werden in der Übersicht von Bild 6.1 behandelt. Es gibt auch eine Reihe von Entsprechungen zwischen semantischen Begriffen und den wohlbekannten Konzepten prozeduraler Programmiersprachen, die wir wie in Bild 6.2 andeuten.

6.4 Zusammenfassung

Die vorgestellten Grundbegriffe für Syntax und Semantik der Prädikatenlogik 1.Stufe und für die Bildung von Mengen liefern die *theoretisch* wohlverstandenen Mittel für die *Erfindung* formaler Sprachen zur Beschreibung insbesondere der statischen Gesichtspunkte eines "Unternehmens". Die angedeuteten Entsprechungen zu Konzepten prozeduraler Programmiersprachen zeigen einen Ansatz zur *Verwirklichung* solcher Sprachen auf.

paradigm formale Sprache	theory	abstraction	design
erfinden	●		
verwirklichen	●		
benutzen			

semantische Begriffe	Grundbegriffe aus Logik / Mengenlehre	
	Syntax	**Semantik**
Seiendes { einfach	Konstantenzeichen	Element einer Wertemenge
{ zusammengesetzt	Grundterm (mit Funktionszeichen)	
Beziehung	atomare Grundaussage	Tupel einer Relation
Eigenschaft / Attribut	{ (zweistellige) atomare Grundaussage	Tupel einer (zweistelligen) Relation
	{ Grundterm	Funktionswert
Rolle (bei einer Beziehung)	Stelle eines Prädikatenzeichens	Komponente einer Relation
Klassenbildung:		
Gesamtheit	Menge von Konstantenzeichen	Universum
Aussonderung	Formel Φ	$d_{M,\Phi}$, Potenzmenge
Verallgemeinerung	$\vee$	Vereinigung
Aggregation	$\wedge$, =	Durchschnitt, kartesisches Produkt
Bedingung:	(implikative) Aussage	Modellklasse
Schlüsselbedingung	mit Gleichheits-Konklusion	
Aussonderungsbedingung		
Verallgemeinerungsbedingung		
viele-eins-Bedingung	mit Gleichheits-Konklusion	
Seinsbedingung		
Verweisbedingung		
Regel:		
Gesamtheitsregel	Ableitungsregel oder Formelmenge	logische Implikation
Verneinungsregel	Ableitungsregel oder Formelmenge	logische Implikation
Sichtregel	Formelmenge	Relation
Handlung:		
Information	konjunktiv hinzugefügte Aussage	Verkleinerung der Modellklasse
Mitteilung	Aussage	
Verstehen	Widerspruchsfreiheit	Erfüllbarkeit

Bild 6.1 Entsprechungen zwischen semantischen Begriffen und Grundbegriffen aus Logik und Mengenlehre

semantische Begriffe	Konzepte prozeduraler Programmiersprachen
Seiendes { einfach	Konstante
strukturiert	Strukturbaum eines Terms
Beziehung	Verbund (record), Aufruf einer booleschwertigen Funktionsprozedur
Eigenschaft	Verbund (record), Aufruf einer attributwertigen Funktionsprozedur
Rolle (bei einer Beziehung)	Komponentenbezeichner eines Verbundes, formaler Parameter einer Funktionsprozedur
Klassenbildung:	
Gesamtheit	Deklaration eines Typs
Aussonderung	Menge, Deklaration einer booleschwertigen Funktionsprozedur
Verallgemeinerung	Deklaration eines varianten Verbund-Typs
Aggregation	Deklaration eines Feld- (array-) oder Verbund-Typs
Bedingung	Deklaration einer Prozedur
Regel	Deklaration einer Prozedur
Handlung:	
Information	Zustandsänderung (Wertzuweisung)
Mitteilung	aktuelle Parameter beim Aufruf einer Prozedur
Verstehen	Ausführung einer Prozedur

Bild 6.2 Entsprechungen zwischen semantischen Begriffen und Konzepten prozeduraler Programmiersprachen

6.5 Bibliographische Hinweise

Mathematische Logik mit der Mengenlehre stellen eine der Wurzeln der heutigen Informatik dar, was insbesondere in der axiomatischen Semantik von Programmiersprachen oder in der logischen Programmierung (etwa mit PROLOG) sichtbar wird. Es gibt eine Fülle von Lehrbüchern und Monographien über Mathematische Logik, von denen hier nur eine kleine Auswahl genannt sei: die Bücher von J.R. Shoenfield [Sh 67], H. Hermes [He 73], C.-L. Chang und R.C.-T. Lee [ChLe 73], E. Bergmann und H. Noll [BeNo 77], E. Börger [Bö 85], D. Siefkes [Si 90]. Einführungen in die axiomatische Mengenlehre findet man zum Beispiel in [TaZa 71] oder [Sh 67].

7 Ein logikorientiertes Datenmodell

Der Begriff "Datenmodell" soll etwa im Sinne von "(abstrakter) Datentyp für Informationssysteme" verwendet werden. Ein solcher Datentyp stellt *Strukturen* und *Operationen* zur Verfügung, mit deren Hilfe man

- eine in semantischen Begriffen vorliegende *Beschreibung* (eines Ausschnitts) eines Unternehmens nunmehr *programmiersprachlich* fassen kann und
- mit dieser Beschreibung *programmiersprachlich* arbeiten kann, d.h. hier insbesondere *Änderungs*operationen und *Anfrage*operationen ausdrücken kann.

Wir werden jeweils nur eine abstrakte Syntax für Beschreibungen, Änderungen und Anfragen angeben. Die Ausgestaltung zu einer konkreten Syntax würde den Rahmen unserer Darstellung sprengen und soll nur für das relationale Datenmodell in Abschnitt 9.1 am Beispiel von SQL erfolgen. In der Literatur sind eine Reihe von logikorientierten Datenmodellen vorgestellt worden (siehe zum Beispiel [Ul 88, CeGoTa 90, CrGrHi 94]), die wir hier nicht umfassend behandeln können. Stattdessen soll eine einfache, LOGODAT genannte Fassung entwickelt werden, die im wesentlichen auf [Con 89] zurückgeht. Andere Fassungen kann man dann meistens als Erweiterungen von LOGODAT betrachten.

Gegenüber den im letzten Kapitel vorgestellten Ausdrucksmöglichkeiten der Logik und der Mengenlehre gelten für LOGODAT die folgenden Einschränkungen:

- Außer Konstantenzeichen sind *keine Funktionszeichen* zugelassen, so daß als Terme nur Individuenvariablen und Konstantenzeichen vorkommen.
- Als Formeln werden nur Konjunktionen von sogenannten *Horn-Klauseln*, d.h. Formeln der Form $A_0 \vee \neg A_1 \vee ... \vee \neg A_m$, erlaubt, wobei A_0, A_1,..., A_m atomare Formeln sind.
- Die Konstruktion von Mengen ist im wesentlichen auf *eine Stufe* beschränkt, d.h. für gewisse Strukturen $M=(d,\delta)$ kann man die folgenden Mengen bilden:
  $d_{M,\Phi}$ ausgesonderte Menge für Φ von obiger Form,
  $m \times n$ kartesisches Produkt für schon vorher bestimmte Mengen m, n,
  $m \cup n$ Vereinigung für schon vorher bestimmte Mengen m, n.

LOGODAT (wie jedes andere bekannte Datenmodell) unterstützt einige semantische Begriffe unmittelbar, andere können mehr oder weniger umständlich umschrieben werden, und einige werden im wesentlichen überhaupt nicht erfaßt. Die Betrachtungen dieses Kapitels werden zeigen, daß für LOGODAT näherungsweise die in Bild 7.1 aufgelisteten Verhältnisse vorliegen.

semantischer Begriff	unmittelbare Unterstützung	Umschreibung
Person	/	/

Verpflichtung
  Müssen - Ursachen
  Dürfen - Voraussetzungen
	/	/

(soziale) Rolle	/	/
Wissen		
Seiendes — einfach	Konstantenzeichen	
Seiendes — zusammengesetzt	/	teilweise, mit Hilfe von Prädikatenzeichen
Beziehung	atomare Grundaussage	/
Eigenschaft / Attribut	(zweistellige) atomare Grundaussage	/
Rolle (bei einer Beziehung)	Stelle eines Prädikatenzeichens	/
Klassenbildung:		
Gesamtheit	Menge der Konstantenzeichen	/
Aussonderung	Horn-Klausel	/
Verallgemeinerung	Menge von Horn-Klauseln	/
Aggregation (hierarchische Begriffe)	/	teilweise, mit Hilfe von Prädikatenzeichen
Bedingung:	(Menge von) Horn-Klausel(n)	/
Schlüsselbedingung	mit Gleichheits-Konklusion	/
Aussonderungsbedingung		/
Verallgemeinerungsbedingung	/	mit Hilfe einer zusätz- lichen, die Partition definierenden Stelle
viele-eins-Bedingung	mit Gleichheits-Konklusion	/
Seinsbedingung		/
Verweisbedingung		/
Regel:		
Gesamtheitsregel	/	als Gesamtheit kann die Menge der jeweils tatsächlich vorkommen- den Konstantenzeichen verwendet werden
Verneinungsregel	/	/
Sichtregel (zum Erschließen von positivem Wissen)	Menge von Horn-Klauseln	/
Handlung:		
Information	konjunktiv hinzugefügte atomare Grundaussage	
Mitteilung	atomare Grundaussage	
Verstehen	Erfüllung der semantischen Bedingungen	
Handlungsfolge	/	Folgen elementarer Änderungen

Bild 7.1 Unterstützung und Umschreibung semantischer Begriffe durch LOGODAT

7.1   Syntax von LOGODAT

Als Grundlage für die abstrakte Syntax verwenden wir in diesem Kapitel folgende Schreibweisen:

C   ist unendliche Menge von *Konstantenzeichen*.

R   ist Menge der *Relationensymbole* (Prädikatenzeichen).

V   ist Menge der *Individuenvariablen*.

T $:= $ **C** $\cup$ **V**   ist Menge der *Terme*.

$R(t_1,...,t_n)$ mit $R \in$ **R** und $t_1,...,t_n \in$ **T**   ist *atomare Formel*.

$R(c_1,...,c_n)$ mit $R \in$ **R** und $c_1,...,c_n \in$ **C**   ist *atomare Grundformel*.

$A_0 :\text{-} A_1,...,A_m.$ mit $A_0, A_1,...,A_m$ atomare Formel und $m \in$ IN_0 heißt *(Horn-) Klausel*, die als Abkürzung für die Formel $A_0 \vee \neg A_1 \vee \neg A_2 \vee ... \vee \neg A_m$ steht; entsprechend heißen A_0 *Konklusion* und $A_1,...,A_m$ *Prämissen*. Für eine solche Klausel K (und dann entsprechend auch für eine Menge von Klauseln) sei

rel(K) :=   Menge der vorkommenden Relationensymbole,

concl(K) :=   das in der Konklusion vorkommende Relationensymbol.

$A_0.$ ist Abkürzung für $A_0 :\text{-} .$ und heißt *Faktum*.

$A_0.$ mit A_0 atomare Grundformel heißt *Grundfaktum*.

$A_0 :\text{-} A_1,...,A_m.$ mit $m \geq 1$ heißt *Regel*.

HK   ist Menge der Horn-Klauseln.

GF   ist Menge der Grundfakten.

7.1.1   Syntax der Strukturen

Die *Strukturen* unseres logikorientierten Datenmodells sind durch LOGODAT-Schemas gegeben. Inhaltlich wird in einem LOGODAT-Schema festgelegt, wie das zeitunabhängige Wissen in die in Kapitel 5 genannten Formen eingeteilt wird: Formate für Aufzählung, Regeln, Bedingungen.

Definition 7.1   [LOGODAT-Schema]

D = < **EDB** I **IDB** I **SC** > heißt *LOGODAT-Schema*, wobei gilt:

1. [*Formate für Aufzählungen*]
EDB $\subset_{\text{endlich}}$ **R** $\setminus \{=\}$ bestimmt Relationensymbole (mitsamt ihrer Stelligkeit) für die *Basisrelationen* (extensional database relations), mit denen aufzählend dargestelltes Wissen abgespeichert werden soll.

2. [*Regeln zum Erschließen*]
IDB $\subset_{\text{endlich}}$ **HK** mit concl(**IDB**) $\subset$ **R** $\setminus$ (**EDB** $\cup \{=\}$) und
$\qquad\qquad\qquad$ rel(**IDB**) $\subset$ **EDB** $\cup$ concl(**IDB**) $\cup \{=\}$
bestimmt *Regeln*, mit deren Hilfe aus den Basisrelationen Wissen in Form von *Sichtrelationen* (intensional database relations) erschlossen werden kann.

3. [*Bedingungen für Aufzählungen*]
SC $\subset_{\text{endlich}}$ **HK** mit rel(**SC**) $\subset$ **EDB** $\cup$ concl(**IDB**) $\cup \{=\}$

bestimmt *semantische Bedingungen* (semantic constraints), die die Aufzählungen erfüllen sollen.

Die in Teil 2 der Definition 7.1 genannten Anforderungen an **IDB** sollen die folgenden zwei Bedingungen ausdrücken. Die Regeln sollen weder Relationensymbole für die Basisrelationen noch das Gleichheitssymbol redefinieren. Und die Prämissen einer Regel sollen sich auf wohldefinierte Relationen, nämlich auf gespeicherte Basisrelationen, durch **IDB** bestimmte Sichtrelationen oder die vordefinierte Gleichheitsrelation beziehen. Die Stellen von Relationensymbolen werden häufig mit Bezeichnern, die man dann Attribute nennt, unterschieden. Wir werden den dafür notwendigen, etwas aufwendigen Formalismus hier nicht einführen, sondern vereinfachend die beabsichtigte Bedeutung einer Stelle durch "sprechende" Individuenvariablen andeuten, die wir auch bei der Definition von **EDB** anstelle von Attributen hinter die Relationensymbole schreiben.

Ausgehend von einer Beschreibung des zu betrachtenden Unternehmens mit Hilfe der semantischen Begriffe, muß man alle zeitunabhängigen Gegebenheiten des Unternehmens mit Hilfe eines LOGODAT-Schemas ausdrücken.

Beispiel: Es soll ein LOGODAT-Schema für die in Abschnitt 5.3 ansatzweise erfolgte Modellierung einer Arztpraxis entwickelt werden. Dazu führen wir einige Vereinfachungen ein, um die Schreibweisen übersichtlicher zu gestalten:

IdPe: *id*entifizierende Attribute einer *Person*, nämlich Name, Vorname, Geburtstag, Geburtsort;

DaPe: weitere Attribute (*Daten*) einer *Person*: Geschlecht (*Ge*) mit möglichen Werten weib und mann, Anschrift (*An*), private Telefonnummer (*PrivT*);

DaBe: weitere Attribute (*Daten*) eines *Be*handelnden;

DaAr: weitere Attribute (*Daten*) eines *Ar*ztes;

DaAn: weitere Attribute (*Daten*) eines *An*gestellten;

DaPa: weitere Attribute (*Daten*) eines *Pa*tienten;

IdVe: *id*entifizierende Attribute einer *Ve*rsicherungsgesellschaft;

DaVe: weitere Attribute (*Daten*) einer *Ve*rsicherungsgesellschaft;

ArtVe: Attribut für die *Art* einer *Ve*rsicherungsgesellschaft;

IdAr: *id*entifizierende Attribute eines *Ar*beitgebers;

DaAr: weitere Attribute (*Daten*) eines *Ar*beitgebers;

IdPro: künstliches *id*entifizierendes Attribut eines *Pro*tokolls, dessen Werte etwa als fortlaufende Nummern jeweils bei der Eingabe des Protokolls erzeugt werden;

ArtPro: Attribut für die *Art* eines *Pro*tokolls;

DaProX: weitere Attribute (*Daten*) für *Pro*tokolle der Form *X*;

Ano: identifizierendes Attribut einer Karteikarte, dessen Werte *Ano*nyme sind;

DaAno: weitere Attribute (*Daten*) einer durch ein *Ano*nym identifizierten Karteikarte;

Zur Darstellung der **Personenhierarchie**:
Wir wählen vier Relationensymbole für Basisrelationen, um die Klassen der *Ärzte*, *An*gestellten, *Pa*tienten und *so*nstigen *Pe*rsonen aufzählend abspeichern zu können. Die Klassen der *Beha*ndelnden und *Per*sonen erschließen wir durch Regeln. Als semantische

Bedingung fordern wir, daß IdPe tatsächlich identifiziert. Für die weiteren *Tel*efonnummern führen wir ein fünftes Relationensymbol für eine Basisrelation ein, in die auch die private Telefonnummer übernommen werden soll.

EDB:

ARZT (IdPe, DaPe, DaBe, DaAr)
ANG (IdPe, DaPe, DaBe, DaAn)
PAT (IdPe, DaPe, DaPa)
SOP (IdPe, DaPe)
TEL (IdPe, TelNr)

IDB:

BEHA (IdPe, DaPe, DaBe) :- ARZT (IdPe, DaPe, DaBe, DaAr).
BEHA (IdPe, DaPe, DaBe) :- ANG (IdPe, DaPe, DaBe, DaAn).
PER (IdPe, DaPe) :- BEHA (IdPe, DaPe, DaBe).
PER (IdPe, DaPe) :- PAT (IdPe, DaPe, DaPa).
PER (IdPe, DaPe) :- SOP (IdPe, DaPe).

SC:

= (DaPe_1, DaPe_2) :- PER (IdPe_1, DaPe_1), PER (IdPe_2, DaPe_2),
                              = (IdPe_1, IdPe_2).
TEL (IdPe, PrivT) :- PER (IdPe, Ge, An, PrivT).

Zur Darstellung der **Versicherungsbeziehung**:
Wir wählen zwei Relationensymbole für Basisrelationen, um die Klasse der *Versicherungsges*ellschaften und die Klasse der *Vers*icherungen aufzählend abspeichern zu können. Die Unterklassen der Versicherungsgesellschaften werden über die möglichen Werte des Attributes ArtVe, nämlich `aok`, `ers` oder `pri`, erschlossen. Wir erschließen die Klasse der Versicherten (Versicherung*semp*fänger), um dann als semantische Bedingung auszudrücken, daß alle Patienten auch Versicherte sind. Wir erschließen die Klasse der *Pat*ienten*id*entifikationen, um dann als semantische Bedingung auszudrücken, daß alle Versicherten Patienten sind. Schließlich fordern wir als semantische Bedingung, daß IdVe tatsächlich identifizert und daß für jeden Patienten höchstens eine Versicherung zutrifft.

EDB:

VGES (IdVe, DaVe, ArtVe)
VERS (IdPe_Emp, IdVe, IdPe_Nehmer)

IDB:

AOK (IdVe, DaVe) :- VGES (IdVe, DaVe, ArtVe), = (ArtVe, aok).
ERS (IdVe, DaVe) :- VGES (IdVe, DaVe, ArtVe), = (ArtVe, ers).
PRI (IdVe, DaVe) :- VGES (IdVe, DaVe, ArtVe), = (ArtVe, pri).
EMP (IdPe_Emp) :- VERS (IdPe_Emp, IdVe, IdPe_Nehmer).
PATID (IdPe) :- PAT (IdPe, DaPe, DaPa).

SC:

    EMP (IdPe) :- PAT (IdPe, DaPe, DaPa).
    PATID (IdPe_Emp) :- VERS (IdPe_Emp, IdVe, IdPe_Nehmer).
    = (DaVe_1, DaVe_2) :- VGES (IdVe_1, DaVe_1, ArtVe_1),
                           VGES (IdVe_2, DaVe_2, ArtVe_2),
                           = (IdVe_1, IdVe_2).
    = (ArtVe_1, ArtVe_2) :- VGES (IdVe_1, DaVe_1, ArtVe_1),
                             VGES (IdVe_2, DaVe_2, ArtVe_2),
                             = (IdVe_1, IdVe_2).
    = (IdVe_1, IdVe_2) :- VERS (IdPe_Emp_1, IdVe_1, IdPe_Nehmer_1),
                           VERS (IdPe_Emp_2, IdVe_2, IdPe_Nehmer_2),
                           = (IdPe_Emp_1, IdPe_Emp_2).
    = (IdPe_Nehmer_1, IdPe_Nehmer_2) :-
                           VERS (IdPe_Emp_1, IdVe_1, IdPe_Nehmer_1),
                           VERS (IdPe_Emp_2, IdVe_2, IdPe_Nehmer_2),
                           = (IdPe_Emp_1, IdPe_Emp_2).

Zur Darstellung der **Beschäftigungsbeziehung**:
Wir wählen zwei Relationensymbole für Basisrelationen, um die Klasse der *Ar*beitgeber und die Klasse der *Besch*äftigungen aufzählend abspeichern zu können. Als semantische Bedingung fordern wir, daß IdAr tatsächlich identifiziert und daß alle Beschäftigten Patienten sind.

EDB:

    ARG (IdAr, DaAr)
    BESCH (IdPe, IdAr)

SC:

    = (DaAr_1, DaAr_2) :- ARG (IdAr_1, DaAr_1),
                           ARG (IdAr_2, DaAr_2),
                           = (IdAr_1, IdAr_2).
    PATID (IdPe) :- BESCH (IdPe, IdAr).

Zur Darstellung der **Behandlungen** und der **Dokumentation**:
Wir wählen Relationensymbole für Basisrelationen, um die folgenden Klassen aufzählend abspeichern zu können: Klasse aller jeweils durch IdPro identifizierten *Prot*okolle, Unterklasse der *Prot*okolle der Form *X*, Klasse der *Beh*andlungen, Klasse der *Ka*rteikarten-*Köp*fe, Klasse der *Dok*umentationsbeziehungen. Wir erschließen für die *Ka*rteikarte die Kranken*ge*schichte aus den Behandlungen. Schließlich benötigen wir noch eine Reihe von semantischen Bedingungen, wozu wir einige Hilfsklassen erschließen müssen. (Aus Platzgründen bleibt die Darstellung unvollständig!)

EDB:

PROT (IdPro, ArtPro)
PROTX1 (IdPro, DaProX1)

$\vdots$

PROTXk (IdPro, DaProXk)
BEH (IdPe_Pa, IdPe_Beh, IdPro, Dat)
KAKO (Ano, Ge, Jg, DaAno)
DOK (IdPe, Ano)

IDB:

KAGE (Ano, Dat, IdPro, IdPe_Beh) :- DOK (IdPe_Pa, Ano),
                                                    BEH (IdPe_Pa, IdPe_Beh, IdPro, Dat).
PROTX1ID (IdPro) :- PROTX1 (IdPro, DaProX1).

$\vdots$ $\vdots$

PROTXkID (IdPro) :- PROTXk (IdPro, DaProXk).
BEHAID (IdPe) :- BEHA (IdPe, DaPe, DaBe).
PROTID (IdPro) :- PROT (IdPro, ArtPro).

SC:

= (ArtPro_1, ArtPro_2) :- PROT (IdPro_1, ArtPro_1), PROT (IdPro_2, ArtPro_2),
                          = (IdPro_1, IdPro_2).
PROTX1ID (IdPro) :- PROT (IdPro, ArtPro), = (ArtPro, x1).

$\vdots$ $\vdots$

PROTXkID (IdPro) :- PROT (IdPro, ArtPro), = (ArtPro, xk).
PROT (IdPro, ArtPro) :- PROTX1ID (IdPro), = (ArtPro, x1).

$\vdots$ $\vdots$

PROT (IdPro, ArtPro) :- PROTXkID (IdPro), = (ArtPro, xk).
PATID (IdPe_Pa) :- BEH (IdPe_Pa, IdPe_Beh, IdPro, Dat).
BEHAID (IdPe_Beh) :- BEH (IdPe_Pa, IdPe_Beh, IdPro, Dat).
PROTID (IdPro) :- BEH (IdPe_Pa, IdPe_Beh, IdPro, Dat).
= (Ge_1, Ge_2) :- KAKO (Ano, Ge_1, Jg_1, DaAno),
                     DOK (IdPe, Ano),
                     PER (IdPe, Ge_2, An, PrivT).
= (Jg_1, Jg_2) :- KAKO (Ano, Ge, Jg_1, DaAno),
                     DOK (IdPe, Ano),
                     PER (Na, Vo, Ta, Mo, Jg_2, Ort, DaPe).

$\vdots$

Zur Darstellung der **Vorfahrbeziehung**:

Wir wählen ein Relationensymbol für eine Basisrelation, um die Klasse der
*Elt*ernschaften aufzählend abspeichern zu können, und fordern als semantische
Bedingung, daß die auftretenden Personen tatsächlich Patienten sind. Wir erschließen die
Klassen der *Mutt*erschaften und der *Vat*erschaften, um dann als semantische Bedingung
auszudrücken, daß für ein Kind die Mutterschafts- bzw. Vaterschaftsbeziehung eindeutig
ist. Ferner erschließen wir die Klasse der *Vorfahr*beziehungen aus den gespeicherten

Elternschaftsbeziehungen. Man beachte, daß damit entsprechend den Anforderungen an **IDB** nichterschließbare Vorfahrbeziehungen (etwa zwischen Enkel und Großeltern, wenn kein Elternteil Patient ist) nicht darstellbar sind.

EDB:
   ELT (IdPe_Kind, IdPe_Eltern)

IDB:
   MUT (IdPe_Kind, IdPe_Eltern) :- ELT (IdPe_Kind, IdPe_Eltern),
                                         PAT (IdPe_Eltern, DaPe, DaPa),
                                         = (Geschlecht[1], weib).
   VAT (IdPe_Kind, IdPe_Eltern) :- ELT (IdPe_Kind, IdPe_Eltern),
                                         PAT (IdPe_Eltern, DaPe, DaPa),
                                         = (Geschlecht[1], mann).

   VORFAHR (IdPe_Jung, IdPe_Alt) :- ELT (IdPe_Jung, IdPe_Alt).
   VORFAHR (IdPe_Jung, IdPe_Alt) :- ELT (IdPe_Jung, IdPe_Eltern),
                                         VORFAHR (IdPe_Eltern, IdPe_Alt).

SC:
   PATID (IdPe_Kind) :- ELT (IdPe_Kind, IdPe_Eltern).
   PATID (IdPe_Eltern) :- ELT (IdPe_Kind, IdPe_Eltern).
   = (IdPe_Mut_1, IdPe_Mut_2) :- MUT (IdPe_Kind_1, IdPe_Mut_1),
                                         MUT (IdPe_Kind_2, IdPe_Mut_2),
                                         = (IdPe_Kind_1, IdPe_Kind_2).
   = (IdPe_Vat_1, IdPe_Vat_2) :- VAT (IdPe_Kind_1, IdPe_Vat_1),
                                         VAT (IdPe_Kind_2, IdPe_Vat_2),
                                         = (IdPe_Kind_1, IdPe_Kind_2).

Einige der hier bei der Formalisierung getroffenen Entscheidungen werden wir später in Kapitel 11 und Kapitel 15 noch weiter erörtern. Abschließend wollen wir für unser Beispiel die Formate für die Aufzählungen, d.h. die **EDB**-Komponenten des definierten LOGODAT-Schemas noch durch einen *Hypergraphen* darstellen. Die *Knoten* dieses Hypergraphen sind die verwendeten Attribute (bzw. Individuenvariablen); sie werden zeichnerisch jeweils durch den Attributnamen dargestellt. Die *Relationenschema-Hyperkanten* dieses Hypergraphen sind die Attributmengen, die jeweils für ein Relationensymbol aus **EDB** vereinbart wurden; sie werden zeichnerisch durch einen Kringel, der genau die vereinbarten Attribute umschließt, dargestellt. Die *Rollen-Hyperkanten* dieses Hypergraphen sind maximale Attributmengen, deren Attribute sich auf das gleiche Seiende, aber in verschiedenen Rollen beziehen; sie werden zeichnerisch durch ein Rechteck, das genau diese Rollenattribute umfaßt, dargestellt. Für unser Beispiel ergibt sich der Hypergraph aus Bild 7.2.

---

[1] Dabei ist jeweils `Geschlecht` die benötigte Variable aus der zu DaPe zusammengefaßten Folge von Variablen (entsprechend den Attributen) einer Person.

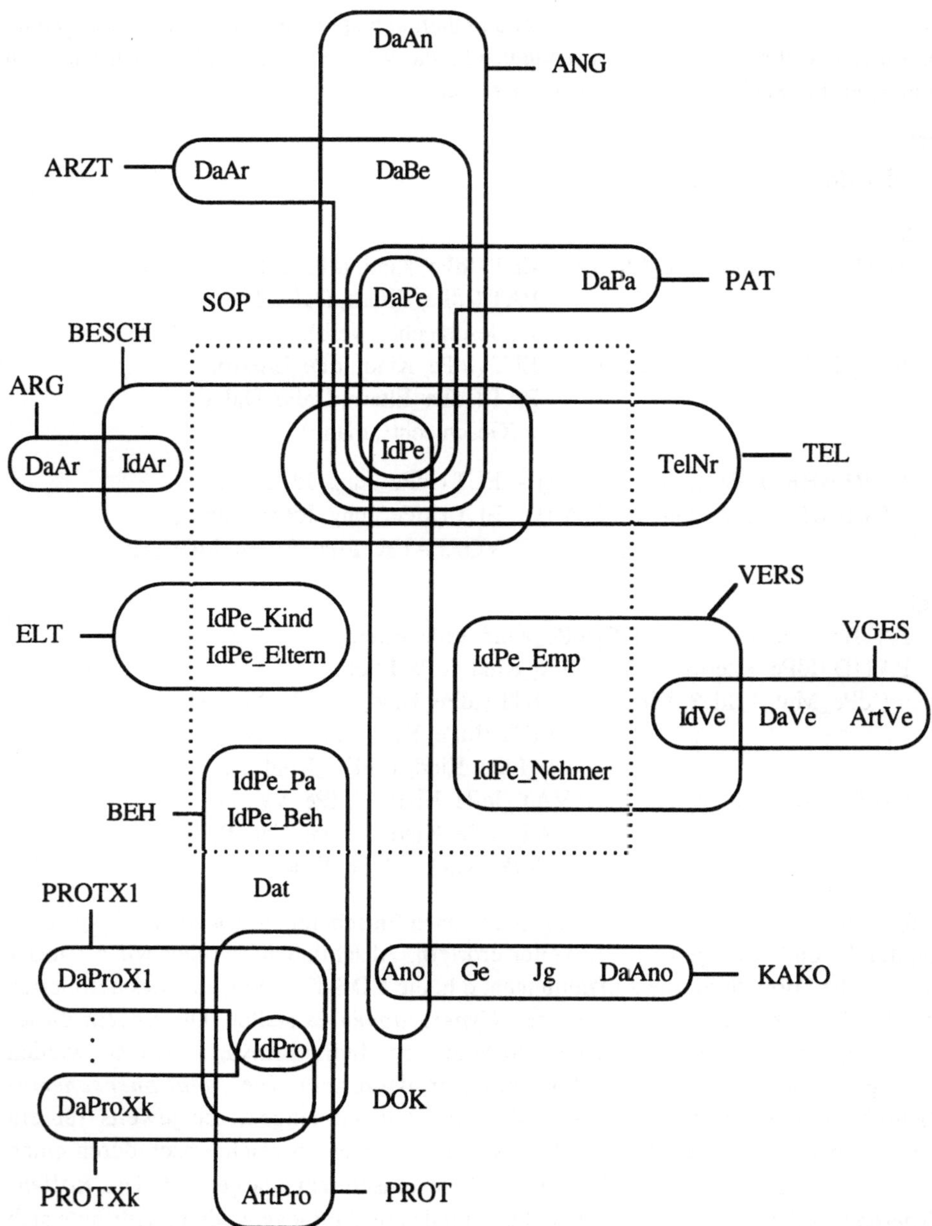

Bild 7.2 Hypergraph entsprechend der **EDB**-Komponente für das Arztpraxisbeispiel

Für weitere Beispiele zur Syntax und später zur Semantik von LOGODAT (und des relationalen Datenmodells) werden wir im folgenden nur einen stark vereinfachten Ausschnitt der Modellierung einer Arztpraxis betrachten. Dieser Ausschnitt ist durch das LOGODAT-Schema D = < **EDB** I **IDB** I **SC** > bestimmt, das in Bild 7.3 zusammengestellt und dessen **EDB**-Komponente in Bild 7.4 dargestellt ist:

EDB:
 PERSON (Name, Geschlecht)
 ELT (Name, Eltern)
 BEH (Patient, Arzt, ArtPro)

IDB:
 MUT (Kind, Mutter) :- ELT (Kind, Mutter),
                       PERSON (Mutter, Geschlecht),
                       = (Geschlecht, weib).
 VAT (Kind, Vater) :- ELT (Kind, Vater),
                      PERSON (Vater, Geschlecht),
                      = (Geschlecht, mann).
 NAME (Name) :- PERSON (Name, Geschlecht).

SC:
 = (Geschlecht_1, Geschlecht_2) :- PERSON (Name_1, Geschlecht_1),
                                   PERSON (Name_2, Geschlecht_2),
                                   = (Name_1, Name_2).
 NAME (Kind) :- ELT (Kind, Eltern).
 NAME (Eltern) :- ELT (Kind, Eltern).
 NAME (Patient) :- BEH (Patient, Arzt, ArtPro).
 NAME (Arzt) :- BEH (Patient, Arzt, ArtPro).
 = (Mutter_1, Mutter_2) :- MUT (Kind_1, Mutter_1),
                           MUT (Kind_2, Mutter_2),
                           = (Kind_1, Kind_2).
 = (Vater_1, Vater_2) :- VAT (Kind_1, Vater_1),
                         VAT (Kind_2, Vater_2),
                         = (Kind_1, Kind_2).

Bild 7.3 LOGODAT-Schema für das vereinfachte Arztpraxisbeispiel

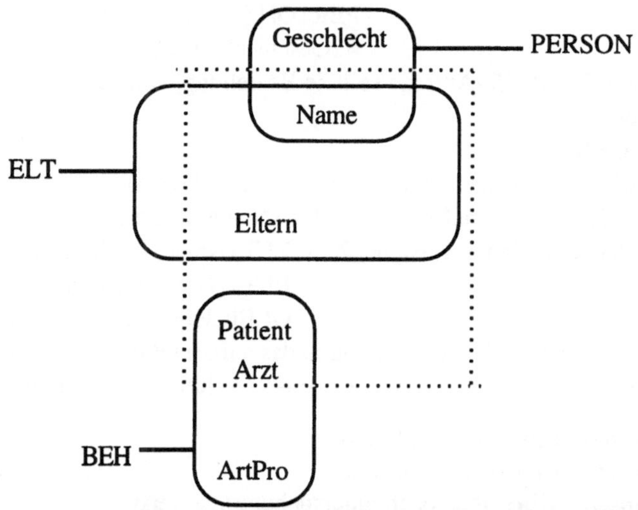

Bild 7.4 Hypergraph der **EDB**-Komponente für das vereinfachte Arztpraxisbeispiel

7.1.2 Syntax der Operationen

Die *Operationen* unseres logikorientierten Datenmodells sind durch LOGODAT-Anfragen und -Änderungen gegeben.

Definition 7.2 [Syntax von LOGODAT-Operationen]

Sei D = < **EDB** I **IDB** I **SC** > ein LOGODAT-Schema.

1. *[Syntax von LOGODAT-Anfragen]*

< R I Q > heißt *LOGODAT-Anfrage*, falls

$R \in \mathbf{R} \setminus \{=\}$ ist   *Ergebnisrelation*ensymbol, das ein Format der erwünschten Ergebnisse festlegt;

$\mathbf{Q} \subseteq_{endlich} \mathbf{HK}$ mit concl $(\mathbf{Q}) \subset \mathbf{R} \setminus (\mathbf{EDB} \cup$ concl$(\mathbf{IDB}) \cup \{=\})$
ist *Anfrageprogramm*, das Regeln zum Erschließen der gewünschten Ergebnisse angibt.

2. *[Syntax von LOGODAT-Änderungen]*

Ist $R (c_1,...,c_n) \in \mathbf{GF}$ ein Grundfaktum mit $R \in \mathbf{EDB}$, so bezeichnen

insert $R (c_1,...,c_n)$.   und

delete $R (c_1,...,c_n)$.

elementare Änderungen.

begin $op_1;...; op_k$ end   mit op_i elementare Änderungen heißt *LOGODAT-Änderung.*

Die in Teil 1 der Definition genannte Anforderung an **Q** soll wieder ausdrücken, daß die Regeln des Anfrageprogramms weder Relationensymbole für Basisrelationen und Sichtrelationen noch das Gleichheitszeichen redefinieren dürfen.

Beispiel:

1a. Die folgende LOGODAT-Anfrage soll die Tochter-Elternteil-Beziehung erschließen.

     < TOCHTER I
        { TOCHTER (Name, Eltern) :- ELT (Name, Eltern),
                                     PERSON (Name, Geschlecht),
                                     = (Geschlecht, weib). } >

1b. Die folgende LOGODAT-Anfrage soll die Beziehung, von der gleichen Generation zu sein, erschließen.

     < GLEICHGEN I
        { GLEICHGEN (Name, Name) :- ELT (Name, Eltern). ,
          GLEICHGEN (Eltern, Eltern) :- ELT (Name, Eltern). ,
          GLEICHGEN (Name_1, Name_2) :- ELT (Name_1, Eltern_1),
                                         ELT (Name_2, Eltern_2),
                                         GLEICHGEN (Eltern_1, Eltern_2). } >

2. Die folgende LOGODAT-Änderung soll in das aufgezählte Wissen Fakten einfügen, die ausdrücken, daß die Tochter ina von theresia durch josef untersucht worden ist.

     begin   insert   PERSON (ina, weib).;
             insert   ELT (ina, theresia).;
             insert   BEH (ina, josef, untersuchung).   end

7.2   Semantik von LOGODAT

7.2.1   Deklarative Semantik der Strukturen

Bislang haben wir nur die *Syntax* unseres logikorientierten Datenmodells vorgestellt.
Nun soll die *Semantik* definiert werden. Zunächst spezifizieren wir eine *deklarative*
Semantik, die im wesentlichen die Begriffe der mathematischen Logik benutzt, um die
anschauliche Vorstellung von "Erschließen" zu formalisieren.

Definition 7.3 [LOGODAT-Struktur, eindeutige Namen]

Eine Struktur $M = (d,\delta)$ heißt *LOGODAT-Struktur*, wenn δ auf der Menge der
Konstantenzeichen C *injektiv* ist.

Faßt man eine Klausel $A_0 :\text{-} A_1,..., A_m.$ als andere Schreibweise der Formel $A_0 \vee$
$\neg A_1 \vee ... \vee \neg A_m$ auf, so übertragen sich die Definitionen aus Kapitel 6 unmittelbar auf
LOGODAT-Schreibweisen. Insbesondere erhalten wir folgende Übertragungen:

- *Gültigkeit* einer Klausel K in einer LOGODAT-Struktur $M = (d,\delta)$ unter
  Variablenbelegung β, $\models_{M,\beta} K$:

  $\models_{M,\beta} R (t_1,..., t_n).$:gdw $(\beta (t_1),..., \beta (t_n)) \in \delta (R)$

  $\models_{M,\beta} A_0 :\text{-} A_1,..., A_m.$:gdw $\models_{M,\beta} A_0.$ oder

  es gibt ein $j \in \{1,..., m\}$ mit $\not\models_{M,\beta} A_j.$

- Eine LOGODAT-Struktur $M = (d,\delta)$ ist ein *Modell* einer Klausel K (K ist *gültig* in
  M), $\models_M K$:gdw für alle Belegungen β gilt: $\models_{M,\beta} K$.

- $Mod (K) := \{ M \mid M$ ist LOGODAT-Struktur, und K ist gültig in $M \}$
  ist die Klasse der Modelle der Klausel K.

  $Mod (\mathbf{K}) := \bigcap_{K \in \mathbf{K}} Mod (K)$ ist die Klasse der Modelle einer Klauselmenge $\mathbf{K}$.

- Eine Klauselmenge K *impliziert logisch* eine Klauselmenge $\mathbf{K'}$, $\mathbf{K} \models \mathbf{K'}$
  :gdw $Mod (\mathbf{K}) \subset Mod (\mathbf{K'})$.

- Schließlich bemerken wir, daß zwischen Mengen von Grundfakten $\mathbf{K} \subset \mathbf{GF}$ mit $=$
  $\notin$ rel $(\mathbf{K})$ und sogenannten *kanonischen* LOGODAT-Strukturen (d,δ), für die $d = C$
  und $\delta (c) := c$ für alle $c \in C$ gilt, eine eineindeutige Zuordnung besteht vermöge
  folgender Definitionen:

  $M (\mathbf{K}) := (\mathbf{C}, \delta)$ mit

  $(c_1,..., c_n) \in \delta (R)$:gdw $R (c_1,..., c_n). \in \mathbf{K}$ für $R \in \mathbf{R} \setminus \{=\}$ bzw.

  $\mathbf{K} (\mathbf{C}, \delta) := \{ R (c_1,..., c_n). \mid (c_1,..., c_n) \in \delta (R)$ und $R \in \mathbf{R} \setminus \{=\}\}.$

Wir können also kanonisch von der *syntaktischen* Ebene zur *semantischen* Ebene
übergehen ($\mathbf{K}$ wird $M (\mathbf{K})$ zugeordnet) und umgekehrt von der *semantischen* Ebene zur
syntaktischen Ebene übergehen ($M = (\mathbf{C},\delta)$ wird $\mathbf{K} (\mathbf{C},\delta)$ zugeordnet). Wir werden nun
genau festlegen, wie in LOGODAT aufzählend dargestelltes Wissen und erschlossenes
Wissen ausgedrückt werden und welche Bedeutung die semantischen Bedingungen
erhalten.

Definition 7.4 [Semantik eines LOGODAT-Schemas]

Sei $D = <$ **EDB** | **IDB** | **SC** $>$ ein LOGODAT-Schema mit **EDB** $= \{R_1,..., R_k\}$ und concl (**IDB**) $= \{S_1,..., S_1\}$.

1. [*Ausprägung, abgespeicherte Basisrelation*]
Eine endliche Menge $f \subset$ **GF** von Grundfakten mit rel(f) $\subset$ **EDB** heißt *Ausprägung* zu **EDB** (bzw. D). Dann ist
$r_i := \{R_i (c_1,..., c_n). \mid R_i (c_1,..., c_n). \in f\}$
(abgespeicherte) *Basisrelation* zum Relationensymbol R_i, und anstelle von
$f = \bigcup_{i = 1,...,k} r_i$ schreiben wir auch $f = (r_1,..., r_k)$.

2. [*Vervollständigung, erschlossene Sichtrelation*]
Ist f eine Ausprägung zu **EDB**, so heißt die Menge von Grundfakten
$$\text{compl}_D (f) := f \cup \{ R(c_1,..., c_n). \mid R \in \text{concl} (\textbf{IDB}), R (c_1,..., c_n). \in \textbf{GF},$$
$$\text{und } f \cup \textbf{IDB} \models R (c_1,..., c_n). \}$$
die *Vervollständigung* von f bezüglich **IDB** (bzw. D). Dann ist
$s_j := \{ S_j (c_1,..., c_n). \mid S_j (c_1,..., c_n). \in \text{compl}_D (f) \}$
(erschlossene) *Sichtrelation* zum Relationensymbol S_j, und anstelle von
$$\text{compl}_D (f) = \bigcup_{i=1,...,k} r_i \cup \bigcup_{j=1,...,1} s_j$$
schreiben wir auch $\text{compl}_D (f) = (r_1,..., r_k, s_1,..., s_1)$.

3. [*Instanz, Erfüllung semantischer Bedingungen*]
Eine Ausprägung f zu **EDB** heißt *Instanz* zu D, falls die Vervollständigung $\text{compl}_D (f)$, aufgefaßt als kanonische LOGODAT-Struktur, Modell der semantischen Bedingungen **SC** ist, d.h.
$M (\text{compl}_D (f)) \in \text{Mod} (\textbf{SC})$.

Beispiel: Sei $D = <$ **EDB** | **IDB** | **SC** $>$ das oben eingeführte LOGODAT-Schema, das einen stark vereinfachten Ausschnitt einer Arztpraxis modelliert.

1. Die folgende Menge f = (person, elt, beh) von Grundfakten ist *Ausprägung* zu D:

person :=		elt :=	
{ PERSON (wilhelmine,	weib). ,	{ ELT (maria,	anton). ,
PERSON (fritz,	mann). ,	ELT (hugo,	anton). ,
PERSON (anton,	mann). ,	ELT (alfons,	theresia). ,
PERSON (theresia,	weib). ,	ELT (anton,	wilhelmine). ,
PERSON (maria,	weib). ,	ELT (anton,	fritz). ,
PERSON (hugo,	mann). ,	ELT (theresia,	wilhelmine). ,
PERSON (alfons,	mann). ,	ELT (theresia,	fritz). ,
PERSON (josef,	mann). ,	ELT (gerda,	josef). }
PERSON (gerda,	weib). }		

```
beh :=
  { BEH (maria,     gerda,   labor). ,
    BEH (maria,     gerda,   hausbesuch). ,
    BEH (maria,     gerda,   röntgen). ,
    BEH (anton,     josef,   untersuchung). ,
    BEH (anton,     josef,   labor). ,
    BEH (anton,     josef,   beratung). ,
    BEH (fritz,     josef,   beratung). ,
    BEH (theresia,  josef,   röntgen). }
```

Die Basisrelation elt kann man sich graphisch wie folgt veranschaulichen:

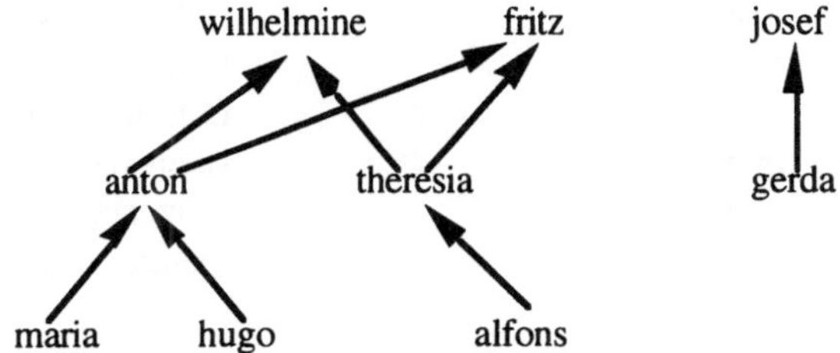

2. Die *Vervollständigung* von f ergibt sich als
$compl_D$ (f) = (person, elt, beh, mut, vat, name) wie folgt:

```
person :=
  { PERSON (wilhelmine,  weib). ,
    PERSON (fritz,       mann). ,
    PERSON (anton,       mann). ,
    PERSON (theresia,    weib). ,
    PERSON (maria,       weib). ,
    PERSON (hugo,        mann). ,
    PERSON (alfons,      mann). ,
    PERSON (josef,       mann). ,
    PERSON (gerda,       weib). }
```

```
elt :=
  { ELT (maria,     anton). ,
    ELT (hugo,      anton). ,
    ELT (alfons,    theresia). ,
    ELT (anton,     wilhelmine). ,
    ELT (anton,     fritz). ,
    ELT (theresia,  wilhelmine). ,
    ELT (theresia,  fritz). ,
    ELT (gerda,     josef). }
```

```
beh :=
  { BEH (maria,     gerda,   labor). ,
    BEH (maria,     gerda,   hausbesuch). ,
    BEH (maria,     gerda,   röntgen). ,
    BEH (anton,     josef,   untersuchung). ,
    BEH (anton,     josef,   labor). ,
    BEH (anton,     josef,   beratung). ,
    BEH (fritz,     josef,   beratung). ,
    BEH (theresia,  josef,   röntgen). }
```

```
name :=
  { NAME (wilhelmine). ,
    NAME (fritz). ,
    NAME (anton). ,
    NAME (theresia). ,
    NAME (maria). ,
    NAME (hugo). ,
    NAME (alfons). ,
    NAME (josef). ,
    NAME (gerda). }
```

mut :=
  { MUT (alfons,   theresia). ,
    MUT (anton,   wilhelmine). ,
    MUT (theresia, wilhelmine). }

vat :=
  { VAT (maria,   anton). ,
    VAT (hugo,   anton). ,
    VAT (anton,   fritz). ,
    VAT (theresia, fritz). ,
    VAT (gerda,   josef). }

3. Die zugeordnete *kanonische LOGODAT-Struktur* M (compl$_D$ (f)) ist dann durch das folgende δ festgelegt:

δ (PERSON) :=
  { (wilhelmine, weib),
    (fritz,   mann),
    (anton,   mann),
    (theresia,   weib),
    (maria,   weib),
    (hugo,   mann),
    (alfons,   mann),
    (josef,   mann),
    (gerda,   weib) }

δ (ELT) :=
  { (maria,   anton),
    (hugo,   anton),
    (alfons,   theresia),
    (anton,   wilhelmine),
    (anton,   fritz),
    (theresia, wilhelmine),
    (theresia, fritz),
    (gerda,   josef) }

δ (BEH) :=
  { (maria,   gerda, labor),
    (maria,   gerda, hausbesuch),
    (maria,   gerda, röntgen),
    (anton,   josef, untersuchung),
    (anton,   josef, labor),
    (anton,   josef, beratung),
    (fritz,   josef, beratung),
    (theresia, josef, röntgen) }

δ (NAME) :=
  { (wilhelmine),
    (fritz),
    (anton),
    (theresia),
    (maria),
    (hugo),
    (alfons),
    (josef),
    (gerda) }

δ (MUT) :=
  { (alfons,   theresia),
    (anton,   wilhelmine),
    (theresia, wilhelmine) }

δ (VAT) :=
  { (maria,   anton),
    (hugo,   anton),
    (anton,   fritz),
    (theresia, fritz),
    (gerda,   josef) }

Offensichtlich ist f eine *Instanz* von D, denn die Struktur M (compl$_D$ (f)) ist Modell von **SC**: in δ (PERSON) bestimmt der Name eindeutig das Geschlecht; in δ (ELT) bzw. δ (BEH) vorkommende Namen kommen auch in δ (NAME) vor; in δ (MUT) bzw. δ (VAT) bestimmen die Kinder eindeutig ihre Mutter bzw. ihren Vater.

7.2.2 Deklarative Semantik der Operationen

Die Semantik von *LOGODAT-Anfragen* liefert *alle* logischen Implikationen, die sich aus einer Anfrage, der gespeicherten Ausprägung und dem vereinbarten Schema ergeben.

Die Semantik einer *LOGODAT-Änderung* versucht in der abgespeicherten Instanz die elementaren Änderungen durchzuführen und prüft dann, ob die neue Ausprägung wieder Modell der semantischen Bedingungen ist: wenn dies der Fall ist, sollen die Änderungen endgültig wirksam werden; andernfalls soll die ursprüngliche Instanz wiederhergestellt werden. Formal wird in unserem logikorientierten Datenmodell die Semantik von Operationen wie folgt definiert.

Definition 7.5 [Semantik von LOGODAT-Operationen]

Sei $D = <$ **EDB** I **IDB** I **SC** $>$ ein LOGODAT-Schema.

1. [*Semantik von LOGODAT-Anfragen*]
Die Semantik einer LOGODAT-Anfrage $<$ R I Q $>$ ist eine Funktion $eval_D$ ($<$ R I Q $>$), die jeder Ausprägung f zu D eine Menge von Grundfakten zum Relationensymbol R zuordnet vermöge

$$eval_D (< R \text{ I } Q >) (f) := \{ R (c_1,..., c_n). \text{ I } f \cup \textbf{IDB} \cup \textbf{Q} \models R (c_1,..., c_n).$$
$$\text{mit } c_1,..., c_n \in \textbf{C} \}.$$

2. [*Semantik von LOGODAT-Änderungen*]
Die Semantik einer elementaren Änderung op ist eine Funktion Op, die jeder Ausprägung zu D eine Ausprägung zu D zuordnet vermöge

$$Op (f) = \begin{cases} f \cup \{R (c_1,...,c_n). \} & \text{falls op} \equiv \text{insert R } (c_1,...,c_n). \\ f \setminus \{R (c_1,...,c_n). \} & \text{falls op} \equiv \text{delete R } (c_1,...,c_n). \end{cases}$$

Die Semantik einer LOGODAT-Änderung begin $op_1;...; op_k$ end ist eine Funktion $eval_D$ (begin $op_1;...; op_k$ end), die jeder Instanz f zu D eine Instanz zu D zuordnet vermöge

$$eval_D(\text{begin } op_1;...; op_k \text{ end}) (f) := \begin{cases} f' \text{ falls f' Instanz zu D ist,} \\ \quad \text{wobei } f':=Op_k (Op_{k-1} (... (Op_1 (f))...)) \\ f \text{ sonst} \end{cases}$$

Beispiel:
1a. Die obige LOGODAT-Anfrage $<$ TOCHTER I Q $>$ zur Tochter-Elternteil-Beziehung liefert für die oben angegebene Instanz f das folgende Ergebnis:

    eval ($<$ TOCHTER I Q $>$) (f) =
      { TOCHTER (maria,   anton). ,
      TOCHTER (theresia,   wilhelmine). ,
      TOCHTER (theresia,   fritz). ,
      TOCHTER (gerda,   josef). }

1b. Die obige LOGODAT-Anfrage $<$ GLEICHGEN I Q $>$ zur Beziehung, von der gleichen Generation zu sein, liefert für die oben angegebene Instanz f das folgende Ergebnis:

eval (< GLEICHGEN I **Q** >) (f) =

> { GLEICHGEN (maria,   maria). ,
>   GLEICHGEN (hugo,   hugo). ,
>   GLEICHGEN (alfons,   alfons). ,
>   GLEICHGEN (anton,   anton). ,
>   GLEICHGEN (theresia,   theresia). ,
>   GLEICHGEN (gerda,   gerda). ,
>   GLEICHGEN (wilhelmine,   wilhelmine). ,
>   GLEICHGEN (fritz,   fritz). ,
>   GLEICHGEN (josef,   josef). ,
>   GLEICHGEN (anton,   theresia). ,
>   GLEICHGEN (theresia,   anton). ,
>   GLEICHGEN (maria,   hugo). ,
>   GLEICHGEN (hugo,   maria). ,
>   GLEICHGEN (maria,   alfons). ,
>   GLEICHGEN (alfons,   maria). ,
>   GLEICHGEN (hugo,   alfons). ,
>   GLEICHGEN (alfons,   hugo). }

2. Die obige LOGODAT-Änderung, die Angaben zu `ina`, `theresia` und `josef` enthält, liefert für die oben angegebene Instanz eine neue Instanz, denn

- der Name `ina` ist neu in PERSON, und daher bestimmt auch in der neuen Ausprägung der Name eindeutig das Geschlecht;
- der in ELT und BEH neu vorkommende Name `ina` ist auch in PERSON bzw. NAME eingefügt worden;
- das neue Kind `ina` bestimmt eindeutig seine Mutter.

Man beachte, daß die erste elementare Einfügung, d.h. insert PERSON (ina, weib), nicht fehlen darf, weil nach den anderen beiden elementaren Einfügungen sonst noch keine Instanz vorliegt.

7.2.3 Operationale Fixpunktsemantik

Die *deklarative Semantik* soll nun im folgenden als äquivalent zu einer *Fixpunktsemantik* nachgewiesen werden. Dazu fassen wir zunächst jede Klausel K (bzw. Menge von Klauseln **K**) als die Spezifikation einer Transformation T_K (bzw. $T_{\mathbf{K}}$) auf, die jeder Menge von Grundfakten wieder eine Menge von Grundfakten zuordnet.

Definition 7.6 [zugeordnete Grundfakten-Transformation]

1. Die einer Klausel $K \equiv A_0 :\text{-} A_1,..., A_m$ mit rel $(A_0) \in \mathbf{R} \setminus \{=\}$ zugeordnete Grundfakten-Transformation T_K ist definiert durch

$$T_K : \wp\, \mathbf{GF} \to \wp\, \mathbf{GF},$$

$T_K (g) := \{\ R (c_1,..., c_n).\ |\ $ es gibt Variablenbelegung γ

$$\text{mit } \gamma (A_0) \equiv R (c_1,..., c_n) \text{ und}$$
$$\gamma (A_i.) \in g \cup \{\ =(c,c).\ |\ c \in \mathbf{C}\ \} \text{ für } i = 1,..., m\ \ \}.$$

2. Die einer Klauselmenge K mit concl $(K) \in \mathbf{R} \setminus \{=\}$ für alle $K \in \mathbf{K}$ zugeordnete Grundfakten-Transformation $T_{\mathbf{K}}$ ist definiert durch

$$T_{\mathbf{K}} : \wp\, \mathbf{GF} \to \wp\, \mathbf{GF},$$

$$T_{\mathbf{K}}\,(g) := \bigcup_{K \in \mathbf{K}} T_K\,(g).$$

Beispiel: Anschaulich beschreibt die Transformation $T_{\mathbf{K}}$ die möglichen Einzelschrittherleitungen von Grundfakten aus einer gegebenen Menge g von Grundfakten mittels Klauseln aus $\mathbf{K}$. Wir betrachten dazu die folgende Menge von Klauseln:

$$\mathbf{K} := \{ \quad \text{ELT (anton, fritz). ,} \qquad\qquad\qquad (1)$$

$$\text{ELT (maria, anton). ,} \qquad\qquad\qquad (2)$$

$$\text{ELT (hugo, anton). ,} \qquad\qquad\qquad (3)$$

$$\text{GLEICHGEN (Name, Name) :- ELT (Name, Eltern). ,} \qquad (4)$$

$$\text{GLEICHGEN (Eltern, Eltern) :- ELT (Name , Eltern). ,} \qquad (5)$$

$$\text{GLEICHGEN (Name\_1, Name\_2) :- ELT (Name\_1, Eltern\_1),} \qquad (6)$$

$$\text{ELT (Name\_2, Eltern\_2),}$$

$$\text{GLEICHGEN (Eltern\_1, Eltern\_2). } \}$$

Wir berechnen beispielhaft einmal $g_1 := T_{\mathbf{K}}(\emptyset)$, d.h. wir bestimmen anschaulich die Menge aller Grundfakten, die durch eine Einzelschrittherleitung mittels $\mathbf{K}$ schon aus der leeren Menge hergeleitet werden können. Die Transformationen zu den Klauseln (1), (2) und (3) liefern als Ergebnis genau die Grundfakten

$$\text{ELT (anton, fritz). ,}$$

$$\text{ELT (maria, anton). ,}$$

$$\text{ELT (hugo, anton). ,}$$

da jede Variablenbelegung γ die Bedingungen für die Prämissen trivialerweise erfüllt und offensichtlich die jeweilige Konklusion unverändert läßt. Die Transformationen zu den Klauseln (4), (5) und (6) liefern nichts zum Ergebnis, da die Bedingungen für die jeweiligen Prämissen für keine Variablenbelegung erfüllbar sind. Wir erhalten also als Ergebnis die Menge

$$g_1 := \{ \quad \text{ELT (anton, fritz). ,}$$

$$\text{ELT (maria, anton). ,}$$

$$\text{ELT (hugo, anton). } \}.$$

Wenden wir darauf noch einmal die Transformation $T_{\mathbf{K}}$ an, so erhalten wir offensichtlich wieder die schon in g_1 erzeugten Grundfakten. Zusätzlich liefern aber auch die Transformationen zu den Klauseln (4) und (5) neue Grundfakten:

(4) mit $\gamma_1 = \begin{pmatrix} \text{Name} & \text{Eltern} \\ \text{anton} & \text{fritz} \end{pmatrix}$ liefert GLEICHGEN (anton, anton). wegen

$$\gamma_1\,(\text{ELT (Name, Eltern).}) = \text{ELT (anton, fritz).} \in g_1$$

(4) mit $\gamma_2 = \begin{pmatrix} \text{Name} & \text{Eltern} \\ \text{maria} & \text{anton} \end{pmatrix}$ liefert GLEICHGEN (maria, maria). wegen

$$\gamma_2\,(\text{ELT (Name, Eltern).}) = \text{ELT (maria, anton).} \in g_1$$

(4) mit $\gamma_3 = \begin{pmatrix} \text{Name} & \text{Eltern} \\ \text{hugo} & \text{anton} \end{pmatrix}$ liefert GLEICHGEN (hugo, hugo). wegen

$$\gamma_3\,(\text{ELT (Name, Eltern).}) = \text{ELT (hugo, anton).} \in g_1$$

(5) mit γ_1 liefert GLEICHGEN (fritz, fritz).

(5) mit γ_2 bzw. γ_3 liefert noch einmal GLEICHGEN (anton, anton).

Klausel (6) liefert noch keinen Beitrag, da g_1 keine Grundfakten mit Relationensymbol GLEICHGEN enthält. Also erhalten wir als Ergebnis die Menge $g_2:=T_K(g_1)$ mit

$g_2:=$ {   ELT (anton, fritz). ,
             ELT (maria, anton). ,
             ELT (hugo, anton). ,
             GLEICHGEN (anton, anton). ,
             GLEICHGEN (maria, maria). ,
             GLEICHGEN (hugo, hugo). ,
             GLEICHGEN (fritz, fritz). }.

Wir berechnen noch $g_3:=T_K(g_2)$ und erhalten dabei zum einen als neues Grundfaktum GLEICHGEN (maria, hugo). durch Anwendung der Transformation zur Klausel (6) mit der Variablenbelegung

$$\gamma_4 = \begin{pmatrix} \text{Name\_1} & \text{Name\_2} & \text{Eltern\_1} & \text{Eltern\_2} \\ \text{maria} & \text{hugo} & \text{anton} & \text{anton} \end{pmatrix}$$

wegen γ_4 (ELT (Name_1, Eltern_1).) = ELT (maria, anton). $\in g_2$,
         γ_4 (ELT (Name_2, Eltern_2).) = ELT (hugo, anton). $\in g_2$,
         γ_4 (GLEICHGEN (Eltern_1, Eltern_2).) = GLEICHGEN (anton, anton). $\in g_2$.

Entsprechend erhalten wir das symmetrische Grundfaktum GLEICHGEN (hugo, maria). Also ergibt sich insgesamt

$g_3:=$ {   ELT (anton, fritz). ,
             ELT (maria, anton). ,
             ELT (hugo, anton). ,
             GLEICHGEN (anton, anton). ,
             GLEICHGEN (maria, maria). ,
             GLEICHGEN (hugo, hugo). ,
             GLEICHGEN (fritz, fritz). ,
             GLEICHGEN (maria, hugo). ,
             GLEICHGEN (hugo, maria). }.

Eine weitere Anwendung von T_K auf g_3 liefert g_3 selbst als Transformationsergebnis, d.h. g_3 ist ein Fixpunkt der Transformation T_K. Im folgenden werden wir allgemeiner zeigen, daß g_3 sogar der kleinste Fixpunkt (bezüglich "$\subset$") der Grundfakten-Transformation T_K ist. Dabei werden wir die folgende Aussage benutzen: Die Potenzmenge der Grundfakten ist bezüglich der Mengeninklusion $\subset$ derart geordnet, daß ($\wp$ GF, $\subset$) ein vollständiger Verband ist. Ferner benötigen wir den folgenden Hilfssatz.

Hilfssatz 7.1 [**Monotonie und Stetigkeit von Grundfakten-**
                   Transformationen]

Sei **K** eine Menge von Klauseln mit concl (K) $\in$ **R** \ {=} für alle K $\in$ **K** und T_K die zugeordnete Grundfakten-Transformation.

1. T_K ist *monoton*, d.h. für alle g, g' $\subset$ **GF** gilt
   $g \subset g' \Rightarrow T_K (g) \subset T_K (g')$.
2. T_K ist *stetig*, d.h. für alle ω-Ketten $g_0 \subset g_1 \subset g_2 \subset ... \subset$ **GF** gilt
   $T_K (\bigcup_{i \in \omega} g_i) = \bigcup_{i \in \omega} T_K (g_i)$.

Beweis:

1. Folgt unmittelbar aus der Definition der zugeordneten Grundfakten-Transformation.
2. "$\supset$": Für $j \in \omega$ gilt $g_j \subset \bigcup_{i \in \omega} g_i$
   und damit gemäß Teil 1: $T_K (g_j) \subset T_K (\bigcup_{i \in \omega} g_i)$.
   Es folgt $\bigcup_{i \in \omega} T_K (g_i) \subset T_K (\bigcup_{i \in \omega} g_i)$.
   "$\subset$": Sei R $(c_1,...,c_n). \in T_K (\bigcup_{i \in \omega} g_i)$.

Nach Definition von T_K gibt es dann eine Klausel K $\equiv A_0 :- A_1,..., A_m. \in$ **K** und
eine Variablenbelegung γ mit
(1) $\gamma (A_0) \equiv R (c_1,...,c_n)$ und
(2) $\gamma (A_j.) \in \bigcup_{i \in \omega} g_i \cup \{ =(c,c). \mid c \in$ **C** $\}$ für $j = 1,...,m$.
Da die Klausel K nur endlich viele Prämissen hat, gibt es ein Kettenelement g_s mit
(2*) $\gamma (A_j.) \in g_s \cup \{ =(c,c). \mid c \in$ **C** $\}$ für $j = 1,...,m$.
(1) und (2*) implizieren nach Definition von T_K, daß
$R (c_1,...,c_n). \in T_K (g_s) \subset \bigcup_{i \in \omega} T_K (g_i)$.   ∎

Den folgenden *Fixpunktsatz von Tarski-Kleene* (siehe z.B. [Bö 85, CeGoTa 90, Ll 87])
werden wir anwenden für den vollständigen Verband ($\wp$ **GF**, $\subset$) und Grundfakten-
Transformationen.

Satz 7.2 [Fixpunktsatz von Tarski-Kleene]

Sei (**H**, $\subset$) eine *ω-vollständige* Halbordnung mit kleinstem Element $\emptyset$ und
Supremumsoperation $\cup$, und sei T : **H** $\to$ **H** eine *monotone* und *stetige*
Transformation.

1. T besitzt einen eindeutig bestimmten kleinsten Fixpunkt fix $\in$ **H**, d.h. es gibt
   fix $\in$ **H** mit T (fix) = fix   und   T (x) = x $\Rightarrow$ fix $\subset$ x für alle x $\in$ **H**.
2. Der kleinste Fixpunkt fix ergibt sich durch fix = $\bigcup_{i \in \omega} T^i (\emptyset)$.

Beweis: Wir zeigen zunächst durch Induktion über i, daß
(1) $T^i (\emptyset) \subset T^{i+1} (\emptyset)$ für alle i $\in \omega$.
Für i = 0 gilt diese Behauptung wegen $T^0 (\emptyset) = \emptyset \subset T^1 (\emptyset)$.
Für i > 0 gilt diese Behauptung gemäß folgender Gleichheiten:
$$
\begin{aligned}
T^{i+1} (\emptyset) &= T (T^i (\emptyset)) &&\text{gemäß Definition von } T^{i+1} \\
&\supset T (T^{i-1} (\emptyset)) &&\text{gemäß Induktionsannahme und der Monotonie von T} \\
&= T^i (\emptyset) &&\text{gemäß Definition von } T^i
\end{aligned}
$$

Wegen der ω-Vollständigkeit ist $\bigcup_{i \in \omega} T^i (\emptyset)$ wieder ein Element von **H**, und die
Fixpunkt-Eigenschaft ergibt sich dann wie folgt:

$$
\begin{aligned}
T\left(\bigcup_{i \in \omega} T^i(\varnothing)\right) &= \bigcup_{i \in \omega} T(T^i(\varnothing)) && \text{gemäß (1) und Stetigkeit von } T \\
&= \bigcup_{i \in \omega} T^{i+1}(\varnothing) && \text{gemäß Definition von } T^{i+1} \\
&= \bigcup_{i \in \omega \setminus \{0\}} T^i(\varnothing) && \\
&= \bigcup_{i \in \omega} T^i(\varnothing) && \text{wegen } T^0(\varnothing) = \varnothing
\end{aligned}
$$

Wir beweisen schließlich, daß $\bigcup_{i \in \omega} T^i(\varnothing)$ *kleinster* Fixpunkt ist, indem wir für einen beliebigen Fixpunkt x mit $T(x) = x$ durch Induktion über i zeigen, daß

$$T^i(\varnothing) \subset x \quad \text{für alle } i \in \omega.$$

Für $i = 0$ gilt diese Behauptung wegen $T^0(\varnothing) = \varnothing \subset x$.

Für $i + 1$ gilt diese Behauptung gemäß folgender Gleichheiten:

$$
\begin{aligned}
T^{i+1}(\varnothing) &= T(T^i(\varnothing)) && \text{gemäß Definition von } T^{i+1} \\
&\subset T(x) && \text{gemäß Induktionsannahme und der Monotonie von } T \\
&= x && \text{wegen } T(x) = x \qquad\blacksquare
\end{aligned}
$$

Definition 7.7 [Fixpunktsemantik von LOGODAT-Anfragen]

Sei D = < **EDB** I **IDB** I **SC** > ein LOGODAT-Schema.

Die *Fixpunktsemantik* einer LOGODAT-Anfrage < R I Q > ist eine Funktion eval_D^{fix} (< R I Q >), die jeder Ausprägung f zu D eine Menge von Grundfakten zum Relationensymbol R zuordnet vermöge

eval_D^{fix} (< R I Q >) (f) := { R $(c_1,...,c_n)$. I R $(c_1,...,c_n)$. $\in$ fix (f $\cup$ **IDB** $\cup$ **Q**) }, wobei fix (f $\cup$ **IDB** $\cup$ **Q**) der kleinste Fixpunkt der f $\cup$ **IDB** $\cup$ **Q** zugeordneten Grundfakten-Transformation $T_{f \cup \mathbf{IDB} \cup \mathbf{Q}}$ ist.

Wir zeigen nun zwei grundlegende Eigenschaften von zugeordneten Grundfakten-Transformationen. Die erste besagt, daß $T_{\mathbf{K}}^i(\varnothing)$ nur logische Implikationen von **K** erzeugt. Die zweite besagt, daß der kleinste Fixpunkt von $T_{\mathbf{K}}$, wenn man ihn kanonisch als eine LOGODAT-Struktur auffaßt, ein Modell von **K** ist. Man könnte darüber hinaus beweisen, daß diese Struktur das kleinste, die Grundfakten aus **K** enthaltende und nur aus dem syntaktischen Material von **K** aufgebaute Modell von **K** ist (*kleinstes Herbrand-Modell*).

Hilfssatz 7.3

Sei $T_{\mathbf{K}}$ die einer Menge von Klauseln **K** mit concl (K) $\in$ **R** $\setminus$ {=} für alle K $\in$ **K** zugeordnete Grundfakten-Transformation. Dann gilt für den kleinsten Fixpunkt fix (**K**) von $T_{\mathbf{K}}$:

1. **K** I= fix (**K**).
2. M (fix (**K**)) $\in$ Mod (**K**).

Beweis:

1. Gemäß dem Fixpunktsatz von Tarski-Kleene gilt

   fix (**K**) = $\bigcup_{i \in \omega} T_{\mathbf{K}}^i(\varnothing)$.

Wir zeigen durch Induktion über i, daß **K** I= $T_{\mathbf{K}}^i(\varnothing)$.

$i = 0$: Wegen $T_{\mathbf{K}}^0(\varnothing) = \varnothing$ gilt die Behauptung trivialerweise.

$i > 0$: Nach Induktionsannahme gilt

(1) $\mathbf{K} \models T_{\mathbf{K}}^{i-1} (\emptyset)$.

(2)   Sei nun $R (c_1,...,c_n). \in T_{\mathbf{K}}^{i} (\emptyset) \setminus T_{\mathbf{K}}^{i-1} (\emptyset)$ und

(3)   M ein Modell von $\mathbf{K}$.

Wir zeigen, daß dann M auch ein Modell von $R (c_1,...,c_n).$ ist.

Nach Definition von $T_{\mathbf{K}}$ bedeutet (2), daß es eine Klausel $K \equiv A_0 :- A_1,...,A_m. \in \mathbf{K}$ und eine Variablenbelegung γ gibt mit

(4) $\gamma (A_0) \equiv R (c_1,...,c_n)$ und

(5) $\gamma (A_j.) \in T_{\mathbf{K}}^{i-1} (\emptyset) \cup \{ =(c,c). \mid c \in C \}$ für $j = 1,...,m$.

Aus (3) und (1) zusammen mit der trivialen Gültigkeit von Gleichheitsfakten folgt dann:

(6)   M ist Modell von $\gamma (A_j.)$ für $j = 1,...,m$.

Da M nach (3) ein Modell von K ist, ist

(7)   M auch Modell von $\gamma (K)$.

(6) und (7) bedeuten schließlich unter Beachtung von (4), daß M ein Modell von $\gamma(A_0.) \equiv R (c_1,...,c_n).$ ist.

2. Angenommen $M := M (fix (\mathbf{K}))$ ist kein Modell von $\mathbf{K}$.

Dann gibt es eine Klausel $K \equiv A_1 :- A_1,...,A_m. \in \mathbf{K}$, so daß M kein Modell von K ist, d.h. es gibt eine Variablenbelegung β mit

(1) $\not\models_{M,\beta} A_0.$ und $\models_{M,\beta} A_j.$ für $j = 1,...,m$.

Nach Definition von M ist (1) gleichbedeutend mit

(2) $\beta (A_0.) \notin fix (\mathbf{K})$ und $\beta (A_j.) \in fix (\mathbf{K}) \cup \{ =(c,c) \mid c \in C \}$ für $j = 1,...,m$.

Nach Definition der Grundfakten-Transformation und der Fixpunkteigenschaft folgt

(3) $\beta (A_0.) \in T_{\mathbf{K}} (fix (\mathbf{K})) = fix (\mathbf{K})$,

was einen Widerspruch zu (2) ergibt.   ∎

Wir können nun, wie oben angekündigt, die Äquivalenz der deklarativen Semantik und der operationalen Fixpunktsemantik beweisen. Betrachtet man die Fixpunktsemantik als (Ansatz zur) Verwirklichung der deklarativen Semantik, so muß man zeigen, daß

- jedes von der Fixpunktsemantik erzeugte Grundfaktum *korrekt* ist in dem Sinne, daß es tatsächlich gemäß der deklarativen Semantik eine logische Implikation der zu verarbeitenden Klauseln ist,

- tatsächlich *alle* logisch implizierten Grundfakten *vollständig* von der Fixpunktsemantik erzeugt werden.

Satz 7.4 [Korrektheit und Vollständigkeit der Fixpunktsemantik]

Sei $D = < \mathbf{EDB} \mid \mathbf{IDB} \mid \mathbf{SC} >$ ein LOGODAT-Schema und $< R \mid Q >$ eine Anfrage. Dann gilt für alle Ausprägungen f zu D:

$$eval_D^{fix} (< R \mid Q >) (f) = eval_D (< R \mid Q >) (f).$$

Beweis: Sei $fix := fix (f \cup \mathbf{IDB} \cup \mathbf{Q})$ der kleinste Fixpunkt von $T_{f \cup \mathbf{IDB} \cup \mathbf{Q}}$. Wir müssen für $c_1,...,c_n \in C$ zeigen:

$$R (c_1,...,c_n). \in fix \quad gdw \quad f \cup \mathbf{IDB} \cup \mathbf{Q} \models R (c_1,...,c_n).$$

Dazu wenden wir obigen Hilfssatz 7.3 für $\mathbf{K} = f \cup \mathbf{IDB} \cup \mathbf{Q}$ an:

"$\Rightarrow$" [Korrektheit]: folgt unmittelbar aus Teil 1 des Hilfssatzes 7.3.

"$\Leftarrow$" [Vollständigkeit]:
>   Sei R $(c_1,...,c_n)$. $\notin$ fix, d.h. nach Definition von M (fix)
(1)   M (fix) $\notin$ Mod (R $(c_1,...,c_n)$.).
Andererseits gilt nach Teil 2 des Hilfssatzes 7.3
(2)   M(fix) $\in$ Mod (f $\cup$ **IDB** $\cup$ **Q**).
Aus (1) und (2) folgt f $\cup$ **IDB** $\cup$ **Q** $\not\models$ R $(c_1,...,c_n)$.   ∎

Offensichtlich kann man nun auch die Semantik von LOGODAT-Schemas mit Hilfe der
Fixpunkt-Konstruktion anstelle der Implikation-Konstruktion definieren.

Korollar 7.5
>   Sei D = < **EDB** I **IDB** I **SC** > ein LOGODAT-Schema und f eine Ausprägung zu
>   **EDB**. Dann gilt für die Vervollständigung von f:
> compl_D (f) = fix (f $\cup$ **IDB**).

Beweis: Wie im vorangehenden Satz.   ∎

7.3   Zusammenfassung

Indem wir Teile des in Kapitel 5 vorgestellten Begriffsgerüsts für die Modellierung
zusammenführen mit in Kapitel 6 vorgestellten Grundbegriffen aus Logik und
Mengenlehre, *erfinden* wir eine formale Sprache zur Definition von Schemas, Anfragen
und Änderungen in einem logikorientierten Datenmodell. Diese formale Sprache stellt
zunächst noch eine *Abstraktion* dar, die von vielen Einzelheiten einer in konkreter
Syntax gegebenen Sprache absieht.

Die *Theorie* der Grundfakten-Transformationen erbringt unter Rückgriff auf den
klassischen Fixpunktsatz von Tarski-Kleene den Nachweis der Korrektheit und
Vollständigkeit der operationalen Fixpunktsemantik in bezug auf die deklarative
Semantik. Damit erfolgt ein erster wichtiger Schritt zu einer *Verwirklichung* des
logikorientierten Datenmodells. Im nächsten Kapitel werden wir ansatzweise zeigen, wie
eine solche Verwirklichung auf das relationale Datenmodell abgestützt werden kann.
Diesen Ansatz werden wir dann in Kapitel 14 unter dem Gesichtspunkt der Optimierung
weiterentwickeln.

Die beispielhafte Modellierung einer Arztpraxis zeigt wieder, wie die erfundene formale
Sprache *benutzt* werden kann. Wenn der Einsatz eines Informationssystems in einem
"Unternehmen" *entworfen* wird, kann eine vorliegende Spezifikation nunmehr
programmiersprachlich genau erfaßt und damit gegebenenfalls ausführbar und testbar
werden.

paradigm formale Sprache	theory	abstraction	design
erfinden		●	
verwirklichen	●		
benutzen			●

7.4 Bibliographische Hinweise

Frühe Ergebnisse der Berechenbarkeitstheorie zeigen bereits einerseits die Möglichkeiten und andererseits die Grenzen auf, Begriffe wie Allgemeingültigkeit, Erfüllbarkeit und logische Implikation zu operationalisieren. Zu nennen sind hier insbesondere einerseits der 1930 erschienene Vollständigkeitssatz von K. Gödel und die 1932 veröffentlichte Charakterisierung der Erfüllbarkeit durch J. Herbrand sowie andererseits die 1936-37 durch A. Church und A. Turing bewiesene Unentscheidbarkeit der Prädikatenlogik. Die in Kapitel 6 genannten Bücher über Mathematische Logik enthalten auch diese Ergebnisse.

Die Idee der logischen Programmierung, d.h. Logik als eine Programmiersprache zu verwenden, wird Anfang der 70er Jahre von A. Colmerauer und R. Kowalski vertreten und führt zur Entwicklung der Programmiersprache PROLOG. Die Grundlagen der logischen Programmierung sind von J.W. Lloyd umfassend in [Ll 87] dargestellt, aber etwa auch in [Bö 85, Si 90] angesprochen.

Die Verbindung zwischen Logik und Infomationssystemen und damit Ansätze zu einem logikorientierten Datenmodell werden erstmals im von H. Gallaire und J. Minker herausgegebenen Sammelband [GaMi 78] breit untersucht. J.D. Ullman [Ul 88, 89], C. Ceri, G. Gottlob und L. Tanca [CeGoTa 90] sowie A.B. Cremers, U. Griefahn, R. Hinze [CrGrHi 94] geben weite Überblicke über den seitdem erreichten Stand der Entwicklung. Ansätze, die Beschränkung auf Horn-Klauseln zu überwinden und damit insbesondere negierte Prämissen oder disjunktive Konklusionen zuzulassen, werden unter anderem in [Ll 87] und [LoMiRa 92] behandelt. In [Ul 89] wird gezeigt, wie in einem logikorientierten Datenmodell auch Funktionszeichen zugelassen werden können.

8 Relationales Datenmodell

Das relationale Datenmodell kann (mit einigen Einschränkungen) als Spezialfall der logikorientierten Datenmodelle angesehen werden. Tatsächlich sind die logikorientierten Datenmodelle als Erweiterungen des relationalen entstanden, um einige Beschränkungen des relationalen Datenmodells zu überwinden. Die dabei auftretenden Effizienzprobleme sind jedoch bislang nur ansatzweise gelöst, während für das relationale Datenmodell bereits eine Reihe von Verwirklichungen in Form von erfolgreichen kommerziellen Produkten vorliegt, z.B. die aus dem Prototyp *System/R* hervorgegangenen Systeme *SQL/DS* und *DB2* von IBM, das anfänglich an der University of California at Berkeley entwickelte *Ingres* von Relational Technology Inc., das für eine große Vielzahl von Rechnern und Betriebssystemen verfügbare *Oracle* von Oracle Corp., sowie Informix, Sybase, Unify und viele andere. Hier soll jedoch nur eine abstrakte Fassung des relationalen Datenmodells behandelt werden.

Gegenüber dem im letzten Kapitel vorgestellten logikorientierten Datenmodell gelten für das relationale Datenmodell die folgenden Einschränkungen:

- Als *Anfrageprogramme* sind nur solche Mengen von Klauseln erlaubt, in denen kein Relationensymbol rekursiv verwendet wird.
- Ebenso sind für *Sichtrelationen* nur solche Mengen von Klauseln erlaubt, in denen kein Relationensymbol rekursiv verwendet wird.
- Als *semantische Bedingungen* für Basisrelationen sind nur erlaubt:
  - *funktionale Abhängigkeiten* (functional dependencies) der Form
    $$Y = Y' :- R(X_1,...,X_k,Y,Z_1,...,Z_1), R(X_1,...,X_k,Y',Z'_1,...,Z'_1).,$$
    die wir im relationalen Datenmodell kurz notieren in der Form $X_1,..., X_k \rightarrow Y$;
  - *mehrwertige Abhängigkeiten* (multivalued dependencies) der Form
    $$R(X_1,...,X_k,Y'_1,...,Y'_1,Z_1,...,Z_m) :-$$
    $$R(X_1,...,X_k,Y_1,...,Y_1,Z_1,...,Z_m), R(X_1,...,X_k,Y'_1,...,Y'_1,Z'_1,...,Z'_m).,$$
    die wir im relationalen Datenmodell kurz notieren in der Form
    $$X_1,...,X_k \Rightarrow Y_1,...,Y_1 \mid Z_1,...,Z_m;$$
  - *Verbundabhängigkeiten* (join dependencies) als Verallgemeinerung von mehrwertigen Abhängigkeiten, sowie einige weitere Verallgemeinerungen (die in Kapitel 15 definiert werden und alle rekursionsfrei sind);
  - *Enthaltenseinsabhängigkeiten* (inclusion dependencies) der Form
    $$R1(X_1,...,X_k) :- S1(X_1,...,X_k),$$ wobei R1 und S1 als Sichtrelationen aus den Basisrelationen R und S gebildet werden durch Klauseln der Form
    $$R1(X_1,...,X_k) :- R(X_1,...,X_k,V_1,...,V_1). \text{ und}$$
    $$S1(X_1,...,X_k) :- S(X_1,...,X_k,W_1,...,W_1').;$$
    solche Enthaltenseinsabhängigkeiten werden wir im relationalen Datenmodell kurz notieren in der Form
    $$\pi_{\{X_1,...,X_k\}} (S) \subset \pi_{\{X_1,...,X_k\}} (R).$$

Zur Vereinfachung der Darstellungen werden wir zunächst überhaupt keine Sichtrelationen zulassen, obwohl Sichtrelationen eigentlich ein wichtiger Bestandteil sowohl abstrakter Fassungen als auch konkreter Verwirklichungen des relationalen

Datenmodells sind. Andererseits soll unsere Fassung des relationalen Datenmodells auch ein paar zusätzliche Möglichkeiten eröffnen, die man grundsätzlich auch in logikorientierte Datenmodelle entsprechend angepaßt übernehmen könnte:

- Die Stellen der Relationensymbole werden durch sogenannte *Attribute* (attributes) (Spaltenüberschriften der Tabellen) bezeichnet und mit *"semantischen Bereichsnamen"* bzw. *"Domänen"* (domains) getypt.

- Die semantischen Bedingungen werden aufgeteilt in *lokale* oder *innerrelationale* Bedingungen, die sich auf genau ein Relationensymbol und gegebenenfalls das Gleichheitszeichen beziehen, und *globale* oder *zwischenrelationale* Bedingungen, die sich auf mehrere Relationensymbole beziehen.

- Wir führen einen einfachen Ansatz ein, mit "negativer Information" umzugehen.

8.1 Relationale Strukturen

Wir verwenden folgende Schreibweisen für die *Strukturen* des relationalen Datenmodells:

$\mathbf{A}$ ist unendliche Menge der *Attribute*.

$\mathbf{R,S,...,X,Y,Z}$ bezeichnen endliche Mengen von Attributen.

$\mathbf{B}$ ist Menge der *semantischen Bereichsnamen*.

$\mathbf{C}$ ist unendliche Menge der *Konstantenzeichen*.

$\mathbf{b} : \mathbf{B} \to \wp\mathbf{C}$ ordnet semantischen Bereichsnamen *Domänen* zu; zur Vereinfachung sei $\mathbf{b}$ global bekannt. (Tatsächlich muß $\mathbf{b}$ jeweils für die Anwendung vereinbart werden.)

$\mathbf{R}$ ist Menge der *Relationensymbôle*.

$\mu : X \to C$ ist *Tupel* mit *Definitionsbereich*   dom $\mu := X \subset_{\text{endlich}} \mathbf{A}$;
ist $X = \{A_1,...,A_n\}$, so kann man μ aufschreiben als:

$$\mu = \left(\begin{matrix} A_1 \\ \mu(a_1) \end{matrix} \,\middle|\, \begin{matrix} A_2 \\ \mu(a_2) \end{matrix} \,\middle|\, \cdots \,\middle|\, \begin{matrix} A_n \\ \mu(a_n) \end{matrix} \right) ;$$

       wird die Reihenfolge der Attribute als bekannt vorausgesetzt, so schreibt man manchmal auch kurz:

$\mu = (\mu(A_1),...,\mu(A_n))$.

$\mu\lceil Y$ ist die *Einschränkung* von Tupel μ auf Attributmenge Y, d.h.
     $\mu\lceil Y : \text{dom } \mu \cap Y \to C$,
     $\mu\lceil Y(A) := \mu(A)$ für $A \in \text{dom } \mu \cap Y$.

r ist *Relation*, endliche Menge von Tupeln mit gleichem Definitionsbereich, d.h. es gibt eine Menge von Attributen $X \subset \mathbf{A}$ mit $r \subset_{\text{endlich}} \{\mu \mid \mu : X \to C\}$; der *Definitionsbereich* von r wird dann definiert als
     dom $r :=$ dom μ für $\mu \in r$
     (wobei man für die leere Relation geeignete Verabredungen einführen muß).

Die *Strukturen* des relationalen Datenmodells sind durch Relationenschemas und deren Zusammenfassung zu relationalen Datenbankschemas gegeben. Ein Schema bestimmt jeweils, wie zeitunabhängiges Wissen dargestellt werden soll, indem Formate für Aufzählungen und Bedingungen festgelegt werden (wobei zur Vereinfachung im

folgenden keine Regeln für Sichten betrachtet werden). In den folgenden Definitionen
werden wir jeweils die (abstrakte) Syntax von Schemas zusammen mit ihrer Semantik
definieren. Als Semantik werden hier Relationen und deren Zusammenfassung zu
Strukturen gewählt, für die jeweils die Bedingungen gültig sein sollen. Die Elemente der
Relationen, im relationalen Datenmodell als Tupel bezeichnet, entsprechen dann wieder
den entsprechenden Grundfakten. Wenn man das relationale Datenmodell verwirklicht,
dann werden diese Tupel jeweils relationenweise als Zustand des Informationssystems
dauerhaft abgespeichert.

Definition 8.1 [Relationenschema und Instanz]

1. *[Syntax]*

$<R \mid X \mid SC>$ ist *(Relationen-) Schema*[1] mit

$R \in \mathbf{R}$ Relationensymbol,

$X \subseteq_{endlich} \mathbf{A}$ Attribute,

SC (lokale) semantische Bedingungen (in denen nur R und =
vorkommen).

2. *[Semantik]*

(d,r) ist *Instanz* (oder *gültige Ausprägung*) zu $<R \mid X \mid SC>$:gdw

i) $d \subseteq_{endlich} \mathbf{C}$;

ii) $dom\ r = X$ und $r \subseteq_{endlich} \{\mu \mid \mu : X \to d\}$;

iii) (d,r) ist Modell von SC, d.h.

die semantischen Bedingungen aus SC sind gültig in (d,r).

$$sat_{<R|X|SC>} := \{r \mid r \text{ ist Instanz zu } <R \mid X \mid SC>\}.$$

Häufig spielt das Universum d keine (d.h. nur eine formale) Rolle und wird dann einfach
weggelassen. Ferner wird das Universum im allgemeinen nicht tatsächlich aufzählend
abgespeichert, sondern durch eine *Gesamtheitsregel* erschlossen. Für ein
Relationenschema $<R \mid X \mid \ >$ mit $X = \{A_1,...,A_n\}$ stellt eine Instanz r die folgende
Menge der *Grundfakten* dar:

$$r_{LOGO} := \{\ R(\mu(A_1),...,\mu(A_n)). \mid \mu \in r\ \}.$$

Definition 8.2 [Relationales Datenbankschema und Instanz]

1. *[Syntax]*

$RS = <<R_1 \mid X_1 \mid SC_1>,...,<R_n \mid X_n \mid SC_n> \mid SC \mid \mathbf{a}\ >$
ist *(relationales Datenbank-) Schema* mit

$<R_i \mid X_i \mid SC_i>$ Relationenschema, wobei für $i \neq j$ ebenfalls $R_i \neq R_j$,

SC (globale) semantische Bedingungen,

$\mathbf{a} : \bigcup_{i=1,...,n} X_i \to \mathbf{B}$ Vereinbarung der semantischen Bereichsnamen (und damit
auch der Domänen vermöge der als global bekannt
angenommenen Funktion **b**).

---

[1] Wenn später ein oder zwei Komponenten eines Schemas im jeweiligen Zusammenhang
nicht betrachtet zu werden brauchen, so werden wir die entsprechenden Stellen im Tripel
häufig einfach frei lassen.

2. [*Semantik*]

$M = (d,r_1,...,r_n)$ ist *Instanz* (oder *gültige Ausprägung*) zu RS :gdw

i) $d \subseteq_{\text{endlich}} C$;

ii) (d,r_i) ist Instanz zu $<R_i \mid X_i \mid SC_i>$;

iii) $(d,r_1,...,r_n)$ ist Modell von SC;

iv) alle Tupelkomponenten sind vom für das jeweilige Attribut vereinbarten Typ, d.h. falls $\mu \in r_i$ und $A \in X_i$, dann gilt $\mu(A) \in \mathbf{b} \circ \mathbf{a}(A)$.

$\text{sat}_{RS} := \{ (d,r_1,...,r_n) \mid (d,r_1,...,r_n) \text{ ist Instanz zu RS} \}$.

Für ein relationales Datenbankschema RS wie oben stellt eine Instanz $M = (d,r_1,...,r_n)$ die folgende Menge der *Grundfakten* dar:

$$M_{\text{LOGO}} := \bigcup_{i=1,...,n} \{ R_i(\mu(A_{i,1}),...,\mu(A_{i,ni})). \mid \mu \in r_i \}.$$

Beispiel: Wir betrachten wieder den stark vereinfachten Ausschnitt einer Arztpraxis, an dem wir schon in Kapitel 7 einige formale Konstrukte unseres logikorientierten Datenmodells erläuterten. Jede Person ist ein *Seiendes*, von dem als grundlegende *Eigenschaften* nur Name und Geschlecht bedeutsam seien. Der Name soll ausreichen, eine Person eindeutig zu bestimmen, d.h. wir können die entsprechende *Schlüsselbedingung* fordern. Jede Behandlung einer Person (als Patient) durch eine Person (als Arzt) stellt eine *Beziehung* dar, der als *Eigenschaft* die Art eines Protokolls zugeordnet wird. Eine Person kann als Eltern(teil) in der *Beziehung* der Elternschaft zu einer anderen Person stehen, die dann ihr Kind ist. Diese Beschreibung kann man sich wie folgt durch ein ER-Diagramm wie in Bild 8.1 veranschaulichen.

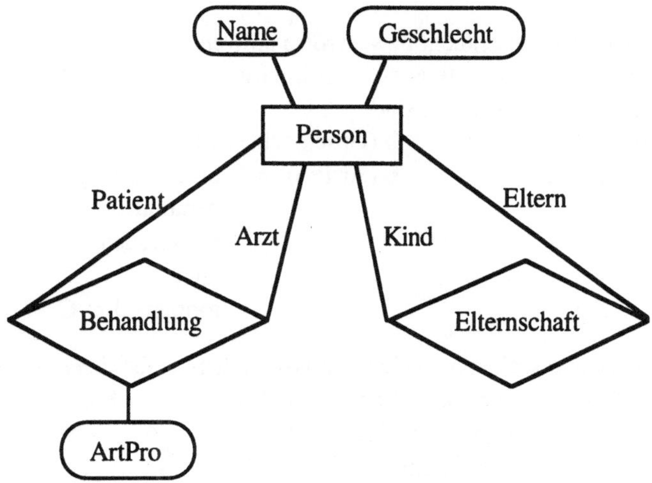

Bild 8.1 ER-Diagramm für vereinfachte Arztpraxis

Die Klasse der Personen speichern wir unter dem Relationensymbol PERSON mit Attributen Name und Geschlecht, und wir fordern die funktionale Abhängigkeit Name $\twoheadrightarrow$ Geschlecht:

$< \text{PERSON} \mid \{\text{Name, Geschlecht}\} \mid \{\text{Name} \twoheadrightarrow \text{Geschlecht}\} >$.

Die Klasse der Behandlungen speichern wir unter dem Relationensymbol BEH mit Attributen Patient, Arzt und ArtPro, wobei keine semantischen Bedingungen gefordert werden:

    < BEH | {Patient, Arzt, ArtPro} | $\emptyset$ >.

Die Klasse der Elternschaften speichern wir unter dem Relationensymbol ELT mit Attributen Name (für das Kind) und Eltern. Die Eindeutigkeit der Mutter bzw. des Vaters könnte man nur mit Hilfe von geeigneten Sichtrelationen ausdrücken, was wir zur Vereinfachung hier nicht durchführen wollen:

    < ELT | {Name, Eltern} | $\emptyset$ >.

Für jede in einer Beziehung der Behandlung oder der Elternschaft vorkommende Person sollen ihr Name und ihr Geschlecht unter dem Relationensymbol PERSON gespeichert werden, was durch folgende Enthaltenseinsabhängigkeiten als globale semantische Bedingungen vereinbart wird[2] :

$$SC := \{ \; \pi_{Patient} (BEH) \; \subset \; \pi_{Name} (PERSON),$$
$$\pi_{Arzt} (BEH) \quad \subset \quad \pi_{Name} (PERSON),$$
$$\pi_{Name} (ELT) \quad \subset \quad \pi_{Name} (PERSON),$$
$$\pi_{Eltern} (ELT) \quad \subset \quad \pi_{Name} (PERSON) \; \}$$

Unter den Attributen Name, Patient, Arzt und Eltern soll jeweils eine die betroffene Person eindeutig identifizierende Zeichenkette gespeichert werden. Dazu vereinbaren wir für diese Attribute einen gemeinsamen semantischen Bereichsnamen, nämlich Mensch, und ordnen diesem als Domäne Zeichenketten über einem Alphabet Σ zu:

    b (Mensch) := $\Sigma^* \subset$ **C**,

    a (Name) := **a** (Patient) := **a** (Arzt) := **a** (Eltern) := Mensch.

Die unter den Attributen Geschlecht bzw. ArtPro auftretenden Werte sollen jeweils nur dort vorkommen, was man etwa so vereinbaren kann, daß die semantischen Bereichsnamen gleich den Attributen sind:

    a (Geschlecht) := Geschlecht,   **b** (Geschlecht) := { mann, weib } $\subset$ **C**;

    a (ArtPro) := ArtPro,   **b** (ArtPro) := { untersuchung,

                                                  beratung,

                                              hausbesuch,

                                                labor,

                                                röntgen } $\subset$ **C**.

Als relationales Datenbankschema erhalten wir also in den verabredeten Schreibweisen:

$$RS = < \; < PERSON \; | \{Name, Geschlecht\} \quad | \{Name \rightarrow Geschlecht\} \; >,$$
$$< BEH \qquad | \{Patient, Arzt, ArtPro\} | \qquad \emptyset \qquad\qquad >,$$
$$< ELT \qquad | \{Name, Eltern\} \qquad\quad | \qquad \emptyset \qquad\qquad\quad >$$
$$|$$
$$\{ \; \pi_{Patient} (BEH) \subset \; \pi_{Name} (PERSON),$$

---

[2] Die folgenden Schreibweisen benutzen das Operationszeichen π nicht genau in dem Sinne, in dem es weiter unten allgemein eingeführt wird. Wir benötigen hier eigentlich eine geeignete q-Projektion, die auch Attribute umbenennt.

$$\pi_{Arzt}(BEH) \quad \subset \quad \pi_{Name}(PERSON),$$
$$\pi_{Name}(ELT) \quad \subset \quad \pi_{Name}(PERSON),$$
$$\pi_{Eltern}(ELT) \quad \subset \quad \pi_{Name}(PERSON) \ \}$$

a (Name) := **a** (Patient) := **a** (Arzt) := **a** (Eltern) := Mensch,

a (Geschlecht) := Geschlecht,

a (ArtPro) := ArtPro   >,

wobei vereinfachend die Zuordnung der Domänen als bekannt vorausgesetzt wird.

Die Relationenschemas mit ihren Attributen und den ihnen zugeordneten semantischen Bereichsnamen kann man sich wieder durch einen Hypergraphen (Bild 8.2) oder durch sogenannte Tabellengerüste (Bild 8.3) veranschaulichen. In folgenden Ausführungen werden wir manchmal vereinfachend die semantischen Bereichsnamen weglassen.

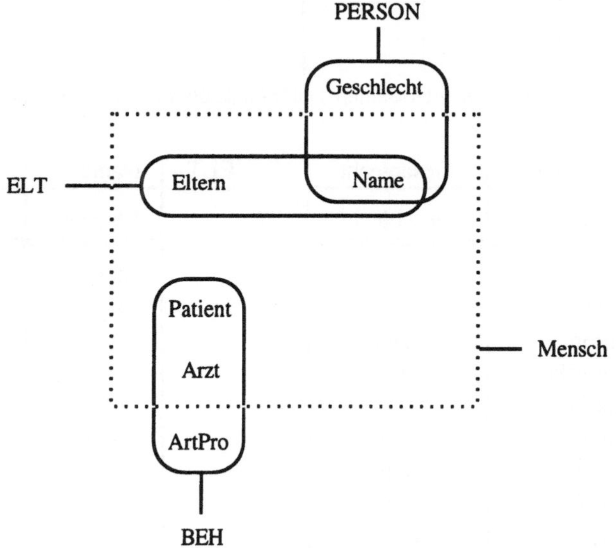

Bild 8.2 Hypergraph zum relationalen Datenbankschema für vereinfachte Arztpraxis

Eine Instanz M = (d, person, elt, beh) kann man dann dadurch angeben, daß man in die Tabellengerüste die Tupel der jeweiligen Relationen einträgt (Bild 8.4).

Das Universum kann man etwa durch folgende *Gesamtheitsregel* erschließen:

d enthält genau die in   person ∪ elt ∪ beh   vorkommenden Konstantenzeichen.
Eine andere sinnvolle *Gesamtheitsregel* könnte man erhalten, indem man die Domänen der semantischen Bereichsnamen vereinigt, wobei unendliche Domänen auf eine endliche Teilmenge beschränkt werden müssen. Für die Zeichenketten über Σ in der Domäne zum semantischen Bereichsnamen Mensch könnte man etwa eine maximale Länge max fordern. Dann lautet die Gesamtheitsregel:

$$d := \quad \mathbf{b}(Mensch) \cap \bigcup_{j=1,...,max} \Sigma^i$$
$$\cup \ \mathbf{b}(Geschlecht)$$
$$\cup \ \mathbf{b}(ArtPro)$$

PERSON	Name	Geschlecht
	Mensch	Geschlecht

ELT	Name	Eltern
	Mensch	Mensch

BEH	Patient	Arzt	ArtPro
	Mensch	Mensch	ArtPro

Bild 8.3 Tabellengerüste zum relationalen Datenbankschema für vereinfachte Arztpraxis

PERSON	Name	Geschlecht
	Mensch	Geschlecht
	wilhelmine	weib
	fritz	mann
	anton	mann
	theresia	weib
	maria	weib
	hugo	mann
	alfons	mann
	josef	mann
	gerda	weib

ELT	Name	Eltern
	Mensch	Mensch
	maria	anton
	hugo	anton
	alfons	theresia
	anton	wilhelmine
	anton	fritz
	theresia	wilhelmine
	theresia	fritz
	gerda	josef

BEH	Patient	Arzt	ArtPro
	Mensch	Mensch	ArtPro
	maria	gerda	labor
	maria	gerda	hausbesuch
	maria	gerda	röntgen
	anton	josef	untersuchung
	anton	josef	labor
	anton	josef	beratung
	fritz	josef	beratung
	theresia	josef	röntgen

Bild 8.4 Eine Instanz zum relationalen Datenbankschema für vereinfachte Arztpraxis

In Kapitel 5 erwähnten wir schon, daß man ein Schema als eine Art Selbstbeschreibung ansehen kann, die man mit den gleichen Techniken wie die Instanzen zu behandeln versucht. Für das relationale Datenmodell können wir diesen Ansatz nun genauer ausführen. Dazu modellieren wir die als zeitunabhängig angesehenen Gegebenheiten des gedachten "Unternehmens relationale Datenbank" mit Hilfe der semantischen Begriffe.

Wir fassen Relationensymbole, Attribute, semantische Bereichsnamen und Domänen als (gedachte) *Seiende* auf. Zwischen Relationensymbolen und Attributen bestehen *Beziehungen* der Stellenbezeichnung. Zwischen Attributen und semantischen Bereichsnamen bestehen *Beziehungen* des Typs, wobei jedem Attribut genau ein semantischer Bereichsname zugeordnet sei, d.h. man fordert eine *Seinsbedingung* und eine *viele-eins-Bedingung*. Zwischen semantischen Bereichsnamen und Domänen bestehen Beziehungen der Werte, wobei man wieder entsprechend eine *Seinsbedingung* und eine *viele-eins-Bedingung* fordert.

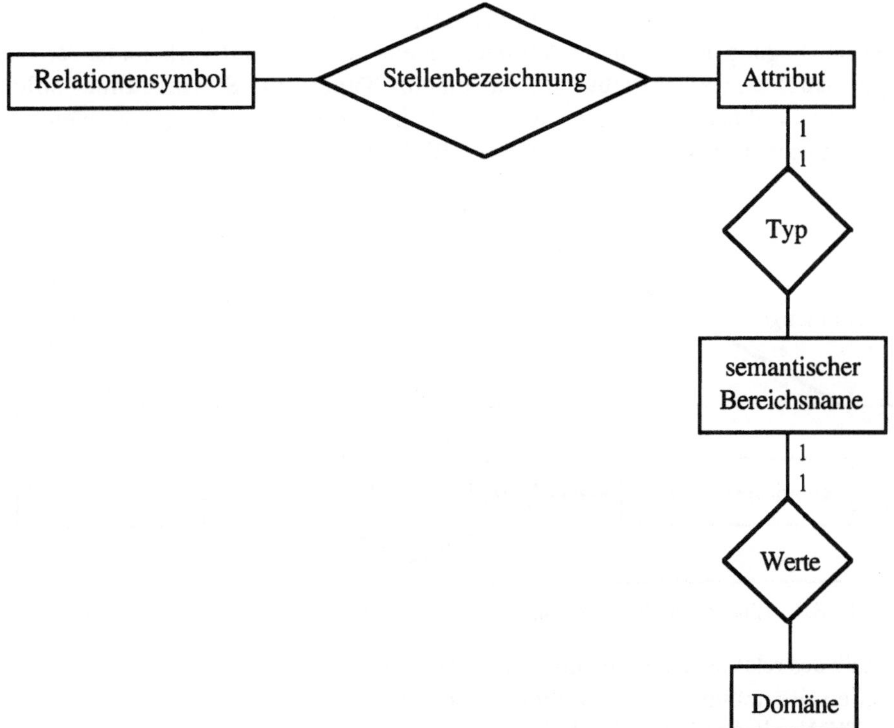

Bild 8.5 Ansatz eines ER-Diagramms für relationale Datenbankschemas

Für die Modellierung von semantischen Bedingungen (für Instanzen) wollen wir vereinfachend als lokale semantische Bedingungen nur eindeutige Schlüsselbedingungen und als globale semantische Bedingungen nur unäre Verweisbedingungen betrachten. Ist R ein Relationensymbol und X die zugeordnete Menge von Attributen, so drückt für Y $\subset$ X die funktionale Abhängigkeit Y→X\Y eine Schlüsselbedingung aus: ein Tupel zu R ist durch seine Werte für die Y-Attribute eindeutig bestimmt. Für jedes Relationensymbol soll weiter vereinfachend nur genau eine Attributmenge Y als

"Schlüssel" ausgezeichnet werden; die Zugehörigkeit oder Nichtzugehörigkeit eines Attributes zu diesem Schlüssel kann dann als eine zweiwertige *Eigenschaft* der entsprechenden Beziehung der Stellenbezeichnung aufgefaßt werden (Bild 8.6).

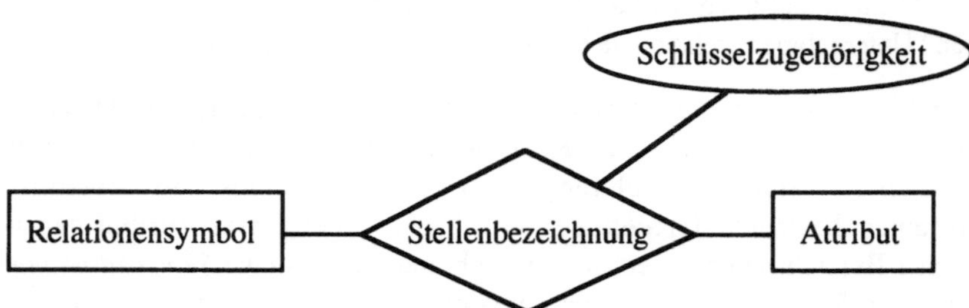

Bild 8.6 Eine Modellierung von "Schlüsseln" als zweiwertige Eigenschaft

Ist R ein Relationensymbol mit Attribut A und ist S ein Relationensymbol mit Attribut B, so drückt die (unäre) Enthaltenseinsabhängigkeit $\pi_A(R) \subset \pi_B(S)$ eine Verweisbedingung aus: ein unter Attribut A in einem Tupel zu R vorkommender Wert kommt auch unter Attribut B in einem Tupel zu S vor. Eine solche Enthaltenseinsabhängigkeit kann man als (höherstufige) *Beziehung* zwischen zwei Stellenbezeichnungs-Beziehungen auffassen (Bild 8.7).

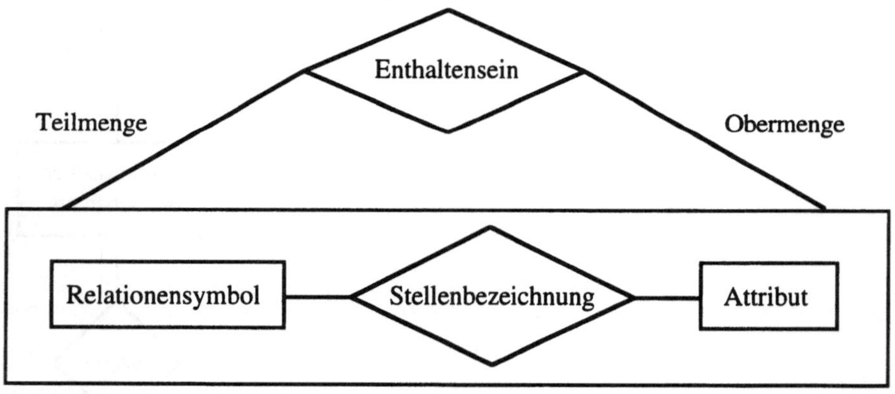

Bild 8.7 Eine Modellierung von Enthaltenseinsabhängigkeiten als Beziehungen

Innerhalb des relationalen Datenmodells speichern wir die Klasse der Relationensymbole mit ihren Beziehungen der Stellenbezeichnungen unter dem Relationensymbol RELATION mit Attributen Symbol, Attribut und Schlüssel, wobei wir die funktionale Abhängigkeit   Symbol,Attribut →Schlüssel   fordern:
< RELATION I { Symbol, Attribut, Schlüssel } I { Symbol, Attribut → Schlüssel } >.

Die Klasse der Attribute mit ihren Beziehungen des Typs speichern wir unter dem Relationensymbol TYP mit Attributen Attribut und SemBereich, wobei wir die funktionale Abhängigkeit   Attribut → SemBereich   fordern:
< TYP I { Attribut, SemBereich } I { Attribut → SemBereich } >.

Die Klasse der semantischen Bereichsnamen mit ihren Beziehungen der Werte speichern

wir unter dem Relationensymbol WERTE mit Attributen SemBereich und Domäne, wobei wir die funktionale Abhängigkeit   SemBereich → Domäne   fordern:
< WERTE I { SemBereich, Domäne } I { SemBereich → Domäne } >.

Man beachte, daß die Seinsbedingungen jeweils schon durch die gemeinsame Speicherung von grundlegender Klasse mit ihren Beziehungen gewährleistet werden, während die viele-eins-Bedingungen durch die funktionalen Abhängigkeiten erfaßt werden.

Die Klasse der Beziehungen des Enthaltenseins speichern wir unter dem Relationensymbol ENTHALTEN mit Attributen Teil_Symbol, Teil_Attribut, Ober_Symbol und Ober_Attribut:
< ENTHALTEN I {Teil_Symbol, Teil_Attribut, Ober_Symbol, Ober_Attribut } I Ø >.

Als globale semantische Bedingung kann man jetzt noch fordern, daß jeweils beide Symbol-Attribut-Paare aus einem Tupel zu ENTHALTEN tatsächlich auch in einem Tupel zu RELATION vorkommen; die entsprechende Enthaltenseinsabhängigkeit ist aber nicht unär, sondern zweistellig.

Insgesamt erhalten wir also für das gedachte "Unternehmen relationale Datenbank" in den verabredeten Schreibweisen das folgende relationale Datenbankschema, das man als ein (vereinfachtes) "Metaschema" für relationale Datenbanken betrachten kann:

RS_{Schema} = <
  < RELATION I {Symbol, Attribut, Schlüssel} I {Symbol, Attribut → Schlüssel} >,
  < TYP I {Attribut, SemBereich} I {Attribut→ SemBereich} >,
  < WERTE I {SemBereich, Domäne} I {SemBereich → Domäne} >,
  < ENTHALTEN I {Teil_Symbol, Teil_Attribut, Ober_Symbol, Ober_Attribut} I Ø >
  I
  { $\pi_{Teil\_Symbol, Teil\_Attribut}$ (ENTHALTEN) $\subset \pi_{Symbol, Attribut}$ (RELATION),

    $\pi_{Ober\_Symbol, Ober\_Attribut}$ (ENTHALTEN) $\subset$

                    $\pi_{Symbol, Attribut}$ (RELATION) }

  I
    a (Symbol) := **a** (Teil_Symbol) := **a** (Ober_Symbol) := RelationenId,
    a (Attribut) := **a** (Teil_Attribut) := **a** (Ober_Attribut) := AttributId,
    a (SemBereich) := SemBereich,
    a (Domäne) := Domäne,
    a (Schlüssel) := SchlüsselInd
  >,

wobei etwa
    b (RelationId) := **b** (AttributId) := **b** (SemBereich) := $\Sigma^* \subset$ **C**,
    b (Domäne) := {<u>boolean</u>, <u>integer</u>, <u>cardinal</u>, <u>real</u>, <u>string</u>, ...} $\subset$ **C**,
    b (SchlüsselInd) := {false, true} $\subset$ **C**.

Die Relationenschemas kann man sich wieder durch einen Hypergraphen veranschaulichen (Bild 8.8).

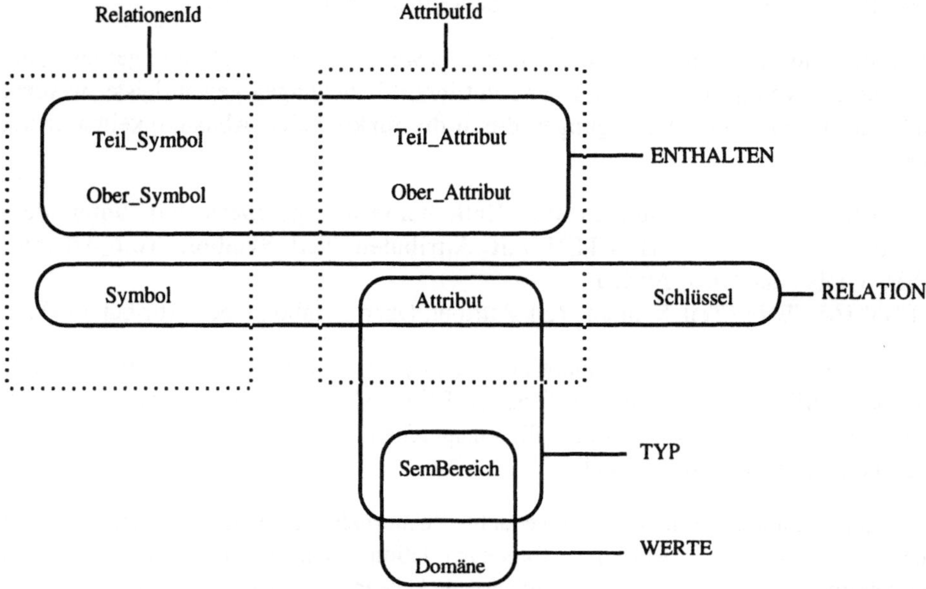

Bild 8.8 Hypergraph zum relationalen Datenbankschema für Schemas ("Metaschema")

Und für das Datenbankschema RS für den stark vereinfachten Ausschnitt einer Arztpraxis (zusammen mit der dort als bekannt vorausgesetzten Zuordnung der Domänen) erhält man die Instanz M = (d, relation, typ, werte, enthalten) zum Datenbankschema RS_{Schema}, die durch die Tabellen aus Bild 8.9 (mit geeignet gewähltem d) gegeben ist.

8.2   Relationale Operationen

Die *Operationen* des relationalen Datenmodells sind durch relationale Änderungen und durch eine Teilmenge der relationalen Anfragen gegeben. *Relationale Änderungen* können im wesentlichen wie Änderungen im logikorientierten Datenmodell behandelt werden und sollen deshalb hier nicht weiter erläutert werden. *Relationale Anfragen* sollen im folgenden zunächst allgemein charakterisiert werden, und anschließend werden wir eine Teilmenge solcher Anfragen für das relationale Datenmodell auswählen.

RELATION	Symbol	Attribut	Schlüssel
	RelationenId	AttributId	SchlüsselInd
	PERSON	Name	true
	PERSON	Geschlecht	false
	BEH	Patient	true
	BEH	Arzt	true
	BEH	ArtPro	true
	ELT	Name	true
	ELT	Eltern	true

TYP	Attribut	SemBereich
	AttributId	SemBereich
	Name	Mensch
	Patient	Mensch
	Arzt	Mensch
	Eltern	Mensch
	Gechlecht	Geschlecht
	ArtPro	ArtPro

WERTE	SemBereich	Domäne
	SemBereich	Domäne
	Mensch	string
	Geschlecht	weibmann
	ArtPro	ubhlr

ENTHALTEN	Teil_Symbol	Teil_Attribut	Ober_Symbol	Ober_Attribut
	RelationenId	AttributId	RelationenId	AttributId
	BEH	Patient	PERSON	Name
	BEH	Arzt	PERSON	Name
	ELT	Name	PERSON	Name
	ELT	Eltern	PERSON	Name

Bild 8.9 Eine Instanz zum relationalen Datenbankschema für Schemas:
stellt das relationale Datenbankschema für vereinfachte Arztpraxis dar

Relationale Anfragen

- sind *Operationen auf Instanzen* von (relationalen Datenbank-) Schemas, wobei keine semantischen Bedingungen gefordert werden, d.h. die Argumente sind Relationen und gegebenenfalls das Universum, die zurückgelieferten Werte sind wieder Relationen;
- behandeln Relationen als *Mengen von Tupeln*, wobei Mengen als ungeordnet gedacht werden, und berücksichtigen keine Eigenschaften von Codierungen von Konstantenzeichen, Tupeln, Relationen usw.;

- behandeln Konstantenzeichen als *atomare, uninterpretierte* Dinge: über diese Dinge wissen wir stets nur deren Gleichheit bzw. Ungleichheit und die in der aktuellen Instanz $(d,r_1,...,r_n)$ ausgedrückten Beziehungen.

Diese anschauliche Begriffsbestimmung kann man wie folgt formalisieren:

Definition 8.3 [relationale Anfragen]

Eine Funktion Q heißt *relationale Anfrage* (relational query) der Signatur $X_1,...,X_n \to X$, wobei $X_1,...,X_n$, X endliche Mengen von Attributen seien :gdw

1. [*Signatur* $X_1,...,X_n \to X$]
$Q : \text{sat}_{RS} \to \text{sat}_R$, wobei RS = << | X_1 | >,...,< | X_n | >| | > ein Datenbankschema und R = < | X | > ein Relationenschema sei.

2. [*universumstreu*]
Falls $\mu \in Q(d,r_1,...,r_n)$ und $A \in X$, dann gilt $\mu(A) \in d$.

3. [*berechenbar*]
Q ist (unter geeigneter Codierung von Konstantenzeichen, Tupeln, Relationen, Instanzen) eine partiell rekursive Funktion.

4. [*isomorphietreu*]
Sind Instanzen $M = (d,r_1,...,r_n)$ und $M' = (d',r_1',...,r_n')$

isomorph unter einer Bijektion $h : d \xrightarrow[\text{auf}]{1-1} d'$, d.h. h[M] = M',

so gilt h[Q(M)] = Q(h[M]), d.h. das folgende Diagramm kommutiert:

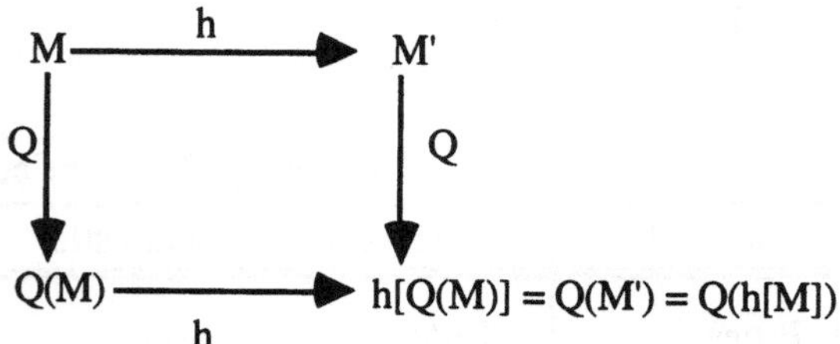

Hierbei sei die Bijektion h, die als eine Umbenennung der Konstantenzeichen aus d gedeutet werden kann, wie folgt auf Tupel, Relationen und Instanzen kanonisch erweitert:

- für ein Tupel $\mu : Y \to d$ sei h(μ) das entsprechend h umbenannte Tupel, genauer sei h(μ) : Y $\to$ d' mit h(μ)(A) := h(μ(A)) für alle A $\in$ Y;
- für eine Relation $r \subset \{\mu \mid \mu : Y \to d\}$ sei h[r] die entsprechend h umbenannte Relation, genauer sei h[r] := {h(μ) | $\mu \in$ r};
- für eine Instanz $(d,r_1,...,r_n)$ sei $h[d,r_1,...,r_n]$ die entsprechend h umbenannte Instanz, genauer sei $h[d,r_1,...,r_n] := (h[d],h[r_1],...,h[r_n])$.

Wir definieren nun nacheinander die *Operationen* des relationalen Datenmodells, geben jeweils ein Beispiel an (für die oben in Bild 8.4 eingeführten Relationen person, elt und beh bzw. für passend neu eingeführte Relationen) und beschreiben jeweils die grundlegenden Eigenschaften.

Definition 8.4 [natürlicher Verbund]

1. $r \bowtie s := \{\mu \mid \mu : \text{dom } r \cup \text{dom } s \to C,$ und $\mu \lceil \text{dom } r \in r$ und $\mu \lceil \text{dom } s \in s\}$,
heißt *natürlicher Verbund* (natural join) der Relationen r und s.

2. Allgemeiner heißt

$\bowtie_{i=1,...,k} r_i := \{\mu \mid \mu : \bigcup_{i=1,...,k} \text{dom } r_i \to C,$ und $\mu \lceil \text{dom } r_i \in r_i$ für $i = 1,...,k\}$
natürlicher Verbund (natural join) der Relationen $r_1,...,r_k$.

Beispiel: Für die Relationen person und elt aus Bild 8.4 gilt

dom person $\cup$ dom elt $= \{$Name, Geschlecht, Eltern$\}$ und

dom person $\cap$ dom elt $= \{$Name$\}$,

und man erhält als natürlichen Verbund die Relation aus Bild 8.10.

person $\bowtie$ elt	Name	Geschlecht	Eltern
	Mensch	Geschlecht	Mensch
	anton	mann	wilhelmine
	anton	mann	fritz
	theresia	weib	wilhelmine
	theresia	weib	fritz
	maria	weib	anton
	hugo	mann	anton
	alfons	mann	theresia
	gerda	weib	josef

Bild 8.10 Natürlicher Verbund der Relationen person und elt aus Bild 8.4

Grundlegende Eigenschaften des natürlichen Verbundes:

1. $r \bowtie s = \{\mu \mid$ es gibt $\alpha \in r, \beta \in s : \alpha(A) = \beta(A)$ für alle $A \in \text{dom } r \cap \text{dom } s,$
$$\mu = \alpha \cup \beta\}$$

Diese Darstellung liefert einen einfachen Algorithmus zur Berechnung von $r \bowtie s$:

```
PROCEDURE NestedLoopJoin(r, s : Relation) : Relation;
VAR   ergebnis : Relation;
      α, β : Tupel;
BEGIN
   ergebnis := Ø;
   FOR ALL  α ∈ r  DO
     FOR ALL  β ∈ s  DO
       IF  Passend(α, β)          (* liefert TRUE gdw α(A) = β(A)
                                      für alle A ∈ dom r ∩ dom s *)
       THEN  ergebnis := ergebnis ∪ {α ∪ β}  END
     END
   END;
   RETURN  ergebnis
END  NestedLoopJoin;
```

Die Laufzeit dieses Algorithmus kann abgeschätzt werden durch $O(\parallel r \parallel * \parallel s \parallel)$. Wir werden später weitere Algorithmen betrachten, die vermöge sogenannter Zugriffsstrukturen im Mittel schneller sind.

2. Falls $\text{dom } r \cap \text{dom } s = \varnothing$, so gilt $r \bowtie s = r \times s$.
In diesem Fall ist der natürliche Verbund gleich dem *kartesischen Produkt*. Deshalb können selbst schnelle Algorithmen für den natürlichen Verbund für ungünstige Argumente die obige Abschätzung nicht unterschreiten.

Falls $\text{dom } r = \text{dom } s$, so gilt $r \bowtie s = r \cap s$.
In diesem Fall ist der natürliche Verbund gleich dem mengentheoretischen *Durchschnitt*.

Der natürliche Verbund ist also doppelgesichtig: er kann aggregierend wirken und damit (quadratisch) vergrößerte Ergebnisse liefern; er kann aussondernd wirken und damit verkleinerte Ergebnisse liefern; beide Wirkungen können sich auch überlagern.

3. Erfolgt die aussondernde Wirkung so, daß ein Argument eine konstante einelementige Relation ist, so definiert man:

$$\sigma_{A=c}\,(r) := r \bowtie \left\{ \begin{pmatrix} A \\ c \end{pmatrix} \right\} \qquad \text{für } A \in \text{dom } r$$

heißt $A=c$-*Selektion* ($A=c$-selection).

4. Der natürliche Verbund hat die folgenden algebraischen Eigenschaften:

$r \bowtie s = s \bowtie r$	kommutativ
$(r \bowtie s) \bowtie t = r \bowtie (s \bowtie t)$	assoziativ
$r \subset s \;\Rightarrow\; r \bowtie t \subset s \bowtie t$	monoton
$r \subset s \;\Rightarrow\; r \bowtie s = r$	absorbtiv
$r \bowtie r = r$	idempotent
$r \bowtie \varnothing = \varnothing$	Nullelement $\varnothing$

5. Speziell ergibt sich für die $A=c$-Selektion:

$$\sigma_{A=c}\,(r \bowtie s) = \begin{cases} \sigma_{A=c}\,(r) \bowtie s & \text{falls } A \in \text{dom } r \\[2mm] \sigma_{A=c}\,(r) \bowtie \sigma_{A=c}\,(s) & \text{falls } A \in \text{dom } r \cap \text{dom } s \end{cases}$$

Im allgemeinen wird man zum Zwecke der Optimierung die verkleinernd wirkende Selektion vor dem möglicherweise vergrößernd wirkenden natürlichen Verbund auswerten (wie auf der rechten Seite der Gleichung).

Definition 8.5 [Projektion]

1. Sei $X \cap \text{dom } r \neq \varnothing$. Dann heißt
$\pi_X(r) := \{v \lceil X \mid v \in r\}$ *Projektion* (projection) der Relation r auf X.
2. Sei $q : X \to Y$, $Y \subset \text{dom } r$, $X \neq \varnothing$. Dann heißt
$\pi_q(r) := \{\mu \mid \mu : X \to C, \text{ es gibt } v \in r \text{ mit } \mu = v \circ q\}$
q-Projektion der Relation r vermöge q.

Beispiel: Für die obige Relation beh aus Bild 8.4 erhält man etwa die in Bild 8.11 gezeigten Projektionen: die Projektion auf das dritte Attribut ArtPro, die Projektion auf das zweite Attribut Arzt, und die q-Projektion auf die ersten beiden Attribute Patient und Arzt, wobei das erste Attribut in Name abgeändert wird. Für diese q-Projektion ist also die Funktion q wie folgt bestimmt:

$$q : \{Name, Arzt\} \to \{Patient, Arzt, ArtPro\}$$

mit   q (Name) := Patient, q (Arzt) := Arzt.

$\pi_{ArtPro}(beh) =$	ArtPro
	ArtPro
	labor
	hausbesuch
	röntgen
	beratung

$\pi_{Arzt}(beh) =$	Arzt
	Mensch
	gerda
	josef

$\pi_q(beh) =$	Name	Arzt
	Mensch	Mensch
	maria	gerda
	anton	josef
	fritz	josef
	theresia	josef

Bild 8.11   Zwei Projektionen und eine q-Projektion der Relation beh aus Bild 8.4

Grundlegende Eigenschaften der Projektion:

1. Ein einfacher Algorithmus zur Berechnung von π_q (r) sieht wie folgt aus:

```
PROCEDURE SequentialProject( q : Attributfunktion;
                             r : Relation) : Relation;
VAR  ergebnis : Relation;
     v : Tupel;
BEGIN
   ergebnis := ∅;
   FOR ALL v ∈ r DO
      ergebnis := ergebnis ∪ {v ∘ q}
      (* Falls das Tupel v ∘ q noch nicht in der Relation ergebnis enthalten ist, so
         füge es ein; diese Elementtest-Und-Einfüge-Operation kann durch geeignete
         Datenstrukturen für die Relation ergebnis, z.B. sortierte Liste oder B*-Baum,
         unterstützt werden. *)
   END;
   RETURN ergebnis
END SequentialProject;
```

Die Laufzeit dieses Algorithmus kann abgeschätzt werden durch $O(\| r \| \cdot \log \| r \|)$.

2. Projektionen sind Spezialfälle von q-Projektionen. Sei nämlich

$$q : X \to X, q(A) := A \text{ für } A \in X \subset dom\ r.$$ Dann gilt:

$$\pi_q(r) = \{\mu \mid \mu : X \to C, \text{ es gibt } v \in r \text{ mit } \mu = v \circ q\} \quad \text{Definition von } \pi_q$$
$$= \{\mu \mid \mu : X \to C, \text{ es gibt } v \in r \text{ mit } \mu = v \lceil X\} \quad \text{Definition von } q$$
$$= \{v \lceil X \mid v \in r\}$$
$$= \pi_X(r) \quad \text{Definition von } \pi_X$$

3. Mit Hilfe einer q-Projektion kann man Spalten einer Relation entfernen, umbenennen oder vervielfachen.

4. Sei $\bigcup_{i=1,\ldots,k} X_i = \text{dom } r$.   Dann gilt $r \subset \bowtie_{i=1,\ldots,k} \pi_{X_i}(r)$.

Die Inklusion besagt: wenn man eine Relation r (vertikal, spaltenweise) in ihre Projektionen π_{X_i} (r) zerlegt und sie dann mit dem natürlichen Verbund versucht wieder zusammenzufügen, so erhält man entweder r selbst oder eine echte Obermenge von r zurück. Manchmal möchte man durch semantische Bedingungen sicherstellen, daß nur der erste Fall eintritt; wir werden in Kapitel 15 zeigen, daß die eingangs erwähnten *Verbundabhängigkeiten* hierfür geeignet sind. Der zweite Fall tritt etwa in dem Beispiel ein, das Bild 8.12 zeigt.

$$r = \begin{array}{|c|c|c|} \hline A & B & C \\ \hline a & a & a \\ b & a & b \\ \hline \end{array} \qquad \pi_{A,B}(r) = \begin{array}{|c|c|} \hline A & B \\ \hline a & a \\ b & a \\ \hline \end{array} \qquad \pi_{B,C}(r) = \begin{array}{|c|c|} \hline B & C \\ \hline a & a \\ a & b \\ \hline \end{array}$$

$$\pi_{A,B}(r) \bowtie \pi_{B,C}(r) = \begin{array}{|c|c|c|} \hline A & B & C \\ \hline a & a & a \\ a & a & b \\ b & a & a \\ b & a & b \\ \hline \end{array}$$

Bild 8.12   Eine verlustbehaftete Zerlegung

Es werden also Tupel hinzugefügt, die ursprünglich nicht in r vorhanden waren: man sagt dann, daß die *Zerlegung verlustbehaftet* (lossy) sei, und meint damit, daß nach dem Zusammenfügen der Projektionen die Information, welche Tupel denn nun ursprünglich zu r gehörten, "verlustig gegangen" ist.

5. $\pi_{\text{dom } r_j}(\bowtie_{i=1,\ldots,k} r_i) \subset r_j$.

Die Inklusion besagt: wenn man Relationen mit dem natürlichen Verbund zu einer neuen Einheit verbindet und dann eine dieser Relationen, etwa r_j, durch die entsprechende Projektion versucht wieder zurückzugewinnen, so erhält man entweder r_j selbst oder eine echte Untermenge von r_j. Manchmal möchte man durch semantische Bedingungen sicherstellen, daß nur der erste Fall eintritt: wir werden in Kapitel 15 zeigen, aber man kann auch leicht einsehen, daß die eingangs erwähnten *Enthaltenseinsabhängigkeiten* hierfür geeignet sind. Mit diesen kann man nämlich ausdrücken, daß für jedes Tupel μ aus der Relation r_j "passende" Tupel in den anderen Relationen vorhanden sind. Der zweite Fall tritt etwa in dem Beispiel ein, das Bild 8.13 zeigt.

$r = \begin{array}{|c|c|} \hline A & B \\ \hline a & a \\ a & b \\ \hline \end{array}$ $\quad$ $s = \begin{array}{|c|c|} \hline B & C \\ \hline a & a \\ a & b \\ \hline \end{array}$ $\quad$ $r \bowtie s = \begin{array}{|c|c|c|} \hline A & B & C \\ \hline a & a & a \\ a & a & b \\ \hline \end{array}$ $\quad$ $\pi_{A,B} (r \bowtie s) = \begin{array}{|c|c|} \hline A & B \\ \hline a & a \\ \hline \end{array}$

Bild 8.13   Zwei unvollständig verbindbare Relationen

Das Tupel $(a, b) \in r$ findet kein passendes Tupel in s und trägt deshalb zum Ergebnis des Verbundes nichts bei: man sagt dann, daß r und s nur *unvollständig verbindbar* (inconsistent) sind.

Allgemein nennt man Relationen $(r_1,...,r_k)$ *vollständig verbindbar*, wenn

$$\pi_{\text{dom } r_j} \left(\bowtie_{i=1,...,k} r_i \right) = r_j \qquad \text{für } j = 1,...,k;$$

$(r_1,...,r_k)$ heißen *paarweise vollständig verbindbar*, wenn

$$\pi_{\text{dom } r_i} (r_i \bowtie r_j) = r_i \quad \text{und} \quad \pi_{\text{dom } r_j} (r_i \bowtie r_j) = r_j$$

$$\text{für alle Paare } i \neq j \text{ mit } i, j \in \{1,...,k\}.$$

Wir werden in Abschnitt 15.7 sehen, daß die zweite Eigenschaft eine echte Abschwächung der ersten ist.

6. Möchte man für eine Relation r die mit einer anderen Relation s verbindbare Teilrelation $r1 \subset r$ bestimmen, so kann man den sogenannten *Teilverbund* (semijoin) berechnen:

$$r \ltimes s := \pi_{\text{dom } r} (r \bowtie s)$$

$$= r \bowtie \pi_{\text{dom } r \cap \text{dom } s} (s)$$

Im obigen Beispiel aus Bild 8.13 ergibt sich dom $r \cap$ dom $s = \{B\}$, und die Relationen $\pi_B (s)$ und $r \ltimes s = r \bowtie \pi_B (s)$ sind in Bild 8.14 gezeigt.

$\pi_B (s) = \begin{array}{|c|} \hline B \\ \hline a \\ \hline \end{array}$ $\qquad\qquad$ $r \bowtie \pi_B (s) = \begin{array}{|c|c|} \hline A & B \\ \hline a & a \\ \hline \end{array}$

Bild 8.14   Teilverbund der Relationen aus Bild 8.13

7. Falls dom $r \cap$ dom $s \subset X$, so gilt $\pi_X (r \bowtie s) = \pi_X (r) \bowtie \pi_X (s)$;

Für dom $r \cap$ dom $s \not\subset X$ gilt diese Gleichheit nicht notwendig. Falls die genannte Voraussetzung gilt, die Projektion (durch Entfernen von Duplikaten) verkleinernd wirkt und der natürliche Verbund (durch Aggregation) vergrößernd wirkt, dann wird man im allgemeinen zum Zwecke der Optimierung die Projektion vor dem natürlichen Verbund (wie auf der rechten Seite der Gleichung) auswerten.

8. Ist speziell $s = \left\{ \binom{A}{c} \right\}$ mit $A \in X \cap$ dom r, so folgt

$$\pi_X (\sigma_{A=c} (r)) = \sigma_{A=c} (\pi_X (r)).$$

In diesem Fall wird man jedoch im allgemeinen die Selektion vor der Projektion auswerten (wie auf der linken Seite der Gleichung), weil im allgemeinen die Selektion stärker verkleinernd wirkt als die Projektion.

9. Sei $X \cap Y \cap \operatorname{dom} r \neq \varnothing$. Dann gilt: $\pi_X(\pi_Y(r)) = \pi_{X \cap Y}(r)$;
    speziell für $X \subset Y$ folgt $\pi_X(\pi_Y(r)) = \pi_X(r)$.

Definition 8.6 [Vereinigung]

$+ (d,r,s) := \{\mu \mid \mu : \operatorname{dom} r \cup \operatorname{dom} s \to d,\ \text{und}\ (\mu \lceil \operatorname{dom} r \in r\ \text{oder}\ \mu \lceil \operatorname{dom} s \in s)\}$

heißt *(verallgemeinerte) Vereinigung* (generalized union) der Relationen r und s
bezüglich des Universums d.

Beispiel: Für die in Bild 8.15 gezeigte Instanz (d,r,s) gilt $\operatorname{dom} r \cup \operatorname{dom} s = \{A, B, C\}$,
und die ebenfalls in Bild 8.15 gezeigte Vereinigung wird wie folgt gebildet:

Tupel $\begin{pmatrix} A & B \\ e & f \end{pmatrix} \in r$ erzeugt die ersten drei Tupel;

Tupel $\begin{pmatrix} A & B \\ e & g \end{pmatrix} \in r$ erzeugt die nächsten drei Tupel;

Tupel $\begin{pmatrix} A & B \\ f & f \end{pmatrix} \in r$ erzeugt die dann folgenden drei Tupel;

Tupel $\begin{pmatrix} A & C \\ e & f \end{pmatrix} \in s$ erzeugt das zweite, fünfte und letzte Tupel.

$d := \{e, f, g\}$

$r :=$

A	B
e	f
e	g
f	f

$s :=$

A	C
e	f

$+ (d, r, s) =$

A	B	C
e	f	e
e	f	f
e	f	g
e	g	e
e	g	f
e	g	g
f	f	e
f	f	f
f	f	g
e	e	f

Bild 8.15   Eine Vereinigung

Grundlegende Eigenschaften der Vereinigung:

1. Falls dom r = dom s, d.h. r und s sind *vereinigungsverträglich*, so gilt
$+ (d,r,s) = r \cup s$. In diesem Fall ist das Ergebnis gleich der *mengentheoretischen
Vereinigung* von r und s und damit unabhängig von d.

2. Die verallgemeinerte Vereinigung ist kommutativ bezüglich der Relationen:
$+ (d,r,s) = + (d,s,r)$.

3. $(r \cup s) \bowtie t = (r \bowtie t) \cup (s \bowtie t)$,

und speziell für $t = \left\{ \binom{A}{c} \right\}$: $\sigma_{A=c}(r \cup s) = \sigma_{A=c}(r) \cup \sigma_{A=c}(s)$.

4. $\pi_X(+(d, r, s)) = +(d, \pi_X(r), \pi_X(s))$,

und speziell für dom r = dom s: $\pi_X(r \cup s) = \pi_X(r) \cup \pi_X(s)$.

Definition 8.7 [A=B-Vergleich, A≠B-Vergleich]

Sei A, B $\in$ dom r.

$\sigma_{A=B}(r) := \{\mu \mid \mu \in r, \text{ und } \mu(A) = \mu(B)\}$

heißt *A=B-Vergleich* (A=B-restriction) der Relation r.

$\sigma_{A\neq B}(r) := \{\mu \mid \mu \in r, \text{ und } \mu(A) \neq \mu(B)\}$

heißt *A≠B-Vergleich* (A≠B-restriction) der Relation r.

Beispiel: Für obige Relationen person und beh aus Bild 8.4 erhält man das in Bild 8.16 gezeigte Ergebnis $\sigma_{Patient=Name}$ (beh $\bowtie$ person).

Grundlegende Eigenschaften des Vergleiches:

1. $\sigma_{A=B}(r) \cup \sigma_{A\neq B}(r) = r$.
2. $\sigma_{A=B}(r) \cap \sigma_{A\neq B}(r) = \emptyset$.
3. Sei X = $\{A_1,...,A_k\}$, Y = $\{B_1,...,B_k\}$, wobei die Reihenfolge der Aufzählung bekannt sei, und X $\cap$ Y = $\emptyset$, X $\cup$ Y $\subset$ dom r. Dann sei

   $\sigma_{X=Y}(r) := \sigma_{A_1=B_1}(\sigma_{A_2=B_2}(... \sigma_{A_k=B_k}(r)...))$,

   wobei das Ergebnis unabhängig von der Reihenfolge der Vergleiche ist.

Definition 8.8 [Komplement]

$\gamma(d,r) := \{\mu \mid \mu : \text{dom } r \to d\} \setminus r$

heißt *Komplement* (complement) der Relation r bezüglich des Universums d.

Beispiel: Für die Instanz (d,r,s) aus dem Beispiel zur Operation der Vereinigung (siehe Bild 8.15) erhält man das in Bild 8.17 gezeigte Komplement.

Mit Hilfe der bislang vorgestellten Operationen kann man zwei weitere wichtige Operationen, nämlich die Differenz und die Division beschreiben.

Definition 8.9 [Differenz]

Sei dom r $\cap$ dom s $\neq \emptyset$. Dann heißt

$-(d,r,s) := \{\mu \mid \mu \in r, \text{ und } \mu \lceil \text{dom } r \cap \text{dom } s \notin \pi_{\text{dom } r \cap \text{dom } s}(s)\}$

$\qquad = r \bowtie \gamma(d, \pi_{\text{dom } r \cap \text{dom } s}(s))$

(verallgemeinerte) Differenz (difference) der Relationen r und s.

Beispiel: Für die Instanz (d,r,s) aus dem Beispiel zur Operation der Vereinigung (siehe Bild 8.15) ergibt sich dom r $\cap$ dom s = $\{A\}$, und man erhält die in Bild 8.18a gezeigte Differenz. Für die Umschreibung der Differenz mit Hilfe von Verbund, Komplement und Projektion erhält man entsprechend das in Bild 8.18b gezeigte Ergebnis.

$\sigma_{\text{Patient=Name}}$ (

Patient	Arzt	ArtPro	Name	Geschlecht
Mensch	Mensch	ArtPro	Mensch	Geschlecht
maria	gerda	labor	wilhelmine	weib
maria	gerda	labor	fritz	mann
maria	gerda	labor	anton	mann
maria	gerda	labor	theresia	weib
maria	gerda	labor	maria	weib
maria	gerda	labor	hugo	mann
maria	gerda	labor	alfons	mann
maria	gerda	labor	josef	mann
maria	gerda	labor	gerda	weib
⋮	⋮	⋮	⋮	⋮
theresia	josef	röntgen	wilhelmine	weib
theresia	josef	röntgen	fritz	mann
theresia	josef	röntgen	anton	mann
theresia	josef	röntgen	theresia	weib
theresia	josef	röntgen	maria	weib
theresia	josef	röntgen	hugo	mann
theresia	josef	röntgen	alfons	mann
theresia	josef	röntgen	josef	mann
theresia	josef	röntgen	gerda	weib

)

=

Patient	Arzt	ArtPro	Name	Geschlecht
Mensch	Mensch	ArtPro	Mensch	Geschlecht
maria	gerda	labor	maria	weib
maria	gerda	hausbesuch	maria	weib
maria	gerda	röntgen	maria	weib
anton	josef	untersuchung	anton	mann
anton	josef	labor	anton	mann
anton	josef	beratung	anton	mann
fritz	josef	beratung	fritz	mann
theresia	josef	röntgen	theresia	weib

Bild 8.16   Ein A=B-Vergleich für das kartesische Produkt der Relationen beh und person aus Bild 8.4

$$d := \{e, f, g\}$$

r	A	B
	e	f
	e	g
	f	f

$$\gamma(d, r) =$$

A	B
e	e
f	e
f	g
g	e
g	f
g	g

Bild 8.17   Ein Komplement

a)

$$\pi_A(s) =$$

A
e

$$-(d, r, s) =$$

A	B
f	f

b) $r \bowtie \gamma(d, \pi_{\text{dom } r \cap \text{dom } s}(s)) =$

A	B
e	f
e	g
f	f

$\bowtie \quad \gamma(d,$

A
e

$) =$

A	B
e	f
e	g
f	f

$\bowtie$

A
f
g

$=$

A	B
f	f

Bild 8.18   Die Differenz der Relationen r und s aus Bild 8.15
a) direkt ermittelt
b) mit Hilfe der Umschreibung ermittelt

Grundlegende Eigenschaften der Differenz:

1. Falls r und s vereinigungsverträglich sind, d.h. dom r = dom s,
   so gilt $-(d,r,s) = r \setminus s$. In diesem Fall ist das Ergebnis gleich der
   mengentheoretischen Differenz von r und s.

2. Falls dom r $\cap$ dom s $\subset$ X, so gilt: $\pi_X(-(d, r, s)) = -(d, \pi_X(r), \pi_X(s))$;
   für dom r $\cap$ dom s $\not\subset$ X gilt diese Gleichung nicht notwendig.

3.
$$\sigma_{A=c}(-(d, r, s)) = \begin{cases} -(d, \sigma_{A=c}(r), s) & \text{falls } A \in \text{dom } r \\ -(d, \sigma_{A=c}(r), \sigma_{A=c}(s)) & \text{falls } A \in \text{dom } r \cap \text{dom } s \end{cases}$$

Definition 8.10 [Division]

Sei $\varnothing \neq$ dom r $\cap$ dom s $\neq$ dom r, s $\neq \varnothing$. Dann heißt

r / s := $\{\mu \mid \mu : \text{dom } r \setminus \text{dom } s \to C$, und

für alle v : wenn $v \in \pi_{\text{dom } r \cap \text{dom } s}(s)$, dann $\mu \cup v \in r\}$

= $\{\mu \mid \mu \in \pi_{\text{dom } r \setminus \text{dom } s}(r)$ und $\{\mu\} \bowtie \pi_{\text{dom } r \cap \text{dom } s}(s) \subset r\}$

Division (division) oder *Quotient* der Relationen r und s.

Beispiel: Für eine Instanz (d, r, s) mit

$$r := \begin{array}{c|c} A & B \\ \hline a1 & b \\ a2 & b \\ a1 & d \end{array} \qquad\qquad s := \begin{array}{c|c} A & C \\ \hline a1 & c \\ a2 & c \end{array}$$

gilt $\text{dom } r \setminus \text{dom } s = \{B\}$, $\text{dom } r \cap \text{dom } s = \{A\}$, und man erhält folgende Projektionen:

$$\pi_A(s) = \begin{array}{c} A \\ \hline a1 \\ a2 \end{array} \qquad\qquad \pi_B(r) = \begin{array}{c} B \\ \hline b \\ d \end{array}$$

Für $\mu_1 := \begin{pmatrix} B \\ b \end{pmatrix}$ gilt $\{\mu_1\} \bowtie \pi_A(s) = \begin{array}{c|c} A & B \\ \hline a1 & b \\ a2 & b \end{array} \subset r.$

Für $\mu_2 := \begin{pmatrix} B \\ d \end{pmatrix}$ gilt $\{\mu_2\} \bowtie \pi_A(s) = \begin{array}{c|c} A & B \\ \hline a1 & d \\ a2 & d \end{array} \not\subset r.$

Also folgt $r\,/\,s = \begin{array}{c} B \\ \hline b \end{array}$.

Grundlegende Eigenschaften der Division:

1. Falls $\text{dom } r \cap \text{dom } s = \varnothing$ und $s \neq \varnothing$, so gilt: $(r \bowtie s)\,/\,s = r.$
2. $r\,/\,s = \pi_{\text{dom } r \setminus \text{dom } s}(r) \setminus \pi_{\text{dom } r \setminus \text{dom } s}((\pi_{\text{dom } r \setminus \text{dom } s}(r) \bowtie \pi_{\text{dom } r \cap \text{dom } s}(s)) \setminus r).$

8.3　Relationenalgebra und Relationenkalkül

Wir wollen nun formale (Programmier-) Sprachen betrachten, mit denen man relationale Anfragen ausdrücken kann.

Definition 8.11 [relationale Anfragesprache]

　　Eine *(relationale) Anfragesprache* ist eine formale Sprache **L** (Syntax) derart, daß für jedes Wort $\Phi \in \mathbf{L}$ die Semantik eval (Φ) eine relationale Anfrage liefert.

Die in der Literatur vorgeschlagenen Anfragesprachen kann man wie folgt grob einteilen. Die *Relationenalgebra* benutzt Operationszeichen für die wichtigen relationalen Anfragen wie natürlicher Verbund, Selektion, Projektion, Vergleich, Vereinigung, Komplement. Der *Relationenkalkül* benutzt im wesentlichen die Ausdrucksmittel der Prädikatenlogik und der Mengenlehre, um die Ergebnisrelationen in Abhängigkeit von den Argumentrelationen zu beschreiben. Die in der Prädikatenlogik eingeführten Individuenvariablen können dann auf zwei Arten belegt werden. Belegt man Individuenvariablen durch Konstantenzeichen, so erhält man einen *werteorientierten* Relationenkalkül; belegt man sie durch ganze Tupel, so erhält man einen *tupelorientierten* Relationenkalkül.

Wir beschreiben in diesem Abschnitt eine Relationenalgebra und einen werteorientierten Relationenkalkül. Zur Vereinfachung werden wir dabei die in einem relationalen Datenbankschema eigentlich zu definierenden semantischen Bereichsnamen vernachlässigen. Wenn man sie berücksichtigte, dann könnte man syntaktisch festlegen, daß alle Operationen "typverträglich" sein müssen. Insbesondere könnte man dann fordern, daß Operationen wie der Verbund oder der A=B-Vergleich Gleichheits- oder Ungleichheits-Tests nur für Werte von solchen Attributen, denen der gleiche semantische Bereichsname zugeordnet ist, durchführen dürfen.

Definition 8.12 [Relationenalgebra]

Sei $RS = <<R_1 \mid X_1 \mid >,...,<R_n \mid X_n \mid > \mid \mid >$ ein Datenbankschema.
Ferner sei $D \notin \mathbf{A} \cup \mathbf{R}$ ein Name für das Universum.

1. *[Syntax]*
Die Worte der *Sprache der Relationenalgebra (relationale Ausdrücke)* $\mathbf{L}_{Al}$ werden induktiv zusammen mit ihren *Definitionsbereichen* wie folgt definiert:

1. $R_1,...,R_n, D \in \mathbf{L}_{Al}$ (hier wird D als Relationensymbol aufgefaßt),
   und $\quad$ dom $R_i := X_i$,
   $\qquad$ dom $D := \{D\}$.

2. Sind $\quad \Phi, \Psi \in \mathbf{L}_{Al}$ $\qquad\qquad\qquad$ Worte der Relationenalgebra,
   $\qquad A, B \in \mathbf{A} \cup \{D\}$ $\qquad\qquad$ Attribute (hier wird D als Attribut aufgefaßt),
   $\qquad X \subset_{endlich} \mathbf{A} \cup \{D\}$ $\qquad$ Attributmenge,
   dann gelte:

   $(\Phi \bowtie \Psi) \in \mathbf{L}_{Al}$ $\qquad\qquad\qquad$ und dom $(\Phi \bowtie \Psi) :=$ dom $\Phi \cup$ dom Ψ;
   $(\Phi + \Psi) \in \mathbf{L}_{Al}$ $\qquad\qquad\qquad$ und dom $(\Phi + \Psi) :=$ dom $\Phi \cup$ dom Ψ;
   $\pi_q(\Phi) \in \mathbf{L}_{Al}$, wobei $q : X \to$ dom Φ, $\quad$ und dom $\pi_q(\Phi) := X$;
   $\sigma_{A=B}(\Phi) \in \mathbf{L}_{Al}$, wobei $\{A,B\} \subset$ dom Φ, $\quad$ und dom $\sigma_{A=B}(\Phi) :=$ dom Φ;
   $\sigma_{A \neq B}(\Phi) \in \mathbf{L}_{Al}$, wobei $\{A,B\} \subset$ dom Φ, $\quad$ und dom $\sigma_{A \neq B}(\Phi) :=$ dom Φ;
   $\gamma(\Phi) \in \mathbf{L}_{Al}$ $\qquad\qquad\qquad\qquad$ und dom $\gamma(\Phi) :=$ dom Φ.

2. *[Semantik]*
Die *Semantik* von $\mathbf{L}_{Al}$ wird induktiv definiert durch die Evaluierungsfunktion (evaluation) eval mit $\quad$ eval $(\Phi) : sat_{RS} \to sat_{< \mid dom \, \Phi \mid >}$ $\quad$ für alle $\Phi \in \mathbf{L}_{Al}$.

1. eval (R_i) $(d,r_1,...,r_n) := r_i$,

    eval (D) $(d,r_1,...,r_n) := \left\{ \binom{D}{a} \mid a \in d \right\} \cong d.$

2. $\begin{aligned}
    &\text{eval } (\Phi \bowtie \Psi)\ (d,r_1,...,r_n) &&:= \bowtie (\text{eval } (\Phi)\ (d,r_1,...,r_n),\ \text{eval } (\Psi)\ (d,r_1,...,r_n));\\
    &\text{eval } (\Phi + \Psi)\ (d,r_1,...,r_n) &&:= + (d,\ \text{eval } (\Phi)\ (d,r_1,...,r_n),\ \text{eval } (\Psi)\ (d,r_1,...,r_n));\\
    &\text{eval } (\pi_q(\Phi))\ (d,r_1,...,r_n) &&:= \pi_q(\text{eval } (\Phi)\ (d,r_1,...,r_n));\\
    &\text{eval}(\sigma_{A=B}(\Phi))\ (d,r_1,...,r_n) &&:= \sigma_{A=B}(\text{eval } (\Phi)\ (d,r_1,...,r_n));\\
    &\text{eval } (\sigma_{A\neq B}(\Phi))\ (d,r_1,...,r_n) &&:= \sigma_{A\neq B}(\text{eval } (\Phi)\ (d,r_1,...,r_n));\\
    &\text{eval } (\gamma\,(\Phi))\ (d,r_1,...,r_n) &&:= \gamma\,(d,\ \text{eval } (\Phi)\ (d,r_1,...,r_n)).
    \end{aligned}$

(Hierbei stehen die Zeichen (-folgen) $\bowtie$, +, π_q, $\sigma_{A=B}$, $\sigma_{A\neq B}$, γ wie üblich auf der linken Seite für Terminalzeichen der Sprache L_{Al}, auf der rechten Seite für die durch die Terminalzeichen bezeichneten Operationen.)

Satz 8.1

   Für alle Worte $\Phi \in L_{Al}$ ist eval (Φ) eine relationale Anfrage.

Beweis: Die Behauptung ergibt sich unmittelbar aus den Definitionen der vorkommenden Operationen. Diese benutzen nämlich nur die Mengeneigenschaften der Argumentrelationen und Gleichheits- bzw. Ungleichheitsbeziehungen zwischen Konstantenzeichen oder aus Konstantenzeichen aufgebauten Tupeln. Für den leicht durchführbaren formalen Beweis muß man leere Relationen geeignet mit Definitionsbereichen versehen. ∎

Man beachte, daß wir keine Operationszeichen für die A=c-Selektionen (für $c \in C$) benutzt haben. Denn eine Operation $\sigma_{A=c}$ ist natürlich nicht isomorphietreu, weil ja gerade nach dem festgewählten Wert c selektiert wird. Man kann aber die Theorie der relationalen Anfragen geeignet abändern, indem man zum Beispiel für die zu betrachtenden Bijektionen h fordert, daß h die vorkommenden Selektionswerte unverändert läßt, oder indem man die zu betrachtenden Bijektionen auch auf die Anfrageausdrücke und damit auf die Selektionswerte anwendet. Mit diesem Verständnis werden wir im folgenden, insbesondere in Beispielen, gelegentlich auch A=c-Selektionen in relationalen Ausdrücken verwenden.

Die Relationenalgebra liefert jedoch nicht alle relationalen Anfragen. Einfachstes Beispiel für eine nicht ausdrückbare relationale Anfrage ist die Operation der transitiven Hülle einer zweistelligen Relation r. Faßt man die Tupel der Relation r als Kanten eines gerichteten Graphen auf,

$$\binom{A \mid B}{a \mid b} \in r \text{ entspricht der Kante } a \bullet\!\longrightarrow\!\bullet b \text{ im Graphen,}$$

so kann man ein Tupel der transitiven Hülle r^+ von r deuten als die Aussage, daß im Graphen ein entsprechender (gerichteter) Weg existiert,

$\left(\begin{array}{c|c} A & B \\ a & b \end{array} \right) \in r^+$ entspricht einem Weg der Form $\overset{\bullet}{a} \longrightarrow \ \cdots \ \longrightarrow \overset{\bullet}{b}$ im Graphen.

Definition 8.13 [transitive Hülle]

Sei dom $r = \{A,B\}$. Dann heißt

$r^+ := \{\mu \mid \mu : \{A,B\} \to C$, es gibt $\mu_1,...,\mu_k \in r$ $(k \geq 1)$ mit

$\quad\quad \mu(A) = \mu_1(A)$,

$\quad\quad \mu_i(B) = \mu_{i+1}(A)$ für $i = 1,...,k\text{-}1$,

$\quad\quad \mu_k(B) = \mu(B) \}$

transitive Hülle (transitive closure) der Relation r.

Satz 8.2

1. Die Operation $^+$ der transitiven Hülle ist eine relationale Anfrage.
2. Es gibt *kein* Wort $\Phi \in L_{Al}$ der Relationenalgebra über

$\quad$ RS = $<<$R I $\{A,B\}$ I $>$I I $>$ mit eval (Φ) (d,r) = r^+ für alle $r \in$ sat$_{RS}$.

Beweis:

1. Die Behauptung ergibt sich wie oben unmittelbar aus der Definition.
2. Wir skizzieren nur die grundlegenden Ideen aus [AhUl 79].

Für jedes feste $n \in$ IN ist in L_{Al} ausdrückbar:

$\quad$ "es gibt einen Weg der Länge n von Knoten a nach Knoten b".

Zum Beispiel erhält man für $n = 2$ wie folgt ein geeignetes Wort aus L_{Al}:

Definiere $\quad$ q : $\{B,C\} \to \{A,B\}$ durch q(B) := A, q(C) := B

und $\quad\quad\quad$ p : $\{A,B\} \to \{A,C\}$ durch p(A) := A, p(B) := C.

Dann leistet $\pi_p(r \bowtie \pi_q(r))$ das Gewünschte, wie die Skizze aus Bild 8.19 mit Hilfe von "Beispieltupeln" veranschaulicht:

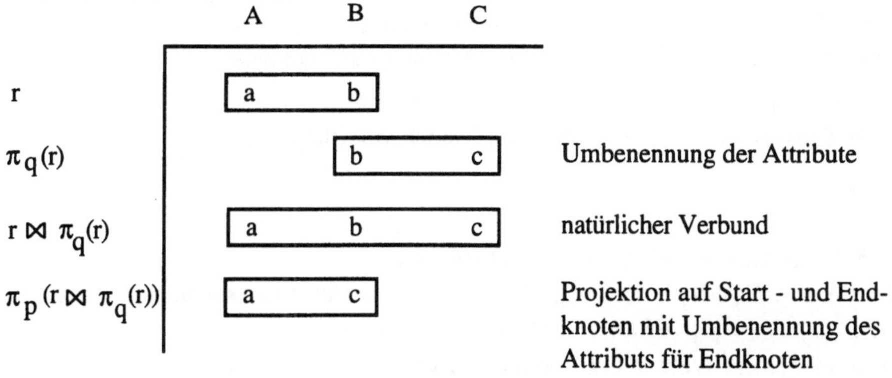

Bild 8.19 Veranschaulichung der Berechnung von Wegen der Länge 2

Allgemein benötigt man n-1 Verbundoperationen um Wege der Länge n zu beschreiben. Jedoch kann man in L_{Al} *nicht* ausdrücken:

$\quad$ "es gibt ein $n \in$ IN, so daß es einen Weg der Länge n von Knoten a nach Knoten b gibt".

Denn hierzu benötigt man unbegrenzt viele Verbundoperationen. In einem formalen

Beweis zeigt man durch Induktion über den Aufbau der Worte in L_{Al}:
Zu $\Phi \in L_{Al}$ gibt es eine Relation r mit "zu langen Wegen"
(r entspreche etwa dem Graphen $\overset{\bullet}{a_1} \longrightarrow \overset{\bullet}{a_2} \longrightarrow \cdots \longrightarrow \overset{\bullet}{a_k}$ mit "zu großem k"),
so daß $(a_1, a_k) \notin$ eval (Φ) (r). ∎

Logikorientierte Datenmodelle überwinden die durch Satz 8.2 ausgedrückte
Beschränkung des relationalen Datenmodells, indem dort erlaubt wird,
Relationensymbole rekursiv zu verwenden. Die transitive Hülle ist dadurch in
LOGODAT leicht ausdrückbar mit Hilfe folgender Horn-Klauseln:
    RPLUS (A, B) :- R (A, B).
    RPLUS (A, B) :- R (A, X), RPLUS (X, B).

Die Ausdrucksstärke der Rekursion bewirkt, daß diese Klauseln Wege *beliebiger* Länge
beschreiben, was sich in der Definition der Fixpunktsemantik durch die (potentiell)
unendliche Vereinigung über die Ergebnisse der iterierten Grundfakten-Transformation
niederschlägt.

Allerdings können auch in der LOGODAT-Sprache nicht alle relationalen Anfragen
ausgedrückt werden. Zum Beispiel ist die Operation des Komplements in LOGODAT
nicht ausdrückbar. Folgende nur grob skizzierte Überlegung zeigt, daß auch andere
relationale Anfragen in LOGODAT nicht ausdrückbar sind: Wenn die Berechnung einer
LOGODAT-Anfrage mit Hilfe der Fixpunktsemantik überhaupt ein endliches Ergebnis
liefert, so wird dies nach einer Anzahl von Iterationen geliefert, die durch die Größe der
gespeicherten Instanz polynomial abschätzbar ist, so daß das Ergebnis insgesamt nach
polynomialer Zeit vorliegt. Man kann aber erwarten (und auch zeigen), daß es relationale
Anfragen gibt, die nicht in polynomialer Zeit berechenbar sind.

Der folgende Satz charakterisiert die Mächtigkeit der Relationenalgebra durch eine (in
ähnlicher Form in der Prädikatenlogik wohlbekannte) Eigenschaft der Definierbarkeit
von (Ergebnis-) Relationen mit Hilfe von (Argument-) Relationen:

"s ist in L_{Al} aus $(d, r_1, ..., r_n)$ definierbar genau dann,
wenn s invariant unter allen Automorphismen von $(d, r_1, ..., r_n)$ ist".

Genauer gilt:

Satz 8.3 [Definierbarkeit von Relationen]
Sei RS = $\langle\langle R_1 \mid X_1 \mid \rangle, ..., \langle R_n \mid X_n \mid \rangle \mid \mid \rangle$ ein Datenbankschema,
$(d, r_1, ..., r_n) \in$ sat$_{RS}$ und s eine Relation mit dom s = X.
Dann gibt es ein Wort $\Phi \in L_{Al}$ mit eval (Φ) $(d, r_1, ..., r_n)$ = s genau dann,
wenn für alle Automorphismen h : d $\xrightarrow[\text{auf}]{\text{1-1}}$ d mit $h[d, r_1, ..., r_n] = (d, r_1, ..., r_n)$ gilt
h[s] = s.

Beweis:

"$\Rightarrow$": Sei $\Phi \in L_{Al}$ mit eval (Φ) $(d,r_1,...,r_n) = s$.

Gemäß Satz 8.1 ist eval (Φ) eine relationale Anfrage und damit insbesondere isomorphietreu.

Also gilt für alle Automorphismen $h : d \xrightarrow[\text{auf}]{1\text{-}1} d$ mit $h[d,r_1,..,r_n] = (d,r_1,...,r_n)$:

$$h[s] = h\,[\text{eval }(\Phi)\,(d,r_1,...,r_n)] \qquad \text{Voraussetzung}$$
$$= \text{eval }(\Phi)\,(h\,[d,r_1,...,r_n]) \qquad \text{eval }(\Phi)\text{ isomorphietreu}$$
$$= \text{eval }(\Phi)\,(d,r_1,...,r_n) \qquad h\text{ Automorphismus}$$
$$= s \qquad \text{Voraussetzung}$$

"$\Leftarrow$": Wir skizzieren nur die grundlegenden Ideen aus [Pa 78, Ba 78].

Man zeigt zunächst, daß die Automorphismengruppe von $M := (d,r_1,...,r_n)$, d.h.

$$\text{Aut}_M := \{h \mid h : d \xrightarrow[\text{auf}]{1\text{-}1} d \text{ mit } h[M] = M\}$$

durch eine Relation aut_M derart darstellbar ist, daß es ein Wort $\Phi_M \in L_{Al}$ gibt mit
eval (Φ_M) $(M) = \text{aut}_M$.

Dazu stellt man eine Funktion $h : d \rightarrow d$ durch ein Tupel der Form

$$\mu_h = \begin{pmatrix} A_1 & A_2 & \cdots & A_1 \\ h(a_1) & h(a_2) & & h(a_1) \end{pmatrix} \text{ dar,}$$

wobei $d = \{a_1,...,a_1\}$ und $A_1,...,A_1$ neue Attribute seien, und bildet die Relation

$$\bowtie_{i=1,...,1} \pi_{q_i}(d) = \{\mu_h \mid h : d \rightarrow d\} \text{ mit } q_i : \{A_i\} \rightarrow \{D\}$$

zur Beschreibung der Menge der Funktionen von d in d. Injektivität (und damit Surjektivität) sowie die Automorphismuseigenschaft von solchen Funktionen kann man dann durch Anwendung geeigneter weiterer relationaler Operationen auf diese Menge ausdrücken. Dann weist man nach, daß die Relation s mit Hilfe von aut_M derart darstellbar ist, daß es ein Wort $\Psi_s \in L_{Al}$ gibt mit
eval (Ψ_s) $(\text{aut}_M) = s$.

Insgesamt erhält man also:

Es gibt Worte Φ_M, $\Psi_s \in L_{Al}$, so daß gilt eval (Ψ_s) $(\text{eval }(\Phi_M)(M)) = s$.

Setzt man dann Φ_M geeignet in Ψ_s ein, so erhält man ein Wort $\Phi \in L_{Al}$ mit
eval $(\Phi)(M) = s$.

Man beachte, daß die Worte Φ_M bzw. Ψ_s in Abhängigkeit von M bzw. s konstruiert werden. Der vorangehende Satz 8.2 besagt, daß diese Abhängigkeiten notwendig vorhanden sein müssen. ∎

Korollar 8.4

Zu jeder Instanz (d,r) gibt es ein Wort $\Phi \in L_{Al}$ (über RS = $\ll R \mid \{A,B\} \mid > \mid \mid >$) mit eval (Φ) $(d,r) = r^+$.

Beweis: Für alle Automorphismen $h : d \xrightarrow[\text{auf}]{1\text{-}1} d$ mit $h[r] = r$, gilt offensichtlich

auch $h[r^+] = r^+$. Damit folgt die Behauptung unmittelbar aus Satz 8.3, "$\Leftarrow$". ∎

Im folgenden setzen wir voraus, daß jedem Attribut $A \in \mathbf{A} \cup \{D\}$ eineindeutig eine Individuenvariable v_A zugeordnet sei. Dann beschreibt auch jedes Tupel μ eineindeutig eine endliche Variablenbelegung μ' vermöge $\mu'(v_A) := \mu(A)$. Zur Vereinfachung der Schreibweisen werden wir Tupel und endliche Variablenbelegungen miteinander identifizieren. Um die Gültigkeit einer Formel Φ in einer Struktur $M = (d,\delta)$ unter einer Variablenbelegung $\beta : V \to d$ nachzuweisen, reicht es offenbar, β für die endliche Menge der in Φ frei vorkommenden Variablen zu kennen. Als Strukturen $M \doteq (d,\delta)$ werden wir nur Instanzen $(d,r_1,...,r_n)$ eines Datenbankschemas $RS = <<R_1 \mid \mid >,...,<R_n \mid \mid > \mid \mid >$ betrachten, d.h. die Zuordnung δ von Prädikatenzeichen (Relationensymbolen) zu Relationen auf d sei stets vermöge $\delta(R_i) = r_i$ gegeben.

Definition 8.14 [Relationenkalkül]

Sei $RS = <<R_1 \mid X_1 \mid >,...,<R_n \mid X_n \mid > \mid \mid >$ ein Datenbankschema.
Ferner sei $D \notin A \cup R$ ein Name für das Universum.

1. [*Syntax*]
Die Worte der *Sprache des Relationenkalküls (relationale Formeln)* L_K werden induktiv zusammen mit ihren *Definitionsbereichen* wie folgt definiert:

1.1 [Atomformel]
Ist $X_i = \{Ai1,...,Aik\}$ und sind $v_{Aj1},...,v_{Ajk}$ paarweise verschiedene Individuenvariablen, dann sei
$R_i (Ai1 : v_{Aj1},...,Aik : v_{Ajk}) \in L_K$ und
dom $R_i (Ai1 : v_{Aj1},...,Aik : v_{Ajk}) := \{Aj1,...,Ajk\}$.

Sind v_{Ai}, v_{Aj} Individuenvariablen, dann sei
$(v_{Ai} = v_{Aj}) \in L_K$ und dom $(v_{Ai} = v_{Aj}) := \{Ai,Aj\}$.

1.2. Sind $\Phi, \Psi \in L_K$ Worte des Relationenkalküls, dann gelte:

$(\Phi \wedge \Psi) \in L_K$	und dom $(\Phi \wedge \Psi) := $ dom $\Phi \cup$ dom Ψ;
$(\Phi \vee \Psi) \in L_K$	und dom $(\Phi \vee \Psi) := $ dom $\Phi \cup$ dom Ψ;
$(\neg\, \Phi) \in L_K$	und dom $(\neg\, \Phi) := $ dom Φ.

1.3. Ist $\Phi \in L_K$ mit $Ai \in$ dom Φ, dann gelte

$(\exists\, v_{Ai})\, \Phi \in L_K$	und dom $(\exists\, v_{Ai})\, \Phi := $ dom $\Phi \setminus \{Ai\}$;
$(\forall\, v_{Ai})\, \Phi \in L_K$	und dom $(\forall\, v_{Ai})\, \Phi := $ dom $\Phi \setminus \{Ai\}$.

2. [*Semantik*]
Die Semantik von L_K wird definiert durch die Evaluierungsfunktion (evaluation) eval
mit   eval $(\Phi) : \mathrm{sat}_{RS} \to \mathrm{sat}_{<\ \mid \mathrm{dom}\ \Phi\ \mid\ >}$ für alle $\Phi \in L_K$,
        eval $(\Phi)\, (d,r_1,...,r_n) := \{\mu \mid \mu : \mathrm{dom}\ \Phi \to d$ und $\models_{(d,r_1,...,r_n),\, \mu} \Phi\}$.

Man kann leicht nachprüfen, daß die oben definierten Definitionsbereiche genau den frei vorkommenden Variablen entsprechen: $Aj \in$ dom Φ gilt genau dann, wenn v_{Aj} in Φ frei vorkommt. So wie wir für die Relationenalgebra gelegentlich $A=c$-Selektionen verwenden, kann man für den Relationenkalkül auch atomare Formeln der Form $(v_{Ai} = c)$ oder $(c = v_{Ai})$ mit $c \in C$ zulassen. Dies geschieht dann wieder unter dem Verständnis, daß die Forderung der Isomorphietreue geeignet abgeändert ist.

Wir wollen nun die Mächtigkeit von Relationenalgebra und Relationenkalkül vergleichen und ihre Beziehung zu LOGODAT - Anfrageprogrammen untersuchen. Zunächst zeigen wir, daß der Relationenkalkül durch die Relationenalgebra verwirklicht werden kann, indem man relationale Formeln uniform in relationale Ausdrücke übersetzt (und damit ihre algorithmische Auswertung ermöglicht).

Satz 8.5

1. Für alle Worte $\chi \in \mathbf{L_K}$ gibt es ein $\chi^* \in \mathbf{L_{Al}}$ mit
   $\mathrm{eval_K}(\chi) = \mathrm{eval_{Al}}(\chi^*)$.
2. Für alle Worte $\chi \in \mathbf{L_K}$ ist $\mathrm{eval}(\chi)$ eine relationale Anfrage.

Beweis: Die zweite Behauptung folgt unmittelbar aus der ersten und Satz 8.1. Zum Beweis der ersten Behauptung bestimmen wir durch Induktion über den Aufbau von $\mathbf{L_K}$ für jede Formel $\chi \in \mathbf{L_K}$ einen Ausdruck $\chi^* \in \mathbf{L_{Al}}$ mit $\mathrm{eval_K}(\chi) = \mathrm{eval_{Al}}(\chi^*)$.

1a. $\qquad \mathrm{eval_K}(R_i (Ai1 : v_{Aj1},..., Aik : v_{Ajk})) (d,r_1,...,r_n)$

$$\underset{\text{Def. eval}_K}{=} \{\mu \mid \mu : \{Aj1,...,Ajk\} \to d, \models_{(d,r_1,...,r_n)} \mu\ R_i (Ai1 : v_{Aj1},...,Aik : v_{Ajk})\}$$

$$\underset{\text{Def.} \models}{=} \{\mu \mid \mu : \{Aj1,...,Ajk\} \to d, \mu \circ q^{-1} \in r_i\}\ \text{mit}$$
$$q: \{Aj1,...,Ajk\} \to \{Ai1,...,Aik\},\ q\ (Aj1) := Ai1\ \ \text{für } 1 = 1,...,k$$

$$\underset{\text{Def. } \pi_q}{=} \pi_q(r_i)$$

$$\underset{\text{Def. eval}_{Al}}{=} \mathrm{eval_{Al}}(\pi_q(R_i)) (d,r_1,...,r_n)$$

1b. $\qquad \mathrm{eval_K}(v_{Ai} = v_{Aj}) (d,r_1,...,r_n)$

$$\underset{\text{Def. eval}_K}{=} \{\mu \mid \mu : \{Ai, Aj\} \to d, \models_{(d,r_1,...,r_n)} \mu\ (v_{Ai} = v_{Aj})\}$$

$$\underset{\text{Def.} \models}{=} \{\mu \mid \mu : \{Ai, Aj\} \to d, \mu\ (v_{Ai}) = \mu\ (v_{Aj})\}$$

$$\underset{\text{Def. } \pi_{q_{ij}}}{=} \pi_{q_{ij}} (d)\ \text{ mit } q_{ij} : \{Ai, Aj\} \to \{D\}$$

$$\underset{\text{Def. eval}_{Al}}{=} \mathrm{eval_{Al}}(\pi_{q_{ij}} (D)) (d,r_1,...,r_n).$$

2a. $\qquad \mathrm{eval_K}(\Phi \wedge \Psi) (d,r_1,...,r_n)$

$$\underset{\text{Def. eval}_K}{=} \{\mu \mid \mu : \mathrm{dom}\ \Phi \cup \mathrm{dom}\ \Psi \to d, \models_{(d,r_1,...,r_n)} \mu\ (\Phi \wedge \Psi)\}$$

$$\underset{\text{Def.} \models}{=} \{\mu \mid \mu : \mathrm{dom}\ \Phi \cup \mathrm{dom}\ \Psi \to d, \models_{(d,r_1,...,r_n)} \mu\ \Phi\ \text{und}\ \models_{(d,r_1,...,r_n)} \mu\ \Psi\}$$

$$= \quad \{\mu \mid \mu : \text{dom } \Phi \cup \text{dom } \Psi \to d, \; \models_{(d,r_1,\ldots,r_n)}, \mu \lceil \text{dom } \Phi \; \Phi \text{ und}$$
$$\models_{(d,r_1,\ldots,r_n)}, \mu \lceil \text{dom } \Psi \; \Psi\}$$

$$\underset{\text{Def. eval}_K}{=} \quad \{\mu \mid \mu : \text{dom } \Phi \cup \text{dom } \Psi \to d, \; \mu \lceil \text{dom } \Phi \in \text{eval}_K (\Phi) (d,r_1,\ldots,r_n) \text{ und}$$
$$\mu \lceil \text{dom } \Psi \in \text{eval}_K (\Psi) (d,r_1,\ldots,r_n)\}$$

$$\underset{\text{Ind. Ann.}}{=} \quad \{\mu \mid \mu : \text{dom } \Phi \cup \text{dom } \Psi \to d, \; \mu \lceil \text{dom } \Phi \in \text{eval}_{Al} (\Phi^*) (d,r_1,\ldots,r_n) \text{ und}$$
$$\mu \lceil \text{dom } \Psi \in \text{eval}_{Al} (\Psi^*) (d,r_1,\ldots,r_n)\}$$

$$\underset{\text{Def. } \bowtie}{=} \quad \text{eval}_{Al} (\Phi^*) (d,r_1,\ldots,r_n) \bowtie \text{eval}_{Al} (\Psi^*) (d,r_1,\ldots,r_n)$$

$$\underset{\text{Def. eval}_{Al}}{=} \quad \text{eval}_{Al} (\Phi^* \bowtie \Psi^*) (d,r_1,\ldots,r_n)$$

Entsprechend beweist man, daß gilt:

$\text{eval}_K (\Phi \vee \Psi) (d,r_1,\ldots,r_n) = \text{eval}_{Al} (\Phi^* + \Psi^*) (d,r_1,\ldots,r_n)$ und
$\text{eval}_K (\neg \Phi) (d,r_1,\ldots,r_n) = \text{eval}_{Al} (\gamma (\Phi^*)) (d,r_1,\ldots,r_n)$.

3. $\qquad \text{eval}_K ((\exists v_{Ai}) \Phi) (d,r_1,\ldots,r_n)$

$$\underset{\text{Def. eval}_K}{=} \quad \{\mu \mid \mu : \text{dom } \Phi \setminus \{Ai\} \to d, \; \models_{(d,r_1,\ldots,r_n)}, \mu \; (\exists v_{Ai}) \Phi\}$$

$$\underset{\text{Def. } \models}{=} \quad \{\mu \mid \mu : \text{dom } \Phi \setminus \{Ai\} \to d, \; \text{es gibt } \mu' \text{ mit } \mu' : \text{dom } \Phi \to d,$$
$$\mu =_{Ai} \mu', \; \models_{(d,r_1,\ldots,r_n)}, \mu' \; \Phi\}$$

$$= \quad \{\mu \mid \mu : \text{dom } \Phi \setminus \{Ai\} \to d, \; \text{es gibt } \mu' \text{ mit } \mu' : \text{dom } \Phi \to d,$$
$$\mu = \mu' \lceil \text{dom } \Phi \setminus \{Ai\}, \; \models_{(d,r_1,\ldots,r_n)}, \mu' \; \Phi\}$$

$$\underset{\text{Def. eval}_K}{=} \quad \{\mu \mid \mu : \text{dom } \Phi \setminus \{Ai\} \to d, \; \text{es gibt } \mu' \text{ mit } \mu = \mu' \lceil \text{dom } \Phi \setminus \{Ai\},$$
$$\mu' \in \text{eval}_K (\Phi) (d,r_1,\ldots,r_n)\}$$

$$\underset{\text{Ind. Ann.}}{=} \quad \{\mu \mid \mu : \text{dom } \Phi \setminus \{Ai\} \to d, \; \text{es gibt } \mu' \text{ mit } \mu = \mu' \lceil \text{dom } \Phi \setminus \{Ai\},$$
$$\mu' \in \text{eval}_{Al} (\Phi^*) (d,r_1,\ldots,r_n)\}$$

$$\underset{\text{Def. } \pi}{=} \quad \pi_{\text{dom } \Phi \setminus \{Ai\}} (\text{eval}_{Al} (\Phi^*) (d,r_1,\ldots,r_n))$$

$$\underset{\text{Def. eval}_{Al}}{=} \quad \text{eval}_{Al} (\pi_{\text{dom } \Phi \setminus \{Ai\}} (\Phi^*)) (d,r_1,\ldots,r_n)$$

Entsprechend beweist man, daß gilt

$$\text{eval}_K ((\forall v_{Ai}) \Phi) (d,r_1,\ldots,r_n)$$
$$= \quad \text{eval}_{Al} (\Phi^*) (d,r_1,\ldots,r_n) / \text{eval}_{Al} (\pi_{q_i} (D)) (d,r_1,\ldots,r_n) \quad \text{mit } q_i : \{Ai\} \to \{D\}$$
$$= \quad \text{eval}_{Al} (\chi^*) (d,r_1,\ldots,r_n),$$

wobei man χ^* aus Φ^* und $\pi_{q_i}(D)$ konstruieren kann entsprechend der Simulation der
Division vermöge Projektion, Komplement und Verbund. ∎

Satz 8.6

Für alle Worte $\chi \in L_{Al}$ gibt es ein $\chi^* \in L_K$ mit $\text{eval}_{Al}(\chi) = \text{eval}_K(\chi^*)$.

Beweis: Wir konstruieren χ^* durch Induktion über den Aufbau von χ.

1. $R_i^* \equiv R_i \, (Ai1 : v_{Ai1}, \ldots, Aik : v_{Aik})$ und
   $D^* \equiv (v_D = v_D)$.
2. $(\Phi \bowtie \Psi)^* \equiv (\Phi^* \wedge \Psi^*)$,
   $(\Phi + \Psi)^* \equiv (\Phi^* \vee \Psi^*)$,
   $(\sigma_{Ai=Aj}(\Phi))^* \equiv (\Phi^* \wedge (v_{Ai} = v_{Aj}))$,
   $(\sigma_{Ai \neq Aj}(\Phi))^* \equiv (\Phi^* \wedge \neg(v_{Ai} = v_{Aj}))$ und
   $(\gamma(\Phi))^* \equiv (\neg \Phi^*)$.

Die Konstruktion von $(\pi_q(\Phi))^*$ erfordert eine Fallunterscheidung:

Fall 1: [Spalten entfernen] $q : X \to \text{dom } \Phi$ mit $q(A) := A$ für $A \in X$.
Ist dann dom $\Phi \setminus X = \{A1, \ldots, Ae\}$, so definieren wir
$$(\pi_q(\Phi))^* \equiv (\exists \, v_{A1}) \ldots (\exists \, v_{Ae}) \, \Phi^*.$$
Fall 2: [eine Spalte vervielfachen und umbenennen]
$q : X_1 \cup X_2 \to \{Ai\} \cup X_2$ mit $X_1 \cap X_2 = \emptyset$ und $Ai \notin X_2$ und

$$q(A) := \begin{cases} Ai & \text{für } A \in X_1 \\ A & \text{für } A \in X_2 \end{cases} \quad \text{und}$$

dom $\Phi^* = \{Ai\} \cup X_2$.
In Φ^* bzw. X_1 komme die Variable v_{Az} bzw. das Attribut Az nicht vor.
Φ^* [sub (v_{Ai}, v_{Az})] entstehe durch Ersetzen jedes freien Vorkommens von v_{Ai} in Φ^*
durch v_{Az}. Ist dann $X_1 = \{A1, \ldots, Ak\}$, so definieren wir
$$(\pi_q(\Phi))^* \equiv (\exists \, v_{Az}) \, (\Phi^* \, [\text{sub } (v_{Ai}, v_{Az})] \wedge (v_{Az} = v_{A1}) \wedge \ldots \wedge (v_{Az} = v_{Ak})).$$

Allgemeiner Fall: Für den allgemeinen Fall muß man das Vorgehen der Sonderfälle geschickt zusammenfügen. Dies soll nur anhand eines Beispiels erläutert werden.
Sei $\Phi \equiv R$ mit dom $R = \{A1, A2, A3, A4\}$, und
q sei definiert durch $q : \{A1, A2, A5\} \to \{A1, A2, A3, A4\}$ mit
$\quad q\,(A1) := A1,$
$\quad q\,(A2) := A3,$
$\quad q\,(A5) := A1.$
Ausgehend von der Formel für das Argument von π_q, d.h. im Beispiel von R,
$\quad R\,(A1 : v_{A1}, A2 : v_{A2}, A3 : v_{A3}, A4 : v_{A4}),$
drücken wir das durch π_q Geleistete durch entsprechende Formeln des Relationenkalküls
aus, wobei sich im Beispiel folgendes ergibt. Wegen $\{A2, A4\} = \text{dom } R \setminus \text{range } q$ sollen
die durch A2, A4 bezeichneten Spalten entfernt werden:
$$(\exists \, v_{A2}) \, (\exists \, v_{A4}) \, R\,(A1 : v_{A1}, A2 : v_{A2}, A3 : v_{A3}, A4 : v_{A4}).$$
Wegen $q\,(A2) = A3$ soll die durch A3 bezeichnete Spalte in A2 umbenannt werden; da
v_{A2} schon gebunden vorkommt, muß dieses gebundene Vorkommen vorher mit Hilfe
einer neuen Variablen, etwa v_{A9}, beseitigt werden:
$$(\exists \, v_{A3}) \, (\exists \, v_{A9}) \, (\exists \, v_{A4}) \, (R\,(A1 : v_{A1}, A2 : v_{A9}, A3 : v_{A3}, A4 : v_{A4})$$
$$\wedge (v_{A3} = v_{A2})).$$
Wegen $q(A1) = q(A5) = A1$ soll die durch A1 bezeichnete Spalte verdoppelt und

anschließend durch A1 bzw. A5 benannt werden:

$$(\exists \, v_{A8}) \, (\exists \, v_{A3}) \, (\exists \, v_{A9}) \, (\exists \, v_{A4}) \quad [R \, (A1 : v_{A8}, \, A2 : v_{A9}, \, A3 : v_{A3}, \, A4 : v_{A4})$$
$$\wedge \, (v_{A3} = v_{A2})$$
$$\wedge \, (v_{A8} = v_{A1}) \wedge (v_{A8} = v_{A5})].$$

Korollar 8.7 [Gleichmächtigkeit von Algebra und Kalkül]
Die Relationenalgebra und der Relationenkalkül sind gleichmächtig.

Beweis: Satz 8.5 und Satz 8.6.

Dieses Korollar ist ein grundlegendes Ergebnis der Theorie des relationalen Datenmodells: die *mengenorientierte, deklarative Semantik* des Relationenkalküls kann durch die Relationenalgebra *korrekt* und *vollständig* operationalisiert werden und ist damit einer tatsächlichen Verwirklichung zugänglich; die Ausdrucksfähigkeit der operational gegebenen Relationenalgebra läßt sich durch den Relationenkalkül deklarativ genau beschreiben. Durch dieses Ergebnis wurde ein tiefliegender Maßstab für die Bewertung anderer Datenmodelle gelegt, nämlich ob sie gleichartige Ergebnisse für ihre Anfragesprachen erlauben. Unser logikorientiertes Datenmodell genügt diesem Maßstab: die deklarative Semantik ist gleich der operationalen Fixpunktsemantik.

Definition 8.15 [negationsfreie Universum-unabhängige Relationenalgebra]

Die Sprache der *negationsfreien Universum-unabhängigen* Relationenalgebra $L_{Al}{}^{+}$ sei diejenige Teilmenge der Sprache L_{Al}, in der
- der Name D für das Universum,
- der Operator γ für das Komplement,
- der Operator + für unverträgliche Operanden Φ und Ψ (mit dom $\Phi \neq$ dom Ψ)
- der Operator $\sigma_{A \neq B}$ für den A$\neq$B-Vergleich

nicht benutzt werden.

Satz 8.8
Für alle Ausdrücke $\chi \in L_{Al}{}^{+}$ gibt es eine LOGODAT-Anfrage $\chi^* = \; < S^* \mid Q^* >$ mit $(eval_{Al} \, (\chi) \, (M))_{LOGO} = eval \, (< S^* \mid Q^* >) \, (M_{LOGO})$ für alle Instanzen M.

Beweisskizze: Wir wissen bereits, daß für alle LOGODAT-Anfragen $< S \mid Q >$
$eval \, (< S \mid Q >) \, (M_{LOGO}) = \bigcup_{i \, \in \, \omega} T^i \, (\emptyset)$ gilt, wobei

$T := T_{M_{LOGO} \cup Q}$ die zugeordnete Grundfakten-Transformation ist.

$\chi^* = \; < S^* \mid Q^* >$ kann dann durch Induktion über den Aufbau von χ konstruiert werden. Wir skizzieren nur die grobe Idee (ohne die Variablen auszugeben):
1. $R_i^* \equiv \; < R_i \mid \emptyset >$
2. Sind $\Phi_1^* = \; < S_1^* \mid Q_1^* >$ und
$$\Phi_2^* = \; < S_2^* \mid Q_2^* >$$

mit rel $(Q_1^*) \cap$ rel $(Q_2^*) \subset \{R_1,...,R_n\}$ und $S_1^* \neq S_2^*$ (d.h. es werden keine gemeinsamen "Hilfsrelationen" benutzt), so sei:

$(\Phi_1 \bowtie \Phi_2)^* \equiv\; <\! S^* \mid Q_1^* \cup Q_2^* \cup \{S^* :\!\!- S_1^*, S_2^*.\} \!>,$

$(\Phi_1 + \Phi_2)^* \equiv\; <\! S^* \mid Q_1^* \cup Q_2^* \cup \{\, S^* :\!\!- S_1^*., S^* :\!\!- S_2^*.\} \!>,$

$(\pi_q (\Phi_1))^* \equiv\; <\! S^* \mid Q_1^* \cup \{S^* :\!\!- S_1^*.\} \!>$ und

$(\sigma_{A=B} (\Phi_1))^* \equiv\; <\! S^* \mid Q_1^* \cup \{S^* :\!\!- S_1^*, v_A = v_B.\} \!>.$

Diese Beweisidee soll durch das folgende Beispiel erläutert werden. Sei $RS = \;<<\! R_1 \mid \{A,B\} \mid \;>, <\! R_2 \mid \{B,C\} \mid \;>, <\! R_3 \mid \{A,B,C\} \mid \;> \mid \;\mid \;>$ und $\chi = \pi_{A,C} (\sigma_{A=B} ((R_1 \bowtie R_2) + R_3))$. Dieser relationale Ausdruck läßt sich durch folgenden Syntaxbaum veranschaulichen:

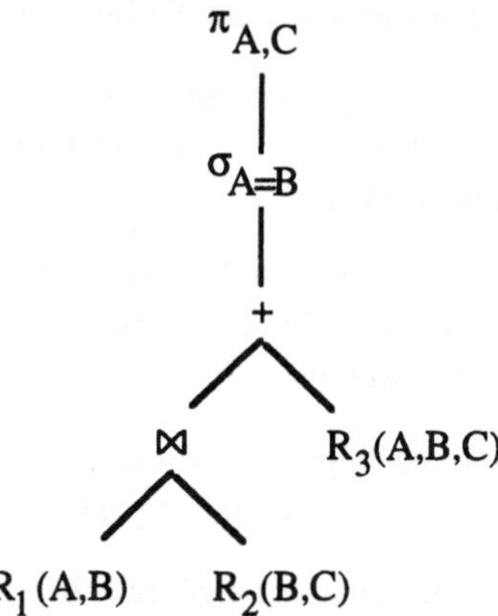

Die entsprechende LOGODAT-Anfrage $\chi^* = \;<\! S^* \mid Q^* \!>$ wird dann durch das folgende Anfrageprogramm Q^* und durch $S^* := T_4$ definiert:

$T_1 (v_A, v_B, v_C) :\!\!- R_1 (v_A, v_B), R_2 (v_B, v_C).$

$T_2 (v_A, v_B, v_C) :\!\!- T_1 (v_A, v_B, v_C).$

$T_2 (v_A, v_B, v_C) :\!\!- R_3 (v_A, v_B, v_C).$

$T_3 (v_A, v_B, v_C) :\!\!- T_2 (v_A, v_B, v_C), v_A = v_B.$

$T_4 (v_A, v_C) :\!\!- T_3 (v_A, v_B, v_C).$

Die Iteration der zugeordneten Grundfakten-Transformation terminiert offensichtlich entsprechend der Tiefe des vorgegebenen Ausdrucks und liefert genau das Gewünschte.

∎

Umgekehrt kann unter gewissen Voraussetzungen auch die einer Klauselmenge zugeordnete Grundfakten-Transformation durch einen Ausdruck aus L_{Al}^+ beschrieben werden. Dieses werden wir in Kapitel 14 unter dem Gesichtspunkt der Optimierung genauer untersuchen.

8.4   Benutzung relationaler Anfragesprachen

Abschließend sollen noch einige Überlegungen zusammengestellt werden, wie man die in diesem Kapitel vorgestellten relationalen Anfragesprachen benutzt. Ein Benutzer findet in der Regel bereits ein von einem (Datenbank-) Administrator vereinbartes relationales Datenbankschema vor, das man sich durch einen Hypergraphen veranschaulichen kann. Ein zunächst umgangssprachlich ausgedrückter Anfragewunsch muß dann zu einem Ausdruck der Relationenalgebra oder des Relationenkalküls formalisiert werden. Diese Formalisierung kann häufig nach folgendem Muster erfolgen:

1. Für die umgangssprachlich vorliegenden Begriffe müssen formale Entsprechungen als Attribute, Relationensymbole, semantische Bereichsnamen oder Konstantenzeichen bestimmt werden.

2. Für die umgangssprachlich vorliegenden Zusammenhänge zwischen den Begriffen müssen formale Entsprechungen als Pfade im Hypergraphen des Schemas gefunden und dann relational ausgedrückt werden.

3. Für die umgangssprachlich vorliegenden Zwecke des Anfragewunsches müssen formale Entsprechungen als Selektionen und Projektionen ausgedrückt werden.

4. Abschließend können noch mit Hilfe der algebraischen Eigenschaften vom Benutzer oder automatisch vom Datenbankmanagementsystem Optimierungen vorgenommen werden (die wir im folgenden Beispiel nur für die Relationenalgebra ausführen).

Beispiel: Wir betrachten wieder das relationale Datenbankschema für den stark vereinfachten Ausschnitt einer Arztpraxis.

a.   Anfragewunsch:"Bestimme für das Kind `theresia` ihr Geschlecht und ihre Eltern!"

Schritt 1:   Den nominalen Begriffen *Kind*, *Geschlecht* und *Eltern* entsprechen die Attribute `ELT.Name`, `PERSON.Geschlecht` und `ELT.Eltern`;
den possessiven Begriffen *ihr* (Geschlecht) und *ihre* (Eltern) entsprechen die Relationensymbole `PERSON` und `ELT`.

Schritt 2:   Dem vorliegenden Zusammenhang, daß für jeweils ein Kind sowohl Geschlecht als auch Eltern bestimmt werden sollen, entspricht der Pfad `PERSON`, `Name`, `ELT` im Hypergraphen. In diesem Fall ist die benötigte Verbindung mit Hilfe des Attributs `Name` bereits im Datenbankschema angelegt und kann direkt mit Hilfe des Verbundes ausgedrückt werden:

$$\text{PERSON} \bowtie \text{ELT} \quad \text{bzw.} \quad \text{PERSON (Name} : v_{\text{Name}}, \text{Geschlecht} : v_{\text{Geschlecht}}) \wedge$$
$$\text{ELT (Name} : v_{\text{Name}}, \text{Eltern} : v_{\text{Eltern}})$$

Schritt 3:   Dem vorliegenden Zweck, Daten über `theresia` zu erfragen, entspricht die abschließende Selektion:

$\sigma_{\text{Name=theresia}}$ (PERSON $\bowtie$ ELT) bzw.

PERSON (Name : v_{Name}, Geschlecht : $v_{\text{Geschlecht}}$) $\wedge$

ELT (Name : v_{Name}, Eltern : v_{Eltern}) $\wedge$ (v_{Name} = theresia)

Schritt 4:   Die Selektion nach dem Wert `theresia` des Attributs `PERSON.Name` bzw. `ELT.Name` kann vorgezogen werden:

$\sigma_{\text{Name=theresia}}$ (PERSON) $\bowtie$ $\sigma_{\text{Name=theresia}}$ (ELT)

b. Anfragewunsch: "Bestimme alle Ärzte, die weibliche Patienten behandeln!"

Schritt 1:   Den nominalen Begriffen *Arzt* und *Patient* entsprechen die Attribute `BEH.Arzt` und `BEH.Patient`; dem adjektiven Begriff *weiblich* entspricht das Konstantenzeichen `weib` als ein Wert des Attributs `PERSON.Geschlecht`; dem verbalen Begriff *behandeln* entspricht das Relationensymbol BEH.

Schritt 2:   Dem vorliegenden Zusammenhang zwischen Patienten und ihrem Geschlecht entspricht der Pfad BEH, `Patient`, *Mensch*, `Name`, PERSON im Hypergraphen. In diesem Fall muß die benötigte Verbindung zwischen den Relationensymbolen BEH und PERSON erst durch eine Attribute umbenennende q-Projektion oder mit Hilfe des Vergleichs hergestellt werden:

π_q (BEH) $\bowtie$ PERSON   mit q := $\begin{pmatrix} \text{Name} & \text{Arzt} & \text{ArtPro} \\ \text{Patient} & \text{Arzt} & \text{ArtPro} \end{pmatrix}$ oder

$\sigma_{\text{Patient=Name}}$ (BEH $\bowtie$ PERSON)   bzw.

BEH (Patient : v_{Patient}, Arzt : v_{Arzt}, ArtPro : v_{ArtPro})

$\wedge$ PERSON (Name : v_{Name}, Geschlecht : $v_{\text{Geschlecht}}$) $\wedge$ (v_{Patient} = v_{Name})

Schritt 3:   Dem vorliegenden Zweck, nur die Ärzte der weiblichen Patienten zu bestimmen, entspricht eine Selektion nach dem Konstantenzeichen `weib` für das Attribut `PERSON.Geschlecht` und eine abschließende Projektion nach dem Attribut `BEH.Arzt`:

π_{Arzt} ($\sigma_{\text{Geschlecht=weib}}$ (π_q (BEH) $\bowtie$ PERSON))   oder

π_{Arzt} ($\sigma_{\text{Geschlecht=weib}}$ ($\sigma_{\text{Patient=Name}}$ (BEH $\bowtie$ PERSON)))   bzw.

($\exists\ v_{\text{Patient}}$) ($\exists\ v_{\text{ArtPro}}$) ($\exists\ v_{\text{Name}}$) ($\exists\ v_{\text{Geschlecht}}$)

[BEH (Patient : v_{Patient}, Arzt : v_{Arzt}, ArtPro : v_{ArtPro})

$\wedge$ PERSON (Name : v_{Name}, Geschlecht : $v_{\text{Geschlecht}}$)

$\wedge$ (v_{Patient} = v_{Name})

$\wedge$ ($v_{\text{Geschlecht}}$ =weib)]

Schritt 4:   Die Selektion nach dem Konstantenzeichen `weib` des Attributs `PERSON.Geschlecht` sowie das Entfernen des Attributs `BEH.ArtPro` können vorgezogen werden:

π_{Arzt} (π_{q1} (BEH) $\bowtie$ $\sigma_{\text{Geschlecht=weib}}$ (PERSON))   mit q1 = $\begin{pmatrix} \text{Patient} & \text{Arzt} \\ \text{Name} & \text{Arzt} \end{pmatrix}$ oder

π_{Arzt} ($\sigma_{\text{Patient=Name}}$ ($\pi_{\text{Patient,Arzt}}$ (BEH) $\bowtie$ $\sigma_{\text{Geschlecht=weib}}$ (PERSON)))

c. Anfragewunsch: "Für welche Patienten wurden alle medizintechnischen Möglichkeiten ausgenutzt?"

Schritt 1:   Den nominalen Begriffen *Patient* und *Möglichkeit* entsprechen die Attribute `BEH.Patient` und `BEH.ArtPro`; dem adjektiven Begriff *medizintechnisch* entspreche hier die Wertemenge {`labor, röntgen`} für das Attribut `BEH.ArtPro`; dem verbalen Begriff *ausgenutzt* entspricht das Relationensymbol `BEH`.

Schritt 2:   Es liegt ein Zusammenhang zwischen Patienten und tatsächlich ausgenutzten Behandlungsarten einerseits und möglichen Behandlungsarten andererseits vor, der nicht unmittelbar aus dem Hypergraphen des Datenbankschemas ablesbar ist. Die erste Komponente stellt eine Teil-Hyperkante aus dem Graphen dar; die zweite kann als durch den Anfragewunsch ergänzt gedacht werden:

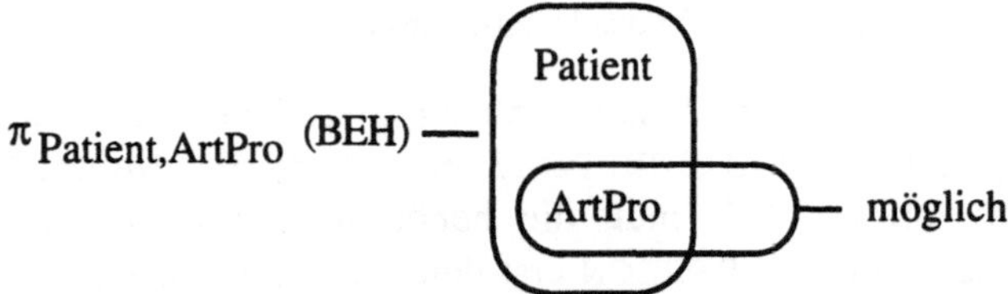

Der Zusammenhang enthält hier eine All-Aussage, die durch eine Division ausdrückbar ist:

$$\pi_{\text{Patient,ArtPro}}(\text{BEH}) \text{ / möglich} \qquad \text{mit} \qquad \text{möglich} =$$

ArtPro
labor
röntgen

Für eine Formalisierung im Relationenkalkül sei `MÖGLICH(ArtPro)` ein Relationensymbol für die konstante Relation `möglich`. Dann kann der gewünschte Zusammenhang wie folgt ausgedrückt werden:

$$(\forall v_{\text{ArtPro}})$$
$$[\neg \text{MÖGLICH}(\text{ArtPro} : v_{\text{ArtPro}})$$
$$\vee (\exists v_{\text{Arzt}}) \text{ BEH}(\text{Patient}: v_{\text{Patient}}, \text{Arzt}: v_{\text{Arzt}}, \text{ArtPro}: v_{\text{ArtPro}})]$$

Schritt 3:   entfällt hier, weil der Zweck sich auf das allein übriggebliebene Attribut `Patient` bezieht.

Schritt 4:   Da der Divisor `möglich` in diesem Fall als konstante Relation bekannt ist (und nicht erst durch eine Anfrage ausgerechnet werden muß), kann die All-Aussage schon vom Benutzer in eine Und-Aussage umgewandelt werden:

$$\pi_{\text{Patient}}(\sigma_{\text{ArtPro=labor}}(\text{BEH})) \bowtie \pi_{\text{Patient}}(\sigma_{\text{ArtPro=röntgen}}(\text{BEH}))$$

8.5 Zusammenfassung

Wir haben wieder Teile des in Kapitel 5 vorgestellten Begriffsgerüsts für die Modellierung zusammengefügt mit in Kapitel 6 vorgestellten Grundbegriffen aus Logik und Mengenlehre, um eine formale Sprache zur Definition von Schemas, Anfragen und Änderungen auf einer *abstrakten* Ebene zu *erfinden*, dieses Mal für das relationale Datenmodell. Im schichtenmäßigen Aufbau eines Rechensystems bilden Relationen und die auf ihnen definierten Operationen eine erfolgreiche *Abstraktion* von Dateien, Listen, Bäumen usw. und den auf solchen Datenstrukturen ausführbaren Operationen.

Schwerpunkt der entwickelten *Theorie* sind Sprachen für relationale Anfragen. Indem wir die Gleichmächtigkeit von Relationenkalkül und Relationenalgebra – oder anders ausgedrückt die Korrektheit und Vollständigkeit der operationalen Relationenalgebra in bezug auf den deklarativen Relationenkalkül – beweisen, gelingt wieder ein wichtiger Schritt zur *Verwirklichung* der deklarativen Fassung des relationalen Datenmodells. Die grundlegenden Eigenschaften der relationalen Operationen, insbesondere die algebraischen Eigenschaften bilden die *theoretische* Grundlage für die *Verwirklichung* einzelner und zusammengesetzter Operationen einschließlich der in Kapitel 14 näher zu untersuchenden Optimierung.

Die Mächtigkeit von Relationenalgebra bzw. Relationenkalkül wird durch den Definierbarkeitssatz *theoretisch* charakterisiert, wodurch die *Erfindung* der relationalen Sprache in Beziehung gesetzt wird zur Erfindung der LOGODAT-Sprachen: Der rekursive Gebrauch von Relationensymbolen in LOGODAT erlaubt relationale Anfragen, die in der Relationenalgebra nicht ausdrückbar sind, zum Beispiel die transitive Hülle; die Operation des Komplements in der Relationenalgebra erlaubt nichtmonotone Anfragen, die in LOGODAT nicht ausdrückbar sind.

Schließlich zeigen die Beispiele wieder, wie die erfundenen Sprachen für den *Entwurf* eines Einsatzes *benutzt* werden können.

paradigm formale Sprache	theory	abstraction	design
erfinden	●	●	
verwirklichen	●		
benutzen			●

8.6 Bibliographische Hinweise

In seinen einflußreichen Schriften [Co 70, Co 72a, Co 72b] führt E.F. Codd das relationale Datenmodell als zukünftig für Datenbanksysteme zu benutzende Abstraktion ein und entwickelt bereits die Grundzüge seiner Theorie.

Diese Arbeiten stellen einen Ausgangspunkt für die Entfaltung einer reichhaltigen Theorie, einer Vielzahl von Verwirklichungen und einer Fülle von Erweiterungen dar. Umfassende Darstellungen der Theorie sind von D.Maier [Mai 83], J. Paredaens et al. [PaDGV 89], P. Kandzia und H.-J. Klein [KaKl 93], P. Atzeni und V. DeAntonellis [AtDe 93], sowie J.D. Ullman [Ul 88, 89] und G. Vossen [Vo 94, 91a] angefertigt. Frühe prototypische Verwirklichungen, das System/R und Ingres, werden von M.M. Astrahan [AsBC 76] bzw. M. Stonebraker [St 86] beschrieben. Eine schon etwas ältere Übersicht über Verwirklichungen geben J.W. Schmidt und M.L. Brodie [SchBr 83]; der jetzige Stand ist kaum vollständig übersehbar. Auch die Erweiterungen und Abänderungen sind noch kaum übersehbar, so daß hier neben den schon aufgeführten Lehrbüchern und Monographien nur noch die Arbeiten [Co 79, Co 82] von E.F. Codd genannt seien.

Abschließend geben wir noch Quellen einiger Einzelergebnisse an: Der Begriff einer "relationalen Anfrage" wird von A.K. Chandra und D. Harel eingeführt [ChHa 80]. A. Aho und J.D. Ullman [AhUl 79] beweisen, daß die transitive Hülle nicht in der Relationenalgebra ausdrückbar ist. Der Definierbarkeitssatz für die Prädikatenlogik geht auf E.W. Beth zurück (siehe Lehrbücher über Mathematische Logik) und wird für das relationale Datenmodell von J. Paradaens [Pa 78] und F. Bancilhon [Ba 78] wiederentdeckt.

9 Beispiele für verwirklichte relationale Sprachen : SQL und QBE

In Abschnitt 8.3 haben wir die Relationenalgebra und einen werteorientierten Relationenkalkül als Muster für relationale Anfragesprachen eingeführt. Ferner haben wir nachgewiesen, daß der negationsfreie Universums-unabhängige Teil dieser Sprachen auch durch LOGODAT-Anfragen ausgedrückt werden kann. Die dortige Darstellung dient vorrangig der Theorie. In diesem Kapitel sollen nun zwei als kommerzielle Produkte tatsächlich verwirklichte relationale Anfragesprachen vorgestellt werden: SQL und QBE. Beide Sprachen sind eigentlich sehr umfangreiche volle *Datenbanksprachen*, d.h. sie enthalten Teilsprachen für die Vereinbarung von Datenbankschemas (Datendefinitionssprache) und für Anfragen und Änderungen (Datenmanipulationssprache). Wir behandeln hier jeweils nur einen kleinen Ausschnitt, mit dem der grundsätzliche Aufbau der Sprache gezeigt werden soll.

9.1 Structured Query Language

Die *Structured Query Language*, SQL, ist eine inzwischen vom *American National Standards* Institute, ANSI, genormte Datenbanksprache. Sie enthält eine Teilsprache, die eine relationale Anfragesprache im Sinne von Kapitel 8 ist. Diese Teilsprache zusammen mit einigen im vollen SQL vorkommenden Ergänzungen bezeichnen wir im folgenden wieder mit SQL.

SQL ist eine Mischung von *tupel*orientierten Relationen*kalkül* mit einigen *algebraischen* Elementen, angereichert durch *arithmetische* und *textverarbeitende* Elemente. Der *Kalkülteil* erlaubt im wesentlichen, das folgende Dreischrittverfahren auszudrücken, wobei wir jeweils zunächst die beabsichtigte Semantik und dann die dafür in SQL benutzten syntaktischen Mittel vorstellen:

1. Semantik: erzeuge alle Kombinationen von Tupeln μ_1 aus $R_1,...,\mu_k$ aus R_k (wobei die R_i nicht notwendig verschieden sein müssen);

    Syntax: binde Tupelvariable μ_1 an Relationensymbol $R_1,...,$Tupelvariable μ_k an Relationensymbol R_k;

2. Semantik: wähle diejenigen Kombinationen aus, für die eine Formel Φ mit Prädikatenzeichen für Komponentenvergleiche wie = oder $\neq$ gültig ist;

    Syntax: setze aus Tupelvariablen und passenden Attributen gebildete Attributterme der Form $\mu.A$ in aussagenlogische Kombination von Prädikatenzeichen für Vergleiche von Werten ein;

3. Semantik: liefere dann die Komponenten $\mu_{i1}(A_1),...,\mu_{i1}(A_1)$ dieser Kombinationen;

    Syntax: bilde Liste der diese Komponenten bezeichnenden Attributterme $\mu_{i1}.A_1,...,\mu_{i1}.A_1$.

Algebraisch würde man dieses Dreischrittverfahren bezeichnen durch

$$\pi_{\{R_{i1}.A_1,\,...,\,R_{i1}.A_1\}}\ (\sigma_\Phi\ (R_1 \times ... \times R_k)).$$

In der SQL-Syntax wird

Teil 1	durch das Schlüsselwort FROM eingeleitet,
Teil 2	durch das Schlüsselwort WHERE eingeleitet,
Teil 3	vorangestellt und durch das Schlüsselwort SELECT (eigentlich wäre PROJECT angebracht) eingeleitet.

Der entsprechende SQL-Ausdruck hat dann folgendes Aussehen:

```
SELECT DISTINCT  μi1.A1,...,μi1.A1
   FROM  R1 μ1,...,Rk μk
      WHERE Φ
```

Dabei sind folgende Vereinfachungen erlaubt:

- Anstatt in der FROM-Klausel durch "$R_i\ \mu_i$" eine Tupelvariable μ_i an das Relationensymbol R_i zu binden, darf man in der SELECT- und der WHERE-Klausel das Relationensymbol selbst wie eine Tupelvariable benutzen und die entsprechende Bindung "$R_i\ R_i$" zu "R_i" abkürzen.

- Anstatt eine Komponente $\mu(A)$ durch den entsprechenden vollständigen Attributterm $\mu.A$ zu bezeichnen, darf man auch nur das Attribut A verwenden, wenn entsprechend der FROM-Klausel und des Datenbankschemas die fehlende Tupelvariable eindeutig in Form eines Relationensymbols ergänzt werden kann.

- Enthält die Attributtermliste in der SELECT-Klausel alle entsprechend der FROM-Klausel bildbaren Attributterme, so kann sie durch * abgekürzt werden.

Beispiel: Wir betrachten wieder das schon in Kapitel 8 benutzte relationale Datenbankschema für den stark vereinfachten Ausschnitt einer Arztpraxis. Dieses Schema enthält die Vereinbarungen

```
< PERSON   I {Name, Geschlecht} I >,
< BEH      I {Patient, Arzt, ArtPro} I > und
< ELT      I {Name, Eltern} I >,
```

die man zusammen mit dem semantischen Bereichsnamen Mensch für die Attribute Name, Patient, Arzt und Eltern durch den Hypergraphen aus Bild 9.1 (Wiederholung von Bild 8.2) veranschaulichen kann.

Für den Anfragewunsch "Bestimme für das Kind theresia ihr Geschlecht und ihre Eltern!" haben wir in Abschnitt 8.3 schon einen Ausdruck der Relationenalgebra kennengelernt:

$$\sigma_{Name=theresia}\ (PERSON \bowtie ELT).$$

Eine entsprechende SQL-Anfrage lautet:

```
SELECT DISTINCT  *
   FROM PERSON, ELT
      WHERE PERSON.Name = ELT.Name
         AND PERSON.Name = 'theresia'
```

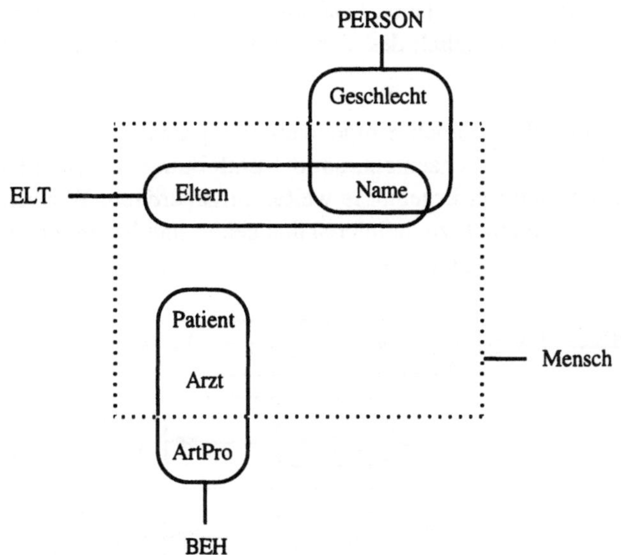

Bild 9.1 Hypergraph zum relationalen Datenbankschema für vereinfachte Arztpraxis

Für den Anfragewunsch "Bestimme alle Ärzte, die weibliche Patienten behandeln!"
haben wir in Abschnitt 8.3 unter anderem den folgenden Ausdruck der Relationenalgebra
gebildet:

$$\pi_{\text{Arzt}} \left(\sigma_{\text{Geschlecht=weib}} \left(\sigma_{\text{Patient=Name}} \left(\text{BEH} \bowtie \text{PERSON} \right) \right) \right).$$

Eine entsprechende SQL-Anfrage lautet:

```
SELECT DISTINCT Arzt
   FROM BEH, PERSON
      WHERE BEH.Patient = PERSON.Name
         AND PERSON.Geschlecht = 'weib'
```

Der Anfragewunsch "Bestimme die Großeltern des Kindes `theresia`!" kann durch
folgende SQL-Anfrage ausgedrückt werden, in der die Tupelvariable GRAD1 die Eltern
von `theresia` und die Tupelvariable GRAD2 die Eltern von Theresias Eltern erfaßt:

```
SELECT GRAD2.Eltern
   FROM ELT GRAD1, ELT GRAD2
      WHERE GRAD1.Eltern = GRAD2.Name
         AND GRAD1.Name = 'theresia'
```

Allgemein ist die Syntax des *Kalkülteils* wie in Bild 9.2a,b verkürzt gezeigt aufgebaut.
Der *algebraische* Teil erlaubt durch den Kalkülteil gebildete Ergebnisse
mengentheoretisch zu verknüpfen (Bild 9.3). Der *arithmetische* Teil erlaubt, die vier
Grundrechenarten mitsamt den arithmetischen Vergleichsoperationen und in der
kommerziellen Datenverarbeitung häufig benötigte Aggregatfunktionen wie
Durchschnitt, Summe, Maximum, Minimum, Anzahl innerhalb von SQL zu benutzen.

Der *textverarbeitende* Teil erlaubt, Konstantenzeichen als nichtatomare Zeichenfolgen zu behandeln, die man bezüglich des Vorkommens von Teilworten testen, konkatenieren usw. kann.

Darüber hinaus gibt es noch einige weitere Sprachmittel, insbesondere um SQL-Anfragen ineinander zu schachteln, um die Entfernung von Duplikaten in Ergebnissen zu unterdrücken und um Ergebnisse weiter aufzubereiten. Wir verzichten darauf, die genaue Semantik von SQL zu definieren und geben stattdessen nur an, wie grundlegende relationale Anfragen in SQL ausgedrückt werden können.

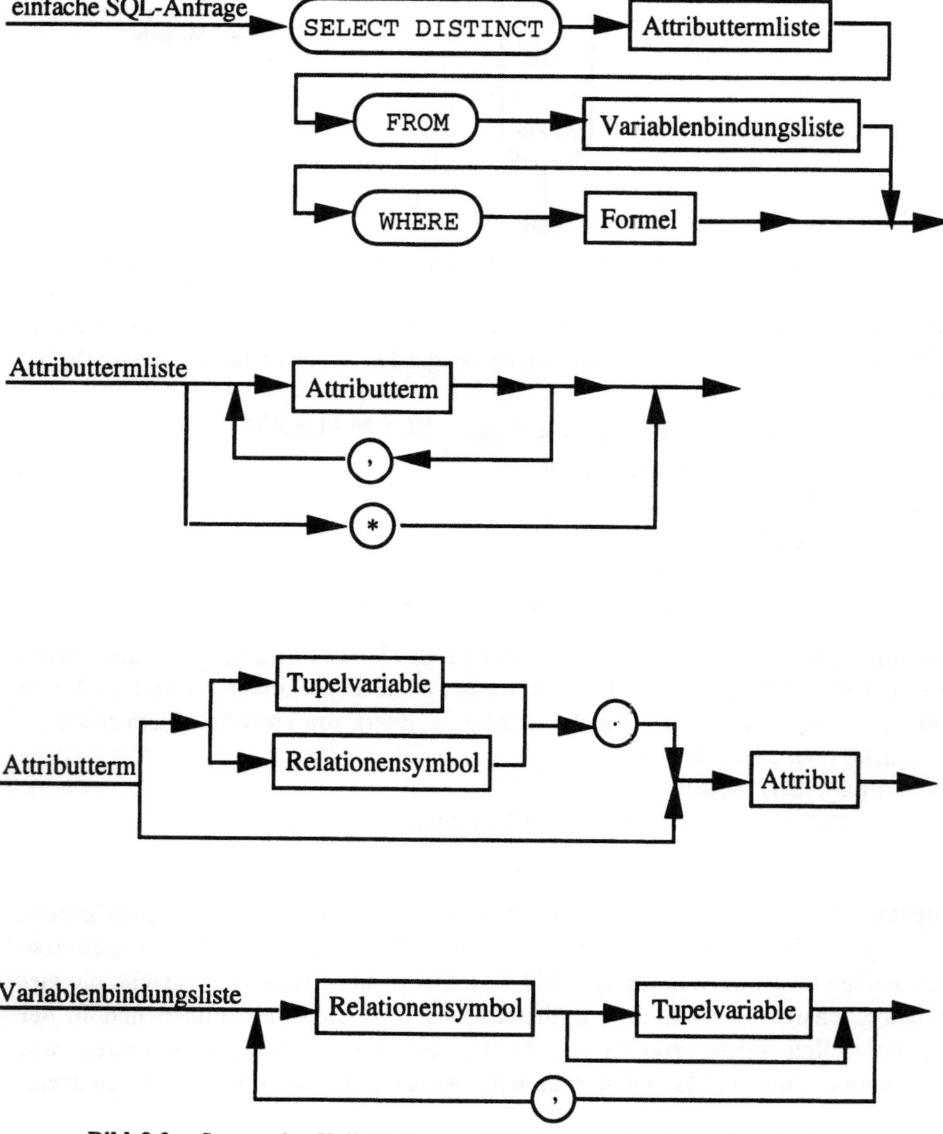

Bild 9.2a Syntax des Kalkülteils von SQL (verkürzt): allgemeiner Aufbau

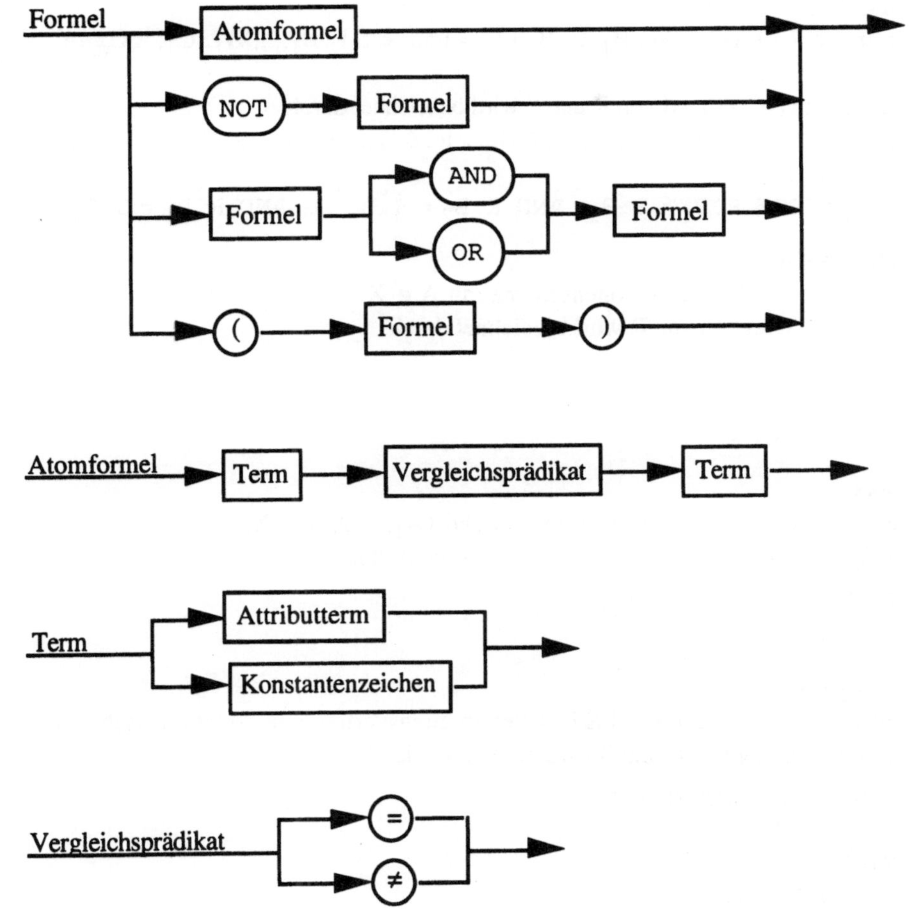

Bild 9.2b Syntax des Kalkülteils von SQL (verkürzt): Formeln

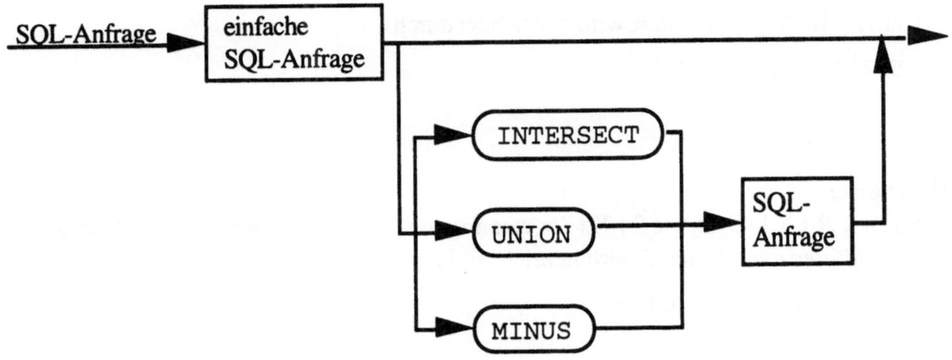

Bild 9.3 Syntax des algebraischen Teils von SQL (verkürzt)

Natürlicher Verbund:

Seien $< R \mid \{A_1,..., A_k, B_1,..., B_l\} \mid \quad >$ und $< S \mid \{B_1,..., B_l, C_1,...,C_m\} \mid \quad >$ zwei Relationenschemas.

Der natürliche Verbund von R und S wird bezeichnet durch

```
SELECT DISTINCT R.A1,...,R.Ak, R.B1,...,R.B1, S.C1,...,S.Cm
   FROM R, S
      WHERE R.B1 = S.B1  AND R.B2 = S.B2 ... AND R.B1 = S.B1.
```

A=c-Selektion:

Sei $< R \mid X \mid \quad >$ ein Relationenschema mit $A \in X$.

Die $A = c$-Selektion von R wird bezeichnet durch

```
SELECT DISTINCT *
   FROM R
      WHERE A = 'c'.
```

Projektion:

Sei $< R \mid X \mid \quad >$ ein Relationenschema und $\{A_1,..., A_k\} \subset X$.

Die Projektion von R auf $\{A_1,..., A_k\}$ wird bezeichnet durch

```
SELECT DISTINCT A1,...,Ak
   FROM R.
```

Vereinigung:

Seien $< R \mid X \mid \quad >$ und $< S \mid X \mid \quad >$ vereinigungsverträgliche Relationenschemas.

Die Vereinigung von R und S wird bezeichnet durch

```
   SELECT DISTINCT *
      FROM R
UNION
   SELECT DISTINCT *
      FROM S.
```

A=B-Vergleich:

Sei $< R \mid X \mid \quad >$ ein Relationenschema mit $\{A, B\} \subset X$.

Der $A = B$-Vergleich von R wird bezeichnet durch

```
SELECT DISTINCT *
   FROM R
      WHERE A = B.
```

Differenz:

Seien $< R \mid X \mid \quad >$ und $< S \mid X \mid \quad >$ vereinigungsverträgliche Relationenschemas.

Die Differenz von R und S wird bezeichnet durch

```
   SELECT DISTINCT *
      FROM R
MINUS
   SELECT DISTINCT *
      FROM S.
```

9.2 Query-by-Example

9.2.1 Sprachmittel von Query-by-Example

*Query-by-E*xample, QBE, ist eine von der Firma IBM, Yorktown Heights, im Rahmen
eines Projekts zur Büroautomation entworfene Datenbanksprache. Sie enthält eine
Teilsprache, die eine relationale Anfragesprache im Sinne von Kapitel 8 ist. Diese
Teilsprache zusammen mit einigen im vollen QBE vorkommenden Ergänzungen
bezeichnen wir im folgenden wieder mit QBE. QBE ist im Kern ein *werte*orientierter
Relationen*kalkül*, der für sogenannte "gelegentliche", im Umgang mit mathematischer
Logik ungeübte Benutzer (casual users) für die Verwendung am Bildschirm graphisch
aufbereitet wurde. Dazu bedient sich QBE der folgenden Sprachmittel.

- **Tabellengerüst**: ein Relationenschema $< R \mid \{A_1,..., A_k\} \mid \;>$ wird auf dem
  Bildschirm dargestellt als Tabellengerüst:

$$
\begin{array}{|c|c|c|c|c|}
\hline
R & A_1 & A_2 & \cdots & A_k \\
\hline
 & & & & \\
 & & & & \\
\hline
\end{array}
$$

- **Beispiele**: In das Tabellengerüst kann man eine Zeile $(a_1,..., a_k)$ eintragen, wobei
  a_i eine als "Beispiel" gedeutete *Individuenvariable* oder ein *Konstantenzeichen* sein
  kann. Solch eine Zeile beschreibt dann "beispielhaft" das zu betrachtende (Zwischen-)
  Ergebnis: es sollen **alle** Tupel aus der Instanz r zu R geliefert werden, die wie die
  Zeile aufgebaut sind.

- **Operatoren**: der Operator P. (für print) wird vor solche Einträge geschrieben, die in
  der endgültigen Ausgabe sichtbar werden sollen.
  Für Änderungsoperationen sind die Operatoren
    I.   (insert),
    D.   (delete)
    U.   (update)
  entsprechend verwendbar.
  Steht der Operator P. vor einer Individuenvariable, so wird dieses Vorkommen der
  Variablen als freies Vorkommen gedeutet; alle anderen Vorkommen von Variablen
  werden als existentiell gebunden angesehen.

- **Tableaus**: ein mit "Beispielen", Konstantenzeichen und Operatoren versehenes
  Tabellengerüst nennen wir ein *Tableau*.

Im folgenden sollen zwei typische Bildschirmdialoge für die Arztpraxisdatenbank
wiedergegeben werden.

Beispiel 1: Der Benutzer möchte alle Patienten mit behandelndem Arzt der
vorgenommenen Röntgenbehandlungen wissen.

Benutzer: drückt Taste zur Erzeugung eines leeren Tabellengerüsts.
System: erzeugt ein leeres Tabellengerüst auf dem Bildschirm:

Benutzer: schreibt Relationensymbol des benötigten Relationenschemas in das hierfür vorgesehene Feld; schreibt P. vor die noch leere Attributzeile (Spaltenüberschriften):

BEH	P.			

System: setzt entsprechend dem vereinbarten Datenbankschema die zum Relationensymbol BEH gehörenden Attribute in das Tabellengerüst ein:

BEH	Patient	Arzt	ArtPro

Benutzer: trägt eine "Beispielantwort" in das Tabellengerüst ein, wobei Ausgabeterme durch ein vorangestelltes P. bezeichnet werden; als Individuenvariable verwendete Worte werden durch Unterstreichen von als Konstantenzeichen verwendeten Worten unterschieden:

BEH	Patient	Arzt	ArtPro
	P. <u>xyz</u>	P. <u>Müller</u>	röntgen

System: erzeugt Antwortrelation; liegt etwa die in Bild 8.4 gegebene Instanz vor, so erscheint auf dem Bildschirm:

Patient	Arzt
maria	gerda
theresia	josef

In diesem Beispiel ist die Semantik des Tableaus äquivalent zur Semantik der folgenden Ausdrücke:

a. aus der (um Sprachmittel für die A=c-Selektion erweiterten) Relationenalgebra:

$$\pi_{\{Patient, Arzt\}} \; (\sigma_{ArtPro=röntgen} \; (BEH));$$

b. aus dem (um Sprachmittel für Konstantenzeichen erweiterten) Relationenkalkül:

$$(\exists v_{ArtPro}) \; (BEH (\; Patient : \; v_{Patient},$$
$$Arzt : \; v_{Arzt},$$
$$ArtPro : \; v_{ArtPro} \;) \wedge v_{ArtPro} = röntgen \;);$$

c. aus SQL:

```
SELECT DISTINCT Patient, Arzt
   FROM BEH
      WHERE ArtPro = 'röntgen'.
```

Beispiel 2: Der Benutzer möchte alle weibliche Patienten behandelnden Ärzte wissen.

Benutzer: drückt Taste zur Erzeugung eines leeren Tabellengerüsts zweimal.

System: erzeugt zwei leere Tabellengerüste auf dem Bildschirm:

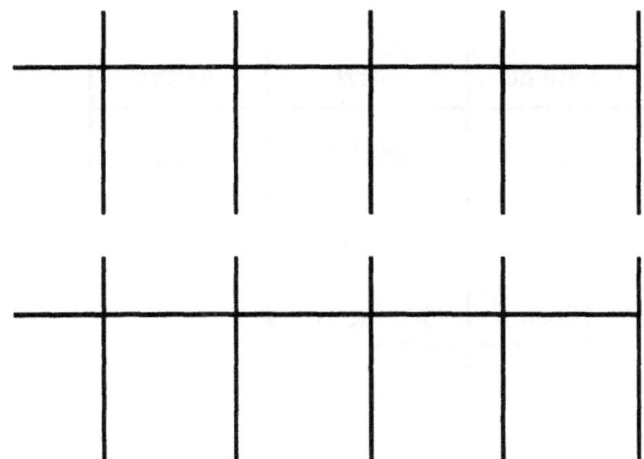

Benutzer: schreibt jeweils das Relationensymbol des benötigten Relationenschemas in das hierfür vorgesehene Feld und schreibt jeweils P. vor die noch leere Attributzeile (Spaltenüberschriften):

PERSON P.				

BEH P.				

System: setzt entsprechend dem vereinbarten Datenbankschema die zu den Relationensymbolen gehörenden Attribute in das Tabellengerüst ein:

BEH	Patient	Arzt	ArtPro

PERSON	Name	Geschlecht

Benutzer: trägt eine "Beispielantwort" in das Tabellengerüst ein, wobei Ausgabeterme durch ein vorangestelltes P. bezeichnet werden und die Verbundbedingungen durch sogenannte Verbindungsvariablen (link variables) ausgedrückt werden:

BEH	Patient	Arzt	ArtPro
	xyz	P. Müller	egal

PERSON	Name	Geschlecht
	xyz	weib

System: erzeugt Antwortrelation; bei der in Bild 8.4 gegebenen Instanz erscheint auf dem Bildschirm:

Arzt
gerda
josef

In diesem Beispiel ist die Semantik der Tableaumenge äquivalent zur Semantik der folgenden Ausdrücke:

a. aus der (erweiterten) Relationenalgebra:

$$\pi_{Arzt} \left(\sigma_{Geschlecht=weib} \left(\sigma_{Patient=Name} \left(BEH \bowtie PERSON \right) \right) \right);$$

b. aus dem (erweiterten) Relationenkalkül:

$(\exists\ v_{Patient})\ (\exists\ v_{ArtPro})\ (\exists\ v_{Name})\ (\exists\ v_{Geschlecht})$

$[\quad$ BEH $\quad($ Patient : $v_{Patient},$

$\qquad\qquad\qquad$ Arzt : $\qquad v_{Arzt},$

$\qquad\qquad\qquad$ ArtPro : $\quad v_{ArtPro}\ )$

$\wedge$ PERSON $($ Name : $\qquad v_{Name},$

$\qquad\qquad\qquad$ Geschlecht : $v_{Geschlecht}\ )$

$\wedge\ (v_{Patient} = v_{Name})$

$\wedge\ (v_{Geschlecht} = weib)\quad]\ ;$

c. aus SQL:

```
SELECT DISTINCT Arzt
   FROM BEH, PERSON
      WHERE BEH.Patient = PERSON.Name
         AND PERSON.Geschlecht = 'weib'.
```

Die Gegenüberstellung der äquivalenten Ausdrücke aus den verschiedenen Sprachen soll insbesondere deutlich machen, welche Sprachmittel jeweils einander entsprechen. Dabei zeigt sich insbesondere, daß diese Sprachen trotz der äußerlichen Unterschiede im Kern doch recht ähnlich sind.

9.2.2 Übersetzung von Tableaus in SQL

Wir wollen nun ansatzweise zeigen, wie Tableaus in SQL übersetzt werden können. Ein Tableau T für ein Relationenschema $<$ R I U I $\quad>$ mit U $= \{A_1,..., A_k\}$ und Zeilenindexmenge E hat folgendes Aussehen:

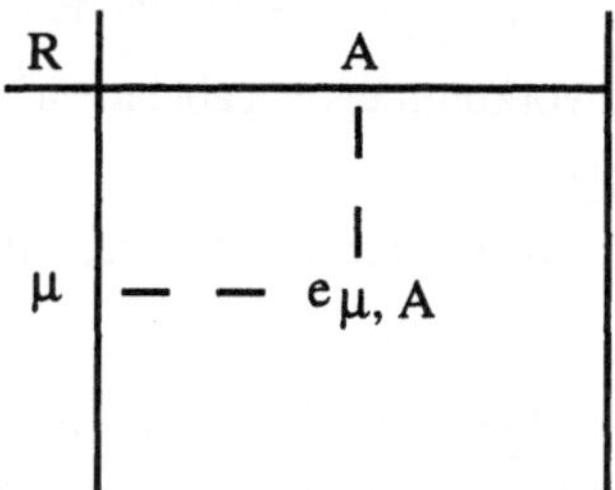

Die Syntax eines Eintrags $e_{\mu,A}$ wird durch Bild 9.4 beschrieben. Tableauvariable seien unterscheidbar von Konstantenzeichen und SQL-Attributtermen der Form $\mu.A$. Ein Eintrag heißt *normalisiert*, wenn weder der Vergleichsoperator noch der Tableauterm fehlt. Ein nichtnormalisierter Eintrag kann *normalisiert werden*, indem

für einen fehlenden Vergleichsoperator $=$ eingesetzt wird,
für einen fehlenden Tableauterm eine neue Tableauvariable eingesetzt wird.

Im folgenden setzen wir voraus, daß alle Einträge normalisiert sind. Ferner fordern wir als syntaktische Nebenbedingung, daß jede vorkommende Tableauvariable "verankert" wird, indem sie in mindestens einem Eintrag mit dem Gleichheitsoperator auftritt.

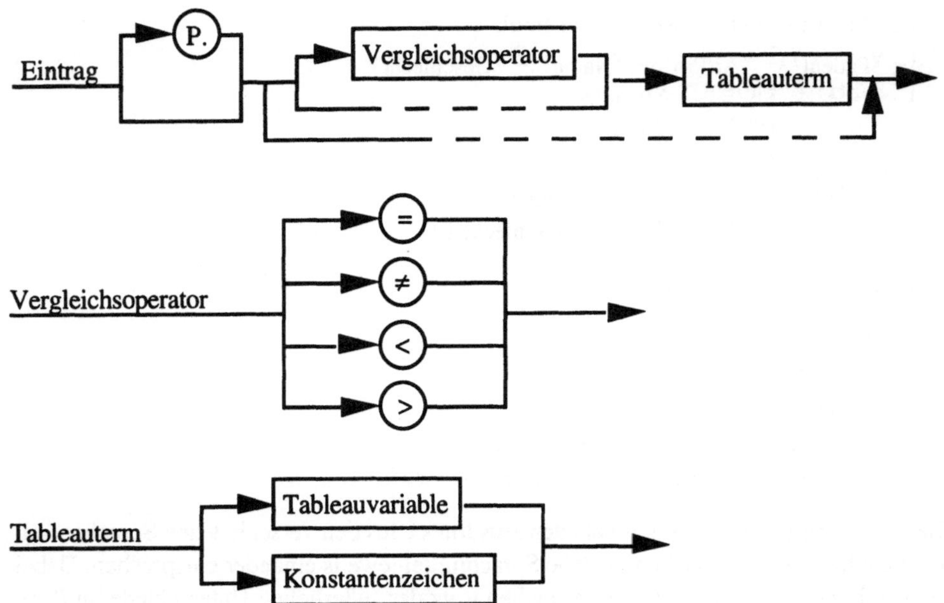

Bild 9.4 Syntax von Einträgen in einem Tableau

Wir bestimmen dann folgende Hilfsgrößen:

PosPrint := { (μ,A) | Eintrag $e_{\mu,A}$ enthält Operator P. };

$vop : E \times U \rightarrow \{ =, \neq, <, > \}$,
vop (μ, A) liefert den im Eintrag $e_{\mu,A}$ vorkommenden Vergleichsoperator;

$term : E \times U \rightarrow$ Menge der Terme,
term (μ, A) liefert den im Eintrag $e_{\mu,A}$ vorkommenden Term;

Var := { v | v ist im Tableau vorkommende Tableauvariable };

anker : Var $\rightarrow$ Menge der SQL-Attributterme,
anker (v) liefert einen SQL-Attributterm $\mu.A$ derart, daß der Eintrag $e_{\mu,A}$ von der Form "P.=v" oder "=v" ist.

Ersetzt man dann in der folgenden Zeichenkette jedes Vorkommen einer Tableauvariablen v durch anker (v), so erhält man eine SQL-Anfrage, deren Formel im allgemeinen noch durch Weglassen von Teilen der Form $\mu.A = \mu.A$ vereinfacht werden kann.

$$\text{SELECT DISTINCT} \quad \underset{(\mu, A) \in \text{ PosPrint}}{\text{\textbf{LIST}}} \quad \mu.A$$

$$\text{FROM} \quad \underset{\mu \in E}{\text{\textbf{LIST}}} \ R \ \mu$$

$$\text{WHERE} \quad \underset{(\mu, A) \in E \times U}{\text{\textbf{AND}}} \quad \mu.A \quad vop (\mu, A) \quad term (\mu, A)$$

Beispiel: Wir betrachten das folgende Tableau mit U = {A, B, C} und E = {α, β, γ}:

R	A	B	C
α	P. $\underline{x}$	$\underline{y}$	$\underline{z}$
β	$\underline{y}$		>1
γ	$\underline{y}$		<10

Die normalisierte Form lautet:

R	A	B	C
α	P. = $\underline{x}$	= $\underline{y}$	= $\underline{z}$
β	= $\underline{y}$	= $\underline{u}$	>1
γ	= $\underline{y}$	= $\underline{v}$	<10

Die oben definierten Hilfsgrößen ergeben sich wie folgt:

PosPrint = { (α, A) }
Var = { $\underline{x}$, $\underline{y}$, $\underline{z}$, $\underline{u}$, $\underline{v}$ }
anker ($\underline{x}$) = α.A
anker ($\underline{y}$) = α.B
anker ($\underline{z}$) = α.C
anker ($\underline{u}$) = β.B
anker ($\underline{v}$) = γ.B

Wir erhalten zunächst:

```
SELECT DISTINCT α.A
  FROM R α, R β, R γ
    WHERE α.A = x
    AND α.B = y
    AND α.C = z
    AND β.A = y
    AND β.B = u
    AND β.C > 1
    AND γ.A = y
    AND γ.B = v
    AND γ.C < 10
```

Ersetzt man nun die Tableauvariablen durch die Anker und vereinfacht man, so ergibt sich:

```
SELECT DISTINCT α.A
  FROM R α, R β, R γ
    WHERE β.A = α.B
    AND β.C > 1
    AND γ.A = α.B
    AND γ.C < 10
```

Die Verallgemeinerung auf Mengen von Tableaus sollte nun offensichtlich sein.

9.3 Zusammenfassung

SQL und QBE sind als kommerzielle Produkte tatsächlich *verwirklichte* relationale Anfragesprachen. SQL ist im wesentlichen eine Mischung von tupelorientiertem Relationenkalkül mit einigen algebraischen Elementen; QBE ist im Kern ein werteorientierter Relationenkalkül. Eine genaue *Theorie* über die Mächtigkeit von SQL und QBE kann entsprechend den Erläuterungen und Beispielen entwickelt werden. Diese Theorie liefert insbesondere Übersetzungen zwischen den verschiedenen Anfragesprachen. Die Beispiele zeigen wieder, wie die verwirklichten Sprachen für den *Entwurf* eines Einsatzes *benutzt* werden können.

paradigm formale Sprache	theory	abstraction	design
erfinden			
verwirklichen	●		
benutzen			●

9.4 Bibliographische Hinweise

Im Rahmen der frühen prototypischen Verwirklichung des relationalen Datenmodells durch das System / R wird eine SEQUEL genannte Datenbanksprache entwickelt, über die D.D. Chamberlin [ChAE 76] und M.M. Astrahan [AsBC 76] berichten. Das American National Standards Institute gibt in Zusammenarbeit mit der International Standards Organization Sprachbeschreibungen vom vollen SQL heraus [ANSI 86, ANSI 89]. Zu den inzwischen zahlreichen SQL (teilweise) verwirklichenden kommerziellen Produkten gibt es jeweils zugehörige Handbücher der Hersteller oder auch anderer Autoren, z.B. [Ora 90] und [VoWi 88].

M.M. Zloof [Zl 77, Zl 82] entwickelt QBE für ein Projekt zur Büroautomation. Im Rahmen von Ingres, einer zweiten frühen prototypischen und nunmehr auch kommerziell verfügbaren Verwirklichung des relationalen Datenmodells, wird von M. Stonebraker [StWKH 76, St 86] eine weitere bekannte relationale Datenbanksprache, QUEL, entworfen.

10 Algorithmen und Datenstrukturen für relationale Operationen

Zur Verwirklichung der grundlegenden relationalen Operationen benötigt man geeignete Algorithmen und Datenstrukturen. Diese müssen insbesondere ermöglichen, daß man die folgenden, im einleitenden Abschnitt 1.1 genannten Ziele erreichen kann:

- *große Mengen von Daten*
- *dauerhaft und*
- *effizient für Anfragen und Änderungen zu bearbeiten.*

10.1 Zugriffsstrukturen

Wir beginnen mit einer Vorüberlegung zur *Dauerhaftigkeit* und fassen dazu ein Tupel einer Instanz (zum vereinbarten Datenbankschema) als grundlegende Einheit auf. Solch ein Tupel kann zunächst auf zwei Weisen identifiziert werden:

- aus der *Sicht des Benutzers* durch seine *Schlüsselwerte*, d.h. die Werte solcher Attribute, von denen die restlichen funktional abhängen entsprechend der im Datenbankschema vereinbarten semantischen Bedingungen, insbesondere der funktionalen Abhängigkeiten;
- auf der Ebene der *Speichermedien* durch seine *Adresse.*

Die erste Art der Identifikation *ist* nicht dauerhaft, weil im Laufe einer Anwendung die Schlüsselwerte möglicherweise umgestaltet werden müssen (z.B. neue Hausnummern nach größeren Neubauvorhaben in einer Straße). Die zweite Art der Identifikation *soll* nicht dauerhaft sein, um mit dem vorhandenen Speicherplatz wirtschaftlich umgehen zu können und um unabhängig von der derzeitig benutzten Hardware zu bleiben. Deshalb führt man häufig künstlich eine dritte Weise ein:

- Auf der Ebene des *Datenbanksystems* wird ein Tupel durch einen sogenannten *Tupelidentifikator*, TID, identifiziert, der bei der erstmaligen Eingabe eines Tupels erzeugt wird, und zwar

  automatisch durch das System,

  im allgemeinen für den Benutzer unsichtbar,

  systemweit eindeutig,

  über die Zeit unveränderbar,

  mit dem eigentlichen Tupel stets "verbunden".

Während der *Lebensdauer* eines Tupels, d.h. in der Zeitspanne von der benutzergesteuerten Eingabe des Tupels bis zum benutzergesteuerten Entfernen des Tupels bleibt der Tupelidentifikator *dauerhaft* bestehen, insbesondere also auch bei benutzergesteuerten Änderungen der Schlüsselwerte, bei Verlagerungen innerhalb der Speichermedien, zwischen zwei Sitzungen eines Benutzers oder bei Systemzusammenbrüchen. Identifikation und Lebensdauer eines Tupels unterscheiden sich damit grundlegend von den entsprechenden Eigenschaften von Variablen in prozeduralen Programmiersprachen wie MODULA-2:

- *Lokale* Variablen leben vom Zeitpunkt eines Prozeduraufrufs bis zu dessen Beendigung und werden durch ihre Lage auf dem Laufzeitstack identifiziert.

- *Dynamische* Variablen leben vom Zeitpunkt ihrer ausdrücklichen Erzeugung (durch die Standardprozedur NEW) bis zu ihrer ausdrücklichen Entfernung (durch die Standardprozedur DISPOSE), längstens jedoch bis zur Beendigung der jeweiligen Programmausführung, und werden durch den bei ihrer Erzeugung zurückgelieferten Zeiger identifiziert.

Für die Dauerhaftigkeit muß man natürlich einen Preis zahlen: man benötigt ein Verfahren, mit dem man aus dem (dauerhaften) Tupelidentifikator eines jeden lebenden Tupels seine (derzeitige) Adresse bestimmen kann. Eine gängige Möglichkeit benutzt dafür (wünschenswerterweise hardware-unterstützte) Tabellen, etwa nach dem groben Muster aus Bild 10.1.

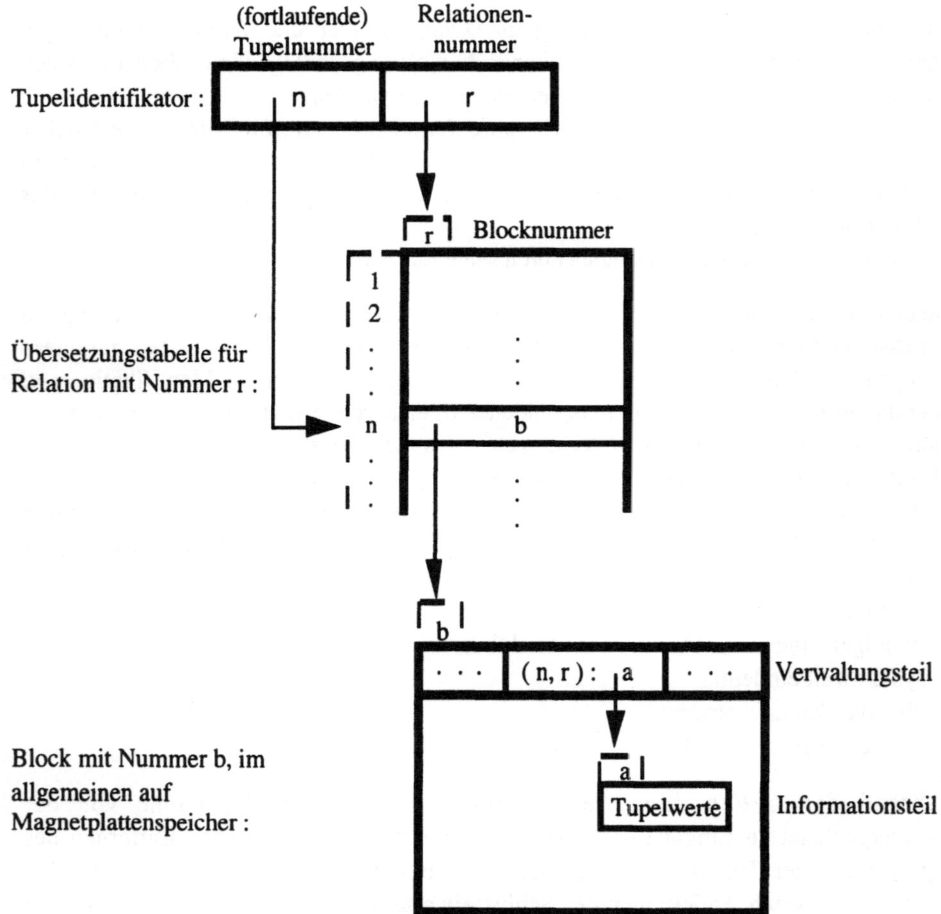

Bild 10.1 Grobes Muster für die Bestimmung von Adressen aus Tupelidentifikatoren

In diesem Muster besteht ein Tupelidentifikator aus einer Relationennummer r und einer für die jeweilige Relation fortlaufend vergebenen Tupelnummer n. Soll ein Zugriff auf das durch (n,r) identifizierte Tupel erfolgen, so wird r als Verweis auf eine für die Relation angelegte Übersetzungstabelle und n als Verweis auf einen Eintrag in dieser Tabelle benutzt. Dieser Eintrag b ist eine Blocknummer, die wieder als Verweis auf einen Block, der im allgemeinen auf einem Magnetplattenspeicher liegt, verwendet wird. Dieser Block besteht aus einem Verwaltungsteil und einem Informationsteil. Im Verwaltungsteil befindet sich dann ein Feld, das unter dem Tupelidentifikator (n,r) einen Verweis auf diejenige Adresse a im Block enthält, unter der die Tupelwerte abgespeichert sind.

Die *Effizienz* für Anfragen und Änderungen hängt nun zunächst entscheidend davon ab, wie schnell die drei Identifikationsgrößen von Tupeln, nämlich benutzersichtbare Schlüsselwerte, Tupelidentifikator und Speicheradresse, zueinander in Beziehung gesetzt werden können, d.h. genauer

- *[schlüsselbezogenes Suchen]*
  vom Aufwand der Umwandlung "benutzersichtbare Schlüsselwerte $\mapsto$ Tupelidentifikator" und
- *[physisches Suchen* und Transport]
  vom Aufwand der Umwandlung "Tupelidentifikator $\mapsto$ Speicheradresse",
  mitsamt gegebenenfalls Transport des Tupels vom Hintergrundspeicher in den Hauptspeicher.

Die *Effizienz* hängt zusätzlich davon ab, wie schnell Tupel bzw. Folgen (insbesondere Paare) von Tupeln aufgrund elementarer Eigenschaften ihrer Werte (Vergleich bezüglich Gleichheit oder Ungleichheit oder gegebenenfalls ergänzend auch Größenvergleich) aufgefunden werden können, etwa für die A=c-Selektion bzw. für den natürlichen Verbund, d.h.

- *[inhaltsbezogenes Suchen]*
  vom Aufwand der Bestimmung "(benutzersichtbare) Attributwerte $\mapsto$ Tupelidentifikator (bzw. direkt Speicheradresse)".

Schließlich müssen häufig alle Tupel einer Relation in einer wohlbestimmten Reihenfolge durchlaufen werden, d.h. die *Effizienz* hängt auch ab

- *[Relationendurchlauf]*
  vom Aufwand zum systematischen vollständigen Durchlauf einer Relation.

Um die Effizienzanforderungen beim schlüsselbezogenen und inhaltsbezogenen Suchen sowie beim Relationendurchlauf zu erreichen, verwendet man geeignete *Zugriffsstrukturen*, d.h. neben den eigentlichen Relationen mit ihren Tupeln (primäre Information) speichert man auch Hinweise zum Auffinden dieser Tupel (sekundäre Information). Die dadurch entstehende Redundanz vergrößert zwar den Speicheraufwand, verringert aber im Mittel erheblich den Zeitaufwand für Anfragen. Für Änderungen kann man dabei meistens folgendes erwarten. Der Zeitaufwand für das Einfügen erhöht sich, weil der Speicherplatz des neuen Tupels in Übereinstimmung mit bestehenden Hinweisen (zum Auffinden von Tupeln) gewählt werden muß, und diese Hinweise dann entsprechend der Einfügung ergänzt oder gar geändert werden müssen. Der Zeitaufwand für das Entfernen verringert sich, weil der Zeitgewinn beim Auffinden des zu entfernenden Tupels den Zeitverlust durch die Änderungen der Hinweise übersteigt.

Wir nehmen im folgenden an, daß der Leser mit Verkettungen, B*-Bäumen und Hash-Verfahren vertraut ist (siehe auch die Literaturhinweise in Abschnitt 10.4), und behandeln beispielhaft einige gängige Zugriffsstrukturen: *sequentielle Listen*, etwa durch Felder oder Verkettungen verwirklicht, zur Unterstützung von Relationendurchläufen; *Indexe*, etwa als B*-Bäume oder durch Hash-Verfahren verwirklicht, zur Unterstützung des Suchens in einer Relation; *Links* zur Unterstützung des gleichzeitigen Suchens in zwei oder mehreren Relationen.

Zur Erläuterung der Begriffe sei kurz der Aufbau eines *B*-Baumes* skizziert, mit dem ein *Index* für schlüsselbezogenes Suchen verwirklicht wird und gleichzeitig eine *sequentielle Liste* für einen systematischen Durchlauf der TIDs einer Relation bereitgestellt wird. Dabei nehmen wir an, daß auf der Domäne der Schlüsselwerte eine lineare Ordnung definiert ist.

Der B*-Baum ist ein teil-ausgeglichener, geordneter Baum, dessen Blätter alle die gleiche Höhe besitzen. Ein Blattknoten enthält eine geordnete Folge von Paaren

< (benutzersichtbarer) Schlüsselwert, TID >;

zusätzlich werden die Blattknoten untereinander doppelt verkettet; durchläuft man alle Blätter von links nach rechts, so erhält man die sortierte Folge (ohne Wiederholung) aller (derzeit) vorhandenen Schlüsselwerte. Ein Elternknoten enthält eine geordnete Folge der Art

Verweis auf Kind, Schlüsselwert, Verweis auf Kind,...,Schlüsselwert, Verweis auf Kind;

durchläuft man alle Knoten in inorder-ähnlicher Weise, so erhält man eine sortierte Folge (mit Wiederholung) aller (derzeit) vorhandenen Schlüsselwerte. Der Baum wächst von den Blättern zur Wurzel, indem ein voller Knoten geteilt wird und die entsprechenden Verweise im Elternknoten eingetragen werden. Die Größe eines Knotens ist im allgemeinen die für den Hintergrundspeicher verwendete Blockgröße. Sie beträgt meist 512, 1024 oder 2048 Bytes.

Beispiel: Eine Relation `mitglied` mit Schlüsselattribut `Name`, Eigenschaftsattribut `Ort` und gegebenenfalls weiteren Attributen werde eingegeben in der folgenden Reihenfolge:

    a. meier   dort   ...
    b. müller   boch   ...
    c. schmidt   bonn   ...
    d. esser   aach   ...
    e. biller   dort   ...
    f. brenner   dort   ...
    g. bauer   duis   ...

Die Relation `mitglied` habe die interne Nummer 2; fortlaufende Tupelnummern seien dezimal dreistellig. Ein Knoten kann höchstens 7 Einträge (Attributwert, TID oder Verweis) enthalten, wobei wir vereinfachend die Verweise zur Verkettung der Blattknoten nicht mitzählen. Dann ergibt sich die in Bild 10.2 gezeigte Folge von B*-Bäumen.

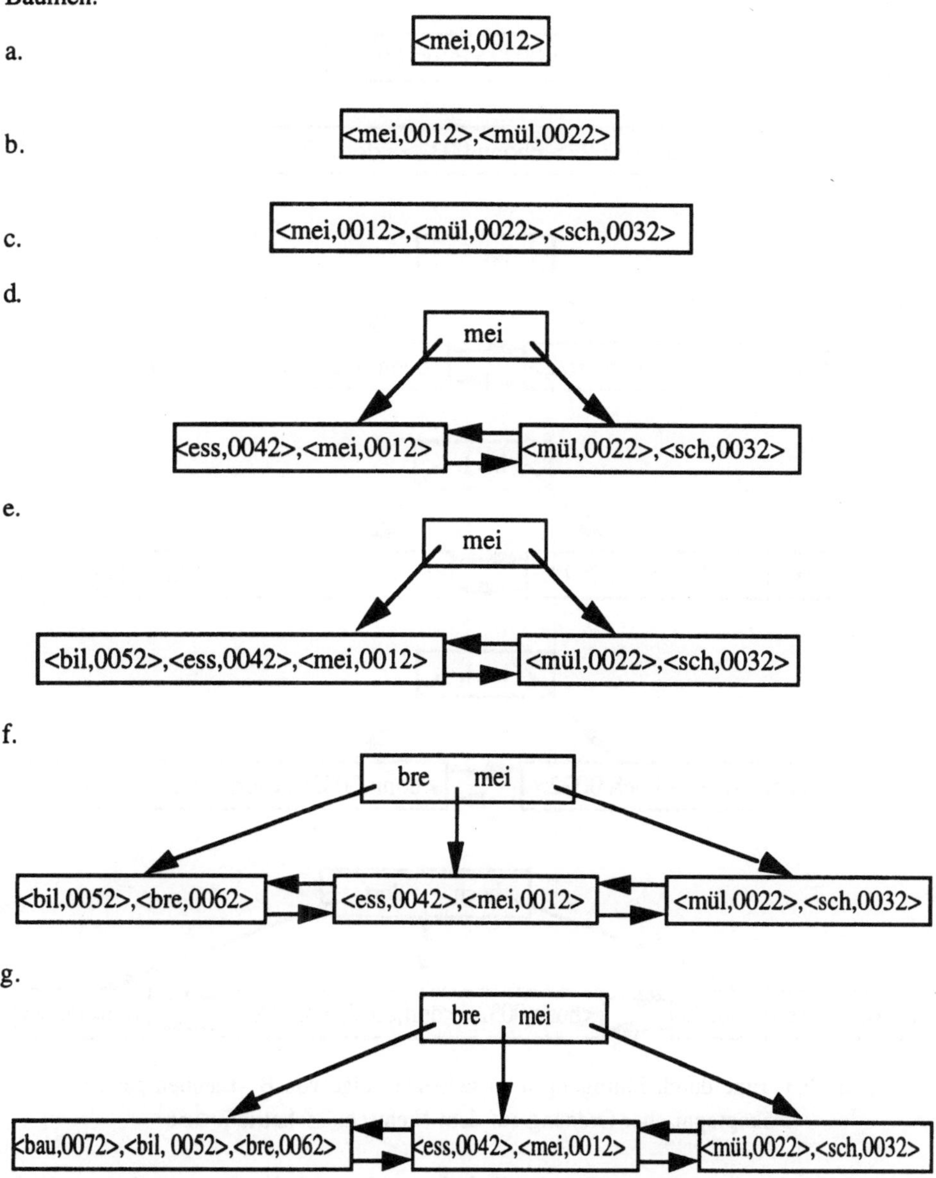

Bild 10.2 Eine durch Einfügungen entstehende Folge von B*-Bäumen gemäß lexikographischer Ordnung auf Schlüsselattribut Name

Wird der Index bezüglich eines Nichtschlüsselattributs, also zur Unterstützung inhaltsbezogener Suche, aufgebaut, so haben die Einträge in die Blattknoten die Form < (benutzersichtbarer) Attributwert, *Folge* von TIDs >.

Im Beispiel ergibt sich für die Ortsangaben die in Bild 10.3 gezeigte Folge von Bäumen.

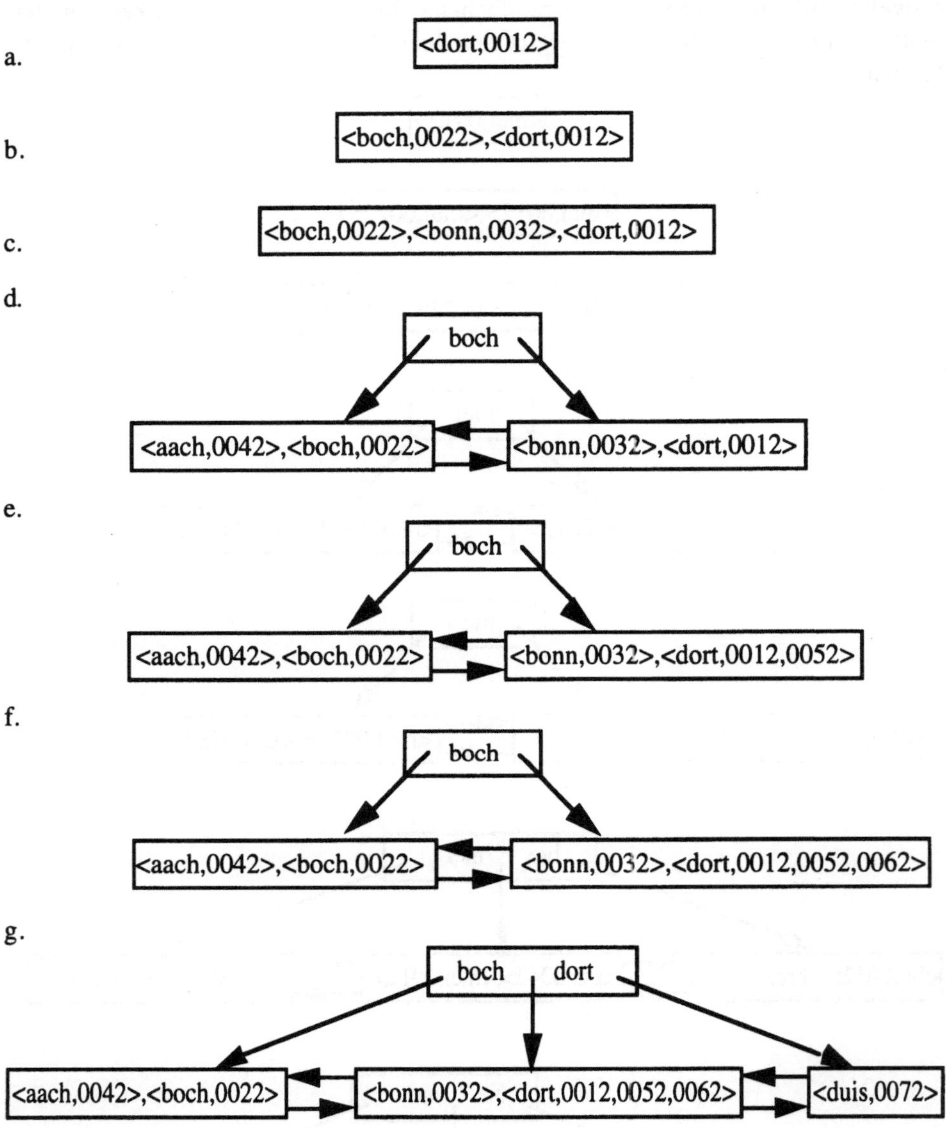

Bild 10.3   Eine durch Einfügungen entstehende Folge von B*-Bäumen gemäß lexikographischer Ordnung auf dem Nichtschlüsselattribut Ort

Es kann durchaus sinnvoll sein, für eine Relation mehrere Indexe zu unterhalten. Will man für zwei (oder analog für mehr) Relationen jeweils einen Index bezüglich der gleichen Domäne (Attribut) bereitstellen, so kann man einen *Link* erhalten, indem man einen B*-Baum mit Einträgen in die Blattknoten folgender Art aufbaut:

< (benutzersichtbarer) Attributwert;   Folge von TIDs für erste Relation;

Folge von TIDs für zweite Relation >

Manchmal kann es auch sinnvoll sein, in die Blätter die Tupel als Ganzes einzutragen (und gegebenenfalls sogar auf TIDs zu verzichten).

Beispiel: In einer zweiten Relation entfernung sollen die Weglängen von Hildesheim eingetragen werden. Einträge in Blattknoten erhalten die folgende Form:

< Stadtname; Folge von TIDs für mitglied; km-Angabe für entfernung >.

Die Relation entfernung sei gegeben durch

h.	dort	235
i.	boch	250
j.	bonn	366
k.	aach	398
l.	duis	287
m.	düss	308

Wir nehmen an, daß die Entfernungen in dieser Reihenfolge nachträglich eingegeben werden (und genauso viel Platz wie Namen und TIDs brauchen). Überlaufknoten für zu lange Einträge sollen möglichst vermieden werden. Dann ergibt sich der in Bild 10.4 gezeigte Baum.

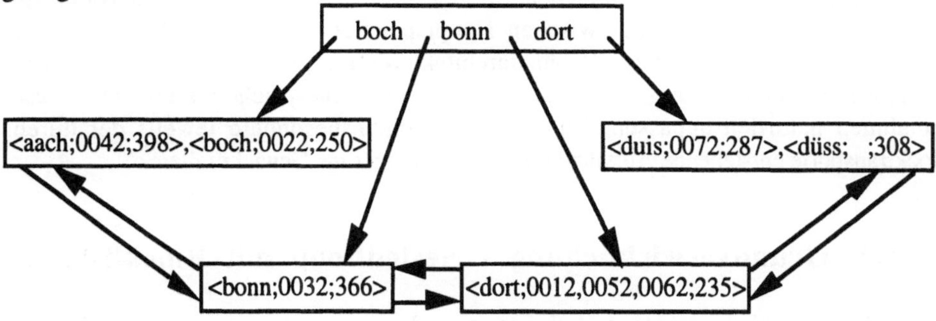

Bild 10.4 Ein gemeinsamer B*-Baum für die Relationen mitglied und entfernung gemäß lexikographischer Ordnung auf dem Attribut Ort

Dieser Baum verwirklicht
- eine sequentielle Liste für die Tupel der Relation entfernung, sortiert nach dem Stadtnamen;
- eine sequentielle Liste für die TIDs der Relation mitglied, sortiert nach dem Stadtnamen;
- einen Index für die Relation entfernung bezüglich des Stadtnamens;
- einen Index für die Relation mitglied bezüglich des Stadtnamens;
- einen Link für die beiden Relationen entfernung und mitglied bezüglich des Stadtnamens.

Das Beispiel soll auch andeuten, wie vielfältig die Möglichkeiten sind, Zugriffsstrukturen aufzubauen. Zusammen mit der Vielfalt möglicher TID-Adressen-Umwandlungen und mit der Vielzahl möglicher Algorithmen ergibt sich eine fast unüberschaubare Anzahl möglicher Verwirklichungen relationaler Operationen.

10.2   Verwirklichungen des natürlichen Verbundes

Im folgenden sollen einige typische Verwirklichungen für den natürlichen Verbund zweier Relationen r und s vorgestellt und untersucht werden. Die Hauptaufgabe jeder Verwirklichung ist, die *passenden Paare* (α, β) mit

$$\alpha \in r \text{ und } \beta \in s \text{ und } \alpha(A) = \beta(A) \text{ für alle } A \in \text{dom } r \cap \text{dom } s$$

zu finden, dann α und β tatsächlich zusammenzufügen zu einem Tupel $\alpha \cup \beta$ und dieses für die Ergebnisrelation t auszugeben.

Für jede Verwirklichung werden wir jeweils die benötigten *Annahmen* über Zugriffsstrukturen zusammenstellen, die algorithmische *Idee* beschreiben und gegebenenfalls in einer MODULA-2-ähnlichen Darstellung das *Verfahren* genauer angeben, sowie eine grobe Abschätzung des *Aufwandes* besprechen. Bei den Zugriffsstrukturen gehen wir durchweg davon aus, daß die Relationen auf einem Magnetplattenspeicher abgelegt sind, weil einerseits sie dort dauerhaft gespeichert werden können und weil andererseits der Hauptspeicher als zu klein angenommen wird. Ferner nehmen wir stark vereinfachend an, daß jeweils nur ein einzelner Block im Hauptspeicher gehalten bzw. zwischen Hauptspeicher und Magnetplattenspeicher transportiert wird. Für moderne Rechnerarchitekturen mit großem Hauptspeicher von 32 MByte oder mehr Hauptspeicher und zusätzlichen Cachespeichern müßte man diese Annahmen natürlich anpassen. Dann würde auch insbesondere jeweils der durch Blocktransporte entstehende Aufwand bedeutend weniger ins Gewicht fallen.

10.2.1   Grundverwirklichung - NestedLoop mit Blockliste

Annahmen: Die Argumentrelationen r und s seien *blockweise* auf einem *Magnetplattenspeicher* abgelegt. Für jede Relation sei eine *sequentielle Liste der Blöcke* verfügbar. Der Verweis auf den ersten Block sei in einem *Datenwörterbuch* (data dictionary) eingetragen, das neben dem Datenbankschema noch Angaben über Zugriffsstrukturen und weitere Merkmale der gespeicherten Relationen enthält. Jeder Block enthält einen Verweis auf seinen Nachfolger. Ferner sei für jede Relation ein *Pufferbereich* im Hauptspeicher eingerichtet, der jeweils genau einen Block aufnehmen kann. Die Ergebnisrelation t soll wieder blockweise auf dem Magnetplattenspeicher erzeugt werden, wobei gleichzeitig eine sequentielle Liste ihrer Blöcke aufgebaut werden soll. Um die sequentiellen Listen der Blöcke zu benutzen bzw. aufzubauen, seien *Relationendurchläufe* (relation scans) verfügbar. In einer *Durchlauftabelle* (scan table) wird für jeden Durchlauf ein Verweis auf den derzeit betrachteten Block abgelegt. Für das zu beschreibende Verfahren benötigen wir für jede Relation einen Durchlauf.

Die bislang beschriebenen Strukturen kann man sich grob wie in Bild 10.5 veranschaulichen, wobei die benötigten Angaben aus dem Datenwörterbuch bzw. die Durchlauftabelle als Relation SPEICHER mit Schlüsselattribut (Relationen-)Symbol und weiteren Attributen ErsterBlock, Puffer, ... bzw. als Relation DURCHLAUF

mit Schlüsselattribut `ScanId`(entifikator) und weiteren Attributen
`LaufenderBlock`, ... dargestellt sind.

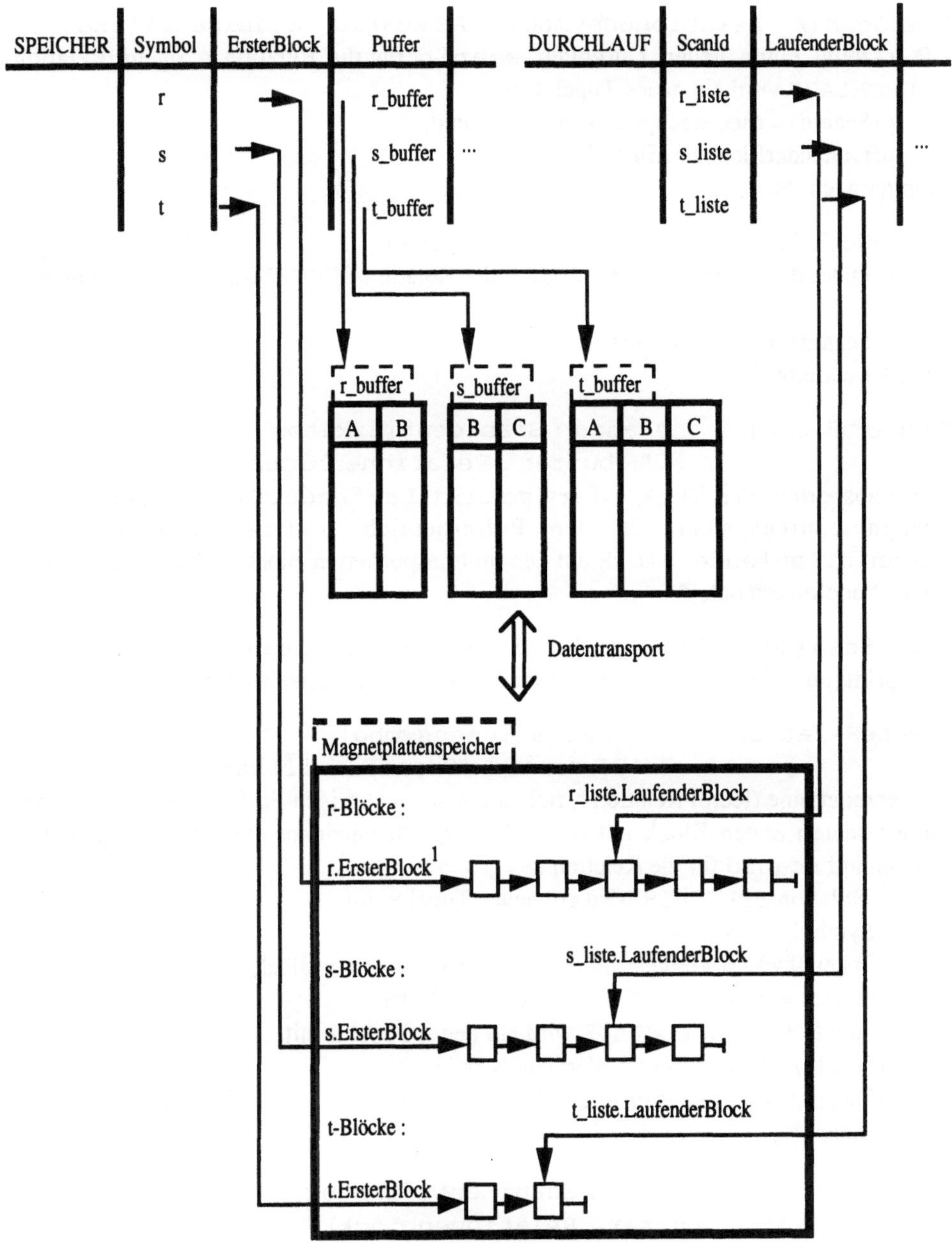

Bild 10.5 Strukturen für den NestedLoop-Verbund

---

1 r.ErsterBlock bezeichnet hier den Wert μ(ErsterBlock) desjenigen Tupels μ aus der
   Relation `SPEICHER`, das durch μ(Symbol) $=$ r eindeutig bestimmt ist.
   Entsprechendes gilt für die anderen Bezeichner in dieser Skizze.

Von den zu diesen Strukturen gehörenden Operationen skizzieren wir im folgenden nur die wichtigsten:

```
OpenScan (r : Relationensymbol; VAR scanid : Scanidentifikator)
```
  (* erzeugt einen neuen Durchlauf `scanid` für die Relation r: in die Relation DURCHLAUF wird ein neues Tupel μ mit

    μ(ScanId) = (neu erzeugter Wert von) scanid,

    μ(LaufenderBlock) = r.ErsterBlock

eingetragen *);

```
CloseScan (scanid : ScanIdentifikator)
```
  (* beendet den Durchlauf `scanid`: in der Relation DURCHLAUF wird das Tupel μ mit

    μ(ScanId) = (Wert von) scanid

wieder entfernt *);

```
GetNextBlock (      scanid : Scanidentifikator;
                    VAR buffer : Relationenblock)
```
(* transportiert den Block, auf den `scanid.LaufenderBlock` verweist, vom Magnetplattenspeicher in den Pufferbereich `buffer` und setzt dann `scanid.LaufenderBlock` auf den im transportierten Block enthaltenen Verweis zum Nachfolgerblock *);

```
EndOfScan (scanid : Scanidentifikator) : Boolean
```
  (* prüft, ob `scanid.LaufenderBlock` ein leerer Verweis ist *);

```
CreateRelation (    t : Relationensymbol;
                    VAR scanid : Scanidentifikator)
```
(* erzeugt eine (leere) Relation t, richtet einen zugehörigen Pufferbereich ein, richtet einen leeren ersten Block auf dem Magnetplattenspeicher ein und erzeugt einen Durchlauf `scanid` für die Relation t:

in die Relation SPEICHER wird ein neues Tupel ν mit

    ν(Symbol) = (Wert von) t,

    ν(ErsterBlock) = Verweis auf den eingerichteten ersten Block,

    ν(Puffer) = Verweis auf den eingerichteten Puffer

und in die Relation DURCHLAUF wird ein neues Tupel μ mit

    μ(ScanId) = (neu erzeugter Wert von) scanid,

    μ(LaufenderBlock) = ν(ErsterBlock)

eingetragen *);

```
AppendScan (    scanid : Scanidentifikator;
                buffer : Relationenblock)
```
(* transportiert den im Pufferbereich `buffer` stehenden Block in den Magnetplattenspeicher, verkettet diesen Block mit dem durch `scanid.LaufenderBlock` bezeichneten Block und setzt dann `scanid.LaufenderBlock` auf den Verweis zum transportierten Block *);

Idee: Das Verfahren ist eine Verfeinerung des in Abschnitt 8.2 angegebenen Verfahrens `NestedLoopJoin`, das sich unmittelbar aus der Definition des natürlichen Verbundes ergibt. Die Verfeinerung ergibt sich daraus, daß wir nun berücksichtigen, daß die Relationen wie in den Annahmen dargestellt dauerhaft auf einem Hintergrundspeicher abgespeichert werden.

Verfahren:

```
PROCEDURE  NestedLoop_BlockScan_Join (r, s : Relationensymbol;
                                      t : Relationensymbol);
VAR  r_liste, s_liste, t_liste : Scanidentifikator;
     r_buffer, s_buffer, t_buffer : Relationenblock;

PROCEDURE  InternalJoin ( r_buffer, s_buffer : Relationenblock;
                          VAR t_buffer : Relationenblock);
VAR α, β : RelTupel;
BEGIN
   FOR ALL  α ∈ r_buffer  DO
     FOR ALL  β ∈ s_buffer  DO
       IF Passend (α, β)
       THEN  t_buffer := t_buffer ∪ {α ∪ β};
         IF full (t_buffer)
         THEN AppendScan (t_liste, t_buffer);
              t_buffer := ∅
         END
       END
     END
   END
END InternalJoin;

BEGIN
   CreateRelation (t, t_liste);
   t_buffer := ∅;
   OpenScan (r, r_liste);
   WHILE NOT EndOfScan (r_liste) DO
     GetNextBlock (r_liste, r_buffer);
     OpenScan (s, s_liste);
     WHILE NOT EndOfScan (s_liste) DO
       GetNextBlock (s_liste, s_buffer);
       InternalJoin (r_buffer, s_buffer, t_buffer)
     END;
     CloseScan (s_liste)
   END;
   CloseScan (r_liste);
   IF t_buffer ≠ ∅ THEN AppendScan (t_liste, t_buffer) END;
   CloseScan (t_liste)
END  NestedLoop_BlockScan_Join;
```

Aufwand: Falls ein Block höchstens tpb(u) viele Tupel der Relation u aufnehmen kann, so benötigt das Verfahren ungefähr

$$\frac{\| r \|}{\text{tpb}(r)} * (1 + \frac{\| s \|}{\text{tpb}(s)}) \qquad \text{lesende Blockzugriffe und}$$

$$\frac{\| r \bowtie s \|}{\text{tpb}(r \bowtie s)} \qquad \text{schreibende Blockzugriffe,}$$

wobei lesende und schreibende Zugriffe überlappend sein können.

Vergrößert man die Pufferbereiche, kommt man gegebenenfalls mit weniger lesenden Zugriffen aus. Paßt zum Beispiel die kleinere Relation, etwa r, vollständig in den Puffer, so kann diese Relation dort verbleiben und wir benötigen wie durch Bild 10.6 veranschaulicht nur

$$1 + \frac{\| s \|}{\text{tpb}(s)} \qquad \text{lesende Blockzugriffe.}$$

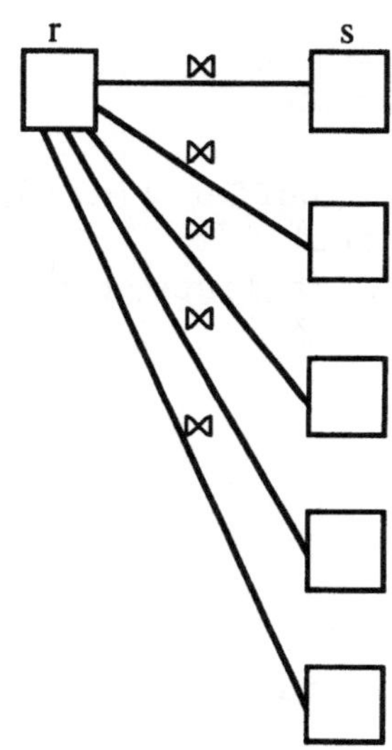

Bild 10.6 Blockzugriffe für NestedLoop-Verbund in einem günstigen Fall mit hinreichend
großen Pufferbereichen

10.2.2 Sortiertes Mischen

Annahmen: Es gelten alle Annahmen der ersten Methode. Zusätzlich sei die sequentielle Liste der Blöcke und die Anordnung der Tupel in den Blöcken derart, daß die Tupel entsprechend ihren Werten auf den Verbundattributen (aufsteigend) sortiert seien.

Idee: Zur Beschreibung der Idee sei $T := \text{dom } r \cap \text{dom } s$, und wir stellen uns die Tupel entsprechend der Sortierung fortlaufend numeriert vor, etwa

$$r = \{\alpha_1,...,\alpha_{\| r \|}\} \quad \text{und} \quad s = \{\beta_1,...,\beta_{\| s \|}\}.$$

Wegen der grundlegenden Eigenschaften des natürlichen Verbundes und der Vereinigung gilt:

$$r \bowtie s$$
$$= \{\alpha_1,...,\alpha_{\|r\|}\} \bowtie s$$
$$= \bigcup_{\alpha_i \in r} (\{\alpha_i\} \bowtie s)$$
$$= \bigcup_{\alpha_i \in r} (\{\alpha_i\} \bowtie \sigma_{T=\alpha_i \lceil T} (s))$$

Da die Relation s sortiert ist, bildet

$$\sigma_{T=\alpha_i \lceil T} (s)$$

jeweils einen möglicherweise leeren, zusammenhängenden Abschnitt in der Liste von s; falls der Abschnitt nichtleer ist, hat er also die Form

$$\{\beta_{anf}, \beta_{anf+1},...,\beta_{end}\}.$$

Da die Relationen r und s beide gleichartig sortiert sind, können alle zueinander passenden Paare

$$< \alpha_i , \sigma_{T=\alpha_i \lceil T} (s) >$$

durch einen einzigen Durchlauf durch r und einen einzigen Durchlauf durch s etwa wie folgt bestimmt werden. Wir durchlaufen die Relation r entsprechend der Sortierung. Für jedes $\alpha_i \in r$ stellen wir fest, ob

$$\sigma_{T=\alpha_i \lceil T} (s) \quad \text{nichtleer ist,}$$

und bestimmen gegebenenfalls die Anfangsnummer anf und die Endnummer end des entsprechenden Abschnittes, indem wir zwei Fälle bezüglich des vorangehenden Tupels $\alpha_{i-1} \in r$ unterscheiden:

Fall 1: $\alpha_{i-1} \lceil T < \alpha_i \lceil T$: Dann sucht man in s entsprechend der Sortierung nach passendenTupeln, wobei man bei dem zuletzt betrachteten Tupel $\beta_j \in s$ beginnt. Die Suche kann abgebrochen werden, sobald $\alpha_i \lceil T < \beta_j \lceil T$. Falls man passende Tupel gefunden hat, so merken wir uns die Anfangsnummer anf und die Endnummer end des Abschnittes und verbinden α_i mit jedem der Tupel $\{\beta_{anf},...,\beta_{end}\}$ für die Ausgaberelation.

Fall 2: $\alpha_{i-1} \lceil T = \alpha_i \lceil T$: Dann ist der zu α_i passende Abschnitt gleich dem zu α_{i-1} passenden Abschnitt. Falls dieser Abschnitt nichtleer ist, so kennen wir seine Anfangsnummer anf und seine Endnummer end und können α_i mit jedem der Tupel $\beta_{anf},...,\beta_{end}$ verbinden für die Ausgaberelation.

Beispiel: Für die in Bild 10.7 gezeigten Relationen ergibt sich der durch Bild 10.8 beschriebene Wertverlauf der Größen, die das Verfahren des sortierten Mischens benutzt.

r	A	B	C
α_1	b	b	
α_2	b	c	
α_3	d	c	
α_4	c	c	
α_5	b	f	
α_6	c	f	
α_7	d	g	
α_8	d	h	

s	A	B	C
β_1		a	b
β_2		b	b
β_3		c	d
β_4		c	e
β_5		d	b
β_6		d	f
β_7		h	a

Bild 10.7 Sortierte Eingaberelationen für den Verbund durch sortiertes Mischen

r ⋈ s	A	B	C	Nummer i des betrachteten Tupels $\alpha_i \in r$	$\alpha_i{\restriction}T$	anf	end	Nummer j des zuletzt betrachteten Tupels $\beta_j \in s$	$\beta_j{\restriction}T$
	b	b	b	1	b	2	2	3	c
	b	c	d	2	c	3	4	5	d
	b	c	e						
	d	c	d	3	c	3	4	5	d
	d	c	e						
	c	c	d	4	c	3	4	5	d
	c	c	e						
				5	f	-	-	7	h
				6	f	-	-	7	h
				7	g	-	-	7	h
	d	h	a	8	h	7	7	∞	

Bild 10.8 Wertverlauf beim Verbund durch sortiertes Mischen für die Eingabe aus Bild 10.7

Verfahren: Die genaue Formulierung einer Prozedur `ScrtedMerge_Join` im Stile des vorangehenden Unterabschnittes bleibt dem Leser überlassen.

Aufwand: Jedes Tupel $\alpha \in r$ wird bezüglich seiner T-Werte mit seinem Vorgänger verglichen, was insgesamt etwa ‖ r ‖ Vergleiche ergibt. In jedem "Passend-Vergleich" zwischen einem Tupel $\alpha \in r$ und einem Tupel $\beta \in s$ wird mindestens eines dieser Tupel erstmalig benutzt, was insgesamt höchstens ‖ r ‖ + ‖ s ‖ Vergleiche ergibt. Das gesamte

Verfahren benötigt also etwa höchstens 2 * ‖ r ‖ + ‖ s ‖ Vergleiche. Im Bild 10.9 ist für das obige Beispiel jeder "Passend-Vergleich" durch einen Strich markiert.

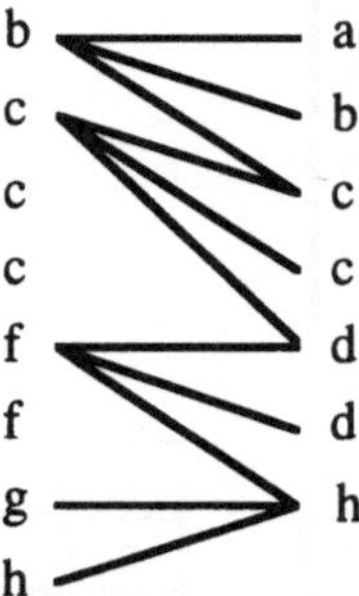

Bild 10.9 "Passend-Vergleiche" beim Verbund durch sortiertes Mischen für die Eingaben aus Bild 10.7

Die Blöcke der Relation r werden einmal lesend durchlaufen; nimmt man an, daß die $\sigma_{T=\alpha_i}\lceil_T$ (s) - Abschnitte jeweils ganz im Puffer Platz finden, so werden auch die Blöcke der Relation s nur einmal lesend durchlaufen; nimmt man dagegen realistischer an, daß gelegentlich Blöcke wiederholt gelesen werden müssen, so ergeben sich

$$\frac{\| r \|}{tpb(r)} + w * \frac{\| s \|}{tpb(s)} \qquad \text{lesende Blockzugriffe,}$$

wobei $w \geq 1$ ein (im allgemeinen nur zu schätzender) Wiederholungsfaktor ist. Wird die Sortierung erst zum Zeitpunkt der Anfrage aufgebaut, so muß man den Aufwand für das Sortieren hinzurechnen.

10.2.3 Link-Verbund

Annahmen: Die Argumentrelationen r und s seien wie bei der ersten Methode *blockweise* auf einem *Magnetplattenspeicher* abgelegt. Zusätzlich sei für die Relationen r und s ein *Link* bezüglich der Verbundattribute T in Form eines B*-Baumes wie im Beispiel aus Abschnitt 10.1. vorhanden. Damit sind ebenfalls je eine *sequentielle Liste für die TIDs* der Relationen verfügbar. Ferner sei wieder für jede Relation und für den Link ein Pufferbereich im Hauptspeicher eingerichtet, der jeweils genau einen Block aufnehmen kann. Die Ergebnisrelation t soll wieder blockweise auf dem Magnetplattenspeicher erzeugt werden, wobei gleichzeitig eine sequentielle Liste ihrer Blöcke aufgebaut werden soll. Das *Datenwörterbuch* enthalte auch Angaben über die vorhandenen Links, und um die sequentiellen Listen zu benutzen bzw. aufzubauen, wird wieder eine *Durchlauftabelle* angelegt. Schließlich nehmen wir an, daß ein geeignetes Verfahren zur Umwandlung von TIDs in Speicheradressen, etwa wie in Abschnitt 10.1 angedeutet, benutzt werden kann. Die beschriebenen Strukturen kann man wieder wie in Bild 10.10 grob veranschaulichen, wobei wir annehmen, daß der Link für r und s den Namen `link` trägt, auf dem Magnetplattenspeicher abgelegt ist und einen mit `blatt` bezeichneten Pufferbereich im Hauptspeicher besitzt.

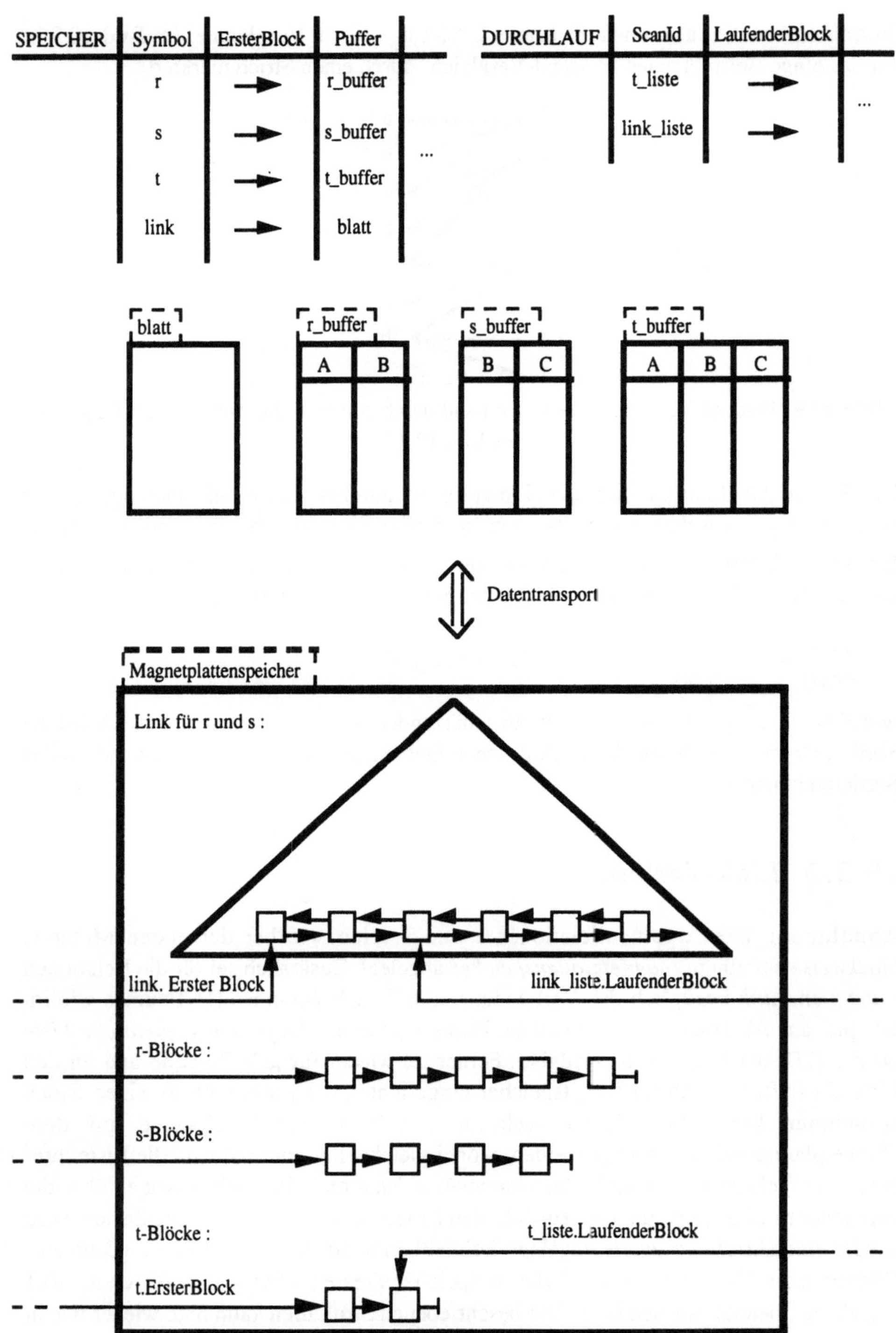

Bild 10.10　Strukturen für den Link-Verbund

Von den zu diesen Strukturen gehörenden Operationen skizzieren wir im folgenden nur
die wichtigsten:

```
DetermineLink( r, s: Relationensymbol; X, Y : Attributmenge;
               VAR linkid : Linksymbol)
```

(* bestimmt aus (in der Skizze nicht aufgeführten) Angaben im Datenwörterbuch das
Linksymbol für den Link zu r und s bezüglich der Attribute X von r bzw. Y von s
und liefert diesen als Wert des Ausgabeparameters linkid zurück *);

```
LocateFetch (tid : Tupelidentifikator;
            VAR buffer : Relationenblock; VAR tupel : RelTupel)
```

(* sucht tid zunächst im Pufferbereich buffer; falls tid dort nicht vorhanden ist,
wird (mittels der Umwandlung von TIDs in Speicheradressen) der tid enthaltende
Block vom Magnetplattenspeicher in den Pufferbereich buffer transportiert;
anschließend wird das durch tid identifizierte Tupel als Wert des Ausgabeparameters
tupel zurückgeliefert *);

Ferner benutzen wir die folgenden schon in Abschnitt 10.2.1 erläuterten Operationen:

```
OpenScan ( linkid : Relationen_oder_Linksymbol;
          VAR scanid : Scanidentifikator)
CloseScan (scanid : Scanidentifikator)
GetNextBlock ( scanid : Scanidentifikator;
              VAR buffer : Relationen_oder_Linkblock)
EndOfScan (scanid : Scanidentifikator) : Boolean
CreateRelation ( t : Relationensymbol;
                VAR scanid : Scanidentifikator)
AppendScan ( scanid : Scanidentifikator;
            buffer : Relationenblock)
```

Idee: Es sei wieder $T := \mathrm{dom}\ r \cap \mathrm{dom}\ s$.
Wegen der grundlegenden Eigenschaften des natürlichen Verbundes und der Vereinigung
gilt:

$$r \bowtie s$$

$$= \bigcup_{\alpha \in r} \bigcup_{\beta \in s} \{\alpha\} \bowtie \{\beta\}$$

$$= \bigcup_{\mu \in \pi_T(r) \cap \pi_T(s)} (\bigcup_{\alpha \in r,\, \alpha\lceil T = \mu} \bigcup_{\beta \in s,\, \beta\lceil T = \mu} \{\alpha \cup \beta\})$$

$$= \bigcup_{\mu \in \pi_T(r) \cap \pi_T(s)} (\sigma_{T=\mu} (r) \bowtie \sigma_{T=\mu} (s))$$

Das Verfahren durchläuft die Blattknoten des Links. Die Einträge in diesen Blättern
haben die Form

$$< T\text{-Wert} : \quad \text{Folge von TIDs für r;} \quad \text{Folge von TIDs für s} >,$$

wobei für einen T - Wert μ gerade alle TIDs aus $\sigma_{T=\mu}$ (r) bzw. $\sigma_{T=\mu}$ (s) angegeben
sind. Also muß man nur noch für jeden Eintrag die Tupel der Teilrelationen $\sigma_{T=\mu}$ (r)
und $\sigma_{T=\mu}$ (s) auffinden, dann $\sigma_{T=\mu}$ (r) $\bowtie \sigma_{T=\mu}$ (s) bilden und schließlich das so
gebildete Teilergebnis ausgeben.

Verfahren:

```
PROCEDURE  Link_Join ( r, s : Relationensymbol;
                       t : Relationensymbol);
VAR link : Linksymbol;
    link_liste, t_liste : Scanidentifikator;
    r_buffer, s_buffer, t_buffer : Relationenblock;
    blatt : Linkblatt;
BEGIN
   CreateRelation (t, t_liste);
   t_buffer := Ø;
   DetermineLink (r, s, T, T, link);
   OpenScan (link, link_liste);
   WHILE NOT EndOfScan (link_liste) DO
     GetNextBlock (link_liste, blatt);
     Blattjoin (blatt)
   END;
   CloseScan (link_liste);
   IF t_buffer ≠ Ø THEN AppendScan (t_liste, t_buffer) END;
   CloseScan (t_liste)
END Link_Join;
```

```
PROCEDURE Blattjoin (blatt);
(* r_buffer, s_buffer, t_buffer und t_liste werden als globale Variablen
verwendet *)
(* blatt sei wie folgt aufgebaut
   anzahl : CARDINAL;
   liste : ARRAY [1..anzahl] OF RECORD
                                 schlüssel : Wert;
                                 anz_tids_1 : CARDINAL;
                                 anz_tids_2 : CARDINAL;
                                 tids_1 : ARRAY[1..anz_tids_1]
                                        OF Tupelidentifikator;
                                 tids_2 : ARRAY [1..anz_tids_2]
                                        OF Tupelidentifikator
                               END;  *)
VAR eintrag, tid_1, tid_2 : CARDINAL;
    tupel_1, tupel_2 : RelTupel;
BEGIN
   FOR eintrag := 1 TO anzahl DO
     FOR tid_1 := 1 TO liste [eintrag].anz_tids_1 DO
       FOR tid_2 := 1 TO liste [eintrag].anz_tids_2 DO
         LocateFetch ( liste [eintrag].tids_1 [tid_1],
                       r_buffer, tupel_1);
         LocateFetch ( liste [eintrag].tids_2 [tid_2],
                       s_buffer, tupel_2);
```

```
         t_buffer := t_buffer ∪ {tupel_1 ∪ tupel_2};
         IF full (t_buffer)
         THEN AppendScan (t_liste, t_buffer);
            t_buffer := ∅
         END
      END
   END
END
END Blattjoin;
```

Aufwand: Der Aufwand bezüglich der "Passend-Vergleiche" entfällt beim Link-Verbund, weil die Zugriffsstruktur des Links gerade die TIDs passender Tupel angibt. Der Aufwand bezüglich der lesenden Blockzugriffe dagegen ist schwierig analytisch zu bestimmen, weil die Operation `LocateFetch`, die zu einem TID das zugehörige Tupel liefern soll, sehr schnell oder sehr langsam sein kann: sie ist sehr schnell, wenn das Tupel sich im Pufferbereich befindet und seine Adresse dort bekannt ist; sie ist sehr langsam, wenn das Tupel im Magnetplattenspeicher gesucht und von dort in den Pufferbereich geholt werden muß.

Ein günstiger Fall liegt vor, wenn die Relationen r und s wie beim sortierten Mischen nach den Verbundattributen (aufsteigend) sortiert gespeichert sind und die Pufferbereiche groß genug sind, daß keine Blöcke wiederholt gelesen werden müssen. Dann nämlich benötigt man

$$BL + \frac{\| r \|}{tpb(r)} + \frac{\| s \|}{tpb(s)} \qquad \text{lesende Blockzugriffe,}$$

wobei BL die Anzahl der Blattknoten des Links ist und wir annehmen, daß jeder Block ein zum Ergebnis beitragendes Tupel enthält. Ein ungünstiger Fall liegt vor, wenn die Tupel der Relationen r und s so unglücklich auf die Blöcke verteilt sind, daß jede Ausführung von `LocateFetch` eine Suche im Magnetplattenspeicher mit etwa jeweils k vielen Blockzugriffen auslöst. Dann benötigt man

$$BL + 2 * k * \| r \bowtie s \| \qquad \text{lesende Blockzugriffe.}$$

Wird der Link erst zum Zeitpunkt der Anfrage aufgebaut, so muß man den Aufwand für seine Erstellung hinzurechnen.

10.2.4 Hash-Filter-Verbund

Annahmen: Es gelten die Annahmen der ersten Methode. Für Werte der Attribute aus T sei eine Hashfunktion verfügbar der Form

$$\text{hash} : \text{Domäne (T)} \rightarrow \{1,...,k\}.$$

Dabei sei $k \geq \max (\| r \|, \| s \|)$ derart, daß die Hashfunktion bereits nur wenige Kollisionen auf r bzw. s erzeugt, etwa $k \approx 1,5 * \max (\| r \|, \| s \|)$. Für die Relationen r und s stehen zwei Bitlisten `bit_r` und `bit_s` der Länge k zur Verfügung, die mit false initialisiert werden können.

Idee: Wegen der grundlegenden Eigenschaften des natürlichen Verbundes und der Vereinigung gilt:

$$r \bowtie s$$

$$= (\, r \bowtie \pi_{\text{dom } r \cap \text{dom } s}(s)\,) \bowtie (s \bowtie \pi_{\text{dom } r \cap \text{dom } s}(r)\,)$$

$$= (\, r \ltimes s\,) \bowtie (\, s \ltimes r\,),$$

wobei $\ltimes$ den Teilverbund (semijoin) bezeichnet.

Im allgemeinen kann man erwarten, daß die Teilverbünde $r \ltimes s$ bzw. $s \ltimes r$ bedeutend kleiner als die ursprünglichen Relationen r bzw. s sind. Entsprechend wird der Aufwand zur Berechnung von $(r \ltimes s) \bowtie (s \ltimes r)$ geringer als der Aufwand zur Berechnung von $r \bowtie s$ sein. Allerdings können die Berechnungen der Teilverbünde genauso aufwendig werden wie die Berechnung des eigentlichen Verbundes, so daß dann keine Beschleunigung erreicht wurde. Deshalb versucht man, die Teilverbünde möglichst gut nach oben abzuschätzen, d.h. Relationen `r_filter` bzw. `s_filter` zu bestimmen mit der Eigenschaft

$$r \supset r\_filter \supset r \ltimes s, \quad \text{bzw.} \quad s \supset s\_filter \supset s \ltimes r,$$

wobei $\| r\_filter \setminus r \ltimes s \|$ und $\| s\_filter \setminus s \ltimes r \|$ möglichst klein sein sollen. Für solche Filterrelationen gilt nämlich ebenfalls

$$r \bowtie s = r\_filter \bowtie s\_filter.$$

Der Hash-Filter-Verbund bestimmt nun solche Filterrelationen mit Hilfe der vorausgesetzten Bitlisten und Hashfunktion, wobei man am besten die Filterrelationen sortiert aufbaut und Indexe bezüglich der Verbundattribute bzw. einen gemeinsamen Link erzeugt. Genauer kann man wie folgt vorgehen:

1. Initialisiere die Bitlisten `bit_r` und `bit_s` mit false.
2. Für jedes $\alpha \in r$ berechne hash $(\alpha \lceil T)$ und setze entsprechendes Bit, d.h.
   ```
   bit_r (hash (α⌈T)) := true.
   ```
3. Für jedes $\beta \in s$ berechne hash $(\beta \lceil T)$ und prüfe, ob entsprechendes Bit in `bit_r` schon gesetzt ist; falls dies der Fall ist, setze dieses Bit auch in `bit_s` und füge β zur neuen Unterrelation `s_filter` hinzu, d.h.:
   ```
   stelle := hash (β⌈T);
   IF bit_r (stelle)
   THEN  bit_s (stelle) := true;
         insert (β, s_filter)      (* am besten s_filter mit Index
                                      und sortiert aufbauen *)
   END.
   ```
4. Für jedes $\alpha \in r$ berechne hash $(\alpha \lceil T)$ und prüfe, ob entsprechendes Bit in `bit_s` gesetzt ist; falls dies der Fall ist, füge α zur neuen Unterrelation `r_filter` hinzu, d.h.:
   ```
   IF bit_s (hash (α⌈T)
   THEN insert (α, r_filter)       (* am besten r_filter mit Index
                                      und sortiert aufbauen *)
   END.
   ```

5. Berechne `r_filter` ⋈ `s_filter`   (* etwa mit Link-Verbund; *fast* alle Tupel finden passenden Partner *)

Beispiel: Wir benutzen als (sehr einfache) Hashfunktion die Divisions-Rest-Methode, wobei wir den Parameter k durch $k \approx 1{,}5 * \max(7, 6)$ und k Primzahl bestimmen, d.h. k = 11. Also wählen wir als Hashfunktion hash (x) := x mod 11. Für die in Bild 10.11a) gezeigten Eingaberelationen r und s liegen nach den obigen Schritten 1 bis 4 die in Bild 10.11b) gezeigten Bitlisten und die in Bild 10.11c) gezeigten Filterrelationen vor. Schritt 5 liefert dann als Endergebnis die Relation aus Bild 10.11d).

a)

r	A	B	C
	1	1	
	2	1	
	5	5	
	7	1	
	16	3	
	1	2	
	2	2	

s	A	B	C
	5		1
	1		1
	9		9
	19		1
	3		3
	19		7

b)

	bit_r	bit_s
0		
1	t	t
2	t	
3		
4		
5	t	t
6		
7	t	
8		
9		
10		

c)

s_filter	A	B	C
	5		1
	1		1

r_filter	A	B	C
	1	1	
	5	5	
	16	3	
	1	2	

d)

s_filter ⋈ r_filter	A	B	C
	5	5	1
	1	1	1
	1	2	1

Bild 10.11 Ein Beispiel für den Hash-Filter-Verbund

Man beachte, daß das Tupel (16, 3) aus `r_filter` keinen Partner in `s_filter` findet. Die Ursache ist eine Kollision der Hashfunktion für 5 und 16, d.h. hash (5) = hash (16).

Verfahren: Die genaue Formulierung einer Prozedur im Stile der vorangehenden Unterabschnitte bleibt dem Leser überlassen.

Aufwand: Der Aufwand ist allgemein schwierig analytisch zu bestimmen. Zunächst einmal muß die Relation r zweimal und die Relation s einmal durchlaufen werden, wobei der folgende Aufwand anfällt:

$$2 * \frac{\| r \|}{tpb(r)} + \frac{\| s \|}{tpb(s)} \qquad \text{lesende Blockzugriffe,}$$

$$\frac{\| r\_filter \|}{tpb(r\_filter)} + \frac{\| s\_filter \|}{tpb(s\_filter)} \qquad \text{schreibende Blockzugriffe und}$$

$$2 * \| r \| + \| s \| \qquad \text{Aufrufe der Hashfunktion (mit jeweils umrahmenden Operationen).}$$

Zusätzlich muß der Aufwand für die Erstellung der Sortierungen von `r_filter` und `s_filter` und des Links berücksichtigt werden. Falls die Filterwirkung gering ausfällt, so haben wir im wesentlichen den Aufwand für die Aufrufe der Hashfunktion vergeblich eingesetzt, aber es bleibt der Gewinn, daß wir ein für die aufgebauten Zugriffsstrukturen zu `r_filter` und `s_filter` geeignetes Verfahren, etwa Link-Verbund, einsetzen können. Falls die Filterwirkung stark ausfällt, so macht sich der (in der Größe von r und s) lineare Aufwand zur Erstellung von `r_filter` und `s_filter` dadurch bezahlt, daß in Schritt 5 erheblich kleinere Relationen als r bzw. s zu verbinden sind.

10.3 Zusammenfassung

Die im Kapitel 8 in den Grundzügen erfundenen Anfragesprachen für das relationale Datenmodell, Relationenalgebra und Relationenkalkül bzw. deren Ausarbeitungen zu kommerziell verfügbaren Sprachen wie SQL und QBE, benötigen zu ihrer *Verwirklichung* effiziente Algorithmen, die für große Mengen von Daten geeignete Zugriffsstrukturen verwenden. Der *Entwurf* solcher Algorithmen und Zugriffsstrukturen berücksichtigt die Identifikation eines Tupels durch benutzersichtbare Schlüsselwerte, einen systemkontrollierten Tupelidentifikator oder seine Speicheradresse und stützt sich auf wohlbekannte Techniken wie Sortierung, Verkettungen, B*-Bäume oder Hash-Verfahren. Gängige Zugriffsstrukturen sind sequentielle Listen, Indexe und Links.
Für den natürlichen Verbund werden vier Verwirklichungen *entworfen*. NestedLoop sucht passende Tupelpaare, indem für jedes bei einem Durchlauf der ersten Relation betrachtete Tupel ein Durchlauf der zweiten Relation gestartet wird. Sortiertes Mischen nutzt Sortierungen nach den Verbundattributen aus und kommt so meistens mit nur je einem Durchlauf der ersten und der zweiten Relation aus. Link-Verbund benutzt einen

Link, in dem bereits die Tupelidentifikatoren der passenden Tupelpaare verzeichnet sind. Hash-Filter-Verbund versucht in einem Vorlauf möglichst gute obere Annäherungen an die Teilverbünde zu bestimmen. Diese Verfahren können auf vielfältige Weise verändert und kombiniert werden.

Eine *Theorie* über den Aufwand solcher Verfahren ist hier nur angedeutet; tatsächlich ist sie wegen der Vielzahl von laufzeitabhängigen und rechnerabhängigen Einflüssen auch nur ansatzweise erstellt.

paradigm formale Sprache	theory	abstraction	design
erfinden			
verwirklichen	●		●
benutzen			

10.4 Bibliographische Hinweise

Mit seinem wegweisenden Werk The Art of Computer Programming legt D. Knuth [Kn 68, 73] den Grundstein für beinahe alle später erscheinenden Bücher über Algorithmen und Datenstrukturen. Aus der Vielzahl dieser Bücher seien nur einige genannt: A.V. Aho, J.E. Hopcroft, J.D. Ullman [AhHoUl 83], N. Wirth [Wi 86], T. Ottmann, P. Widmayer [OtWi 90] und R.H. Güting [Gü 92] liefern Einführungen, während K.Mehlhorn [Me 84 a+b+c] eine umfassende Darstellung bringt.

T. Härder [Hä 78] beschreibt Algorithmen und Datenstrukturen für relationale Operationen auf der Grundlage von Erfahrungen mit der prototypischen Verwirklichung System/R. H. Wedekind und T. Härder [WeHä 76] untersuchen das Zeitverhalten von vielen Zugriffsstrukturen. G. Wiederhold [Wi 87] behandelt Algorithmen und Datenstrukturen für viele Arten von Datenbanken. S.B. Yao [Ya 79] liefert eine strukturierte Beschreibung vieler Verfahren und ein viele Einflüsse berücksichtigendes Modell zur Abschätzung des Aufwandes. P. Mishra, M.H. Eich [MiEi 92] geben einen aktuellen Überblick über Verwirklichungen des natürlichen Verbundes.

11 Objektorientierte Datenmodelle

In einem *logikorientierten* Datenmodell wird ein betrachtetes Unternehmen im wesentlichen durch *Aussagen* über dieses (als Wissen von Personen) formal *beschrieben*. Dabei stehen die statischen Gesichtspunkte des Unternehmens im Vordergrund. Ein Benutzer kann dann *Implikationen* aus diesen Aussagen mit Hilfe von Anfrageoperationen bestimmen. Ferner kann er die vorhandenen Aussagen ergänzen, ändern oder entfernen mit Hilfe von Änderungsoperationen, wobei jedoch gewisse *Bedingungen* unverändert bleiben müssen.

In einem *objektorientierten* Datenmodell wird dagegen ein betrachtetes Unternehmen mit den vorkommenden Seienden und ihren Beziehungen und Eigenschaften, sowie den mit und an ihnen ausführbaren Handlungen formal unmittelbar *nachgebildet*. Zunächst noch grob gesprochen, versucht man jedes bedeutsame Seiende im Unternehmen unter den für die jeweilige Aufgabenstellung wichtigen statischen und dynamischen Gesichtspunkten durch ein programmiersprachliches *Objekt* formal zu verkörpern. Eine Eigenschaft des Seienden wird durch an das Objekt geheftete *Werte* dargestellt, auf die man über *Attribute* (Eigenschaftsnamen) zugreifen kann. Beziehungen mit anderen Seienden werden durch an das Objekt geheftete *Surrogate* (identifizierende Namen als Stellvertreter) anderer Objekte dargestellt. Handlungen mit und an Seienden werden ausschließlich durch vordefinierte *Operationen* auf Objekten dargestellt. Entstehen und Verschwinden eines Seienden wird durch die *Erzeugung* (create) und die *Entfernung* (dispose) des darstellenden Objekts nachgebildet. Klassenbildung von Seienden wird programmiersprachlich durch Bildung sogenannter *Klassen* ausgedrückt, wobei sowohl die innere Struktur der angehörigen Objekte als auch die auf ihnen ausführbaren Operationen festgelegt werden. Diese Festlegung geschieht, indem Klassen mit einem (abstrakten Daten-) *Typ* versehen werden. Aussonderung und Verallgemeinerung werden durch *hierarchischen* Aufbau der gebildeten Klassen bzw. der vereinbarten Typen ausgedrückt. Um die Hierarchiebildung zu unterstützen, können Strukturen und Operationen von einem Obertyp an seine Untertypen *vererbt* werden. Aggregation kann nachgebildet werden durch Klassen, denen *zusammengesetzte Objekte* angehören. Im Unternehmen handelnde Personen werden durch *aktive Objekte* nachgebildet, die – von tatsächlichen Benutzern über geeignete Sprachen gesteuert – ein oder mehrere Operationen auf Objekten durch Versenden von *Nachrichten* auslösen können.

Die genannten (und weitere) Merkmale objektorientierter Datenmodelle können auf vielfältige Weise ausgeprägt werden. Ferner können sie mit den Merkmalen logikorientierter Datenmodelle zumindest teilweise verbunden werden, so daß die eingangs getroffene Unterscheidung zwischen "ein Unternehmen unmittelbar *nachbilden*" und "ein Unternehmen durch Aussagen *beschreiben*" nicht scharf ist, sondern nur die jeweils (ursprünglich) vorherrschende Sichtweise bezeichnet.

In der Literatur sind eine Vielzahl von Ausprägungen und Verbindungen vorgeschlagen worden, siehe zum Beispiel [He 92, BaDeKa 92], die wir wieder nicht umfassend behandeln können. Stattdessen werden wir zunächst noch einmal die obige Einführung zum einen anhand des in Kapitel 5 eingeführten Begriffsgerüstes überblicksartig zusammenfassen und zum anderen vom programmiersprachlichen Standpunkt aus betrachten. Anschließend werden wir das in Kapitel 8 vorgestellte relationale Datenmodell objektorientiert beschreiben und dann zeigen, wie einzelne Merkmale objektorientierter Datenmodelle als Erweiterungen relationaler Sprachmittel aufgefaßt werden können.

Wie schon in Kapitel 7 bemerkt, unterstützt jedes bekannte Datenmodell einige semantische Begriffe zur Modellierung einer Anwendung unmittelbar, andere können mehr oder weniger umständlich umschrieben werden, und einige werden im wesentlichen überhaupt nicht erfaßt. Die Betrachtungen dieses Kapitels werden zeigen, daß für objektorientierte Datenmodelle näherungsweise die in Bild 11.1 aufgelisteten Verhältnisse vorliegen.

Die in der obigen Einführung in objektorientierte Datenmodelle verwendeten Begriffe sollen nun vom programmiersprachlichen Standpunkt aus genauer erläutert werden. Dazu veranschaulichen wir uns den Aufbau eines Objektes wie in Bild 11.2. Ein Objekt besitzt eine *Schnittstelle*. Jeglicher Zugriff zum Objekt erfolgt ausschließlich über diese Schnittstelle. Über diese Schnittstelle kann ein Objekt *Nachrichten* empfangen, die aus einem Operationsbezeichner und gegebenenfalls aktuellen Parametern bestehen. Ein empfangener Operationsbezeichner löst die Ausführung einer der im *operationalen Teil* vordefinierten *Operationen* (die man sich als Prozedurdeklarationen (Programmtexte) vorstellen kann) aus. Eine solche Ausführung kann den Zustand des strukturellen Teils verändern und Nachrichten an andere Objekte versenden. Der *Zustand* oder Inhalt (wenn man ein Objekt als einen "Behälter" ansieht) des *strukturellen Teils* besteht aus den durch die *Attribute* bezeichneten, aus *Werten* und *Surrogaten* aufgebauten Gebilden. Der *identifizierende Teil* des Objektes enthält ein unveränderliches, das Objekt eindeutig identifizierendes *Surrogat* und gegebenenfalls Angaben über seine Klassenzugehörigkeit. Die wichtigen Grundbegriffe *Objekt*, *Surrogat* und *Wert* kann man auch wie folgt grob bestimmen.

semantischer Begriff	unmittelbare Unterstützung	Umschreibung
Person	einen Benutzer nachbildendes und von ihm gesteuertes aktives Objekt	/
Verpflichtung		
Müssen - Ursachen	/	Trigger innerhalb der Ausführung von Operationen
Dürfen - Voraussetzungen	/	(bedingte) Zugriffsrechte auf Operationen
(soziale) Rolle	/	Operationen, die durch ein einen Benutzer nachbildendes Objekt ausgeführt werden dürfen
Wissen	/	durch "unmittelbare Nachbildung"

Bild 11.1a   Unterstützung und Umschreibung semantischer Begriffe in objektorientierten Datenmodellen (Beginn)

semantischer Begriff	unmittelbare Unterstützung	Umschreibung
Seiendes { einfach	Objekt	/
Seiendes { zusammengesetzt	zusammengesetztes Objekt	/
Beziehung	an ein Objekt geheftete Surrogate	/
Eigenschaft / Attribut	an ein Objekt gehefteter Wert	/
Rolle (bei einer Beziehung)	/	mit Hilfe von Klassen- und Beziehungsnamen
Klassenbildung: Gesamtheit	(Deklaration eines) Typ(s)	/
Aussonderung	Unterklasse	bei Verbindung mit logikorientierten Sprachmitteln: Formel
Verallgemeinerung	Oberklasse	/
Aggregation	Klasse zusammengesetzter Objekte	/
Bedingung:	/	(Deklaration von) Operationen zur Erzeugung, Zustandsänderung und Entfernung von Objekten
Schlüsselbedingung	/	Operation zur Erzeugung von Objekten überprüft Eindeutigkeit der Werte identifizierender Attribute
Aussonderungsbedingung	Enthaltenseinsrelation von Klassen	/
Verallgemeinerungsbedingung	abstrakte (instanzenlose) Klasse	/
viele-eins-Bedingung	/	(für Beziehung:) höchstens ein angeheftetes Surrogat
Seinsbedingung	/	(für Beziehung:) mindestens ein angeheftetes Surrogat
Verweisbedingung	/	Operation zum Anheften der eine Beziehung darstellenden Surrogate sichert Bedingung
Regel:	/	durch Verbindung mit logikorientierten Sprachmitteln
Handlung: Information	Zustandsänderung eines Objektes (Änderung der angehefteten Werte und Surrogate)	/
Mitteilung	Nachricht (Operationsbezeichner mit aktuellen Parametern) an ein Objekt	/
Verstehen	Ausführung der in einer Nachricht benannten Operation	/
Handlungsfolge	/	auf Objekten operierendes Programm

Bild 11.1b Unterstützung und Umschreibung semantischer Begriffe in objektorientierten Datenmodellen (Fortsetzung)

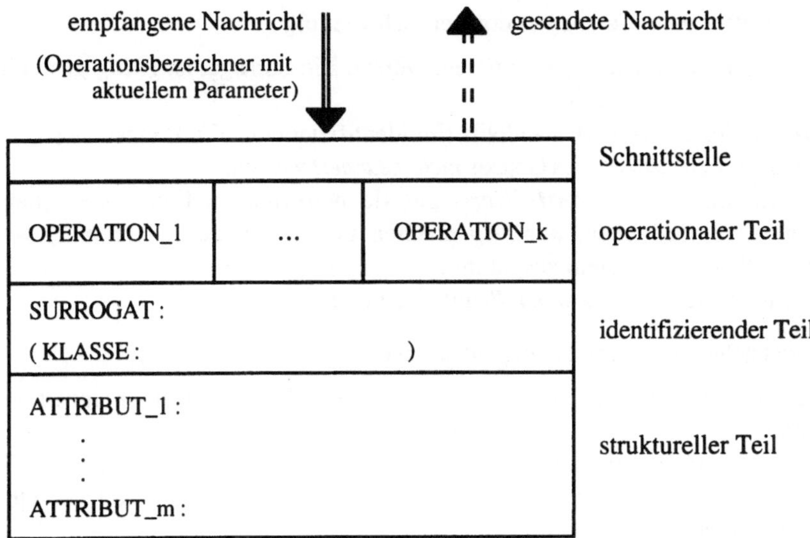

Bild 11.2 Veranschaulichung des Aufbaus eines Objektes

Ein *Objekt* besitzt die folgenden Eigenschaften:

- Es ist *einmalig* und wird systemweit eindeutig identifiziert durch ein *Surrogat*.
- Es kann mit gewissen Einschränkungen (von anderen Objekten) *unabhängig existieren*.
- Es durchläuft eine Lebensdauer: es wird erzeugt; es kann so oft wie notwendig *verändert* werden, ohne daß es seine Identität verliert; es kann schließlich *entfernt* werden.
- Es besitzt einen *strukturellen Teil*, deren Bestandteile üblicherweise über *Attribute* zugänglich sind. Der einem Attribut zugeordnete Inhalt kann ein Wert, ein Surrogat oder ein aus Werten und Surrogaten mit den üblichen Mitteln konstruiertes *zusammengesetztes Gebilde* sein (z.B. Menge von n-Tupeln von Werten oder Menge von Surrogaten).
- Es kann an seiner Schnittstelle eine *Nachricht* empfangen und daraufhin eine von seinen im operationalen Teil vordefinierten *Operationen* ausführen.
- Es ist *eingekapselt* in dem Sinne, daß ausschließlich über Nachrichten und vordefinierte Operationen zugegriffen werden kann.
- Es hat zu jedem Zeitpunkt eine eindeutige, aber dem Benutzer verborgene *Adresse*, die sich während seiner Lebensdauer ändern kann.

Eine Menge von Objekten, die Nachrichten gleich bearbeiten, über die gleichen vordefinierten Operationen verfügen und die gleiche innere Struktur besitzen (aber im allgemeinen nicht den gleichen Inhalt), kann als Menge von *Instanzen* einer *Klasse* aufgefaßt werden. In der *Vereinbarung der Klasse* werden dann gerade die angeführten Merkmale als *Typ* der Klasse beschrieben; wird ein Objekt *als Instanz der Klasse erzeugt*, so erhält es diese Merkmale und behält sie während seiner Lebenszeit. Klassen bzw. Typen können eine Hierarchie bilden, wobei Merkmale eines Obertyps an seine Untertypen *vererbt* werden.

Die Eigenschaften eines *Surrogates* ergeben sich wie folgt:

- Ein Surrogat *identifiziert eindeutig* ein Objekt. Ein Surrogat ist *gültig* genau in der Lebensdauer dieses Objekts.
- Der *Inhalt* des Surrogat-Bestandteils (im identifizierenden Teil) eines Objekts kann während der Lebensdauer des Objekts *nicht geändert* werden.
- Surrogate sind *systemkontrolliert*: die sie betreffenden Funktionen (nämlich erzeugen, vervielfachen, ungültig machen und testen auf Gleichheit) werden ausschließlich vom System ausgeführt.
- Surrogate werden *niemals einem Benutzer gezeigt*.

Andererseits gelten für *Werte* die folgenden Regeln:

- Werte sind Elemente einer *Domäne*, die durch besondere Benutzer vereinbart werden können.
- Die *Inhalte* von Bestandteilen im strukturellen Teil eines Objekts, die aus Werten und Surrogaten aufgebaut werden, können während der Lebenszeit des Objekts *geändert* werden.
- Werte sind *benutzerkontrolliert*: die sie betreffenden Funktionen mit ihren Domänen können durch besondere Benutzer vereinbart werden und von allen Benutzern ausgeführt werden.
- Werte können dauerhaft existieren *nur innerhalb eines Objekts*.
- Werte haben eine *benutzersichtbare Darstellung*.

11.1 Eine objektorientierte Beschreibung des relationalen Datenmodells

Für das relationale Datenmodell haben wir in Kapitel 8 unter anderem folgende Mengen definiert:

A unendliche Menge der *Attribute*,
B Menge der *semantischen Bereichsnamen*.

Hieraus kann man die für das relationale Datenmodell verwendeten *Typen* aufbauen:

- *Atomare Typen* sind die Elemente aus **B**.
- *Strukturelle Typen* sind
  Tupeltypen der Form $\mu : X \to \mathbf{B}$, wobei X eine endliche Teilmenge von **A** ist, und
  Mengentypen der Form $\wp(\mu)$, wobei μ ein Tupeltyp ist.
- *Änderungstypen* (zum Einfügen und Entfernen) sind von der Form $[\wp(\mu),\mu] \to \wp(\mu)$.
- *Anfragetypen* sind von der Form $[\wp(\mu_1),...,\wp(\mu_n)] \to \wp(\mu_0)$, wobei $\wp(\mu_i)$ ein Mengentyp ist.

Für Anfragetypen verlangt man im allgemeinen zusätzlich, daß ihre Komponenten *verträglich* sind, d.h. für einen Anfragetyp $[\wp(\mu_1),...,\wp(\mu_n)] \to \wp(\mu_0)$ fordert man, daß die Tupeltypen μ_i für gemeinsame Attribute gleiche Bereichsnamen liefern (was wir in Kapitel 8 durch eine geeignete Definition der Domänenvereinbarung **a** sichergestellt haben). Wie man sieht, sind die Typkonstruktoren der Tupelbildung, der Mengenbildung, der Sequenzbildung und der Funktionbildung nur sehr eingeschränkt verwendbar. Eine Motivation für die Entwicklung objektorientierter Datenmodelle liegt gerade darin, diese Einschränkung abzuschwächen oder gar ganz aufzuheben.

Beispiel: Wir betrachten wieder wie in Kapitel 8 den stark vereinfachten Ausschnitt einer Arztpraxis. Als *Attribute* und *semantische Bereichsnamen* verwenden wir

$$\mathbf{A} = \{\text{Name, Geschlecht, Eltern, Patient, Arzt, ArtPro, ...}\} \cup \{D\} \text{ und}$$

$$\mathbf{B} = \{\text{Mensch, Geschlecht, ArtPro, Universum}\};$$

Die grundlegenden *Tupeltypen* werden definiert durch

$$\mu_{\text{PERSON}} = \begin{pmatrix} \text{Name} & | & \text{Geschlecht} \\ \text{Mensch} & | & \text{Geschlecht} \end{pmatrix} ; \qquad \mu_{\text{ELT}} = \begin{pmatrix} \text{Name} & | & \text{Eltern} \\ \text{Mensch} & | & \text{Mensch} \end{pmatrix} ;$$

$$\mu_{\text{BEH}} = \begin{pmatrix} \text{Patient} & | & \text{Arzt} & | & \text{ArtPro} \\ \text{Mensch} & | & \text{Mensch} & | & \text{ArtPro} \end{pmatrix} ; \qquad \mu_D = \begin{pmatrix} D \\ \text{Universum} \end{pmatrix} .$$

Damit ergeben sich als grundlegende *Mengentypen*

für Relationenschema	PERSON:	$\wp(\mu_{\text{PERSON}})$,
für Relationenschema	ELT:	$\wp(\mu_{\text{ELT}})$,
für Relationenschema	BEH:	$\wp(\mu_{\text{BEH}})$,
für das Universum	D:	$\wp(\mu_D)$.

Und folgende *Änderungstypen* kommen vor:

$$[\wp(\mu_{\text{PERSON}}), \mu_{\text{PERSON}}] \rightarrow \wp(\mu_{\text{PERSON}}),$$
$$[\wp(\mu_{\text{ELT}}), \mu_{\text{ELT}}] \rightarrow \wp(\mu_{\text{ELT}}),$$
$$[\wp(\mu_{\text{BEH}}), \mu_{\text{BEH}}] \rightarrow \wp(\mu_{\text{BEH}}).$$

Die vorkommenden *Anfragetypen* bestimmen wir wie folgt. In Kapitel 8 haben wir bei der Definition der Relationenalgebra bzw. des Relationenkalküls für jeden Ausdruck jeweils einen *Definitionsbereich* bestimmt, wobei wir zur Vereinfachung semantische Bereichsnamen vernachlässigt haben. Diese Definitionsbereiche kann man als Kurzform der betreffenden *Anfragetypen* auffassen. Dazu benutzen wir folgende Abkürzung:

$$\text{Argument} \equiv [\ \wp(\mu_D), \ \wp(\mu_{\text{PERSON}}), \ \wp(\mu_{\text{ELT}}), \ \wp(\mu_{\text{BEH}})\ ].$$

Dann kann man *relationale Ausdrücke* für die Arztpraxis mit ihren *Anfragetypen* wie folgt induktiv definieren:

1. PERSON mit Anfragetyp Argument $\rightarrow \wp(\mu_{\text{PERSON}})$,
   ELT mit Anfragetyp Argument $\rightarrow \wp(\mu_{\text{ELT}})$,
   BEH mit Anfragetyp Argument $\rightarrow \wp(\mu_{\text{BEH}})$,
   D mit Anfragetyp Argument $\rightarrow \wp(\mu_D)$
   sind relationale Ausdrücke.

2. Sind Φ mit Anfragetyp Argument $\rightarrow \wp(\mu_\Phi)$ und
   Ψ mit Anfragetyp Argument $\rightarrow \wp(\mu_\Psi)$
   relationale Ausdrücke,
   $A, B \in \mathbf{A} \cup \{D\}$ Attribute und
   $X \subseteq_{\text{endlich}} \mathbf{A} \cup \{D\}$ Attributmenge,

dann sind folgende Terme auch relationale Ausdrücke:

$(\Phi \bowtie \Psi)$ mit Anfragetyp   Argument $\twoheadrightarrow \wp(\mu_\Phi \cup \mu_\Psi)$,

$(\Phi + \Psi)$ mit Anfragetyp   Argument $\twoheadrightarrow \wp(\mu_\Phi \cup \mu_\Psi)$,

$\pi_q(\Phi)$ mit Anfragetyp   Argument $\twoheadrightarrow \wp(\mu_q)$,

         wobei $q : X \twoheadrightarrow$ dom μ_Φ und $\mu_q : X \twoheadrightarrow \mathbf{B}$ mit $\mu_q(A) := \mu_\Phi(q(A))$;

$\sigma_{A=B}(\Phi)$ mit Anfragetyp   Argument $\twoheadrightarrow \wp(\mu_\Phi)$,

         wobei $\{A, B\} \subset$ dom μ_Φ und $\mu_\Phi(A) = \mu_\Phi(B)$;

$\sigma_{A \neq B}(\Phi)$ mit Anfragetyp   Argument $\twoheadrightarrow \wp(\mu_\Phi)$,

         wobei $\{A, B\} \subset$ dom μ_Φ und $\mu_\Phi(A) = \mu_\Phi(B)$;

$\gamma(\Phi)$ mit Anfragetyp   Argument $\twoheadrightarrow \wp(\mu_\Phi)$.

Wie man sieht, ist der Ergebnistyp jeweils einfach und rein syntaktisch (d.h. etwa zur Übersetzungszeit) bestimmbar. Diese Eigenschaft kann man vielfältig ausnutzen, insbesondere bei der Übersetzung von relationalen Ausdrücken (oder Formeln) in andere Sprachebenen oder bei der angesichts großer Datenmengen so wichtigen Optimierung (siehe auch Kapitel 14). Die Einfachheit der Bestimmung des Ergebnistyps rührt natürlich insbesondere von den im relationalen Datenmodell gegebenen Einschränkungen bei der Verwendung von Typkonstruktoren her. Wenn man diese Einschränkungen in objektorientierten Modellen abschwächt, so hat man darauf zu achten, daß die Vorteile der rein syntaktischen Bestimmung des Ergebnistyps nicht verloren gehen.

Im relationalen Datenmodell ist ein Tupel eine grundlegende Einheit. Entsprechend werden wir Tupel nun als *Objekte* deuten. Die Schnittstelle und Operationen eines solchen Tupelobjektes sowie sein Surrogat sind den Benutzern einer relationalen Datenbank weitgehend verborgen: sie werden erst für die tatsächliche Verwirklichung der relationalen Operationen, aber nicht für deren Spezifikation benötigt. Dies haben wir bereits in Kapitel 10 beispielhaft behandelt: für Zugriffsstrukturen benutzt man *Tupelidentifikatoren*, TIDs, im wesentlichen wie *Surrogate*, und bei den Verwirklichungen des natürlichen Verbundes erfolgen die Zugriffe auf, bzw. Operationen mit Tupeln ausschließlich auf einer dem Benutzer verborgenen Ebene. Der strukturelle Teil von Tupelobjekten ist dagegen den Benutzern bekannt: für Tupel der gespeicherten Basisrelationen sind nämlich die entsprechenden Tupeltypen im wesentlichen im Datenbankschema vereinbart, und für Tupel von Anfrageergebnissen sind die Tupeltypen aus dem Anfrageausdruck und dem Datenbankschema bestimmbar.

Im relationalen Datenmodell treten Tupel, wenn sie erst einmal in die Datenbank eingefügt worden sind, stets nur als Elemente einer Relation auf. Dabei enthält eine Relation immer nur strukturell gleiche Tupel, wobei die Struktur im Relationenschema vereinbart oder durch den Definitionsbereich einer Anfrage bestimmt wird. Damit kann man ein Relationenschema als eine fest vereinbarte *Klasse* deuten.

Relational gedacht wird bei der Vereinbarung eines Relationenschemas $< R \mid X \mid >$ die Struktur der Tupel seiner gültigen Ausprägungen r (d.h. seiner "Instanzen" im relationalen Sinne) festgelegt; diese Ausprägungen werden verändert, indem neue, aber strukturell gleiche Tupel eingefügt bzw. vorhandene Tupel gelöscht werden.

Objektorientiert gedacht bedeutet dies, daß die als Objekte gedeuteten Tupel gerade die "Instanzen" (im objektorientierten Sinne) des als Klasse gedeuteten Relationenschemas sind; die "Bevölkerung" einer solchen Klasse wird durch das Erzeugen neuer Tupelobjekte bzw. das Entfernen vorhandener Tupelobjekte verändert. Unter dieser Deutung muß man sich für Anfrageergebnisse jeweils eine neue Klasse erzeugen, deren "Bevölkerung" gerade die Tupelobjekte des Ergebnisses sind.

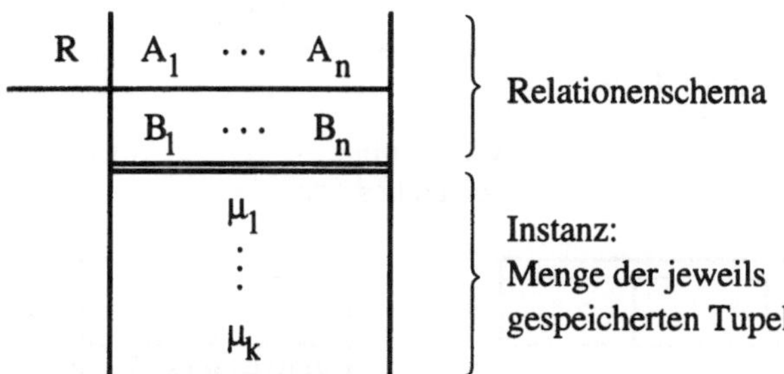

Bild 11.3   Relationale Denkweise: Relationenschema mit Instanz

Die relationale Denkweise kann man sich wie in Bild 11.3 veranschaulichen. Eine mögliche objektorientierte Deutung wird in Bild 11.4 gezeigt. Sie stellt alle Angaben (Klasse mit Bevölkerung, operationaler und struktureller Typ, Tupel) durchgehend als Objekte dar: Das Klassenobjekt (siehe Bild 11.4a) erhält das Surrogat id_R und besitzt Attribute für das Relationensymbol R, für die Surrogate der Typobjekte, nämlich id_S für den strukturellen Typ und id_O für den operationalen, sowie für die Menge der Surrogate seiner Bevölkerung, wobei das Surrogat id_i das Tupelobjekt für das Tupel μ_i sei. Das Typobjekt für den strukturellen Typ (siehe Bild 11.4b) besitzt unter anderem ein Attribut für die Menge der im Relationenschema vereinbarten Attribute (im relationalen Sinne) und der jeweils zugeordneten semantischen Bereichsnamen; das Typobjekt für den operationalen Typ (siehe Bild 11.4c) enthält insbesondere hier nicht weiter behandelte Einzelheiten über Zugriffsstrukturen. Jedes Tupelobjekt (siehe Bild 11.4d) schließlich besitzt die im Relationenschema vereinbarten Attribute $A_1,...,A_n$. Im Tupelobjekt für das Tupel μ_i sind dann unter diesen Attributen die zugehörigen Werte $\mu_i(A_1),...,\mu_i(A_n)$ angeheftet.

Vergleicht man das in Kapitel 8 skizzierte Datenbankschema RS_{Schema}, dessen Instanzen Datenbankschemas für Anwendungen sind (d.h. die Tupel dieser Instanzen stellen die Relationenschemas für Anwendungen dar), mit der obigen objektorientierten Deutung von Relationenschemas, so sieht man, daß die objektorientierte Denkweise vielfältige Möglichkeiten zur Anpaßbarkeit und Erweiterung liefert: während im relationalen Ansatz die möglichen Relationenschemas durch das (Meta-) Datenbank-Schema RS_{Schema} recht fest bestimmt sind, können die Typ- und Klassenobjekte im objektorientierten Ansatz sehr vielfältiger ausfallen, nämlich entsprechend von geeignet definierten Klassen mit zugehörigen Typen, von denen sie ihrerseits Instanzen (im objektorientierten Sinn) sind.

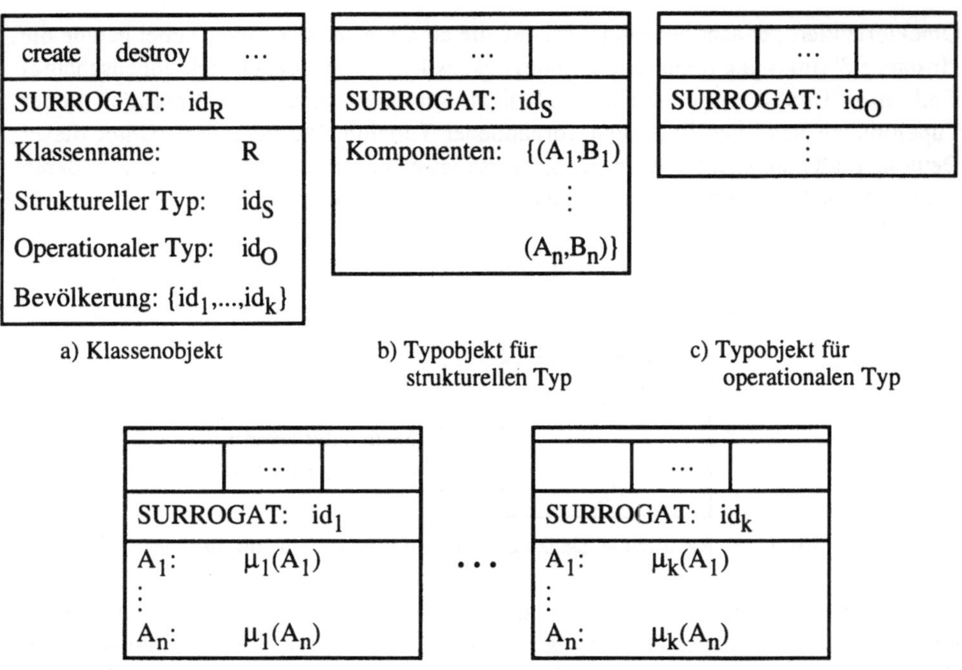

a) Klassenobjekt   b) Typobjekt für   c) Typobjekt für
                            strukturellen Typ   operationalen Typ

d) Tupelobjekte

Bild 11.4 Eine objektorientierte Deutung eines Relationenschemas mit Instanz

Die im relationalen Modell bereits angelegte Möglichkeit der Selbstbeschreibung einer Datenbank (indem ihr Schema, oder allgemeiner "Datenwörterbuch", wiederum in Form von Relationen abgelegt wird) findet also im objektorientierten Ansatz seine anpaßbare und erweiterbare Verallgemeinerung (indem die Typ- und Klassenangaben von Objekten wiederum in Form von Objekten abgelegt werden).

In Kapitel 8, bei der Einführung des relationalen Daten*modells*, haben wir die *Strukturen* einer Anwendung durch ein *Datenbankschema* beschrieben. In Kapitel 10, bei der *Verwirklichung* von relationalen Operationen, haben wir diese Strukturbeschreibung zu einem *Datenwörterbuch* ergänzt, indem wir Angaben über *operationale* Gesichtspunkte hinzufügten. Diese im relationalen Ansatz vorgesehene strikte Trennung von allen Benutzern sichtbaren strukturellen Gesichtspunkten und nur ausgewählten Benutzern zugänglichen operationalen Gesichtspunkten ist im objektorientierten Ansatz einerseits aufgehoben und andererseits auch wieder verallgemeinert.

Die Trennung ist aufgehoben, indem Objekte grundsätzlich sowohl einen strukturellen als auch einen operationalen Teil besitzen, wobei der Zugang zum strukturellen Teil ausschließlich über den operationalen Teil erfolgen kann. Letztlich kann man dies auch so verstehen, daß der strukturelle Teil überhaupt nicht direkt sichtbar ist, sondern über geeignete Operationen zugänglich gemacht werden muß: für jedes Attribut A eines Objektes müssen entsprechende Lese- und Schreiboperationen, etwa lies_A und schreib_A, vereinbart werden. Unter dieser Sichtweise ergeben sich im objektorientierten Ansatz neue Möglichkeiten der Modellierung, indem man sogenannte "virtuelle

Attribute" einführt: diese sind durch entsprechende Lese- und Schreiboperationen vereinbart, aber ihre Verwirklichung greift nicht nur einfach auf im strukturellen Teil direkt *gespeicherte* Gebilde zu, sondern *"errechnet"* diese *mit Hilfe* der gespeicherten Gebilde.

Die oben angesprochene Trennung von strukturellen und operationalen Gesichtspunkten kann man in zweierlei Hinsicht in objektorientierten Datenmodellen als verallgemeinert ansehen. Zum einen sind die Möglichkeiten, strukturelle und operationale Typen zu bilden, vielfältiger als im auch in dieser Hinsicht starren relationalen Modell. Zum anderen erlauben manche objektorientierte Modelle, daß Klassen für ihre operationalen Typen ihre jeweils besonderen Verwirklichungen, häufig *Methoden* genannt, besitzen dürfen. Versieht man dann eine Klasse mit einem operationalen Typ, so legt man zunächst nur die *Struktur* der betreffenden Operationen und gegebenenfalls eine (partielle) *Semantik*, etwa als Vor- und Nachbedingung, fest; man kann dann aber unabhängig davon für die Klasse bestimmen, durch welche Methoden die Operationen verwirklicht werden sollen.

Im relationalen Datenmodell können *semantische Bedingungen* vereinbart werden, und zwar lokale Bedingungen für einzelne Relationenschemas, insbesondere funktionale Abhängigkeiten, und globale für mehrere Relationenschemas, insbesondere Enthaltenseinsabhängigkeiten. Wie schon früher erwähnt beschreiben solche Bedingungen nicht nur statische Gesichtspunkte, sondern auch dynamische Gesichtspunkte: bei jeder Änderung muß sichergestellt werden, daß anschließend die geforderten Bedingungen wieder erfüllt sind. Die im relationalen Daten*modell* vereinbarten *Bedingungen* müssen bei der *Verwirklichung* also in geeignete *Operationen* für das Einfügen, Abändern und Entfernen von Tupeln überführt werden.

Im objektorientierten Ansatz bedeutet dies zunächst, daß die entsprechenden Operationen zur Erzeugung, Zustandsänderung und Entfernung von Objekten geeignet definiert werden müssen. Als Beispiel betrachten wir ein Relationenschema $< R \mid X \mid \{K \rightarrow X\}>$, in dem die funktionale Abhängigkeit $K \rightarrow X$ eine *Schlüsselbedingung* ausdrückt. In der objektorientierten Deutung muß die Operation, mit der ein neues Tupelobjekt als Instanz des das Relationenschema darstellenden Klassenobjektes erzeugt werden kann (in obigem Bild 11.4a die Operation create), überprüfen, ob die als aktuelle Parameter gegebenen Schlüsselwerte schon in einem der Tupelobjekte der Bevölkerung der Klasse vorkommen und gegebenenfalls die tatsächliche Erzeugung verweigern. Grundsätzlich kann man natürlich das logikorientierte Vorgehen im relationalen Modell, nämlich Bedingungen in Form von zu erfüllenden Formeln zu vereinbaren, auch mit den objektorientierten Ansätzen verbinden, etwa indem man vorsieht, daß für Objekte (insbesondere für Klassenobjekte) *Zustandsbedingungen*, die bei Zustandsänderungen invariant bleiben müssen, vereinbart werden können. Wenn man dann aber gleichzeitig auch im operationalen Teil die Änderungsoperationen und ihre Methoden festlegen kann, muß Vorsorge getroffen werden, daß die vereinbarten Bedingungen von den festgelegten Methoden tatsächlich eingehalten werden.

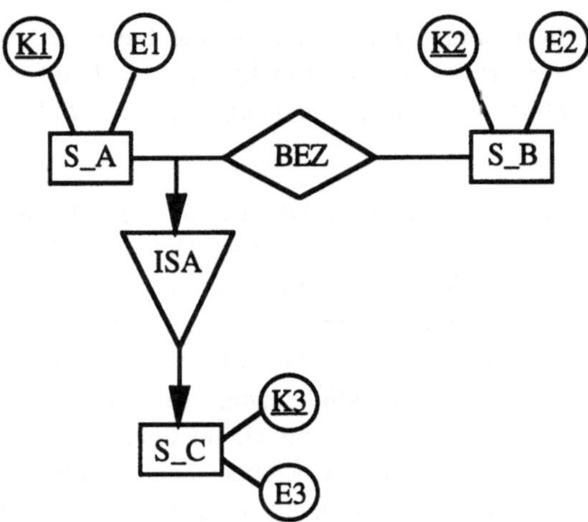

Bild 11.5 Eine Beziehungenklasse mit betroffenen Seiendenklassen

Wir betrachten nun die in Bild 11.5 gegebene Modellierung durch ein ER-Diagramm. Die modellierten Gegebenheiten kann man relational etwa wie folgt formalisieren:

$$< \text{S\_A} \mid \{\text{K1, E1}\} \mid \{\text{K1} \rightarrow \text{E1}\} >,$$
$$< \text{S\_B} \mid \{\text{K2, E2}\} \mid \{\text{K2} \rightarrow \text{E2}\} >,$$
$$< \text{S\_C} \mid \{\text{K3, E3}\} \mid \{\text{K3} \rightarrow \text{E3}\} >,$$
$$< \text{BEZ} \mid \{\text{K1, K2}\} \mid \emptyset >,$$
$$\pi_{K1}(\text{BEZ}) \subset \pi_{K1}(\text{S\_A}),$$
$$\pi_{K2}(\text{BEZ}) \subset \pi_{K2}(\text{S\_B}),$$
$$\pi_{K1}(\text{BEZ}) \subset \pi_{K3}(\text{S\_C}).$$

Im objektorientierten Ansatz kann man die *Seiendenklassen* ("Klasse" hier im Sinn der semantischen Begriffe) auf natürliche Weise durch Klassenobjekte ("Klasse" hier im objektorientierten Sinn) mit ihren Instanzen darstellen. Diese Darstellung entspricht dann auch genau der oben besprochenen Deutung eines Relationenschemas und ihrer Instanz (im relationalen Sinn) durch ein Klassenobjekt und seinen Instanzen (im objektorientierten Sinn). Die Verträglichkeit von *lokalen* Bedingungen und Methoden ist meistens noch recht einfach herstellbar, weil sie sich beide im wesentlichen auf ein *einziges* Objekt (oder auf ein Klassenobjekt und seine Instanzen) beziehen. Dagegen gestaltet sich ganz allgemein die objektorientierte Darstellung von *Zusammenhängen* zwischen Gegebenheiten, insbesondere also von globalen semantischen Bedingungen (des relationalen Datenmodells) wesentlich schwieriger. Denn solche Zusammenhänge beziehen sich nicht mehr ohne weiteres auf ein einziges Objekt.

Als Beispiel betrachten wir weiter die obige Modellierung. Eine im objektorientierten Ansatz natürliche Formalisierung der Beziehungen BEZ besteht darin, für Tupelobjekte zur Klasse S_A ein Attribut vorzusehen, unter dem man die Menge der Surrogate der in der Beziehung stehenden Tupelobjekte zur Klasse S_B ablegt (und damit an das Objekt "anheftet"), und entsprechend symmetrisch für Tupelobjekte zur Klasse S_B vorzugehen.

S_A	K1	E1
	a1	e1
	a2	e2
	a3	e3

S_B	K2	E2
	b1	f1
	b2	f2
	b3	f3

BEZ	K1	K2
	a1	b1
	a1	b2
	a2	b2

Bild 11.6 Relationen zur relationalen Formalisierung des ER-Diagramms aus Bild 11.5

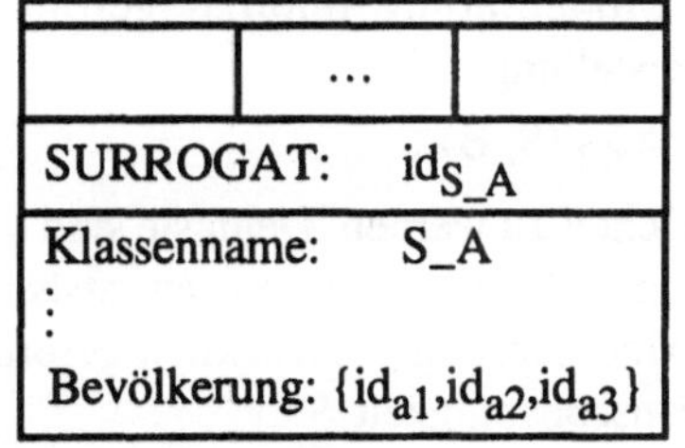

	...	
SURROGAT:	id_{S_A}	
Klassenname:	S_A	
⋮		
Bevölkerung: $\{id_{a1}, id_{a2}, id_{a3}\}$		

a) Klassenobjekt für
Seiendenklasse S_A

	...	
SURROGAT:	id_{S_B}	
Klassenname:	S_B	
⋮		
Bevölkerung: $\{id_{b1}, id_{b2}, id_{b3}\}$		

b) Klassenobjekt für
Seiendenklasse S_B

	...	
SURROGAT:	id_{a1}	
K1:	a1	
E1:	e1	
BEZ_A:	$\{id_{b1}, id_{b2}\}$	

	...	
SURROGAT:	id_{a2}	
K1:	a2	
E1:	e2	
BEZ_A:	$\{id_{b2}\}$	

	...	
SURROGAT:	id_{a3}	
K1:	a3	
E1:	e3	
BEZ_A:	Ø	

c) Tupelobjekte für Seiendenklasse S_A

	...	
SURROGAT:	id_{b1}	
K2:	b1	
E2:	f1	
BEZ_B:	$\{id_{a1}\}$	

	...	
SURROGAT:	id_{b2}	
K2:	b2	
E2:	f2	
BEZ_B:	$\{id_{a1}, id_{a2}\}$	

	...	
SURROGAT:	id_{b3}	
K2:	b3	
E2:	f3	
BEZ_B:	Ø	

d) Tupelobjekte für Seiendenklasse S_B

Bild 11.7 Eine objektorientierte Darstellung der Modellierung aus Bild 11.5 und der
Relationen aus Bild 11.6

Sind im relationalen Ansatz die in Bild 11.6 gezeigten Relationen gegeben, so ergibt sich dann die in Bild 11.7 veranschaulichte objektorientierte Darstellung, wobei die Typobjekte der Einfachheit halber weggelassen worden sind. Die Beziehungsrelation bez des relationalen Modells ist in der obigen objektorientierten Darstellung aufgelöst in ihre Fasern der Form

$$\pi_{K2}(\sigma_{K1=a}(bez)) \quad \text{für } a \in \pi_{K1}(s\_a) \quad \text{bzw.} \quad \pi_{K1}(\sigma_{K2=b}(bez)) \quad \text{für } b \in \pi_{K2}(s\_b),$$

die direkt an die den Schlüsselwerten a bzw. b entsprechenden Tupelobjekte "angeheftet" werden. Dadurch ergibt sich einerseits eine Redundanz, weil jedes Tupel (a,b) sowohl durch die Faser zu a als auch durch die Faser zu b dargestellt wird. Diese Redundanz erschwert insbesondere die Änderungsoperationen: eine für Tupelobjekte der Klasse S_A vereinbarte Änderungsoperation zum Attribut BEZ_A muß sowohl den Inhalt des Attributes BEZ_A ändern als auch Nachrichten an die entsprechenden Tupelobjekte der Klasse S_B versenden, damit diese jeweils den Inhalt ihres Attributes BEZ_B geeignet ändern. Andererseits brauchen die durch die Modellierung implizit geforderten Enthaltenseinsabhängigkeiten für die relationale Darstellung,

$$\pi_{K1} (BEZ) \subset \pi_{K1} (S\_A) \quad \text{und} \quad \pi_{K2} (BEZ) \subset \pi_{K2} (S\_B),$$

im objektorientierten Ansatz nicht ausdrücklich beachtet zu werden. Denn sie sind durch die Art der Darstellung automatisch erfüllt, weil man die Fasern ja nur an tatsächlich vorhandene Objekte "anheften" kann. Die in der Modellierung ausdrücklich geforderte Verweisbedingung, relational durch die Enthaltenseinsabhängigkeit

$$\pi_{K1} (BEZ) \subset \pi_{K3} (S\_C)$$

erfaßt, muß jedoch auch im objektorientierten Ansatz ausdrücklich in der Änderungsoperation zum Attribut BEZ_A berücksichtigt werden: sobald der Inhalt des Attributes BEZ_A von einem Tupelobjekt der Klasse S_A durch neu hinzukommende Elemente verändert wird, müssen geeignete Maßnahmen in der Klasse S_C ausgelöst werden.

Man kann die Beziehungen aus der Modellierung im objektorientierten Ansatz auch anders formalisieren, nämlich indem man einfach das Relationenschema < BEZ I {K1, K2 } I Ø > mit seiner jeweiligen Instanz bez gemäß dem oben vorgestellten allgemeinen Muster durch eine entsprechende Objektklasse mit ihren jeweiligen Instanzen deutet. Dann muß man die durch die Modellierung implizit geforderten Enthaltenseinsabhängigkeiten wieder ausdrücklich bei den Änderungsoperationen zur Objektklasse berücksichtigen. Ob man diese zweite Art der Formalisierung als "natürlich" empfindet, läßt sich nur im Einzelfall beurteilen: sieht man eine objektorientierte Formalisierung als unmittelbare *Nachbildung* des betrachteten Unternehmens an, so ist diese zweite Art "natürlich" nur insoweit, wie man die Beziehungen wieder als "höherstufige Seiende" auffassen kann.

Bei der Modellierung treten häufig *Aussonderungs-* und *Verallgemeinerungsbedingungen* auf, die im relationalen (und auch im logischen) Datenmodell reichlich mühsam zu formalisieren sind. In objektorientierten Ansätzen werden solche Bedingungen dagegen meistens durch die Hierarchiebildung von Klassen und Typen recht unmittelbar unterstützt, wie wir nun zeigen wollen. Aussonderungs- und Verallgemeinerungsbedingungen haben die in Bild 11.8 gezeigte allgemeine Form. Bei der Modellierung einer Arztpraxis ergibt sich etwa das Beispiel aus Bild 11.9, in dem wir abweichend von Kapitel 5 außer den Aussonderungsbedingungen noch eine zusätzliche (inhaltlich gerechtfertigte) Verallgemeinerungsbedingung fordern. Bei der Formalisierung im logischen Datenmodell haben wir diese Hierarchie unter drei Gesichtspunkten behandelt.

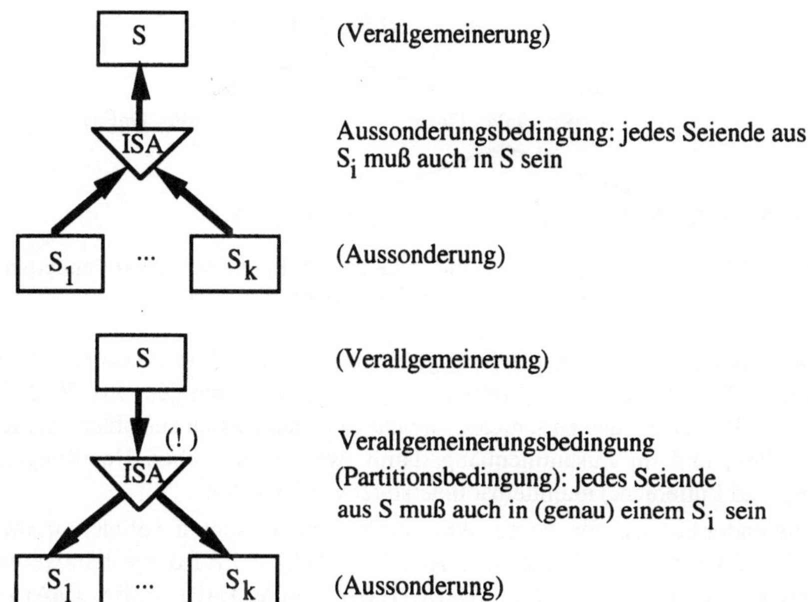

Bild 11.8 ER-Diagramme für Aussonderungs- und Verallgemeinerungsbedingungen

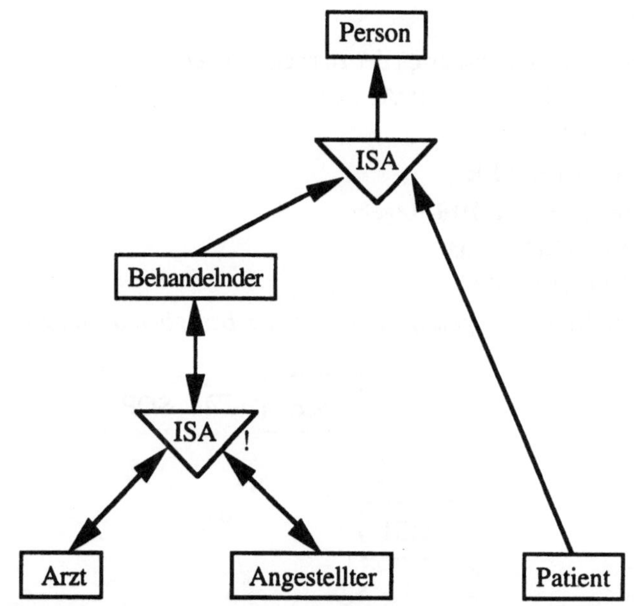

Bild 11.9 Ein Beispiel für Aussonderungs- und Verallgemeinerungsbedingungen

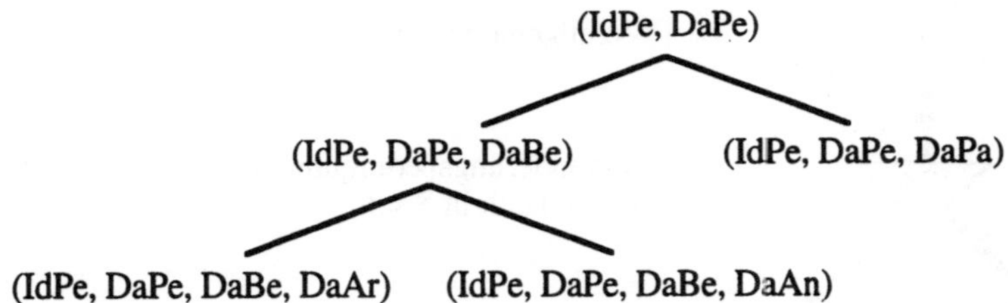

Bild 11.10 Spezialisierungshierarchie struktureller Typen der logikorientierten Formalisierung der Modellierung aus Bild 11.9

Wir haben zunächst eine *Spezialisierungshierarchie* bezüglich (verkürzt notierter) struktureller Typen aufgestellt, indem wir die Attributmengen aus Bild 11.10 betrachteten. Wir haben dann entschieden, welche Seiendenklassen aufzählend dargestellt werden sollen, und im Zusammenhang damit, welche einfachen Handlungen des Einfügens (und Entfernens) unmittelbar unterstützt werden sollen:

- Die Seiendenklassen für Ärzte, Angestellte und Patienten sollen *vollständig aufzählend* durch die Basisrelationen ARZT, ANG bzw. PAT dargestellt werden, in die Tupel vom Typ (IdPe, DaPe, DaBe, DaAr), (IdPe, DaPe, DaBe, DaAn) bzw. (IdPe, DaPe, DaPa) unmittelbar eingefügt werden können.

- Die Seiendenklasse für Personen soll *teilweise aufzählend* durch die Basisrelation SOP dargestellt werden, in die Tupel vom Typ (IdPe, DaPe) unmittelbar eingefügt werden können.

Schließlich haben wir für die Instanzen der zu speichernden

    Basisrelationen   ARZT, ANG, PAT, SOP

und der zu erschließenden

    Sichtrelationen   BEH, PER

durch die (hier kurz notierten) **IDB**-Regeln

    BEH = ARZT $\cup$ ANG   und
    PER = BEH $\cup$ PAT $\cup$ SOP

insbesondere die in Bild 11.11 gezeigten *Inklusionen bezüglich Instanzen* hergestellt.

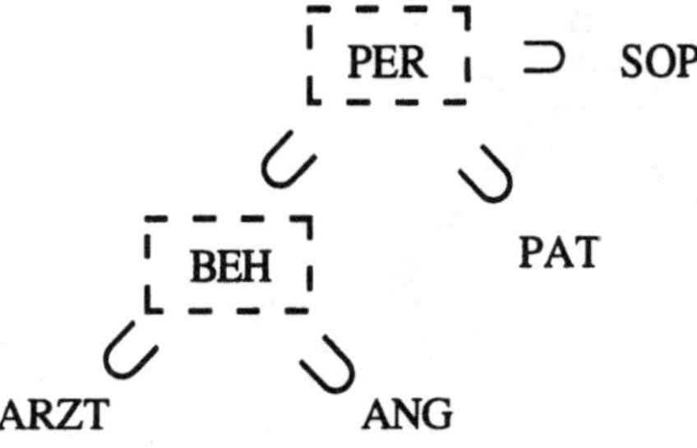

Bild 11.11 Inklusionen bezüglich Instanzen der logikorientierten Formalisierung der Modellierung aus Bild 11.9

Zusammenfassend haben wir also im logikorientierten Datenmodell Entscheidungen bezüglich folgender Gesichtspunkte getroffen:

- strukturelle Typen und ihre Spezialisierungshierarchie,
- Möglichkeit des unmittelbaren Einfügens,
- Inklusionshierarchie bezüglich Instanzen.

In objektorientierten Ansätzen werden diese Entscheidungen im wesentlichen wie folgt ausgedrückt.

Für strukturelle und operationale Typen kann man eine *Spezialisierungshierarchie* mit *Vererbung* (von Komponenten) einführen: grob beschrieben ist

ein Typ τ_2 *spezieller als* ein Typ τ_1 (oder τ_2 ist Untertyp von τ_1), wenn alle für τ_1 vereinbarten Komponenten (Attribute und Operationen) auch für τ_2 definiert sind.

Ist ein Typ τ_1 schon vereinbart, so kann man einen spezielleren Typ τ_2 dadurch vereinbaren, daß man τ_2 als *Spezialisierung* von τ_1 ausweist, wodurch alle Komponenten von τ_1 auch Komponenten von τ_2 werden (man sagt dann, daß diese Komponenten *vererbt* werden), und die zusätzlichen Komponenten von τ_2 ausdrücklich aufzählt.

Für Klassen kann man eine mit der Typhierarchie verträgliche *Klassenhierarchie* einführen: grob beschrieben ist

eine Klasse K_2 *enthalten in* einer Klasse K_1, wenn
1. der Typ τ_2 der Klasse K_2 spezieller als der Typ τ_1 der Klasse von K_1 ist und
2. alle Instanzen von K_2 auch als (indirekte) Instanzen von K_1 angesehen werden.

Ist eine Klasse K_1 schon vereinbart, so kann man eine in K_1 enthaltene Klasse K_2 dadurch vereinbaren, daß man
1. für K_2 den spezielleren Typ τ_2 vereinbart und
2. K_2 als *Unterklasse* von K_1 ausweist.

Für jede Klasse kann man angeben, ob sie (direkte) Instanzen haben kann, d.h. ob die Erzeugung von Instanzen (etwa mit Hilfe einer Operation create) möglich ist. Eine Klasse K hat also als "Gesamtbevölkerung"
1. die direkten Instanzen und
2. die indirekten Instanzen von all ihren (transitiven) Unterklassen.

Damit wird für eine Unterklasse K_i der Klasse K stets die entsprechende *Aussonderungsbedingung* erfüllt:

jede Instanz von K_i ist auch Instanz von K.

Dagegen ist für eine Klasse K die *Verallgemeinerungsbedingung* bezüglich ihrer unmittelbaren Unterklassen $K_1,...,K_k$, nämlich daß jede Instanz der Klasse K auch Instanz von einer Unterklasse K_i ist, genau dann erfüllt, wenn für K keine direkten Instanzen erzeugt werden können. In diesem Fall nennt man K eine *abstrakte* (oder auch ungenau "instanzenlose") Klasse.

Für die obige Modellierung einer Arztpraxis würde man also etwa wie folgt vorgehen:

Wir vereinbaren die (strukturellen) *Typen* durch folgende Angaben:

$$\tau_{Person} = (IdPe, DaPe);$$
$$\tau_{Behandelnder} = \tau_{Person} (DaBe);$$
$$\tau_{Arzt} = \tau_{Behandelnder} (DaAr);$$
$$\tau_{Angestellter} = \tau_{Behandelnder} (DaAn);$$
$$\tau_{Patient} = \tau_{Person} (DaPa);$$

Dadurch ergibt sich die *Spezialisierungshierarchie* aus Bild 11.12a.

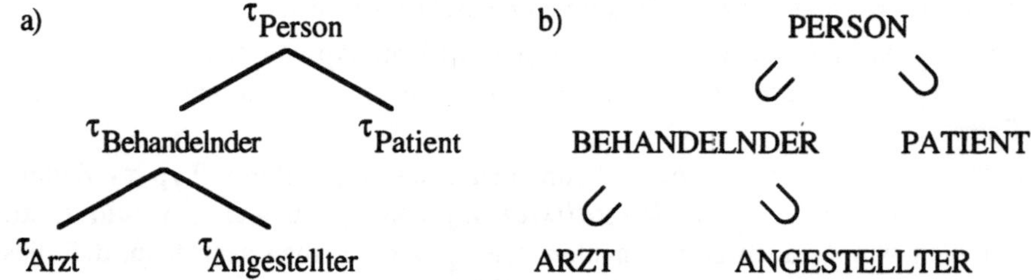

Bild 11.12 a) Spezialisierungshierarchie und b) Inklusionshierarchie der objektorientierten Formalisierung der Modellierung aus Bild 11.9

Wir vereinbaren dann die Klassen durch folgende Angaben:

PERSON   = [Typ: $\tau_{Person};$
                    Oberklasse: --;
                    Erzeugung: ja];

BEHANDELNDER   = [Typ: $\tau_{Behandelnder};$
                    Oberklasse: PERSON;
                    Erzeugung: nein];

ARZT   = [Typ: $\tau_{Arzt};$
                    Oberklasse: BEHANDELNDER;
                    Erzeugung: ja];

ANGESTELLTER   = [Typ: $\tau_{Angestellter};$
                    Oberklasse: BEHANDELNDER;
                    Erzeugung: ja];

PATIENT   = [Typ: $\tau_{Patient};$
                    Oberklasse: PERSON;
                    Erzeugung: ja];

Dadurch ergibt sich entsprechend den *Aussonderungsbedingungen* die *Inklusionshierarchie* (bezüglich Instanzen) aus Bild 11.12b.

Entsprechend der Verallgemeinerungsbedingung für die Klasse BEHANDELNDER gilt zusätzlich folgende Gleichheit (bezüglich Instanzen):

BEHANDELNDER = ARZT $\cup$ ANGESTELLTER

Man beachte, daß zwar im vorliegenden Beispiel die Spezialisierungshierarchie isomorph zur Inklusionshierarchie ist, aber daß im allgemeinen nur eine Verträglichkeit dieser Hierarchien gefordert ist.

Die verschiedenen objektorientierten Ansätze unterscheiden sich unter anderem darin, welche Ausdrucksmöglichkeiten für die oben erörterten Entscheidungen tatsächlich angeboten werden. Zum Beispiel trennen manche Ansätze nicht scharf zwischen Typen und Klassen; manche Ansätze erlauben (wie schon früher angedeutet), für Klassen zu den operationalen Typen Methoden zu vereinbaren; manche Ansätze erlauben die Mehrfachvererbung (Vererbung durch mehrere Obertypen), wobei mögliche Konflikte im allgemeinen durch besondere Vorrangregeln gelöst werden.

11.2   Ein verwirklichter Ansatz: C++ mit ONTOS

Es gibt inzwischen einige Verwirklichungen für objektorientierte Datenmodelle als kommerzielle Produkte (siehe etwa die Übersichten in [He 92, KeMo 93]), insbesondere GemStone, O_2 und ONTOS. Ein wichtiger Gesichtspunkt unter anderen ist dabei eine weitgehende Verträglichkeit der Konzepte des Datenbankmanagementsystems mit den Konzepten der zugundeliegenden objektorientierten Programmiersprache. In diesem Abschnitt soll eine solche, in eine Programmiersprache eingebettete Verwirklichung bespielhaft vorgestellt werden, nämlich C++ mit ONTOS. Bei der Darstellung wird kein Wert auf Vollständigkeit oder Übereinstimmung mit der neuesten Version gelegt, sondern es sollen ausgewählte Fragestellungen für objektorientierte Systeme mit den jeweiligen Lösungsansätzen anhand eines Beispiels veranschaulicht werden.

Die Programmiersprache C++ [Str 86] ist eine objektorientierte Erweiterung der Programmiersprache C. Gegenüber C werden unter anderem folgende Konstrukte neu eingeführt:
* *Objekte.*
* *Objekttypen*, die in C++ "Klassen" genannt werden und im folgenden als "C++-Klassen" bezeichnet werden sollen.
* *Vererbung* von Komponenten an "C++-Unterklassen".
* *Überladen* von (vererbten) Komponenten (durch Redefinition von Methoden, die in C++ für "C++-Klassen" vereinbart werden).
* *Referenzen*, die als alternative Objektnamen verwendet werden.

Das Datenbankmanagementsystem ONTOS[1] [Ont 92a, 92b] kann wiederum im wesentlichen als eine Erweiterung von C++ verstanden werden. In ONTOS werden unter anderem folgende Konstrukte neu eingeführt:
* *Dauerhaftigkeit* (Persistenz) von Objekten.
* Einige *vordefinierte* dauerhafte Objekttypen; diese und daraus durch Spezialisierung gebildete Typen sollen im folgenden als "C++ / ONTOS-Klassen" bezeichnet werden. Diese vordefinierten "C++ / ONTOS-Klassen" stellen insbesondere Typen

---

[1]   ONTOS ist ein Trademark der ONTOS, Inc., Three Burlington Woods, Burlington, MA 01803, USA.

für dauerhafte zusammengesetzte Objekte wie Mengen, Listen oder Wörterbücher zur
Verfügung.

- *Transaktionen.*
- Die Darstellung der Typ- und Methodenvereinbarungen als Instanzen besonderer
  "C++ / ONTOS-Klassen", wodurch die Möglichkeit gegeben wird, auf Verein-
  barungen zur Laufzeit eines C++ / ONTOS-Programms zuzugreifen wie auf ein
  Datenbankschema oder allgemeiner wie auf ein Datenwörterbuch.

Einige der genannten Konstrukte von C++ und von ONTOS sollen im folgenden (zwar
unvollständig und vereinfacht, aber immerhin) soweit erläutert werden, daß wir
anschließend das Beispiel einer Arztpraxis ausschnittsweise mit C++ / ONTOS
behandeln können. Dabei betrachten wir meistens C++ / ONTOS als eine Einheit,
obwohl C++ eine eigenständige Programmiersprache ist. Insbesondere werden wir die
genannten Konstrukte von C++ schon im Hinblick auf ihre Verwendung in ONTOS hin
vorstellen und dabei auch schon auf einige Konstrukte von ONTOS verweisen.

11.2.1 Objekte

Dauerhafte *Objekte* haben im wesentlichen den in der Einleitung dieses Kapitels
erläuterten Aufbau; allerdings ist im identifizierenden Teil neben einem als Surrogat
dienenden UID (unique identifier) eine Angabe über den Typ (und nicht über die Klasse)
vorgesehen.

11.2.2 Objekttypen

Für einen *Objekttyp*, hier speziell eine *"C++ / ONTOS-Klasse"*, wählt man typischerweise folgenden syntaktischen Aufbau:

1. *Name* der "C++ / ONTOS-Klasse".
2. Angabe der direkten *"Oberklasse"*, deren Komponenten vererbt werden.
3. *Struktureller Teil* mit Angabe von *Attributen* und (wie in C üblich vorangestellt)
   deren *Typen*. Dieser Teil kann abgeschirmt werden in dem Sinne, daß ein Zugriff
   ausschließlich über die im operationalen Teil vereinbarten Operationen möglich ist.
   Diese Abschirmung wird durch das Schlüsselwort **private** ausgedrückt.
4. Es folgt der *von außen zugängliche* Teil, der durch das Schlüsselwort **public**
   eingeleitet wird. Typischerweise handelt es sich dabei um den *operationalen Teil.*
5. *Konstruktor* als besondere Operation zur Erzeugung von Objekten der "C++ /
   ONTOS-Klasse"; dieser Konstruktor erhält den gleichen Namen wie die "C++ /
   ONTOS-Klasse" und hat für die Attribute geeignete formale Parameter. Wird ein
   Konstruktor später mit passenden aktuellen Parametern aufgerufen, so wird ein
   Objekt der bezeichneten "C++ / ONTOS-Klasse" erzeugt und mit Hilfe der aktuellen
   Parameter initialisiert.
6. *Destruktor* als besondere Operation zum Entfernen eines Objektes; dieser Destruktor
   wird wieder durch den Namen der "C++ / ONTOS-Klasse" bezeichnet, wobei das
   Zeichen ~ vorangestellt wird.

7. Einfache direkte *Lese- und Änderungsoperationen* für die im strukturellen Teil definierten Attribute; im einfachsten Fall können die Rümpfe dieser Operationen sofort "inline" vereinbart werden.

8. *Zusammengesetzte Operationen* mit (von außen gesehen) indirekten Zugriffen auf den strukturellen Teil; diese Operationen werden als Funktionsprozeduren vereinbart, wobei der Rumpf üblicherweise getrennt definiert wird.

9. Eine *Typoperation*, die die "C++ / ONTOS-Klasse" des jeweiligen Objektes liefert; genauer wird ein Verweis auf ein Objekt der besonderen "C++ / ONTOS-Klasse" namens Type geliefert, das gerade die Typangaben des Objektes enthält.

Unter Verwendung der C++ / ONTOS-Syntax folgt man also dem in Bild 11.13 gezeigten Aufbau (wobei wir zur Erleichterung des Lesers die einzelnen Teile mit ihren obigen Nummern versehen).

```
class   Beispiel_Typ[1] :  public Obertyp[2]
{ private:
    Datentyp_1   Attribut_1[3]
         ⋮                 ⋮

    public[4]:
    Beispiel_Typ(Datentyp_1   attribut_1,...)[5];
    ~Beispiel_Typ()[6];
    Datentyp_1   lies_Attribut_1()[7]
       { return Attribut_1; };
    void aendere_Attribut_1(Datentyp_1   attribut_1)[7]
       { Attribut_1 = attribut_1; };
       ⋮
    Ergebnistyp_1   funktion_1 (formale Parameterliste)[8];
       ⋮
    Type*   getdirectType()[9];
};
```

Bild 11.13 Typischer Aufbau einer "C++ / ONTOS-Klasse"

Im Gültigkeitsbereich einer solchen "C++ / ONTOS-Klassen"-Vereinbarung kann man dann Objekte des vereinbarten Typs erzeugen, indem man die Speicherplatz-Allokations-Funktion *new* mit dem Konstruktor des Typs aufruft. Dabei wird ein Verweis auf das erzeugte Objekt zurückgeliefert. Eine C++ / ONTOS-Programmzeile

```
Beispiel_Typ* einBeispiel_Ptr = new Beispiel_Typ(attribut_1_wert,...);
```

bewirkt also folgendes:

- die Vereinbarung einer Zeigervariablen namens `einBeispiel_Ptr` vom Typ "Zeiger auf Objekt vom Typ `Beispiel_Typ`";
- die Erzeugung eines Objektes vom Typ `Beispiel_Typ`;
- die Initialisierung des erzeugten Objektes mit den aktuellen Parameterwerten `attribut_1_wert,...`;
- die Zuweisung des Zeigers auf das erzeugte Objekte an die vereinbarte Zeigervariable `einBeispiel_Ptr`.

Auf die Komponenten eines wie oben erzeugten Objektes kann mit Hilfe eines besonderen Operators $\rightarrow$ zugegriffen werden, der zugleich dereferenziert und selektiert, etwa vermöge

```
einBeispiel_Ptr  →  lies_Attribut_1()    oder
einBeispiel_Ptr  →  funktion_1(aktuelle Parameterliste).
```

Ist eine Dereferenzierung nicht angezeigt, so erfolgt der Zugriff auf eine Komponente durch den üblichen, mit . bezeichneten Selektionsoperator. Liegen also Vereinbarungen folgender Form vor:

```
class  B_Typ
{  .
   :
      ... eineKomponente
   :
   :
};
B_Typ  *einB_Ptr, einB;
```

so kann man in Anweisungen im Gültigkeitsbereich dieser Vereinbarungen Ausdrücke der folgenden Art verwenden:

```
einB_Ptr  →  eineKomponente       (dereferenzieren und selektieren)
einB      .  eineKomponente       (selektieren)
```

11.2.3 Vererbung

Die *Spezialisierungshierarchie* für "C++ / ONTOS-Klassen" wird durch die jeweils hinter dem Namen einer "Klasse" anzugebende "Oberklasse" definiert. Alle Komponenten der "Oberklasse" werden dadurch an die "(Unter-)Klasse" *vererbt*.

Die *Sichtbarkeitsregeln* für die Komponenten lauten in ihrer einfachsten Form:
- auf alle im **private**-Abschnitt vereinbarten Komponenten können nur die in der jeweiligen Klasse vereinbarten Operationen zugreifen;
- auf alle im **public**-Abschnitt vereinbarten Komponenten kann auch "von außen" zugegriffen werden.

Darüber hinaus gibt es eine besondere Sichtbarkeitsregel für Operationen, die in einer "Unterklasse" vereinbart sind:
- auf alle in einem zusätzlichen **protected**-Abschnitt vereinbarte Komponenten können diejenigen Operationen zugreifen, die in der jeweiligen Klasse oder in einer ihrer Unterklassen vereinbart sind.

Als grobes Beispiel betrachten wir einen Ausschnitt der Modellierung einer Arztpraxis. Die sich bei der semantischen Modellierung ergebende Hierarchie aus Bild 11.14a führt unter anderem zur (abstrakten) Spezialisierungshierarchie aus Bild 11.14b. Die entsprechenden (konkreten) "C++ / ONTOS-Klassen" werden als Unterklassen einer vordefinierten "C++ / ONTOS-Klasse" namens Object vereinbart, so daß etwa die Vereinbarungen aus Bild 11.14c vorliegen.

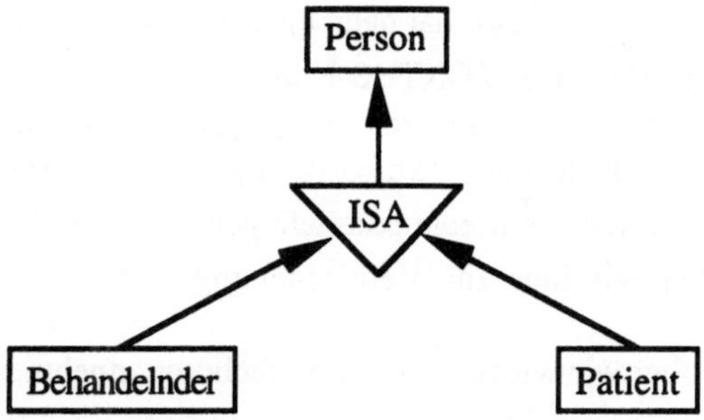

a) ER-Diagramm für Seiendenklassen mit Aussonderungsbedingung

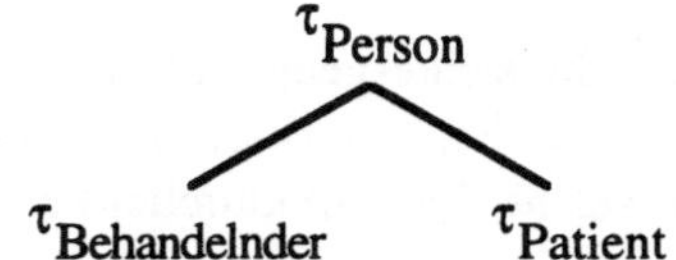

b) Spezialisierungshierarchie für strukturelle Typen

```
class   Object: public  ...
{ private:      ...
  protected: ...
  public:      ...
};

class   Person_Typ: public Object
{ private:      ...
  protected: ...
  public:      ...
};

class   Behandelnder_Typ: public  Person_Typ
{ private:      ...
  protected: ...
  public:      ...
};

class   Patient_Typ: public   Person_Typ
{ private:      ...
  protected: ...
  public:      ...
};
```

c) Vereinbarungen von "C++ / ONTOS-Klassen"

Bild 11.14 Einige Formen der Hierarchiebildung

Ein Objekt vom Typ `Patient_Typ` hat dann die folgenden Komponenten:

1. die von der vordefinierten "C++ / ONTOS-Klasse" `Object` *vererbten* Komponenten,
2. die von der "C++ / ONTOS-Klasse" `Person_Typ` *vererbten* Komponenten,
3. die in der "C++ / ONTOS-Klasse" `Patient_Typ` *vereinbarten* Komponenten.

Diese drei Abschnitte sind jeweils wieder unterteilt gemäß den Sichtbarkeitsangaben:

A: **private**, wobei wir hier zur Vereinfachung annehmen, daß nur Attribute vorliegen;

B: **protected**, wobei wir wieder zur Vereinfachung annehmen, daß nur Attribute vorliegen;

C: **public**, wobei wir hier zur Vereinfachung annehmen, daß nur Operationen vorliegen.

Das Bild 11.15 veranschaulicht die sich ergebenden neun Abschnitte, die wir jeweils entsprechend der obigen Auflistung markieren. Darüber hinaus deuten die eingezeichneten Pfeile an, auf welche (hier strukturellen) Komponenten eine Operation jeweils zugreifen darf.

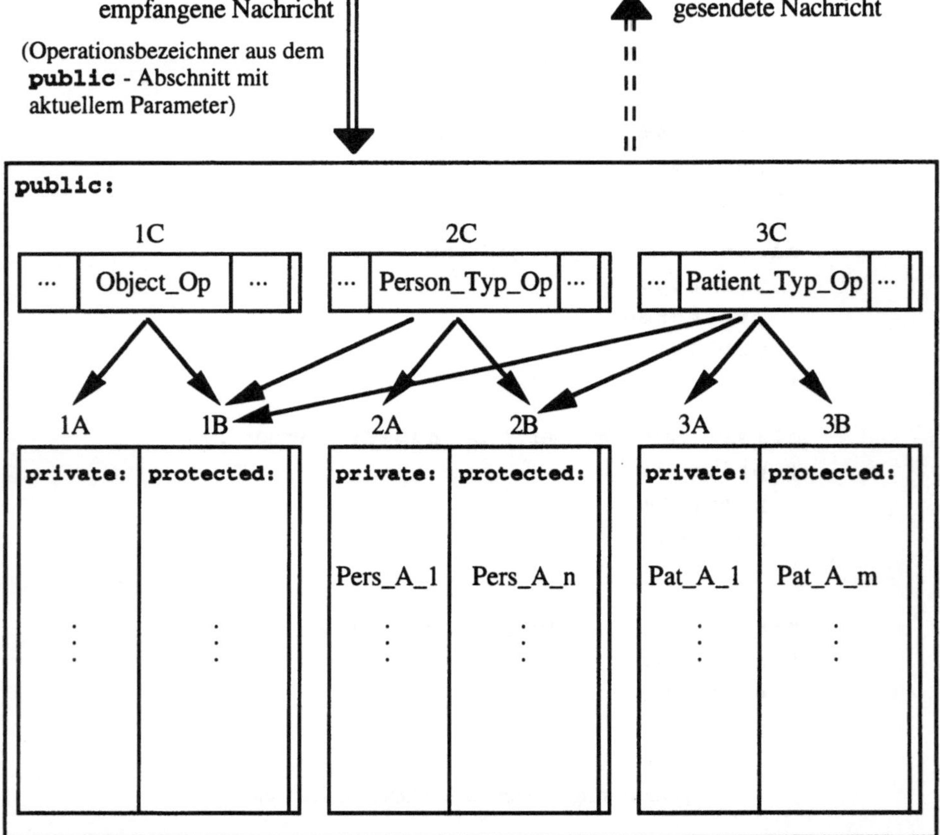

Bild 11.15 Veranschaulichung der Sichtbarkeitsregeln für die Vereinbarungen aus Bild 11.14

Zusätzlich zu den oben angegebenen Sichtbarkeitsregeln gibt es die Möglichkeit, zu einer Klasse eine "befreundete Klasse" (friend class) anzugeben: die Funktionen der Klasse sind dann auch aus der "befreundeten Klasse" sichtbar.

Wir bemerken hier noch, daß ONTOS auch Möglichkeiten bereitstellt, "C++ / ONTOS-Klassen" nicht nur als *Typen*, sondern auch zusätzlich als *Klassen* zu behandeln. Dann besitzt jede "C++ / ONTOS-Klasse" die Menge seiner "Instanzen" als "Bevölkerung". Die "Unterklasse-Oberklasse"-Beziehung definiert dann nicht nur die *Spezialisierungshierarchie* (für Typen), sondern auch die *Inklusionshierarchie* (bezüglich Instanzen).

11.2.4 Überladen

Grundsätzlich werden alle Komponenten einer "C++ / ONTOS-Klasse" an ihre "Unterklassen" vererbt. Für Operationen kann dabei ein sogenanntes *"Überladen"*, d.h. eine Redefinition von Methoden in Unterklassen, erlaubt werden, indem eine Operation mit dem Schlüsselwort *virtual* versehen wird.

In unserem Arztpraxisbeispiel möchte man etwa eine Operation vereinbaren, die für Objekte vom Typ `Person_Typ` oder vom Typ `Patient_Typ` alle Attribute mit ihren Werten zur Ausgabe aufbereitet. Einerseits soll diese Operation für beide Typen denselben Namen erhalten; andererseits soll die Aufbereitung für Objekte vom Typ `Person_Typ` anders aussehen als für Objekte vom Typ `Patient_Typ`. Dies kann man etwa wie folgt erreichen. In der Vereinbarung der "Oberklasse" `Person_Typ` wird die entsprechende Operation, etwa namens repr, als *virtual* gekennzeichnet:

```
class   Person_Typ: ...
{  .
   .
   .
   public:
   .
   .
   .
   virtual   char*   repr();
   .
   .
   .
};
```

Der Rumpf der Prozedur `repr`, d.h. die *Methode* für diese Operation wird getrennt definiert, wobei durch den *Gültigkeitsoperator* :: die Zugehörigkeit zur Klassenvereinbarung hergestellt wird:

```
char*   Person_Typ :: repr()
```
    { hier steht der Rumpf (die Methode) für Objekte vom Typ Person_Typ } ;

In der Vereinbarung der "Unterklasse" `Patient_Typ` wird die (eigentlich schon vererbte) Operation `repr` erneut aufgeführt (wobei der Ergebnistyp nicht verändert werden darf):

```
class  Patient_Typ: public  Person_Typ
{  .
   :
  public:
   :
   :
  char*  repr();
   :
   :
};
```

Nunmehr kann die Operation *überladen* werden, indem erneut ein Rumpf, d.h. eine weitere *Methode*, definiert wird, wobei wieder mit Hilfe des *Gültigkeitsoperators* :: die Zugehörigkeit zur Vereinbarung der Unterklasse hergestellt wird:

```
char*  Patient_Typ :: repr()
```
   { *hier steht der Rumpf (die Methode) für Objekte vom Typ Patient_Typ* } ;

Im Gültigkeitsbereich dieser Vereinbarungen kann nun die Operation `repr` innerhalb von Anweisungen benutzt werden. Dabei wird die Auswahl der auszuführenden Methode (die der Oberklasse oder die der Unterklasse) wie folgt gesteuert: Bezeichnet etwa `einMensch` einen Zeiger auf ein Objekt, das entweder vom Typ `Person_Typ` oder vom Typ `Patient_Typ` ist, und erfolgt ein Zugriff der Form

```
einMensch  → repr(),
```

so bestimmt das Laufzeitsystem zunächst den Typ des Objektes, auf das `einMensch` verweist, und führt dann diejenige Methode aus, die zum ermittelten Typ gehört. Diesen Vorgang nennt man *spätes* (dynamisches, zur Laufzeit erfolgendes) *Binden* (late binding). Dieses späte Binden kann aber außer Kraft gesetzt werden, indem mit Hilfe des Gültigkeitsoperators :: die auszuführende Methode ausdrücklich (statisch) bestimmt wird, etwa durch

```
einMensch  → Person_Typ :: repr().
```

In unserem Beispiel ergibt sich also die Übersicht aus Bild 11.16.

Typ des Objektes	ausgeführte Methode für Ausdruck		
einMensch	einMensch → repr()	einMensch → Person_Typ :: repr()	einMensch → Patient_Typ :: repr()
Person_Typ	Person_Typ :: repr()	Person_Typ :: repr()	Laufzeitfehler
Patient_Typ	Patient_Typ :: repr()	Person_Typ :: repr()	Patient_Typ :: repr()

Bild 11.16 Dynamisches und statisches Binden von Methoden

11.2.5 Referenzen

Prozedurale Programmiersprachen stellen im allgemeinen folgende Sprachmittel bereit, um "Objekte anzusprechen". Sie können einerseits durch eine "Konstante" und andererseits durch eine "Variable" angesprochen werden. Eine "Konstante" spricht während ihrer Lebensdauer stets das gleiche Objekt an, nämlich das ihr bei der Initialisierung zugewiesene. Eine "Variable" dagegen spricht während ihrer Lebensdauer immer das ihr zeitlich zuletzt zugewiesene Objekt an, wobei die Zuweisungen durch den Wertzuweisungsoperator (üblicherweise durch :=, in C aber durch = notiert) erfolgen. Ferner kann das Ansprechen einerseits *direkt* oder andererseits durch einen *Verweis* erfolgen. Beim "direkten Ansprechen" kann man eine Konstante oder eine Variable als (einen Namen (oder eine Adresse) für) einen "Behälter" (oder als einen "Speicherplatz") auffassen, in dem das angesprochene Objekt aufbewahrt wird. Beim "Ansprechen durch Verweis" wird eine Variable als (ein Name für den) "Behälter für den Namen eines anderen Behälters" gedeutet; solche Variablen nennt man dann "Zeigervariablen". Auf das im jeweils anderen Behälter aufbewahrte Objekt kann dann indirekt mit Hilfe des Dereferenzierungsoperators (häufig durch ↑, in C durch * notiert) zugegriffen werden. Üblicherweise ist das "Ansprechen durch Verweis" nicht für Konstanten verfügbar (es gibt also keine "Zeigerkonstanten"), und jeder Behälter kann nur genau einen Namen besitzen, wobei dieser Name jedoch in beliebig vielen Zeigervariablen aufbewahrt werden kann. Das in C++ eingeführte Konstrukt einer *Referenz* hebt nun diese üblichen Beschränkungen auf: Referenzen kann man auf zwei Weisen deuten:

- einerseits als "Zeigerkonstanten", auf die implizit stets der Dereferenzierungsoperator angewendet wird, und
- andererseits als "alternative Namen" für Behälter.

Im folgenden soll das oben Gesagte und die Verwendung von Referenzen anhand von Beispielen verdeutlicht werden. Dabei stellen wir einen Behälter mit seinem Namen graphisch wie in Bild 11.17a dar. Auf so einen Behälter kann von anderen Behältern aus verwiesen werden, was wir dann wie in Bild 11.17b darstellen.

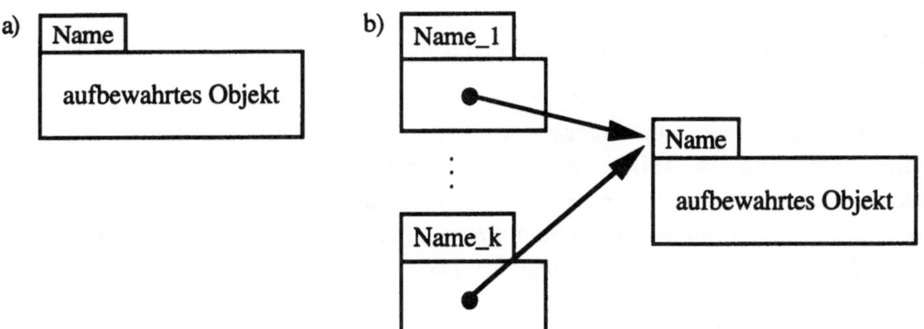

Bild 11.17 Veranschaulichungen   a) eines mit Namen versehenen Behälters und
b) von Verweisen auf einen Behälter

In C++ sind dann unter anderen folgende Vereinbarungen und Anweisungen möglich, deren Wirkung jeweils graphisch veranschaulicht wird.

- Vereinbare eine Variable i als Namen für einen Behälter, in dem ein Objekt vom Typ integer aufbewahrt werden kann, und initialisiere den Behälter mit dem "Objekt" 1:

```
int  i=1;
```

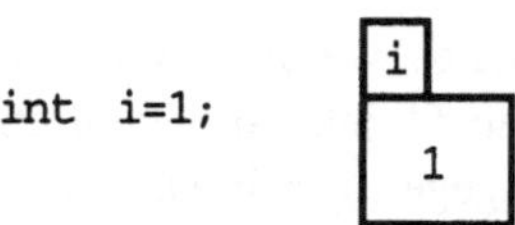

- Vereinbare eine Konstante r als "alternativen Namen" für den durch i benannten Behälter:

```
int&  r=i;
```

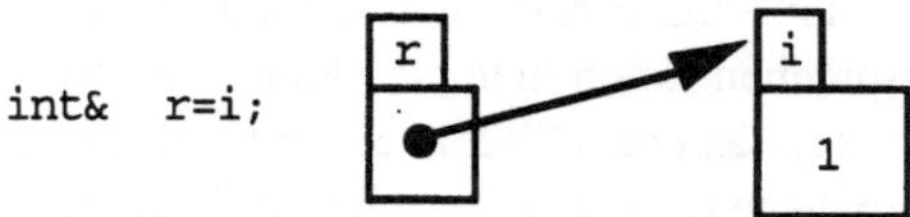

- Vereinbare eine Variable x als Namen für einen Behälter, in dem ein Objekt vom Typ integer aufbewahrt werden kann, und initialisiere den Behälter mit dem Objekt, das im durch r "alternativ benannten" Behälter aufbewahrt ist.

```
int x=r;
```

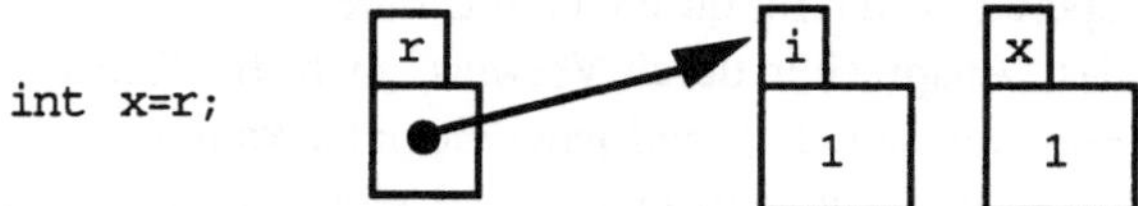

- Weise dem durch r "alternativ benannten" Behälter das "Objekt" 2 zu:

```
r=2;
```

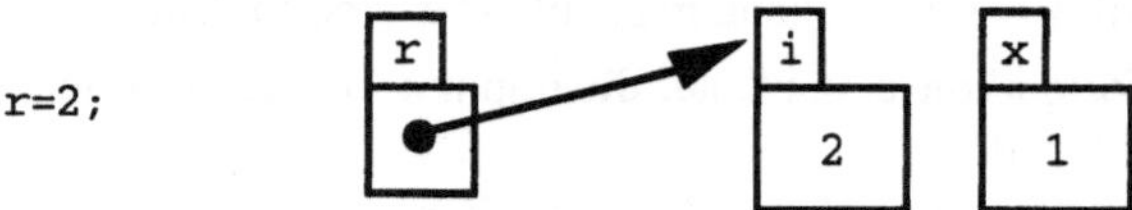

- Verändere das Objekt, das im durch r "alternativ benannten" Behälter aufbewahrt wird, indem das "arithmetische Nachfolgerobjekt" gebildet wird:

```
r++;
```

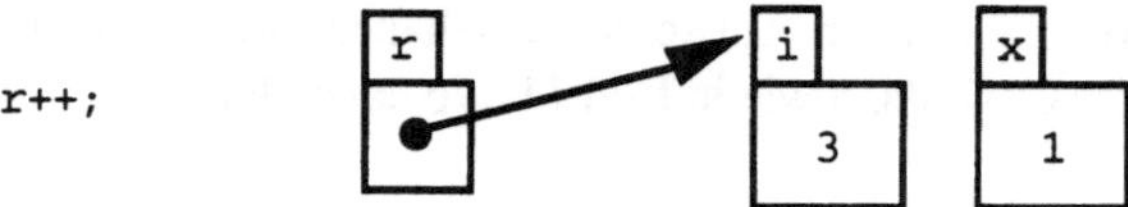

Allgemein hat die Vereinbarung einer Referenz die Form

```
Typ&  alternativer_Bezeichner = Bezeichner,
```

wobei der Bezeichner vom angegebenen Typ sein muß und die Initialisierung nicht fehlen darf (da ja keine späteren Zuweisungen erlaubt sind). Auch in Prozedurvereinbarungen können Referenzen als formale Parameter benutzt werden, wobei dann allerdings die Initialisierung beim Prozeduraufruf durch den aktuellen Parameter erfolgt. Liegen etwa folgende Vereinbarungen vor:

```
int x=1;
void increment(int& alt)
   { alt++ };
```

so hat der Prozeduraufruf

```
increment(x);
```

folgende Wirkung:

a) Parameterübergabe entsprechend
   `int&  alt=x;`

b) Ausführung des Rumpfes:

c) Beendigung:

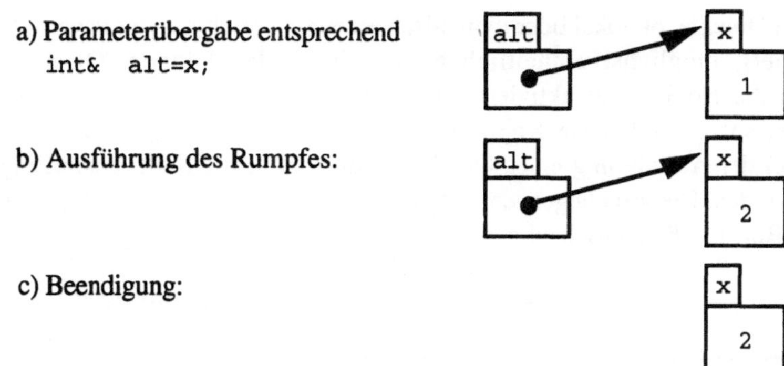

Das in der Vereinbarung von "alternativen Namen" benutzte Zeichen & kann auch als
(Referenzierungs-) Operator benutzt werden; ist x (der Name) ein(es) Behälter(s), so
liefert der Ausdruck &x einen *Verweis* auf diesen Behälter. Der
Dereferenzierungsoperator * und der Referenzierungsoperator & sind also invers
zueinander.

11.2.6 Dauerhaftigkeit

Als Datenbankmanagementsystem muß ONTOS gewährleisten, daß Objekte *dauerhaft*
(persistent) gespeichert werden können. Insbesondere soll folgendes möglich sein:

[*Deaktivierung neuer Objekte*] Ein neues Objekt, das von einem ein C++ / ONTOS-
Programm ausführenden Prozeß erzeugt und zunächst im lokalen, flüchtigen Speicher
des Prozesses aufbewahrt wird, kann in den globalen, dauerhaften Speicher der
Datenbank übertragen werden; dort bleibt das Objekt dann für spätere Nutzung durch
andere Prozesse verfügbar.

[*Aktivierung*] Ein in der dauerhaften Datenbank verfügbar gehaltenes Objekt kann in
einen flüchtigen Prozeß kopiert und dort bearbeitet werden.

[*Deaktivierung bearbeiteter Objekte*] Ein durch einen flüchtigen Prozeß bearbeitetes
Objekt kann wieder in die dauerhafte Datenbank zurückkopiert werden. Erst dadurch
werden durch die Bearbeitung hervorgerufene Änderungen der Inhalte des Objektes
dauerhaft wirksam und auch für andere Prozesse sichtbar.

Der als Surrogat dienende UID (unique identifier)[2] stellt dabei den Zusammenhalt her
zwischen dem dauerhaften Objekt und seinen flüchtigen Kopien. Ferner bewahrt er die
Identität des Objektes, wenn dessen Inhalte durch Prozesse verändert werden. Zu jedem
UID muß jeweils die Adresse des zugehörigen Objektes im dauerhaften Speicher
verwaltet werden. Dies kann etwa durch Tabellen der Art erfolgen, wie wir sie in Kapitel
10 für Tupelidentifikatoren (den UIDs entsprechendem Konzept für die Verwirklichung
relationaler Datenbanken) kurz besprochen haben. Ferner wünscht man sich, daß für

---

[2] Genauer: Dem in der Einleitung zu diesem Kapitel eingeführten Begriff des *Surrogates*
entspricht in C++ / ONTOS der Begriff des UID; diese Begriffe sind nicht vollständig
synonym, sondern verweisen nur auf gleichartige Vorstellungen.

einen Prozeß alle Objekte, ob lokal oder dynamisch erzeugt oder ob aus der dauerhaften Datenbank kopiert, möglichst einheitlich behandelt werden können. Dazu muß insbesondere für die Kopie eines aktivierten Objektes eine (Hauptspeicher-) Adresse ermittelt werden, so daß auf diese Kopie mittels eines üblichen Zeigers verwiesen werden kann. Bei der Aktivierung eines Objektes muß also sein UID in einen Zeiger "umgerechnet" werden. Die grundlegenden Aufgaben der Aktivierung und Deaktivierung kann man durch Bild 11.18 veranschaulichen.

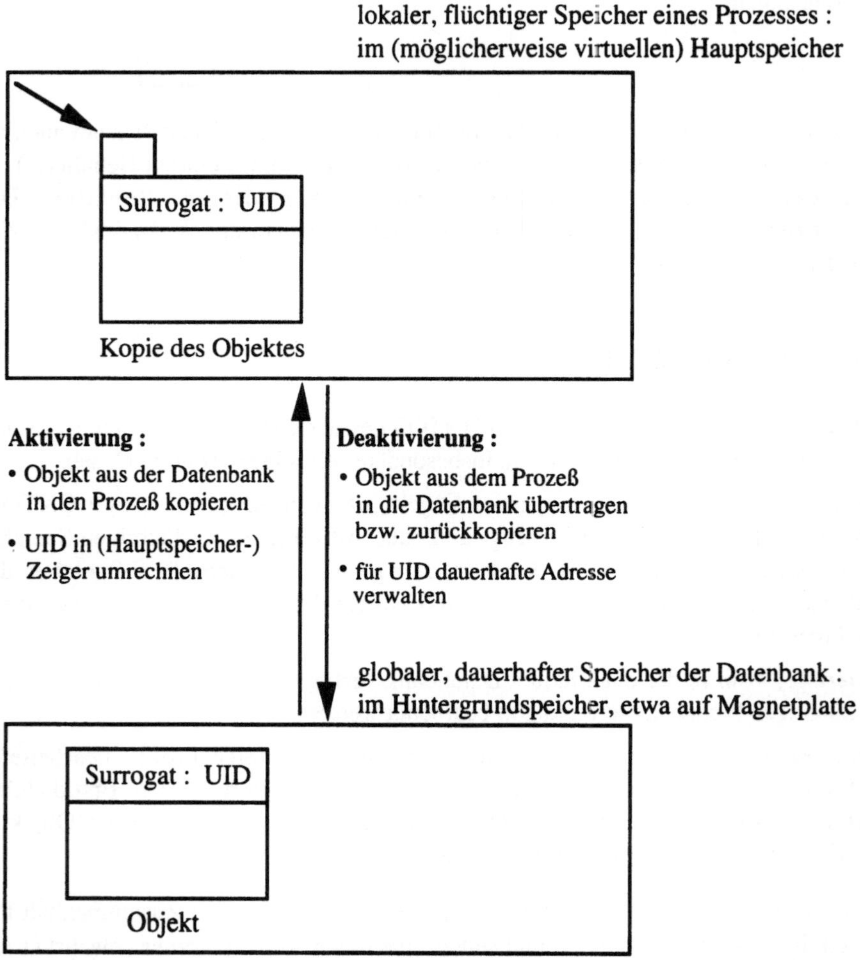

lokaler, flüchtiger Speicher eines Prozesses :
im (möglicherweise virtuellen) Hauptspeicher

Surrogat : UID

Kopie des Objektes

Aktivierung :

• Objekt aus der Datenbank
  in den Prozeß kopieren

• UID in (Hauptspeicher-)
  Zeiger umrechnen

Deaktivierung :

• Objekt aus dem Prozeß
  in die Datenbank übertragen
  bzw. zurückkopieren

• für UID dauerhafte Adresse
  verwalten

globaler, dauerhafter Speicher der Datenbank :
im Hintergrundspeicher, etwa auf Magnetplatte

Surrogat : UID

Objekt

Bild 11.18 Aktivierung und Deaktivierung von Objekten

Die vom C++ / ONTOS-System vorgenommene Verwaltung von Surrogaten und Adressen von Objekten soll nun noch etwas ausführlicher erläutert werden. Die schon in Abschnitt 10.1 aufgeführten Möglichkeiten für die Identifizierung eines Tupels, nämlich durch benutzersichtbare Schlüsselwerte, Adresse oder Tupelidentifikator, haben für C++ / ONTOS-Objekte die im folgenden vorgestellten Entsprechungen: 1. benutzersichtbarer Name, 2. Adresse, 3. UID.

1. *benutzersichtbarer Name*:

In der vordefinierten "C++ / ONTOS-Klasse" Object ist im strukturellen Teil ein entsprechendes Attribut[3] vereinbart, das durch den Parameter name des Konstruktors initialisiert und durch die Operation Name gelesen bzw. verändert werden kann:

```
class  Object : public Entity
{ protected:
    :
    :
  Object (char*  name = 0);
    :
    :
  public:
    :
    :
  virtual  char*  Name();
  virtual  void  Name(char*  newName);
    :
    :
};
```

Objekte können über ihren benutzersichtbaren Namen aktiviert und deaktiviert werden, wozu ein vom System unterhaltenes Namensverzeichnis und die ONTOS-Funktionen OC_lookup und OC_putObject dienen. Die Aktivierungsfunktion OC_lookup ist vereinbart durch

```
Object*  OC_lookup ( char*  objectname,
                     LockType  lock = DefaultLock);
```

Der erste Parameter ist der beim Aufruf des Konstruktors bzw. der Operation Name verwendete benutzersichtbare Name; der zweite Parameter dient der Transaktionsverwaltung. Die Funktion bestimmt über den Namen den zugehörigen UID, aktiviert das entsprechende Objekt und liefert einen (Hauptspeicher-) Zeiger auf die im flüchtigen Speicher angelegte Kopie zurück. Die Deaktivierungsfunktion OC_putObject ist vereinbart durch

```
void  OC_putObject ( char*  objectname,
                     OC_Boolean  deallocate = FALSE);
```

Der erste Parameter ist wieder der benutzersichtbare Name; der zweite Parameter dient der Speicherplatzverwaltung. Die Funktion deaktiviert das entsprechende Objekt.

2. *Adresse:*

Hier kann es sich um die Adresse des Objektes im dauerhaften (Hintergrund-) Speicher der Datenbank oder um die Adresse einer Kopie im flüchtigen (Haupt-) Speicher eines Prozesses handeln. Aus der Sicht eines C++ / ONTOS-Programmierers ist es wünschenswert, stets über einen Hauptspeicherzeiger auf eine Kopie verfügen zu

---

[3] Dies ist eine vereinfachende Darstellung, die genau genommen nicht richtig ist. Tatsächlich können benutzersichtbare Namen als Pfadnamen gebildet werden, die Einträge in einem hierarchisch aufgebauten Namensverzeichnis bestimmen. Die benutzersichtbaren Namen werden also in diesem Namensverzeichnis, aber nicht Teil den Objekten selbst gespeichert.

können. Dies ist jedoch im allgemeinen nicht der Fall, denn ein bereits aktiviertes Objekt kann Verweise auf andere Objekte enthalten, die noch nicht aktiviert sind. Zum Beispiel kann für die "C++ / ONTOS-Klasse" `Behandelnder_Typ` ein Attribut namens `Vorgesetzter` vereinbart werden, das jeweils auf ein (im allgemeinen anderes) Objekt vom Typ `Behandelnder_Typ` verweist:

```
class  Behandelnder_Typ :  public  Person_Typ
{ private :
  Behandelnder_Typ* Vorgesetzter;
    .
    .
    .
};
```

Die Aktivierung eines Objektes vom Typ `Behandelnder_Typ`, etwa vermöge der ONTOS-Funktion `OC_lookup`, bewirkt nicht, daß auch dasjenige Objekt, auf das unter dem Attribut `Vorgesetzter` verwiesen wird, mitaktiviert wird.

Grundsätzlich könnte man versuchen, diese Schwierigkeit dadurch zu vermeiden, daß man beim Aktivieren eines Objektes o1 auch stets alle Objekte mitaktiviert, auf die von o1 aus verwiesen wird, und dieses Vorgehen transitiv fortsetzt. Praktisch würde dies aber bedeuten, daß der tatsächliche Zeit- und Speicheraufwand für eine einzelne Aktivierung unvorhersehbar und in Sonderfällen sogar untragbar ist. Deshalb wird in ONTOS anders vorgegangen. ONTOS unterhält eine Tabelle, genannt "direct reference table", die für jeden Verweis aus einem aktivierten Objekt auf ein deaktiviertes Objekt einen Eintrag mit zwei Komponenten enthält:

- UID des deaktivierten Objektes, auf das verwiesen wird,
- einen Verweis auf denjenigen (Teil-) Behälter, der den Verweis aus dem aktivierten Objekt enthält; wir sagen im folgenden kurz: die "Adresse" des Verweises aus dem aktivierten Objekt.

Dabei wird der urspünglich aus dem UID des deaktivierten Objektes bestehende Verweis durch den besonderen Wert `INACTIVE` ersetzt. Bild 11.19 veranschaulicht das Gesagte mit einem einfachen Beispiel.

Die direct reference table wird nun auf zweierlei Weisen benutzt:

- Stellt man fest, daß in einem Objekt ein Verweis auf den besonderen Wert `I N A C T I V E` gesetzt ist, so kann mit der ONTOS-Funktion `OC_directActivateObject` das Objekt, auf das ursprünglich verwiesen wurde, aktiviert werden und ein (Hauptspeicher-) Zeiger auf die entsprechende Kopie eingetragen werden. Diese Funktion ist vereinbart durch

```
    Entity* OC_directActivateObject ( Entity**  fieldAddress,
                                       LockType  lock = Defaultlock);
```

Der erste Parameter ist die Adresse eines auf `INACTIVE` gesetzten Verweises, in Bild 11.19 etwa a_1; der zweite Parameter dient wieder der Transaktionsverwaltung. Die Funktion ermittelt zunächst in der direct reference table den zugehörigen UID, führt dann die eigentliche Aktivierung durch und liefert einen (Hauptspeicher-) Zeiger auf die im flüchtigen Speicher angelegte Kopie zurück.

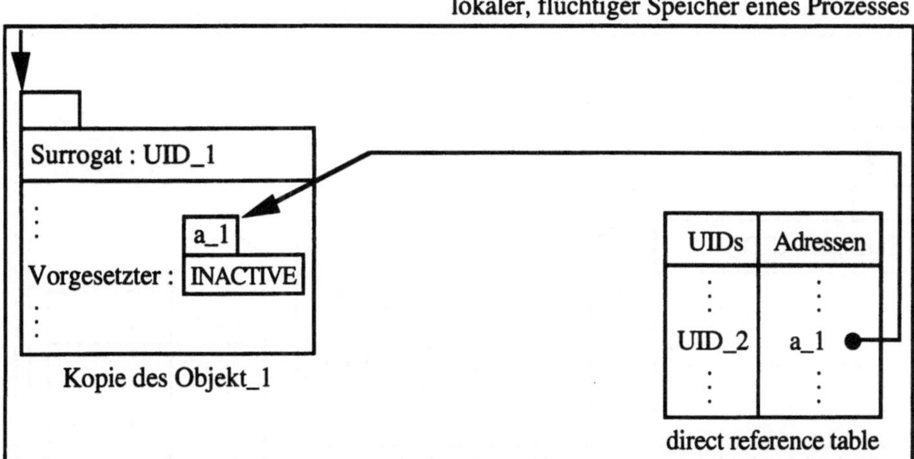

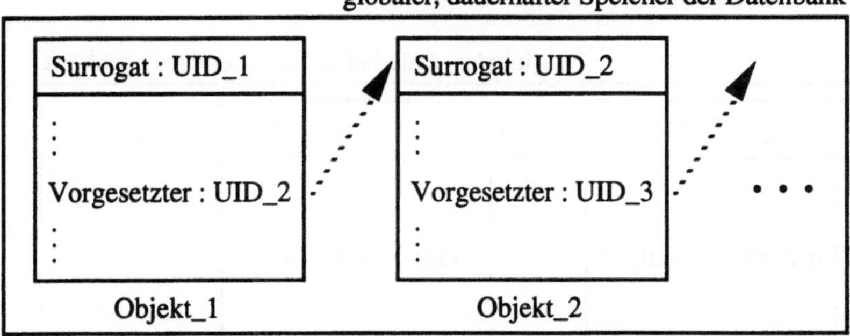

Bild 11.19 Ein Speicherzustand mit aktiviertem Objekt_1, von dem auf das deaktivierte Objekt_2 mit Hilfe der direct reference table verwiesen wird

- Wird ein Objekt aktiviert und damit ein (Hauptspeicher-) Zeiger auf seine lokale Kopie verfügbar, so werden in der direct reference table alle Einträge mit dem UID des Objektes gesucht und in die dadurch ermittelten Adressen der nunmehr verfügbare (Hauptspeicher-) Zeiger anstelle von `INACTIVE` eingetragen. Zusätzlich muß natürlich die direct reference table aktualisiert werden.

Liegt in unserem Beispiel etwa die Vereinbarung

```
Behandelnder_Typ  *einBeh;
```

vor, wobei die Variable `einBeh` auf das aktivierte, durch UID_1 identifizierte Objekt verweise, so würde ein Zugriff auf das den Vorgesetzten nachbildende Objekt typischerweise durch folgende Programmfigur vorbereitet:

```
if (einBeh → Vorgesetzter != NULL)
  { if (einBeh →  Vorgesetzter == INACTIVE)
        OC_directActivateObject((Entity**) &einBeh → Vorgesetzter)
  }
else Fehlerbehandlung;
```

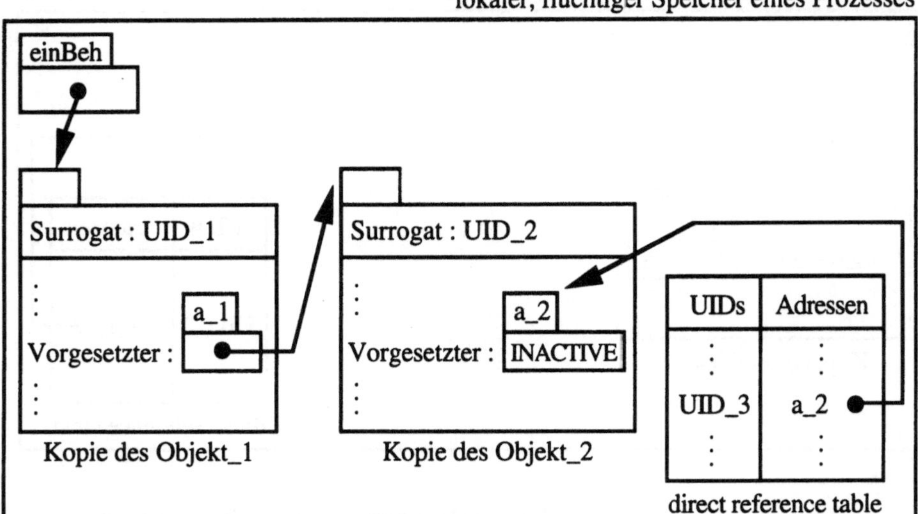

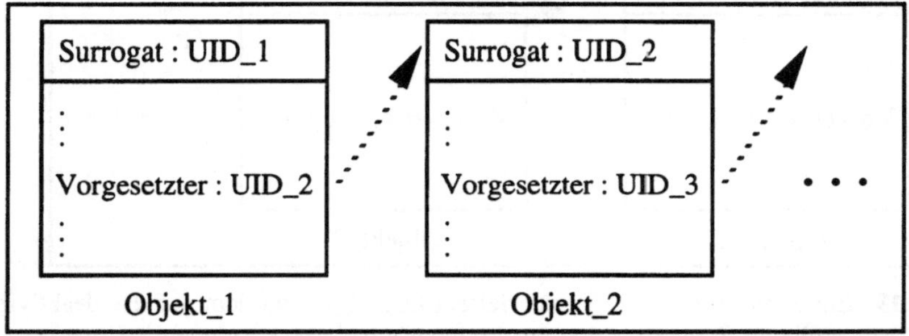

Bild 11.20 Ein gegenüber Bild 11.19 durch Aktivierung von Objekt_2 veränderter Speicherzustand: Objekt_1 und Objekt_2 sind aktiviert; mit Hilfe der direct reference table wird auf ein weiteres, deaktiviertes Objekt verwiesen

Bild 11.20 veranschaulicht die Situation nach der Ausführung dieser Anweisung.

Für das hier vorgestellte Verfahren, (Hauptspeicher-) Zeiger auf (Kopien von) Objekte(n) bereitzustellen, gelten allgemein die folgenden Regeln:

- In der Klassenvereinbarung erhält das betreffende Attribut einen Typ der Art "Verweis auf eine C++ / ONTOS-Klasse".
- Die Aktivierung von Objekten, auf die von solch einem Attribut aus verwiesen wird, muß ausdrücklich erfolgen, wozu die ONTOS-Funktion `OC_direct-ActivateObject` dient.
- Soweit Objekte, auf die verwiesen wird, schon aktiviert sind, verhalten sich Objektverweise wie übliche (Hauptspeicher-) Zeiger. Damit ist nach der Aktivierung insbesondere ein schneller Zugriff gewährleistet.

3. *UID (unique identifier)*

Die obigen Regeln erfüllen sicherlich nicht das eigentlich Gewünschte, das man etwa wie folgt zusammenfassen kann.

- In der Klassenvereinbarung kann ein Attribut einen Typ der Art "Verweis auf eine C++ / ONTOS-Klasse" erhalten; ein solcher Verweis ist dann gerade ein UID.
- Die Aktivierung von Objekten, auf die von solch einem Attribut aus verwiesen wird, erfolgt automatisch, wenn der Verweis in einer auszuführenden Anweisung vorkommt.
- UIDs und (Hauptspeicher-) Zeiger verhalten sich aus Sicht des Programmierers völlig gleich, außer daß die UIDs die Dauerhaftigkeit der verwiesenen Objekte gewährleisten.

C++ / ONTOS stellt als Annäherung an diesen Wunsch sogenannte References zur Verfügung. Es gelten unter anderen folgende Regeln:

- In der Klassenvereinbarung kann ein Attribut den Typ `Reference` erhalten. Hierbei ist `Reference` eine in ONTOS vordefinierte Klasse; ein Objekt vom Typ `Reference` enthält im wesentlichen[4] ein Paar der Form

    (UID, Hauptspeicherzeiger) oder (UID, `INACTIVE`).

Im ersten Fall ist das durch den UID identifizierte Objekt aktiviert und der (Hauptspeicher-) Zeiger verweist auf die Kopie des Objektes. Im zweiten Fall ist das betreffende Objekt deaktiviert. Die Typvereinbarung von `Reference` sieht auszugsweise wie folgt aus:

```
class Reference
{ public:
    :
    :
    Entity*  Binding ( Entity*    context,
                       LockType   lock = DefaultLock);
    Entity*  Binding ( StorageManager*   context,
                       LockType   lock = DefaultLock);
    :
    :
};
```

- Die Aktivierung von Objekten, auf die von solch einem Attribut aus (indirekt) über eine Reference verwiesen wird, erfolgt automatisch, wenn die Operation `Binding` in einer auszuführenden Anweisung vorkommt.
- Diese Operation `Binding` liefert stets, gegebenenfalls erst nach automatischer Aktivierung, den Hauptspeicherzeiger auf die Kopie des Objektes, das durch den in der Reference enthaltenen UID identifiziert wird. Über References vermittelte Objektverweise verlangen also die Indirektion über die Operation `Binding`. Ferner verlangt die Operation `Binding` eine nachfolgende Typanpassung an die jeweilige Spezialisierung des Typs `Entity`.
- Der formale Parameter `context` bezeichnet einen sogenannten "Speicherverwalter", der im einfachsten und häufigsten Fall indirekt durch den Selbstverweis `this` angegeben werden kann.

---

4 Hier handelt es sich wiederum nur um eine veranschaulichende Vereinfachung.

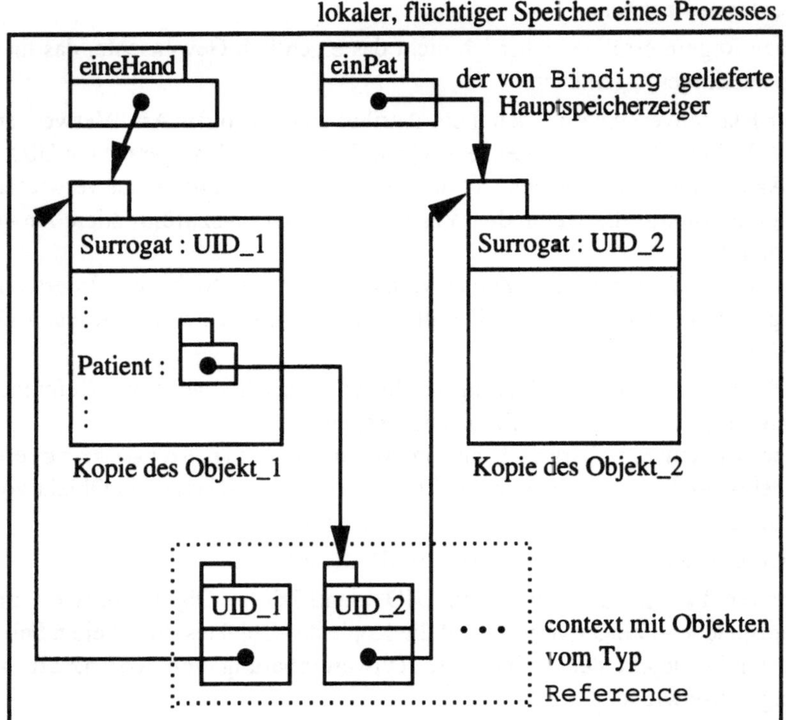

Bild 11.21   Ein Speicherzustand mit aktiviertem Objekt_1 und aktiviertem Objekt_2 nach
Ausführung der Operation Binding auf die Reference mit UID_2

Zum Beispiel könnte für eine "C++ / ONTOS-Klasse" Behandlung_Typ ein
Attribut namens Patient vereinbart werden, das jeweils eine Reference für den jeweils
behandelten Patienten ist[5]:

---

[5]   Zur Veranschaulichung stellen wir uns hier einen impliziten Verweis vor.

```
class  Behandlung_Typ : public  Object
{ private:
  :
  :
  Reference    Patient;
  :
  :
};
```

Liegen dann etwa die Vereinbarungen

```
    Behandlung_Typ*    eineHand;
    Patient_Typ*       einPat;
```

vor und ist das Objekt, auf das eineHand verweist, schon aktiviert, so wird die Operation Binding typischerweise wie in folgender Wertzuweisung benutzt:

```
    einPat = (Patient_Typ*)            Typanpassung
            eineHand → Patient         Zugriff auf Reference
           . Binding(this)             aktiviert, wenn nötig, und liefert
                                       Hauptspeicherzeiger
```

Bild 11.21 veranschaulicht die Situation nach der Ausführung dieser Wertzuweisung.

11.2.7 Vordefinierte Objekttypen

ONTOS stellt eine Reihe von *vordefinierten Objekttypen* zur Verfügung. Dabei sind alle *dauerhaften* Objekttypen Untertypen des schon oben erwähnten Typs Object; diese und daraus durch Spezialisierung gebildeten Typen bezeichnen wir auch als "C++ / ONTOS-Klassen". Im folgenden soll nun ein kurzer Überblick über einige der vordefinierten Objekttypen gegeben werden. Aus der Sicht des Anwendungs-programmierers kann man die Typen aus der in Bild 11.22 gezeigten Spezialisierungshierarchie als den Kern der Vielzahl von vordefinierten Objekttypen ansehen. Wir erläutern kurz einige Ausschnitte der Vereinbarungen dieser Objekttypen.

Der Typ *Reference* dient insbesondere der automatischen Aktivierung.

```
class Reference
{ public:
  :
  :
  Entity* Binding( Entity*   context,            liefert Hauptspeicherzeiger
                   LockType lock = DefaultLock); auf das angegebene
  Entity* Binding( StorageManager*   context,    Objekt, ggf. nach
                   LockType lock = DefaultLock); automatischer Aktivierung
  Init(Entity*   referent);                      initialisiert mit referent
  Reset(Entity*   referent);                     setzt neu mit referent
  :
  :
};
```

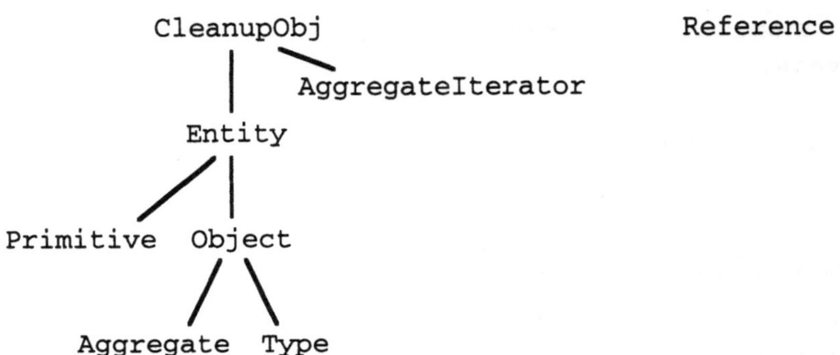

Bild 11.22 Kern der Spezialisierungshierarchie der in ONTOS vordefinierten Objekttypen

Der Typ *CleanupObj* stellt Mechanismen für *Fehlerbehandlungen* zur Verfügung:

```
class  CleanupObj :
{ protected:
  CleanupObj(...);                                   Konstruktor
  virtual  ~CleanupObj();                            Destruktor
  virtual  void  Destroy(OC_Boolean  aborted);
    :
};
```

Soll ein beliebiges Objekt entfernt werden, so muß (entlang der Typhierarchie) letztlich
auf CleanupObj :: Destroy zurückgegriffen werden.

Der Typ *Entity* ist der *Grundtyp* für alle in der Datenbank ablegbaren Objekte: C++-
Primitive und ONTOS-Objekte:

```
class  Entity : public  CleanupObj
{ protected:
  Entity();                                          Konstruktor
    :
  public:
  virtual  Type*  getDirectType()=0;                 liefert Typ des Objektes
    :
  Entity(APL*  theAPL)                               Konstruktor
    :
};
```

Die Funktion getDirectType liefert einen Zeiger auf das Typobjekt des
entsprechenden Typs; diese Funktion muß in allen Untertypen redefiniert werden, um
jeweils auf das zutreffende Typobjekt verweisen zu können: wird etwa MeineKlasse
als ein Untertyp des Typs Object vereinbart, so wird ein Objekt vom Typ Type
angelegt. Dieses Objekt erhält den benutzersichtbaren Namen MeineKlasse;
ausgehend von diesem benutzersichtbaren Namen kann man dann mit Hilfe der

Aktivierungsfunktion `OC_lookup` einen (Hauptspeicher-) Zeiger auf dieses Objekt erhalten. Für den Typ `MeineKlasse` kann man also die Funktion `getDirectType` wie folgt geeignet redefinieren:

```
Type*  MeineKlasse :: getDirectType()
   { return  (Type*)  OC_lookup("MeineKlasse"); }
```

Der zweite (System)-Konstruktor erwartet eine sogenannte *activation parameter list*; er wird ausschließlich vom ONTOS-System bei der Aktivierung von Objekten benutzt, also etwa durch `OC_lookup`, `OC_directActivateObject` oder `Reference ::  Binding`; jeder Untertyp von `Entity` muß solch einen Konstruktor enthalten. Idealerweise wünschte man sich wohl, daß nicht der Programmierer die Redefinition von `getdirectType` und den zweiten Konstruktor jeweils ausdrücklich vereinbaren muß, sondern daß das C++ / ONTOS - System solche Konstrukte automatisch erzeugt. Offensichtlich um die Verbindung von C++ mit ONTOS einfach zu gestalten, wird diese Dienstleistung (wie manche weitere wünschenswerte) aber derzeit nicht verwirklicht.

Der Typ `Object` führt *Dauerhaftigkeit* (Persistenz) ein: Objekte dieses Typs können dauerhaft in der Datenbank gespeichert werden. Die Identifizierung solcher Objekte erfolgt über einen benutzersichtbaren Namen und über UIDs:

```
class Object : public Entity
{ protected:
  Object(char*  name=0);               Konstruktor, der einen benutzer-
  .                                    sichtbaren Namen als Parameter
  .                                    verlangt

  public:
  Object(APL*  theAPL);                System-Konstruktor

  ~Object();                           Destruktor

  virtual  char*  Name();              liefert benutzersichtbaren Namen

  virtual  void   Name(char*  newName);   benennt Objekt um
  .
  .
  .
  void*  operator  new(...);           stellt im lokalen Speicher Platz
                                       für ein neues Objekt bereit

  void   operator  delete (void*);     gibt im lokalen Speicher  Platz
                                       für die flüchtige Kopie des
                                       Objektes frei

  virtual  void  putObject(OC_Boolean  deallocate=FALSE) ; schreibt Objekt
                                       in die dauerhafte Datenbank;
                                       erhält flüchtige Kopie für
                                       Parameterwert FALSE

  virtual  void  deleteObject(OC_Boolean  deallocate=TRUE) ; entfernt Objekt
                                       aus der dauerhaften Datenbank;
                                       entfernt auch flüchtige Kopie für
                                       Parameterwert TRUE
  .
  .
};
```

Der Typ *Aggregate* erlaubt die Bildung zusammengesetzter Objekte wie Mengen, Listen, Felder oder Wörterbücher. Ein Anwendungsprogrammierer kann Aggregatobjekte annähernd wie Klassen (Zusammenfassung von gleichartigen Objekten) benutzen. Entsprechend dem jeweiligen Untertyp von `Aggregate` wird eine geeignete Zugriffsstruktur zum Auffinden der Elementobjekte bereitgestellt, und es können Objekte vom Typ *AggregateIterator* als Aggregatdurchläufe (scans) benutzt werden:

```
class Aggregate : public Object
{ protected:
    Type*   priv_memberSpec;              Typ der Elementobjekte des
                                          Aggregatobjektes

    long unsigned priv_cardinality;       Anzahl der Elementobjekte im
                                          Aggregatobjekt

    AggregateIterator* priv_iters;        Liste der geöffneten Durchläufe
                                          (scans)

    Aggregate                             Konstruktor mit
            ( Type* memberSpec,           Typ der Elementobjekte und
              char* name=(char*) NULL);   benutzersichtbaren Namen
    Aggregate(APL* the APL);              System-Konstruktor

  public:
    virtual  Type* memberSpec();          liefert Typ der Elementobjekte

    virtual  long  unsigned Cardinality();  liefert Anzahl der Elementobjekte

    virtual  OC_Boolean isMember(Argument element);  entscheidet, ob element
                                          ein Elementobjekt des Aggregat-
                                          objektes ist

    virtual  OC_Boolean isSubset(Aggregate* anotherAgg);  entscheidet, ob
                                          alle Elementobjekte von
        :                                 anotherAgg auch Elementobjekte
        :                                 des Aggregatobjektes sind

    virtual  AggregateIterator* getIterator(...);  eröffnet einen neuen Durchlauf

    virtual  void getCluster(...);        aktiviert das Aggregatobjekt und
                                          alle seine Elementobjekte

    virtual  void putCluster(OC_Boolean deallocate=FALSE);  schreibt das
                                          Aggregatobjekt und alle seine
                                          Elementobjekte in die dauerhafte
                                          Datenbank

    virtual  void deleteCluster(OC_Boolean deallocate=TRUE);  entfernt das
                                          Aggregatobjekt und alle seine
                                          Elementobjekte aus der dauerhaften
        :                                 Datenbank
        :
};
```

Der Typ `Aggregate` ist Grundtyp für weitere, in Bild 11.23 dargestellte Spezialisierungen: der Untertyp *Set* erlaubt die Bildung von (ungeordneten) Mengen mit Hash-Verfahren als Zugriffsstruktur; der Untertyp *List* erlaubt die Bildung von (geordneten) Listen, wobei die Anordnung durch Verkettungen bestimmt wird; der

Untertyp *Association* erlaubt die Bildung von Mengen von Paaren der Form
(Schlüssel, Inhalt), d.h. von Feldern und Wörterbüchern, wobei Zugriffe zu
Elementobjekten über die Schlüssel erfolgen.

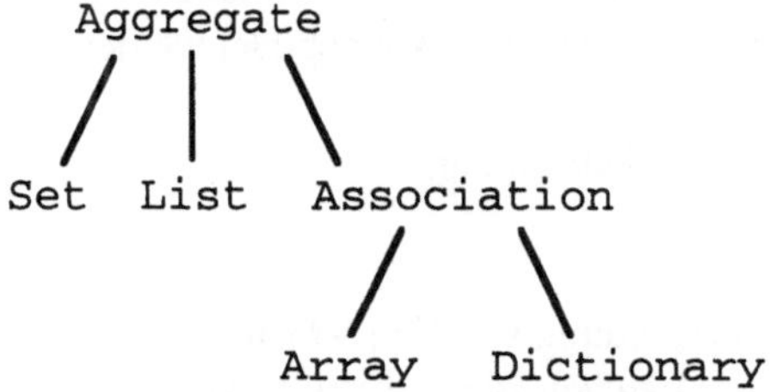

Bild 11.23 Spezialisierungshierarchie des in ONTOS vordefinierten Objekttyps
Aggregate und seiner Spezialisierungen

Wir behandeln im folgenden noch kurz die Typen *Association* und *Dictionary*:

```
class Association :  public Aggregate
{ protected:
  Association                        Konstruktor mit
              ( Type*  indexSpec,    Typ der  Schlüsselkomponente
               Type*  memberSpec,    Typ der Inhaltskomponente und
               char*  name=0 );      benutzersichtbaren Namen
    :
    :
};
```

```
class Dictionary :  public Association
{ public:
  Dictionary                         Konstruktor mit
            ( Type*  indexSpec,      Typ der  Schlüsselkomponente,
             Type*  memberSpec,      Typ der Inhaltskomponente,
             OC_Boolean  isOrdered=FALSE,   Wahl der Zugriffsstruktur durch
                                            FALSE = Hash-Verfahren,
                                            TRUE = B*-Baum,
             OC_Boolean  hasDuplicates=FALSE,  Duplikatswahl und
             char*  name=0 );        benutzersichtbaren Namen
  Dictionary(Dictionary& anotherDictionary) ; Konstruktor, der eine Kopie der
                                            Zugriffsstruktur (aber nicht der
                                            Elementobjekte) von
                                            anotherDictionary erzeugt
  Dictionary(APL*  theAPL);          System-Konstruktor
  ~Dictionary();                     Destruktor
  virtual Argument operator[](Argument tag) ; liefert Inhalt zum Schlüssel tag
  virtual void Insert(Argument tag, Argument element); fügt ein Paar
                                            (tag, element) ein
    :
    :
};
```

Am Beispiel des Typs `Dictionary` wiederholen wir mit Bild 11.24 noch einmal stichwortartig, wie die verschiedenen Mechanismen durch schrittweise Verfeinerung eingeführt werden. Außer `Dictionary` sind alle Typen *abstrakt* in dem Sinne, daß sie nur der Vereinbarung der jeweiligen Mechanismen dienen; nur zum Typ `Dictionary` können tatsächlich (direkte Instanzen-) Objekte gebildet werden.

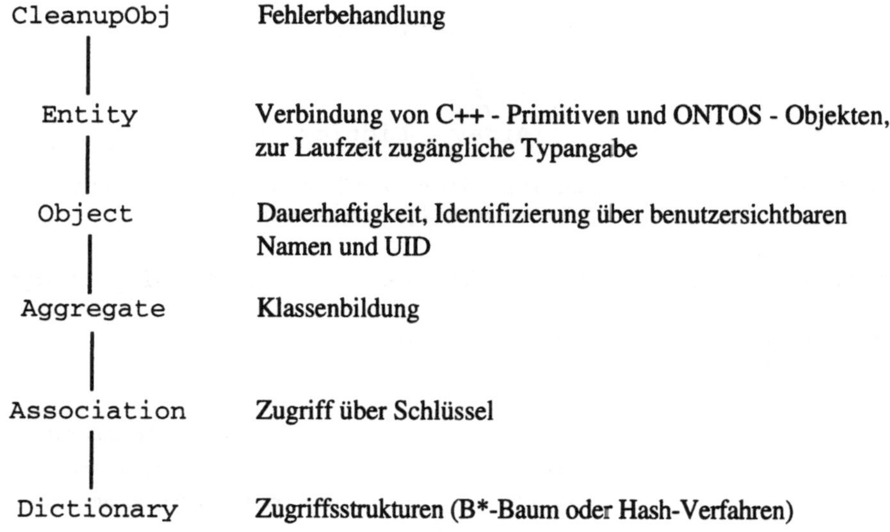

BIld 11.24 Ausschnitt aus der Spezialisierungshierarchie und Einführung grundlegender Mechanismen

11.2.8 Transaktionen

Transaktionen werden wir allgemein ausführlich im folgenden Kapitel 12 behandeln. Wir bemerken hier zunächst nur, daß eine Transaktion im allgemeinen aus einer Folge von Anweisungen besteht, die als unteilbar behandelt werden soll: entweder wird sie in der dauerhaften Datenbank gar nicht oder vollständig wirksam. Um diese Anforderung zu erfüllen, benötigt man neben dem lokalen, flüchtigen Speicher eines Prozesses und dem globalen, dauerhaften Speicher der Datenbank noch einen Zwischenspeicher, den *Transaktionspuffer*. Verlangt eine Anweisung innerhalb der Transaktion, daß ein Objekt deaktiviert wird, so wird dieses Objekt zunächst im Transaktionspuffer zwischengespeichert. Wird das Ende einer Transaktion erfolgreich erreicht, so daß alle Anweisungen vollständig wirksam werden sollen, so werden alle deaktivierten und zurückgespeicherten Objekte in die tatsächliche Datenbank übernommen. Soll die Transaktion nicht wirksam werden, so wird der Transaktionspuffer einfach nur gelöscht. Der erste Fall wird durch eine sogenannte *Commit-Anweisung* ausgelöst, der zweite Fall durch eine sogenannte *Abort-Anweisung*. Das Bild 11.25 veranschaulicht grob die Aufgabe des Zwischenspeicher.

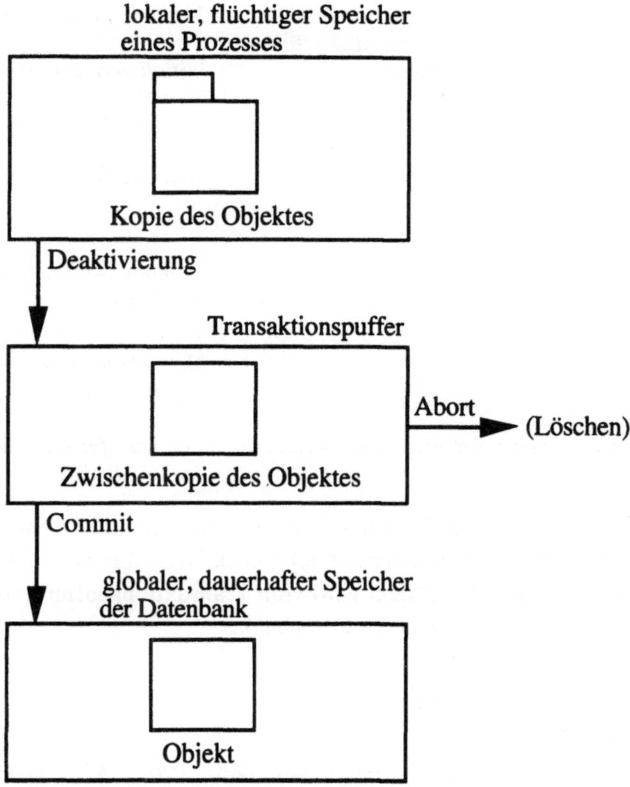

Bild 11.25 Aufgabe des Transaktionspuffers beim Deaktivieren eines Objektes innerhalb einer mit Commit bzw. Abort beendeten Transaktion

11.2.9 Ein Beispiel

Die Erläuterung von C++ / ONTOS soll durch ein Beispielprogramm abgeschlossen werden, mit dem ein lokal neu erzeugtes Objekt dauerhaft in eine globale Datenbank abgespeichert wird. Wir benötigen folgende Vereinbarungen:

```
class Zahl_Typ :  public Object          dauerhafte "C++ / ONTOS - Klasse":
{ private:
    int  Zahl;                           abgeschirmtes Attribut

  public:
  Zahl_Typ( int   eineZahl=0,            Konstruktor
            char* benutzerName=(char*) 0);

  Zahl_Typ( APL*  theAPL);               System-Konstruktor

  Type*  getdirectType();                Typoperation

  int  liefereZahl();                    Leseoperation für Attribut

  void aendereZahl(int  eineZahl);       Änderungsoperation für Attribut
};
```

```
Zahl_Typ :: Zahl_Typ( int    eineZahl,           Methode für Konstruktor:
                      char*  benutzerName):
          Object(benutzerName)                   initialisiert benutzersichtbaren
                                                 Namen
{ Zahl = eineZahl; }                             initialisiert Attribut


Zahl_Typ :: Zahl_Typ( APL*   theAPL ):           Methode für System-Konstruktor
          Object(theAPL)
{ }


Type*  Zahl_Typ :: getdirectType()              Methode für Typoperation:
{ return  (Type*)  OC_lookup("Zahl_Typ"); }     liefert Typ


int  Zahl_Typ :: liefereZahl()                   Methode für Leseoperation:
{ return   Zahl; }                               liefert Attribut


void  Zahl_Typ :: aendereZahl(int  eineZahl)     Methode für Änderungsoperation:
{ Zahl = eineZahl; }                             ändert Attribut
```

Folgendes Programm öffnet eine Datenbank namens `Beispieldatenbank`, startet eine Transaktion, erzeugt lokal ein neues Objekt, deaktiviert dieses Objekt, beendet die Transaktion erfolgreich (d.h. das Objekt wird vom Transaktionspuffer in die dauerhafte Datenbank übernommen) und schließt die Datenbank:

```
main()
{ OC_open ("Beispieldatenbank");
      OC_transactionStart();
          Zahl_Typ*  einZahlObjekt = new Zahl_Typ (747, "meine Zahl");
          einZahlObjekt → putObject();
      OC_transactionCommit();
  OC_close();
}
```

11.3 Arztpraxisbeispiel mit C++ / ONTOS

Wir betrachten wieder die in Kapitel 5 eingeführte Modellierung einer Arztpraxis. Um die Darstellung einigermaßen kurz und übersichtlich zu halten, beschränken wir uns im wesentlichen auf einen schon in den Kapiteln 7 und 8 benutzten, stark vereinfachten Ausschnitt der Modellierung, den wir dabei geeignet abwandeln. Die Form der folgenden Modellierung und die Wahl ihrer Formalisierung mit Hilfe von C++ / ONTOS sollen vorrangig die Sprachmittel von C++ / ONTOS veranschaulichen; Modellierung und Formalisierung sind unvollständig, und ihre "Güte" bleibt hier unerörtert.

Die Modellierung ist durch die ER-Diagramme aus Bild 11.26 veranschaulicht und umfaßt folgende als bedeutsam angesehenen Gesichtspunkte:

- Jede Person ist ein *Seiendes*, von dem als grundlegende *Eigenschaft* nur der Name bedeutsam sei. Zwischen zwei Personen kann eine *Beziehung* der Elternschaft vorliegen.

- Einige Personen können Patienten sein. Wir spezialisieren deshalb die Klasse der Personen und fordern eine entsprechende *Aussonderungsbedingung*. Jede Behandlung eines Patienten durch eine Person erfordert, daß ein Behandlungsprotokoll erstellt wird. Faßt man ein solches Protokoll als *Seiendes* auf, so liegen ternäre *Beziehungen* der Behandlung vor.

- Die behandelnden Personen sind verpflichtet, für die medizinische Dokumentation zu jedem Patienten eine Karteikarte zu führen; faßt man eine Karteikarte als *Seiendes* auf, so habe sie die Behandlungen als *mengenwertiges Attribut*. Eine Karteikarte steht mit dem betreffenden Patienten in *eineindeutiger Beziehung*, und ihre Attributwerte werden durch folgende *Regel* bestimmt. Stehen ein Patient, ein Protokoll und eine Person als Arzt in der Beziehung Behandlung, d.h. gilt die entsprechende Aussage behandlung(pat,prot,arzt), so ist diese Beziehung auch Element des mengenwertigen Attributes (prot,arzt) des Patienten.

Für das logische und das relationale Datenmodell haben wir in den Kapiteln 7 und 8 im wesentlichen eine Formalisierung gewählt, in der die Beziehungen der Elternschaft und der Behandlung direkt *als Relationen aufzählend* dargestellt werden, während die Beziehungen der Dokumentation *durch Regeln (Anfragen) erschlossen* werden müssen. Die Klasse der Personen wird zusätzlich *als Relation aufzählend* dargestellt, während die Unterklasse der Patienten nicht ausdrücklich formalisiert wird, sondern allenfalls als Projektion der Relation für Behandlungen *erschlossen* werden kann. Im Schema leicht abgeändert und in den Ausprägungen verkleinert sieht die Formalisierung dann wie in Bild 11.27 aus.

Wie in Abschnitt 11.1 besprochen, kann man für eine objektorientierte Formalisierung die Beziehungen im wesentlichen auf zwei verschiedene Arten behandeln:

- einerseits kann man die Angaben über Beziehungen an beteiligte Objekte "anheften", und

- andererseits kann man die Beziehungen selbst als Objekte deuten und dadurch die relationale Formalisierung nachbilden.

Diese Wahlmöglichkeit ist auch im ER-Diagramm über Beziehungen der Dokumentation (Bild 11.26c) sichtbar:

- Einerseits kann man die Dokumentationen direkt darstellen, indem man sie an die Patienten "anheftet", und daraus die Behandlungen erschließen (die entsprechende Regel könnte noch durch die Umkehrung der Pfeilrichtungen in das ER-Diagramm aufgenommen werden).

- Und andererseits kann man die Behandlungen direkt darstellen (und daraus die Dokumentationen erschließen).

Natürlich könnte man auch sowohl Behandlungen als auch Dokumentationen beide direkt und damit "redundant" darstellen; die *Regeln* muß man dann als *Bedingungen* deuten.

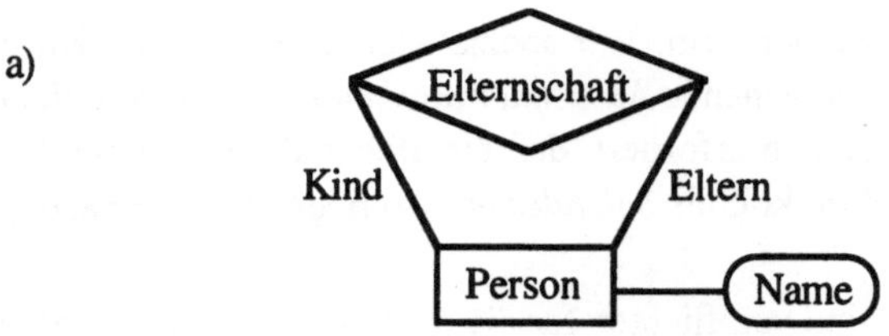

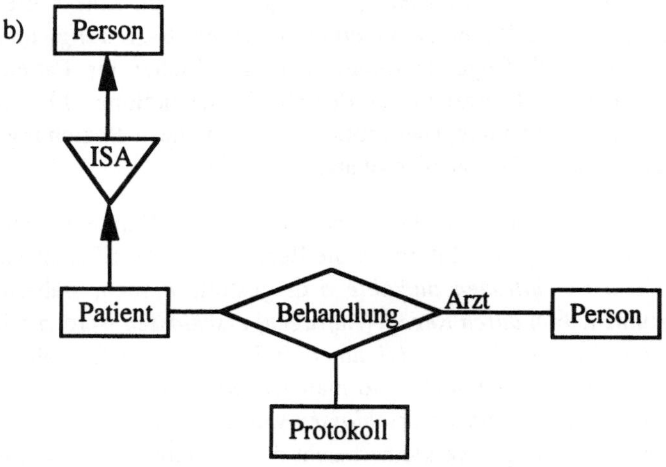

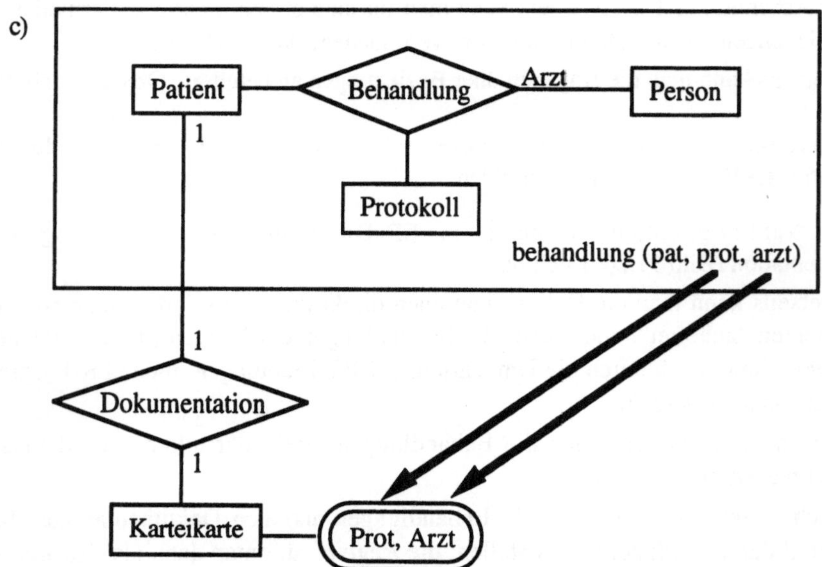

Bild 11.26 ER-Diagramme für die vereinfachte Modellierung einer Arztpraxis:
a) Beziehungen der Elternschaft
b) Beziehungen der Behandlung
c) Beziehungen der Dokumentation

PERSON	Name
	fritz
	anton
	maria
	hugo
	josef
	gerda

ELT	Eltern	Kind
	anton	maria
	anton	hugo
	fritz	anton
	josef	gerda

BEH	Patient	Protokoll	Arzt
	maria	labor	gerda
	maria	haus	gerda
	maria	röntg	gerda
	anton	unter	josef
	anton	labor	josef
	anton	berat	josef
	fritz	berat	josef

Bild 11.27 Schema und Ausprägung für eine relationale Formalisierung einer Arztpraxis

In diesem Abschnitt wollen wir die erste Möglichkeit wählen. Für die Beziehungen der
Elternschaft wählen wir ebenfalls die erste Möglichkeit. Sowohl für die Beziehungen der
Elternschaft als auch für die Beziehungen der Behandlungen heften wir die Angaben über
die Beziehungen jeweils nur an *eines* der beteiligten Objekte an; wir "heften" die Kinder
an das Elternobjekt und die Dokumentationen an das Patientenobjekt. Hierdurch entsteht
natürlich eine große Unsymmetrie: die jeweils fehlenden "Anheftungen" können nur
durch aufwendige Suchverfahren erschlossen werden. Schließlich wollen wir Patienten
als Spezialisierungen von Personen auffassen. Unsere Entscheidungen können wir uns
auf der Ebene der Modellierung auch durch das (eigentlich nicht empfehlenswerte) ER-
Diagramm in Bild 11.28 veranschaulichen.

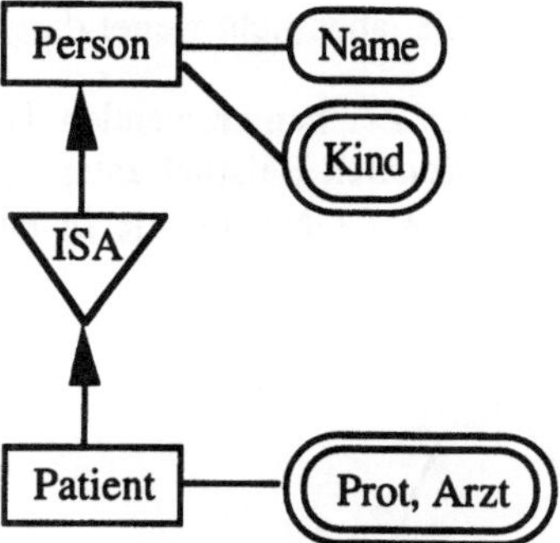

Bild 11.28 ER-Diagramm zur Veranschaulichung einer möglichen objektorientierten
Formalisierung einer Arztpraxis

Für eine Formalisierung mit C++ / ONTOS gehen wir nun wie folgt vor:

- *Typvereinbarungen:*

  Für Personen definieren wir den Typ `Person_Typ` mit Attributen `NAme`[6] und
  `Kinder`, wobei das Attribut `Kinder` auf ein Setobjekt für die Personobjekte der
  Kinder verweist.

  Für Patienten definieren wir den Typ `Patient_Typ` als Spezialisierung von
  `Person_Typ` mit dem zusätzlichen Attribut `Behandlungen`. Dieses verweist

---

[6] Um dieses Attribut vom im Typ `Object` vereinbarten Attribut `Name` zu unterscheiden,
schreiben wir die ersten beiden Buchstaben groß.

auf ein Setobjekt für Behandlungsobjekte.

Für Behandlungen definieren wir den Typ `Behandlung_Typ` mit den Attributen `Protokoll` und `Arzt`, wobei das Attribut `Arzt` auf ein Personobjekt verweist.

- *Klassenvereinbarungen:*

  Für die Seiendenklasse der Personen vereinbaren wir ein Dictionary[7] mit Bezeichner `PERSON`.

  Für die Seiendenklasse der Patienten vereinbaren wir ein Dictionary[7] mit Bezeichner `PATIENT`.

  Person- bzw. Patientobjekte werden in die Dictionaries eingefügt oder aus ihnen entfernt, sobald sie dauerhaft gespeichert (deaktiviert) oder dauerhaft entfernt werden. Die Aussonderungsbedingung zwischen den Seiendenklassen verwirklichen wir als *Inklusion* zwischen diesen Dictionaries, die durch geeignete Redefinitionen der in der Klasse `Object` vereinbarten Funktionen `putObject` (für die Deaktivierung) und `deleteObject` (für die Typen `Person_Typ` und `Patient_Typ`) sichergestellt wird.

Es liegen also insbesondere die *Typhierarchie* und *Inklusionshierarchie* für Klassen wie in Bild 11.29 gezeigt vor. Wir könnten die Klassenvereinbarungen auch alternativ durchführen, indem wir die in Abschnitt 11.2.3 kurz angesprochene Möglichkeit nutzen, "C++ / ONTOS-Klassen" nicht nur als Typen, sondern tatsächlich auch als Klassen zu behandeln. Diese Möglichkeit soll hier aber nicht weiter dargestellt werden.

Indem wir die in Bild 11.30 erklärten Zeichen verwenden, können wir das Schema bzw. eine zugehörige, dem obigen relationalen Beispiel entsprechende Ausprägung für die angestrebte Formalisierung mit C++ / ONTOS wie in Bild 11.31 bzw. Bild 11.32 graphisch veranschaulichen.

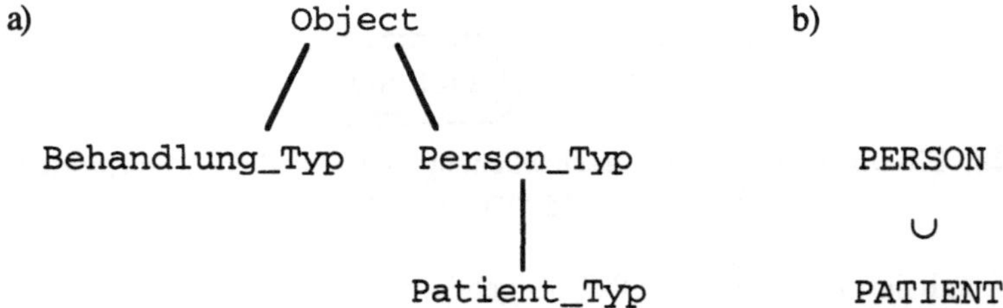

Bild 11.29 Typen und Klassen einer C++ / ONTOS - Formalisierung einer Arztpraxis
a) Typhierarchie
b) Inklusionshierarchie

---

[7] Genau genommen vereinbaren wir hierdurch nicht nur eine Klasse, sondern zusätzlich auch eine Zugriffsstruktur für diese Klasse.

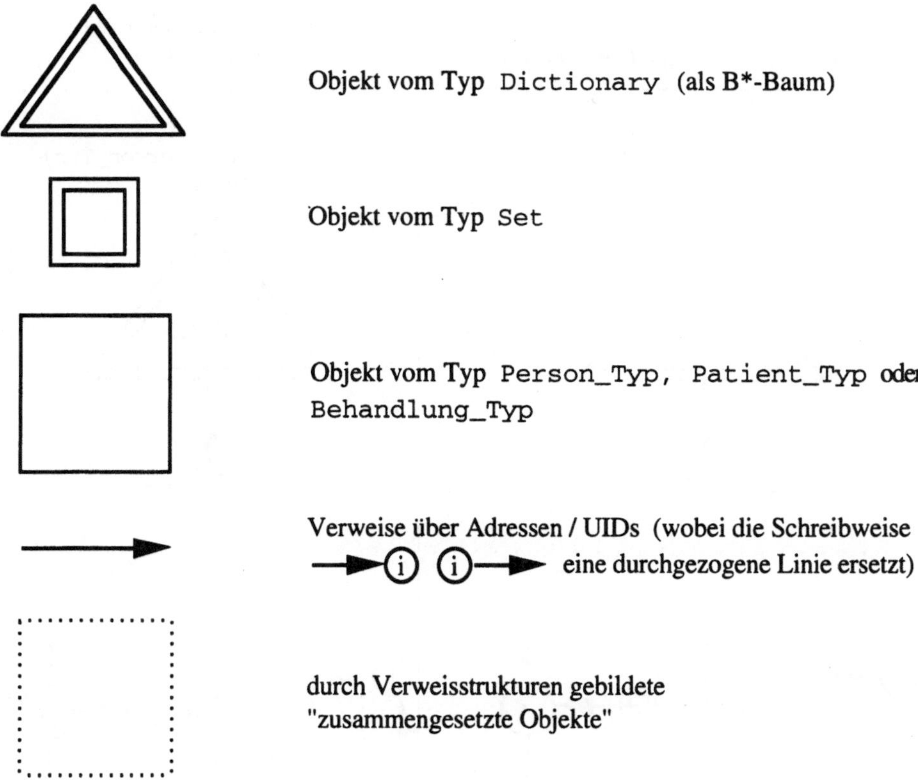

Bild 11.30 Zeichenerklärung zu den Veranschaulichungen einer C++ / ONTOS -
Formalisierung

Wir geben nun C++ / ONTOS-Vereinbarungen für die vorgesehenen Typen und
Klassen, sowie für die Verarbeitungsprozeduren an. Ein Aufruf der ersten Prozedur,
`beispieldatenEintragen`, erzeugt die in Bild 11.31 graphisch veranschaulichte
Ausprägung. Aufrufe der beiden anderen Prozeduren, `relationElternAusgeben`
bzw. `relationBehandlungAusgeben`, erzeugen aus den objektorientierten
Strukturen die im relationalen Modell gespeicherten Relationen ELT bzw. BEH.

Um die Programme übersichtlich zu halten, verzichten wir weitgehend auf
Fehlerüberprüfung und Fehlerbehandlung (wozu in ONTOS insbesondere der Typ
`CleanupObj` die benötigten Sprachmittel zur Verfügung stellt). Die Programme
dürften also in der vorliegenden unvollständigen Form nicht eingesetzt werden. Ferner
verzichten wir darauf, die für die einzelnen Vereinbarungen notwendigen "include-files"
anzugeben.

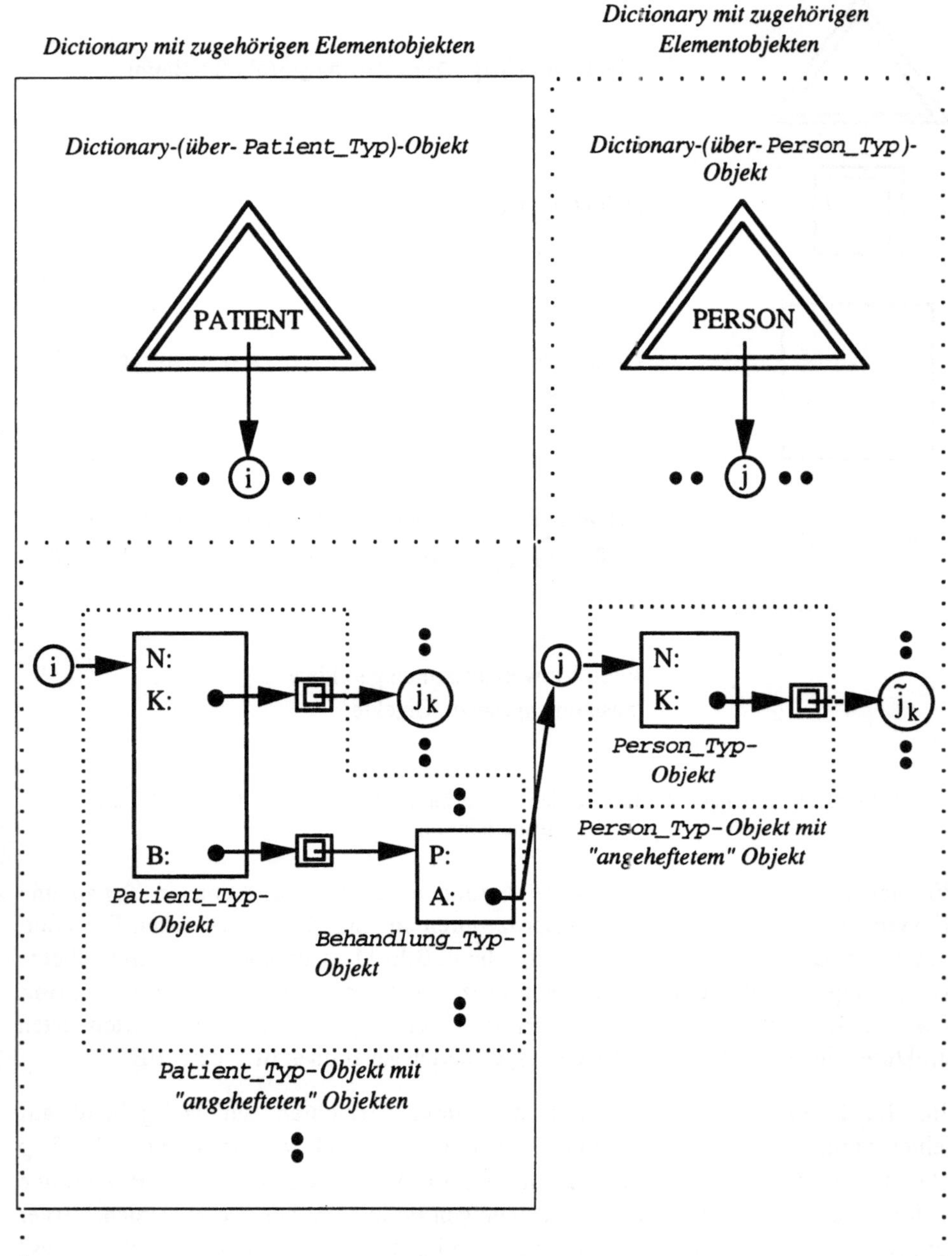

Bild 11.31 Veranschaulichung des Schemas einer C++ / ONTOS - Formalisierung einer Arztpraxis

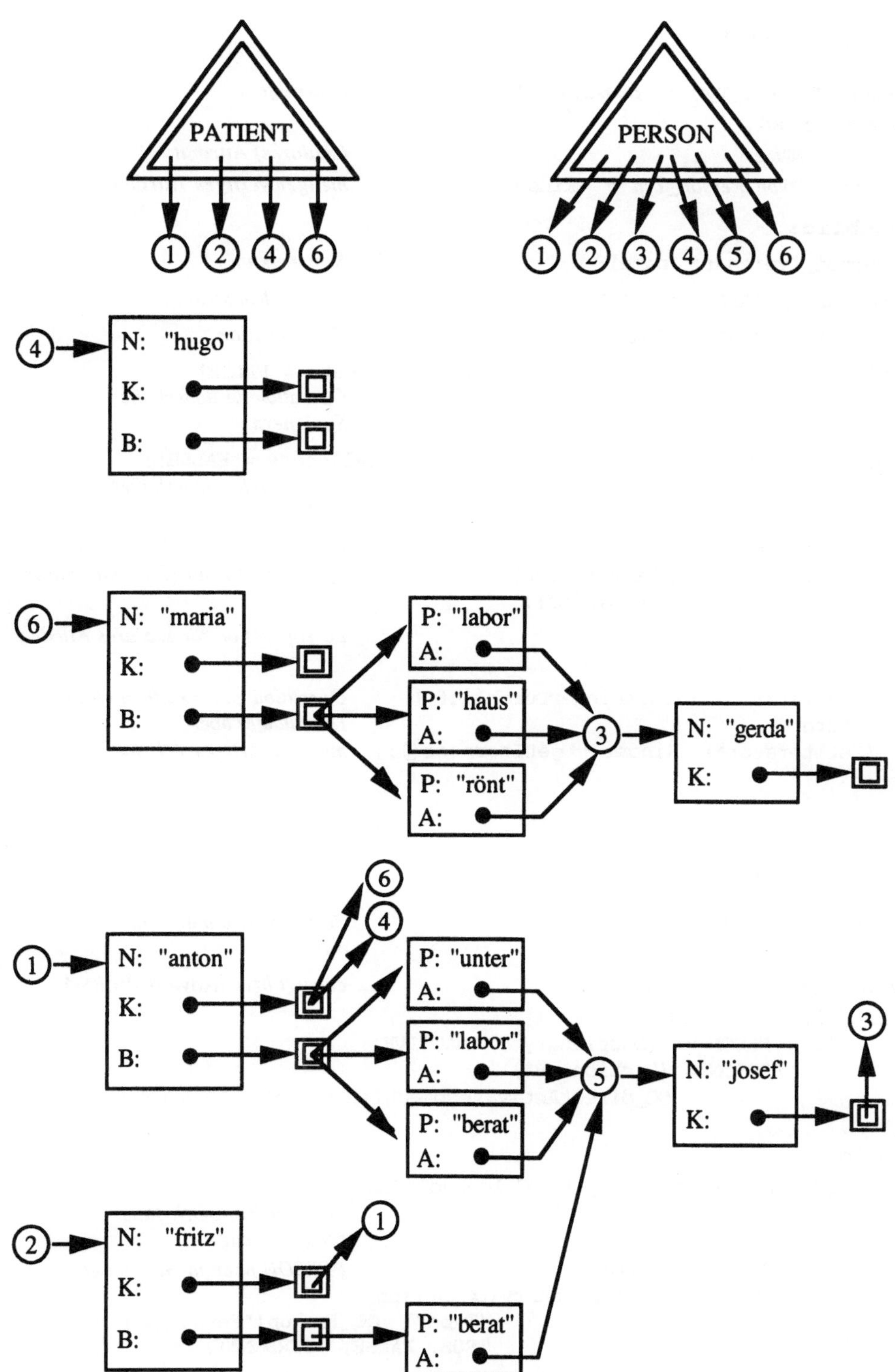

Bild 11.32 Veranschaulichung einer Ausprägung einer C++ / ONTOS - Formalisierung einer Arztpraxis

```
/*** person.h ***/

class Person_Typ : public Object                      dauerhaft
{protected:
 char*  NAme;                                          (skalares) Attribut
 Set*   /*von Person_Typ */  Kinder;                   mengenwertiges Attribut

 public:

 Person_Typ(char* name);                              Konstruktor

 Person_Typ(APL*   theAPL);                           System-Konstruktor

 virtual  Type* getDirectType();                      Typoperation

 virtual  void  putObject(OC_Boolean  deallocate = FALSE);
                                                      Operation für dauerhaftes
                                                      Speichern

 virtual  void  deleteObject(OC_Boolean  deallocate = FALSE);
                                                      Operation für dauerhaftes
                                                      Entfernen

 void  setzeKind(Person_Typ*  kind)                   Einfügeoperation für mengen-
 {if (!Kinder → isMember(kind))                       wertiges Attribut (Löschoperation
     Kinder → Insert(kind);}                          fehlt)

 char*  name()                                        Leseoperation für skalares Attribut
 {return  NAme;}

 SetIterator*  erzeugeKinderDurchlauf()               Operation zum Eröffnen eines
 {return                                              Durchlaufes über
  (SetIterator*)  Kinder → getIterator();}            mengenwertiges Attribut
};


/*** person.cxx ***/

Dictionary*  PERSON;                                  PERSON wird mit NULL
                                                      initialisiert

void  aktivierePerson()                              erzeugt bzw. aktiviert PERSON:
{if (PERSON != NULL)
   {if (PERSON == (Dictionary*) INACTIVE)
        PERSON = (Dictionary*)
                OC_directActivateObject((Entity**)  &PERSON);
   }
 else
   {PERSON = (Dictionary*)  OC_lookup("PERSON");
                                                      aktiviert PERSON, falls
                                                      schon erzeugt
    if (PERSON == NULL)                               PERSON noch nicht erzeugt
       {PERSON = new Dictionary(OC_string,
                        (Type*)  OC_lookup("Person_Typ"),
                        TRUE, FALSE, "PERSON");
       }
   }
}
```

```
DictionaryIterator* erzeugePersonDurchlauf()
{aktivierePerson();
 return (DictionaryIterator*) PERSON → getIterator();
}
```
erzeugt einen Durchlauf durch das Dictionary PERSON

```
Person_Typ :: Person_Typ(char* name)
{NAme = new char[strlen(name) + 1];
 strcpy(NAme, name);
 Kinder = new Set((Type*) OC_lookup("Person_Typ"));

}
```
Methode für Konstruktor:

initialisiert skalares Attribut

initialisiert mengenwertiges Attribut

```
Person_Typ :: Person_Typ(APL* theAPL) : Object(theAPL)

{OC_directActivateObject((Entity**) &Kinder);
}
```
Methode für System-Konstruktor

```
Type* Person_Typ :: getDirectType()
{return (Type*) OC_lookup("Person_Typ");
}
```
Methode für Typoperation:
liefert Typ

```
void Person_Typ :: putObject(OC_Boolean deallocate)

{Kinder → putObject();

 aktivierePerson();
 if (!PERSON → isMember(this))
     PERSON → Insert(name(), this);
 PERSON → putObject(FALSE);

 Object :: putObject(deallocate);
}
```
Methode für dauerhaftes Speichern:
deaktiviert das Set-Objekt, auf das Kinder verweist

aktiviert das Dictionary PERSON
fügt dieses Objekt in das Dictionary PERSON ein
deaktiviert das Dictionary PERSON

```
void Person_Typ :: deleteObject(OC_Boolean deallocate)

{Kinder → deleteObject(deallocate);

 aktivierePerson();
 PERSON → Remove(name(), this);

 PERSON → putObject(FALSE);

 Object :: deleteObject(deallocate);
}
```
Methode für dauerhaftes Entfernen:
entfernt das Set-Objekt, auf das Kinder verweist

aktiviert das Dictionary PERSON
entfernt dieses Objekt aus dem Dictionary PERSON
deaktiviert das Dictionary PERSON

```
/*** patient.h ***/

class Patient_Typ : public Person_Typ        spezialisiert Person_Typ
{private:

 Set*   /* von Behandlung_Typ */  Behandlungen;  mengenwertiges Attribut

 void behandelt(Behandlung_Typ* behandlung)  Einfügeoperation für
                                              mengenwertiges Attribut
                                              (Löschoperation fehlt)
 {if (!Behandlungen → isMember((Entity*) behandlung))
      Behandlungen → Insert((Entity*) behandlung);};

 friend class Behandlung_Typ;

 public:

 Patient_Typ(char* name);                     Konstruktor

 Patient_Typ(APL* theAPL);                     System-Konstruktor

 virtual Type* getDirectType();                Typoperation

 virtual void putObject(OC_Boolean deallocate = FALSE);
                                               Operation für dauerhaftes
                                               Speichern

 virtual void deleteObject(OC_Boolean deallocate = FALSE);
                                               Operation für dauerhaftes
                                               Entfernen

 SetIterator* erzeugeBehandlungenDurchlauf()  Operation zum Eröffnen eines
 {return                                       Durchlaufes über mengenwertiges
  (SetIterator*) Behandlungen → getIterator();}  Attribut
};


/*** patient.cxx ***/

Dictionary* PATIENT;                          PATIENT wird mit NULL
                                              initialisiert

void aktivierePatient()                       erzeugt bzw. aktiviert PATIENT:
{if (PATIENT != NULL)
     {if (PATIENT == (Dictionary*) INACTIVE)
          PATIENT = (Dictionary*)
                    OC_directActivateObject((Entity**) &PATIENT);
     }
else
     {PATIENT = (Dictionary*) OC_lookup("PATIENT");
                                              aktiviert PATIENT,
                                              falls schon erzeugt

      if (PATIENT == NULL)                    PATIENT noch nicht erzeugt
         {PATIENT = new Dictionary(OC_string,
                             (Type*) OC_lookup("Patient_Typ"),
                             TRUE, FALSE, "PATIENT");
         }
     }
}
```

```
DictionaryIterator* erzeugePatientDurchlauf()
{aktivierePatient();
 return (DictionaryIterator*) PATIENT → getIterator();
}
```
erzeugt einen Durchlauf durch das Dictionary PATIENT

```
Patient_Typ :: Patient_Typ(char* name) : Person_Typ(name)
{Behandlungen = new Set((Type*) OC_lookup("Behandlung_Typ"));

}
```
Methode für Konstruktor: initialisiert mengenwertiges Attribut

```
Patient_Typ :: Patient_Typ(APL* theAPL) : Person_Typ(theAPL)
{OC_directActivateObject((Entity**) &Behandlungen);
}
```
Methode für System-Konstruktor

```
Type* Patient_Typ :: getDirectType()
{return (Type*) OC_lookup("Patient_Typ");
}
```
Methode für Typoperation: liefert Typ

```
void Patient_Typ :: putObject(OC_Boolean deallocate)
{Behandlungen → putCluster(FALSE);



 aktivierePatient();
 if (!PATIENT → isMember(this))
     PATIENT → Insert(name(), this);
 PATIENT → putObject(FALSE);


 Person_Typ :: putObject(deallocate);
}
```
Methode für dauerhaftes Speichern: deaktiviert das Set-Objekt, auf das Behandlungen verweist, und alle seine Elementobjekte

aktiviert das Dictionary PATIENT fuegt dieses Objekt in das Dictionary PATIENT ein deaktiviert das Dictionary PATIENT

```
void Patient_Typ :: deleteObject(OC_Boolean deallocate)
{Behandlungen → deleteCluster(deallocate);



 aktivierePatient();
 PATIENT → Remove(name(), this);


 PATIENT → putObject(FALSE);


 Person_Typ :: deleteObject(deallocate);
}
```
Methode für dauerhaftes Entfernen: entfernt Set-Objekt, auf das Behandlungen verweist, und alle seine Elementobjekte

aktiviert das Dictionary PATIENT entfernt dieses Objekt aus dem Dictionary PATIENT deaktiviert das Dictionary PATIENT

```
/*** behandlung.h ***/

class Behandlung_Typ : public Object        dauerhaft
{private:
 char* Protokoll;                           skalares Attribut
 Reference   Arzt;                          skalares Attribut mit Reference
 public:
 Behandlung_Typ                             Konstruktor
            (Patient_Typ*  patient,
             char*           protokoll,
             Person_Typ*  arzt);
 Behandlung_Typ(APL*  theAPL);              System-Konstruktor
 virtual  Type*  getDirectType();           Typoperation
 Person_Typ*  behandeltdurch()              Leseoperation für skalares Attribut
 {return (Person_Typ*)  Arzt.Binding(this);} mit Reference
 char*  protokoll()                         Leseoperation für skalares Attribut
 {return  Protokoll;}
};
```

```
/*** behandlung.cxx ***/

Behandlung_Typ :: Behandlung_Typ            Methode für Konstruktor:
     (Patient_Typ* patient,
      char*           protokoll,
      Person_Typ*  arzt)
{Protokoll = new char[strlen(protokoll) + 1];
 strcpy(Protokoll, protokoll);              initialisiert skalares Attribut
 Arzt.Init(arzt);                           initialisiert skalares Attribut mit
                                            Reference
 patient → behandelt(this);                 ruft Einfügeoperation für mengen-
                                            wertiges Attribut von patient
}


Behandlung_Typ :: Behandlung_Typ(APL*  theAPL) : Object(theAPL)
{  }                                        Methode für System-Konstruktor


Type*  Behandlung_Typ :: getDirectType()   Methode für Typoperation:
{return (Type*) OC_lookup("Behandlung_Typ"); liefert Typ
}
```

```
/*** eingabe.cxx ***/

void   beispieldatenEintragen()          erzeugt die Ausprägung aus Bild 11.32 :

{OC_transactionStart();

 Patient_Typ*   Fritz = new   Patient_Typ("fritz");
 Patient_Typ*   Anton = new   Patient_Typ("anton");
 Patient_Typ*   Maria = new   Patient_Typ("maria");
 Patient_Typ*   Hugo  = new   Patient_Typ("hugo");
 Patient_Typ*   Josef = new   Patient_Typ("josef");
 Patient_Typ*   Gerda = new   Patient_Typ("gerda");
                                          erzeugt die Patient_Typ-Objekte

 Anton  → setzeKind(Maria);
 Anton  → setzeKind(Hugo);
 Fritz  → setzeKind(Anton);
 Josef  → setzeKind(Gerda);               fügt in das mengenwertige Attribut ein


 new   Behandlung_Typ(Maria, "labor", Gerda);
 new   Behandlung_Typ(Maria, "haus", Gerda);
 new   Behandlung_Typ(Maria, "roentg", Gerda);
 new   Behandlung_Typ(Anton, "unter", Josef);
 new   Behandlung_Typ(Anton, "labor", Josef);
 new   Behandlung_Typ(Anton, "berat", Josef);
 new   Behandlung_Typ(Fritz, "berat", Josef);
                                          erzeugt die Behandlung_Typ-Objekte

 Fritz  → putObject();
 Anton  → putObject();
 Maria  → putObject();
 Hugo   → putObject();
 Josef  → putObject();
 Gerda  → putObject();                    speichert dauerhaft

 OC_transactionCommit();
}
```

```
/*** ausgabe.cxx ***/

void   relationElternAusgeben()                    erzeugt die Relation ELT aus Bild
                                                   11.27 :
{OC_transactionStart();
 DictionaryIterator*  PersonDurchlauf = erzeugePersonDurchlauf();
 OC_directActivateCluster((Aggregate**)  &PERSON);
 Person_Typ*  einEltern;
 while (einEltern = (Person_Typ*) (Entity*) (*PersonDurchlauf)())
                                                   durchlaufe das Dictionary PERSON

        {SetIterator*  KinderDurchlauf
                    = einEltern → erzeugeKinderDurchlauf();
         Person_Typ*      einKind;
         while  (einKind = (Person_Typ*) (Entity*) (*KinderDurchlauf)())
                                                   durchlaufe das mengenwertige
                                                   Attribut Kinder

             {cout<< "(" << einEltern → name() << ",";
              cout<< einKind → name() << ")\n";
              }
         }
 OC_transactionCommit();
}


void   relationBehandlungAusgeben()                erzeugt die Relation BEH aus Bild
                                                   11.27:
{OC_transactionStart();
 DictionaryIterator*  PatientDurchlauf = erzeugePatientDurchlauf();
 OC_directActivateCluster((Aggregate**)  &PATIENT);
 Patient_Typ*  einPatient;
 while (einPatient = (Patient_Typ*) (Entity*) (*PatientDurchlauf)())
                                                   durchlaufe das Dictionary PATIENT

        {SetIterator*  BehandlungenDurchlauf
                    = einPatient → erzeugeBehandlungenDurchlauf();
         Behandlung_Typ*      eineBehandlung;
         while (eineBehandlung = (Behandlung_Typ*) (Entity*)
                                 (*BehandlungenDurchlauf)())
                                                   durchlaufe das mengenwertige
                                                   Attribut Behandlungen

             {cout<< "(" << einPatient → name() << ",";
              cout<< eineBehandlung → protokoll() << ", ";
              cout<< eineBehandlung → behandeltdurch() → name();
              cout<< ")\n";
              }
         }
 OC_transactionCommit();
}
```

11.4 Frame-Logik

Die *Frame-Logik*, kurz *F-Logik*, [KiLa 89, KiLaWu 93, LaMa 91, KiKiSa 92] stellt eine Verbindung von logischen und objektorientierten Datenmodellen dar. Während C++ / ONTOS tatsächlich verwirklicht und kommerziell verfügbar ist, ist die F-Logik – wie derzeit viele logische Datenmodelle – nur erfunden und allenfalls ausschnittsweise und prototypisch implementiert worden.

Die F-Logik enthält einerseits unter anderem folgende Ansätze der *objektorientierten Datenmodelle*:

* Durch *Surrogate* eindeutig identifizierte *Objekte*.
* Zusammenfassung von Objekten zu *Klassen*.
* *Skalare* und *mengenwertige Operationen*, wobei parameterlose Operationen den *Attributen* entsprechen.
* *Signaturen* als *Typen* für Operationen.
* Partielle Ordnung der *Inklusion* von Klassen (-"Bevölkerungen").
* *Vererbung* von Signaturen und *Spezialisierung*.

Die F-Logik enthält andererseits auch unter anderem folgende Ansätze der *logischen Datenmodelle*:

* Einheitliche *Logiksprache* für *Schema* und *Ausprägungen*.
* Durch Formeln ausgedrückte *Formate* und *Bedingungen* für Ausprägungen, die Wissen aufzählend darstellen.
* Durch *Grundformeln* ausgedrückte *Ausprägungen*.
* Durch Formeln, insbesondere *Horn-Klauseln* gegebene Sichten, mit denen Wissen erschlossen werden kann.
* Eine korrekte und vollständige *operationale Semantik*, bei Beschränkung auf Horn-Klauseln als *Fixpunktsemantik*.

Einige dieser Ansätze sollen im folgenden für die F-Logik (zwar unvollständig und vereinfacht, aber immerhin) soweit erläutert werden, daß wir anschließend das im vorangehenden Abschnitt 11.3 betrachtete Beispiel auch mit der F-Logik behandeln können.

11.4.1 Surrogate und Objekte

In ihrer einfachsten Form unterliegt der F-Logik die Vorstellung, daß "die Welt" ausschließlich durch *Objekte* beschrieben wird. Das für eine Anwendung zu modellierende und zu formalisierende Unternehmen wird also nur durch Objekte nachgebildet. Zur Vereinfachung (der theoretischen Konzepte) werden auch Werte (im Sinne der Einleitung zu diesem Kapitel 11) als Objekte gedeutet. Zusätzlich werden, wie schon in Abschnitt 11.1 angedeutet, auch alle weiteren Angaben wie Klassen, Attribute, Operationen, Domänen, usw. syntaktisch wie Objekte behandelt.

Ein Objekt wird durch ein *Surrogat* oder (in der Sprechweise der F-Logik) *Objektidentifikator*, OID, bezeichnet[8]. In der Syntax der F-Logik werden Surrogate als *Terme* gebildet. Nullstellige Funktionszeichen, also Konstantenzeichen, dienen dazu, "eigenständige" Objekte zu bezeichnen. Im Hinblick auf C++ / ONTOS könnte man diese Konstantenzeichen auch als "benutzersichtbare Namen" ansehen, die man in Anfragen verwenden darf (wozu man in C++ / ONTOS die Aktivierungsfunktion `OC_lookup` benutzt). In unserem Arztpraxisbeispiel könnte man etwa folgende Konstantenzeichen für die Bezeichnung von Objekten der jeweils angegebenen Art verwenden:

maria, gerda, ...	für Patienten- und Personenobjekte;
patient, person, ...	für Klassen- bzw. Dictionaryobjekte;
name, kinder, ...	für Attributobjekte;
string, ...	für das Domänenobjekt der Zeichenketten (für benutzersichtbare Darstellungen);
"maria", "gerda", "labor", ...	für Zeichenkettenobjekte.

Um "abhängige" Objekte zu bezeichnen, kann man mit Hilfe von "echten" Funktionszeichen gebildete Terme verwenden. In unserem Arztpraxisbeispiel ist etwa ein Behandlungsobjekt insbesondere vom zugehörigen Patientenobjekt abhängig. Tatsächlich haben wir bei der Formalisierung mit C++ / ONTOS den Konstruktor sogar mit drei formalen Parametern versehen: für den Patienten, für das Protokoll und für den Arzt. Verwendet man in der F-Logik etwa

> behandlung   als dreistelliges Funktionszeichen,

so bezeichnen wie folgt gebildete Terme gerade Behandlungsobjekte:

> behandlung (maria, "labor", gerda)
> behandlung (maria, "haus", gerda)
> $\vdots$

Schließlich kann man zum Erschließen von Wissen auch Individuenvariablen und mit Hilfe von solchen Variablen gebildete Terme verwenden. Sind etwa X, Y und Z Variablen, so bezeichnen folgende Terme grob gesprochen das jeweils Angegebene:

X	bezeichnet ein "beliebiges" Objekt;
behandlung (X, Y, Z)	bezeichnet ein "beliebiges" Behandlungsobjekt;

Durch eine Belegung der Variablen (mit Grundtermen) kann dann jeweils ein "bestimmtes" Objekt bezeichnet werden.

11.4.2 Klassen

Objekte können zu Klassen (die in der F-Logik ihrerseits Objekte sind) zusammengefaßt werden. In der Syntax der F-Logik wird das (in Anlehnung an die Syntax vieler getypter

---

[8] Genauer: Der in der Einleitung zu diesem Kapitel anschaulich und umgangssprachlich eingeführte Begriff des *Surrogates* wird für die F-Logik zum Begriff des *Objektidentifikators* genau ausgeprägt und formalisiert; diese Begriffe sind also nicht vollständig synonym, sondern verweisen eigentlich nur auf gleichartige Vorstellungen.

Programmiersprachen) durch (*Element-*) *ISA-Zusicherungen* genannte Formeln der folgenden Form ausgedrückt:

$$o_1 \quad : \quad o_2 \qquad \text{, wobei} \quad \text{der Term } o_1 \text{ ein Elementobjekt und}$$
$$\text{der Term } o_2 \text{ ein Klassenobjekt bezeichnen.}$$

In unserem Arztpraxisbeispiel könnten wir also folgende ISA-Zusicherungen verwenden:

maria	:	patient
gerda	:	person
"labor"	:	string
"maria"	:	string
"gerda"	:	string
⋮		

In der F-Logik kann sogar jedes Objekt als Klassenobjekt benutzt werden, also insbesondere Elementobjekte besitzen. Die "Bevölkerung" eines durch o_2 bezeichneten Objektes (als Klasse angesehen) ist die Menge der Objekte (als Elemente angesehen), für deren Bezeichner o gerade das Fakt $o : o_2$ erschlossen werden kann.

11.4.3 Skalare und mengenwertige Operationen

Ein durch o bezeichnetes Objekt kann eine Nachricht empfangen, die in der F-Logik aus einem Objektidentifikator m für eine Operation und gegebenenfalls Objektidentifikatoren $a_1,...,a_k$ für die aktuellen Parameter besteht. Ist die Operation skalar, so wird ein einzelnes, etwa durch e bezeichnetes Objekt zurückgeliefert. Dieser Sachverhalt wird in der F-Logik durch eine *skalares Datenmolekül* genannte Formel der folgenden Form ausgedrückt:

$o [m @ a_1,...,a_k \rightarrow e]$, bzw. kurz
$o [m \rightarrow e]$ für parameterlose Operationen.

Ist die Operation mengenwertig, so wird eine Menge von Objekten zurückgeliefert, die etwa jeweils durch $e_1,e_2,...,e_m$ bezeichnet seien. Dieser Sachverhalt wird in der F-Logik durch *mengenwertige Datenmoleküle* der folgenden Form ausgedrückt:

$o [m @ a_1,...,a_k \twoheadrightarrow \{e_1,...,e_m\}]$, bzw. kurz
$o [m \twoheadrightarrow \{e_1,...,e_m\}]$ für parameterlose Operationen.

Die zurückgelieferte Menge kann auch beliebig in Form von überdeckenden Teilmengen beschrieben werden. Soll zum Beispiel $\{1,2,3\}$ das Ergebnis sein, so kann man dies etwa auch wie folgt inkrementell ausdrücken:

$o [m \twoheadrightarrow \{\}]$
$o [m \twoheadrightarrow \{2\}]$
$o [m \twoheadrightarrow \{2,3\}]$
$o [m \twoheadrightarrow \{1\}]$

Parameterlose Operationen kann man auch als *Attribute* deuten. Stellt man sich den strukturellen Teil eines Objektes stets als "privat" vereinbart vor, so liefert eine parameterlose Operation gerade einen privaten Attributwert. Diese Vorstellung entspricht dem Vorgehen in C++ / ONTOS, wenn man für "private" Attribute "öffentliche" direkte Leseoperationen vereinbart. In unserem Arztpraxisbeispiel können wir etwa den in Bild 11.33a gezeigten Ausschnitt aus der Veranschaulichung der Formalisierung in C++ / ONTOS betrachten; dieser Ausschnitt behandelt ein `Patient_Typ`-Objekt mitsamt seinen "angehefteten" Objekten. In der F-Logik können diese Gegebenheiten durch die in Bild 11.33b aufgelisteten Datenmoleküle ausgedrückt werden.

a)

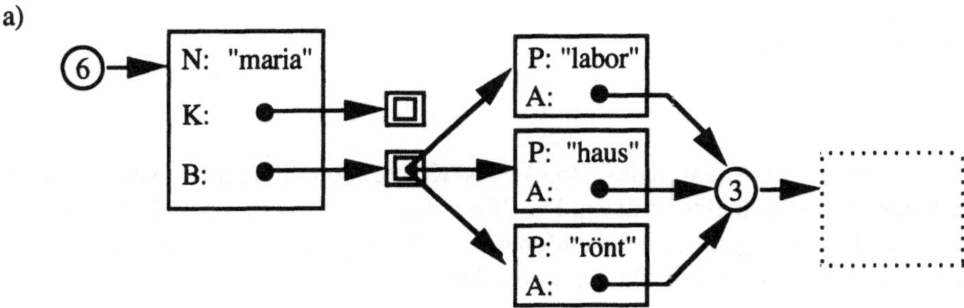

b)   maria [name → "maria"]
      maria [kinder →→ {}]
      maria [behandlungen →→ { behandlung(maria, "labor", gerda),
                                behandlung(maria, "haus", gerda),
                                behandlung(maria, "rönt", gerda)}]
      behandlung(maria, "labor", gerda) [protokoll → "labor"; arzt → gerda]
      behandlung(maria, "haus", gerda)   [protokoll → "haus";   arzt → gerda]
      behandlung(maria, "rönt", gerda)   [protokoll → "rönt";   arzt → gerda]

Bild 11.33 Zwei objektorientierte Formalisierungen eines Patienten namens Maria:
                a) in C++ / ONTOS (Ausschnitt aus Bild 11.32)
                b) in F-Logik

11.4.4 Signaturen als Typen für Operationen

Im allgemeinen faßt man nur solche Objekte zu einer Klasse zusammen, die über die gleichen Operationen verfügen. In der Syntax der F-Logik kann man den Typ dieser Operationen zusammen mit der Klasse vereinbaren. Dazu legt man für eine durch c bezeichnete Klasse folgendes fest: für eine durch m bezeichnete Operation auf den Elementen dieser Klasse sollen die k aktuellen Parameter stets jeweils aus den Klassen $ac_1,...,ac_k$ stammen, und das Ergebnis soll stets in allen Klassen $ec_1,...,ec_n$ liegen. Diese Vorschrift kann man für skalare Operationen als eine *skalares Signaturmolekül* genannte Formel der folgenden Form aufschreiben:

$$c\ [m\ @\ ac_1,...,ac_k \Rightarrow (ec_1,...,ec_n)]$$

Für mehrwertige Operationen schreibt man entsprechend ein *mengenwertiges Signaturmolekül*:

$$c\ [m\ @\ ac_1,...,ac_k \Rrightarrow (ec_1,...,ec_n)]$$

In unserem Arztpraxisbeispiel würde man unter anderem folgendes Signaturmolekül verwenden:

person [name $\Rightarrow$ (string); kinder $\Rightarrow\!\!\!\!\Rightarrow$ (person)]

11.4.5 Inklusion von Klassen

Für je zwei durch c_1 und c_2 bezeichnete Klassen kann man verlangen, daß die "Bevölkerung" von c_1 auch als (indirekte) "Bevölkerung" von c_2 angesehen werden soll, daß also für c_2 bezüglich c_1 die entsprechende *Aussonderungsbedingung* gilt: jedes Element von c_1 ist auch Element von c_2. In der Syntax der F-Logik wird dies durch ebenfalls *(Inklusion-) ISA-Zusicherungen* genannte Formeln der folgenden Form ausgedrückt:

c_1 :: c_2

In unserem Arztpraxisbeispiel würde man also die ISA-Zusicherung

patient :: person

verwenden.

11.4.6 Vererbung von Signaturen und Spezialisierung

Allgemein kann man in objektorientierten Datenmodellen für Typen eine Spezialisierungshierarchie mit Vererbung einführen. Wie im Unterabschnitt 11.4.4 beschrieben, werden in der F-Logik die Typen für Operationen in der Form von Signaturen als Angaben über Klassen vereinbart. Ist etwa für eine durch c bezeichnete Klasse eine Signatur der Form

$c\ [m\ @\ ac_1,...,ac_k \Rightarrow (ec)],$ (1a)   bzw.

$c\ [m\ @\ ac_1,...,ac_k \Rightarrow\!\!\!\!\Rightarrow (ec)]$ (1b)

vereinbart, so soll die durch die Signatur ausgedrückte Vorschrift für alle Elemente der Klasse c gelten. Dies gilt insbesondere auch für die Elemente aller (direkten oder transitiven) Unterklassen von c. Wird etwa eine durch uc bezeichnete Klasse durch die ISA-Zusicherung

uc :: c (2)

als Unterklasse von c angesehen, so gilt die obige Signatur auch für alle Elemente von uc. In diesem Sinne kann man sagen, daß die Signaturen (1a), (1b) durch (2) an die Klasse uc *vererbt* werden. Damit wird eine Wiederholung der Signaturen für die Unterklasse uc, nämlich

$uc\ [m\ @\ ac_1,...,ac_k \Rightarrow (ec)],$ bzw.

$uc\ [m\ @\ ac_1,...,ac_k \Rightarrow\!\!\!\!\Rightarrow (ec)]$

überflüssig. Darüber hinaus kann man nun für eine Unterklasse die Typangaben *spezialisieren*, indem man für die Unterklasse neue Signaturen hinzufügt.

In unserem Arztpraxisbeispiel haben wir bereits die Signatur person [name ⇒ (string); kinder ⇒» (person)]

und die ISA-Zusicherung

patient :: person

vereinbart, so daß die Signatur

patient [name ⇒ (string); kinder ⇒» (person)]

vererbt wird und nicht noch einmal notiert werden muß. Für die durch patient bezeichnete Klasse können wir dann die Typangaben weiter spezialisieren, indem wir für die Behandlungen eine zusätzliche Signatur vereinbaren, etwa durch

patient [behandlungen ⇒» (behandlung_typ)],

wobei das durch behandlung_typ bezeichnete Objekt mit der folgenden Signatur versehen sei:

behandlung_typ [protokoll ⇒ (string); arzt ⇒ (person)]

Man beachte noch, daß in der F-Logik nicht streng zwischen Typen und Klassen unterschieden wird, weil Signaturen stets zusammen mit den Klassen, für deren Elemente sie gelten sollen, vereinbart werden. Dadurch ist die in Abschnitt 11.1 erwähnte Verträglichkeit der Typhierarchie mit der Klassenhierarchie stets gewährleistet. Es sei dazu noch ohne weitere Einzelheiten erwähnt, daß in der F-Logik auch das Überladen von Operationen möglich ist.

Schließlich erwähnen wir noch, daß die Objekttypen in C++ / ONTOS, die wir "C++ / ONTOS-Klassen" genannt haben, auch in der F-Logik nachgebildet werden können. Wir wollen dies anhand des Arztpraxisbeispiels erläutern. Indem wir für die Formalisierung in der F-Logik leicht abgewandelte Vereinbarungen benutzen, erhalten wir die in Bild 11.34 gezeigten Entsprechungen bezüglich Typen, Klassen und Inklusionen.

C++ / ONTOS	F-Logik
"C++ / ONTOS-Klasse" `Person_Typ`	person_typ [name ⇒ (string); kinder ⇒» (person_typ)]
"C++ / ONTOS-Klasse" `Patient_Typ`	patient_typ :: person_typ patient_typ[behandlungen ⇒» (behandlung_typ)]
`PERSON = new Dictionary` `(,..OC_lookup("Person_Typ"),,,)`	person :: person_typ
`PATIENT = new Dictionary` `(,..OC_lookup("Patient_Typ"),,,)`	patient :: patient_typ
Inklusion `PATIENT ⊂ PERSON`	patient :: person

Bild 11.34 Entsprechungen zwischen C++ / ONTOS und F-Logik bezüglich Typen, Klassen und Inklusionen anhand des Arztpraxisbeispiels

Der ersten Entsprechung bezüglich Typen liegen folgende Vorstellungen zugrunde: Auch in C++ / ONTOS kann man einen Objekttyp, d.h. eine "C++ / ONTOS-Klasse", mit einer "Bevölkerung" versehen, nämlich gerade mit der Menge der Objekte dieses Typs. Für diese "Typ-Bevölkerung" stellt ONTOS dann auch Iteratoren (Durchläufe) zur Verfügung. Auch in der F-Logik kann man zunächst die Signaturen für ein "Typobjekt" vereinbaren und dann ein "Klassenobjekt" durch eine ISA-Zusicherung die Signaturen erben lassen. Die zweite Entsprechung bezüglich Klassen zeigt, daß für solche "Typobjekte" die Schreibweise der ISA-Zusicherung in der F-Logik mit der Schreibweise für die Angabe einer direkten Oberklasse in C++ / ONTOS übereinstimmt. Die letzte Entsprechung bezüglich Inklusionen muß in C++ / ONTOS durch geeignete Programmierung sichergestellt werden, da C++ / ONTOS keine gesonderten Sprachmittel für die Inklusion von Dictionaries (wohl aber für "C++ / ONTOS-Klassen") zur Verfügung stellt.

11.4.7 Einheitliche Logiksprache für Schema und Ausprägungen

In Kapitel 5 haben wir bei der Modellierung unterschieden zwischen zeitabhängigen Beschreibungen, die durch Aufzählungen dargestellt werden, und zeitunabhängigen Beschreibungen, in denen Formate für die Aufzählungen, Bedingungen und Regeln festgelegt werden. In den verschiedenen Datenmodellen wird diese Unterscheidung dann jeweils dadurch ausgedrückt, daß die Begriffe der Instanz oder Ausprägung und des Schemas definiert werden. Logikorientierte Datenmodelle zeichnen sich nun dadurch aus, daß sowohl Ausprägungen und Schemas als auch Anfragen innerhalb einer *Logiksprache einheitlich* behandelt werden können. Diese Einheitlichkeit erlaubt dann insbesondere, für Anfragen und Bedingungen eine auf den Modell- und den Implikationsbegriff der mathematischen Logik abgestützte *deklarative Semantik* zu bestimmen. Im folgenden soll angedeutet werden, wie dieses allgemeine Vorgehen in der F-Logik ausgeführt wird. Dazu geben wir zunächst an, wie die Sprache des hier behandelten Ausschnittes der F-Logik aufgebaut ist.

F	ist unendliche Menge von *Funktionszeichen*.
C ⊂ F	ist die unendliche Menge von *Konstantenzeichen*, d.h. nullstellige Funktionszeichen; in der F-Logik werden wir Konstantenzeichen jeweils mit einem kleingeschriebenen Buchstaben beginnen lassen.
V	ist die Menge der *Individuenvariablen*; in der F-Logik werden wir Individuenvariablen jeweils mit einem großgeschriebenen Buchstaben beginnen lassen.
T	ist die Menge der *Terme*, die wie üblich induktiv aus **F** und **V** aufgebaut werden.

In der F-Logik dienen *Terme* dazu, *Objekte* zu bezeichnen. Wir erinnern daran, daß in der F-Logik sowohl die Gegebenheiten des zu formalisierenden Unternehmens als auch Werte, Klassen, Attribute, Operationen, Domäne, usw. syntaktisch als Objekte behandelt werden, also durch Terme bezeichnet werden.

Die Menge der *Formeln* wird dann induktiv wie folgt definiert:

iA) Sind o_1 und o_2 Terme, so sind
    die *(Element-) ISA-Zusicherung* $o_1 : o_2$
    und die *(Inklusion-) ISA-Zusicherung* $o_1 :: o_2$
    (atomare) Formeln.

iB) Sind o, m, $a_1,...,a_k$, e, $e_1,...,e_m$ Terme, so sind
    das *skalare Datenmolekül* $o\ [m\ @\ a_1,...,a_k \rightarrow e]$
    und das *mengenwertige Datenmolekül* $o\ [m\ @\ a_1,...,a_k \twoheadrightarrow \{e_1,...,e_m\}]$
    (molekulare) Formeln.

iC) Sind c, m, $ac_1,...,ac_k$, $ec_1,...,ec_n$ Terme, so sind
    das *skalare Signaturmolekül* $c\ [m\ @\ ac_1,...,ac_k \Rightarrow (ec_1,...,ec_n)]$
    und das *mengenwertige Signaturmolekül* $c\ [m\ @\ ac_1,...,ac_k \Rrightarrow (ec_1,...,ec_n)]$
    (molekulare) Formeln.

ii) Sind Φ und Ψ Formeln und X eine Individuenvariable, so kann man daraus wie
üblich mit Hilfe der aussagenlogischen Junktoren $\wedge$, $\vee$ und $\neg$ und der Quantoren $\forall$
und $\exists$ weitere Formeln bilden. Wir werden uns im folgenden beschränken auf
quantorenfreie (implizit als allquantifiziert angesehene) *Horn-Formeln* der Form

$$M_0 \vee \neg\, M_1 \vee \neg\, M_2 \vee ... \vee \neg\, M_m,$$

wobei $M_0, M_1,...,M_m$ atomare oder molekulare Formeln sind. Eine solche Horn-
Formel notieren wir abgekürzt auch als *(Horn-) Klausel* wie folgt:

$$M_0\ \text{:-}\ M_1, M_2,...,M_m$$

Zur Verkleinerung der Schreibweisen kann man Formeln auch auf naheliegende
Weise zusammenfassen, wie wir es schon in einigen Beispielen getan haben.

11.4.8 Formate und Bedingungen für Aufzählungen als Signaturmoleküle und Inklusion-ISA-Zusicherungen

In LOGODAT haben wir als *Formate* für Aufzählungen zunächst nur die
Relationensymbole festgelegt. Später (bei der Behandlung des relationalen
Datenmodells) haben wir schon angemerkt, daß man noch zusätzlich als
Stellenbezeichner sogenannte *Attribute* einführen kann. Ferner kann man durch
Vereinbarung von *Domänen* einfache Typbedingungen festlegen. In der F-Logik können
diese Angaben als Signaturmoleküle zusammen mit Inklusion-ISA-Zusicherungen
ausgedrückt werden. In unserem gemäß Unterabschnitt 11.4.6 leicht abgewandelten
Arztpraxisbeispiel dienen dazu folgende Formeln:

    person_typ [name $\Rightarrow$ (string); kinder $\Rrightarrow$ (person_typ)]
    patient_typ :: person_typ
    patient_typ [behandlungen $\Rrightarrow$ (behandlung_typ)]
    behandlung_typ [protokoll $\Rightarrow$ (string); arzt $\Rightarrow$ (person_typ)]
    person :: person_typ
    patient :: patient_typ

Die F-Logik ermöglicht es auch, *semantische Bedingungen* auszudrücken. Wir
behandeln hier nur zwei Sonderfälle. Zum einen beinhalten die skalaren

Signaturmoleküle neben den Typbedingungen auch eine gewisse Art von *funktionalen Abhängigkeiten*: für ein skalares Signaturmolekül, etwa der Form

   c [m $\Rightarrow$ (t)]

wird nämlich gefordert, daß in vermöge der (Element-) ISA-Zusicherung o : c zugehörigen Datenmolekülen der Form

   o [m $\rightarrow$ e]

das Ergebnis eindeutig bestimmt ist.

Zum anderen kann man durch Inklusion-ISA-Zusicherungen auch gewisse *Enthaltenseinsabhängigkeiten* einfach ausdrücken. In unserem Arztpraxisbeispiel dient dazu die folgende Inklusion-ISA-Zusicherung

   patient :: person.

11.4.9 Aufzählend dargestelltes Wissen als Grund-Element-ISA-Zusicherungen und Grund-Datenmoleküle

Aufzählend dargestelltes Wissen, also Ausprägungen, werden in der F-Logik formalisiert durch Element-ISA-Zusicherungen und Datenmoleküle, die jeweils keine Variablen enthalten, also Grundformeln sind. In unserem Arztpraxisbeispiel liegt folgende Ausprägung vor:

hugo : patient	hugo [name $\rightarrow$ "hugo"]	hugo [kinder $\twoheadrightarrow$ {}]
maria : patient	maria [name $\rightarrow$ "maria"]	maria [kinder $\twoheadrightarrow$ {}]
anton : patient	anton [name $\rightarrow$ "anton"]	anton [kinder $\twoheadrightarrow$ {maria,hugo}]
fritz : patient	fritz [name $\rightarrow$ "fritz"]	fritz [kinder $\twoheadrightarrow$ {anton}]
gerda : person	gerda [name $\rightarrow$ "gerda"]	gerda [kinder $\twoheadrightarrow$ {}]
josef : person	josef [name $\rightarrow$ "josef"]	josef [kinder $\twoheadrightarrow$ {gerda}]

hugo [behandlungen $\twoheadrightarrow$ {}]
maria [behandlungen $\twoheadrightarrow$ { behandlung(maria, "labor", gerda),
                          behandlung(maria, "haus", gerda),
                          behandlung(maria, "rönt", gerda) }]
anton [behandlungen $\twoheadrightarrow$ { behandlung(anton, "unter", josef),
                          behandlung(anton, "labor", josef),
                          behandlung(anton, "berat", josef) }]
fritz [behandlungen $\twoheadrightarrow$ { behandlung(fritz, "berat", josef) }]

behandlung(maria, "labor", gerda) [protokoll $\rightarrow$ "labor"; arzt $\rightarrow$ gerda]
behandlung(maria, "haus", gerda) [protokoll $\rightarrow$ "haus"; arzt $\rightarrow$ gerda]
behandlung(maria, "rönt", gerda) [protokoll $\rightarrow$ "rönt"; arzt $\rightarrow$ gerda]
behandlung(anton, "unter", josef) [protokoll $\rightarrow$ "unter"; arzt $\rightarrow$ josef]
behandlung(anton, "labor", josef) [protokoll $\rightarrow$ "labor"; arzt $\rightarrow$ josef]
behandlung(anton, "berat", josef) [protokoll $\rightarrow$ "berat"; arzt $\rightarrow$ josef]
behandlung(fritz, "berat", josef) [protokoll $\rightarrow$ "berat"; arzt $\rightarrow$ josef]

behandlung(maria, "labor", gerda)   :   behandlung_typ
behandlung(maria, "haus", gerda)   :   behandlung_typ
behandlung(maria, "rönt", gerda)   :   behandlung_typ
behandlung(anton, "unter", josef)   :   behandlung_typ
behandlung(anton, "labor", josef)   :   behandlung_typ
behandlung(anton, "berat", josef)   :   behandlung_typ
behandlung(fritz, "berat", josef)   :   behandlung_typ

11.4.10 Regeln zum Erschließen als Horn-Klauseln

In LOGODAT kann man Regeln zum Erschließen von Sichtrelationen vereinbaren, wobei dort die vereinfachende Vorschrift gilt, daß durch Regeln keine Relationensymbole für die Basisrelationen redefiniert werden dürfen. In der F-Logik ist etwas Entsprechendes möglich, wobei aber einerseits die obige Einschränkung entfällt und andererseits Sichten auch mit Attributen und Domänen, also Signaturen versehen werden. Zusätzlich muß man nun aber folgendes beachten: in der F-Logik bestehen auch Sichten aus Objekten, die jeweils durch Terme bezeichnet werden müssen. Solche Terme kann man mit Hilfe von geeigneten Funktionszeichen bilden.

In unserem Arztpraxisbeispiel kann man etwa eine der Relation ELT (aus der Formalisierung im relationalen Datenmodell) entsprechende Sicht wie folgt definieren:

sur_relationELT   sei ein Konstantenzeichen, das die Klasse der in der Sicht enthaltenen Objekte bezeichne.

el_ki   sei ein zweistelliges Funktionszeichen; ein Term der Form el_ki(o_1,o_2) bezeichnet jeweils ein in der Sicht enthaltenes Objekt.

sur_relationELT [eltern $\Rightarrow$ (person_typ);   kind $\Rightarrow$ (person_typ)]
        definiert Attribute und Domänen der Sicht.

el_ki(X,Y) : sur_relationELT [eltern $\rightarrow$ X;   kind $\rightarrow$ Y]
        :- X : person [kinder $\twoheadrightarrow$ {Y}]
        ist eine Horn-Klausel, die die Objekte der Sicht definiert.

Diese Sicht liefert nun aber nur die Surrogatpaare für die Eltern-Kind-Beziehungen; für eine benutzersichtbare Darstellung benötigten wir jedoch auch die zugehörigen Namenspaare. Diese könnte man durch folgende zusätzliche Sicht definieren.

wert_relationELT [elternAusgabe $\Rightarrow$ (string);   kindAusgabe $\Rightarrow$ (string)]

eltAusgabe(Z) : wert_relationELT [elternAusgabe $\rightarrow$ Xausgabe;
                                    kindAusgabe $\rightarrow$ Yausgabe]
        :- Z : sur_relationELT [eltern $\rightarrow$ X;   kind $\rightarrow$ Y],
           X [name $\rightarrow$ Xausgabe], Y [name $\rightarrow$ Yausgabe]

Wenn man nur an einer benutzersichtbaren Darstellung interessiert ist, kann man die beiden Definitionen auch geeignet verschmelzen. Eine solche verschmolzene Definition geben wir im folgenden für eine der Relation BEH (aus der Formalisierung im relationen Datenmodell) entsprechenden Sicht:

wert_relationBEH [einPatientAusgabe $\Rightarrow$ (string);
                    einProtokollAusgabe $\Rightarrow$ (string);
                    einArztAusgabe $\Rightarrow$ (string)]

behAusgabe(X,Y) : wert_relationBEH [einPatientAusgabe $\rightarrow$ Xausgabe;
                                       einProtokollAusgabe $\rightarrow$ Yausgabe;
                                       einArztAusgabe $\rightarrow$ Zausgabe]
          :- X : patient [name $\rightarrow$ Xausgabe; behandlungen $\twoheadrightarrow$ {Y}],
              Y [protokoll $\rightarrow$ Yausgabe; arzt $\rightarrow$ Z],
              Z [name $\rightarrow$ Zausgabe]

Die Horn-Klausel kann man sich veranschaulichen, indem man die entsprechenden Gegebenheiten für die Formalisierung mit C++ / ONTOS betrachtet. Dazu sind in Bild 11.35 insbesondere die in der Horn-Klausel vorkommenden Individuenvariablen an die jeweils entsprechenden Stellen eingetragen.

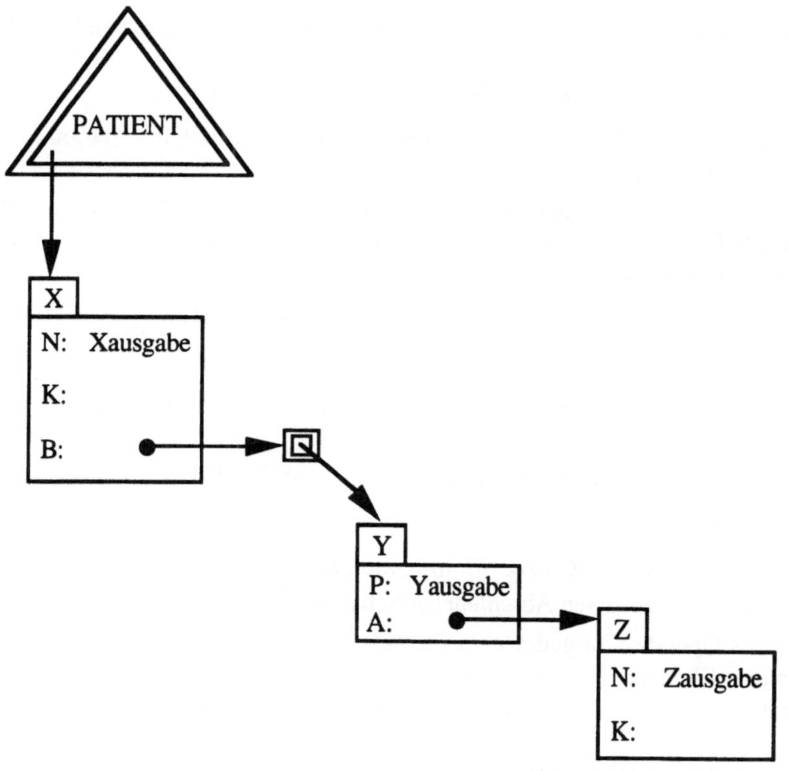

Bild 11.35 Veranschaulichung der Horn-Klausel für wert_relationBEH durch
C++ / ONTOS - Gegebenheiten

11.4.11 Deklarative und operationale Semantik

Die Definition einer deklarativen Semantik folgt dem üblichen Muster. Zunächst muß dafür festgelegt werden, welche Art von *Strukturen* betrachtet werden sollen. Für die F-Logik definiert man dazu sogenannte *F-Strukturen*, deren Aufbau wir im folgenden nur grob skizzieren.

Eine *F-Struktur* $M = (d,\delta)$ ist durch folgende Angaben bestimmt:

d   ist eine nichtleere Menge (*Universum*).

δ ist eine Zuordnung:

- Von *Funktionszeichen* zu Funktionen auf d:

$$\delta(f^n) : \underbrace{d\ x...x\ d}_{\text{n-mal}} \to d.$$

- Vom Zeichen : für die *Element-ISA-Zusicherung* zu einer zweistelligen Relation auf d:

$$\delta(:) \subset d\ x\ d.$$

- Vom Zeichen :: für die *Inklusion-ISA-Zusicherung* zu einer partiellen Ordnung auf d:

$$\delta(::) \subset d\ x\ d, \qquad \delta\ (::)\ \text{reflexiv, transitiv und asymmetrisch,}$$

wobei folgende, die Inklusionshierarchie von Klassen beschreibende Bedingung gelten muß:

$$\text{wenn}\quad a\ \delta(:)\ b\quad \text{und}\quad b\ \delta(::)\ c, \qquad \text{dann}\quad a\ \delta(:)\ c.$$

- Vom Zeichen $\to$ für *skalare Datenmoleküle* zu partiellen[9], parametrisierten Operationen; und zwar wird

jedem als Operation m gedeuteten Element des Universums für jedes als Objekt o gedeutete Element des Universums eine Schar von Operationen mit $k = 0,1,...$ (als Objekte gedeuteten) Parametern zugeordnet:

$$\delta(\ _k\!\!\to\ )(m)(o) : \underbrace{d\ x...x\ d}_{\text{k-mal}} \xrightarrow{p} d \qquad\qquad \text{für } k = 0,1,...$$

- Vom Zeichen $\twoheadrightarrow$ für *mengenwertige Datenmoleküle* zu partiellen, parametrisierten Operationen der folgenden Art:

$$\delta(\ _k\!\!\twoheadrightarrow\ )(m)(o) : \underbrace{d\ x...x\ d}_{\text{k-mal}} \xrightarrow{p} \wp d \qquad\qquad \text{für } k = 0,1,...$$

- Vom Zeichen $\Rightarrow$ für *skalare Signaturmoleküle* zu partiellen, parametrisierten Operationen mit gewissen Abschlußeigenschaften; und zwar wird

jedem als Operation m gedeuteten Element des Universums für jedes als Klasse c gedeutete Element des Universums eine Schar von (als Signaturen gedeuteten) Operationen mit $k = 0,1,...$ (als Klassen gedeuteten) Parametern der folgenden Art

---

[9]   Um anzudeuten, daß eine Operation f mit Definitionsbereich Db und Wertebereich Wb (möglicherweise) nur partiell definiert ist, d.h. (möglicherweise) nur für eine Teilmenge von Db, schreiben wir im folgenden $f : Db \xrightarrow{p} Wb$.

zugeordnet:

$$\delta(\ _k\!\!\Rightarrow)(m)(o) : \underbrace{d \times ... \times d}_{k\text{-mal}} \ \overset{p}{\longmapsto} \ \wp\!\uparrow\! d \qquad\qquad \text{für } k = 0,1,...$$

Dabei sei $\wp\!\uparrow\! d$ die wie folgt definierte Menge der $\delta(::)$-abgeschlossenen Teilmengen von d:

$$\wp\!\uparrow\! d := \{ x \mid x \subset d, \text{ und für alle } a \in d, b \in d:$$
$$\text{wenn } a \in x \text{ und } a\ \delta(::)\ b, \text{ dann } b \in x \ \}.$$

Ferner muß folgende (die Vererbungsregeln für Signaturen erfassende) Abschlußeigenschaft gelten:

wenn $\quad c\ \delta(::)\ \tilde{c}\quad$ und $\quad ac_1\ \delta(::)\ \tilde{ac}_1\quad$ und ... und $\quad ac_k\ \delta(::)\ \tilde{ac}_k$

und $\quad \delta(\ _k\!\!\Rightarrow)(m)(\ \tilde{c}\ )(\ \tilde{ac}_1,...,\ \tilde{ac}_k)\quad$ ist definiert,

dann ist auch $\quad \delta(\ _k\!\overset{?}{\Rightarrow})(m)(c)(ac_1,...,ac_k)\quad$ definiert, und

es gilt $\quad \delta(\ _k\!\!\Rightarrow)(m)(c)(ac_1,...,ac_k) \supset \delta(\ _k\!\!\Rightarrow)(m)(\ \tilde{c}\ )(\ \tilde{ac}_1,...,\ \tilde{ac}_k)$.

- Vom Zeichen $\Rightarrow\!\!\!\!\Rightarrow$ für *mengenwertige Signaturmoleküle* zu partiellen, parametrisierten Operationen; und zwar ganz entsprechend wie für $\Rightarrow$.

Eine *Variablenbelegung* zu einer F-Struktur ist dann eine Funktion der Art

$$\beta : V \to d,$$

die wie üblich auf der Menge **T** der Terme fortgesetzt werden kann.

Die *Gültigkeit* einer Formel Φ der F-Logik in einer F-Struktur $M = (d,\delta)$ unter einer Variablenbelegung β kann dann induktiv definiert werden, wobei der Induktionsanfang für atomare und molekulare Formeln wie folgt festgelegt wird:

$\models_{M,\beta}\ o_1\ :\ o_2 \qquad\qquad$:gdw $\quad \beta(o_1)\ \delta(:)\ \beta(o_2)$.

$\models_{M,\beta}\ o_1\ ::\ o_2 \qquad\qquad$:gdw $\quad \beta(o_1)\ \delta(::)\ \beta(o_2)$.

$\models_{M,\beta}\ o\ [m@a_1,...,a_k \to e] \quad$:gdw. $\quad \delta(\ _k\!\to)\,(\beta(m))\,(\beta(o))\,(\beta(a_1),...,\beta(a_k))$
$\qquad\qquad\qquad\qquad\qquad\qquad$ ist definiert und gleich $\beta(e)$.

$\models_{M,\beta}\ o\ [m@a_1,...,a_k \twoheadrightarrow \{e_1,...,e_m\}]$
$\qquad\qquad\qquad\quad$:gdw $\quad \delta(\ _k\!\twoheadrightarrow)\,(\beta(m))\,(\beta(o))\,(\beta(a_1),...,\beta(a_k))$
$\qquad\qquad\qquad\qquad\quad$ ist definiert und Obermenge von $\{\beta(e_1),...,\beta(e_m)\}$.

$\models_{M,\beta}\ c\ [m@ac_1,...,ac_k \Rightarrow (ec_1,...,ec_n)]$
$\qquad\qquad\qquad\quad$:gdw $\quad \delta(_k\!\Rightarrow)\,(\beta(m))\,(\beta(c))\,(\beta(ac_1),...,\beta(ac_k))$
$\qquad\qquad\qquad\qquad\quad$ ist definiert und Obermenge von $\{\beta(ec_1),...,\beta(ec_n)\}$.

$\models_{M,\beta}\ c\ [m@ac_1,...,ac_k \Rightarrow\!\!\!\!\Rightarrow (ec_1,...,ec_n)]$
$\qquad\qquad\qquad\quad$:gdw $\quad \delta(\ _k\!\Rightarrow\!\!\!\!\Rightarrow)\,(\beta(m))\,(\beta(c))\,(\beta(ac_1),...,\beta(ac_k))$
$\qquad\qquad\qquad\qquad\quad$ ist definiert und Obermenge von $\{\beta(ec_1),...,\beta(ec_n)\}$.

Die Begriffe der *Gültigkeit, Erfüllbarkeit, logischen Implikation,* usw. können dann alle sinngemäß auf die F-Logik übertragen werden. Damit kann dann entsprechend wie in LOGODAT auch eine *deklarative Semantik* für durch Formeln ausgedrückte *Anfragen* festgelegt werden. Wenn man sich auf Horn-Klauseln beschränkt, kann man die

Semantik auch mittels der Konstruktion eines *kleinsten Fixpunktes* operationalisieren. Faßt man diesen Fixpunkt wieder geeignet als F-Struktur auf, so stellt der Fixpunkt zu einer Klauselmenge **K** gerade wieder das kleinste, die Grundformeln aus **K** enthaltene und nur aus dem syntaktischen Material von **K** aufgebaute Modell von **K** (*kleinstes Herbrand-Modell*) dar. Für allgemeinere Formelmengen, die insbesondere "negative Information" zu behandeln erlauben, lassen sich diese Überlegungen erweitern, wobei allerdings die für Horn-Klauseln vorliegende Eindeutigkeit der dann technisch sehr schwierigen Konstruktion im allgemeinen verloren geht. Schließlich bemerken wir noch für Leser, die mit Methoden des *automatischen Beweisens* vertraut sind, daß für die F-Logik ein korrektes und vollständiges, im wesentlichen auf *Resolution* und *Paramodulation* abgestütztes Beweisverfahren angegeben werden kann.

11.4.12 Deklarative Semantik von Bedingungen

In LOGODAT wird die Semantik von semantischen Bedingungen **SC** gemäß folgendem Muster definiert: zu einer Instanz f, d.h. dem in Form von Grundfakten aufzählend dargestelltem Wissen, wird die Vervollständigung bezüglich der Sichtrelationen, $\text{compl}_D(f)$, gebildet und als Struktur gedeutet, d.h. es wird ein kleinstes, f und die Sichtregeln erfüllendes Herbrand-Modell betrachtet. Dieses Modell muß dann alle Bedingungen aus **SC** erfüllen; formal muß mit den Schreibweisen aus Kapitel 7 gelten, daß $M(\text{compl}_D(f)) \in \text{Mod(SC)}$.

In der F-Logik folgt man im wesentlichen ebenfalls diesem Muster, das die Semantik von Bedingungen auf der Metaebene der Logik behandelt:

* Gewisse Modelle, im Fall der Beschränkung auf Horn-Klauseln wieder ein durch einen kleinsten Fixpunkt gewonnenes Modell, werden als *"kanonisch"* ausgezeichnet.

* Die kanonischen Modelle müssen die Bedingungen erfüllen.

Ohne das genaue, technisch schwierige Vorgehen theoretisch durchzuführen, wollen wir im folgenden erklären, was dies im einfachsten Fall für die *Typangaben* im wesentlichen praktisch bedeutet. Dazu setzen wir vereinfachend voraus, daß ein eindeutig bestimmtes kanonisches Modell existiert.

Für jeden zur Bezeichnung einer Operation verwendeten Term m müssen folgende *Wohlgetyptheitsbedingungen* erfüllt sein:

1. Zu jedem (im kanonischen Modell) gültigen Datenmolekül der Form

    o $[m@a_1,...,a_k \to e]$ bzw. o $[m@a_1,...,a_k \twoheadrightarrow \{e\}]$

    sind ein Signaturmolekül der Form

    c $[m@ac_1,...,ac_k \Rightarrow (ec)]$ bzw. c $[m@ac_1,...,ac_k \Rrightarrow (ec)]$

    und die Element-ISA-Zusicherungen o : c, $a_1 : ac_1,..., a_k : ac_k$ (im kanonischen Modell) gültig. Man sagt dann, daß das Datenmolekül vom Signaturmolekül *überdeckt* sei.

2. Wenn wie unter 1. ein Datenmolekül von einem Signaturmolekül überdeckt ist, dann ist die Element-ISA-Zusicherung e : ec (im kanonischen Modell) gültig. (D.h. insbesondere, daß das Operationsergebnis e Elementobjekt von *allen* Klassen ec sein muß, die in überdeckenden Signaturmolekülen als Ergebnisklassen vorkommen!)

Im Unterabschnitt 11.4.8 haben wir noch zwei Sonderfälle von semantischen Bedingungen erwähnt, nämlich durch skalare Signaturmoleküle beinhaltete *funktionale Abhängigkeiten* und *Enthaltenseinsabhängigkeiten*. Diese werden auch hinsichtlich der Semantik gesondert behandelt:

- Die Gültigkeit (im kanonischen Modell) der funktionalen Abhängigkeit wird erreicht, indem in der formalen Definition der Gültigkeit von skalaren Datenmolekülen gefordert wird, daß jeweils alle als Ergebnis vorkommenden Terme durch die Zuordnung δ auf ein und dasselbe Element des Universums, nämlich auf

  $$\delta(\underset{k}{\rightarrow})\ (\beta(m))\ (\beta(o))\ (\beta(a_1),...,\beta(a_k))$$

  abgebildet werden. Oder anders ausgedrückt: kommen als Ergebnis etwa zwei verschiedene Terme e_1 und e_2 vor, so werden diese (im kanonischen Modell) als gleich interpretiert.

- Die Gültigkeit (im kanonischen Modell) der Enthaltenseinsabhängigkeiten wird erreicht, indem in der formalen Definition einer F-Struktur für die Zuordnung $\delta(::)$ die passenden Eigenschaften[10] gefordert werden.

11.5 Zusammenfassung

Indem wir Teile des in Kapitel 5 vorgestellten Begriffsgerüstes für die Modellierung zusammenführen mit Grundbegriffen der objektorientierten Programmierung, *erfinden* wir die Grundzüge formaler Sprachen für objektorientierte Datenmodelle. Ein noch grober erster Schritt eines *Entwurfes* von Sprachelementen für Typen, Objekten, Klassen und Vererbung zeigt, wie das relationale Datenmodell als Spezialfall objektorientierter Modelle gedeutet werden kann.

C++ / ONTOS erweitert die prozeduralen Sprachelemente von C um solche für objektorientierte Programmierung und solche für dauerhafte Speicherung und weitere Anforderungen von Informationssystemen. C++ / ONTOS *verwirklicht* damit als kommerzielles Produkt ein objektorientiertes Datenmodell. Mit der *Erfindung* der F-Logik wird gezeigt, wie Ansätze objektorientierter und logischer Datenmodelle untereinander verbunden werden können, indem alle gewünschten Bestandteile in einer Logiksprache einheitlich behandelt werden. Die F-Logik liefert damit auch die Mittel für eine *Theorie* objektorientierter Datenmodelle.

Die beispielhafte Formalisierung einer Arztpraxis zeigt wieder, wie die erfundenen bzw. verwirklichten Sprachen für den *Entwurf* eines Einsatzes benutzt werden können.

---

[10] Faßt man diese als Regeln zur Erzeugung des kanonischen Modells auf, so erfüllt dieses anschließend die Bedingung der Enthaltenseinsabhängigkeit.

formale Sprache \ paradigm	theory	abstraction	design
erfinden	●		●
verwirklichen			●
benutzen			●

11.6 Bibliographische Hinweise

O.J. Dahl, B. Myrhaug, K. Nygaard [DaMyNy 67] (siehe etwa auch [La 81]) erfinden mit der Programmiersprache SIMULA 67 die grundlegenden objektorientierten Sprachmittel. A. Goldberg, D. Robson [GoRo 83] gelingt der allgemeine Durchbruch für Objektorientierung mit der Programmiersprache SMALLTALK-80, worauf P. Butterworth, A. Otis, J. Stein [BuOtSt 91] das erste kommerziell verfügbare objektorientierte Datenbanksystem GemStone aufbauen. Die für UNIX-Rechensysteme entwickelte Programmiersprache C wird durch B. Stroustrup [Str 86] zur objektorientierten Programmiersprache C++ erweitert (siehe etwa auch [JeRe 91]). Das Datenbanksystem ONTOS [Ont 92a,b] stellt seinerseits eine Erweiterung von C++ dar. F. Bancilhon, C. Delobel, P. Kanellakis [BaDeKa 92] beeinflussen maßgeblich die Entwicklung des objektorientierten Datenbanksystems O_2. J. Rumbaugh et. al. [RuBPEL 91] stellen eine umfassende objektorientierte Methode zur Softwareerstellung, insbesondere auch für Datenbankanwendungen vor.

M. Atkinson et. al. [AtBDDMZ 89] legen Anforderungen an objektorientierte Datenbanksysteme fest. A. Kemper, G. Moerkotte [KeMo 93] geben einen gerafften, A. Heuer [He 92] einen breiten Überblick über den heutigen Stand der Entwicklung objektorientierter Datenmodelle. R.G.G. Cattell et. al. [Ca 94] beschreiben einen angestrebten Industriestandard für objektorientierte Datenbanksysteme. K.-U. Witt [Wi 92] behandelt überblicksartig objektorientierte Programmiersprachen.

M. Kifer, G. Lausen und Mitautoren [KiLa 89, KiLaWu 93, LaMa 91, KiKiSa 92] arbeiten mit der F-Logic eine Verbindung von logikorientierten und objektorientierten Datenmodellen aus. R. Durchholz, G. Richter [DuRi 92] entwickeln eine logische Grundlage für ein strukturell objektorientiertes Datenmodell. J.D. Ullman [Ul 91] vergleicht bewertend logikorientierte und objektorientierte Datenmodelle und erörtert die Möglichkeiten ihrer Vereinbarkeit.

12 Transaktionen

Wir stellen zunächst einige auch schon früher angesprochene Anforderungen zusammen:

- Kommunikative Handlungen umfassen insbesondere das *Verstehen*. Da das Verstehen im allgemeinen zu Anschlußhandlungen führt, müssen innerhalb einer Modellierung nicht nur einzelne Handlungen, sondern auch (formale) *Handlungsfolgen* beschrieben werden können.

- Die als *Bedingungen* an Aufzählungen ausgedrückten statischen Gesichtspunkte beinhalten auch dynamische Gesichtspunkte: Aufzählungen dürfen nur derart abgeändert werden, daß anschließend die semantischen Bedingungen wieder erfüllt sind. Beziehen sich die Änderungswünsche auf mehrere Objekte im Informationssystem oder verlangen die Bedingungen, daß neben der eigentlich gewünschten Änderung auch noch Folgeänderungen vorgenommen werden müssen, so können möglicherweise die Bedingungen zwischenzeitlich, d.h. während die Änderungswünsche bearbeitet werden, verletzt werden. Dann müssen *Änderungsfolgen* als *unteilbare Operationen* beschrieben werden, die entweder gar nicht oder vollständig ausgeführt werden.

- Informationssysteme halten Daten für viele und verschiedenartige Benutzer verfügbar. Diese Benutzer erwarten im allgemeinen, *parallel und möglichst unabhängig* voneinander ihre Aufgaben erfüllen zu können. Wenn Daten jedoch geändert werden, ist dieses Ziel nicht ohne zusätzliche Maßnahmen erreichbar, wie das folgende Beispiel zeigt.

Sei R ein Datenbankobjekt, dessen A-Komponente durch das Programm

```
P ≡ BEGIN
        Read R.A;
        R.A := R.A + 1;
        Write R.A
    END
```

bearbeitet werden kann. (Man stelle sich z.B. folgende Bedeutung vor: R ist Passagierliste eines Flugzeugs; A bezeichnet die Anzahl der schon besetzten Plätze; "+ 1" bedeutet dann eine weitere Reservierung.) Zwei verschiedene Benutzer des Informationssystems starten nun parallel und unabhängig voneinander jeweils einen das Programm P ausführenden Prozeß Q_1 bzw. Q_2. (Zwei Reisebüros wollen weitere Reservierungen vornehmen.) Dabei benutze Prozeß Q_i einen lokalen Speicher Z_i. Die *Semantik* des Programms sei dabei:

lies die A-Komponente des Objekts R im gemeinsamen Informationssystem und
merke den Wert im lokalen Speicher des Prozesses ($Z_i := R.A$);
erhöhe diesen Wert im lokalen Speicher um 1 ($Z_i := Z_i + 1$);
schreibe den neuen Wert zurück in die A-Komponente des Objekts R im
gemeinsamen Informationssystem ($R.A := Z_i$).

Die erste und die letzte Anweisung betreffen also die für alle Benutzer gemeinsamen Daten, während die mittlere Anweisung zunächst nur lokale Auswirkung hat. Das Bild 12.1 veranschaulicht die Speicheraufteilung und die auszuführenden Operationen.

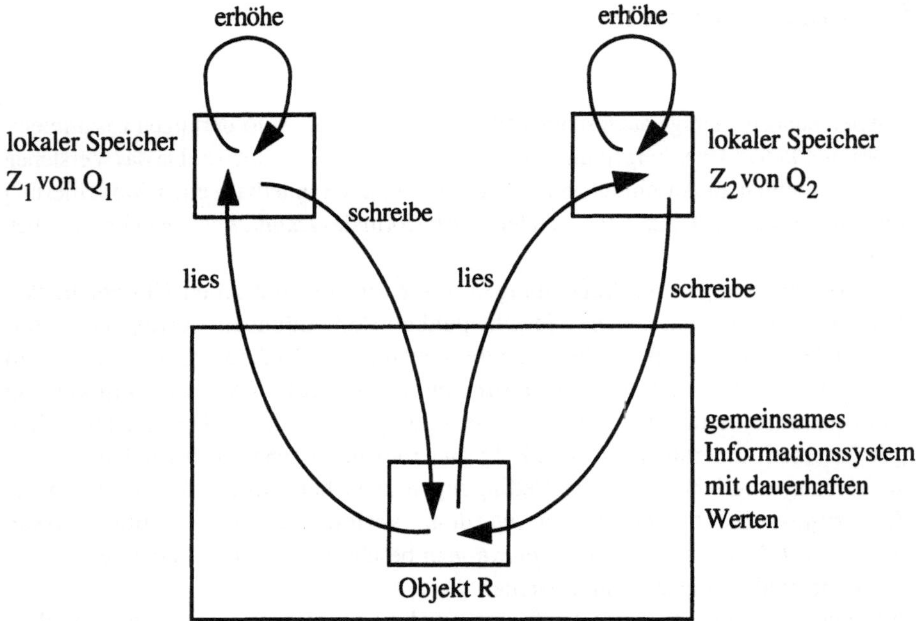

Bild 12.1 Eine parallele Nutzung eines gemeinsamen Informationssystems

Gemeinsame Daten betreffende Anweisungen, die von den *parallel ablaufenden* Prozessen stammen, müssen nun vom Informationssystem in einer geeigneten Reihenfolge *sequentiell* ausgeführt werden. Die in Bild 12.2 gezeigte Reihenfolge liefert offensichtlich nicht das gewünschte Endergebnis, nämlich den Anfangswert von R.A um insgesamt 2 zu erhöhen.

Zeit	Anweisung für Prozeß		ausgeführte Semantik	Wertverlauf im gemeinsamen Informationssystem	lokalen Speicher	
	Q_1	Q_2		R.A	Z_1	Z_2
1				10	—	—
2	Read R.A		$Z_1 := R.A$	10	10	—
3		Read R.A	$Z_2 := R.A$	10	10	10
4a	R.A := R.A+1		$Z_1 := Z_1 + 1$	10	11	
4b		R.A := R.A+1	$Z_2 := Z_2 + 1$			11
5		Write R.A	$R.A := Z_2$	11	11	11
6	Write R.A		$R.A := Z_1$	11	11	11

Bild 12.2 Eine unerwünschte sequentielle Ausführung

Schließlich ist noch eine weitere Anforderung zu beachten:

* Informationssysteme sollen Daten *dauerhaft* und *verläßlich* verwalten. Insbesondere sollen einmal als wirksam erklärte Änderungen der gemeinsamen Daten auch bei schwierigen Fehlerlagen oder gar vollständigen Systemzusammenbrüchen ihre Gültigkeit behalten.

Das programmiersprachliche Konstrukt einer *Transaktion* dient der Unterstützung dieser Anforderungen. Eine Transaktion faßt eine Folge von Anweisungen zu einer Einheit zusammen. Syntaktisch wird eine Transaktion meistens durch ein geeignetes Klammerpaar, etwa BEGIN_TRANS und END_TRANS gekennzeichnet. Semantisch sollen folgende Eigenschaften erreicht werden:

* Transaktionen *erhalten die semantischen Bedingungen.*
* Transaktionen können *parallel* ablaufen.
* Parallel ablaufende Transaktionen sind im wesentlichen voneinander *unabhängig* und beeinflussen einander allenfalls in *genau vorhersehbarer* Weise.
* Transaktionen sind *unteilbar*, d.h. werden gar nicht oder vollständig wirksam.
* Wirksam gewordene Transaktionen verändern Daten *dauerhaft*.

In der Literatur werden diese Eigenschaften häufig auch durch das Kürzel ACID zusammengefaßt:

* *A*tomarität (automicity) im Sinne von Unteilbarkeit,
* *C*onsistenzbewahrung (consistency preservation), d.h. Erhaltung der semantischen Bedingungen,
* *I*solation (isolation) im Sinne von Unabhängigkeit,
* *D*auerhaftigkeit (durability).

12.1 Transaktionen erhalten Bedingungen

Diese Forderung muß im allgemeinen durch sorgfältigen Entwurf der Transaktionen durch die Benutzer erreicht werden. Das Informationssystem unterstützt die Benutzer dabei durch zusätzliche programmiersprachliche Konstrukte:

* Meldungen über den Erhalt bzw. die Verletzung von Bedingungen bei Änderungen, wobei bei Verletzung der Bedingungen das Informationssystem eine Liste der betroffenen Objekte liefern kann, etwa durch Affected(objekt_liste);
* eine Anweisung zum vorzeitigen Abbruch einer Transaktion, etwa Abort_Trans, die die gesamte Transaktion gar nicht wirksam werden läßt;
* eine Anweisung zum vollständigen Wirksamwerden einer Transaktion, etwa Commit_Trans.

Damit können dann Programme etwa nach folgenden groben Mustern entworfen werden.

```
PROCEDURE    Ändere_zwei_Objekte(objekt_1, objekt_2 : Objekt);
BEGIN
   BEGIN_TRANS                       (* Transaktion wird gestartet *)
      Read(objekt_1);Read(objekt_2);
      Bearbeite(objekt_1, objekt_2);
      Write(objekt_1);Write(objekt_2);
      IF Bedingungen erfüllt
         THEN Commit_Trans           (* beide Änderungen werden wirksam *)
         ELSE Abort_Trans            (* keine Änderung wird wirksam *)
      END
   END_TRANS                         (* Transaktion wird beendet *)
END Ändere_zwei_Objekte;


PROCEDURE    Ändere_mit_Folgeänderungen(objekt_1 : Objekt);
VAR  betroffen : Objekt;
     auswirkungen : Objekt_Liste;
BEGIN
   BEGIN_TRANS                       (* Transaktion wird gestartet *)
      Read(objekt_1);
      Bearbeite(objekt_1);
      Write(objekt_1);
      IF Bedingungen erfüllt
         THEN  Commit_Trans          (* Änderung wird wirksam *)
         ELSE  FOR ALL betroffen ∈ Affected(auswirkungen)  DO
                  Read(betroffen);
                  Bearbeite_Folgen(betroffen);
                  Write(betroffen)
               END;
               IF Bedingungen erfüllt
                  THEN Commit_Trans  (* Änderung   mitsamt   allen
                                         Folgeänderungen wird wirksam *)
                  ELSE Abort_Trans   (* keine Änderung wird wirksam *)
               END
      END
   END_TRANS                         (* Transaktion wird beendet *)
END Ändere_mit_Folgeänderungen;
```

12.2 Transaktionen laufen parallel und voneinander unabhängig ab

Diese Forderung muß im allgemeinen durch das Informationssystem selbst durchgesetzt
werden. Von den Benutzern wird dabei allenfalls verlangt, daß ihre Transaktionen einen
vorgeschriebenen Aufbau, sogenannte *Protokolle*, einhalten. Eine erste genauere

Bestimmung der Forderung soll anhand eines noch sehr einfachen Modells erfolgen, das dann später in verschiedener Weise verfeinert und damit den tatsächlichen Verhältnissen besser angepaßt werden soll.

12.2.1 Access-Modell

Das Access-Modell beruht auf folgenden vereinfachenden Annahmen:

A1. Im Operationsteil einer Anweisung sei nur der Operator Access erlaubt. Die beabsichtigte Semantik ist, daß die Daten aus dem im Operandenteil bezeichneten Objekt in den lokalen Speicher des die Transaktion ausführenden Prozesses gelesen, dann dort verarbeitet und dabei möglicherweise geändert und anschließend in das Objekt zurückgeschrieben werden.

A2. Weitere Einzelheiten der Semantik, insbesondere über die Art der Verarbeitung seien nicht bekannt.

A3. Nachdem eine Access-Anweisung vollständig ausgeführt ist, werde der lokale Speicher jeweils als gelöscht gedacht, d.h. die Transaktion arbeitet zwischen den Anweisungen "ohne lokales Gedächtnis". Ferner bearbeite eine Transaktion jedes Objekt höchstens einmal.

A4. Im Operandenteil von Anweisungen vorkommende Objekte seien unstrukturiert und stehen in keinerlei Beziehung zueinander.

A5. Alle Transaktionen werden vollständig wirksam.

A6. Alle Transaktionen liegen als unverzweigte Anweisungsfolgen textuell als Ganzes vor.

Der *Scheduler* des Informationssystems hat dann die Aufgabe, die Anweisungen von parallel auszuführenden Transaktionen in einer geeigneten Reihenfolge anzuordnen.Um festzulegen, was als "geeignet" angesehen werden soll, betrachten wir zunächst zwei Randfälle:

- Der Scheduler kann die Transaktionen beliebig ineinander verschränkt mischen. Eine einfache Verwirklichung könnte dann so aussehen, daß die Anweisungen in der Reihenfolge angeordnet bleiben, wie sie von den die Transaktionen ausführenden Prozessen angefordert werden, d.h. der Scheduler wäre im wesentlichen nur eine Warteschlange für Anweisungen. Dann erreichen wir einerseits *hohe Parallelität*, aber erleiden andererseits *große Unsicherheit* über die wechselseitige Beeinflussung der Transaktionen.

- Der Scheduler ordnet die Transaktionen als Ganzes seriell an. Eine einfache Verwirklichung könnte dann so aussehen, daß die Transaktionen in der Reihenfolge, wie sie angefordert werden, angeordnet werden, d.h. der Scheduler wäre im wesentlichen nur eine Warteschlange für Transaktionen. Dann erreichen wir zwar einerseits im *wesentlichen keine Parallelität*, aber andererseits ist die wechselseitige Beeinflussung der Transaktionen *genau vorhersehbar*.

Um die Vorteile der beiden Randfälle möglichst gut gleichzeitig zu erreichen, sollen folgende Reihenfolgen als *korrekt* (geeignet) definiert werden:

K1. [*sichere Vorhersehbarkeit*]
Eine Reihenfolge, die durch beliebige serielle Anordnung der Transaktionen als
Ganzes entsteht, sei korrekt.
K2. [*erlaubte Parallelität*]
Jede Reihenfolge, deren Auswirkung (unter den jeweils getroffenen Annahmen)
ununterscheidbar von der Auswirkung einer nach K1 korrekten Reihenfolge ist, sei
ebenfalls korrekt.

Das Modell soll nun genau definiert werden. Wir führen zunächst die grundlegenden
Bezeichnungen für dieses Kapitel ein:

Definition 12.1 [Syntax von Anweisungen und Transaktionen]

$\mathbf{A}$ ist Menge von *Operatoren* (Aktionen).
$\mathbf{O}$ ist Menge von *Objekten*.
$\mathbf{S} := \mathbf{A} \times \mathbf{O}$ ist Menge der *Anweisungen*.
$\mathbf{T} := \{\, t \mid t : \{1,...,n\} \rightarrow \mathbf{S}, t \text{ ist injektiv} \,\}$ ist Menge der *Transaktionen*.

Transaktionen und ihre Komponenten notieren wir häufig in den folgenden oder
ähnlichen Formen:

$$\begin{aligned}
t_i &= (\, t_{i.1}, ... , t_{i.ni} \,) & \text{mit } t_{i.j} \text{ ist Anweisung}\\
&= (\, Op_{i.1}\, o_{i.1}, ... , Op_{i.ni}\, o_{i.ni} \,) & \text{mit } t_{i.j} = (Op_{i.j}, o_{i.j}),\\
& & \text{wobei } Op_{i.j} \in \mathbf{A} \text{ und } o_{i.j} \in \mathbf{O}\\
&= (\, 1 : Op_{i.1}\, o_{i.1}, ... , ni : Op_{i.ni}\, o_{i.ni} \,)\\
&= (\, i.1 : Op_{i.1}\, o_{i.1}, ... , i.ni : Op_{i.ni}\, o_{i.ni} \,).
\end{aligned}$$

In der Schreibweise
$$i.j : Op_{i.j}\, o_{i.j}$$
bezeichnet also

i	eine Transaktion t_i,
j	eine bezüglich der Transaktion t_i lokale Anweisungsnummer,
$Op_{i.j}$	die auszuführende Operation,
$o_{i.j}$	das betroffene Objekt.

Eine Anordnung der Anweisungen von parallel ausführenden Transaktionen nennen wir
einen Plan. Natürlich muß ein Plan die Reihenfolge der Anweisungen jeder einzelnen
Transaktion unverändert lassen:

Definition 12.2 [Pläne]

Ist $T = \{t_1,...,t_k\}$ eine Menge von Transaktionen mit $t_i = (t_{i.1},..., t_{i.ni})$, so heißt

$$P : \{\, 1,...,n1+...+nk \,\} \xrightarrow[\text{auf}]{1\text{-}1} \{\, i.j \mid 1 \leq i \leq k,\ 1 \leq j \leq ni \,\} \quad \text{derart, daß}$$

für alle i, für alle j1, j2 gilt : $j1 < j2 \Leftrightarrow P^{-1}(i.j1) < P^{-1}(i.j2)$
ein *Plan (schedule)* zu T.

Der Definitionsbereich von P beschreibt die *Zeitpunkte*, zu denen die einzelnen

Anweisungen ausgeführt werden. Gelegentlich werden wir zur Vereinfachung auch (Teil-) Pläne betrachten, deren Zeitpunkte nicht (im Sinne der Ordnung auf natürlichen Zahlen) direkt aufeinanderfolgen. Pläne notieren wir häufig in den folgenden oder ähnlichen Formen:

$$P = (p_1, \dots, p_m) \qquad \text{mit } m = n1+\dots+nk \text{ und } p_1 := i_1.j_1 := P(1)$$
$$= (t_{p_1}, \dots, t_{p_m}) \qquad \text{mit } t_{p_1} = t_{i_1.j_1} = Op_{i_1.j_1} o_{i_1.j_1} \text{ ist } j_1\text{-te}$$
$$\text{Anweisung der } i_1\text{-ten Transaktion}$$
$$= (i_1.j_1 : Op_{i_1.j_1} o_{i_1.j_1}, \dots, i_m.j_m : Op_{i_m.j_m} o_{i_m.j_m})$$

Definition 12.3 [serielle Pläne]

Ein Plan P zu einer Menge von Transaktionen $T = \{ t_1, \dots, t_k \}$ heißt *seriell*, wenn für eine Permutation p von $\{1, \dots, k\}$ der Plan P die Form
$$P = (p(1).1, \dots, p(1).np(1), \dots, p(k).1, \dots, p(k).np(k))$$
hat, kurz notiert $P = (t_{p(1)}, \dots, t_{p(k)})$.

Die obigen Definitionen werden wir im gesamten Kapitel verwenden. Für das einfache *Access-Modell* sei zunächst die Menge der Operatoren nur $A:=\{\text{Access}\}$; Pläne, in denen nur der Operator Access vorkommt, nennen wir *Access-Pläne*. Später werden wir für verfeinerte Modelle auch andere Mengen von Operatoren betrachten.

Die Semantik von Access-Plänen behandelt den Operator Access derart, daß
- jedes Vorkommen eine verschiedene Funktion bezeichnet,
- diese Funktionen einstellig sind,
- keine weiteren Kenntnisse über diese Funktionen vorliegen,
- diese Funktionen damit mit ihren unterschiedlichen Funktionszeichen identifiziert werden können.

Definition 12.4 [Semantik von Access-Plänen]

F   ist eine Menge von (gemäß Annahme A2 uninterpretierten, Skolem-) *Funktionszeichen*.

$Skolem : \mathbb{N} \times \mathbb{N} \xrightarrow{\;1\text{-}1\;} F$ ist eine injektive Zuordnung von Anweisungen in Transaktionen, genauer von den entsprechenden Komponentennummern i.j, zu Funktionszeichen (der Stelligkeit 1 gemäß Annahme A3).

$f_{i.j} := Skolem (i,j)$.

Für einen Plan $P = (p_1, \dots, p_m)$ zur Menge von Transaktionen $T = \{ t_1, \dots, t_k\}$ sei $O(T)$ die Menge der in Anweisungen aus T *vorkommenden Objekte*.

Für $o \in O(T)$ sei   Access (P, o) die Teilfolge derjenigen $p_x = i_x.j_x$ aus P, für die $t_{i_x.j_x}$ die Form "Access o" hat.

Die *Semantik* von P ordnet jedem Objekt $o \in O(T)$ einen Term über $O(T) \cup F$ zu vermöge   eval $(P, o) := o\, f_{i_1.j_1} \dots f_{i_e.j_e}$ mit Access $(P, o) = (i_1.j_1, \dots, i_e.j_e)$.

Definition 12.5 [**Endzustand-Äquivalenz von Access-Plänen,**
                          Endzustand-Serialisierbarkeit]

1. Seien P und P' Access-Pläne zu einer Menge von Transaktionen T.
P ist *Endzustand-äquivalent* zu P' :gdw eval (P, o) = eval (P', o) für alle o $\in$ O(T).

2. Ein Access-Plan P zu einer Menge von Transaktionen T heißt *Endzustand-serialisierbar*, wenn es einen Access-Plan P' gibt, so daß gilt:
(K1)   P' ist serieller Access-Plan,
(K2)   P und P' sind Endzustand-äquivalent.

Beispiel: Wir betrachten folgende Transaktionen:

t_1 := (1.1 : Access A, t_2 := (2.1 : Access B, t_3 := (3.1 : Access C,
          1.2 : Access B)   2.2 : Access C,   3.2 : Access A)
                                               2.3 : Access A)

Wir untersuchen folgende Pläne zu T := { t_1, t_2, t_3 }:

P := (2.1 : Access B,   P' := (2.1 : Access B,
          1.1 : Access A,   2.2 : Access C,
          2.2 : Access C,   2.3 : Access A,
          2.3 : Access A,   1.1 : Access A,
          1.2 : Access B,   1.2 : Access B,
          3.1 : Access C,   3.1 : Access C,
          3.2 : Access A)   3.2 : Access A)

Dann gilt:

O(T) = { A, B, C };

Access (P, A) = (1.1, 2.3, 3.2),   Access (P', A) = (2.3, 1.1, 3.2),
Access (P, B) = (2.1, 1.2),   Access (P', B) = (2.1, 1.2),
Access (P, C) = (2.2, 3.1);   Access (P', C) = (2.2, 3.1);

eval (P, A) = A $f_{1.1}\, f_{2.3}\, f_{3.2}$,   eval (P', A) = A $f_{2.3}\, f_{1.1}\, f_{3.2}$,
eval (P, B) = B $f_{2.1}\, f_{1.2}$,   eval (P', B) = B $f_{2.1}\, f_{1.2}$,
eval (P, C) = C $f_{2.2}\, f_{3.1}$.   eval (P', C) = C $f_{2.2}\, f_{3.1}$.

Offensichtlich ist P' ein serieller Plan. P und P' sind *nicht* Endzustand-äquivalent, weil eval (P, A) $\neq$ eval (P', A). Wir werden zeigen, daß P sogar *nicht* Endzustand-serialisierbar ist.   ∎

Um festzustellen, ob ein Access-Plan P zu einer Menge von Transaktionen T = {$t_1,..., t_k$} Endzustand-serialisierbar ist, konstruieren wir wie folgt einen gerichteten *Serialisierbarkeitsgraphen* G(P) = (E, K):

Eckenmenge $E := T$,
Kantenmenge $K := \{\ (t_{i1}, t_{i2})\ |$ es gibt $o \in O(T)$, $j1$, $j2$:

$$t_{i1.j1} = \text{Access } o, \quad t_{i2.j2} = \text{Access } o,$$
$$P^{-1}(i1.j1) < P^{-1}(i2.j2),$$

für alle z mit $P^{-1}(i1.j1) < z < P^{-1}(i2.j2)$

ist $P(z)$ *nicht* von der Form "Access o" $\}$

$= \{\ (t_{i1}, t_{i2})\ |$ es gibt $o \in O(T)$, $j1$, $j2$:

in Access (P, o) folgt $i2.j2$ *direkt* auf $i1.j1$ $\}$.

Von Transaktion t_{i1} geht also eine Kante nach Transaktion t_{i2}, wenn auf die Bearbeitung eines Objekts o durch t_{i1} *direkt* die Bearbeitung durch t_{i2} in dem Sinne folgt, daß o zwischendurch nicht von einer anderen Transaktion bearbeitet wird.

Satz 12.1 [Serialisierbarkeits-Test]

Sei P ein Access-Plan zu einer Menge von Transaktionen $T = \{t_1,..., t_k\}$ und G(P) der zugehörige Serialisierbarkeitsgraph.
1. P ist *Endzustand-serialisierbar* genau dann, wenn G (P) *azyklisch* ist.
2. Ist G(P) azyklisch und ist P' ein serieller Plan, der durch *topologisches Sortieren* aus G(P) gewonnen wird, so sind P und P' Endzustand-äquivalent.

Beweis:

1. "$\Leftarrow$" und 2.: Sei G(P) azyklisch und P' durch topologisches Sortieren entstanden. Für $o \in O(T)$ beschreibt Access (P, o) gerade einen Pfad in G(P). Da die topologische Sortierung die Anordnung der Transaktionen entlang dieses Pfades erhält, gilt Access $(P, o) = $ Access (P', o) und damit auch eval $(P, o) = $ eval (P',o).

1. "$\Rightarrow$": Sei andererseits G(P) zyklisch, d.h. G(P) enthält einen Zykel $(t_{i1},..., t_{ie}, t_{i1})$. Sei P' ein beliebiger serieller Plan zu T und t_{ia} diejenige Zykeltransaktion, die in P' vor allen anderen Zykeltransaktionen angeordnet ist. Sei t_{iv} der Vorgänger von t_{ia} im Zykel. Dann gibt es ein Objekt o und jv, ja mit $t_{iv.jv} = $ Access o und $t_{ia.ja} = $ Access o.

Dann hat eval (P, o) die Form $o \dots f_{iv.jv}\ f_{ia.ja} \cdots$,

aber   eval (P', o) die Form $o \dots f_{ia.ja} \cdots f_{iv.jv} \cdots$,

d.h. eval $(P, o) \neq $ eval (P', o). Also sind P und P' nicht Endzustand-äquivalent. Damit ist P nicht Endzustand-serialisierbar.   ∎

Beispiel [Fortsetzung]: Der Plan P aus obigem Beispiel hat den in Bild 12.3 gezeigten Serialisierbarkeitsgraphen, in dem wir jeweils die Kanten mit ihren Begründungen markieren. Der Serialisierbarkeitsgraph ist zyklisch, und damit ist P wie angekündigt nicht Endzustand-serialisierbar.   ∎

Obwohl wegen der vereinfachenden Annahmen A1-A6 das bislang entfaltete Access-Modell nicht unmittelbar für den Entwurf von Schedulern geeignet ist, stellt es doch ein gutes Muster für eine Vielzahl von Verfeinerungen dar.

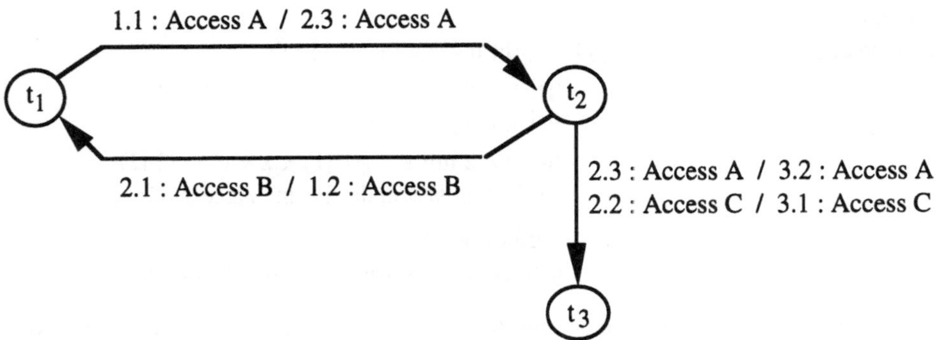

Bild 12.3 Ein Serialisierbarkeitsgraph

12.2.2 Read/Write-Modell

Eine erste Verfeinerung betrachtet das Lesen und Schreiben von Daten als getrennte
Aktionen und berücksichtigt, daß im lokalen Speicher alle jemals gelesenen Werte
gemerkt werden können. Genauer beruht dieses *Read/Write-Modell* auf folgenden
Annahmen.

A1*. Im Operationsteil einer Anweisung seien nur die Operatoren Read und Write
erlaubt. Die beabsichtigte Semantik von Read ist, daß die Daten aus dem im
Operandenteil bezeichneten Objekt in den lokalen Speicher des die Transaktion
ausführenden Prozesses gelesen werden. Die beabsichtigte Semantik von Write
ist, daß die Daten des im Operandenteil bezeichneten Objekts überschrieben
werden mit (möglicherweise) neuen Werten, die sich aus der Verarbeitung aller
vorher gelesenen Daten ergeben können.

A2. Weitere Einzelheiten der Semantik, insbesondere über die Art der Verarbeitung
seien nicht bekannt.

A3*. Nachdem eine Read-Anweisung ausgeführt ist, bleiben die gelesenen Daten
zeitlich unbegrenzt und unverändert im lokalen Speicher verfügbar. Entsprechend
liest eine Transaktion aus jedem Objekt höchstens einmal. Ferner schreibe eine
Transaktion in jedes Objekt höchstens einmal (nach Abschluß aller
Verarbeitungen). Wenn eine Transaktion ein Objekt sowohl liest als auch
schreibt, so gehe das Lesen dem Schreiben voran.

A4. Im Operandenteil von Anweisungen vorkommende Objekte seien unstrukturiert
und stehen in keinerlei Beziehung zueinander.

A5. Alle Transaktionen werden vollständig wirksam.

A6. Alle Transaktionen liegen als unverzweigte Anweisungsfolgen textuell als
Ganzes vor.

Pläne, in denen nur die Operatoren Read und Write vorkommen, nennen wir *Read/Write-
Pläne*. Die Semantik von Read/Write-Plänen muß nun an die neue Operatorenmenge
angepaßt werden. Insbesondere wird der Operator *Write* derart behandelt, daß

- jedes Vorkommen eine verschiedene Funktion bezeichnet,
- diese Funktionen von geeigneter (d.h. von den vorangehenden Leseanweisungen bestimmter) Stelligkeit sind,
- diese Funktionen (seiteneffektfrei) ausschließlich im als Argument angegebenen Objekt eine Änderung bewirken,
- keine weiteren Kenntnisse über diese Funktionen vorliegen,
- diese Funktionen damit mit ihren unterschiedlichen Funktionszeichen identifiziert werden können;

ferner wird der Operator *Read* derart behandelt, daß

- er keine den Zustand der Objekte ändernden Seiteneffekte bewirkt.

Definition 12.5 [Semantik von Read/Write-Plänen]

F   ist eine Menge von (gemäß Annahme A2 uninterpretierten, Skolem-) *Funktionszeichen.*

Skolem : $\mathbb{N} \times \mathbb{N} \xrightarrow{\ 1\text{-}1\ }$ **F**   ist eine injektive Zuordnung von (Schreib-) Anweisungen in Transaktionen, genauer von den entsprechenden Komponentennummern i.j zu Funktionszeichen (gemäß Annahme A3* geeigneter Stelligkeit).

$f_{i.j} := $ Skolem (i,j).

Für einen Plan $P = (p_1,...,p_m)$ zur Menge von Transaktionen $T = \{t_1,...,t_k\}$ sei $O(T)$ die Menge der in Anweisungen aus T *vorkommenden Objekte.*

Die *(Wertverlaufs-) Semantik* von P ordnet jedem Objekt $o \in O(T)$ und jedem Zeitpunkt z mit $0 \leq z \leq m$ einen Term über $O(T) \cup$ **F** zu vermöge folgender induktiver Vorschrift:

$z = 0$ *[Initialisierung durch (Namen der) Objekte]:* $\text{eval } (P, o, 0) := o;$

$1 \leq z \leq m$ *[Seiteneffektfreie Ausführung von Anweisungen]:*

$$\text{eval } (P, o, z) := \begin{cases} \text{eval } (P, o, z\text{-}1) & \text{falls } p_z \equiv i.j : \text{Read x} \\ \text{eval } (P, o, z\text{-}1) & \text{falls } p_z \equiv i.j : \text{Write x} \quad \text{mit } x \neq o \\ f_{i.j}(r_1,...,r_h) & \text{falls } p_z \equiv i.j : \text{Write o} \quad \text{[bewirkte Änderung]} \end{cases}$$

Dabei seien für den dritten Fall die Argumente $r_1,...,r_h$ wie folgt bestimmt: Die *Menge*

$$L^z_{i.j} := \{ (o^*, z^*) \mid z^* < z, \text{ und es gibt } j^* < j: \quad p_{z^*} \equiv i.j^* : \text{Read } o^* \}$$

sei (gemäß einer linearen Ordnung auf $O(T)$) aufgezählt als *Folge* $<(o_1, z_1),...,(o_h, z_h)>$; dann sei $r_e := \text{eval } (P, o_e, z_e)$ für e=1,...,h.

Anschaulich verändert also eine zum Zeitpunkt z ausgeführte Schreibanweisung i.j: Write o   aus Transaktion i den Wert des Objekts o gemäß der Verarbeitung $f_{i.j}$, angewendet auf die vorher von Transaktion i zu den Zeitpunkten $z_1,...,z_h$ gelesenen Werte der Objekte $o_1,...,o_h$.

Im Gegensatz zur Semantik für Access-Pläne notieren wir jetzt also den gesamten Wertverlauf und nicht nur die Endzustände eval (P, o, m). Einer Anweisung   Access o entspricht nun die Anweisungsfolge Read o; Write o, wobei aber gemäß Annahmen A1* und A3* darüber hinaus auch mit einem "lokalen Gedächtnis" gearbeitet wird, was jeweils durch die Bestimmung von $L_{i.j}^z$ und die entsprechende Stelligkeit des Skolem-Funktionszeichens $f_{i.j}$ berücksichtigt wird. Schließlich entspricht die für Access-Pläne benutzte verkürzte Schreibweise von Termen mit einstelligen Funktionszeichen, nämlich $o\, f_1 \ldots f_k$, offensichtlich eineindeutig der üblichen und nunmehr verwendeten Schreibweise, nämlich $f_k(\ldots f_2(f_1(o))\ldots)$.

Beispiel: Wir betrachten folgende Transaktionen:

$t_1 := ($ 1.1:   Read A,
       1.2:   Write C,
       1.3:   Write B $)$

$t_3 := ($ 3.1:   Read C,
       3.2:   Write A $)$

$t_2 := ($ 2.1:   Read A,
       2.2:   Read B,
       2.3:   Write D $)$

$t_4 := ($ 4.1:   Read B,
       4.2:   Read C,
       4.3:   Write B,
       4.4:   Write A $)$

Für diese Transaktionen entwickeln wir für zwei Pläne P und P' zu $T := \{t_1, t_2, t_3, t_4\}$ ihre (Wertverlaufs-) Semantik eval (P, o, z) bzw. eval (P', o, z) in Tabellenform, wobei wir für Schreibanweisungen auch jeweils $L_{i.j}^z$ angeben. Das Ergebnis ist jeweils in Bild 12.4 und Bild 12.5 dargestellt.

P	z	$L_{i.j}^z$ o	A	B	C	D
	0		A	B	C	D
2.1: Read A	1		.	.	.	.
1.1: Read A	2		.	.	.	.
1.2: Write C	3	$\langle(A,2)\rangle$	.	.	$f_{1.2}(A)$	.
3.1: Read C	4		.	.	.	.
1.3: Write B	5	$\langle(A,2)\rangle$	.	$f_{1.3}(A)$	.	.
4.1: Read B	6		.	.	.	.
4.2: Read C	7		.	.	.	.
2.2: Read B	8		.	.	.	.
3.2: Write A	9	$\langle(C,4)\rangle$	$f_{3.2}(f_{1.2}(A))$	.	.	.
4.3: Write B	10	$\langle(B,6),(C,7)\rangle$	.	$f_{4.3}(f_{1.3}(A),f_{1.2}(A))$	.	.
2.3: Write D	11	$\langle(A,1),(B,8)\rangle$	.	.	.	$f_{2.3}(A,f_{1.3}(A))$
4.4: Write A	12	$\langle(B,6),(C,7)\rangle$	$f_{4.4}(f_{1.3}(A),f_{1.2}(A))$	.	.	.
	Endzustand:		$f_{4.4}(f_{1.3}(A),f_{1.2}(A))$	$f_{4.3}(f_{1.3}(A),f_{1.2}(A))$	$f_{1.2}(A)$	$f_{2.3}(A,f_{1.3}(A))$

Bild 12.4 Wertverlaufs-Semantik für den Plan P

P'	z	$L^z_{i.j}\backslash o$	A	B	C	D
	0		A	B	C	D
1.1: Read A	1		·	·	·	·
1.2: Write C	2	<(A,1)>	·	·	$f_{1.2}(A)$	·
1.3: Write B	3	<(A,1)>	·	$f_{1.3}(A)$	·	·
2.1: Read A	4		·	·	·	·
2.2: Read B	5		·	·	·	·
2.3: Write D	6	<(A,4), (B,5)>	·	·	·	$f_{2.3}(A,f_{1.3}(A))$
3.1: Read C	7		·	·	·	·
3.2: Write A	8	<(C,7)>	$f_{3.2}(f_{1.2}(A))$	·	·	·
4.1: Read B	9		·	·	·	·
4.2: Read C	10		·	·	·	·
4.3: Write B	11	<(B,9), (C,10)>	·	$f_{4.3}(f_{1.3}(A),f_{1.2}(A))$	·	·
4.4: Write A	12	<(B,9), (C,10)>	$f_{4.4}(f_{1.3}(A),f_{1.2}(A))$	·	·	·
Endzustand:			$f_{4.4}(f_{1.3}(A),f_{1.2}(A))$	$f_{4.3}(f_{1.3}(A),f_{1.2}(A))$	$f_{1.2}(A)$	$f_{2.3}(A,f_{1.3}(A))$

Bild 12.5 Wertverlaufs-Semantik für den Plan P'

Definition 12.6 [Sicht-Äquivalenz von Read/Write-Plänen, Sicht-Serialisierbarkeit]

1. Seien P und P' Read/Write-Pläne zu einer Menge von Transaktionen T.
   P ist *Sicht-äquivalent* zu P'   :gdw

   a. [*Endzustand-äquivalent*]
      Für den größten Zeitpunkt m von P bzw. P' gilt:
      eval (P, o, m) = eval (P', o, m) für alle $o \in O(T)$.

   b. [*gleiche Lesesichten*]
      Für alle Leseanweisungen i.j : Read o aus T gilt:
      sind z, z' die Zeitpunkte mit $P(z) = P'(z') = i.j$: Read o,
      so folgt eval (P, o, z) = eval (P', o, z').

2. Ein Read/Write-Plan P zu einer Menge von Transaktionen T heißt *Sicht-serialisierbar*, wenn es einen Read/Write-Plan P' gibt, so daß gilt:
   (K1)   P' ist serieller Read/Write-Plan,
   (K2)   P und P' sind Sicht-äquivalent.

Beispiel [Fortsetzung]:
Die obigen Read/Write-Pläne P und P' sind offensichtlich Sicht-äquivalent und damit ist der Read/Write-Plan P Sicht-serialisierbar. Wandelte man jedoch P derart ab, daß die Anweisungen zu den Zeitpunkten 3 und 4 vertauscht werden, so wäre der neue Plan P* nicht mehr Sicht-äquivalent zu P', wie der folgende Tabellenausschnitt zeigt:

P*	z	$L_{i.j}^z$	o	C
.	.			C
.	.			.
.	.			.
3.1: Read C	3			.
1.2: Write C	4	$<(A,2)>$		$f_{1.2}(A)$

Es gilt dann nämlich für $P^*(3) \equiv P'(7) \equiv 3.1$: Read C, daß eval $(P^*, C, 3) =$ C $\neq f_{1.2}(A) =$ eval $(P', C, 7)$, d.h. die Transaktion t_3 erhält bei Plan P* eine andere Lesesicht als bei Plan P' (bzw. bei Plan P). Man beachte aber, daß Plan P* trotzdem den gleichen Endzustand erzeugt, weil die Transaktion t_3 in allen drei Plänen *nutzlos* ist. Die Wirkung ihrer einzigen Schreibanweisung 3.2 : Write A , die für Objekt A in den Plänen P und P' den Wert $f_{3.2}$ ($f_{1.2}$ (A)) und im Plan P* den Wert $f_{3.2}$ (C) erzeugt, wird nämlich in allen Plänen durch die Anweisung 4.4 : Write A zunichte gemacht, ohne daß sie von irgendeiner Transaktion lesend zur Kenntnis genommen wurde. Die Transaktion t_3 könnte aber sehr wohl für einen Benutzer sinnvolle "Seiteneffekte" erzielen, die aber im vorliegenden Modell nicht erfaßt werden. ∎

Werden alle Leseanweisungen durch eine nachfolgende Schreibanweisung im Endzustand tatsächlich wirksam, so sind Endzustand-Äquivalenz und Sicht-Äquivalenz offensichtlich gleichbedeutend.

Um festzustellen, ob ein Read/Write-Plan P zu einer Menge von Transaktionen T = $\{t_1,...,t_k\}$ Sicht-serialisierbar ist, erweitern wir zunächst P um eine *initialisierend schreibende* Transaktion t_0 und eine *abschließend lesende* Transaktion t_f und konstruieren dann wieder eine geeignet verfeinerte Fassung eines *Serialisierbarkeitsgraphen*. Genauer sei für O(T) = $\{o_1,...,o_e\}$:

$t_0 := ($ 0.1 : Write o_1,

$\qquad \vdots$

$\qquad$ 0.e : Write o_e), wobei die zugeordneten (nullstelligen) Funktionszeichen durch Skolem $(0.j) := o_j$ definiert seien, und

$t_f := ($ f.1 : Read o1,

$\qquad \vdots$

$\qquad$ f.e : Read o_e),

und der erweiterte Read/Write-Plan e_P entstehe aus P durch Voranstellen von t_0 und Anhängen von t_f.

Ferner betrachten wir folgenden *Polygraphen* G (P) = (E, $K_{liest} \cup K_{vor}$, W):

Eckenmenge E := T $\cup$ $\{t_0, t_f\}$.

Kantenmenge $K_{liest} := \{$ (t_{i1}, t_{i2}) | es gibt o $\in$ O(T), j1, j2:

$\qquad\qquad$ $t_{i1.j1} =$ Write o, $t_{i2.j2} =$ Read o,

$\qquad\qquad$ e_P^{-1}(i1.j1) < e_P^{-1}(i2.j2),

$\qquad\qquad$ und für alle z mit e_P^{-1}(i1.j1) < z < e_P^{-1}(i2.j2),

$\qquad\qquad$ ist P(z) *nicht* von der Form "Write o" $\}$.

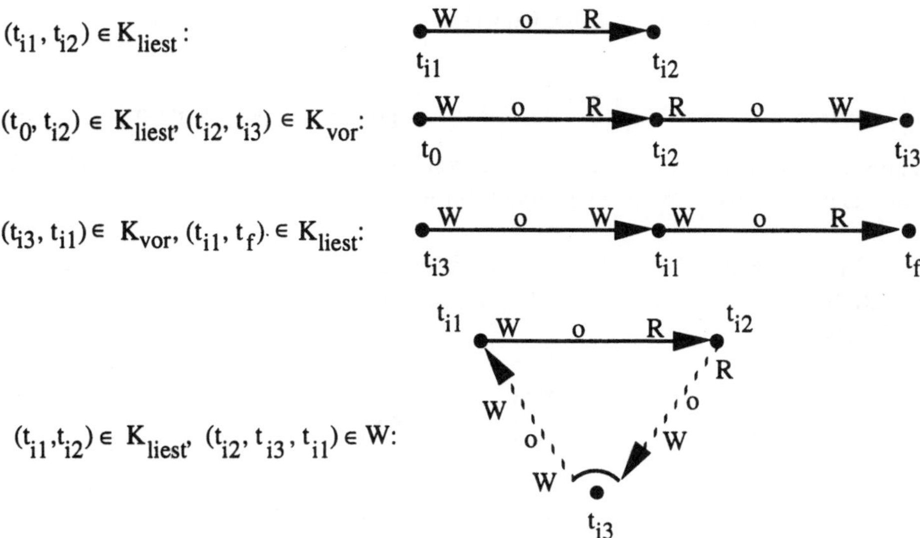

Bild 12.6 Graphische Veranschaulichung der Kanten und Wahl-Kantenpaare im Serialisierbarkeitsgraphen für das Read / Write - Modell

Von Transaktion t_{i1} geht also eine Kante nach Transaktion t_{i2}, wenn auf das Schreiben in ein Objekt o durch t_{i1} *direkt* das Lesen aus diesem Objekt durch t_{i2} in dem Sinne erfolgt, daß in Objekt o zwischenzeitlich nicht durch eine andere Transaktion geschrieben wird. Eine (wegen Objekt o eingeführte) Kante (t_{i1}, t_{i2}) bedeutet also kurz: "t_{i2} *liest* (Objekt o) *von* t_{i1}", und entsprechend muß in dem gesuchten Sicht-äquivalenten seriellen Read/Write-Plan t_{i1} *vor* t_{i2} ausgeführt werden.

Tatsächliche Sicht-Äquivalenz wird aber nur erreicht, wenn im gesuchten seriellen Plan nicht eine weitere in Objekt o schreibende Transaktion $t_{i3} \in T$ sich zwischen t_{i1} und t_{i2} schiebt. Eine solche Transaktion muß also entweder nach t_{i2} oder vor t_{i1} ausgeführt werden. Für zwei besondere Fälle entfällt jeweils eine der Möglichkeiten:
Falls t_{i1} die gedachte initialisierend schreibende Transaktion t_0 ist, muß t_{i3} also nach t_{i2} kommen.
Falls t_{i2} die gedachte abschließend lesende Transaktion t_f ist, muß t_{i3} also vor t_{i1} kommen.
Diese Überlegungen führen für die besonderen Fälle zur

Kantenmenge $K_{vor} :=$ $\{ (t_{i2}, t_{i3}) \mid$ "t_{i2} liest Objekt o von t_0",
$t_{i3} \in T \setminus \{t_{i2}\}$,
es gibt j3 : $t_{i3.j3}$ = Write o $\}$
$\cup \{ (t_{i3}, t_{i1}) \mid$ "t_f liest Objekt o von t_{i1}",
$t_{i3} \in T \setminus \{t_{i1}\}$,
es gibt j3 : $t_{i3.j3}$ = Write o $\}$.

Man beachte, daß in obiger Definition $t_{i2} \neq t_f$ bzw. $t_{i1} \neq t_0$ gelten muß.

Falls in obiger Überlegung aber $t_{i1} \neq t_0$ und $t_{i2} \neq t_f$, so drücken wir die Alternative "entweder t_{i2} vor t_{i3} oder t_{i3} vor t_{i1}" durch ein Wahl-Kantenpaar aus:

Wahl-Kantenpaarmenge $W := \{ (t_{i2}, t_{i3}, t_{i1}) \mid$ "t_{i2} liest Objekt o von t_{i1}",
$\qquad\qquad\qquad\qquad\qquad\qquad t_{i2} \neq t_f, t_{i1} \neq t_0,$
$\qquad\qquad\qquad\qquad\qquad\qquad t_{i3} \in T \setminus \{t_{i1}, t_{i2}\},$
$\qquad\qquad\qquad\qquad\qquad\qquad$ es gibt j3 : $t_{i3.j3}$ = Write o $\}$.

Graphisch kann man sich die Kanten und Wahl-Kantenpaare etwa wie in Bild 12.6 veranschaulichen, wobei W für Write und R für Read steht.

Beispiel [Fortsetzung]: Bild 12.7 zeigt die Erweiterung e_P und veranschaulicht den "Datenfluß", der zu den Kanten aus K_{liest} führt. Die Kantenmenge K_{liest} ist in Bild 12.8 dargestellt.

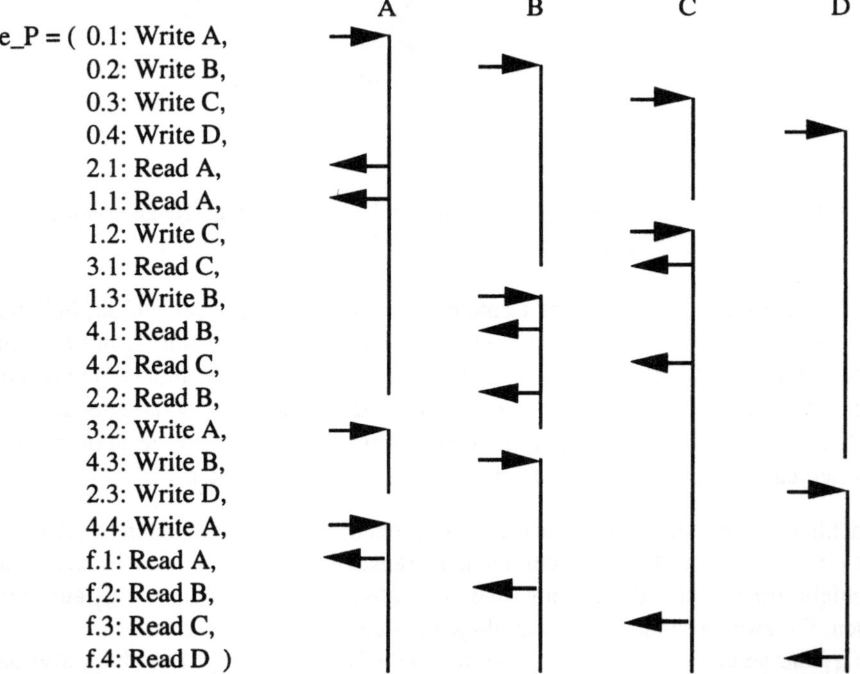

$$
\begin{aligned}
e\_P = (\ &0.1: \text{Write A},\\
&0.2: \text{Write B},\\
&0.3: \text{Write C},\\
&0.4: \text{Write D},\\
&2.1: \text{Read A},\\
&1.1: \text{Read A},\\
&1.2: \text{Write C},\\
&3.1: \text{Read C},\\
&1.3: \text{Write B},\\
&4.1: \text{Read B},\\
&4.2: \text{Read C},\\
&2.2: \text{Read B},\\
&3.2: \text{Write A},\\
&4.3: \text{Write B},\\
&2.3: \text{Write D},\\
&4.4: \text{Write A},\\
&f.1: \text{Read A},\\
&f.2: \text{Read B},\\
&f.3: \text{Read C},\\
&f.4: \text{Read D}\ )
\end{aligned}
$$

Bild 12.7 Ein erweiterter Read / Write - Plan e_P mit einer Veranschaulicherung des bewirkten "Datenflusses"

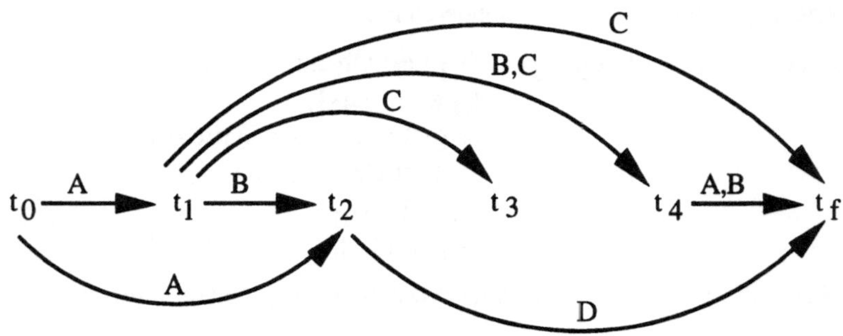

Bild 12.8 Die Kantenmenge K_{liest} für den erweiterten Read / Write - Plan e_P aus Bild 12.7

Die Kanten aus K_{vor} und die Wahl-Kantenpaare aus W kann man dann bestimmen, indem man für jede Kante $t_{i1} \xrightarrow{o} t_{i2}$ aus K_{liest} jeweils alle weiteren auf o schreibenden Transaktionen betrachtet:

K_{liest} K_{vor} bzw.   W

$t_0 \xrightarrow{A} t_2$ $t_2 \xrightarrow{A} t_3$

$t_2 \xrightarrow{A} t_4$

$t_0 \xrightarrow{A} t_1$ $t_1 \xrightarrow{A} t_3$

$t_1 \xrightarrow{A} t_4$

$t_4 \xrightarrow{A} t_f$ $t_3 \xrightarrow{A} t_4$

$t_1 \xrightarrow{B} t_4$

$t_1 \xrightarrow{B} t_2$ $t_2 \xdashrightarrow{B} t_4 \xdashrightarrow{B} t_1$

$t_4 \xrightarrow{B} t_f$ $t_1 \xrightarrow{B} t_4$

$t_1 \xrightarrow{C} t_3$

$t_1 \xrightarrow{C} t_4$

$t_1 \xrightarrow{C} t_f$

$t_2 \xrightarrow{D} t_f$

Insgesamt erhält man also den in Bild 12.9 gezeigten Serialisierbarkeitgraphen. ∎

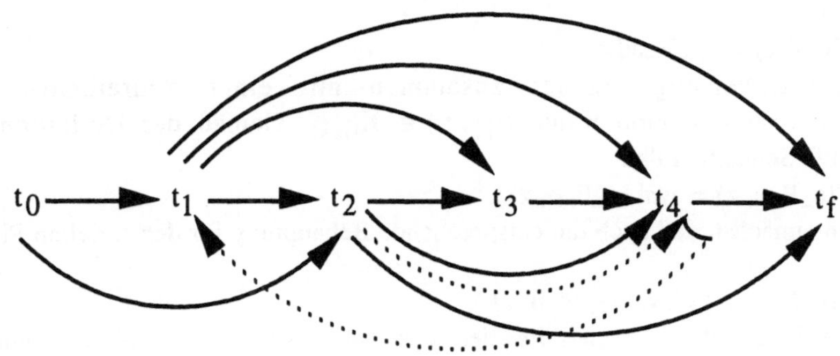

Bild 12.9 Der Serialisierbarkeitsgraph für den erweiterten Read / Write - Plan e_P aus Bild 12.7

Satz 12.2 [Serialisierbarkeits-Test]

Sei P ein Read/Write-Plan zu einer Menge von Transaktionen $T = \{t_1,...,t_k\}$ und $G(P) = (E, K_{liest} \cup K_{vor}, W)$ der zugehörige Serialisierbarkeitsgraph.

1. P ist *Sicht-serialisierbar* genau dann, wenn es eine Auswahl W* von je einer Kante aus jedem Wahl-Kantenpaar aus W gibt, so daß der entstehende Graph $G^* = (E, K_{liest} \cup K_{vor} \cup W^*)$ *azyklisch* ist.

2. Ist G* azyklisch und ist P' ein serieller Read/Write-Plan, der durch *topologisches Sortieren* aus G* gewonnen wird, so sind P und P' Sicht-äquivalent.

Beweis:

1. "$\Leftarrow$" und 2.: Sei W* eine Auswahl, so daß G* azyklisch ist, und der serielle Plan P' sei durch topologisches Sortieren aus G* gewonnen. Für $t_i \in T \cup \{t_0, t_f\}$ definieren wir

Tiefe (t_i) := maximale Länge eines Pfades nach t_i im Graphen (E, K_{liest}),

und wir zeigen durch Induktion über die Tiefe von t_i folgende Behauptung:

Für alle Anweisungen   i.j : Op o   mit Op $\in$ {Read, Write} gilt:

sind z bzw. z' die Zeitpunkte dieser Anweisung im Plan e_P, bzw. e_P',

so folgt eval (e_P, o, z) = eval (e_P', o, z').

Durch Spezialisierung dieser Behauptung auf die Leseanweisungen aus T und unter Beachtung, daß die Leseanweisungen der gedachten abschließenden Transaktion t_f gerade den Endzustand liefern, folgt unmittelbar, daß P und P' Sicht-äquivalent sind und damit daß P Sicht-serialisierbar ist.

Tiefe(t_i) = 0: Sei also P(z) = i.j : Op o. Dann gilt Op = Write und $L^z_{i.j} = <\ >$, denn andernfalls gäbe es aufgrund der Einführung der initialisierend schreibenden Transaktion t_0 eine in t_i einlaufende Kante, woraus Tiefe $(t_i) > 0$ folgen würde. Gemäß der Definition der Wertverlaufs-Semantik gilt also:

$$\text{eval } (e\_P, o, z) = \begin{cases} o & \text{falls } t_i = t_0 \\ f_{i.j} & \text{falls } t_i \neq t_0 \end{cases}$$

Da die Reihenfolge der Anweisungen innerhalb t_i sowohl durch P als auch durch P' erhalten bleibt, gilt ebenfalls $L^{z'}_{i.j} = <\ >$ bezüglich P' und damit die behauptete Gleichung.

Tiefe(t_i) > 0:

Fall 1:   Sei P(z) = i.j : Read o.

Diese Leseanweisung erzeugt zusammen mit einer Schreibanweisung $P(z1) = i1.j1$: Write o eine Kante $(t_{i1}, t_i) \in K_{liest}$. Gemäß der Definition der Wertverlaufs-Semantik folgt:

(1)   eval (e_P, o, z) = eval (e_P, o, z1).

Wir zeigen zunächst, daß auch die entsprechende Behauptung für den seriellen Plan P' gilt, d.h.

(2)   eval (e_P', o, z') = eval (e_P', o, z1').

Denn andernfalls müßte in P' *zwischen* der Schreibanweisung i1.j1 : Write o und der Leseanweisung   i.j : Read o   eine weitere Schreibanweisung i3.j3 : Write o ausgeführt worden sein. Eine solche Schreibanweisung führt aber zu einem Wahl-Kantenpaar aus W, bzw. einer Kante aus K_{vor} mit der Bedeutung "entweder t_i vor t_{i3}

oder t_{i3} vor t_{i1}", bzw. ihren Spezialfällen. Da P' durch topologische Sortierung aus $(E, K_{liest} \cup K_{vor} \cup W^*)$ hervorgegangen ist, erfüllt auch P' diese Bedeutung, was einen Widerspruch ergibt.

Da Tiefe (t_{i1}) < Tiefe (t_i) können wir weiter die Induktionsannahme verwenden:

(3)   eval (e_P, o, z1) = eval (e_P', o, z1').

Die Gleichungen (1), (2) und (3) zusammen liefern dann die Behauptung.

Fall 2: Sei $P(z) = i.j$: Write o und $L_{i.j}^{z} = < (o_1, z_1),...,(o_h, z_h) >$. Da die Reihenfolge der Anweisungen innerhalb von t_i sowohl durch P als auch durch P' erhalten bleibt, gilt bezüglich P':

$$L_{i.j}^{z'} = < (o_1, z_1'), ..., (o_h, z_h') >$$

Da die $P(z_e)$ Leseanweisungen in t_i sind, haben wir in Fall 1 schon bewiesen, daß

eval (e_P, o_e, z_e) = eval (e_P', o_e, z_e')   für e=1,...,h.

Gemäß der Definition der Wertverlaufs-Semantik folgt daraus unmittelbar die Behauptung.

Skizze für 1. "⇒": Sei P' ein serieller Read/Write-Plan, der zu P Sicht-äquivalent ist. Man kann dann zeigen, daß P' den gleichen Serialisierbarkeitsgraphen wie P besitzt. Damit kann eine Kante $(t_{i1}, t_{i2}) \in K_{liest} \cup K_{vor}$ als "t_{i1} vor t_{i2}" im seriellen Plan P' gedeutet werden, und somit enthält $K_{liest} \cup K_{vor}$ keinen Zykel. Ferner kann damit ein Wahl-Kantenpaar $(t_{i2}, t_{i3}, t_{i1}) \in W$ als "entweder t_{i2} vor t_{i3} oder t_{i3} vor t_{i1}" im seriellen Plan P' gedeutet werden. Wählen wir die in P' tatsächlich geltende Beziehung für W^*, so entsteht natürlich ebenfalls kein Zykel. ∎

Während ein Test auf Azyklizität eines gerichteten Graphen durch ein einfaches Graphdurchlauf-Verfahren durchgeführt werden kann, wurde die Eigenschaft eines Polygraphen, eine azyklische Auswahl zu besitzen, als NP-vollständig nachgewiesen. Damit ist der Begriff der Sicht-Serialisierbarkeit algorithmisch nur schwer nutzbar. Folgende Überlegung liefert aber eine wieder gut handhabbare Annäherung.

Jede Kante, bzw. Wahl aus einem Kantenpaar, (t_{i1}, t_{i2}) aus dem Serialisierbarkeitsgraphen beschreibt insbesondere, daß

- die beteiligten Transaktionen im *Konflikt* liegen in dem Sinne, daß sie ein Objekt o gemeinsam nutzen, wobei mindestens eine der Transaktionen in o schreibt, und daß
- t_{i1} *vor* t_{i2} ausgeführt werden soll.

Für eine Menge von Transaktionen T kann man nun *alle* Konflikte im obigen Sinne und dann für einen Plan P die jeweiligen Anforderungen an die Reihenfolge der im Konflikt liegenden Transaktionen bestimmen. Man sucht dann nach einem seriellen Plan P', der alle Konflikte genauso wie P behandelt. Diese Überlegung wird durch die folgenden Definitionen und Sätze genauer ausgeführt.

Definition 12.7 [Konflikte]

Sei $T = \{t_1,...,t_k\}$ eine Menge von Transaktionen. Zwei das gleiche Objekt o nutzende Anweisungen aus T, $i1.j1 : Op_1$ o und $i2.j2 : Op_2$ o   liegen (wegen o) *im Konflikt*, wenn $i1 \neq i2$ und $Op_1 = $ Write oder $Op_2 = $ Write.

Definition 12.8 [Konflikt-Äquivalenz von Read/Write-Plänen, Konflikt-Serialisierbarkeit]

1. Seien P und P' Read/Write-Pläne zu einer Menge von Transaktionen T.
P ist *Konflikt-äquivalent* zu P' :gdw
je zwei im Konflikt liegende Anweisungen werden in P und P' in der gleichen Reihenfolge ausgeführt.

2. Ein Read/Write-Plan P zu einer Menge von Transaktionen T heißt *Konflikt-serialisierbar*, wenn es einen Read/Write-Plan P' gibt, so daß gilt:
(K1)   P' ist serieller Read/Write-Plan,
(K2)   P und P' sind Konflikt-äquivalent.

Um festzustellen, ob ein Read/Write-Plan P zu einer Menge von Transaktionen $T = \{t_1,...,t_k\}$ Konflikt-serialisierbar ist, konstruieren wir einen *Konfliktgraphen*
$G_{konflikt}(P) = (E_{konflikt}, K_{konflikt})$:
Eckenmenge $E_{konflikt} := T$
Kantenmenge $K_{konflikt} := \{ (t_{i1}, t_{i2}) \mid t_{i1} \neq t_{i2}$, und

$\qquad\qquad$ es gibt $o \in O(T)$, j1, j2:

$\qquad\qquad t_{i1.j1} = Op_1\ o,\ t_{i2.j2} = Op_2\ o,$

$\qquad\qquad Op_1 = $ Write oder $Op_2 = $ Write,

$\qquad\qquad P^{-1}(i1.j1) < P^{-1}(i2.j2) \}$

Von Transaktion t_{i1} geht also eine Kante nach Transaktion t_{i2}, wenn t_{i1} eine Anweisung enthält, die zu einer in P folgenden, aus t_{i2} stammenden Anweisung im Konflikt liegt.

Satz 12.3 [Serialisierbarkeits-Test]

Sei P ein Read/Write-Plan zu einer Menge von Transaktionen $T = \{t_1,...,t_k\}$ und $G_{konflikt}(P) = (T, K_{konflikt})$ der zugehörige Konfliktgraph.

1. P ist *Konflikt-serialisierbar* genau dann, wenn
$G_{konflikt}(P)$ azyklisch ist.

2. Ist $G_{konflikt}(P)$ azyklisch und ist P' ein serieller Read/Write-Plan, der durch *topologisches Sortieren* aus $G_{konflikt}$ gewonnen wird, so sind P und P' Konflikt-äquivalent.

Beweis

1. "$\Leftarrow$" und 2.: Sei $G_{konflikt}(P)$ azyklisch und P' durch topologisches Sortieren aus $G_{konflikt}$ gewonnen. Seien i1.j1 : Op_1 o und i2.j2 : Op_2 o zwei im Konflikt liegende Anweisungen mit $P^{-1}(i1.j1) < P^{-1}(i2.j2)$. Dann gilt $(t_{i1}, t_{i2}) \in K_{konflikt}$, und damit wird in P' t_{i1} vor t_{i2} ausgeführt, d.h. $P'^{-1}(i1.j1) < P'^{-1}(i2.j2)$. Also sind P und P' Konflikt-äquivalent.

1. "$\Rightarrow$": Sei andererseits $G_{konflikt}(P)$ zyklisch, d.h. $G_{konflikt}(P)$ enthält einen Zykel $(t_{i1},..., t_{ie}, t_{i1})$. Angenommen, P' sei ein serieller, zu P Konflikt-äquivalenter Plan. Dann müssen in P' die am Zykel beteiligten Transaktionen in der durch den Zykel

gegebenen Reihenfolge durchgeführt werden, d.h. in P' wird t_{i1} vor sich selbst ausgeführt, ein Widerspruch. ∎

Der folgende Satz drückt aus, in welchem Sinne Sicht-Serialisierbarkeit durch die Konflikt-Serialisierbarkeit "angenähert" wird.

Satz 12.4 [Konflikt-Serialisierbarkeit impliziert Sicht-Serialisierbarkeit]

Sei P ein Read/Write-Plan zu einer Menge von Transaktionen $T = \{t_1,...,t_k\}$.
Wenn P Konflikt-serialisierbar ist, so ist P auch Sicht-serialisierbar.

Beweis:
Sei $G_{konflikt}(P) = (T, K_{konflikt})$ der Konfliktgraph und
$G(P) = (T \cup \{t_0, t_f\}, K_{liest} \cup K_{vor}, W)$ der Serialisierbarkeitsgraph zu P.
Für jedes Wahl-Kantenpaar (t_{i2}, t_{i3}, t_{i1}) ist $(t_{i2}, t_{i3}) \in K_{konflikt}$ oder $(t_{i3}, t_{i1}) \in K_{konflikt}$. Ist dann W* eine zutreffende Auswahl, so gilt offensichtlich

$$K_{liest} \cup K_{vor} \cup W^* \subset K_{konflikt}.$$

Ist nun P Konflikt-serialisierbar, so enthält $K_{konflikt}$ keinen Zykel, und damit enthält auch $K_{liest} \cup K_{vor} \cup W^*$ keinen Zykel. Also ist P auch Sicht-serialisierbar. ∎

Beispiel [Fortsetzung]: In T liegen folgende Anweisungen im Konflikt:

wegen Objekt A:	2.1: Read A	und	3.2: Write A
	2.1: Read A	und	4.4: Write A
	1.1: Read A	und	3.2: Write A
	1.1: Read A	und	4.4: Write A
	3.2: Write A	und	4.4: Write A
wegen Objekt B:	1.3: Write B	und	2.2: Read B
	1.3: Write B	und	4.1: Read B
	1.3: Write B	und	4.3: Write B
	2.2: Read B	und	4.3: Write B
wegen Objekt C:	1.2: Write C	und	3.1: Read C
	1.2: Write C	und	4.2: Read C
wegen Objekt D:	keine Konflikte		

Der Konfliktgraph für P sieht dann wie in Bild 12.10 gezeigt aus. Also ist $P' = (t_1, t_2, t_3, t_4)$ auch Konflikt-äquivalent zu P. ∎

Das nächste Beispiel zeigt, daß die algorithmisch einfacher handhabbare Forderung der Konflikt-Serialisierbarkeit echt strenger ist als die der Sicht-Serialisierbarkeit. Allerdings gilt diese Aussage nur, wenn man den Transaktionen sogenanntes *"blindes Schreiben"* erlaubt, d.h. das Schreiben in ein Objekt o, ohne es vorher gelesen zu haben. Man beachte, daß wenn man blindes Schreiben ausschließt, es auch keine *"nutzlosen"* Transaktionen geben kann.

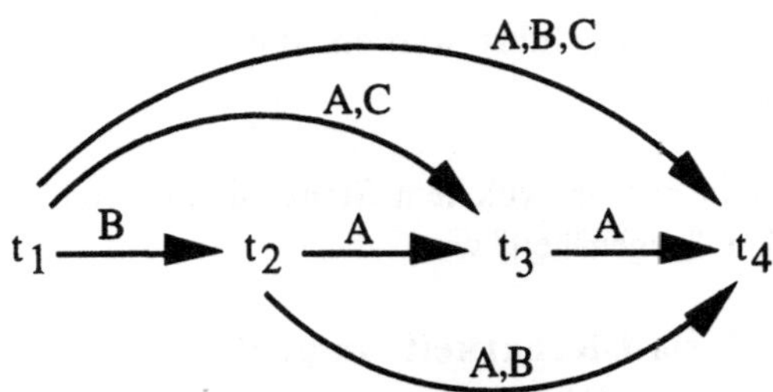

Bild 12.10 Der Konfliktgraph für den in Bild 12.7 erweitert dargestellten Plan P

Beispiel: Wir betrachten folgende Transaktionen t_1, t_2 und t_3 mit erweitertem Plan e_P:

$t_1 := (\ 1.1:$ Read A, $t_2 := (\ 2.1:$ Write A $)$ $t_3 := (\ 3.1:$ Write A $)$
         1.2: Write A $)$

e_P	z	$L^z_{i.j}$	o	A
0.1: Write A	0			A
1.1: Read A	1			.
2.1: Write A	2	$< >$		$f_{2.1}$
1.2: Write A	3	$<(A,1)>$		$f_{1.2}(A)$
3.1: Write A	4	$< >$		$f_{3.1}$
f.1: Read A	5			.

Der Serialisierbarkeitsgraph zeigt, daß P Sicht-serialisierbar ist:

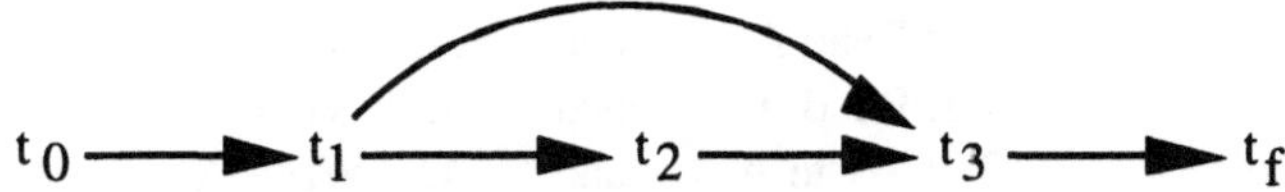

Aber der Konfliktgraph zeigt, daß P nicht Konflikt-serialisierbar ist:

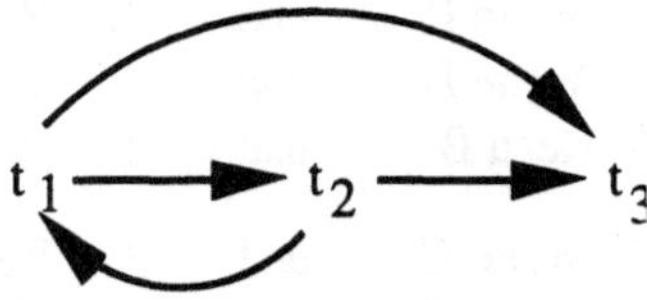

In vorangehenden Bemerkungen über nutzlose Transaktionen und blindes Schreiben haben wir den folgenden Satz schon angedeutet, dessen Beweis dem Leser überlassen bleibt.

Satz 12.5

Sei P ein Read/Write-Plan zu einer Menge von Transaktionen T, die alle aus Folgen von untrennbaren Anweisungspaaren der Form Read o; Write o aufgebaut sind.
Dann sind folgende Aussagen paarweise äquivalent:
1. P ist Endzustand-serialisierbar.
2. P ist Sicht-serialisierbar.
3. P ist Konflikt-serialisierbar.

Bislang haben wir durch Annahme A6 vorausgesetzt, daß alle Transaktionen textuell als Ganzes vorliegen. Ein dynamisch arbeitender Scheduler verfügt aber im allgemeinen nicht über diese Kenntnis. Denn einerseits werden Transaktionen ja unabhängig voneinander zu beliebigen Zeitpunkten gestartet, und andererseits erzeugt eine Transaktion ihre Anforderungen ja nacheinander bei Bedarf. Die folgenden Betrachtungen lassen erwarten, daß man bei Verwendung von Konflikt-Serialisierbarkeit nicht alle beteiligten Transaktionen im voraus kennen muß.

Definition 12.8 [Projektion von Plänen]

Sei P ein Plan zu einer Menge von Transaktionen T. Für $T' \subset T$ sei die **Projektion** $\pi(P, T')$ derjenige Plan, der aus P durch Streichen der Anweisungen aus $T \setminus T'$ entsteht. In diesem Fall bestehe der Definitionsbereich von $\pi(P, T')$ aus denjenigen Zeitpunkten, deren Anweisungen nicht gestrichen werden.

Definition 12.9 [Monotonie]

Eine Klasse κ von Plänen heißt *monoton*, wenn für jeden Plan $P \in \kappa$ auch alle Projektionen $\pi(P, T')$ mit $T' \subset T$ aus κ sind.

Satz 12.6 [Monotonie der Konflikt-Serialisierbarkeit]

Die Klasse der Konflikt-serialisierbaren Pläne ist monoton.

Beweis: Wenn P Konflikt-serialisierbar ist, dann ist sein Konfliktgraph $G_{konflikt}$ azyklisch. Da für jedes $T' \subset T$ der Konfliktgraph $G'_{konflikt}$ der Projektion $\pi(P, T')$ ein Untergraph von $G_{konflikt}$ und damit ebenfalls azyklisch ist, sind alle Projektionen wiederum Konflikt-serialisierbar. ∎

Satz 12.7 [Konflikt-Serialisierbarkeit ist größte monotone Teilklasse von Sicht-Serialisierbarkeit]

Ein Plan P ist Konflikt-serialisierbar genau dann, wenn alle Projektionen $\pi(P, T')$ mit $T' \subset T$ Sicht-serialisierbar sind.

Beweis:
"$\Rightarrow$": Ist P Konflikt-serialisierbar, so sind wegen der Monotonie von Konflikt-Serialisierbarkeit alle Projektionen ebenfalls Konflikt-serialisierbar und damit auch Sicht-serialisierbar.

"$\Leftarrow$": Offensichtlich gilt die folgende Hilfsbehauptung:
Liegen in einem Plan eine Anweisung aus t_{i1} und eine Anweisung aus t_{i2} wegen eines Objekts o im Konflikt derart, daß keine andere Transaktion in das Objekt o schreibt, dann werden in allen seriellen, Sicht-äquivalenten Plänen t_{i1} und t_{i2} in der gleichen Reihenfolge wie die im Konflikt liegenden Anweisungen ausgeführt.
Sind nämlich die im Konflikt liegenden Anweisungen beides Schreibanweisungen, so bestimmt die zuletzt ausgeführte den Endzustand von o. Ist andererseits eine der Anweisungen eine Lese- und die andere eine Schreibanweisung, so beeinflußt ihre

Reihenfolge die Lesesicht auf o für die Leseanweisung.

Sei dann P nicht Konflikt-serialisierbar. Dann enthält der Konfliktgraph einen Zykel, und es sei $(t_1,..., t_e, t_1)$ ein Zykel kürzester Länge und $T' = \{t_1,..., t_e\}$. Wir werden zeigen, daß je zwei im Zykel aufeinanderfolgende Transaktionen in jedem seriellen, zu $\pi(P, T')$ Sicht-äquivalenten Plan in der Reihenfolge des Zykels ausgeführt werden müßten, d.h. einen solchen Plan kann es nicht geben. Seien also t_i und t_{i+1} zwei im Zykel aufeinanderfolgende Transaktionen, die etwa wegen Objekt o im Konflikt liegende Anweisungen enthalten. Dann enthält der Zykel keine weitere Transaktion t_j, die in o schreibt, und obige Hilfsbehauptung liefert das Gewünschte. Denn andernfalls wäre t_j im Konfliktgraph mit t_i und t_{i+1} jeweils direkt verbunden, und es läge folgende Situation vor:

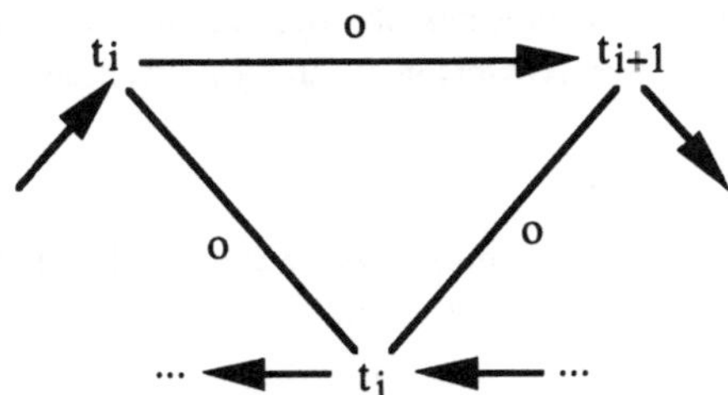

Falls $(t_i, t_j) \in K_{konflikt}$ oder $(t_j, t_{i+1}) \in K_{konflikt}$, so wäre $(t_i, t_j,..., t_i)$ bzw. $(t_j, t_{i+1},..., t_j)$ ein kürzerer Zykel, Widerspruch. Falls $(t_j, t_i) \in K_{konflikt}$ und (t_{i+1}, t_j) $\in K_{konflikt}$, so ist (t_i, t_{i+1}, t_j, t_i) wieder ein Zykel. Falls $e > 3$, so wäre dies ein kürzerer Zykel, Widerspruch. Falls $e = 3$, so liegt die im Konflikt liegende Anweisung aus t_j entweder vor der beteiligten Anweisung aus t_i oder zwischen den beteiligten Anweisungen aus t_i und t_{i+1} oder hinter der beteiligten Anweisung aus t_{i+1}. In den ersten beiden Fällen wäre auch $(t_j, t_{i+1}) \in K_{konflikt}$ und im letzten Fall auch $(t_i, t_j) \in K_{konflikt}$, und wir hätten jeweils einen Zykel der Länge 2, Widerspruch. ∎

12.3 Abbruch, Wirksamwerden und Versionen

Eine Transaktion soll gar nicht oder vollständig wirksam werden. Bislang haben wir gemäß der vereinfachenden Annahme A5 nur den Fall betrachtet, daß alle Transaktionen vollständig wirksam werden. Nun wollen wir auch zulassen, daß Transaktionen gar nicht wirksam werden sollen. Dies Ereignis kann aus verschiedenen Gründen eintreten:

- Um Bedingungen zu erhalten, kann der Abbruch eines eine Transaktion ausführenden Prozesses durch die Verwendung der Anweisung Abort_Trans erzwungen werden.
- Der Scheduler stellt fest, daß aufgrund der Vorgeschichte der Transaktionsbearbeitung im Informationssystem eine Lage entstanden ist, daß z.B. Serialisierbarkeit oder die Auflösung einer Verklemmung nur noch durch Abbruch einer Transaktion und späteren erneuten Start erreicht werden kann.
- Es ist eine Fehlersituation, z.B. Programmfehler (der Transaktion, des Informationssystems oder des Betriebssystems), Hardwarefehler, Laufzeitfehler,

Speicherfehler entstanden, die eine weitere Ausführung des Prozesses unmöglich macht und somit seinen Abbruch erzwingt.

- Das Rechensystem als Ganzes bricht zusammen, z.B. wegen eines Stromausfalles oder wegen eines Plattenfehlers, der nicht mehr behebbar ist.

Die ersten drei Gründe führen also zu einem in gewissem Sinne *absichtlichen* Abbruch, während der vierte Grund ein unvorhersehbares und in keinem Sinne gewolltes Mißgeschick darstellt. Soll ein eine Transaktion ausführender Prozeß aus einer der erstgenannten Gründe absichtlich abgebrochen werden, so muß sichergestellt werden, daß alle vorher durchlaufenen Schreibanweisungen der Transaktion unwirksam werden, d.h.

- weder für *zukünftige* Leseanweisungen anderer Transaktionen beobachtbar werden
- noch für *vorangegangene* Leseanweisungen anderer Transaktionen, die möglicherweise eine dieser Schreibanweisungen schon beobachtet haben, bedeutsam bleiben.

Die erste Forderung bedeutet, daß nach Schreibanweisungen zunächst zwei *Versionen* eines Objekts unterhalten werden müssen: die alte Version, die (spätestens) nach einem Abbruch der Transaktion (wieder) als die gültige anzusehen ist, und die neue Version, die (spätestens) nach dem Wirksamwerden der Transaktion gültig werden muß. Dabei bedarf es noch einer genaueren Festlegung, welche Version zu welchem Zeitpunkt für welche Transaktionen gültig sein soll.

Die zweite Forderung besagt, daß andere Transaktionen, die schon die neue Version (fälschlicherweise) als gültig angesehen haben (und damit, wie man sagt, "schmutzige Daten" gelesen haben), ebenfalls abgebrochen werden müssen. Solche Folgeabbrüche können dann natürlich auch kaskadenhaft auftreten. Man kann Folgeabbrüche insbesondere dadurch zu vermeiden versuchen, daß man nach Schreibanweisungen noch möglichst lange die *alte* Version für andere Transaktionen als gültig ansieht, nämlich bis durch Verwendung der Anweisung Commit_Trans die Änderungen *ausdrücklich* für wirksam, d.h. die neue Version *ausdrücklich* als gültig erklärt wird.

Ein Prozeß, der eine Transaktion der Form

```
BEGIN_TRANS
    :
    :

    Read o;
    Write o;
    :
    :

    IF Bedingung
        THEN Commit_Trans
        ELSE Abort_Trans
    END
END_TRANS
```

ausführt, läuft dann entsprechend dem Wert der Bedingung grob veranschaulicht wie in einem der Diagramme aus Bild 12.11 ab.

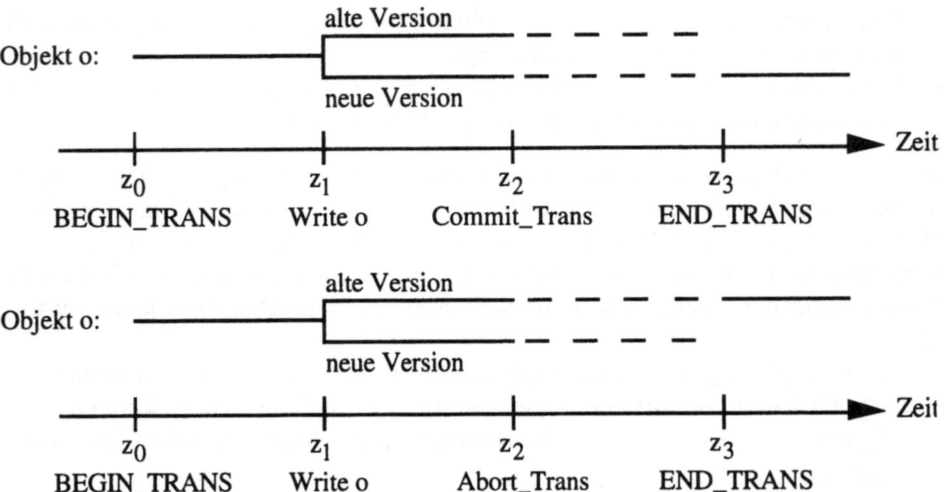

Bild 12.11 Versionen vom Objekt o beim Wirksamwerden bzw. bei Abbruch einer Transaktion

Zwischen den Zeitpunkten z_0 und z_2 (einschließlich) dürfen absichtliche Abbrüche vorgenommen werden. Zwischen den Zeitpunkten z_1 und z_2 muß geregelt werden, welche Version vom Objekt o unter welchen Umständen als gültig angesehen werden soll. Zwischen den (möglichst kurz aufeinanderfolgenden) Zeitpunkten z_2 und z_3, d.h. also während die Gültigkeit abschließend und für alle Transaktionen verbindlich geregelt wird, muß das Objekt für andere Transaktionen vollständig gesperrt werden. Natürlich müssen diese Überlegungen noch beträchtlich weiter verfeinert werden, weil ja im allgemeinen viele Transaktionen verwaltet werden, die viele Objekte sowohl lesen als auch schreiben.

Im folgenden werden wir eine solche Verfeinerung beispielhaft entwickeln. Dabei soll die abschließende Anweisung einer Transaktion jeweils implizit auch die Commit_Trans-Anweisung mitenthalten. Wenn eine Transaktion ihre abschließende Anweisung erfolgreich ausgeführt hat, so soll sie damit als *wirksam* angesehen werden, was insbesondere bedeutet, daß alle von ihren Schreiboperationen betroffenen Versionen gültig werden. Eine Transaktion, deren Ausführung begonnen, aber noch nicht beendet wurde, soll *aktiv* heißen.

Eine *Versionsfunktion* zu einem Read/Write-Plan bestimmt
- welche Version eine *Leseanweisung* lesen soll und
- welche alte Version durch eine *Schreibanweisung* überschrieben werden und damit verloren gehen soll, bzw. ob eine neue Version angelegt werden oder überhaupt nichts getan werden soll.

Bislang hatten wir immer eine *Standard-Versionsfunktion* vorausgesetzt, die besagt, daß von einem Objekt stets
- (die einzig vorhandene) aktuelle Version gelesen und
- die bislang aktuelle Version überschrieben werden soll.

Der Begriff einer Versionsfunktion und die zugeordnete Semantik werden im folgenden genau definiert. Der Einfachheit halber notieren wir die Versionen mitsamt ihrem Wertverlauf nicht ausdrücklich, sondern definieren nur für die wirklich entscheidenden Zeitpunkte den die jeweilige Version darstellenden Term. Auch die Semantik zur Standard-Versionsfunktion könnte jetzt natürlich derart verkürzt aufgeschrieben werden.

Definition 12.10 **[Versionsfunktion, Semantik von Read/Write-Plänen mit Versionsfunktionen]**

1. Sei P ein Read/Write-Plan zu einer Menge von Transaktionen $T = \{t_1,..., t_k\}$ und $e\_P = (p_1,..., p_m)$ der erweiterte Read/Write-Plan zu $T \cup \{t_0, t_f\}$.
    Seien ferner v und λ zwei Symbole (mit der Bedeutung "erzeuge neue Version", bzw. "ignoriere Schreibanweisung").
    $V : \{1,..., m\} \rightarrow \{1,..., m\} \cup \{v, \lambda\}$ heißt *Versionsfunktion* zu e_P, wenn gilt:
    a. [V bestimmt einen *vorangehenden* Zeitpunkt]
        Falls $V(z) \in \{1,..., m\}$, so gilt $V(z) < z$.
    b. [*Leseanweisung* p_z liest von Schreibanweisung $p_{V(z)}$]
        Falls e_P(z) eine Leseanweisung der Form   i2.j2 : Read o   ist, so ist $V(z) \in \{1,..., m\}$ und e_P(V(z)) eine Schreibanweisung der Form   i1.j1 : Write o.
    c. [*Schreibanweisung* p_z überschreibt Schreibanweisung $p_{V(z)}$ oder erzeugt neue Version oder wird ignoriert]
        Falls e_P(z) eine Schreibanweisung der Form   i2.j2 : Write o   ist, so ist entweder $V(z) \in \{1,..., m\}$
        und e_P(V(z)) eine Schreibanweisung der Form   i1.j1 : Write o
        oder $V(z) \in \{v, \lambda\}$.
        Falls e_P(z) eine (Schreib-) Anweisung aus t_0 ist, so ist $V(z) = v$.
    d. [*gelesene oder überschriebene Versionen sind tatsächlich erstellt worden*]
        Für alle Zeitpunkte z gilt: $V(V(z)) \neq \lambda$.
    e. [*überschriebene Versionen sind verloren*]
        Falls $w < z$ und
        e_P(z) ist von der Form   i2.j2 : Op o   und
        e_P(w) ist von der Form   i1.j1 : Write o   mit $V(w) \in \{1,..., m\}$,
        dann gilt $V(w) \neq V(z)$.

2. Die Semantik von Plan e_P unter Versionsfunktion V ordnet jedem Zeitpunkt z mit $V(z) \neq \lambda$ und dem in Anweisung e_P(z) angesprochenen Objekt o einen Term über $O(T) \cup F$ zu vermöge folgender induktiver Vorschrift:

$$\text{eval } (e\_P, V, o, z) := \begin{cases} \text{eval } (e\_P, V, o, V(z)) & \text{falls } p_z \equiv i.j : \text{Read o} \\ f_{i.j}(r_1,...,r_h) & \text{falls } p_z \equiv i.j : \text{Write o und } V(z) \neq \lambda \end{cases}$$

Dabei seien für den zweiten Fall die Argumente $r_1,...,r_h$ wie folgt bestimmt: Die *Menge*

$$L_{i.j}^z := \{ (o^*, z^*) \mid z^* < z, \text{ und es gibt } j^* < j: \ p_z \equiv i.j^* : \text{Read } o^* \}$$

sei (gemäß einer linearen Ordnung auf O(T) aufgezählt als *Folge*

$<(o_1, z_1),...,(o_h, z_h)>$; dann sei $r_e := \text{eval } (P, V, o_e, z_e)$ für $e=1,...,h$.

Die Forderungen a.-e. aus Teil 1. der Definition 12.10 kann man sich durch die Skizzen
aus Bild 12.12 grob veranschaulichen.

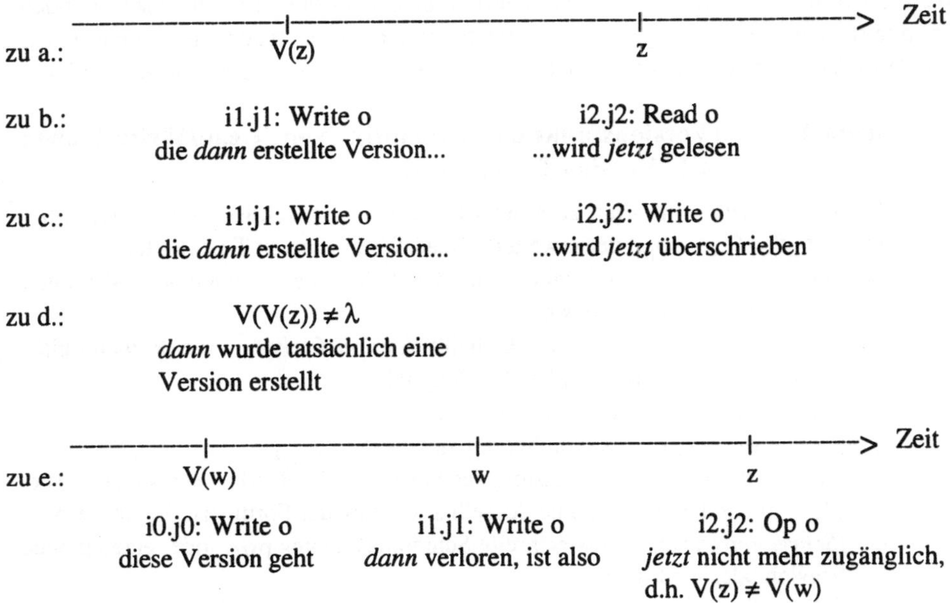

Bild 12.12 Veranschaulichung der Eigenschaften a.-e. einer Versionsfunktion V

Wir haben einführend Gründe gesehen, eine zunächst begonnene, aber noch nicht
beendete Transaktion t absichtlich abzubrechen. Dann soll t eigentlich gar nicht
wirksam werden. Für die Bearbeitung eines Planes P bedeutet dies, daß
- alle Anweisungen der Transaktion t aus dem Plan P gestrichen werden müssen und
- keine anderen Transaktionen auf von t erstellte Versionen zugreifen dürfen.

Falls aber die Transaktion t vor ihrem Abbruch eine Version eines Objektes o
überschrieben (und damit zerstört) hat, so ist die zerstörte Version auch durch den
Abbruch von t nicht wiederherstellbar und damit tatsächlich verloren; die Transaktion t
ist dann sozusagen doch "zerstörerisch wirksam" geworden. Diese Überlegungen werden
durch die folgende Definition zusammengefaßt:

Definition 12.11 [Fortsetzung nach Abbruch einer Transaktion]

Sei P   ein Read/Write-Plan zu einer Menge von Transaktionen T,
    V   eine Versionsfunktion zu e_P,
    Q   ein Anfangsstück von P und
    $t \in T$ eine Transaktion, die in Q aktiv ist (d.h. die beginnende, aber nicht die
    abschließende Anweisung von t liegt in Q).

Dann heißt ein Read/Write-Plan P' zu T' := T \ {t} (dessen Definitionsbereich aus
den Zeitmarken von P nach Streichen der Anweisungen aus t entsteht) mit einer
Versionsfunktion V' eine *Fortsetzung* (von P) *nach Abbruch von t bei Q*, kurz t-Q-
Fortsetzung, wenn gilt:

1. [*im Anfangsstück stimmen P und P' bis auf Anweisungen aus t überein*]
Die Projektion $\pi(Q, T')$ ist Anfangsstück von P'.

2. [*im Anfangsstück stimmen V und V' bis auf Überschreibungen von Versionen aus t überein*]
Für alle Zeitpunkte w von $\pi(Q, T')$ gilt

$$V'(w) = \begin{cases} V(V(w)) & \text{falls } e\_P(w) \text{ ist eine Schreibanweisung und} \\ & e\_P(V(w)) \text{ ist eine (Schreib-) Anweisung aus t} \\ V(w) & \text{sonst} \end{cases}$$

3. [*von t bereits überschriebene Versionen sind verloren*]
Für alle Zeitpunkte z in (dem Endstück von) e_P' ohne $\pi(Q, T')$, so daß $e\_P'(z)$ eine Leseanweisung ist, und alle Zeitpunkte w aus Q, so daß $e\_P(w)$ eine Schreibanweisung aus t ist, gilt $V'(z) \neq V(w)$.

Definition 12.12 [zuverlässige Read/Write-Pläne]

Sei P ein Read/Write-Plan zu einer Menge von Transaktionen T mit Versionsfunktion V.

1. Ist Q^* ein Anfangsstück von P, so heißt P *zuverlässig nach Q^** :gdw
   a. P ist Sicht-serialisierbar.
   b. Falls Q^* *echtes* Anfangsstück von P ist, so gilt:
      für alle Anfangsstücke Q von P, die Q^* erweitern,
      für alle in Q aktiven Transaktionen t
      gibt es eine t-Q-Fortsetzung von P, die zuverlässig ist nach $\pi(Q, T\backslash\{t\})$.

2. P ist *zuverlässig* :gdw P ist zuverlässig nach dem leeren Anfangsstück.

Die Definition von Zuverlässigkeit hat eine recht komplizierte formale Struktur, die insbesondere eine Rekursion beinhaltet. Diese Struktur entspricht aber der inhaltlich schwierigen Aufgabe, in etwas bereits Begonnenem (dem Plan P) die Auswirkungen von Teilen (einer Transaktion) ungeschehen zu machen und dann geeignet fortzufahren. Man kann sich anhand von Beispielen überlegen, daß formal einfachere Definitionen wohl das Gewünschte schwerlich ausdrücken können. Es scheint auch schwierig zu sein, in diesem Sinne zuverlässige Pläne tatsächlich zu konstruieren. Der folgende Satz gibt dafür hinreichende, aber auch die Wahl der Versionsfunktion sehr einschränkende Bedingungen an.

Satz 12.8 [hinreichende Bedingung für Zuverlässigkeit]

Seien P ein Konflikt-serialisierbarer Read/Write-Plan zu einer Menge von Transaktionen T und V eine Versionsfunktion zu e_P mit folgenden Eigenschaften:

a. [*Leseanweisungen lesen zuletzt erzeugte Versionen (wie bei Standard-Versionsfunktion*]
Falls $e\_P(z)$ eine Leseanweisung der Form i2.j2 : Read o ist, so gilt für alle Zeitpunkte w mit $V(z) < w < z$: $e\_P(w)$ ist *nicht* von der Form Write o.

b. [*Leseanweisungen lesen nur gültig gewordene Versionen*]
Falls $e\_P(z)$ eine Leseanweisung der Form i2.j2 : Read o ist, so gehört die

Schreibanweisung e_P(V(z)) zu einer Transaktion t_{i1}, deren letzte Anweisung im Plan e_P vor dem Zeitpunkt z ausgeführt werde.

c. [*nichtabschließende Schreibanweisungen überschreiben nicht die zuletzt gültig gewordene Version*]

Falls e_P(z) eine Schreibanweisung der Form i2.j2 : Write o ist, die aber nicht die abschließende Anweisung der Transaktion t_{i2} ist, und falls $V(z) \notin \{v, \lambda\}$, so gibt es einen Zeitpunkt w mit:

V(z) < w < z, und

e_P(w) ist Schreibanweisung der Form i1.j1 : Write o , so daß die Transaktion t_{i1} wirksam wird vor dem Zeitpunkt z und für alle Zeitpunkte v mit w < v < z gilt:

falls e_P(v) eine Schreibanweisung ist, dann $V(v) \neq w$.

Dann ist P unter V *zuverlässig*.

Die Voraussetzungen a. - c. kann man sich durch die Skizzen aus Bild 12.13 grob veranschaulichen.

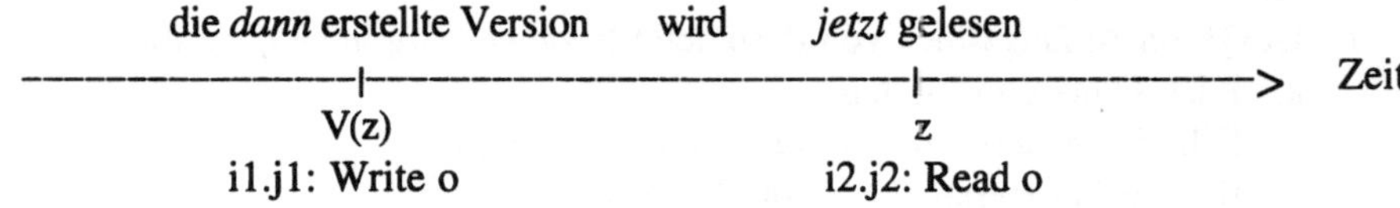

zu a.:   *zwischendurch* wird keine
                               weitere Version von o erstellt

zu b.:   *zwischendurch* endet die
                               Transaktion t_{i1} erfolgreich

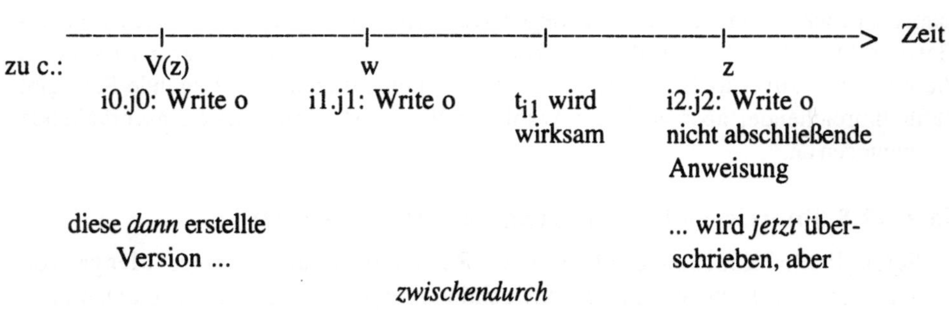

Bild 12.13 Veranschaulichung der hinreichenden Bedingungen für Zuverlässigkeit

Beweisskizze: (durch Induktion über die Anzahl k von Transaktionen in T):

$k = 1$: trivial.

$k \geq 2$: Seien Q ein nichtleeres Anfangsstück von P und t eine in Q aktive Transaktion. Wir definieren die gesuchte t-Q-Fortsetzung von P wie folgt:

$T' := T \setminus \{t\}$;

$P' := \pi(P, T')$;

$V'(z) :=$

	falls z ist Zeitpunkt in (dem *Endstück* von) e_P' *ohne* $\pi(Q,T')$ und
der durch die Standard-Versions-funktion bestimmte Zeitpunkt der zuletzt erzeugten Version von o in e_P	e_P'(z) ist Leseanweisung der Form i2.j2 : Read o, bzw.
v [erzeuge neue Version]	e_P'(z) ist Schreibanweisung;
	falls z ist Zeitpunkt in (dem *Anfangsstück* von) e_P' *mit* $\pi(Q,T')$ und
V(z)	e_P'(z) ist Leseanweisung bzw.
V(V(z))	e_P'(z) ist Schreibanweisung und e_P(V(z)) ist eine (Schreib-) Anweisung aus t
V(z)	bzw. sonst

P' mit V' erfüllt die Bedingungen einer t-Q-Fortsetzung:

Bedingung 1. gilt nach Definition von P';

Bedingung 2. gilt nach Definition von V';

Bedingung 3. gilt, weil die Transaktion t beim Abbruch noch aktiv war und nach Voraussetzung c. ihre nichtabschließenden Schreibanweisungen nicht die zuletzt gültig gewordene Version überschreiben.

Darüber hinaus erfüllen P' und V' auch die Voraussetzungen des Satzes: P' ist wieder Konflikt-serialisierbar, weil Konflikt-Serialisierbarkeit monoton ist; Eigenschaften a.-c. übertragen sich von V auf V' bzw. werden durch die Neudefinitionen von V' sichergestellt. Dann ist nach Induktionsannahme P' mit V' zuverlässig und damit auch zuverlässig nach $\pi(Q, T')$. ∎

12.4 Scheduler und Protokolle

Der *Scheduler* des Informationssystems hat zunächst die Aufgabe, die Anweisungen von parallel auszuführenden Transaktionen in einer geeigneten Reihenfolge anzuordnen. Darüber hinaus muß er auch jeweils die zu benutzenden Versionen geeignet bestimmen.

In den beiden vorangegangenen Abschnitten haben wir zwei wichtige Gesichtspunkte für das Geeignetsein untersucht:

- *Serialisierbarkeit*   (unter der Annahme, daß alle Transaktionen wirksam werden),
- *Zuverlässigkeit*   (d.h. Serialisierbarkeit auch dann, falls Transaktionen abgebrochen werden müssen).

Obwohl Sicht-Serialisierbarkeit das eigentlich Gewünschte am besten ausdrückt, erweist sich die stärker einschränkende Forderung der Konflikt-Serialisierbarkeit für praktische Zwecke besser geeignet: Sie ist algorithmisch leicht entscheidbar, und sie ist monoton und unterstützt dadurch die Zuverlässigkeit.

Um die Betrachtungen zu vereinfachen, nehmen wir zunächst wieder an, daß alle Transaktionen wirksam werden, so daß der Scheduler nur Konflikt-Serialisierbarkeit erreichen und keine Versionen unterhalten soll. Dann können wir uns weiter vereinfachend einen Scheduler als eine Transformation vorstellen, die jedem anweisungsweise gegebenen (Eingabe-) Plan zu einer Menge von Transaktionen T, einen (Ausgabe-) Plan zu T, der Konflikt-serialisierbar ist, wiederum anweisungsweise zuordnet.

Der Eingabeplan sei dabei durch das zeitlich geordnete Eintreffen der Anweisungen gegeben, wie sie von den die Transaktionen ausführenden Prozessen angefordert werden. Der Ausgabeplan werde dabei dadurch erzeugt, daß die Ausführung einer angeforderten Anweisung gegebenenfalls verzögert wird, d.h. daß sie zunächst in einen Wartebereich eingeordnet wird und erst nach dem Eintreffen bestimmter Bedingungen, die durch die vorgezogene Ausführung später angeforderter Anweisungen eingetreten sind, ausgeführt wird. Der Prozeß, der die verzögerte Anweisung angefordert hat, muß im allgemeinen solange unterbrochen bleiben (und kann damit insbesondere keine weiteren Anweisungen anfordern). Bild 12.14 veranschaulicht die Grobstruktur eines Schedulers.

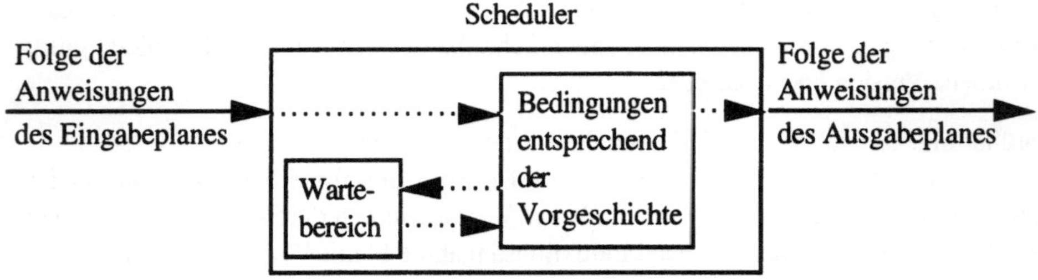

Bild 12.14 Grobstruktur eines Schedulers

12.4.1 Konfliktgraphen-Scheduler

Der einfachste, aber leider praktisch kaum brauchbare Ansatz für einen Scheduler besteht offenbar darin, den *Konfliktgraphen* dynamisch aufzubauen:

- Wenn eine Anweisung neu angefordert wird, prüft der Scheduler, ob sie mit schon vorher wieder ausgegebenen Anweisungen im Konflikt liegt, und trägt gegebenenfalls neue Kanten in den Konfliktgraphen ein.

- Falls kein Zykel entstanden ist, so wird die Anweisung sofort wieder ausgegeben und ausgeführt.
- Falls ein Zykel entstanden ist, so ist die Situation unter unseren Annahmen hoffnungslos: der einzige Ausweg wäre ein Abbruch der anfordernden Transaktion mit all den damit verbundenen Problemen.

Man beachte, daß dieser *Konfliktgraphen-Scheduler* genau die Konflikt-serialisierbaren Pläne unverändert durchläßt, während alle anderen Eingabepläne blockiert werden.

12.4.2 Sperrprotokoll-Scheduler

Der nächste Ansatz für einen Scheduler verlangt, daß die Transaktionen Objekte, aus denen sie lesen oder in die sie schreiben wollen, vorher ausdrücklich *sperren* (lock) und nachher wieder ausdrücklich *freigeben* (unlock). Genauer müssen Transaktionen, die einem *Sperrprotokoll* genügen, aus folgenden Anweisungen aufgebaut werden:

Read o   :   lies aus Objekt o;
Write o   :   schreibe in Objekt o;
RLock o   :   sperre Objekt o zum Lesen;
WLock o   :   sperre Objekt o zum Schreiben (wobei dann auch Lesen erlaubt ist);
Unlock o :   gib Objekt o frei.

Wie zuvor müssen die in Annahme A3* genannten Bedingungen erfüllt sein. Zusätzlich muß jeder Leseanweisung   Read o   genau eine Anweisung der Form   RLock o   oder WLock o   vorausgehen und genau eine Anweisung der Form   Unlock o   folgen. Entsprechend muß jeder Schreibanweisung   Write o   genau eine Anweisung der Form WLock o   vorausgehen und genau eine Anweisung der Form   Unlock o   folgen. Ferner setzen wir voraus, daß jedes Lock-Unlock-Paar tatsächlich eine entsprechende Lese- oder Schreiboperation umklammert.

Wird eine *Sperranweisung*   i1.j1 : RLock o   ausgeführt, so hält die Transaktion t_{i1} eine *Lesesperre* auf dem Objekt o, bis die zugehörige Freigabeanweisung   i1.j2 : Unlock o   ausgeführt wird: dazwischen kann t_{i1} aus o lesen, und andere Transaktionen können ebenfalls Lesesperren auf o, aber keine Schreibsperren auf o erhalten.

Wird eine Sperranweisung   i1.j1 : WLock o   ausgeführt, so hält die Transaktion t_{i1} eine *Schreibsperre* auf dem Objekt o, bis die zugehörige Freigabeanweisung   i1.j2 : Unlock o   ausgeführt wird: dazwischen kann t_{i1} in o schreiben oder erst aus o lesen und dann in o schreiben, und andere Transaktionen können weder eine Lese- noch eine Schreibsperre auf o erhalten.

Lesesperren können also *geteilt* werden (shared locks), während Schreibsperren *exklusiv* gehalten werden (exclusive locks). Damit entsprechen Konflikte zwischen Lese- und Schreibanweisungen verschiedener Transaktionen genau den *Unverträglichkeiten* zwischen den zugehörigen Sperranweisungen. Die Verträglichkeiten bzw. Unverträglichkeiten zwischen Lesesperren und Schreibsperren kann man wie in Bild 12.15 durch eine Verträglichkeitsmatrix angeben.

		von einer anderen Transaktion bereits gehaltene Sperre auf o:	
		RLock	WLock
von t_{i1} für o angeforderte Sperre:	RLock	+	-
	WLock	-	-

Bild 12.15 Verträglichkeitsmatrix für Lese- und Schreibsperren

Ein *Sperrprotokoll-Scheduler* beachtet nun nur die Sperr- und Freigabeanweisungen und verfährt dabei wie folgt:
- Wenn eine Sperranweisung neu angefordert wird, so prüft der Scheduler, ob sie mit den schon gehaltenen Sperren verträglich ist.
- Falls dies der Fall ist, so wird die Sperranweisung ausgeführt, d.h. die verlangte Sperre wird vergeben.
- Falls dies nicht der Fall ist, so wird die Sperranweisung verzögert und in den Wartebereich eingeordnet.
- Wenn eine Freigabeanweisung neu angefordert wird, so wird sie ausgeführt, indem die entsprechende Sperre aufgehoben wird und indem gegebenenfalls auf diese Freigabe wartende Sperranweisungen erneut bearbeitet werden.

Ein Sperrprotokoll-Scheduler bearbeitet nun solche Transaktionen erfolgreich, die dem *Zwei-Phasen-Sperrprotokoll* genügen, d.h. in denen alle Sperranweisungen *vor* allen Freigabeanweisungen liegen. Denn die erzeugbaren Ausgabepläne, die nach dem Streichen der Sperr- und Freigabeanweisungen wieder gewöhnliche Read/Write-Pläne sind, sind gemäß dem folgenden Satz Konflikt-serialisierbar.

Satz 12.9 [Konflikt-Serialisierbarkeit unter dem Zwei-Phasen-Sperrprotokoll]

Sei P ein Plan zu einer Menge von Transaktionen $T = \{t_1,..., t_k\}$ mit folgenden Eigenschaften:
a. [*Zwei-Phasen-Sperrprotokoll*]
Alle Transaktionen aus T genügen dem Zwei-Phasen-Sperrprotokoll.
b. [*Sperrprotokoll-Scheduler*]
Im Plan P halten je zwei Transaktionen keine unverträglichen Sperren (d.h. P ist möglicher Ausgabeplan des Sperrprotokoll-Schedulers).

Dann gilt:
1. Für $i = 1,..., k$ sei die *Sperrzeit* z_i diejenige Zeitmarke von P, zu der die Transaktion t_i ihre letzte Sperranweisung ausführt, und $\pi : \{1,..., k\} \rightarrow \{1,..., k\}$ sei

eine Permutation mit $z_{\pi(1)} < z_{\pi(2)} < ... < z_{\pi(k)}$. Dann ist (nach dem Weglassen der Sperr- und Freigabeanweisungen) P Konflikt-äquivalent zum seriellen Plan $P' = (t_{\pi(1)}, t_{\pi(2)}, ..., t_{\pi(k)})$.

2. P ist (nach dem Weglassen der Sperr- und Freigabeanweisungen) Konflikt-serialisierbar.

Beweis:

1. Wir müssen zeigen, daß je zwei im Konflikt liegende Anweisungen in P und P' in der gleichen Reihenfolge ausgeführt werden.

Seien also für Zeitpunkte $w_1 < w_2$ $P(w_1) = i1.j1 : Op_1$ o   und $P(w_2) = i2.j2 : Op_2$ o   zwei Anweisungen, die im Konflikt liegen. Dann ist $Op_1 = $ Write   oder $Op_2 = $ Write . Da eine Write-Anweisung eine exklusive Sperre verlangt, muß die Transaktion t_{i1} nach dem Zeitpunkt w_1, etwa zum Zeitpunkt $w_1{*}$, ein Unlock o ausführen, bevor Transaktion t_{i2} vor dem Zeitpunkt w_2, etwa zum Zeitpunkt $w_2{*}$, ein WLock o bzw. RLock o ausführt. Da wegen des Zwei-Phasen-Sperrprotokolls in jeder Transaktion alle Sperranweisungen vor allen Freigabeanweisungen erfolgen, gilt also:

$$z_{i1} < w_1{*} < w_2{*} \le z_{i2}.$$

Die vorliegende Situation kann man sich wie folgt veranschaulichen:

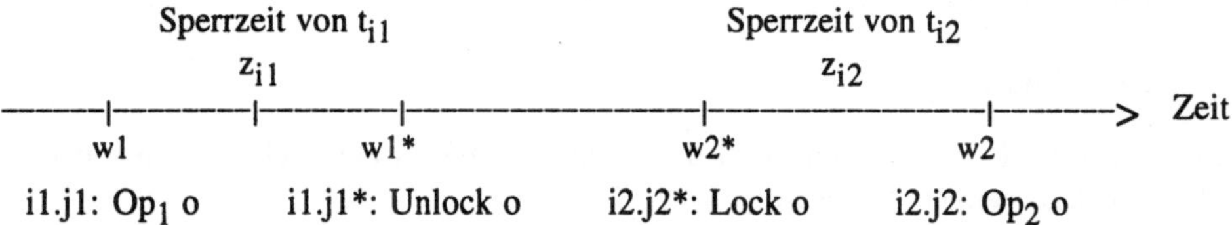

Also werden die beiden betrachteten Anweisungen im seriellen Plan P' in der gleichen Reihenfolge ausgeführt.

2. Folgt unmittelbar aus 1.   ∎

Der nächste Satz zeigt, daß der Sperrprotokoll-Scheduler für Transaktionen, die nicht dem Zwei-Phasen-Aufbau entsprechen, versagen kann.

Satz 12.10 [Sperrprotokoll-Scheduler verlangt Zwei-Phasen-Sperrprotokoll]

Die Transaktion t_1 genüge einem Sperrprotokoll, entspreche aber nicht dem Zwei-Phasen-Aufbau.

Dann gibt es eine Transaktion t_2 und für $T := \{t_1, t_2\}$ einen Plan P, so daß gilt,

1. [*Sperrprotokoll-Scheduler*]

   t_1 und t_2 halten keine unverträglichen Sperren.
2. P ist *nicht* Konflikt-serialisierbar.

Beweis:
Nach Voraussetzung enthält t_1 eine Teilfolge der folgenden Form:

$t_1 = ($
$\quad\quad \vdots$

$\quad\quad$ 1.j1 : Op o_1,
$\quad\quad \vdots$

$\quad\quad$ 1.j2 : Unlock o_1,
$\quad\quad \vdots$

$\quad\quad$ 1.j3 : OpLock o_2,
$\quad\quad \vdots$

$\quad\quad$ 1.j4 : Op o_2,
$\quad\quad \vdots$

$\quad\quad$ 1.j5 : Unlock o_2,
$\quad\quad \vdots$

$\quad)$

Wir definieren dann:
$t_2 = ($ 2.1 : WLock o_1,
$\quad\quad\quad$ 2.2 : WLock o_2,
$\quad\quad\quad$ 2.3 : Write o_1,
$\quad\quad\quad$ 2.4 : Write o_2,
$\quad\quad\quad$ 2.5 : Unlock o_1,
$\quad\quad\quad$ 2.6 : Unlock o_2 $)$

Ferner sei Plan P dadurch definiert, daß t_2 als Ganzes direkt nach der Anweisung 1.j2 : Unlock o_1 angeordnet werde.

Dann enthält P insbesondere diese Teilfolge:
$P = ($
$\quad\quad \vdots$

$\quad\quad$ 1.j1 : Op o_1,
$\quad\quad \vdots$

$\quad\quad$ 2.3 : Write o_1,
$\quad\quad$ 2.4 : Write o_2,
$\quad\quad \vdots$

$\quad\quad$ 1.j4 : Op o_2,
$\quad\quad \vdots$

$\quad)$

Also erzeugen die im Konflikt liegenden Anweisungen, nämlich
$\quad\quad$ 1.j1 : Op o_1 und   2.3 : Write o_1 ,
$\quad\quad$ 2.4 : Write o_2 und   1.j4 : Op o_2 ,
einen Zykel im Konfliktgraphen, d.h. P ist nicht Konflikt-serialisierbar.   ∎

In Abschnitt 12.3 haben wir einige Gründe besprochen, deretwegen die Ausführung einer Transaktion gegebenenfalls absichtlich abgebrochen werden muß. Verwendet man einen Sperrprotokoll-Scheduler ohne weitere Vorsichtsmaßnahmen, so kann ein weiterer

Grund auftreten. Transaktionen können nämlich in eine *Verklemmung* (deadlock) geraten, wenn sie wechselseitig schon von der jeweils anderen Transaktion gehaltene Sperren anfordern. Ein typisches Muster für diese Situation ist gegeben, wenn zwei Transaktionen t_1 und t_2 Anweisungen wie folgt in den Scheduler eingeben:

angeforderte Anweisung   **Verhalten des Schedulers**

1.1 : WLock A t_1 erhält Schreibsperre auf A

2.1 : WLock B t_2 erhält Schreibsperre auf B

1.2 : WLock B   die Anforderung ist unverträglich: t_1 muß auf die
                                 Ausführung von 2.j2 : Unlock B warten

2.2 : WLock A   die Anforderung ist unverträglich: t_2 muß auf die
                                 Ausführung von 1.j1 : Unlock A warten

Also tritt eine Verklemmung ein: t_1 wartet auf t_2, und t_2 wartet auf t_1. Wenn solche Verklemmungen nicht durch geeignete Maßnahmen verhindert werden, so müssen sie durch Abbruch einer Transaktion aufgelöst werden.

Die gewünschte *Zuverlässigkeit* kann durch eine Verschärfung der Regeln des Zwei-Phasen-Sperrprotokolls und des Verhaltens des Schedulers erreicht werden, die als *striktes* Sperrverhalten bezeichnet wird und nur noch kurz skizziert werden soll. Eine Transaktion durchläuft dabei die in Bild 12.16 gezeigten zeitlichen Phasen.

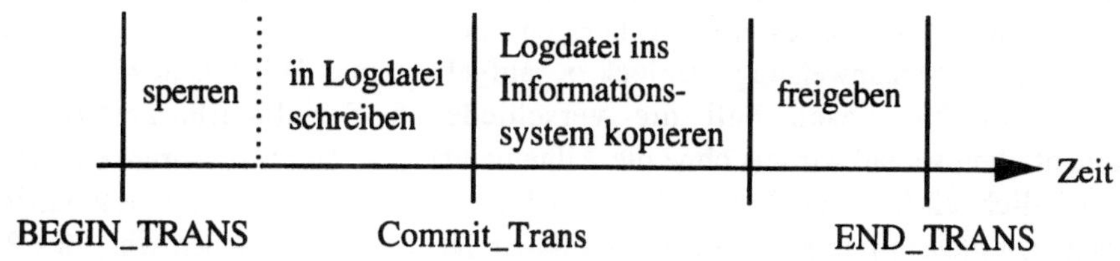

Bild 12.16 Phasen einer Transaktion beim strikten Sperrverhalten

Phase 1: [*Sperren*]
Alle benötigten Objekte werden gesperrt.
(Falls dies als eine unteilbare Operation verwirklicht wird, werden sogar Verklemmungen vermieden; andernfalls können Phase 1 und 2 auch ineinander verschränkt werden.)
Phase 2: [*Schreiben in eine Logdatei*]
Alle Schreiboperationen werden zunächst *nicht* im gemeinsamen Informationssystem, sondern in einer gesonderten *Logdatei* durchgeführt. Die Logdatei enthält damit für andere Transaktionen unzugängliche Versionen.
Phase 3: [*Kopieren der Logdatei in das Informationssystem*]
Erreicht die Transaktion die Commit_Trans-Anweisung, so werden erst dann alle Schreiboperationen auf einmal (als eine unteilbare Operation) tatsächlich im Informationssystem durchgeführt, indem die Logdatei einfach kopiert wird.

Phase 4: [*Freigeben*]
Alle gesperrten Objekte werden wieder freigegeben.

Phase 1 und 4 verwirklichen das Zwei-Phasen-Sperrprotokoll. Phase 2 und 3 verwirklichen im wesentlichen die in Abschnitt 12.3 angegebenen hinreichenden Bedingungen für Zuverlässigkeit. Es gibt eigentlich nur eine einzige abschließende Schreibanweisung, und nur die dabei gültig gewordenen Versionen können als zuletzt erzeugte von nachfolgenden Leseanweisungen anderer Transaktionen gelesen werden. Wird insbesondere eine Transaktion innerhalb der Phasen 1 und 2 absichtlich abgebrochen, so ergeben sich keine Auswirkungen auf andere Transaktionen (außer vielleicht Verzögerungen durch die Sperren).

Gemäß unserer Annahme A4 haben wir Objekte bislang als unstrukturiert und in keinerlei Beziehung zueinander stehend angenommen. Oftmals liegen jedoch auf natürliche Weise baumartige Schachtelungs- oder Verzweigungsstrukturen vor, zum Beispiel:

- eine relationale Datenbank-Instanz $M = (d, r_1, ..., r_n)$ besteht aus Relationen-Instanzen r_i, die wiederum in Blöcke aufgeteilt gespeichert werden, die ihrerseits schließlich die Tupel enthalten;
- ein Index kann durch einen B*-Baum verwirklicht werden.

Man kann nun versuchen, Sperrprotokolle gezielt auf solche Strukturen abzustimmen. Dieses Vorgehen wollen wir anhand von zwei Beispielen erläutern.

Wir betrachten dazu Transaktionen, die aus Folgen von Anweisungspaaren der Form Read o; Write o   mit der jeweils zugehörigen Sperranweisung   WLock o   und der zugehörigen Freigabeanweisung   Unlock o   aufgebaut sind. Wir haben schon früher gesehen, daß für diesen Fall die verschiedenen Serialisierbarkeitsbegriffe zusammenfallen, so daß wir uns ohne die Allgemeinheit weiter einzuschränken nur mit der begrifflich einfachsten Form, der Konflikt-Serialisierbarkeit, zu beschäftigen brauchen. Mit diesem Interesse an der Konflikt-Serialisierbarkeit können wir jedes Paar einer Lese- und Schreibanweisung wahlweise mit der zugehörigen Sperranweisung oder der zugehörigen Freigabeanweisung identifizieren, weil die Schreibsperren exklusiv gehalten werden. Deshalb werden wir der Einfachheit halber nur die Sperr- und Freigabeanweisungen notieren, und für den Konfliktgraphen zu einem Plan zu solchen Transaktionen brauchen wir entsprechend wahlweise nur die Sperranweisungen oder die Freigabeanweisungen zu untersuchen.

Wir behandeln zunächst ein *Baum-Sperrprotokoll* für baumartige Verzweigungsstrukturen, d.h. auf der Objektmenge sei eine verzweigend gedachte Baumstruktur gegeben. Eine Transaktion t genügt dem Baum-Sperrprotokoll, wenn gilt:
(1)   Das erste von t gesperrte Objekt darf ein beliebiges Objekt im Baum sein.
(2)   Jedes weitere Objekt o darf von t nur dann gesperrt werden, wenn t eine Sperre auf dem direkten Vorgängerobjekt (bezüglich der Baumstruktur) von o hält.
(3)   Jedes Objekt darf von t höchstens einmal gesperrt werden.

Beispiel: Die Objektmenge O sei wie folgt baumartig verzweigt:

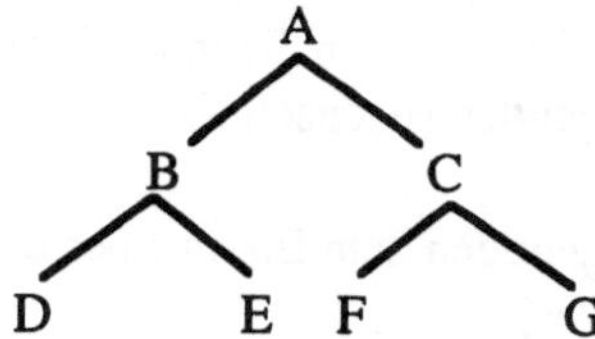

Wir betrachten die folgenden Transaktionen:

t_1 := (1.1 : WLock A, t_2 := (2.1 : WLock B, t_3 := (3.1 : WLock E,
          1.2 : WLock B,   2.2 : WLock E,   3.2 : Unlock E)
          1.3 : WLock D,   2.3 : Unlock B,
          1.4 : Unlock B,   2.4 : Unlock E)
          1.5 : WLock C,
          1.6 : Unlock D,
          1.7 : Unlock A,
          1.8 : Unlock C)

Wir untersuchen dann für $T := \{t_1, t_2, t_3\}$ den folgenden Plan:

P := (1.1 : WLock A,
        1.2 : WLock B,
        1.3 : WLock D,
        1.4 : Unlock B,
        2.1 : WLock B,
        1.5 : WLock C,
        3.1 : WLock E,
        1.6 : Unlock D,
        1.7 : Unlock A,
        1.8 : Unlock C,
        3.2 : Unlock E,
        2.2 : WLock E,
        2.3 : Unlock B,
        2.4 : Unlock E)

In T liegen folgende Anweisungen im Konflikt:
1.4 : Unlock B   und   2.3 : Unlock B
2.4 : Unlock E   und   3.2 : Unlock E

Der Konfliktgraph für P sieht dann wie folgt aus:

$$t_1 \xrightarrow{\ B\ } t_2 \xleftarrow{\ E\ } t_3$$

Also ist P Konflikt-serialisierbar;
äquivalente serielle Pläne sind P' = (t_1, t_3, t_2) oder P" = (t_3, t_1, t_2).   ∎

Wir wollen nun zeigen, daß sogar jeder unter dem Baum-Sperrprotokoll vom Sperrprotokoll-Scheduler erzeugbare Ausgabeplan Konflikt-serialisierbar ist.

Satz 12.11 [Konflikt-Serialisierbarkeit unter dem Baum-Sperrprotokoll]

Sei P ein Plan zu einer Menge von Transaktionen $T = \{t_1,..., t_k\}$ (der oben beschriebenen Art) mit folgenden Eigenschaften:

a. [*Baum-Sperrprotokoll*]

Alle Transaktionen aus T genügen dem Baum-Sperrprotokoll.

b. [*Sperrprotokoll-Scheduler*]

Im Plan P halten je zwei Transaktionen keine unverträglichen (d.h. hier gemeinsamen) Sperren.

Dann ist P Konflikt-serialisierbar.

Beweis:

Wir definieren für $i = 1,..., k$

First $(t_i) :=$ das erste von Transaktion t_i gesperrte Objekt

und zeigen dann die folgenden Behauptungen für den Konfliktgraphen $G_{konflikt}(P) = (T, K_{konflikt})$:

1. $(t_i, t_j) \in K_{konflikt}$ genau dann, wenn

    First (t_i) ist Vorgänger (bezüglich der Baumstruktur) von First (t_j)

    und t_i sperrt First (t_j) vor t_j,

oder

    First (t_i) ist Nachfolger (bezüglich der Baumstruktur) von First (t_j)

    und t_i sperrt First (t_i) vor t_j.

2. $G_{konflikt}$ ist azyklisch.

zu 1.: Die angegebenen Bedingungen sind offensichtlich hinreichend für eine Kante aus $K_{konflikt}$. Zum Beweis der Notwendigkeit bemerken wir zunächst, daß gemäß der Regeln des Baum-Sperrprotokolls eine Transaktion t nur Objekte im durch First (t) bestimmten Unterbaum sperren kann. Also kann eine Anweisung aus t_i mit einer Anweisung aus t_j nur dann im Konflikt liegen, wenn

    First (t_i) Vorgänger oder Nachfolger von First (t_j)

ist (wobei reflexive und indirekte Relationen eingeschlossen sind). Es bleibt also zu zeigen, daß wenn t_i das *erste* gemeinsame Objekt o_1 (im ersten Fall First (t_j) und im zweiten Fall First (t_i)) vor t_j sperrt, auch *alle anderen* gemeinsamen Objekte o ebenfalls erst von t_i und dann von t_j gesperrt werden. Also ist die vom ersten gemeinsamen Objekt bewirkte Kante die gleiche wie die von allen anderen gemeinsamen Objekten jeweils bewirkten. Diese letzte Behauptung beweisen wir nun durch Induktion über den Abstand von o (bezüglich der Baumstruktur) zum ersten gemeinsamen Objekt o_1.

Der Induktionsanfang, d.h. $o = o_1$, ist trivial. Sei also o echter Nachfolger (bezüglich der Baumstruktur) von o_1, und t_i sperre o zum Zeitpunkt z_i, und t_j sperre o zum Zeitpunkt z_j. Sei o* das direkte Vorgängerobjekt (bezüglich der Baumstruktur) von o. Gemäß Regel (2) des Baum-Sperrprotokolls

    hält t_i zum Zeitpunkt z_i eine Sperre auf o*,

    die es etwa zum Zeitpunkt $z_i^* < z_i$ erhalten hat;

entsprechend

    hält t_j zum Zeitpunkt z_j eine Sperre auf o*,

die es etwa zum Zeitpunkt $z_j{}^* < z_j$ erhalten hat.

Gemäß Induktionsannahme gilt dann $z_i{}^* < z_j{}^*$.

Wäre nun $z_j < z_i$, so würde der Plan P ausschnittweise wie folgt aussehen:

$z_i{}^*$: t_i sperrt o*

⋮

$z_j{}^*$: t_j sperrt o*

⋮

z_j : t_j sperrt o

⋮

z_i : t_i sperrt o

Dann müßte aber gemäß Voraussetzung b. [Sperrprotokoll-Scheduler] t_i zwischen den Zeitpunkten $z_i{}^*$ und $z_j{}^*$ das Objekt o* zunächst wieder freigeben und später gemäß Regel (2) des Baum-Sperrprotokolls vor dem Zeitpunkt z_i ein zweites Mal sperren, was aber gemäß Regel (3) des Baum-Sperrprotokolls verboten ist.

zu 2.: Angenommen $G_{konflikt}$ enthält einen Zykel, und sei $(t_1,..., t_e, t_1)$ ein Zykel kürzester Länge.

Fall 1: $e = 2$. O.B.d.A. sei First (t_1) Vorgänger von First (t_2), d.h. First (t_2) ist das erste gemeinsame Objekt. Dann besagt $(t_1, t_2) \in K_{konflikt}$, daß t_1 First (t_2) vor t_2 sperrt, und $(t_2, t_1) \in K_{konflikt}$ besagt, daß t_2 First (t_2) vor t_1 sperrt, ein Widerspruch.

Fall 2: $e = 3$. O.B.d.A. sei First (t_1) Vorgänger von First (t_2). Dann ist First (t_2) Vorgänger von First (t_3) oder First (t_3) Vorgänger von First (t_2), d.h. bezüglich der Baumstruktur liegt einer der folgenden drei Unterfälle vor:

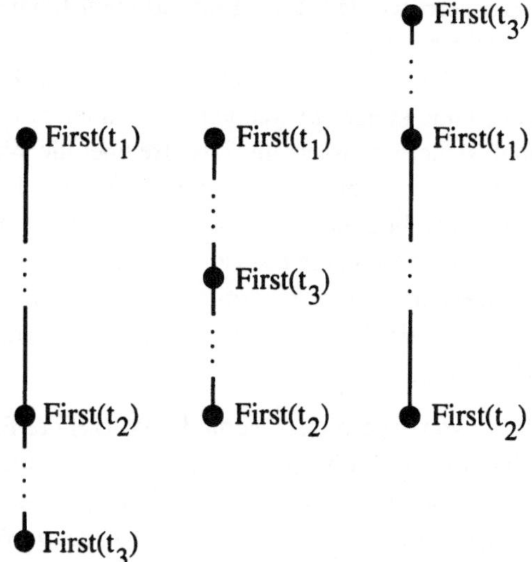

Wir führen die folgenden Betrachtungen nur für den ersten Unterfall aus. Die Kanten des Zyklus besagen:

(i) t_1 sperrt First (t_2) vor t_2,

(ii) t_2 sperrt First (t_3) vor t_3,

(iii) t_3 sperrt First (t_3) vor t_1.

Gemäß Teil 1. des Beweises folgt aus (i) auch

(iv) t_1 sperrt First (t_3) vor t_2.

Dann besagen (iv) und (ii), daß

(v) t_1 sperrt First (t_3) vor t_3,

ein Widerspruch.

Fall 3: $e \geq 4$. Man kann dann zeigen, daß eine zusätzliche Kante existiert, die einen kürzeren als den betrachteten Zykel erzeugt.   ∎

Beispiel [Fortsetzung]:

First (t_1) = A,

First (t_2) = B,

First (t_3) = E.

t_1 sperrt B = First (t_2) vor t_2.

t_3 sperrt E = First (t_3) vor t_2.   ∎

Man beachte, daß unter dem Baum-Sperrprotokoll keine Verklemmungen auftreten können. Ferner erlaubt das Baum-Sperrprotokoll Objekte früher freizugeben, als nach dem Zwei-Phasen-Sperrprotokoll erlaubt wäre; dafür müssen aber gegebenenfalls mehr Objekte gesperrt werden.

Als nächstes behandeln wir ein Warn-Sperrprotokoll für baumartige Schachtelungsstrukturen auf der Objektmenge. Hier ist es sinnvoll festzulegen, daß mit dem (ausdrücklichen) Sperren eines Objekts o auch alle in o geschachtelte Unterobjekte (stillschweigend) mitgesperrt werden. Entsprechend identifizieren wir jetzt eine Sperr- bzw. wahlweise eine Freigabeanweisung für das Objekt o mit einer Folge von Lese- und Schreibanweisungen für *alle* in o geschachtelte Unterobjekte. Um Unverträglichkeiten zwischen ausdrücklichen und stillschweigenden Sperren leicht erkennen zu können und um Serialisierbarkeit zu sichern, müssen alle Zugriffe über die Wurzel der Baumstruktur längs des Pfades zum zu bearbeitenden Objekt erfolgen. Dabei werden aber die Oberobjekte des eigentlich zu bearbeitenden Objekts nur "gewarnt". Dazu benötigen wir Warnanweisungen der Form Warn o, die ebenso wie Sperranweisungen wieder durch eine zugehörige Freigabeanweisung Unlock o aufgehoben werden müssen. Eine aus Warn-, Sperr-, Lese/Schreib- und Freigabeanweisungen aufgebaute Transaktion t genügt dem *Warn-Sperrprotokoll* wenn gilt:

(1)   Die erste Anweisung von t sperrt oder warnt die Wurzel der Baumstruktur.

(2)   Jedes weitere Objekt o darf von t nur gesperrt oder gewarnt werden, wenn t eine Warnung auf dem direkten Vorgängerobjekt (bezüglich der Baumstruktur) von o hält. (Falls t sogar eine Sperre auf dem Vorgängerobjekt hält, so hat t stillschweigend auch o mitgesperrt und braucht also bezüglich o keine weiteren Vorbereitungen zu treffen.)

(3)   t darf ein Objekt nur freigeben, wenn t keine Sperre oder Warnung auf einem der (direkten) Nachfolgerobjekte von o hält.

(4) t besteht aus einer anfänglichen Warn-Sperr-Phase und einer anschließenden Freigabe-Phase, d.h. alle Sperr- und Warnanweisungen liegen *vor* allen Freigabeanweisungen.

Ein *Warn-Sperrprotokoll-Scheduler* arbeitet im wesentlichen wie der gewöhnliche Sperrprotokoll-Scheduler, nur daß jetzt die in Bild 12.17 gezeigten *Unverträglichkeiten* gelten.

		von einer anderen Transaktion bereits gehaltene Warnung oder ausdrückliche Sperre auf o:	
		Warn	WLock
von t_{i1} für o angeforderte Warnung oder Sperre:	Warn	+	-
	WLock	-	-

Bild 12.17 Verträglichkeitsmatrix für Warnungen und Schreibsperren

Man beachte, daß der Warn-Sperrprotokoll-Scheduler nur die ausdrücklichen Sperren berücksichtigt; im folgenden Satz werden wir sehen, daß dadurch auch die stillschweigenden Sperren richtig behandelt werden.

Satz 12.12 [Konflikt-Serialisierbarkeit unter dem Warn-Sperrprotokoll]

Sei P ein Plan zu einer Menge von Transaktionen $T = \{t_1,..., t_k\}$ (der oben beschriebenen Art) mit folgenden Eigenschaften:
a. [*Warn-Sperrprotokoll*]
Alle Transaktionen aus T genügen dem Warn-Sperrprotokoll.
b. [*Warn-Sperrprotokoll-Scheduler*]
Im Plan P halten je zwei Transaktionen keine unverträglichen Warnungen oder ausdrücklichen Sperren.
Dann ist P Konflikt-serialisierbar.

Beweis:
Wir bemerken zunächst, daß für alle dem Warn-Sperrprotokoll genügende Transaktionen t auch die folgenden Eigenschaften gelten:
(2*) Jedes Objekt o ungleich der Wurzel kann von t nur gesperrt oder gewarnt werden, wenn t eine Warnung auf *allen* (direkten und indirekten) Vorgängerobjekten von o hält.
(2**) Auf jedem Objekt o ungleich der Wurzel kann t nur dann eine Sperre halten, wenn t eine Warnung auf *allen* (direkten und indirekten) Vorgängerobjekten von o hält.

Eigenschaft (2*) beweisen wir durch Induktion über die Zeitpunkte von t.
Regel (1) sichert den Induktionsanfang.
Wenn t dann o sperrt oder warnt, so muß gemäß Regel (2) t das direkte Vorgängerobjekt von o zu einem früheren Zeitpunkt gewarnt haben. Nach Induktionsannahme hielt t zu diesem Zeitpunkt Warnungen auf allen indirekten Vorgängerobjekten von o. Regel (4) besagt dann, daß keine dieser Warnungen bislang wieder freigegeben wurden.

Für Eigenschaft (2**) unterteilen wir t gemäß Regel (4) in die Warn-Sperr-Phase und in die Freigabe-Phase. Für die erste Phase folgt die Behauptung unmittelbar aus (2*), und für die zweite Phase sichert gerade Regel (3) durch die Freigabe von den Blättern her die gewünschte Eigenschaft.

Ferner gilt für den Plan P:
(5)   P vergibt keine unverträglichen (ausdrücklichen oder stillschweigenden) Sperren.

Denn andernfalls gäbe es ein Objekt o und Transaktionen t_i und t_j aus T, so daß für einen Zeitpunkt z gilt:
t_i hält Sperre auf Vorgängerobjekt o_i von o,
t_j hält Sperre auf Vorgängerobjekt o_j von o.
Dann ist $o_i = o_j$ oder o.B.d.A. o_i (echter) Vorgänger von o_j.
Ferner gelte:
t_i sperrt o_i zum Zeitpunkt $z_i \leq z$,
t_j sperrt o_j zum Zeitpunkt $z_j \leq z$.

Fall 1: $z_i < z_j$. Dann hat t_i das Objekt o_i bis zum Zeitpunkt z_j noch nicht wieder freigegeben. Wegen der vom Scheduler zu beachtenden Unverträglichkeiten kann also offensichtlich nicht $o_i = o_j$ gelten, so daß o_i ein echter Vorgänger von o_j ist. Gemäß (2*) muß dann t_j zum Zeitpunkt z_j eine Warnung auf o_i halten. Die vom Scheduler zu beachtenden Unverträglichkeiten besagen nun einerseits, daß t_j das Objekt o_i schon vor dem Zeitpunkt z_i warnen muß, aber andererseits, daß t_i dann nicht mehr das Objekt o_i zum Zeitpunkt z_i sperren kann, ein Widerspruch.

Fall 2: $z_j < z_i$. Dann hat t_j das Objekt o_j bis zum Zeitpunkt z_i noch nicht wieder freigegeben. Also muß wieder o_i ein echter Vorgänger von o_j sein. Gemäß (2**) muß dann einerseits t_j zum Zeitpunkt z_j eine Warnung auf o_i halten, was aber andererseits unter Beachtung der Unverträglichkeiten verbietet, daß t_i zum Zeitpunkt z_i das Objekt o_i sperrt, ein Widerspruch.

Ersetzt man dann im Plan P jede Sperranweisung durch eine Folge von Sperranweisungen sowohl für das ausdrücklich wie auch für alle zusätzlich stillschweigend gesperrten Objekte und ändert P auch sonst entsprechend geeignet ab (d.h. man muß die zu den neuen Sperranweisungen zugehörigen Freigabeanweisungen einfügen und die Warn- und zugehörigen Freigabe-Anweisungen entfernen), so erhält man einen Konflikt-äquivalenten Plan P*, der
a. gemäß Regel (4) dem Zwei-Phasen-Sperrprotokoll genügt und
b. gemäß Eigenschaft (5) keine unverträglichen Sperren vergibt
und damit Konflikt-serialisierbar ist.   ∎

Beispiel: Die Objektmenge O sei wie folgt baumartig ineinandergeschachtelt:

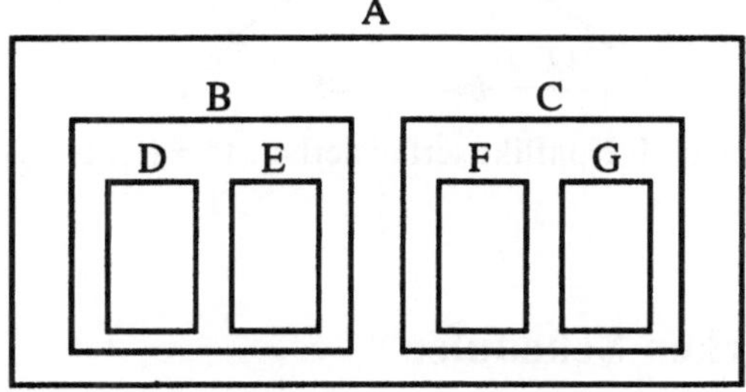

Wir betrachten dann die folgenden Transaktionen:

t_1 := (1.1 : WLock A, t_2 := (2.1 : Warn A, t_3 := (3.1 : Warn A,
       1.2 : Unlock A)   2.2 : WLock B,   3.2 : Warn B,
                               2.3 : Unlock B,   3.3 : WLock E,
                               2.4 : Unlock A)   3.4 : Unlock E,
                                                  3.5 : Unlock B,
                                                3.6 : Unlock A)

Und für T := $\{t_1, t_2, t_3\}$ untersuchen wir den folgenden Plan:

P := (1.1 : WLock A,
      1.2 : Unlock A,
      2.1 : Warn A,
      3.1 : Warn A,
      3.2 : Warn B,
      3.3 : WLock E,
      3.4 : Unlock E,
      3.5 : Unlock B,
      2.2 : WLock B,
      3.6 : Unlock A,
      2.3 : Unlock B,
      2.4 : Unlock A)

Bezeichnet man den durch ein Objekt o bestimmten Unterbaum mit Baum(o) und kürzt eine Folge von Sperr- bzw. Freigabeanweisungen für alle Objekte aus Baum(o) durch WLock Baum(o) bzw. Unlock Baum(o) ab, so erhält man aus P folgenden Plan P* ohne Warnanweisungen, aber mit allen ausdrücklichen Sperranweisungen:

P* = (1.1 : WLock Baum(A),
      1.2 : UnLock Baum(A),
      3.3 : WLock E,
      3.4 : Unlock E,
      2.2 : WLock Baum(B),
      2.3 : Unlock Baum(B))

Der Konfliktgraph für P* sieht dann wie folgt aus:

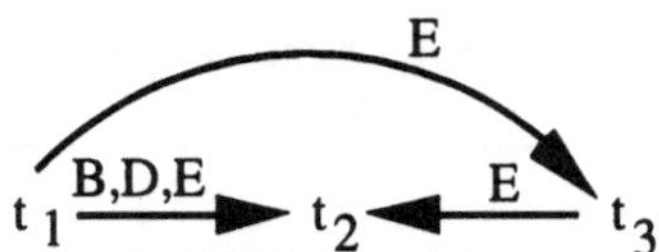

Also ist P* und dann auch P Konflikt-serialisierbar; P' = (t_1, t_3, t_2) ist ein äquivalenter serieller Plan.   ∎

12.4.3 Zeitmarken-Scheduler

Wir wollen nun abschließend einen dritten Ansatz für einen Scheduler beschreiben, bei dem

- jeder Transaktion t_i bei ihrem Start eine (statische) Zeitmarke $s_i :=$ Startzeit von t_i zugeordnet wird und
- für jedes Objekt o zwei geeignet initialisierte (dynamische) Zeitmarken
  $$o_{read} := \max \{s_i \mid t_i \text{ hat aus Objekt o gelesen}\}$$
  $$o_{write} := \max \{s_i \mid t_i \text{ hat in Objekt o geschrieben}\}$$
  unterhalten werden.

Ein *Zeitmarken-Scheduler* beobachtet und verändert nun die Zeitmarken mit dem Ziel, nur solche Ausgabe-Pläne zuzulassen, die (Konflikt-) äquivalent zu demjenigen seriellen Plan sind, in dem die Transaktionen in der Reihenfolge ihrer Zeitmarken ausgeführt werden. Falls wegen eines sichtbar werdenden Konflikts das Ziel gefährdet wird, bricht der Scheduler eine am Konflikt beteiligte Transaktion ab. Genauer verfährt ein Zeitmarken-Scheduler gemäß folgender Regeln:

1. [*Leseanforderungen*]
Falls Transaktion t_i eine Leseanweisung Read o anfordert, so wird die Zeitmarke s_i verglichen mit den Zeitmarken der Transaktionen, die vorangehende, im Konflikt liegende Schreibanweisungen enthalten:

falls $o_{write} < s_i$,   dann wird die Leseanweisung ausgeführt und
$$o_{read} := \max \{o_{read}, s_i\} \text{ gesetzt;}$$
falls $o_{write} > s_i$,   dann wird Transaktion t_i abgebrochen.

2. [*Schreibanforderungen*]
Falls Transaktion t_i eine Schreibanweisung Write o anfordert, so wird die Zeitmarke s_i verglichen mit den Zeitmarken der Transaktionen, die vorangehende, im Konflikt liegende Lese- oder Schreibanweisungen enthalten:

falls $o_{read} \leq s_i$ und $o_{write} < s_i$,   dann wird die Schreibanweisung ausgeführt und
$$o_{write} := s_i \text{ gesetzt;}$$
falls $o_{read} > s_i$ oder $o_{write} > s_i$,   dann wird Transaktion t_i abgebrochen.

Satz 12.13 [Konflikt-Serialisierbarkeit unter dem Zeitmarken-Scheduler]

Sei P ein Plan zu einer Menge von Transaktionen $T = \{t_1,..., t_k\}$ mit der Eigenschaft, daß er möglicher Ausgabeplan des Zeitmarken-Schedulers ist.

1. Für i = 1,.., k sei s_i die Startzeit von t_i und $\pi : \{1,..., k\} \rightarrow \{1,..., k\}$ eine Permutation mit $s_{\pi(1)} < s_{\pi(2)} < ... < s_{\pi(k)}$.

Dann ist P Konflikt-äquivalent zum seriellen Plan $P' = (t_{\pi(1)}, ..., t_{\pi(k)})$.

2. P ist Konflikt-serialisierbar.

Beweis:

1. Wir müssen zeigen, daß je zwei im Konflikt liegende Anweisungen in P und P' in der gleichen Reihenfolge ausgeführt werden. Genau dies wird aber durch die Regeln des Zeitmarken-Schedulers sichergestellt.

2. Folgt unmittelbar aus 1. ∎

Beispiel: Wir betrachten wieder die schon in Abschnitt 12.2 vorgestellten Transaktionen:

$t_1 := ($ 1.1 : Read A,
1.2 : Write C,
1.3 : Write B $)$

$t_3 := ($ 3.1 : Read C,
3.2 : Write A $)$

$t_2 := ($ 2.1 : Read A,
2.2 : Read B,
2.3 : Write D $)$

$t_4 := ($ 4.1 : Read B,
4.2 : Read C,
4.3 : Write B,
4.4 : Write A $)$

Diesen Transaktionen werden folgende Zeitmarken entsprechend ihrer Startzeiten zugeordnet:

$s_1 := 1,$
$s_2 := 2,$
$s_3 := 4,$
$s_4 := 6.$

Bild 12.18 zeigt dann einen Plan P zu $T := \{t_1, t_2, t_3, t_4\}$ und den Wertverlauf der dynamischen Zeitmarken $o_{r(ead)}$ bzw. $o_{w(rite)}$ für $o \in \{A,B,C,D\}$, wobei zusätzlich jeweils die vom Zeitmarken-Scheduler erkannte Bedingung angegeben wird.

P	z	A_r	A_w	B_r	B_w	C_r	C_w	D_r	D_w	erfüllte Bedingung
	0	0	0	0	0	0	0	0	0	
1.1: Read A	1	1	.	.	.	.	.	.	.	$A_w < s_1$
2.1: Read A	2	2	.	.	.	.	.	.	.	$A_w < s_2$
1.2: Write C	3	.	.	.	.	.	1	.	.	$C_r \leq s_1 \wedge C_w < s_1$
3.1: Read C	4	.	.	.	.	4	.	.	.	$C_w < s_3$
1.3: Write B	5	.	.	.	1	.	.	.	.	$B_r \leq s_1 \wedge B_w < s_1$
4.1: Read B	6	.	.	6	.	.	.	.	.	$B_w < s_4$
4.2: Read C	7	.	.	.	.	6	.	.	.	$C_w < s_4$
2.2: Read B	8	.	.	6	.	.	.	.	.	$B_w < s_2$
3.2: Write A	9	.	4	.	.	.	.	.	.	$A_r \leq s_3 \wedge A_w < s_3$
4.3: Write B	10	.	.	.	6	.	.	.	.	$B_r \leq s_4 \wedge B_w < s_4$
2.3: Write D	11	.	.	.	.	.	.	.	2	$D_r \leq s_2 \wedge D_w < s_2$
4.4: Write A	12	.	6	.	.	.	.	.	.	$A_r \leq s_4 \wedge A_w < s_4$

Bild 12.18 Wertverlauf der dynamischen Zeitmarken für einen Plan P

Würde man im Plan P aus Bild 12.18 die ersten beiden Anweisungen vertauschen, so
erhielte   Transaktion t_1 die Startzeit $s_1 := 2$
und   Transaktion t_2 die Startzeit $s_2 := 1$.
Dem schon früher angegebenen Konfliktgraphen kann man entnehmen, daß dieser Plan
nicht Konflikt-äquivalent zum seriellen Plan $P'' = \{t_2, t_1, t_3, t_4\}$ ist. Entsprechend
würde die Anforderung der Leseanweisung 2.2 : Read B zum Zeitpunkt 8 zum Abbruch
der Transaktion t_2 führen, weil die Bedingung

$\quad B_w < s_2 \quad$ für $B_w = 2$ und $s_2 = 1$

nicht erfüllt wäre.   ∎

Durch Verfeinerung der Regeln kann man natürlich auch verfeinerte Serialisierbarkeits-
Eigenschaften sicherstellen, etwa indem man im Konflikt liegende, aber erkennbar
nutzlose Schreibanweisungen einfach überspringt:

2* *[Schreibanforderungen]*
Transaktion t_i fordert eine Schreibanweisung Write o an:
falls $o_{read} \leq s_i$ und $o_{write} < s_i$,   dann wird die Schreibanweisung ausgeführt und

$\qquad\qquad\qquad\qquad\qquad\qquad\qquad o_{write} := s_i$ gesetzt;

falls $o_{read} > s_i$,   dann wird Transaktion t_i abgebrochen;
falls $o_{read} \leq s_i$ und $o_{write} > s_i$,   dann wird die Schreibanweisung einfach
$\qquad\qquad\qquad\qquad\qquad\qquad\qquad$ übersprungen.

Da der Zeitmarken-Scheduler Transaktionen möglicherweise "absichtlich" abbricht, stellt
sich wieder verschärft das Problem der *Zuverlässigkeit*. Ähnlich wie bei einem strikten
Sperrverfahren kann man auch *strikte Zeitmarken-Verfahren* entwerfen, bei denen die
Schreiboperationen zunächst in einer gesonderten *Logdatei* durchgeführt werden und die
Ergebnisse erst nach dem Erreichen der Commit_Trans-Anweisung tatsächlich ins
gemeinsame Informationssystem übertragen werden. Die Kopiervorgänge von der
Logdatei ins Informationssystem zusammen mit dem entsprechenden Setzen der
Zeitmarken müssen dann geeignet als unteilbare Operationen ausgeführt werden.

Unter dem Zwei-Phasen-Sperrprotokoll wird Konflikt-Äquivalenz zu dem seriellen Plan
sichergestellt, der die Transaktionen in der Reihenfolge ihrer *Sperrzeiten* ausführt. Unter
dem Zeitmarken-Scheduler wird Konflikt-Äquivalenz zu dem seriellen Plan
sichergestellt, der die Transaktionen in der Reihenfolge ihrer *Startzeiten* ausführt. Der
folgende Satz besagt, daß beide Verfahren manche eigentlich Konflikt-serialisierbaren
Pläne als Ausgaben ausschließen und daß die beiden Klassen der jeweils erzeugbaren
Ausgabepläne (bezüglich Mengeninklusion) unvergleichbar sind.

Satz 12.14 [Unvergleichbarkeit von Zwei-Phasen-Sperrprotokoll und Zeitmarken-Scheduler]

1. Es gibt einen Plan P1, der als Ausgabeplan unter dem Zwei-Phasen-
Sperrprotokoll (nach dem Weglassen von Sperr- und Freigabeanweisungen) möglich
ist, aber nicht unter dem Zeitmarken-Scheduler.

2. Es gibt einen Plan P2, der als Ausgabeplan unter dem Zeitmarken-Scheduler
möglich ist, aber nicht unter dem Zwei-Phasen-Sperrprotokoll.

Beweis:

1. Wir betrachten den folgenden Plan zur Menge von Transaktionen $T = \{t_1, t_2\}$:

$$P^* :=$$

	z
(2.1 : RLock B,	1
2.2 : Read B,	2
1.1 : RLock A,	3
1.2 : Read A,	4
1.3 : WLock C,	5
1.4 : Write C,	6
1.5 : Unlock C,	7
1.6 : Unlock A,	8
2.3 : WLock C,	9
2.4 : Write C,	10
2.5 : Unlock C,	11
2.6 : Unlock B)	12

Die Transaktionen t_1 und t_2 genügen dem Zwei-Phasen-Sperrprotokoll, und der Plan vergibt keine unverträglichen Sperren. Nach dem Weglassen der Sperr- und Freigabeanweisungen erhält man den Plan

$$P1 = (\ 2.2 : \text{Read B},$$
$$1.2 : \text{Read A},$$
$$1.4 : \text{Write C},$$
$$2.4 : \text{Write C}\ ),$$

dessen Konfliktgraph $t_1 \xrightarrow{\ C\ } t_2$ ist.

Diese Reihenfolge entspricht gerade den Sperrzeiten
$z_1 = 5$ (Zeitpunkt von 1.3 : WLock C) und
$z_2 = 9$ (Zeitpunkt von 2.3 : WLock C).

Der Zeitmarken-Scheduler versucht jedoch mit Hilfe der Startzeiten $s_1 = 2$ und $s_2 = 1$, Konflikt-Äquivalenz zum seriellen Plan $P' = (t_2, t_1)$ sicherzustellen, was zum Abbruch der Transaktion t_2 bei Anweisung 2.4 : Write C führt:

P	z	A_r	A_w	B_r	B_w	C_r	C_w	erfüllte Bedingung
	0	0	0	0	0	0	0	
2.2: Read B	1	.	.	1	.	.	.	$B_w < s_2$
1.2: Read A	2	2	.	.	.	.	.	$A_w < s_1$
1.4: Write C	3	.	.	.	.	.	2	$C_r \leq s_1 \wedge C_w < s_1$
2.4: Write C	4	Abbruch wegen $C_w = 2 > 1 = s_2$						

2. Wir betrachten den folgenden Plan P2 zur Menge von Transaktionen $T = \{t_1, t_2, t_3\}$ mit Startzeiten $s_1 = 1$, $s_2 = 2$ und $s_3 = 3$, der als Ausgabeplan unter dem Zeitmarken-Scheduler möglich ist:

P2	z	A_r	A_w	B_r	B_w	erfüllte Bedingung
	0	0	0	0	0	
1.1: Read A	1	1	.	.	.	$A_w < s_1$
2.1: Read A	2	2	.	.	.	$A_w < s_2$
3.1: Write A	3	.	3	.	.	$A_r \leq s_3 \wedge A_w < s_3$
1.2: Write B	4	.	.	.	1	$B_r \leq s_1 \wedge B_w < s_1$
2.2: Write B	5	.	.	.	2	$B_r \leq s_2 \wedge B_w < s_2$

Der Konfliktgraph

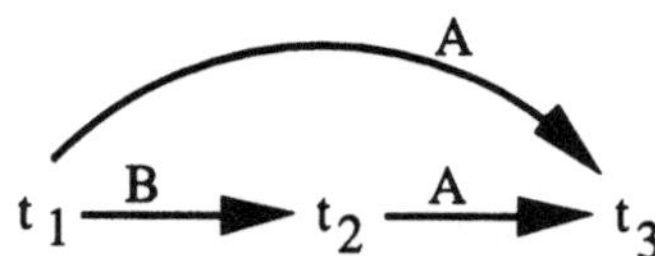

besagt, daß P' = (t_1, t_2, t_3) der einzige Konflikt-äquivalente serielle Plan ist, was auch der Reihenfolge $s_1 < s_2 < s_3$ der Startzeiten entspricht.

Diese Reihenfolge ist jedoch unter dem Zwei-Phasen-Sperrprotokoll nicht erreichbar. Denn einerseits müßten die Transaktionen t_1 und t_2 vor dem Zeitpunkt 3 ihre Sperren auf Objekt A wieder freigeben, damit Transaktion t_3 zum Zeitpunkt 3 eine exklusive Sperre auf das Objekt A erhalten kann. Andererseits müßten aber sowohl t_1 als auch t_2 eine exklusive Sperre auf Objekt B noch vor der jeweiligen Freigabe von A erhalten, damit das Zwei-Phasen-Sperrprotokoll erfüllt wird; damit würden aber unverträgliche Sperren vergeben werden. ∎

Abschließend weisen wir noch daraufhin, daß Scheduler in pessimistischer oder optimistischer Form verwirklicht werden können:

- Ein *pessimistischer* Scheduler versucht durch weitreichende Vorsorge das Eintreten von nichtserialisierbaren oder verklemmten Situationen möglichst frühzeitig zu verhindern; im allgemeinen sind dazu ein verhältnismäßig großer Aufwand für den Scheduler oder verhältnismäßig einschneidende Einschränkungen an die erlaubten Transaktionen notwendig.

- Ein *optimistischer* Scheduler hingegen versucht zunächst die Anweisungen möglichst unmittelbar wie angefordert auszuführen und erst nachträglich, wenn dies in der Regel leichter erkennbar ist, nichtserialisierbare oder verklemmte Situationen durch Abbruch einer Transaktion wieder aufzulösen.

Verwendet man zum Beispiel *strikte* Verfahren, bei denen die eigentlichen Schreiboperationen im gemeinsamen Informationssystem erst nach dem Erreichen der Commit_Trans-Anweisung erfolgen, so kann man die notwendigen Überprüfungen in optimistischer Weise im wesentlichen auf den Zeitpunkt der Commit_Trans-Anweisung verschieben.

12.5 Zusammenfassung

Die *Erfindung* des programmiersprachlichen Konstrukts einer Transaktion dient unter der Anforderung von Parallelität der Erhaltung von semantischen Bedingungen, der Unteilbarkeit unabhängig voneinander ablaufender Anweisungsfolgen und der Dauerhaftigkeit von Daten. Das Korrektheitskriterium der Serialisierbarkeit verbindet sichere Vorhersehbarkeit mit möglichst weitgehender Parallelität. Die dann unter verschiedenen, sich als erfolgreich erwiesenen *Abstraktionen* entwickelte *Theorie* stützt sich auf eine formale Semantik von (Ausführungs-) Plänen und benutzt Serialisierbarkeitsgraphen, um Serialisierbarkeit effizient algorithmisch zu entscheiden. Serialisierbarkeit kann dann *verwirklicht* werden durch Scheduler, die gegebenenfalls verlangen, daß Anwendungsprogrammierer bestimmte Protokolle beachten. Die entwickelte *Theorie* zeigt die Korrektheit der betrachteten Konfliktgraphen-, Sperrprotokoll- und Zeitmarken-Scheduler.

Vergleichende Effizienzbetrachtungen für die verschiedenen Scheduler würden auch das experimentelle Vorgehen der *Abstraktion* erfordern; die tatsächliche Einbettung von Schedulern in das gesamte Informationssystem verlangt einen sorgfältigen *Entwurf*: diese gleichwohl wichtigen Fragenstellungen bleiben aber hier unbehandelt.

Das Korrektheitskriterium der Serialisierbarkeit kann ergänzt werden durch die zusätzliche Anforderung der Zuverlässigkeit, die auch den Abbruch von Transaktionen mitbetrachtet. Die *Verwirklichung* kann dann beispielsweise durch sogenanntes striktes Vorgehen erreicht werden.

paradigm formale Sprache	theory	abstraction	design
erfinden	●	●	
verwirklichen	●	●	●
benutzen			

12.6 Bibliographische Hinweise

Das in diesem Kapitel behandelte Korrektheitskriterium für Pläne von parallel auszuführenden Transaktionen, nämlich Serialisierbarkeit, wird in Arbeiten von K.P.Eswaran et al. [EsGLT 76], R.E.Stearn et al. [StLeRo 76] und G.Schlageter [Sch 76] einführend untersucht. C.Papadimitriou entwickelt in [Pa 86] eine viele

Einzelarbeiten zusammenfassende, grundlegende Theorie über Serialisierbarkeit, Zuverlässigkeit und Scheduler. Die Darstellung von P.A.Bernstein, V.Hadzilacos und N.Goodman [BeHaGo 87] enthält ebenfalls eine weite Übersicht über die Behandlung von Transaktionen, sowohl in zentralen als auch insbesondere in verteilten Informationssystemen. G.Weikum [We 88] betrachtet aus mehr praktischer Sicht insbesondere Transaktionen in Schichtenarchitekturen und unter dem allgemeinen Gesichtspunkt der fehlertoleranten Steuerung paralleler Abläufe. G.Vossen und M. Gross-Hardt geben in [Vo 91b, VoHa 93] einen Überblick über neuere Entwiclungen, in denen unter anderen das Korrektheitskriterium der Serialisierbarkeit für besondere Anwendungen angepaßt und teilweise abgeschwächt wird. N. Lynch, M. Merritt, W. Weihl und A. Fekete [LyMWF 94] liefern eine tief ausgearbeitete Theorie der Transaktionen auf der Grundlage von gewissen Automaten. J. Gray und A. Reuter [GrRe 93] behandeln umfassend alle Gesichtspunkte der Transaktionen und ihrer Verarbeitung in einer weitgespannten Zusammenschau.

13 Architektur von Informationssystemen

In den vorangehenden Kapiteln werden unter anderem zwei Gedankengänge entwickelt. Zum einen wird gezeigt, wie man formale Sprachen zur Definition von Schemas, Anfragen und Änderungen *erfinden* und schrittweise *verwirklichen* kann, und zum anderen wird behandelt, wie man solche Sprachen für einen Einsatz in einem "Unternehmen" *benutzen* kann. Die *Erfindung* und schrittweise *Verwirklichung* kann man für Anfragen kurz wie folgt zusammenfassen:

- Eine mit den Mitteln der Logik und Mengenlehre erfundene Sprache erhält eine auf dem Begriff der logischen Implikation abgestützte deklarative Semantik.

- Die *deklarative Semantik* kann korrekt und vollständig in eine *operationale Fixpunktsemantik* übersetzt werden, wodurch die Auswertung einer Anfrage durch eine *Iteration* über eine zugeordnete Grundfakten-Transformation erfolgen kann.

- Eine einzelne *Grundfakten-Transformation*, bzw. allgemeiner ein (rekursionsfreier) Ausdruck eines *Relationenkalkül* kann dann durch einen Ausdruck der *Relationenalgebra* beschrieben werden. Dabei entsprechen den aussagenlogischen Sprachmitteln der Konjunktion, der Disjunktion und der Negation die algebraischen Operationen des natürlichen Verbundes, der (verallgemeinerten) Vereinigung und des Komplementes, und den prädikatenlogischen Sprachmitteln der Existenzquantifikation und der Allquantifikation entsprechen die algebraischen Operationen der Projektion und der Division. Die algebraischen Operationen überführen dabei jeweils formatierte, mengenwertige Argumente in ein formatiertes, *mengenwertiges* Ergebnis, also eine Folge von Relationen in eine *Relation*.

- Jede algebraische, mengenorientierte Operation wird verwirklicht, indem eine geeignete Folge von einfachen Operationen auf *Tupeln*, genauer auf solche Tupel eindeutig identifizierenden *Tupelidentifikatoren* und solche Tupel darstellenden *Datensätzen*, ausgeführt wird. Solche Verwirklichungen können unterstützt werden durch geeignete *Zugriffsstrukturen* (wie zum Beispiel sequentielle Listen, Indexe in Form von B*-Bäumen oder Hash-Verfahren, Links).

- Da einerseits die Dauerhaftigkeit der gespeicherten Daten gesichert sein soll und andererseits die einfachen Operationen auf Tupeln letztlich im Rechenwerk und Hauptspeicher eines wirklichen Rechners ausgeführt werden müssen, wird zur Verwirklichung der Operationen auf Tupeln ein (mindestens) zweigeteilter, zunächst noch virtueller Speicher eingeführt: ein *flüchtiger Speicher* zur Aufnahme von "lokalen Kopien" von Tupeln und ein *dauerhafter* (im allgemeinen in Blöcke aufgeteilter) *Speicher* zur Aufnahme der "gültigen" Tupel. Dieser zweigeteilte Speicher muß geeignet verwaltet werden, wobei insbesondere der Transport von *Blöcken* zwischen den beiden Speicherbereichen durchgeführt werden muß.

- Schließlich muß der zunächst noch virtuelle Speicher physisch verwirklicht werden, wobei insbesondere zur dauerhaften Speicherung geeignete *Speichergeräte*, etwa Magnetplattenspeicher, eingesetzt werden.

Diese Zusammenfassung ist in den Redeweisen des logischen und relationalen Datenmodells ausgedrückt. Für objektorientierte Datenmodelle gilt natürlich jeweils Entsprechendes. Für alle Datenmodelle muß man darüber hinaus beachten, daß zur Erhaltung der semantischen Bedingungen, für die Sicherstellung der Dauerhaftigkeit und zur Unterstützung eines Mehrbenutzerbetriebes das Sprachmittel der *Transaktion* erfunden und seinerseits über die oben zusammengefaßten Stufen hinweg verwirklicht werden muß.

Schließlich wird eine formale Sprache zur Definition von *Schemas* dadurch verwirklicht, daß man ein "Metaschema" anlegt, in das die Angaben eines jeden (Anwendungs-) Schemas eingetragen werden können. Für das relationale Datenmodell haben wir ein solches Metaschema beispielhaft (und vereinfacht) in Kapitel 8 entworfen. Für objektorientierte Datenmodelle haben wir in Kapitel 11 erwähnt, daß ein jedes Schema durch sogenannte Typobjekte dargestellt werden kann, die ihrerseits Instanzen eines vordefinierten Objekttyps (der in ONTOS Type heißt) sind: dieser Objekttyp stellt dann im wesentlichen das Metaschema dar.

Ein Schema beschreibt einen Einsatz zunächst auf einer sogenannten *konzeptionellen* Stufe, die (im relationalen Datenmodell) bei der Anfrageauswertung der Stufe der Relationenalgebra entspricht. Für die tieferen oder *internen* Stufen der Anfrageauswertung benötigt man dann verfeinerte und zusätzliche Angaben, etwa über maximale Größen von Konstantenzeichen, über Speicherbereiche und Zugriffsstrukturen oder über Durchläufe. Den Benutzern zugewandt verwendet man häufig noch eine höhere oder *externe* Stufe, in der für bestimmte Benutzergruppen jeweils sogenannte *Sichten* auf die konzeptionelle Stufe festgelegt werden. Eine solche Sicht stellt im wesentlichen einen jeweils benötigten Ausschnitt des konzeptionellen Schemas zur Verfügung, wobei statt der Relationensymbole der eigentlich gespeicherten Basisrelationen auch Relationensymbole für Ergebnisse vordefinierter Anfragen verwendet werden können.

Insgesamt muß also für ein Informationssystem eine vielfältige und auf sehr unterschiedlichen Stufen definierte Funktionalität verwirklicht werden. Gemäß den allgemeinen Grundsätzen für die Entwicklung von Programmen wird man deshalb ein Informationssystem – nunmehr als ein sehr großes Programm betrachtet – in sich entsprechend der verlangten Funktionalität *gliedern*, insbesondere indem man aufeinander aufbauende *Schichten* bildet. Diese innere Gliederung mit Schichtung nennen wir die *Architektur* eines Informationssystems.

13.1 Schichten, Komponenten und Schnittstellen

Ausgehend von der geforderten Funktionalität, wie wir sie oben zusammengefaßt haben, werden wir einen allgemeinen Ansatz für die Architektur beschreiben, ohne dabei auf Besonderheiten einzelner Informationssysteme einzugehen. Zunächst einmal liegt es nahe, daß man das *"eigentliche" Informationssystem* nach oben und nach unten abgrenzt. Die Abgrenzung nach oben ergibt sich daraus, in welche *Anwendungsumgebung* man das Informationssystem einbetten will. Dabei nimmt man an, daß ein Benutzer im allgemeinen das "eigentliche" Informationssystem als Teilsystem eines größeren Systems einsetzt. Die Abgrenzung nach unten wird bestimmt durch das verfügbare Basissystem, auf das das "eigentliche" Informationssystem abgestützt werden kann. Im allgemeinen wird man als Basissystem ein Betriebssystem wählen, wobei man dann im einzelnen noch entscheiden muß, welchen Teil der Funktionalität des gewählten Betriebssystems man tatsächlich verwenden kann oder will. Durch die beiden Abgrenzungen ergibt sich die *Grobstruktur* aus Bild 13.1.

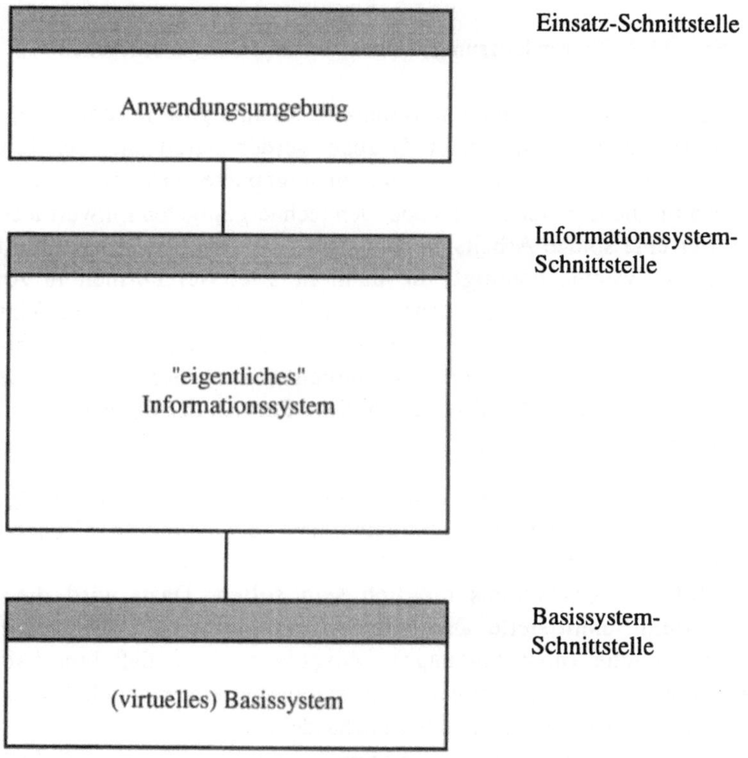

Bild 13.1 Abgrenzung eines Informationssystems

Die *Anwendungsumgebung* wird im allgemeinen in mehrere, jeweils auf besondere Bedürfnisse zugeschnittene Umgebungen aufgespalten sein (Bild 13.2).

Eine *Entwurfsumgebung* soll die Modellierung eines Anwendungsfalles durch eine häufig *Administrator* genannte Person (oder Personengruppe) unterstützen. Dabei können insbesondere graphische Werkzeuge (etwa wie in Abschnitt 5.2 beschrieben) zur Verfügung gestellt werden. Die Modellierung umfaßt im allgemeinen sowohl die dynamischen als auch die statischen Gesichtspunkte. Schließlich müssen die als zeitunabhängig angesehenen Teile formalisiert werden zu einem (Datenbank-) Schema, das dann über eine an der Informationssystem-Schnittstelle angebotene *Datendefinitionssprache* vereinbart werden kann.

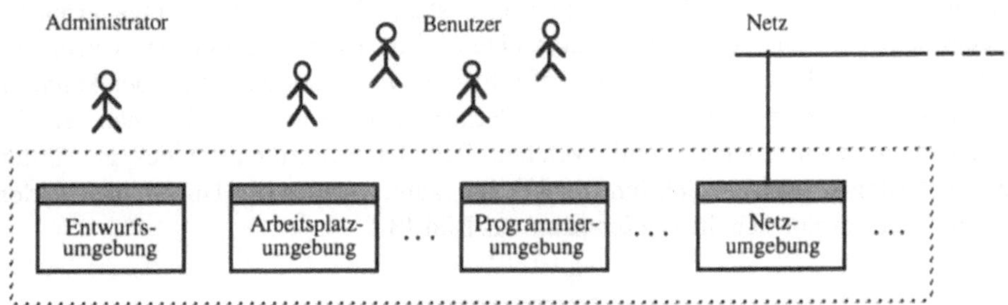

Bild 13.2   Anwendungsumgebungen für ein Informationssystem

Die späteren Benutzer des Informationssystems kann man grob in drei Untergruppen aufteilen. Die Tätigkeiten einer ersten Gruppe werden durch eine den jeweiligen Verpflichtungen und Rollen im Unternehmen angepaßte *Arbeitsplatzumgebung* unterstützt, etwa für die Büroautomation oder den rechnergestützten Entwurf technischer Erzeugnisse. Für eine solche Arbeitsplatzumgebung werden häufig auch die Dienste eines Informationssystems benötigt, die dann in zweierlei Formen in Anspruch genommen werden können. Einerseits kann eine an der Informationssystem-Schnittstelle angebotene *Datenmanipulationssprache interaktiv* und *selbständig* vom Endbenutzer direkt verwendet werden; andererseits können vordefinierte, möglicherweise parametrisierte Anfragen über Menüs oder ähnliche Formen der Benutzerführung vom Endbenutzer ausgewählt werden.

Eine zweite Gruppe von Benutzern erwartet eine *Programmierumgebung*, in der Programme in einer (höheren) Programmiersprache (etwa Modula, C oder Prolog) erstellt und ausgeführt werden können, wobei aus dem jeweiligen Programm heraus Aufrufe des Informationssystems möglich sein sollen. Dazu wird die an der Informationssystem-Schnittstelle angebotene *Datenmanipulationssprache* in die jeweilige Wirtssprache (host language) *"eingebettet"*, so daß innerhalb eines Programmes der Wirtssprache Aufrufe des Informationssystems möglich werden. Dabei sind insbesondere folgende Gesichtspunkte zu behandeln:
* Übersetzung von Wirtssprachenprogrammen mit eingestreuten Aufrufen des Informationssystems, etwa mit Hilfe einer Präkompilierung;
* Interaktion zwischen Prozessen der Wirtssprache und denen des Informationssystems;
* Angleichung der in der Wirtssprache und der im Informationssystem verwirklichten grundlegenden Datentypen;
* Anpassung der üblicherweise satzorientierten Arbeitsweise der Wirtssprache an die mengenorientierte Arbeitsweise des Informationssystems, etwa indem für ein mengenwertiges Anfrageergebnis ein Durchlauf erzeugt wird, der jeweils einen einzelnen Datensatz aus der Ergebnismenge für die Bearbeitung durch das Wirtssprachenprogramm aufbereitet.

Schließlich soll eine *Netzwerkumgebung* ermöglichen, daß das vorliegende Informationssystem als Komponente eines größeren, mit Hilfe eines Netzwerkes aufgebauten Gesamtsystems benutzt werden kann. Ein solches Gesamtsystem nennt man *heterogen*, wenn seine Komponenten von unterschiedlicher Art (z.B. in der Wahl des Datenmodells) sind, wobei aber aus der Sicht eines Endbenutzers der innere Aufbau des Gesamtsystems und die Unterschiedlichkeit der Komponenten möglichst weitgehend verborgen bleiben sollen. Die Netzwerkumgebung muß dann insbesondere die dazu erforderlichen Übersetzungs- und Verwaltungsdienste anbieten.

Die *Informationssystem-Schnittstelle* bietet im wesentlichen die von den Anwendungsumgebungen benutzten Sprachen an:
* eine *Datendefinitionssprache* (data definition language, DDL) für *Vereinbarungen* und
* eine *Datenmanipulationssprache* (data manipulation language, DML) für *Änderungen* und *Anfragen*, wobei im allgemeinen eine interaktiv und selbständig einsetzbare Fassung und in höhere Programmiersprachen eingebettete Fassungen vorhanden sind.

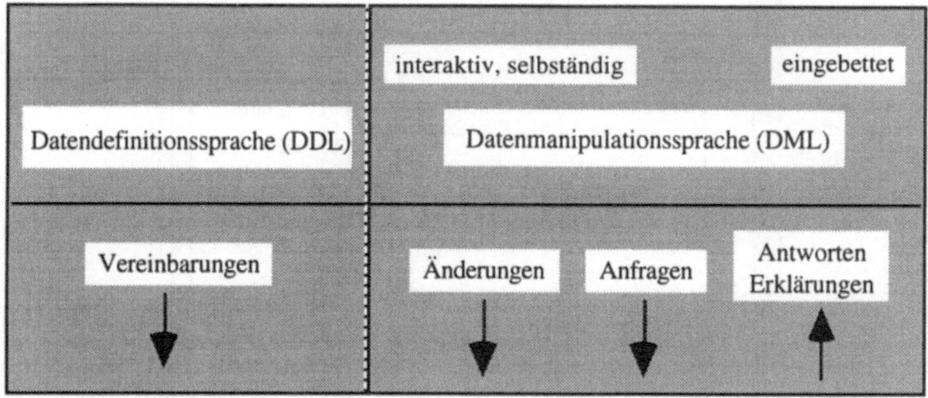

Bild 13.3   Schnittstelle eines Informationssystems

Ferner müssen die vom Informationssystem gelieferten *Antworten* auf Anfragen (oder andere Reaktionen) über die Schnittstelle an die Anwendungsumgebungen zurückgeliefert werden. Da die Anfrageauswertung von vielen, von einem durchschnittlichen Endbenutzer häufig nur schwer genau zu durchschauenden Gegebenheiten abhängt (Definition der Semantik, Vereinbarung des Schemas, gegenwärtige Instanz, eigentliche Anfrage), wird häufig verlangt, daß ein Endbenutzer zusätzliche *Erklärungen* zu den gelieferten Antworten anfordern kann. Solche Erklärungen geben etwa in "benutzerfreundlich" aufbereiteter Form an, welche Einzelheiten der Gegebenheiten bei der vorliegenden Anfrageauswertung tatsächlich zum Tragen gekommen sind oder welche Zwischenergebnisse aufgetreten sind oder welche (aus Sicht des Informationssystems) äquivalenten Umformungen an der eingegebenen Anfrage vorgenommen worden sind. Angaben dieser Art sollen dann dem Endbenutzer helfen, die gelieferten Antworten im Hinblick auf das jeweilige "Unternehmen" der Anwendung richtig zu deuten oder auch, falls ein Mißverständnis der Gegebenheiten erkannt worden ist, die ursprüngliche Anfrage zu verändern.

Eine erste *Verfeinerung des "eigentlichen" Informationssystems* wird durch Bild 13.4 dargestellt.

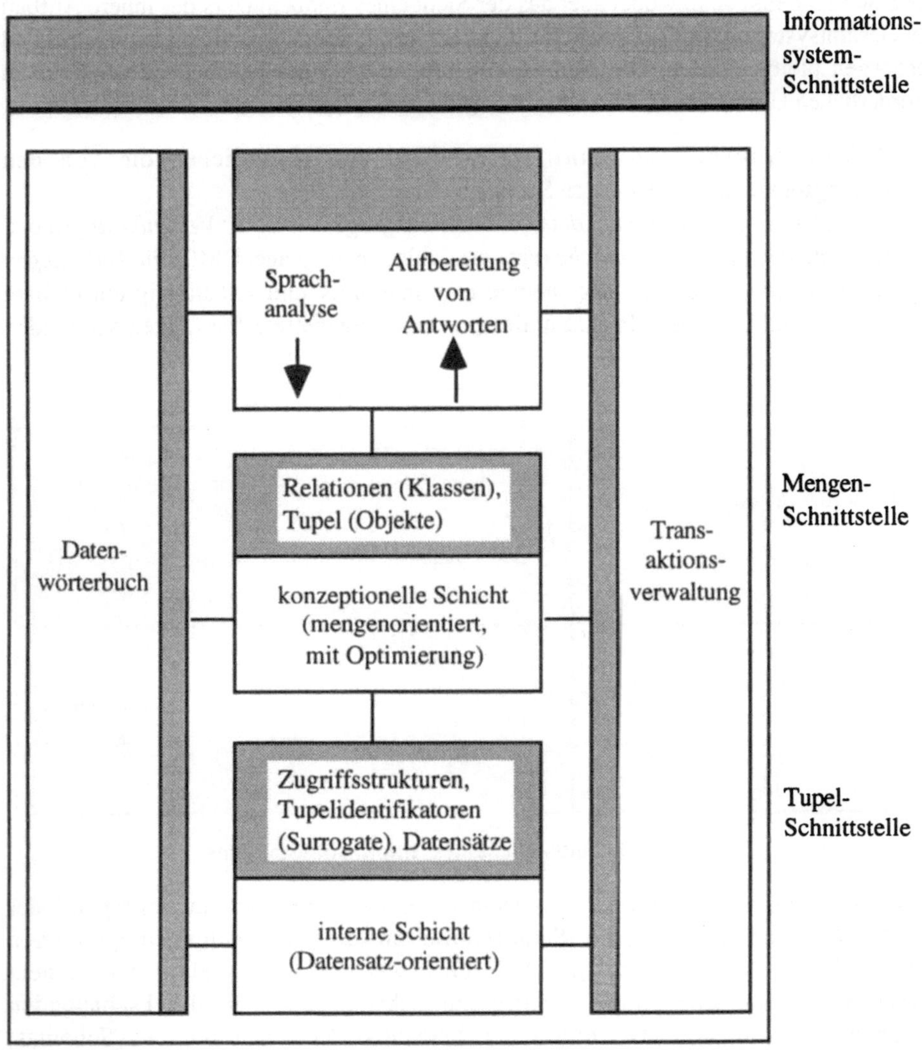

Bild 13.4 Schichtung und Komponenten eines Informationssystems

Im wesentlichen besteht die Verfeinerung aus zwei Unterschichten, der konzeptionellen Schicht und der internen Schicht, sowie zwei schichtenübergreifenden Komponenten, dem Datenwörterbuch und der Transaktionsverwaltung. Zusätzlich haben wir die *Sprachanalyse* eingabeseits und die *Aufbereitung von Antworten* (oder anderer Reaktionen) ausgabeseits als eine zusätzliche Schicht angegeben.

Die *konzeptionelle Schicht* erledigt die mengenorientierte Verarbeitung von Anfragen und Änderungen. Innerhalb dieser Schicht wird auch die Hauptarbeit der *Optimierung* geleistet, die wir in Kapitel 14 ausführlicher beschreiben werden. Die Schnittstelle der konzeptionellen Schicht, die *Mengen-Schnittstelle*, bietet im wesentlichen eine für die weitere rechnerseitige Bearbeitung vorbereitete Form der benutzerseitigen Sprachen der

Informationssystem-Schnittstelle an. Grob gesprochen werden also für das relationale Datenmodell als Strukturen Relationen und als (Anfrage-) Operationen die relationale Algebra bereitgestellt; für das logische Datenmodell werden die Operationen gegebenfalls noch durch die Rekursion (oder Iteration) erweitert; für objektorientierte Datenmodelle werden entsprechend als Strukturen Klassen und als (Anfrage-) Operationen "eine Klassenalgebra" bzw. anwendungsseitig vereinbarte Klassenfunktionen bereitgestellt. Insgesamt sind die Strukturen und Operationen der *Mengen-Schnittstelle* für das relationale und erweitert das logische (bzw. für ein objektorientiertes) Datenmodell durch folgende Stichworte bestimmt:

Für Änderungen: • Relationen (Klassen), Tupel (Objekte);
                         • Einfügen, Entfernen, Abändern (und weitere Klassenfunktionen).

Für Anfragen: • Relationen (Klassen);
                         • Relationen- (Klassen-) Algebra (Klassenfunktionen), möglicherweise Erweiterung durch Rekursion usw.

Die *interne Schicht* verwirklicht dann den von der konzeptionellen Schicht benötigten Zugriff auf einzelne durch Tupelidentifikatoren (bzw. Surrogate) identifizierte Tupel (bzw. Objekte), die nunmehr als zu suchende, zu transportierende oder zu verarbeitende *Datensätze* gedeutet werden müssen. Zur Effizienzsteigerung werden dabei die in Kapitel 10 besprochenen Zugriffsstrukturen eingesetzt. Die Strukturen und Operationen der Schnittstelle der internen Schicht, der *Tupel-Schnittstelle*, sind für das relationale (bzw. für ein objektorientiertes) Datenmodell durch folgende Stichworte bestimmt:

• Relationen (Klassen) als Dateien,
   Zugriffsstrukturen: sequentielle Listen, Indexe, Links,
   Relationendurchläufe (Klasseniteratoren),
   Tupel (Objekte) als Datensätze,
   Tupelidentifikatoren (Surrogate);

• Anlegen und Entfernen von Relationen (Klassen),
   Anlegen und Entfernen von Zugriffsstrukturen, insbesondere Sortieren sowie Öffnen, Schließen von Durchläufen,
   Bestimmen eines Tupelidentifikators (Surrogates), insbesondere bei Durchläufen,
   Transport eines Tupels (Objektes) als Datensatz, insbesondere
   Herstellen einer Hauptspeicherkopie bzw. (Zurück-) Schreiben in den dauerhaften Speicher,
   Erzeugen, Vergleichen, Abändern, Entfernen von Hauptspeicherkopien von Tupeln (Objekten).

Die Schicht der Sprachanalyse / Antwortaufbereitung, die konzeptionelle Schicht und die interne Schicht müssen auf ein *Datenwörterbuch* (data dictionary) zugreifen, das alle wichtigen Vereinbarungen in einer üblicherweise (nach ANSI/X3/SPARC) dreistufigen Form enthält (Bild 13.5).

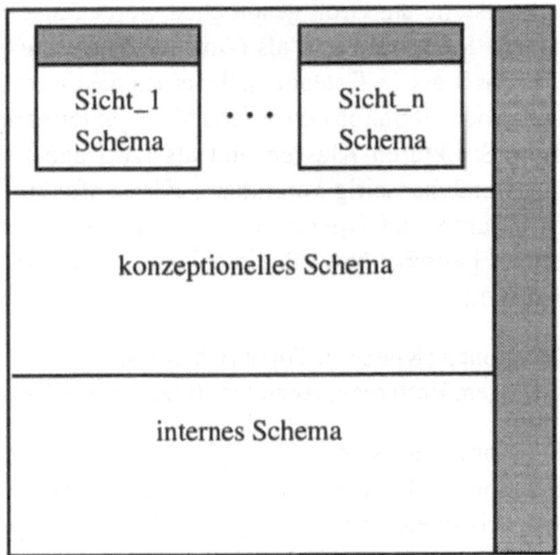

Bild 13.5 Dreistufiges Datenwörterbuch nach ANSI/X3/SPARC

Das *konzeptionelle Schema* (conceptual scheme) ist im wesentlichen eine aufbereitete Form des (Datenbank-) Schemas, wie es vom Administrator als Formalisierung der Modellierung eingegeben worden ist. Das *interne Schema* (internal scheme) enthält dann die von der internen Schicht benötigten verfeinerten und zusätzlichen Angaben, etwa über Typen, Speicherbereiche, Zugriffsstrukturen oder Durchläufe. Die Sichtschemas (view schemes, external schemes) stellen die sogenannten *Sichten* aufbereitet dar. Üblicherweise wird das Datenwörterbuch mit den gleichen oder ähnlichen Mitteln verwirklicht wie die eigentliche Datenbank. Insbesondere kann die Datenmanipulationssprache auch auf das Datenwörterbuch angewendet werden.

Die *Transaktionsverwaltung* muß im allgemeinen schichtenübergreifend angelegt werden, weil hierbei die konzeptionellen Strukturen und die internen Strukturen quer zueinander liegen können. Zum Beispiel mag es vorkommen, daß ein Tupel einer ersten Relation und ein Tupel einer zweiten Relation im gleichen physischen Block gespeichert sind. Verwendet man dann etwa ein Sperrprotokoll, so verlangt eine konfliktträchtige Anweisung in der konzeptionellen Schicht etwa das Sperren nur einer der Relationen, aber in der internen Schicht erfolgt das Lesen und Schreiben stets blockweise, so daß letztlich beide Relationen betroffen sind.

Das (virtuelle) *Basissystem* bietet an seiner Schnittstelle zur internen Schicht einen zunächst noch virtuellen, zweigeteilten Speicher an, dessen dauerhafter Teil schließlich mit Hilfe geeigneter Speichergeräte, etwa Magnetplattenspeicher, physisch verwirklicht wird (Bild 13.6).

Über die *Speicher-Schnittstelle* wird das Einrichten und Freigeben von Blöcken auf den Speichergeräten sowie das Lesen und Schreiben von Blöcken, also der Transport von Blöcken zwischen den Speichergeräten und den Pufferbereichen, geregelt. Die eigentlichen Speichergeräte werden dabei über eine Geräte-Schnittstelle benutzt.

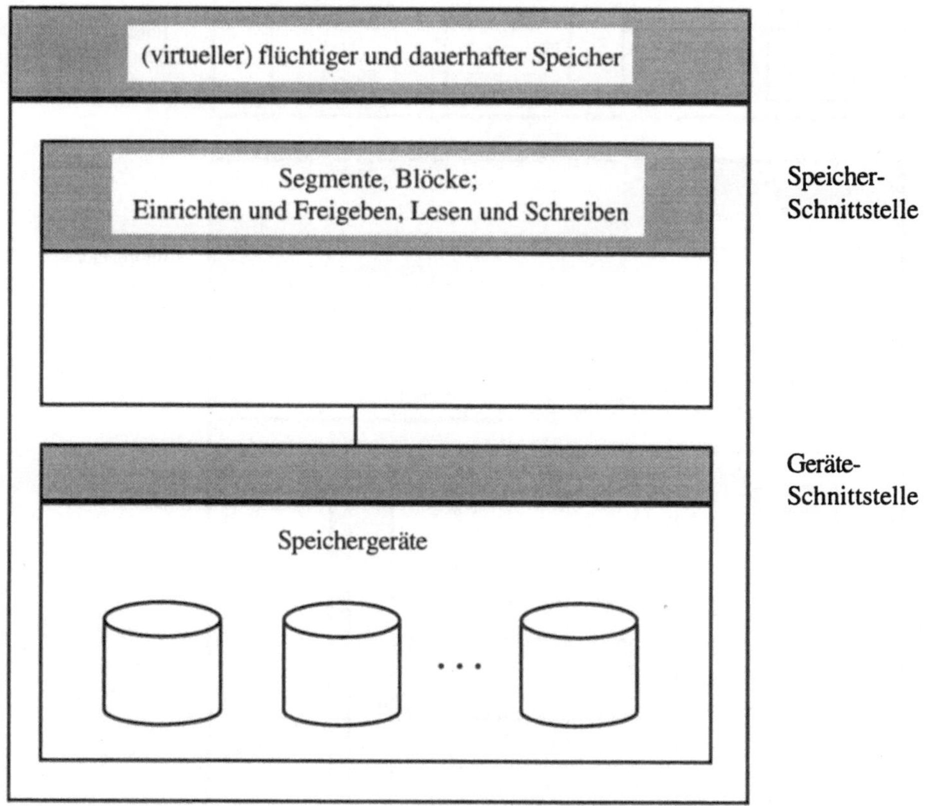

Bild 13.6 Ein Basissystem für ein Informationssystem

Die eingangs vorgestellte Grobstruktur mit den besprochenen Verfeinerungen ergibt die in Bild 13.7 zusammengefaßte *Architektur* eines Informationssystems.

13.2 Zusammenfassung

Die für Informationssysteme erfundenen Sprachen, die Datendefinitionssprache für Vereinbarungen und die Datenmanipulationssprache für Änderungen und Anfragen, werden schichtenweise *verwirklicht*. Ein Informationssystem selbst *verwirklicht* Teilsprachen von Anwendungsumgebungen, und es *benutzt* die Sprache eines Basissystems, üblicherweise eines Betriebssystems. Der *Entwurf* eines Gesamtsystems führt zu einer Architektur, in der mehrere Einsatz-, die Informationssystem-, die Mengen-, die Tupel-, die Speicher- und die Geräte-Schnittstelle die vertikale Schichtung bestimmen. Das in Sicht-Schemas, konzeptionelles Schema und internes Schema gegliederte Datenwörterbuch und die Transaktionsverwaltung bedienen die drei Unterschichten des eigentlichen Informationssystems: die Sprachanalyse zusammen mit

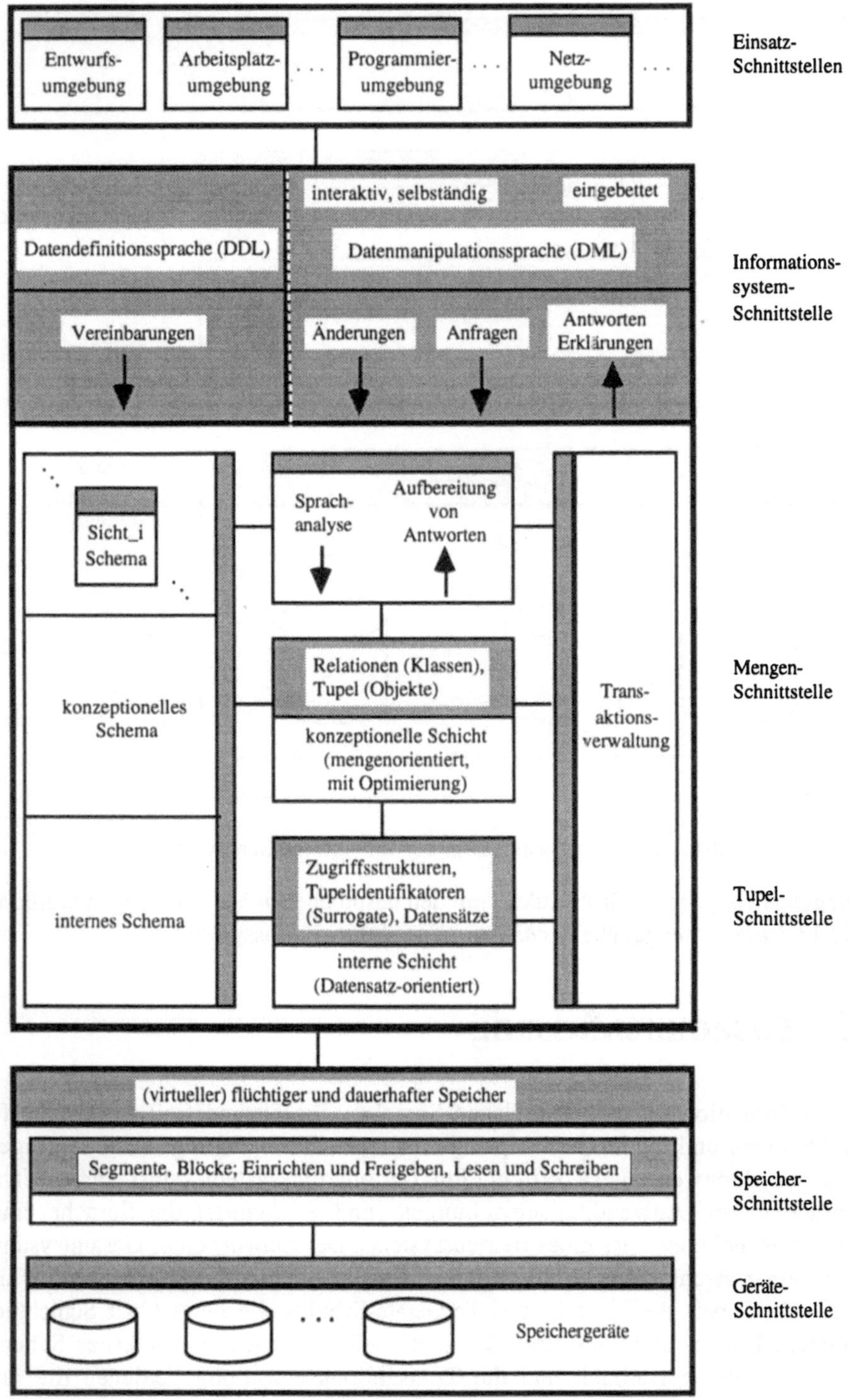

Bild 13.7   Gesamtstruktur eines Informationssystems

der Aufbereitung von Antworten, die mengenorientierte konzeptionelle Schicht und die Datensatz-orientierte interne Schicht.

paradigm formale Sprache	theory	abstraction	design
erfinden			
verwirklichen			●
benutzen			●

13.3 Bibliographische Hinweise

Die ANSI/X3/SPARC Study Group on Data Base Management Systems [ANSI 75, TsKl 78] erarbeitet eine Architektur von Informationssystemen, von der insbesondere die dort vorgeschlagene 3-Stufen-Architektur in eine externe, konzeptionelle und interne Schicht wegweisend geworden ist. Frühe prototypische Verwirklichungen von relationalen Datenbankmanagementsystemen werden von M.M. Astrahan [AsBC 76] und M. Stonebraker [St 86] beschrieben. T. Härder [Hä 78, Hä 87] gibt einen Überblick auf der Grundlage von Erfahrungen mit dem prototypischen System/R und beschreibt die Verwirklichungen von Schnittstellen. P.C. Lockemann und K. R. Dittrich [LoDi 87] behandeln insbesondere die verschiedenen Schnittstellen ausführlich. M. Papazoglou und W. Valder [PaVa 92] liefern für ein einfaches relationales System einen vollständigen C-Quellcode. B. Buchanen und E. Shortliffe [BuSh 84] sammeln Vorschläge, und P. Raulefs [Ra 82] gibt eine Übersicht, wie sogenannte "Expertensysteme" oder "wissensbasierte Informationssysteme" aufgebaut werden können. Verteilte und heterogene Informationssysteme werden in den Büchern von S. Ceri und G. Pelagatti [CePe 84], bzw. von M.T. Özsu und P. Valduriez [ÖzVa 91] vorgestellt. P.C. Lockemann, G. Krüger und H. Krumm [LoKrKr 93] betonen die Verbindung von Informationssystemen mit der Telekommunikation.

14 Optimierung von Anfragen

Ein Informationssystem stellt einem Benutzer mächtige Anfragesprachen zur Verfügung. Damit kann er dann Anfragen ausdrücken, die im wesentlichen beschreiben, *was* (welche Aussagen, Tupel, Objekte, Objektwerte) er als Ergebnisse erwartet. Andererseits soll das Informationssystem Anfragen effizient bearbeiten. Dazu muß das Informationssystem aus der Anfrage ermitteln, *wie* die gewünschten Ergebnisse bzw. deren Bestandteile möglichst schnell (und platzsparend) erzeugt bzw. aufgefunden werden können. Aus der *Beschreibung des Was* (einer Anfrage) ist also ein guter *Plan für das Wie* (ein Algorithmus) zu bestimmen. Diesen Vorgang nennt man üblicherweise Optimierung, auch wenn nur in Ausnahmefällen tatsächlich im strengen Sinne ein "bester" Plan gefunden werden kann. Die Aufgabe der Optimierung ist für Informationssysteme gleichzeitig besonders wichtig und besonders schwierig. Denn einerseits kann ein Benutzer anwendungsnahe, mächtige Sprachmittel auf sehr große Mengen von Daten anwenden, und andererseits muß das Informationsystem die volle Kluft zwischen der Benutzersprache und den Speicherzugriffen über alle Zwischenschichten hinweg überbrücken. Eine erfolgreiche Optimierung ist dann wichtig, weil andernfalls schon ganz einfache Anfragen möglicherweise unannehmbar lange Ausführungszeiten benötigen; eine Optimierung ist schwierig, weil sie alle Schichten und die Wechselwirkungen zwischen ihnen berücksichtigen muß.

Ein erstes grobes Beispiel soll dies drastisch veranschaulichen. Ein Benutzer stellt etwa folgende LOGODAT-Anfrage:

$\quad$ T(x, y, z) :- R(x, y), S(y, z), z = c. ,

wobei R und S Namen für sehr große Relationen, etwa mit 10^6 Tupeln seien.

Eine direkte Auswertung aufgrund der deklarativen Semantik ist ohne weiteres gar nicht möglich. Eine direkte Auswertung aufgrund der Fixpunktsemantik erforderte, daß man alle Variablenbelegungen für die Variablen aus $\{x, y, z\}$ mit Werten aus der Menge **C** der Konstantenzeichen systematisch durchprobiert. Wenn **C** etwa auch 10^6 Elemente hat, müßte man also $(10^6)^3 = 10^{18}$ Variablenbelegungen betrachten, was undurchführbar wäre.

Nun kann man aber schnell erkennen, daß die Anfrage äquivalent zu folgendem Ausdruck der relationalen Algebra ist (wobei wir R als Relation mit Attributen X, Y und S als Relation mit Attributen Y, Z annehmen):

$\quad \sigma_{Z=c}(R \bowtie S).$

Diesen Ausdruck kann man mit einer geeigneten Verwirklichung des natürlichen Verbundes, gefolgt von einem Selektionsverfahren auswerten. In Kapitel 10 haben wir schon gesehen, daß die Grundverwirklichung des Verbundes durch das NestedLoop-Verfahren eine quadratische Komplexitätsfunktion hat, also in unserem Beispiel eine Laufzeit der Größenordnung $(10^6)^2$ erfordert, während die Verwirklichung durch das sortierte Mischen unter günstigen Umständen mit einer Laufzeit der Größenordnung 10^6 auskommt. Ein Optimierer müßte also insbesondere eine geeignete Verwirklichung des

Verbundes auswählen und die notwendigen Vorbereitungen zu seinem Einsatz treffen, d.h. hier die Sortierung der beiden Relationen auf dem Verbundattribut Y sicherstellen. Falls die beiden Relationen noch nicht sortiert sind, so erforderte die Sortierung mit einem guten, d.h. bei einer Eingabe von n Tupeln mit Laufzeit $O(n * \log n)$ arbeitenden Verfahren einen zusätzlichen Aufwand der Größenordnung etwa $20 * 10^6$ (mit $20 \approx$ Duallogarithmus von 10^6).

Allerdings ergibt sich noch auf einem anderen Wege eine erhebliche Einsparung an Aufwand. Beachtet man nämlich, daß die Selektion (nach dem Wert c für das Attribut Z) nur eine Abkürzung für den natürlichen Verbund mit einer konstanten Relation (die nur ein einstelliges Tupel mit Wert c für das Attribut Z enthält) darstellt und daß der natürliche Verbund assoziativ ist, so erkennt man die Äquivalenz zum Ausdruck

$$R \bowtie \sigma_{Z=c}(S).$$

Das Ergebnis der Selektion $\sigma_{Z=c}(S)$ wird im allgemeinen viel kleiner als S selbst sein, so daß die Ausführung der Verbundoperation jetzt im allgemeinen erheblich schneller sein wird. Im Grenzfall, etwa wenn im Datenbankschema das Attribut Z für die Relation S als Schlüsselattribut vereinbart wurde, enthält $\sigma_{Z=c}(S)$ höchstens ein Tupel, und ein Optimierer könnte diese Tatsache aus dem Datenbankschema erkennen. Wenn zusätzlich ein Index, etwa als B*-Baum, bezüglich Attribut Z in S unterhalten wird, so könnte man $\sigma_{Z=c}(S)$ durch eine einzige Suche im B*-Baum verwirklichen. Erhält man als Ergebnis dieser Suche das Tupel μ aus S zurück, so reduziert sich der Anfrageausdruck zu

$$R \bowtie \{\mu\},$$

was wiederum äquivalent ist mit

$$R \bowtie \left\{ \binom{Y}{\mu(Y)} \right\} \bowtie \left\{ \binom{Z}{c} \right\} \;=\; \sigma_{Y=\mu(Y)}(R) \times \left\{ \binom{Z}{c} \right\},$$

d.h. wir haben im wesentlichen nur eine Selektion auf R nach dem zwischenzeitlich ermittelten Wert $\mu(Y)$ durchzuführen und jedes Ergebnistupel der Selektion mit dem Wert c für Attribut Z zu verbinden. Wenn dann etwa noch die Relation R nach dem Attribut Y sortiert gespeichert ist, so kann auch die Selektion im wesentlichen als schnelle, d.h. mit Aufwand $O(\log n)$ arbeitende Suche durchgeführt werden. Liegen alle günstigen Annahmen gleichzeitig vor, so ergibt sich ein Aufwand der Größenordnung von vielleicht

5   Zugriffen längs eines Pfades im B*-Baum (der Tiefe 5) für Relation S und

20   Zugriffen zur logarithmischen Suche desjenigen Blocks von Relation R, in dem sich die zu selektierenden Tupel befinden.

Nimmt man 1 μsec als sehr grobe (und sicherlich viel zu optimistische) untere Schranke für eine Zeiteinheit, so ergibt sich in diesem Beispiel folgende Bandbreite:

Fixpunktsemantik:	$10^{18} * 10^{-6}$ sec $= 10^{12}$ sec	≈ 30000 Jahre,
NestedLoop:	$10^{12} * 10^{-6}$ sec $= 10^6$ sec	≈ 12 Tage,
Sortiertes Mischen:	$(20 + 1) * 10^6 * 10^{-6}$ sec	$= 21$ sec,
Spezialfall mit B*-Baum, sortierter Speicherung:	$25 * 10^{-6}$ sec	$= 25$ μsec.

Obwohl diese Rechnungen im einzelnen schwerlich wirklichkeitsgerecht sind, zeigen sie doch die Tragweite einer guten Optimierung richtig auf.

Das allgemeine *Ziel der Optimierung* kann man vereinfachend wie folgt beschreiben: Die Auswertung einer Anfrage verlangt zunächst, daß bestimmte Daten (Werte, Tupel, Objekte) in der gegenwärtigen Instanz des Informationssystems aufgefunden werden müssen; anschließend werden aus diesen aufgefundenen Daten, bzw. in Abhängigkeit von diesen aufgefundenen Daten die gewünschten Ergebnisse erzeugt. Im ersten Schritt der Auswertung möchte man auf die zu findenden Daten möglichst zielgerichtet zugreifen, d.h. nach Möglichkeit sollen folgende Ziele näherungsweise erreicht werden:

O1. [*Suchraum beschränken*]
Es soll *ausschließlich* auf die zu findenden Daten zugegriffen werden.

O2. [*Wiederholungen vermeiden*]
Es soll auf jedes zu findende Datum *nur einmal* zugegriffen werden.

Im Spezialfall des obigen Beispiels kann man auf das einzige in Relation S zu findende Tupel gezielt mit Hilfe des B*-Baumes zugreifen, wobei außer auf das zu findende Tupel zusätzlich nur auf Daten in den Knoten längs des Suchpfades zugegriffen werden muß. Und man kann auf die dann anschließend zu selektierenden Tupel aus R gezielt mit Hilfe der Sortierung zugreifen, wobei außer auf die zu findenden Tupel zusätzlich nur auf für die logarithmische Suche benötigte Daten zugegriffen werden muß. Der Suchraum für die zu findenden Daten kann also sehr klein gehalten werden. Merkt man sich jeweils lokal das einzige Tupel aus S und die Position des zuletzt aufgefundenen Tupels in R, so sind keine wiederholten Datenzugriffe notwendig. Im Gegensatz dazu würde das NestedLoop-Verfahren für den natürlichen Verbund verlangen, daß für jedes der 10^6 vielen Tupel aus R jeweils auf jedes der 10^6 vielen Tupel aus S zugegriffen würde; wir hätten also einen großen Suchraum mit großer Anzahl von Wiederholungen.

Die *Methoden der Optimierung* lassen sich vereinfachend meistens in das folgende grundlegende Raster einordnen:

1. [*äquivalente Umformungen der Anfrage*]
Auf der Ebene der Anfragesprache bestimmt man äquivalente Anfragen, in denen (im Sinne der Semantik) redundante Teile entfernt sind oder in denen Variable (oder entsprechende Konzepte) an möglichst kleine Mengen gebunden werden.

2. [*Erstellung von Ausführungsplänen*]
So bestimmte Anfragen übersetzt man jeweils in ein oder mehrere Ausführungspläne, deren Anweisungen auf tieferen Schichten des Informationssystems liegen.

3. [*Aufwandsschätzung*]
Für so gewonnene Ausführungspläne versucht man den voraussichtlichen Aufwand abzuschätzen.

4. [*Suche nach einem kostengünstigen Ausführungsplan*]
Man erzeugt alle erfolgversprechenden äquivalenten Umformungen (gemäß 1.) und deren Übersetzungen in Pläne (gemäß 2.) und bestimmt jeweils deren Aufwand (gemäß 3.) mit dem Ziel, möglichst schnell einen Plan als kostengünstig (oder im

besten Fall als kostengünstigsten) im Vergleich mit den anderen erzeugten Plänen zu erkennen.

Die einzelnen Schritte des Rasters sind natürlich nicht völlig unabhängig. So ist zum Beispiel in Schritt 1. die Entfernung von Redundanz und die enge Bindung von Variablen schon darauf gerichtet, von vornherein nur erwartungsgemäß kostengünstige(re) Anfragen zu bestimmen; oder manche äquivalente Umformungen können auch im Zuge einer Übersetzung vorgenommen werden; oder der weitere Verlauf der Suche kann von zwischenzeitlich erzeugten Plänen abhängig gemacht werden.

Als *Grundlage der Optimierung* benötigt man im wesentlichen:
- Kenntnisse über die Semantik von Anfragen, insbesondere Regeln für äquivalenzerhaltende Umformungen,
- die Schemavereinbarung, insbesondere semantische Bedingungen,
- Kenntnisse über die im Informationssystem benutzten bzw. verfügbaren Datenstrukturen und Algorithmen,
- Laufzeitinformation über die gespeicherten Objekte (z.B. Anzahl der gespeicherten Tupel einer Relation) und über die bereits angelegten Zugriffsstrukturen.

Im folgenden sollen nun einige ausgewählte Elemente der Optimierung genauer vorgestellt werden.

14.1 Heuristiken zur Optimierung relationaler Ausdrücke

In diesem Abschnitt stellen wir grundlegende Heuristiken zur Optimierung häufig vorkommender relationaler Ausdrücke vor. Dabei werden wir auf schon in Kapitel 8 angegebene algebraische Eigenschaften relationaler Operationen zurückgreifen.

[Zusammenfassen von Ausdrücken]
Eine Folge von direkt hintereinander auszuführenden Selektionen der Form

$$\sigma_{A1=c1} \circ \sigma_{A2=c2} \circ \cdots \circ \sigma_{An=cn}(R)$$

kann zu einer Selektion der Form

$$\sigma_{A1=c1 \,\wedge\, A2=c2 \,\wedge\, \ldots \,\wedge\, An=cn}(R)$$

zusammengefaßt werden. Dieses Zusammenfassen ist zum Beispiel nützlich, wenn die ursprüngliche Folge durch n-maliges Durchlaufen der Argumentrelation R ausgeführt würde, die zusammengefaßte komplexe Selektion aber durch einmaliges Durchlaufen der Argumentrelation verwirklicht werden kann.

Eine Folge von direkt hintereinander auszuführenden Projektionen der Form

$$\pi_{X1} \circ \ldots \circ \pi_{Xn}(R)$$

kann zusammengefaßt werden zu einer Projektion der Form

$$\pi_{X1 \,\cap\, \ldots \,\cap\, Xn}(R).$$

Ein Ausdruck der Form

$$\pi_X(R_1 \bowtie R_2)$$

kann als eine Einheit ausgewertet werden, wenn bei der Erzeugung eines Tupels μ von $R_1 \bowtie R_2$ von vornherein nur die Einschränkung $\mu \lceil X$ geliefert wird.

[Entfernen von Redundanz]
Offensichtlich redundante Teile eines Ausdruckes können entfernt werden. Zum Beispiel gilt wegen des Absorbtiv-Gesetzes für den natürlichen Verbund:

    falls bekannt ist, daß der Wert von R stets Teilmenge des Wertes von S ist,

    dann kann der Ausdruck $R \bowtie S$ zu R verkürzt werden.

Im Abschnitt 14.2 soll das Entfernen von Redundanz allgemeiner für LOGODAT-Anfragen untersucht werden.

[Vorziehen von Selektionen und Projektionen]
Eine Selektion oder eine Projektion soll möglichst früh ausgeführt werden, indem sie, sofern dies unter Erhaltung der Semantik möglich ist, mit einer vorangehenden Operation vertauscht wird. Solche Vertauschungen sind etwa entsprechend der folgenden Regeln möglich:

$$\bullet \quad \sigma_{A=c}(R \bowtie S) = \begin{cases} \sigma_{A=c}(R) \bowtie S & \text{falls } A \in \text{dom } R \\ \sigma_{A=c}(R) \bowtie \sigma_{A=c}(S) & \text{falls } A \in \text{dom } R \cap \text{dom } S \end{cases}$$

$$\bullet \quad \sigma_{A=c}(R \cup S) = \sigma_{A=c}(R) \cup \sigma_{A=c}(S)$$

$$\bullet \quad \sigma_{A=c}(R \setminus S) = \sigma_{A=c}(R) \setminus \sigma_{A=c}(S)$$

$$\bullet \quad \text{Falls } A \in X \cap \text{dom } R, \text{ dann } \sigma_{A=c}(\pi_X(R)) = \pi_X(\sigma_{A=c}(R))$$

$$\bullet \quad \text{Falls dom } R \cap \text{dom } S \subset X, \text{ dann } \pi_X(R \bowtie S) = \pi_X(R) \bowtie \pi_X(S)$$

$$\bullet \quad \pi_X(R \cup S) = \pi_X(R) \cup \pi_X(S)$$

Durch solche Vertauschungen versucht man, während der Auswertung eines zusammengesetzten Ausdrucks die *Zwischenergebnisse möglichst klein* zu halten. In der Begriffswelt des Relationenkalküls bedeutet dies, daß Variablen an möglichst kleine Mengen gebunden werden. In Abschnitt 14.4 soll das *Binden von Variablen* allgemeiner für LOGODAT-Anfragen untersucht werden.

Abschließend wollen wir noch das Verfahren der Aufwandsschätzung ansatzweise erläutern. Eine solche *Aufwandsschätzung* berücksichtigt insbesondere die folgenden Faktoren:

- *Kenngrößen der gespeicherten Relationen*, z.B. die derzeitige Anzahl der Tupel (Eigenschaft der Instanz), die (maximale) Länge eines Tupels (Eigenschaft des Schemas), die Anzahl der möglichen Werte für ein Attribut (Eigenschaft des Schemas).

- *Statistische Annahmen*, um Erwartungswerte für die Kenngrößen der als Zwischenergebnisse sich ergebenden Relationen zu berechnen.

- *Kostenfunktion* für die im Datenbanksystem verfügbaren Algorithmen zur Verwirklichung der relationalen Operationen.

Beispiel: Wir betrachten noch einmal die äquivalenten Ausdrücke

$\sigma_{Z=c}(R \bowtie S)$ und $R \bowtie \sigma_{Z=c}(S)$, wobei dom R = {X,Y} und dom S = {Y,Z} gelte.

Als *Kenngrößen der gespeicherten Relationen* wählen wir:

kr	:=	Anzahl der Tupel im Wert von R,
ks	:=	Anzahl der Tupel im Wert von S,
ky	:=	Anzahl der Konstantenzeichen in der Domäne $\mathbf{b}(Y)$,
kz	:=	Anzahl der Konstantenzeichen in der Domäne $\mathbf{b}(Z)$.

Als *statistische Annahme* gehen wir davon aus, daß alle Zufallsvariablen für die uns interessierenden Ereignisse gleichverteilt und statistisch unabhängig sind. Natürlich ist diese Annahme häufig zu stark vereinfachend; dann kann man bessere Annahmen beispielsweise aus Statistiken über vorangegangene Ereignisse ableiten, wobei die Statistiken vom Informationssystem erstellt werden.

Als *Kostenfunktion* wählen wir die Laufzeiten der einfachen Algorithmen für die Selektion bzw. den natürlichen Verbund:

kosten $(\sigma_{A=c}(T))$	:=	Anzahl der Tupel im Wert von T,
kosten $(U \bowtie V)$	:=	(Anzahl der Tupel im Wert von U) * (Anzahl der Tupel im Wert von V).

Ferner setzen wir die Kostenfunktion für zusammengesetzte Ausdrücke additiv fort, wobei die Größe eines Zwischenergebnisses durch ihren Erwartungswert geschätzt wird. Dann ergeben sich folgende Aufwandsschätzungen:

$$\text{kosten } (\sigma_{Z=c}(R \bowtie S)) = kr * ks + \frac{kr * ks}{ky}$$

$$= (kr * ks) * \left(1 + \frac{1}{ky}\right),$$

wobei $\dfrac{kr * ks}{ky}$ die geschätzte Größe des Wertes von $R \bowtie S$ ist;

$$\text{kosten } (R \bowtie \sigma_{Z=c}(S)) = ks + kr * \frac{ks}{kz}$$

$$= ks * \left(1 + \frac{kr}{kz}\right),$$

wobei $\dfrac{ks}{kz}$ die geschätzte Größe des Wertes von $\sigma_{Z=c}(S)$ ist.

Im allgemeinen werden die Kosten im zweiten Fall (mit der vorgezogenen Selektion) kleiner als im ersten Fall sein. So gilt beispielsweise für

$$kr = ks = ky = kz \quad := \quad 10^6:$$

$$\text{kosten } (\sigma_{Z=c}(R \bowtie S)) = 10^6 * 10^6 * \left(1 + \frac{1}{10^6}\right) \approx 10^{12},$$

$$\text{kosten } (R \bowtie \sigma_{Z=c}(S)) = 10^6 * (1 + 1) \qquad \approx 2 * 10^6.$$

14.2 Optimierung durch Entfernen von Redundanz

In diesem Abschnitt beschreiben wir eine Technik, mit der in einer Menge von (Horn-) Klauseln, wie wir sie für das logische Datenmodell benutzt haben, einzelne Klauseln oder einzelne Prämissen einer Klausel als redundant erkannt werden können. Solch einen redundanten Teil kann man dann entfernen in der Erwartung, daß dadurch für entsprechende Ausführungspläne der Suchraum für die aufzusuchenden Daten verkleinert und demgemäß der Aufwand für die Ausführung des Plans verringert werden kann.

Vorbereitend erinnern wir daran, daß die Bestimmung der logischen Implikation $\models$ den wesentlichen Kern der Semantik von LOGODAT ausmacht. Sind nämlich

$\quad$ D = < **EDB** | **IDB** | **SC** > ein LOGODAT - Schema,

$\quad$ < T | **Q** > eine Anfrage und

$\quad$ f = $(r_1,...,r_k)$ eine Ausprägung zu **EDB**,

so haben wir definiert:

- $\text{compl}_D(f) := f \cup \{S(c_1,...,c_n). \mid S \in \text{concl } (\textbf{IDB}), S(c_1,...,c_n). \in \textbf{GF},$
$\quad\quad\quad\quad\quad\quad\quad\quad$ und $f \cup \textbf{IDB} \models S(c_1,...,c_n). \}$,

- f ist Instanz zu D :gdw $M (\text{compl}_D(f)) \in \text{Mod } (\textbf{SC})$,

- $\text{eval}_D(< T \mid \textbf{Q} >)(f) := \{T(c_1,...,c_n). \mid f \cup \textbf{IDB} \cup \textbf{Q} \models T(c_1,...,c_n).$
$\quad\quad\quad\quad\quad\quad\quad\quad\quad\quad\quad$ mit $c_1,...,c_n \in \textbf{C}\}$
$\quad\quad\quad\quad\quad = \{T(c_1,...,c_n). \mid T(c_1,...,c_n). \in \text{fix}(f \cup \textbf{IDB} \cup \textbf{Q})\}$.

Wir müssen also jeweils für gewisse Mengen von Klauseln **K** implizierte Grundfakten bzw. Elemente des kleinsten Fixpunkts der **K** zugeordneten Grundfakten-Transformation bestimmen. Hinreichende Bedingungen für äquivalente Umformungen von Anfragen kann man dann leicht mit Hilfe des folgenden grundlegenden Lemmas erhalten.

Lemma 14.1 [äquivalente Umformungen von Anfragen]

$\quad$ Wenn **Q1** $\models$ **Q2**, so gilt für alle Ausprägungen f zu D
$\quad$ $\text{eval}_D (< T \mid \textbf{Q1} >)(f) \supset \text{eval}_D (< T \mid \textbf{Q2} >)(f)$.

Beweis: Sei $T(c_1,...,c_n). \in \text{eval}_D (< T \mid \textbf{Q2}>)(f)$.
Gemäß Definition der deklarativen Semantik gilt dann

$\quad$ (1) $f \cup \textbf{IDB} \cup \textbf{Q2} \models T(c_1,...,c_n).$

Wir müssen dann zeigen, daß ebenfalls gilt:

$\quad$ $f \cup \textbf{IDB} \cup \textbf{Q1} \models T(c_1,...,c_n).$

Sei dazu M ein Modell von $f \cup \textbf{IDB} \cup \textbf{Q1}$.
Nach Voraussetzung, **Q1** $\models$ **Q2**, ist M auch Modell von **Q2**,
d.h. M ist auch Modell von $f \cup \textbf{IDB} \cup \textbf{Q2}$.
Aus (1) folgt dann, daß M auch Modell von $T(c_1,...,c_n).$ ist. $\quad\blacksquare$

Wir werden deshalb zunächst für eine geeignete Klasse von Formeln das in der Voraussetzung des obigen Lemmas genannte Entscheidungsproblem für die logische Implikation behandeln.

14.2.1 Reduktionsverfahren zur Entscheidung der logischen Implikation

Definition 14.1 [bereichsbeschränkte, gleichheitsnormierte Klauseln]

Sei $K \equiv A_0 :\!\!-\ A_1,...,A_n.$ eine Klausel.

1. K heißt *bereichsbeschränkt* (range restricted) :gdw
   jede in der Konklusion A_0 vorkommende Variable kommt auch in mindestens einer der Prämissen $A_1,...,A_n$ mit einem Relationensymbol ungleich "=" vor.

2. K heißt *gleichheitsnormiert* :gdw
   in den Prämissen $A_1,...,A_n$ kommt nicht das Gleichheitszeichen vor.

Die Eigenschaft der *Bereichsbeschränktheit* sichert, daß bei der Auswertung der Klausel nur solche Ergebnisse erzeugt werden können, deren Bestandteile durch die Prämissen ausdrücklich bestimmt sind und damit letztlich aus der gegenwärtigen Instanz zum Datenbankschema stammen müssen. Insbesondere wird dadurch gewährleistet, daß die Ergebnismenge stets endlich bleibt. Fordert man Bereichsbeschränktheit, so engt man zwar offensichtlich die Ausdrucksmöglichkeiten leicht ein, aber dies ist im allgemeinen durchaus erwünscht.

Die Forderung der *Gleichheitsnormalisierung* kann dagegen stets durch äquivalenzerhaltende Umformungen erreicht werden, indem man Gleichheitsprämissen, sofern sie überhaupt erfüllbar sind, nach passenden Variablensubstitutionen in den anderen Literalen einfach entfernt. So kann man etwa in der Anfrage des einführenden Beispiels, nämlich in

$T(x, y, z) :\!\!-\ R(x, y), S(y, z),\ z=c.$

die ersten beiden Vorkommen der Variablen z durch c ersetzen und dann die Prämisse z=c entfernen, so daß man folgende gleichheitsnormierte Klausel erhält:

$T(x, y, c) :\!\!-\ R(x, y), S(y, c).$

Man beachte, daß dieses Vorgehen genau dem in Abschnitt 14.1 besprochenen Vorziehen von Selektionen entspricht, d.h. dem Übergang von $\sigma_{z=c}(R \bowtie S)$ zu $R \bowtie \sigma_{z=c}(S)$.

Wir lassen für die folgenden Untersuchungen aber durchaus Klauseln zu, in deren Konklusion das Gleichheitszeichen vorkommt. Solche Klauseln dürfen zwar nicht für **IDB** oder Anfrageprogramme **Q** verwendet werden (weil das Gleichheitszeichen als durch die Identität auf **C** fest vordefiniert behandelt wird), aber sie können sinnvoll für semantische Bedingungen aus **SC** eingesetzt werden, z.B. um funktionale Abhängigkeiten auszudrücken. Wir betrachten also sowohl sogenannte

gleichheitsbestimmende Klauseln K mit concl(K) $\in$ {=} als auch

tupelerzeugende Klauseln K mit concl(K) $\in$ **R**\{=}.

Schließlich vereinbaren wir für die folgenden Untersuchungen, daß die Prämissen einer Klausel alle paarweise verschieden seien; falls durch Umformungen Prämissen gleich werden, so sollen ohne weitere Erwähnung Duplikate einfach gestrichen werden.

Wir werden nun für diese Klasse von Klauseln ein *Reduktionsverfahren* angeben, mit dem man entscheiden kann, ob für eine endliche Menge von Klauseln **K** und eine Klausel K die logische Implikation **K** |= K gilt. Dieses Verfahren beruht darauf, daß die Klausel K mit Hilfe der Klauseln aus **K** solange transformiert werden kann, bis man die Entscheidung auf rein syntaktische Weise leicht treffen kann.

Definition 14.2 [**K**-Reduktion von K]

Sei **K** eine endliche Menge bereichsbeschränkter, gleichheitsnormierter Klauseln.

1. Sind $K_1 \equiv A_0$:- $A_1,...,A_n.$ und K_2 ebenfalls Klauseln dieser Art, so entstehe K_2 durch einen **K**-*Reduktionsschritt* aus K_1, $K_1 \rightarrow_K K_2$:gdw
   es gibt eine Klausel $K \equiv B_0$:- $B_1,...,B_m. \in$ **K**,
   es gibt eine Variablensubstitution $\gamma : V \rightarrow T$:
   $$\gamma(B_0) \notin \{A_1,...,A_n\} \cup \{t = t \mid t \in T\},$$
   $$\gamma(B_i) \in \{A_1,...,A_n\} \quad \text{für } i = 1,...,m$$
   und
   $$K_2 \equiv \begin{cases} A_0 \text{ :- } A_1,...,A_n,\gamma(B_0). & \text{falls concl(K)} \in R\backslash\{=\} \\ K_1[sub(x,t)]^1 & \text{falls } \gamma(B_0) \equiv x = t \ \text{ mit } x \in V \\ K_1[sub(x,c)] & \text{falls } \gamma(B_0) \equiv c = x \ \text{ mit } c \in C, x \in V \\ c = c. & \text{falls } \gamma(B_0) \equiv c = c' \ \text{ mit } c, c' \text{ sind} \\ & \text{verschiedene Konstantenzeichen aus C} \end{cases}$$

2. $\rightarrow^*_K$ ist der reflexive, transitive Abschluß von $\rightarrow_K$ auf der Klasse der bereichsbeschränkten, gleichheitsnormierten Klauseln.

3. Eine bereichsbeschränkte, gleichheitsnormierte Klausel K heißt **K**-*reduziert* :gdw
   K ist von der Form $c = c.$ mit $c \in C$,
   oder es gibt keine von K verschiedene Klausel K' mit $K \rightarrow_K K'$.

Um einen **K**-Reduktionsschritt auf einer gegebenen Klausel K_1 durchzuführen,
- sucht man nach einer Klausel $K \in$ **K** und einer Variablensubstitution γ, so daß
- die Prämissen $\gamma(B_i)$ des damit gebildeten "Beispiels" $\gamma(K)$ von K in den Prämissen von K_1 enthalten sind,
- und fügt dann die Konklusion $\gamma(B_0)$ als neue Prämisse zu den Prämissen von K_1 hinzu bzw. führt in K_1 eine Substitution entsprechend der Konklusion $\gamma(B_0)$ durch bzw. ersetzt K_1 durch eine allgemeingültige Klausel, nämlich $c = c.$.

Das angekündigte Reduktionsverfahren zur Entscheidung von **K** |= K wird wie folgt aussehen:
1. Beginnend mit K, erzeuge eine Folge von **K**-Reduktionen.
2. Teste, ob die schließlich vorliegende K-reduzierte Klausel allgemeingültig ist.

1　Zur Erinnerung: $K_1[sub(x, t)]$ entstehe durch Ersetzen jedes (freien) Vorkommens von x in K_1 durch t. Faßt man sub(x, t) als Funktion auf, sub(x, t): $V \rightarrow T$ mit
$$sub(x, t)\,(y) := \begin{cases} t & \text{falls } y = x \\ y & \text{sonst} \end{cases}$$
so sind $K_1[sub(x, t)]$ und $sub(x,t)(K_1)$ äquivalente Schreibweisen.

Die folgenden Sätze werden die Vollständigkeit und Korrektheit dieses Verfahrens beweisen, indem gezeigt wird:

1a. Die Folge von **K**-Reduktionen bricht ab.

1b. Die **K**-Reduktionen erhalten die zu entscheidende Eigenschaft.

2. Eine **K**-reduzierte Klausel wird von **K** logisch impliziert genau dann, wenn sie allgemeingültig ist; diese letztere Eigenschaft kann man leicht aus dem syntaktischen Aufbau der Klausel erkennen.

Satz 14.2 [K-Reduktionen brechen ab]

Sei **K** eine endliche Menge bereichsbeschränkter, gleichheitsnormierter Klauseln. Jede Folge

$$K \rightarrow_K K_1 \rightarrow_K \dots$$

von bereichsbeschränkten, gleichheitsnormierten Klauseln, die durch **K**-Reduktionsschritte entstehen, bricht nach endlich vielen Schritten mit einer **K**-reduzierten Klausel ab.

Beweis: Folgende Mengen sind offensichtlich alle endlich:

die Menge V_K der in K vorkommenden Variablen,

die Menge $C_{K \cup K}$ der in **K** $\cup$ K vorkommenden Konstantenzeichen,

die Menge $R_{K \cup K}$ der in **K** $\cup$ K vorkommenden Relationensymbole.

Da alle Klauseln bereichsbeschränkt sind, sind alle in der Folge vorkommenden Klauseln ausschließlich aus diesem syntaktischen Material aufgebaut; aus diesem Material kann man aber auch nur endlich viele verschiedene atomare Formeln aufbauen. Ein Reduktionsschritt fügt nun als Prämisse eine neue atomare Formel hinzu oder verringert die Anzahl der Variablen oder führt unmittelbar auf eine **K**-reduzierte Klausel. Also muß die Folge nach endlich vielen Schritten abbrechen.   ∎

Satz 14.3 [K-Reduktionen erhalten K-Implikationen]

Sei **K** eine endliche Menge bereichsbeschränkter, gleichheitsnormierter Klauseln, und K_1 und K_2 seien ebenfalls Klauseln dieser Art mit $K_1 \rightarrow_K K_2$. Dann gilt:

1. $K_1 \models K_2$.

2. $K \cup \{K_2\} \models K_1$.

3. $K \models K_1$ gdw $K \models K_2$.

Beweis:

1. Folgt man der Fallunterscheidung für K_2, so gilt für die vier Fälle:

Fall 1: K_2 entsteht aus K_1 durch Hinzufügen einer Prämisse.

Fall 2 und 3: K_2 ist ein "Beispiel" für K_1.

Fall 4: K_2 ist offensichtlich allgemeingültig.

In allen vier Fällen gilt also offensichtlich $K_1 \models K_2$.

2. (indirekter Beweis): Wir nehmen indirekt an, daß

$$K \cup \{K_2\} \not\models K_1 \quad \text{für } K_1 \equiv A_0 :\text{-} A_1, \dots, A_n. \ .$$

Dann gibt es eine Struktur $M = (d, \delta)$ mit

(1) $M \in Mod(K \cup \{K_2\}) \setminus Mod(K_1)$.

Wegen $M \notin Mod(K_1)$ gibt es eine Variablenbelegung ß mit

(2) $\models_{M,ß} A_j$ für $j = 1,...,n$,   aber $\not\models_{M,ß} A_0$.

Ferner gilt für die im **K**-Reduktionsschritt benutzte Variablensubstitution γ bzw. Klausel $K \equiv B_0 :- B_1,...,B_m. \in$ **K**:

(3) $\models_{M,ß} \gamma(B_0)$

Denn nach Definition eines solchen **K**-Reduktionsschrittes gilt $\gamma(B_i) \in \{A_1,...,A_n\}$ für $i = 1,...,m$, woraus mit (2) folgt:

$\models_{M,ß} \gamma(B_i)$, d.h. $\models_{M,ß^\circ \gamma} B_i$ für $i = 1,...,m$.

Da gemäß (1) $M \in Mod(K)$ gilt, folgt:

$\models_{M,ß^\circ \gamma} B_0$, d.h. $\models_{M,ß} \gamma(B_0)$.

Um aus diesen vorbereitenden Überlegungen den zu beweisenden Widerspruch $M \notin Mod(K_2)$ zu zeigen, folgen wir nun wieder der Fallunterscheidung für K_2.

Fall 1: $[K_2 \equiv A_0 :- A_1,...,A_n, \gamma(B_0).]$
Die obige Struktur M zeigt dann die Behauptung, denn (2) und (3) besagen $M \notin Mod(K_2)$.

Fall 2: $[K_2 \equiv K_1 [sub(x, t)]$ mit $\gamma(B_0) \equiv x=t]$
Die obige Struktur M zeigt wiederum die Behauptung. Denn (3) bedeutet jetzt

$\models_{M,ß} x=t$, d.h. $ß(x) = ß(t)$,

so daß unter dieser Variablenbelegung ß die zur Erzeugung von K_2 benutzte Variablensubstitution $sub(x, t)$ wirkungslos bleibt: es gilt weiterhin wegen (2):

$\models_{M,ß} A_j [sub(x, t)]$ für $j = 1,...,n$, und $\not\models_{M,ß} A_0 [sub(x, t)]$, d.h. $M \notin Mod(K_2)$.

Fall 3: $[K_2 \equiv K_1 [sub(x, c)]$ mit $\gamma(B_0) \equiv c=x]$
Völlig analog.

Fall 4: $[K_2 \equiv c=c.$ mit $\gamma(B_0) \equiv c=c'$ für verschiedene Konstantenzeichen c, c']
(3) bedeutet jetzt

$\models_{M,ß} c=c'$, d.h. $ß(c) = ß(c')$.

Da aber für LOGODAT-Strukturen die Zuordnung δ auf der Menge der Konstantenzeichen injektiv sind, kann dieser Fall nicht auftreten.

3. "$\Rightarrow$": Es gelte $K \models K_1$.
Gemäß 1. gilt auch $K_1 \models K_2$. Also folgt $K \models K_2$.
"$\Leftarrow$": Es gelte $K \models K_2$.
Wir betrachten eine Struktur M mit $M \in Mod(K)$. Nach Voraussetzung gilt dann auch $M \in Mod(K_2)$. Gemäß 2. ergibt sich daraus $M \in Mod(K_1)$. Also folgt $K \models K_1$.   ∎

Satz 14.4 [K-Implikation für K-reduzierte Klauseln]

Sei K eine endliche Menge bereichsbeschränkter, gleichheitsnormierter Klauseln und $K \equiv A_0 :\text{-} A_1,...,A_n$. eine Klausel dieser Art, die K-reduziert ist. Dann sind folgende Aussagen untereinander äquivalent:

1. $K \models K$.
2. $A_0 \equiv t{=}t$ mit $t \in T$ oder $A_0 \in \{A_1,...,A_n\}$.
3. K ist allgemeingültig.

Beweis:

"1. $\Rightarrow$ 2." (in Kontraposition): Die Klausel sei nicht in der in Aussage 2. angegebenen Form. Wir zeigen dann die Verneinung von Aussage 1., indem wir eine Struktur $M = (d, \delta)$ mit $M \in \text{Mod}(K) \setminus \text{Mod}(K)$ konstruieren:

$\quad$ $d := T \qquad$ die Menge aller Terme;

$\quad$ $\delta(c) := c \qquad$ für alle Konstantenzeichen $c \in C$;

$\quad$ $\delta({=}) := \{(t, t) \mid t \in T\} \qquad$ wie vorgeschrieben;

$\quad$ $(t_1,...,t_r) \in \delta(R) \quad$:gdw $\quad$ es gibt $i \in \{1,...,n\}$ mit $R(t_1,...,t_r) \equiv A_i$

$\qquad\qquad\qquad\qquad\qquad\qquad$ für alle Relationensymbole $R \in R \setminus \{{=}\}$.

Dann ist die Struktur M gemäß Definition von δ

$\quad$ einerseits ein Modell von allen Prämissen A_i, d.h. $\models_M A_i$ für $i = 1,...,n$,

$\quad$ aber andererseits kein Modell der Konklusion , d.h. $\not\models_M A_0$,

$\quad$ weil nach Voraussetzung die Prämissen A_i alle verschieden von A_0 sind;

also gilt $M \notin \text{Mod}(K)$.

Ferner gilt $M \in \text{Mod}(K)$, denn andernfalls gäbe es eine Klausel $K' \equiv B_0 :\text{-} B_1,...,B_m$. $\in$ K und eine Variablenbelegung β mit

$\quad$ $\models_{M,\beta} B_j \quad$ für $j = 1,...,m$, aber $\not\models_{M,\beta} B_0$.

Nach Definition von M und nach Voraussetzung ist dies gleichbedeutend, daß

$\quad$ $\beta(B_j) \in \{A_1,...,A_n\}$ für $j = 1,...,m$, aber

$\quad$ $\beta(B_0) \notin \{A_1,...,A_n\} \cup \{t{=}t \mid t \in T\}$.

Dann können wir aber vermöge K' und β auf die Klausel K einen K-Reduktionsschritt anwenden, was der K-Reduziertheit von K widerspricht.

"2. $\Rightarrow$ 3.": Folgt unmittelbar aus der in Aussage 2. angegebenen Form.

"3. $\Rightarrow$ 1.": Trivial. $\quad\blacksquare$

Beispiel:

Sei $K := \{$ $\quad$ B(x, y) :- B(y, x)., $\qquad\qquad$ (1)

$\qquad\qquad\quad$ R(x, y) :- B(x, y)., $\qquad\qquad$ (2)

$\qquad\qquad\quad$ R(x, y) :- R(x, z), B(z, y), R(y, z). $\}$ $\quad$ (3)

und $K' \equiv$ $\quad$ R(x, y) :- R(x, z), B(z, y). $\qquad\qquad$ (4)

Dann kann man K' durch die in Bild 14.1 gezeigten K-Reduktionsschritte in eine allgemeingültige Klausel (der Form $A_0 \in \{A_1,...,A_n\}$) überführen, wobei wir kleingedruckt auch jeweils die benutzte Klausel K aus K und die benutzte Variablensubstitution γ und $\gamma(K)$ angeben.

$$R(x, y) \;:\text{-}\; R(x, z),\; B(z, y).$$
$$B(x, y) \;:\text{-}\; \qquad\qquad B(y, x). \quad \text{mit } \gamma_1 := \begin{pmatrix} y & x \\ z & y \end{pmatrix} \text{ ergibt:}$$
$$B(y, z) \;:\text{-}\; \qquad\qquad B(z, y).$$

$$\rightarrow_K \quad R(x, y) \;:\text{-}\; R(x, z),\; B(z, y),\; B(y, z).$$
$$R(x, y) \;:\text{-}\; \qquad\qquad\qquad\qquad B(x, y). \quad \text{mit } \gamma_2 := \begin{pmatrix} x & y \\ y & z \end{pmatrix} \text{ ergibt:}$$
$$R(y, z) \;:\text{-}\; \qquad\qquad\qquad\qquad B(y, z).$$

$$\rightarrow_K \quad R(x, y) \;:\text{-}\; R(x, z),\; B(z, y),\; B(y, z),\; R(y, z).$$
$$R(x, y) \;:\text{-}\; R(x, z),\; B(z, y), \qquad\qquad R(y, z). \quad \text{mit } \gamma_3 := \text{id}$$

$$\rightarrow_K \quad R(x, y) \;:\text{-}\; R(x, z),\; B(z, y),\; B(y, z),\; R(y, z),\; R(x, y).$$

Bild 14.1 Beispiel für K-Reduktionen

Für Leser, die mit Methoden des *automatischen Beweisens* vertraut sind, skizzieren wir anhand eines weiteren Beispiels noch kurz, daß das entwickelte Reduktionsverfahren als eine auf die Bedürfnisse des logischen Datenmodells abgestellte Anwendung von *Resolution* und *Paramodulation* (siehe z.B. [ChLe 73], [HoKu 89]) gedeutet werden kann. Eine ausführlichere Darstellung dieses Zusammenhangs findet man in [BiCo 91].

Um $K \models K$ zu zeigen, wird beim automatischen Beweisen die *Unerfüllbarkeit* von $K \cup \{\neg K\}$, d.h. $\text{Mod}(K \cup \{\neg K\}) = \emptyset$ nachgewiesen. K ist eine Disjunktion von Literalen, in der alle Variablen implizit allquantifiziert sind. $\neg K$ wird dann zu der Konjunktion der negierten Literale umgewandelt, in der alle Variablen implizit existenzquantifiziert sind und damit auch als *Skolemkonstanten* angesehen werden können. Ein Reduktionsschritt gemäß Fall 1 aus Definition 14.2 entspricht dann einer Resolution. Ein Reduktionsschritt gemäß den Fällen 2 und 3 aus Definition 14.2 entspricht einer Resolution, gefolgt von Paramodulationen. Ein Reduktionsschritt gemäß Fall 4 aus Definition 14.2 entspricht einer Resolution, gefolgt mit einer weiteren Resolution mit einem *Eindeutigkeitsaxiom für Namen* der Form $c \neq c'$. Die in einem Reduktionsschritt benutzte Variablensubstitution γ erweist sich jeweils als *allgemeinster Unifikator* (most general unifier, kurz mgu), weil in den Literalen von $\neg K$ alle Terme Konstantenzeichen oder Skolemkonstanten sind.

Als Beispiel betrachten wir die in Bild 14.2a gezeigte Anwendung des Reduktionsverfahrens. Die Unerfüllbarkeit der zugeordneten Klauselmenge $K \cup \{\neg K\}$ kann dann auch mit dem entsprechenden, in Bild 14.2b skizzierten Beweis durch Resolution und Paramodulation nachgewiesen werden.

14.2.2 Redundanz von Klauseln und Prämissen

Wir wollen nun einen genauen Redundanzbegriff einführen. Sei dazu im folgenden

$D = \text{<EDB | IDB | SC>}$ ein LOGODAT - Schema,

< T | Q > eine Anfrage, insbesondere also $\text{concl}(Q) \subset R \setminus (\text{rel}(D) \cup \{=\})$,

$K \in Q$ eine Anfrageklausel der Form $K \equiv A_0 \;:\text{-}\; A_1,...,A_i,...,A_m.$

a) $\mathbf{K} := \{$ R(z, y, x)   :- R(x, y, z).,   Regel (1)
            z = z'   :- R(x, y, z), R(x', y, z'). $\}$ Regel (2)

    $\mathbf{K} \equiv$ R(c, v, c)   :- R(c, v, w).   Behauptung

      R(z, y, x)   :- R(x, y, z).   mit $\gamma_1 = \begin{pmatrix} x & y & z \\ c & v & w \end{pmatrix}$ ergibt:
      R(w, v, c)   :- R(c, v, w).

$\rightarrow_{\mathbf{K}}$ R(c, v, c)   :- R(c, v, w), R(w, v, c).
      z = z'   :- R(x, y, z), R(x', y, z').   mit $\gamma_2 = \begin{pmatrix} x & y & z & x' & z' \\ c & v & w & w & c \end{pmatrix}$ ergibt:
      w = c   :- R(c, v, w), R(w, v, c).

$\rightarrow_{\mathbf{K}}$ R(c, v, c)   :- R(c, v, c).

b)   Prämisse der Behauptung

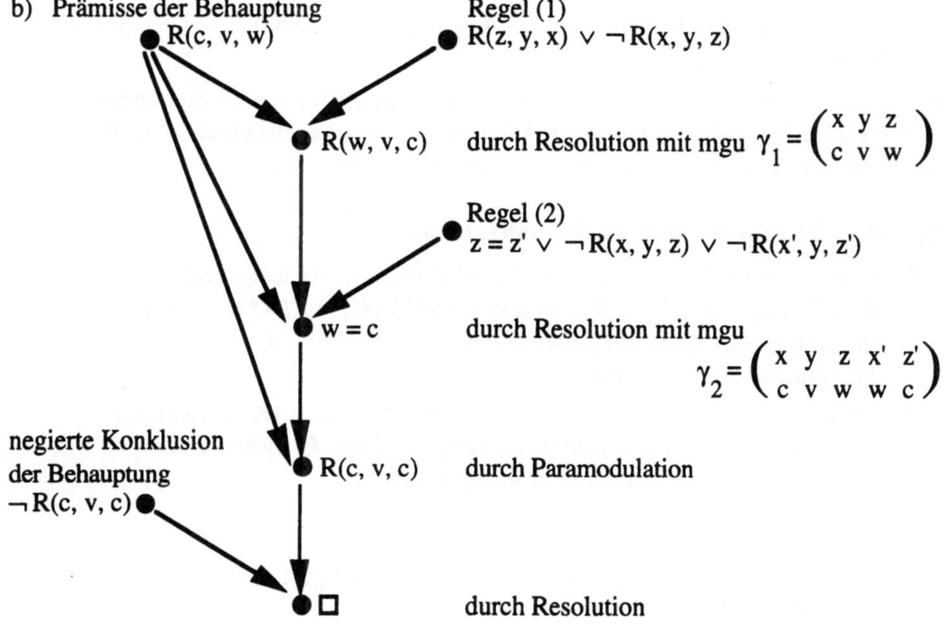

Bild 14.2   Beweis a)   einer Implikation durch das Reduktionsverfahren
                b)   der zugeordneten Unerfüllbarkeit durch Resolution und
                   Paramodulation

Definition 14.3 [Redundanz von Anfrageklauseln oder Prämissen]

1. Die Anfrageklausel K heißt *redundant* in **Q** bezüglich D   :gdw
   für alle Instanzen f zu D gilt $\text{eval}_D(< T \mid \mathbf{Q} >)(f) = \text{eval}_D(< T \mid \mathbf{Q} \setminus \{K\} >)(f)$.

2. Die Prämisse A_i der Anfrageklausel K heißt *redundant* in K bezüglich D und **Q**
   :gdw   für alle Instanzen f zu D gilt
   $\text{eval}_D(< T \mid \mathbf{Q} >)(f) =$
   $\text{eval}_D(< T \mid (\mathbf{Q} \setminus \{K\}) \cup \{A_0 :- A_1,...,A_{i-1},A_{i+1},...,A_n.\} >)(f)$.

Wir bemerken zunächst, daß für $T \notin \mathbf{EDB} \cup \text{concl}(\mathbf{IDB} \cup \mathbf{Q})$ stets $\text{eval}_D(< T \mid \mathbf{Q}>)(f)$ $= \emptyset$ und daß für $T \in \mathbf{EDB} \cup \text{concl}(\mathbf{IDB})$ stets $\text{eval}_D(< T \mid \mathbf{Q}>)(f) = \text{eval}_D(< T \mid \emptyset>)(f)$ gilt. Deshalb betrachten wir im folgenden nur Anfragen mit $T \in \text{concl}(\mathbf{Q})$. Außerdem kann deshalb eine Klausel K mit $T = \text{concl}(K) \notin \text{concl}(\mathbf{Q} \setminus \{K\})$ im allgemeinen nicht redundant sein.

Ferner bemerken wir, daß für die in den Definitionen der Redundanz geforderten Gleichheiten jeweils eine Inklusion trivial ist, denn wegen

$\mathbf{Q} \models \mathbf{Q} \setminus \{K\}$ bzw.

$(\mathbf{Q} \setminus \{K\}) \cup \{A_0 :\text{-} A_1,...,A_{i-1},A_{i+1},...,A_n.\} \models \mathbf{Q}$

gilt gemäß dem grundlegenden Lemma 14.1 über äquivalente Umformungen für alle Instanzen f zu D:

$\text{eval}_D(< T \mid \mathbf{Q}>)(f) \supset \text{eval}_D(< T \mid \mathbf{Q} \setminus \{K\}>)(f)$ bzw.

$\text{eval}_D(< T \mid (\mathbf{Q} \setminus \{K\}) \cup \{A_0 :\text{-} A_1,...,A_{i-1},A_{i+1},...,A_n.\}>)(f)$

$\supset \text{eval}_D(< T \mid \mathbf{Q}>)(f).$

Der folgende Satz zeigt, daß die beiden Arten von Redundanz – Redundanz einer Anfrageklausel bzw. Redundanz einer Prämisse – im wesentlichen einheitlich behandelt werden können, weil sie wechselseitig aufeinander reduzierbar sind.

Satz 14.5 [Reduktion der Redundanzarten]

Es seien die obigen Definitionen und Einschränkungen vorausgesetzt.

1. Sei $K^* \equiv A_0 :\text{-} A_0,A_1,...,A_m.$ und $\mathbf{Q}^* := (\mathbf{Q} \setminus \{K\}) \cup \{K^*\}$. Dann gilt:
   Die Anfrageklausel K ist redundant in $\mathbf{Q}$ bezüglich D   gdw
   die Prämisse A_0 ist redundant in K^* bezüglich D und $\mathbf{Q}^*$.

2. Sei $K' \equiv A_0 :\text{-} A_1,...,A_{i-1},A_{i+1},...,A_m.$ und $\mathbf{Q}' := \mathbf{Q} \cup \{K'\}$. Dann gilt:
   Die Prämisse A_i ist redundant in K bezüglich D und $\mathbf{Q}$ gdw
   die Klausel K' ist redundant in $\mathbf{Q}'$ bezüglich D.

Beweis:

1. Zunächst bemerken wir, daß gemäß Definition von $\mathbf{Q}^*$ gilt:

   $(\mathbf{Q}^* \setminus \{K^*\}) \cup \{K\}$

   $= ((\mathbf{Q} \setminus \{K\}) \cup \{K^*\}) \setminus \{K^*\}) \cup \{K\}$

   $= \mathbf{Q}$

   Ferner gilt trivialerweise

   $(\mathbf{Q} \setminus \{K\}) \cup \{K^*\} \models \mathbf{Q} \setminus \{K\}$

   und, da K^* offensichtlich allgemeingültig ist, ebenfalls

   $\mathbf{Q} \setminus \{K\} \models (\mathbf{Q} \setminus \{K\}) \cup \{K^*\}.$

"$\Rightarrow$" Sei K redundant in $\mathbf{Q}$ bezüglich D. Dann gilt für alle Instanzen f zu D:

   $\text{eval}_D (< T \mid (\mathbf{Q}^* \setminus \{K^*\}) \cup \{K\}>)(f)$

   $= \text{eval}_D (< T \mid \mathbf{Q}>)(f)$ Definition von $\mathbf{Q}^*$

   $= \text{eval}_D (< T \mid (\mathbf{Q} \setminus \{K\}>)(f)$ K redundant in $\mathbf{Q}$

   $= \text{eval}_D (< T \mid (\mathbf{Q} \setminus \{K\}) \cup \{K^*\}>)(f)$ K^* allgemeingültig

   $= \text{eval}_D (< T \mid \mathbf{Q}^*>)(f)$ Definition von $\mathbf{Q}^*$

Also ist A_0 redundant in K^* bezüglich D und $\mathbf{Q}^*$.

"⇐": Sei A_0 redundant in K* bezüglich D und Q*.
Dann gilt für alle Instanzen f zu D:

$$\text{eval}_D \,(< T \mid Q>)(f)$$
$$= \text{eval}_D \,(< T \mid (Q^* \setminus \{K^*\}) \cup \{K\}>)(f) \qquad \text{Definition von } Q^*$$
$$= \text{eval}_D \,(< T \mid (Q^*)>)(f) \qquad A_0 \text{ redundant in } K^*$$
$$= \text{eval}_D \,(< T \mid (Q \setminus \{K\}) \cup \{K^*\}>)(f) \qquad \text{Definition von } Q^*$$
$$= \text{eval}_D \,(< T \mid (Q \setminus \{K\}>)(f) \qquad K^* \text{ allgemeingültig}$$

Also ist K redundant in Q bezüglich D.

2. Wir bemerken zunächst wieder, daß gemäß Definition von Q' gilt

$$Q' \setminus \{K'\} = (Q \cup \{K'\}) \setminus \{K'\} = Q.$$

Ferner gilt trivialerweise

$$Q \cup \{K'\} \models (Q \setminus \{K\}) \cup \{K'\}$$

und, da offensichtlich $K' \models K$, ebenfalls

$$(Q \setminus \{K\}) \cup \{K'\} \models Q \cup \{K'\}.$$

"⇒": Sei A_i redundant in K bezüglich D und Q. Dann gilt für alle Instanzen f zu D:

$$\text{eval}_D \,(< T \mid Q' \setminus \{K'\}>)(f)$$
$$= \text{eval}_D \,(< T \mid Q>)(f) \qquad \text{Definition von } Q'$$
$$= \text{eval}_D \,(< T \mid (Q \setminus \{K\}) \cup \{K'\}>)(f) \qquad A_i \text{ redundant in } K$$
$$= \text{eval}_D \,(< T \mid Q \cup \{K'\}>)(f) \qquad K' \models K$$
$$= \text{eval}_D \,(< T \mid Q'>)(f) \qquad \text{Definition von } Q'$$

Also ist K' redundant in Q' bezüglich D.

"⇐": Sei K' redundant in Q'. Dann gilt für alle Instanzen f zu D:

$$\text{eval}_D \,(< T \mid (Q \setminus \{K\}) \cup \{K'\}>)(f)$$
$$= \text{eval}_D \,(< T \mid Q \cup \{K'\}>)(f) \qquad K' \models K$$
$$= \text{eval}_D \,(< T \mid Q'>)(f) \qquad \text{Definition von } Q'$$
$$= \text{eval}_D \,(< T \mid Q' \setminus \{K'\}>)(f) \qquad K' \text{ redundant in } Q'$$
$$= \text{eval}_D \,(< T \mid Q>)(f) \qquad \text{Definition von } Q'$$

Also ist A_i redundant in K bezüglich D und Q. ∎

Das oben beschriebene Reduktionsverfahren kann zu Umformungen von Anfragen benutzt werden, die die Semantik für *Instanzen* (d.h. die semantischen Bedingungen erfüllende Ausprägungen) erhalten. Genauer zeigen wir, daß eine Anfrageklausel K mit Hilfe der übrigen Anfrage- und Schemaklauseln "reduziert" werden kann.

Lemma 14.6 [Reduktionen von Anfragen]

Es seien wieder die obigen Definitionen und Einschränkungen vorausgesetzt. Ferner seien

$$K := \mathbf{IDB} \cup \mathbf{SC} \cup (Q \setminus \{K\}),$$
$$K =: K_1 \rightarrow_K K_2 \rightarrow_K \ldots \rightarrow_K K_r$$

eine Folge von K-Reduktionsschritten derart, daß K_r K-reduziert ist, und

$$Q_i := (Q \setminus \{K\}) \cup \{K_i\}.$$

Dann gilt für alle Instanzen f zu D: $\text{eval}_D(< T \mid Q >)(f) = \text{eval}_D(< T \mid Q_i >)(f)$.

Beweis (durch Induktion über i):

Für i = 1 ist das Lemma trivial. Wir können also die Richtigkeit für i $\geq$ 1 induktiv voraussetzen und müssen dann zeigen, daß für alle Instanzen f zu D gilt:

(1) $\text{eval}_D(< T \mid Q_i >)(f) = \text{eval}_D(< T \mid Q_{i+1} >)(f)$.

Wegen $K_i \models K_{i+1}$ gilt $Q_i \models Q_{i+1}$ und damit gemäß dem grundlegenden Lemma 14.1 über äquivalente Umformungen

(2) $\text{eval}_D(< T \mid Q_i >)(f) \supset \text{eval}_D(< T \mid Q_{i+1} >)(f)$.

Zum Nachweis der umgekehrten Inklusion zeigen wir etwas allgemeiner, daß

(3) $\text{fix}(f \cup \mathbf{IDB} \cup Q_i) \subset \text{fix}(f \cup \mathbf{IDB} \cup Q_{i+1})$.

Gemäß dem Satz 7.4 über die Korrektheit und Vollständigkeit der Fixpunktsemantik ist $M(\text{fix}(f \cup \mathbf{IDB} \cup Q_i))$ eine (bezüglich der Mengeninklusion) kleinste Struktur, die Modell von $f \cup \mathbf{IDB} \cup Q_i$ ist. Also folgt (3) unmittelbar aus der Behauptung, daß

(3*) $M(\text{fix}(f \cup \mathbf{IDB} \cup Q_{i+1})) \in \text{Mod}(f \cup \mathbf{IDB} \cup Q_i)$,

die wir im folgenden nachweisen.

Nun gilt nach dem Hilfssatz 7.3 über Grundfakten-Transformationen, daß

(4) $M(\text{fix}(f \cup \mathbf{IDB} \cup Q_{i+1})) \in \text{Mod}(f \cup \mathbf{IDB} \cup Q_{i+1})$.

Ferner kann der Fixpunkt wie folgt in zwei Stufen berechnet werden:

(5) $\text{fix}(f \cup \mathbf{IDB} \cup Q_{i+1}) = \text{fix}(\text{fix}(f \cup \mathbf{IDB}) \cup Q_{i+1})$.

Da $\text{fix}(f \cup \mathbf{IDB}) = \text{compl}_D(f)$ und f Instanz zu D ist, folgt

(6) $M(\text{fix}(f \cup \mathbf{IDB})) \in \text{Mod}(\mathbf{SC})$.

Da einerseits die semantischen Bedingungen aus **SC** sich nur auf $\mathbf{EDB} \cup \text{concl}(\mathbf{IDB}) \subset \text{rel}(D)$ beziehen und andererseits gemäß der Syntax von LOGODAT-Anfragen $\text{concl}(Q_{i+1}) \cap \text{rel}(D) = \emptyset$ gilt, bleibt Eigenschaft (6) erhalten, wenn auch die zweite Stufe des Fixpunkts entsprechend (5) berechnet wird, d.h. es gilt auch

(7) $M(\text{fix}(f \cup \mathbf{IDB} \cup Q_{i+1})) \in \text{Mod}(\mathbf{SC})$.

Dann ergibt sich (3*) wie folgt:

$M(\text{fix}(f \cup \mathbf{IDB} \cup Q_{i+1}))$

$\quad \in \text{Mod}(f \cup \mathbf{IDB} \cup \mathbf{SC} \cup Q_{i+1})$ gemäß (4), (7)

$\quad = \text{Mod}(f \cup \mathbf{IDB} \cup \mathbf{SC} \cup (Q \setminus \{K\}) \cup \{K_{i+1}\})$ Definition von Q_{i+1}

$\quad = \text{Mod}(f \cup K \cup \{K_{i+1}\})$ Definition von **K**

$\quad \subset \text{Mod}(f \cup K \cup \{K_i\})$ $K \cup \{K_{i+1}\} \models K_i$

$\quad \subset \text{Mod}(f \cup \mathbf{IDB} \cup Q_i)$ Definition von **K** und Q_i ∎

Der folgende Satz über Redundanzerkennung durch logische Implikation liefert das Hauptergebnis dieses Unterabschnittes: um die Redundanz einer Klausel K in einem Anfrageprogramm **Q** zu zeigen, ist es hinreichend nachzuweisen, daß diese Klausel vom restlichen Anfrageprogramm $\mathbf{Q} \setminus \{K\}$ und vom LOGODAT - Schema logisch impliziert wird. Dieser Nachweis kann zum Beispiel mit dem in Unterabschnitt 14.2.1 vorgestellten Reduktionsverfahren erfolgen. Beim Nachweis können die Vereinbarungen aus dem LOGODAT - Schema, also die Sichtdefinitionen **IDB** und insbesondere die semantischen Bedingungen **SC** wesentlich ausgenutzt werden. Dadurch wird das grundlegende Lemma 14.1 bedeutend verschärft.

Satz 14.7 [Redundanzerkennung durch logische Implikation]

Es seien wieder die obigen Definitionen und Einschränkungen vorausgesetzt.
Falls $\mathbf{IDB} \cup \mathbf{SC} \cup (\mathbf{Q} \setminus \{K\}) \models K$,
dann ist K redundant in $\mathbf{Q}$ bezüglich D.

Beweis:
Sei wieder $K := \mathbf{IDB} \cup \mathbf{SC} \cup (\mathbf{Q} \setminus \{K\})$ und K_r das Ergebnis einer mit K beginnenden Folge von K-Reduktionsschritten, und $\mathbf{Q}_r := (\mathbf{Q} \setminus \{K\}) \cup \{K_r\}$.

Da K-Reduktionen gemäß Satz 14.3 K-Implikationen erhalten, folgt aus der Voraussetzung, daß $K \models K_r$. Gemäß Satz 14.4 bedeutet diese K-Implikation für die K-reduzierte Klausel K_r, daß K_r allgemeingültig ist. Also folgt

$$\mathbf{Q} \setminus \{K\} \models \mathbf{Q}_r \, ;$$

trivialerweise gilt ebenfalls

$$\mathbf{Q}_r \models \mathbf{Q} \setminus \{K\} \, .$$

Mit dem grundlegenden Lemma 14.1 über äquivalente Umformungen folgt:

(1) für alle Ausprägungen f zu D: $\mathrm{eval}_D(< T \mid \mathbf{Q} \setminus \{K\} >)(f) = \mathrm{eval}_D(< T \mid \mathbf{Q}_r >)(f)$.

Mit dem obigen Lemma 14.6 über Reduktionen von Anfragen folgt:

(2) für alle Instanzen f zu D: $\mathrm{eval}_D(< T \mid \mathbf{Q} >)(f) = \mathrm{eval}_D(< T \mid \mathbf{Q}_r >)(f)$.

Aus (1) und (2) folgt dann die Redundanz von K in $\mathbf{Q}$ bezüglich D. ∎

Beispiel [Fortsetzung]:
Wir betrachten das LOGODAT - Schema $D = < \mathbf{EDB} \mid \mathbf{IDB} \mid \mathbf{SC} >$ mit

$\mathbf{EDB} := \{B\},$
$\mathbf{IDB} := \emptyset,$
$\mathbf{SC} := \{B(x, y) :\text{-} B(y, x).\}$ (1)

und die LOGODAT-Anfrage $< R \mid \mathbf{Q} >$ mit

$\mathbf{Q} := \{$ $R(x, y) :\text{-} B(x, y).,$ (2)
            $R(x, y) :\text{-} R(x, z), B(z, y), R(y, z). \}.$ (3)

Wir wollen zeigen, daß die letzte Prämisse $R(y, z)$ redundant in (3) bezüglich D und $\mathbf{Q}$ ist. Dies ist gemäß Satz 14.5 äquivalent damit, daß die Restklausel

$$K' \equiv R(x, y) :\text{-} R(x, z), B(z, y). \qquad (4)$$

redundant in $\mathbf{Q'} := \mathbf{Q} \cup \{K'\}$ bezüglich D ist.
Dies wiederum folgt aus dem vorangehenden Satz 14.7, weil wir weiter oben bereits mit Hilfe des Reduktionsverfahrens gezeigt haben, daß

$$\mathbf{SC} \cup \mathbf{Q} \models K'.$$

14.2.3 Optimierung von Tableaus

Wir behandeln nun noch ein recht spezielles Problem, für das aber unter gewissen
Bedingungen eine exakte Optimierung gelingt. Sei dazu R ein n-stelliges
Relationensymbol, das eine gespeicherte (oder auch erschlossene) Relation r bezeichne.
Sei ferner S ein weiteres Relationensymbol der Stelligkeit k mit $k \leq n$. Falls $k < n$, so
notieren wir S dennoch n-stellig, indem wir für fehlende Stellen einfach ein Leerzeichen,
etwa $\sqcup$, einsetzen. Wir betrachten dann LOGODAT-Anfragen der Form $< S \mid \{K\}>$ mit
einer Anfrageklausel

$$K \equiv S(t_{0,1},...,t_{0,n}) :\text{-} R(t_{1,1},...,t_{1,n}),...,R(t_{m,1},...,t_{m,n}),$$

wobei folgende Eigenschaften erfüllt seien:

- Die in den Prämissen vorkommenden *Terme* sind wie üblich *Individuenvariablen*
  oder *Konstantenzeichen*, d.h. $t_{i,j} \in C \cup V$.
- Die in der Konklusion vorkommenden "Terme" sind wie üblich *Individuenvariablen*
  oder *Konstantenzeichen* oder – an "fehlenden Stellen" – das *Leerzeichen* $\sqcup$,
  d.h. $t_{0,j} \in C \cup V \cup \{\sqcup\}$.
- Die Anfrageklausel ist *bereichsbeschränkt*, d.h. jede in der Konklusion vorkommende
  Individuenvariable kommt auch in mindestens einer der Prämissen vor. Die in der
  Konklusion vorkommenden Individuenvariablen nennen wir *frei* (distinguished); die
  anderen Individuenvariablen nennen wir (existentiell) *gebunden* (nondistinguished).
- Die Anfrage ist *getypt*, d.h. kommt eine Individuenvariable x in der Anfrageklausel
  mehrfach vor, etwa $x = t_{i1,j1} = ... = t_{ip,jp}$, so liegen diese Vorkommen alle in der
  gleichen Stelle, d.h. $j1 = ... = jp$.

Eine solche LOGODAT-Anfrage ist im wesentlichen identifizierbar mit einem *Tableau*
für ein Relationenschema $< R \mid U>$ mit $U = \{A_1,...,A_n\}$ und Zeilenindexmenge $E =
\{1,...,m\}$, in dem der Vergleichsoperator = stets weggelassen ist und in dem die Ausgabe
nicht durch den Operator P., sondern durch die in der Konklusion vorkommenden echten
Terme angegeben wird. Bild 14.3 zeigt den allgemeinen Aufbau eines solchen Tableaus.
Eine Anfrageklausel K der obigen Form werden wir im folgenden als *Tableau*
bezeichnen und, indem wir einen Stellenindex j mit dem zugehörigen Attribut A_j
identifizieren, auch kurz wie folgt notieren: $K = (t_{i,A})_{i \in E \cup \{0\},\, A \in U}$

R	A_1	A_2		A_n
Konklusion	$t_{0,1}$	$t_{0,2}$	$\cdots$	$t_{0,n}$
Prämisse 1	$t_{1,1}$	$t_{1,2}$	$\cdots$	$t_{1,n}$
Prämisse 2	$t_{2,1}$	$t_{2,2}$	$\cdots$	$t_{2,n}$
$\vdots$	$\vdots$	$\vdots$		$\vdots$
Prämisse m	$t_{m,1}$	$t_{m,2}$	$\cdots$	$t_{m,n}$

Bild 14.3 Aufbau eines Tableaus

Die *Semantik* von K, angewandt auf eine (als Menge von Grundfakten aufgefaßte) Relation r über U können wir (wie allgemein in LOGODAT) *deklarativ* mittels der logischen Implikation $\models$ oder als *Fixpunkt* mittels der zugeordneten *Grundfakten-Transformation* $T_{r \cup \{K\}}$ definieren. Da kein Relationensymbol rekursiv verwendet wird, gilt dann:

$$eval(K)(r)$$
$$= \{S(c_1,...,c_n).\ |\ r \cup \{K\} \models S(c_1,...,c_n).\ \text{mit } c_1,...,c_n \in C\}$$
$$= \{S(c_1,...,c_n).\ |\ S(c_1,...,c_n). \in fix(r \cup \{K\})\}$$
$$= \{S(c_1,...,c_n).\ |\ S(c_1,...,c_n). \in T_{r \cup \{K\}}(\emptyset) \cup T_{r \cup \{K\}}(T_{r \cup \{K\}}(\emptyset))\}$$
$$= \{S(c_1,...,c_n).\ |\ S(c_1,...,c_n). \in T_K(r)\}$$
$$= \{S(c_1,...,c_n).\ |\ \text{es gibt eine Variablenbelegung } \gamma \text{ mit}$$
$$\gamma(S(t_{0,1},...,t_{0,n})) = S(c_1,...,c_n)\ \text{ und}$$
$$\gamma(R(t_{i,1},...,t_{i,n}).) \in r\ \text{ für alle } i \in E\}$$

Dabei liefere entsprechend der oben eingeführten Verabredung jede Variablenbelegung γ für das Leerzeichen $\sqcup$ stets wieder das Leerzeichen, d.h. $\gamma(\sqcup) := \sqcup$. Zur Vereinfachung werden wir auch jeweils die entsprechenden Schreibweisen des relationalen Datenmodells verwenden:

$r \subseteq_{endlich} \{\mu\ |\ \mu : U \to C\}$;

$t_i : U \to C \cup V \cup \{\sqcup\}\ \text{ mit } t_i (A) := t_{i,A}$;

$\gamma(t_0) : \{A\ |\ A \in U \text{ und } t_{0,A} \neq \sqcup\} \to C\ \text{ und}$

$\gamma(t_i) : U \to C\ \text{ für } i \in E \text{ mit}$

$\gamma(t_i)(A) := \gamma(t_{i,A})\ \text{ für } i \in E \cup \{0\}, A \in U$;

$eval(K) : \{r\ |\ dom\ r = U\} \to \{s\ |\ dom\ s = \{A\ |\ A \in U, t_{0,A} \neq \sqcup\}\}\ \text{ mit}$

$eval(K)(r) = \{\gamma(t_0)\ |\ \gamma \text{ ist Variablenbelegung mit } \gamma(t_i) \in r\ \text{ für alle } i \in E\}$.

Beispiel: Wir betrachten die Anfrage $< S\ |\ \{K\} >$ mit der Anfrageklausel

$K \equiv S(a_1, \sqcup, a_3) :\text{-} R(a_1, b_2, b_3), R(b_1, b_2, a_3)$.

Wie in der Literatur üblich sind die freien Individuenvariablen durch a's und die gebundenen Individuenvariablen durch b's notiert. Diese Anfrage kann man mit dem in Bild 14.4 gezeigten Tableau für das Relationenschema $< R\ |\ U >$ mit $U = \{A, B, C\}$ und Zeilenindexmenge $E = \{1, 2\}$ identifizieren. Für die im Bild angegebene Instanz r ergibt sich die ebenfalls gezeigte Auswertung $eval(K)(r)$.

K =		A	B	C
	0	a_1		a_3
	1	a_1	b_2	b_3
	2	b_1	b_2	a_3

r	A	B	C
	1	1	1
	1	2	1
	2	2	1
	1	2	2

eval(K)(r) =	A	C
	1	1
	1	2
	2	1
	2	2

Bild 14.4 Ein Tableau K, eine Instanz r und die Auswertung von K bezüglich r

Die Ergebnistupel erhält man, indem man Variablenbelegungen gemäß folgender Übersicht wählt:

		a_1	a_3	b_1	b_2	b_3
1. Tupel:	γ_1	1	1	1	1	1
2. Tupel:	γ_2	1	2	1	2	2
3. Tupel:	γ_3	2	1	2	2	1
4. Tupel:	γ_4	2	2	1	2	1

Man beachte, daß die Anfrage äquivalent zu folgendem Ausdruck der relationalen Algebra ist:

$$\pi_{\{A,\,C\}}(\pi_{\{A,\,B\}}(R) \bowtie \pi_{\{B,\,C\}}(R))$$

Dabei entsprechen die Operanden des natürlichen Verbundes den beiden Prämissen der Anfrageklausel, und die abschließende Projektion auf $\{A, C\}$ entspricht der Konklusion der Anfrageklausel und legt unter den Annahmen der Bereichsbeschränktheit und Getyptheit das Frei- bzw. Gebundensein der Variablen fest.

Für festgewählte Relationenzeichen R und S sei nun **TK** die Menge aller Tableaus (Anfrageklauseln) mit den oben angegebenen Eigenschaften. Wir stellen uns dann die folgende *Optimierungsaufgabe* für die Klasse **TK**: Zu einem gegebenen Tableau (bzw. Anfrageklausel) $K \in$ **TK** ist ein Tableau $K_{min} \in$ **TK** mit folgenden Eigenschaften zu bestimmen:

1. [*äquivalente Semantik*]   eval(K) = eval(K_{min}).
2. [*minimale Anzahl von Prämissen*]   Die Kardinalität der Zeilenindexmenge E_{min} von K_{min} ist minimal (unter allen zu K äquivalenten Tableaus aus **TK**).

Man beachte, daß die um 1 verminderte Anzahl der Prämissen einer Anfrageklausel gerade gleich der Anzahl der Verbundoperationen ist, die man zur Auswertung der Anfrageklausel benötigt. Ziel der Optimierung ist es also, so wenig Verbundoperationen wie möglich auszuführen.

Satz 14.8 [Einbettung von Tableaus]

Seien $K1 \equiv S(x_{0,1},...,x_{0,n})$:- $R(x_{1,1},...,x_{1,n}),...,R(x_{m1,1},...,x_{m1,n})$.

   $= (x_{i,A})_{i \in E1\cup\{0\},\, A \in U}$

und $K2 \equiv S(y_{0,1},...,y_{0,n})$:- $R(y_{1,1},...,y_{1,n}),...,R(y_{m2,1},...,y_{m2,n})$.

   $= (y_{j,A})_{j \in E2\cup\{0\},\, A \in U}$

Tableaus aus **TK**. Dann sind folgende Aussagen untereinander äquivalent:

1. eval(K2)(r) $\supset$ eval(K1)(r) für alle Relationen r mit dom r = U.
2. K2 |= K1.
3. Es gibt eine (Zeilenindex-) *Einbettung* $\Psi : E2 \cup \{0\} \to E1 \cup \{0\}$ mit
   i) $\Psi(0) = 0$,
   ii) $\Psi(j) \in E1$ für alle $j \in E2$,
   iii) es gibt eine Variablensubstitution ψ der in K2 vorkommenden Individuenvariablen durch in K1 vorkommende Individuenvariablen oder Konstantenzeichen mit $\psi(y_j) = x_{\Psi(j)}$ für alle $j \in E2 \cup \{0\}$.

Beweis:

"2. $\Rightarrow$ 1.": Dies ist gerade die Aussage des grundlegenden Lemmas über äquivalente Umformungen.

"1. $\Rightarrow$ 3.": Aus dem Tableau K1 konstruieren wir zunächst eine (sogenannte Tableau-) Relation, indem wir die in K1 vorkommenden Individuenvariablen derart belegen, daß verschiedene Variablen mit verschiedenen Konstantenzeichen belegt werden und daß diese Konstantenzeichen nicht im Tableau K2 vorkommen. Formaler ausgedrückt, sei γ eine injektive Variablenbelegung derart, daß $\gamma(y)$ nicht in K2 vorkommt für alle Variablen y aus K1, und

$$r := \{ \gamma(x_i) \mid i \in E1 \}.$$

Dann gilt

$$\gamma(x_0) \in \text{eval}(K1)(r) \quad \text{nach Definition von r und gemäß Fixpunktsemantik}$$
$$\subset \text{eval}(K2)(r) \quad \text{nach Voraussetzung.}$$

Also gibt es eine Variablenbelegung δ der in K2 vorkommenden Variablen mit

$$\delta(y_0) = \gamma(x_0),$$
$$\delta(y_j) \in r \quad \text{für alle } j \in E2.$$

Wir definieren dann für $j \in E2$

$$\Psi(j) := \text{ein } i \in E1 \text{ mit } \delta(y_j) = \gamma(x_i), \text{ d.h. es gilt}$$
$$\delta(y_j) = \gamma(x_{\Psi(j)}).$$

Ψ ist dann eine (Zeilenindex-) Einbettung vermöge folgender Variablensubstitution ψ:

ist y eine in K2 vorkommende Variable, etwa $y = y_{j,\,A}$ mit $j \in E2$,

so sei $\psi(y) := x_{\Psi(j),\,A}$.

Ψ hat offensichtlich dann die gewünschten Eigenschaften einer Einbettung, wenn ψ wohldefiniert ist, d.h. wenn die Definition von $\psi(y)$ unabhängig ist von der Stelle des Vorkommens von y in K2. Die Eigenschaften von γ sichern aber gerade diese Bedingungen.

"3. $\Rightarrow$ 2.": Da das Relationensymbol S verschieden vom Relationensymbol R ist, können wir nach den Voraussetzungen über Ψ und ψ auf K1 einen $\{K2\}$-Reduktionsschritt anwenden und erhalten dabei wegen $\psi(y_0) = x_0$ als neue Prämisse gerade die Konklusion von K1, d.h. insgesamt eine allgemeingültige Formel. Da $\{K2\}$-Reduktionsschritte $\{K2\}$-Implikationen erhalten, folgt K2 $\models$ K1. $\blacksquare$

Beispiel:

Sei $K1 \equiv S(a_1, a_2, \sqcup) :\text{-} R(a_1, a_2, b_1), R(b_2, a_2, b_3).$ =

	A	B	C
0	a_1	a_2	
1	a_1	a_2	b_1
2	b_2	a_2	b_3

und $K2 \equiv S(a_2, a_3, \sqcup) :\text{-} R(a_2, a_3, b_3).$ =

	A	B	C
0	a_2	a_3	
1	a_2	a_3	b_3

Offensichtlich gilt K2 |= K1, wobei die Zeilenindex-Einbettung $\Psi : E2 \cup \{0\} \to E1 \cup \{0\}$ durch $\Psi(1) := 1$ bestimmt ist. Umgekehrt ist auch $\theta : E1 \cup \{0\} \to E2 \cup \{0\}$ mit $\theta(1) := 1$ und $\theta(2) := 1$ eine Zeilenindex-Einbettung vermöge der Variablensubstitution

$$\vartheta = \begin{pmatrix} a_1 & a_2 & b_1 & b_2 & b_3 \\ a_2 & a_3 & b_3 & a_2 & b_3 \end{pmatrix}.$$

Dann gilt K1 |= K2, was man auch sieht, wenn man auf K2 eine $\{K1\}$-Reduktion mittels der Variablensubstitution ϑ durchführt:

$$S(a_2, a_3, \sqcup) \;:\text{-}\; R(a_2, a_3, b_3).$$

$$S(a_1, a_2, \sqcup) \quad:\text{-}\; R(a_1, a_2, b_1), R(b_2, a_2, b_3). \qquad \text{mit } \vartheta \text{ ergibt:}$$
$$S(a_2, a_3, \sqcup) \quad:\text{-}\; R(a_2, a_3, b_3), R(a_2, a_3, b_3).$$

$$\to_{\{K1\}} \; S(a_2, a_3, \sqcup) \;:\text{-}\; R(a_2, a_3, b_3), S(a_2, a_3, \sqcup).$$

Korollar 14.9 [Äquivalenz von Tableaus]

Seien $K1 \equiv (x_{i,A})_{i \in E1 \cup \{0\}, A \in U}$ und $K2 \equiv (y_{j,A})_{j \in E2 \cup \{0\}, A \in U}$ Tableaus aus **TK**. Dann sind K1 und K2 äquivalent, d.h. eval(K1) = eval(K2) genau dann, wenn es eine Einbettung

$$\Psi : E2 \cup \{0\} \to E1 \cup \{0\} \quad \text{und eine Einbettung} \quad \theta : E1 \cup \{0\} \to E2 \cup \{0\}$$

(jeweils mit den oben in Satz 14.8 angegebenen Eigenschaften) gibt.

Beweis: Folgt unmittelbar aus dem obigen Satz.   ∎

Ein erster Ansatz zur Lösung der Optimierungsaufgabe für die Klasse **TK** aller Tableaus könnte nun darin bestehen, systematisch alle Tableaus aus **TK** mit Hilfe des Einbettungsbegriffs auf Äquivalenz mit dem gegebenen Tableau K zu testen. Der folgende Satz besagt, daß man dafür aber nicht die gesamte Klasse **TK** zu betrachten hat, sondern nur solche Tableaus, die aus dem gegebenen Tableau durch Streichen von Prämissen entstehen.

Satz 14.10 [exakte Optimierung durch Streichen von Prämissen]

Sei $K \equiv (x_{i,A})_{i \in E \cup \{0\}, A \in U}$ ein Tableau. Dann gibt es eine Teilmenge $E^* \subset E$, so daß für das Tableau $K^* \equiv (x_{i,A})_{i \in E^* \cup \{0\}, A \in U}$ gilt:

1. eval(K) = eval(K*).
2. Die Kardinalität der Zeilenindexmenge E* von K* ist minimal (unter allen zu K äquivalenten Tableaus aus **TK**).

Beweis: Sei $K_{min} \equiv (y_{j,A})_{j \in E_{min}, A \in U}$ eine beliebige Lösung der Optimierungsaufgabe. Gemäß obigem Korollar 14.9 gibt es dann Einbettungen

$$\Psi : E \cup \{0\} \to E_{min} \cup \{0\} \quad \text{und}$$
$$\theta : E_{min} \cup \{0\} \to E \cup \{0\}.$$

Man kann leicht nachprüfen, daß die Komposition dieser Einbettungen,

$$\theta \circ \Psi : E \cup \{0\} \to E \cup \{0\},$$

ebenfalls eine Einbettung ist.

Sei $E^* := \theta \circ \Psi \ [E] \subset E$ die Menge der Zeilenindizes, die als Bilder von $\theta \circ \Psi$ vorkommen. K^* entsteht dann durch Streichen derjenigen Prämissen, die *nicht* als Bilder von $\theta \circ \Psi$ vorkommen. Dann gilt:

1. K und K^* sind gemäß obigem Korollar 14.9 äquivalent, weil
   $\theta \circ \Psi : E \cup \{0\} \to E^* \cup \{0\}$ und
   $id : E^* \cup \{0\} \to E \cup \{0\}$ mit $id(j) := j$
   Einbettungen sind.
2. Die Kardinalität von E^* ist minimal, weil nach Konstruktion von E^* deren Kardinalität kleiner oder gleich der (als minimal vorausgesetzten) Kardinalität von E_{min} sein muß. ∎

Die Optimierungsaufgabe für die Klasse **TK** aller Tableaus kann also derart gelöst werden, daß man systematisch alle Teiltableaus des gegebenen Tableaus K daraufhin testet, ob K in das Teiltableau eingebettet werden kann. Da die Anzahl der Teiltableaus mit der Kardinalität der Zeilenindexmenge des gegebenen Tableaus K exponentiell wächst, muß man damit rechnen, daß ein solches Optimierungsverfahren eine exponentielle Laufzeit benötigt (was man mit Hilfe des Begriffs der NP-Vollständigkeit präzisieren kann).

Verzichtet man darauf, für jedes gegebene Tableau K tatsächlich ein minimales Teiltableau zu finden, so kann man mit geeigneten Heuristiken gezielter als durch systematisches Ausprobieren Prämissen streichen. Wir werden im folgenden eine solche Heuristik vorstellen, daraus ein allgemeines "Optimierungs"-Verfahren entwickeln und schließlich eine Teilklasse von **TK** bestimmen, für deren Elemente dieses Verfahren tatsächlich das Optimum, also ein Tableau, dessen Kardinalität der Zeilenindexmenge minimal ist, liefert.

Die Eigenschaften einer Einbettung besagen zunächst, daß die folgende Überdeckungs-Bedingung *notwendig* dafür ist, daß für die gesuchte Einbettung $\Psi(i) := j$ gewählt werden darf:

* *Überdeckungs-Bedingung*:
  Eine (möglicherweise zu streichende) Prämisse i wird durch eine (zu erhaltene) Prämisse j *überdeckt*, wenn für alle $A \in U$ gilt:
  falls $x_{i,A} = x_{0,A} \in V$ (d.h. $x_{i,A}$ ist freie Individuenvariable) oder $x_{i,A} \in C$,
  dann $x_{i,A} = x_{j,A}$.

Von der folgenden Verbund-Heuristik werden wir anschließend beweisen, daß sie *hinreichend* dafür ist, daß eine Einbettung Ψ Äquivalenz-erhaltend ist:

* *Verbund-Heuristik*:
  Für die zu suchende Einbettung wählen wir $\Psi(i) := j$, wenn sowohl die Prämisse i als auch jede Prämisse, die mit Prämisse i über gebundene Individuenvariablen "(transitiv) verbunden" ist, von der Prämisse j überdeckt wird; in diesem Fall wählen wir sogar $\Psi(k) := j$ für jede "verbundene" Prämisse k.

Genauer definieren wir für ein Tableau $K \equiv (x_{i,A})_{i \in E \cup \{0\}, A \in U}$ und Zeilenindizes i, j $\in$ E mit i $\neq$ j die mit i bezüglich j *verbundene Zeilenindexmenge* verb(K, i, j) induktiv als kleinste Menge mit folgenden Eigenschaften:

i) i $\in$ verb(K, i, j);

ii) falls k $\in$ verb(K, i, j), l $\in$ E mit l $\neq$ k, und es gibt A $\in$ U derart,

daß $x_{k,A} = x_{l,A} \in V \backslash \{x_{0,A}\}$, d.h. $x_{k,A} = x_{l,A}$ ist eine gebundene Individuenvariable, und daß $x_{j,A} \neq x_{k,A}$,

dann gilt auch l $\in$ verb(K, i, j).

Beispiel: Sei

	A1	A2	A3	A4	A5
K1 = 0	a_1	a_2			
1	a_1	a_2	b_1	b_2	b_3
2	a_1	b_4	b_7	b_5	b_3
3	b_6	a_2	b_7	b_2	b_8
4	b_9	a_2	b_{10}	b_{11}	b_3

Wir bestimmen induktiv verb(K1, 2, 1):

i)   2 $\in$ verb(K1, 2, 1).

ii_1) Prämisse 2 ist direkt nur mit Prämisse 3 über b_7 verbunden:

weil 3 $\in$ E := $\{1, 2, 3, 4\}$ und weil für A := A3 gilt:

$x_{2,A3} = b_7 = x_{3,A3}$ ist gebundene Individuenvariable und

$x_{1,A3} = b_1 \neq b_7 = x_{2,A3}$,

folgt 3 $\in$ verb(K, 2, 1);

die gebundenen Individuenvariablen b_4 und b_5 kommen sonst nirgends mehr vor.

ii_2) Prämisse 3 seinerseits ist mit keiner anderen Prämisse verbunden, denn die Individuenvariablen b_6 und b_8 kommen sonst nirgends mehr vor, und die Individuenvariable b_2 kommt nur in $x_{1,A3}$ vor (wodurch die Forderung $x_{j,A} \neq x_{k,A}$ für j = 1 und k = 3 unerfüllbar wird).

Also ergibt sich verb(K1, 2, 1) = $\{2, 3\}$.

Satz 14.11 [Verbund-Heuristik ist Äquivalenz-erhaltend]

Seien $K \equiv (x_{i,A})_{i \in E \cup \{0\}, A \in U}$ ein Tableau, i, j $\in$ E mit i $\neq$ j derart, daß j alle Zeilenindizes aus verb(K, i, j) überdeckt, und $\Psi : E \cup \{0\} \rightarrow E \cup \{0\}$ mit

$$\Psi(l) = \begin{cases} j & \text{falls } l \in \text{verb}(K, i, j) \\ l & \text{sonst} \end{cases}$$

Dann gilt:

1. Ψ ist Einbettung (von E $\cup$ $\{0\}$ in (E \ verb(K, i, j)) $\cup$ $\{0\}$).

2. Für E* := E \ verb(K, i, j) und $K^* \equiv (x_{i,A})_{i \in E^* \cup \{0\}, A \in U}$ ergibt sich eval(K) = eval(K*).

Beweis:

1. Die Eigenschaften i) und ii) einer Einbettung sind nach Definition von Ψ offensichtlich erfüllt. Zum Beweis von Eigenschaft iii) definieren wir eine Variablen–substitution ψ wie folgt:

ist x eine in K vorkommende Individuenvariable, etwa $x = x_{l,A}$ mit $l \in E$, so sei
$$\psi(x) := x_{\Psi(l),A}.$$
Wir müssen dann zeigen, daß

a. ψ wohldefiniert ist, d.h. daß $\psi(x)$ unabhängig ist von der Stelle des Vorkommens, und

b. $\psi(x_l) = x_{\Psi(l)}$ für alle $l \in E \cup \{0\}$.

Zu a. bemerken wir zunächst, daß die Überdeckungs-Bedingung sicherstellt, daß die freien Variablen, unabhängig von ihrem Vorkommen, auf sich selbst abgebildet werden. Sei dann also b eine mehrfach vorkommende gebundene Variable. Da K getypt ist, liegen diese Vorkommen alle in der gleichen, etwa durch Attribut A bezeichneten Stelle, so daß etwa

$$b := x_{k,A} = x_{l,A}$$

gelte. Wir zeigen dann $x_{\Psi(k),A} = x_{\Psi(l),A}$ durch Fallunterscheidung:

Falls $k \notin \text{verb}(K, i, j)$ und $l \notin \text{verb}(K, i, j)$, dann gilt:

$$\begin{aligned} x_{\Psi(k),A} &= x_{k,A} && \text{Definition von } \Psi \\ &= x_{l,A} && \text{Voraussetzung} \\ &= x_{\Psi(l),A} && \text{Definition von } \Psi \end{aligned}$$

Falls $k \in \text{verb}(K, i, j)$ und $l \in \text{verb}(K, i, j)$, dann gilt:

$$x_{\Psi(k),A} = x_{j,A} = x_{\Psi(l),A} \qquad \text{Definition von } \Psi$$

Falls $k \in \text{verb}(K, i, j)$ und $l \notin \text{verb}(K, i, j)$, dann gilt:

$$\begin{aligned} x_{\Psi(k),A} &= x_{j,A} && \text{Definition von } \Psi \\ &= b && \text{weil andernfalls Eigenschaft ii) der mit i bezüglich j} \\ & && \text{verbundenen Zeilenindexmenge } l \in \text{verb}(K, i, j) \text{ bewirken} \\ & && \text{würde} \\ &= x_{l,A} && \text{Definition von b} \\ &= x_{\Psi(l),A} && \text{Definition von } \Psi \end{aligned}$$

Falls $k \notin \text{verb}(K, i, j)$ und $l \in \text{verb}(K, i, j)$, dann ergibt sich die Behauptung wie im vorangehenden Fall.

Zu b. brauchen wir nun nur noch zu zeigen, daß Konstantenzeichen durch Ψ auf sich selbst abgebildet werden. Dies folgt aber direkt aus der Überdeckungs-Bedingung.

2. K und K* sind gemäß Korollar 14.9 äquivalent, weil $\Psi : E \cup \{0\} \to E^* \cup \{0\}$ und id: $E^* \cup \{0\} \to E \cup \{0\}$ mit id(l) := l Einbettungen sind. ∎

Wir geben nun das angekündigte "Optimierungs"-Verfahren an.

```
PROCEDURE Tableauoptimierung (K1 : Tableau) : Tableau;
```
$(*\ K1 \equiv (x_{i,A})_{i\,\in\,E1\cup\{0\},\,A\,\in\,U}\ *)$
```
VAR  E : Zeilenindexmenge;
     K : Tableau                (* mit Zeilenindexmenge E *);
     Verbund : Zeilenindexmenge  (* für verbundene Prämissen *);
BEGIN
(* initialisiere *)
```
$E := E1;$

$K := K1;$

(* entferne überdeckte "verbundene" Mengen von Prämissen *)
```
   FOR ALL i ∈ E1 DO
      FOR ALL j ∈ E1 DO
         IF i ≠ j und i ∈ E und j ∈ E
         THEN
```
            Verbund := verb(K, i, j);
            IF j überdeckt alle Zeilenindizes aus Verbund
```
            THEN            (* streiche die Zeilen (Prämissen) aus Verbund *)
```
               $E := E \setminus Verbund;$
               $K := (x_{i,A})_{i\,\in\,E\cup\{0\},\,A\,\in\,U}$
```
            END
         END
      END
   END;
   RETURN K
END Tableauoptimierung;
```

Beispiel [Fortsetzung]: Für obiges Tableau K1 haben wir bereits verb(K1, 2, 1) = {2, 3} bestimmt. Da Prämisse 1 sowohl Prämisse 2 als auch Prämisse 3 überdeckt, können die Prämissen 2 und 3 gestrichen werden, und man erhält:

		A1	A2	A3	A4	A5
K' =	0	a_1	a_2			
	1	a_1	a_2	b_1	b_2	b_3
	4	b_9	a_2	b_{10}	b_{11}	b_3

Berechnet man dann verb(K', 4, 1) = {4} und stellt fest, daß Prämisse 1 die Prämisse 4 überdeckt, so kann auch die Prämisse 4 gestrichen werden, und man erhält:

		A1	A2	A3	A4	A5
K'' =	0	a_1	a_2			
	1	a_1	a_2	b_1	b_2	b_3

Da weitere Streichungen offensichtlich nicht möglich sind, wird K'' zurückgeliefert.

14.2.4 Exakte Optimierung einfacher Tableaus

Wir geben nun eine hinreichende Bedingung dafür an, daß die Prozedur `Tableauoptimierung` tatsächlich ein Tableau mit minimaler Anzahl von Prämissen liefert.

Definition 14.4 [einfache Tableaus]

Ein Tableau $K \equiv (x_{i,A})_{i \in E \cup \{0\},\, A \in U}$ heißt *einfach* :gdw für alle $A \in U$ gilt: falls eine *gebundene* Individuenvariable b in der Stelle A mehrfach vorkommt (d.h. es gibt i1 $\neq$ i2 mit $b = x_{i1,A} = x_{i2,A} \neq x_{0,A}$), dann kommt innerhalb der Prämissen in der Stelle A *kein anderer Term mehrfach* vor.

Anschaulich besagt diese Bedingung: wenn ein Attribut (Stelle) A als "verborgenes Verbindungsattribut " (zwischen Prämissen) dient, dann stellt dieses Attribut keine weiteren Verbindungen her. Jedes Attribut (Eigenschaft des modellierten Seienden bzw. der modellierten Beziehung) wird also höchstens einmal benutzt, um die gewünschten Ergebnisse zu beschreiben. Man kann erwarten, daß diese Bedingung meistens erfüllt sein wird (wenn die Anfrage überhaupt als Tableau ausdrückbar ist).

Satz 14.12 [Tableauoptimierung]

Sei $K1 = (x_{i,A})_{i \in E1 \cup \{0\},\, A \in U}$ ein Tableau. Ferner sei
$K2 = (x_{i,A})_{i \in E2 \cup \{0\},\, A \in U}$ das durch einen
Aufruf von `Tableauoptimierung(K1)` gelieferte Tableau.
Dann gilt:

1. *[Tableauoptimierung erhält Semantik]*
   eval(K1) = eval(K2).

2. *[Tableauoptimierung liefert minimales Tableau für einfache Tableaus]*
   Falls K1 ein *einfaches Tableau* ist, dann ist die Kardinalität der Zeilenindexmenge E2 von K2 minimal (unter allen zu K1 äquivalenten Tableaus aus **TK**).

Beweis:

1. Der vorangehende Satz 14.11 über die Verbund-Heuristik besagt, daß eval(K1) = eval(K2) eine Invariante der Wiederholungsanweisung der Prozedur `Tableauoptimierung` ist.

2. Der Beweis stützt sich auf die folgenden drei Lemmas.

Das erste Lemma besagt, daß die in der Prozedur `Tableauoptimierung` vorgenommene Einschränkung, nur nach solchen Selbsteinbettungen zu suchen, die einen Fixpunkt besitzen (gemäß Beweis von Satz 14.11 wird das Streichen der Zeilen aus verb(K, i, j) durch eine Selbsteinbettung Ψ gerechtfertigt, für die $\Psi(j) = j$ gilt), die Allgemeinheit des Verfahrens nicht beeinträchtigt. Das zweite Lemma zeigt, daß für einfache Tableaus die Verbund-Heuristik gut ist, genauer daß für eine echte Selbsteinbettung mit Fixpunkt derart, daß $\Psi(i) = \Psi(j) = j$ gilt, notwendig auch die gesamte verbundene Zeilenindexmenge verb(K, i, j) auf j abgebildet werden muß. Das letzte Lemma enthält eine Aussage über den (Nicht-) Einfluß der Reihenfolge, in der die Zeilenindex-Paare i ≠ j von der Prozedur Tableauoptimierung betrachtet werden.

Lemma 1 [echte Selbsteinbettungen mit Fixpunkt]

Ist θ eine Einbettung von einem Tableau K mit Zeilenindexmenge E in sich selbst mit range θ $\subset\neq$ E, dann gibt es eine Einbettung Ψ von K in sich selbst derart, daß es Zeilenindizes i ≠ j mit Ψ(i) = Ψ(j) = j gibt.

Lemma 2 [für einfache Tableaus ist die Verbund-Heuristik gut]

Ist K ein *einfaches* Tableau und ist Ψ eine Einbettung gemäß Lemma 1, so gilt Ψ(l) = j für alle l ∈ verb(K, i, j).

Lemma 3 [Reihenfolge bei Wiederholungsanweisung in Tableau–optimierung beliebig]

Sei K' ein Wert der Programmvariablen K aus Tableauoptimierung. Prämisse j' überdecke alle l ∈ verb(K', i', j'), so daß K" durch Streichen der Prämissen aus verb(K', i', j') entsteht. Prämisse j" überdecke alle l ∈ verb(K", i", j"). Dann gilt: j" überdeckt auch alle l ∈ verb(K', i", j").

Die Gültigkeit der Lemmas voraussetzend, beweisen wir nun die Minimalität von K2 durch einen indirekten Beweis.

Angenommen, die Kardinalität der Zeilenindexmenge von K2 ist nicht minimal. Dann besagt der Satz 14.10 über die exakte Optimierung durch Streichen von Prämissen, daß K2 ein echtes äquivalentes Teiltableau K* mit Zeilenindexmenge E* $\subset\neq$ E2 enthält. Gemäß dem Korollar 14.9 über die Äquivalenz von Tableaus gibt es also eine Einbettung θ von K2 in K*, d.h. es gilt insbesondere range θ ⊂ E* $\subset\neq$ E2. Gemäß Lemma 1 gibt es dann auch eine Einbettung Ψ, so daß es i, j ∈ E2 mit i ≠ j und Ψ(i) = Ψ(j) = j gibt. Da nach Voraussetzung K1 einfach ist und damit auch K2 einfach ist, folgt aus Lemma 2, daß

Ψ(l) = j für alle l ∈ verb(K2, i, j).

Da die Überdeckungs-Bedingung notwendig ist, überdeckt die Prämisse j alle l ∈ verb(K2, i, j).

Sei nun K' der Wert der Programmvariablen K aus Tableauoptimierung, wenn die Wiederholung mit den Werten i und j ausgeführt wird. Lemma 3 (erweitert durch eine Induktion über die Ausführungen der Wiederholung) besagt dann:

Prämisse j überdeckt alle l ∈ verb(K', i, j).

Gemäß der Deklaration der Prozedur Tableauoptimierung werden also alle Zeilen verb(K', i, j) gestrichen. Insbesondere wird Zeile i gestrichen, d.h. i ∉ E2, was den gesuchten Widerspruch liefert.

Wir müssen nun noch die Beweise der drei Lemmas liefern.

Beweis Lemma 1: Sei $i \in E \setminus \text{range } \theta$. Da E endlich ist, gibt es Zahlen $p < q$ mit $\theta^p(i) = \theta^q(i)$. Dann ist

$\quad \Psi := \theta^{p(q-p)}$ wieder eine Einbettung von K in sich,

und man kann leicht nachrechnen, daß

$\quad j := \theta^{p(q-p)}(i)$

wie behauptet Fixpunkt von Ψ ist.

Beweis Lemma 2: (Induktion über die Erzeugung von verb(K, i, j))
i) Für $i \in \text{verb}(K, i, j)$ gilt $\Psi(i) = j$ nach Voraussetzung.
ii) Seien $k \in \text{verb}(K, i, j)$, $l \in E$ mit $k \neq l$, $A \in U$ derart, daß

$\quad x_{k,A} = x_{l,A} \in V \setminus \{x_{0,A}\}$ und $\qquad$ (1)
$\quad x_{j,A} \neq x_{k,A}.$ $\qquad\qquad\qquad$ (2)

Dann gilt:

$\quad x_{\Psi(l),\,A} = x_{\Psi(k),\,A} \qquad\qquad \Psi$ ist Einbettung, (1)
$\qquad\qquad\; = x_{j,\,A} \qquad\qquad\qquad$ Induktionsannahme
$\qquad\qquad\; \neq x_{k,\,A} \qquad\qquad\qquad$ gemäß (2)

Also folgt für die Stelle A:

$\quad$ die gebundene Individuenvariable $x_{k,A}$ kommt mehrfach vor;
$\quad$ der Term $x_{j,A}$ kommt in den Prämissen $\Psi(l)$ und j vor.

Da K ein einfaches Tableau ist, d.h. $x_{j,A}$ darf nicht mehrfach vorkommen, muß $\Psi(l) = j$ gelten.

Beweis Lemma 3:
Fall 1: $j' \notin \text{verb}(K'', i'', j'')$.
Wir zeigen dann durch Induktion über die Erzeugung von verb(K', i'', j''), daß

$\quad \text{verb}(K', i'', j'') \subset \text{verb}(K'', i'', j''),$

woraus dann unmittelbar die Gleichheit dieser Mengen und die Behauptung folgen:
i) Für $i'' \in \text{verb}(K', i'', j'')$ gilt $i'' \in \text{verb}(K'', i'', j'')$ nach Definition.
ii) Seien $k \in \text{verb}(K', i'', j'')$, $l \in E'$ mit $k \neq l$, $A \in U$ derart, daß

$\quad x_{k,A} = x_{l,A} \in V \setminus \{x_{0,A}\}$ und $\qquad$ (1)
$\quad x_{j'',A} \neq x_{k,A}.$ $\qquad\qquad\qquad$ (2)

Dann gilt auch

$\quad x_{j',A} \neq x_{k,A},$ $\qquad\qquad\qquad$ (3)

denn andernfalls würde gelten:

$\quad k \in \text{verb}(K'', i'', j'') \qquad\qquad$ gemäß Induktionsannahme;
$\quad x_{k,A} = x_{j',A} \qquad\qquad\qquad$ gemäß Annahme;
$\quad x_{k,A} \neq x_{j'',A} \qquad\qquad\qquad$ gemäß (2);

hieraus folgte aber $j' \in \text{verb}(K'', i'', j'')$ im Widerspruch zur Fallannahme.
Schließlich gilt auch

$\quad l \in E'', \text{ d.h. } l \notin \text{verb}(K', i', j'),$ $\qquad$ (4)

denn andernfalls folgte mit (1) und (3), daß ebenfalls $k \in \text{verb}(K', i', j')$ im Widerspruch zur Induktionsannahme.
(1), (2) und (4) besagen dann gerade, daß $l \in \text{verb}(K'', i'', j'')$.

Fall 2: $j' \in \text{verb}(K'', i'', j'')$.

Wir zeigen dann durch Induktion über die Erzeugung von $\text{verb}(K', i'', j'')$, daß

falls $l \in \text{verb}(K', i'', j'')$,

dann $l \in \text{verb}(K', i', j')$ oder $l \in \text{verb}(K'', i'', j'')$,

woraus im ersten Fall aus der Transitivität der Überdeckungseigenschaft (j'' überdeckt j' nach Fallannahme; j' überdeckt l) und im zweiten Fall unmittelbar die Behauptung folgt:

i)　Für $i'' \in \text{verb}(K', i'', j'')$ gilt $i'' \in \text{verb}(K'', i'', j'')$ nach Definition.

ii)　Seien $k \in \text{verb}(K', i'', j'')$, $l \in E'$ mit $k \neq l$, $A \in U$ derart, daß

$$x_{k,A} = x_{l,A} \in V \setminus \{x_{0,A}\} \text{ und} \qquad (5)$$

$$x_{j'',A} \neq x_{k,A} \, . \qquad (6)$$

Sei ferner

$$l \notin \text{verb}(K', i', j'), \text{ d.h. } l \in E'', \qquad (7)$$

so daß wir nun $l \in \text{verb}(K'', i'', j'')$ zu zeigen haben.

Falls $k \in \text{verb}(K'', i'', j'')$, so folgt aus (5), (6) und (7) auch $l \in \text{verb}(K'', i'', j'')$.

Falls $k \notin \text{verb}(K'', i'', j'')$, so besagt die Induktionsannahme, daß

$$k \in \text{verb}(K', i', j'). \qquad (8)$$

Aus (8), (5) und (7) ergibt sich

$$x_{j',A} = x_{k,A}. \qquad (9)$$

Die Fallannahme, (9) und (6) besagen dann gerade, daß $l \in \text{verb}(K'', i'', j'')$.　　■

Ein abschließendes Beispiel soll noch aufzeigen, wie das allgemeine Verfahren der Redundanzerkennung durch logische Implikation (Satz 14.7), das ja bei der Reduktion von Anfragen auch die Ausnutzung semantischer Bedingungen erlaubt, mit den besonderen Techniken der Tableauoptimierung verbunden werden kann.

Beispiel:　Sei $< R \mid U \mid SC >$ ein Relationenschema mit

$U := \{A1, A2, A3, A4\}$,

wobei als semantische Bedingungen zwei funktionale Abhängigkeiten vereinbart seien, nämlich

$SC := \{A2 \twoheadrightarrow A1, A1 \twoheadrightarrow A3\}$.

Wir betrachten das Tableau　　$K \equiv$

	A1	A2	A3	A4
0	a_1	a_2	a_3	a_4
1	a_1	b_5	b_1	b_2
2	b_3	b_5	a_3	b_4
3	a_1	a_2	b_6	b_7
4	a_1	b_8	b_9	a_4

Wir reduzieren zunächst K mit Hilfe der vereinbarten funktionalen Abhängigkeiten:

$A2 \twoheadrightarrow A1$, angewendet auf die Prämissen 1 und 2 erlaubt die Ersetzung von b_3 durch a_1;

$A1 \twoheadrightarrow A3$,　angewendet auf die Prämissen 1, 2, 3 und 4 erlaubt die Ersetzung von b_1, b_6 und b_9 durch a_3.

Wir erhalten damit das folgende einfache Tableau K', das für (die funktionalen Abhängigkeiten erfüllende) *Instanzen* äquivalent zu K ist:

	A1	A2	A3	A4
K' ≡ 0	a_1	a_2	a_3	a_4
1	a_1	b_5	a_3	b_2
2	a_1	b_5	a_3	b_4
3	a_1	a_2	a_3	b_7
4	a_1	b_8	a_3	a_4

Es ergibt sich dann:

verb(K', 1, 3) = {1, 2}, und Prämisse 3 überdeckt {1, 2}.

Also können die Prämissen 1 und 2 gestrichen werden, und man erhält als Endergebnis der Optimierung:

	A1	A2	A3	A4
K'' ≡ 0	a_1	a_2	a_3	a_4
3	a_1	a_2	a_3	b_7
4	a_1	b_8	a_3	a_4

14.2.5 Komplexitätsabschätzungen

Zum Abschluß dieses Abschnitts geben wir noch ohne Beweise einen groben Überblick über die Komplexität der behandelten Probleme. Das Äquivalenzproblem für die Klasse aller LOGODAT-Anfragen ist *unentscheidbar*. Man kann nämlich darauf das bekanntermaßen unentscheidbare Äquivalenzproblem für kontextfreie Grammatiken reduzieren, indem man die in Bild 14.5 kurz skizzierten Simulationen wählt.

Entscheidbare hinreichende Bedingungen für die Äquivalenz von bereichsbeschränkten und gleichheitsnormierten LOGODAT-Anfragen liefert das grundlegende Lemma 14.1 für äquivalente Umformungen von Anfragen. Das zu benutzende Reduktionsverfahren zur Entscheidung des Spezialfalls der logischen Implikation (die ihrerseits im allgemeinen unentscheidbar ist!) muß im ungünstigen Fall alle aus dem vorgegebenen syntaktischen Material aufbaubaren Formeln erschöpfend erzeugen. Ein auf Äquivalenzerkennung abgestütztes Optimierungsverfahren muß außerdem alle Möglichkeiten der Redundanzentfernung erschöpfend durchtesten. Die Optimierung von Tableaus erfordert nach heutigem Wissenstand immer noch exponentiellen Aufwand, während die Optimierung einfacher Tableaus offensichtlich in polynomialer Zeit erfolgen kann.

kontextfreie Grammatik	LOGODAT-Anfrage
Terminalwort: $w = a_1,...,a_k$	Ausprägung zur Basisrelation B: $f_w = \{\quad B(c_0, a_1, c_1).,$ $B(c_1, a_2, c_2).,$ $\vdots$ $B(c_{k-1}, a_k, c_k). \}$
Produktion: $A_0 \rightarrow p_1 \cdots p_m$	Anfrageklausel: $A_0(x_0, x_m) :\text{-} P_1,...,P_m.$ mit $P_i \equiv \begin{cases} B(x_{i-1}, p_i, x_i) & \text{falls } p_i \text{ terminal} \\ & \text{(dann wird } p_i \text{ als Konstantenzeichen benutzt)} \\ p_i(x_{i-1}, x_i) & \text{falls } p_i \text{ nichtterminal} \\ & \text{(dann wird } p_i \text{ als Relationensymbol benutzt)} \end{cases}$

Bild 14.5 Simulation kontextfreier Grammatiken durch LOGODAT-Anfragen

14.3 Einfache Ausführungspläne für Klauselmengen

In diesem Abschnitt behandeln wir Ausführungspläne für Anfragen in unserem logischen Datenmodell. Dazu setzen wir ein *LOGODAT-Schema*

$$D = < \textbf{EDB} \mid \varnothing \mid \textbf{SC} > \quad \text{mit } \textbf{EDB} = \{R_1,...,R_k\}$$

voraus (in dem vereinfachend keine Regeln für Sichtrelationen vereinbart sind) und betrachten dann ein *Anfrageprogramm*

$$Q = \{K_1,...,K_q\},$$

das aus (Horn-) *Klauseln* der Form

$$A_0 :\text{-} A_1,...,A_m. \qquad \text{mit rel } (A_0) \notin \textbf{EDB} \cup \{=\}$$

besteht (und vernachlässigen vereinfachend die Angabe eines Ergebnisrelationen-symbols). Unter der *Fixpunktsemantik* ist dann für eine solche Anfrage **Q** bezüglich einer (abgespeicherten) *Instanz*

$$f = (r_1,...,r_k)$$

der *Fixpunkt*

$$\text{fix } (f \cup Q) = \bigcup_{i \in \omega} T^i_{f \cup Q} (\varnothing) \qquad\qquad (1)$$

der $f \cup Q$ zugeordneten *Grundfakten-Transformation* $T_{f \cup Q}$ zu bestimmen, wobei die Folge der Annäherungen $T^i_{f \cup Q} (\varnothing)$ monoton wächst, d.h.

$$T^i_{f \cup Q} (\varnothing) \subset T^{i+1}_{f \cup Q} (\varnothing) \quad \text{für alle } i \in \omega. \qquad (2)$$

Bezeichnet man die im Anfrageprogramm **Q**, aber nicht in **EDB** vorkommenden Relationensymbole als das *relationale Schema* von **Q**,

$$\begin{aligned} RS\,(Q) &:= \text{rel}\,(Q) \setminus \textbf{EDB} \\ &= \{S_1,...,S_l\}, \end{aligned}$$

so kann der über f hinausgehende, also wirklich zu berechnende Teil des Fixpunkts als Ausprägung zu $RS\ (Q)$ aufgefaßt und in der Form

$\text{fix}\ (f \cup Q) \setminus f = \{s_1,...,s_1\}$ mit

$s_j := \{\ S_j\ (c_1,...,c_n).\ |\ S_j\ (c_1,...,c_n).\ \in\ \text{fix}\ (f \cup Q)\}$

aufgeschrieben werden.

Ein einfacher Ansatz für einen *Ausführungsplan* zum Anfrageprogramm **Q** besteht nun darin, den Fixpunkt entsprechend seiner Definition, nämlich durch

- wiederholte Anwendung der (monotonen) Grundfakten-Transformation,
- solange noch neue Grundfakten erzeugt worden sind,

zu berechnen. Dazu muß man natürlich insbesondere durch geeignete Einschränkungen sicherstellen,

- daß jede einzelne Anwendung der Grundfakten-Transformation ein endliches Ergebnis liefert und
- daß nach endlich vielen Anwendungen keine zusätzlichen Grundfakten mehr erzeugt werden.

Ferner erscheint es wünschenswert, die Grundfakten-Transformation auf bekannte Techniken, insbesondere für relationale Operationen abzustützen. Dazu bemerken wir zunächst, daß gemäß der Definition von Grundfakten-Transformationen für alle Mengen von Grundfakten $g \subset \mathbf{GF}$ gilt:

$$T_{f \cup Q}\ (g) = T_f\ (g) \cup T_Q\ (g)$$
$$= f \cup T_Q\ (g) \qquad\qquad (3)$$

Also brauchen wir – unabhängig von der Instanz f – nur die dem Anfrageprogramm **Q** zugeordnete Grundfakten-Transformation auf relationale Operationen zurückzuführen. Unter geeigneten leichten Einschränkungen ist dieses Vorhaben tatsächlich durchführbar, denn in einer Klauselmenge werden im wesentlichen nur die in Bild 14.6 aufgeführten Sprachmittel der Logik benutzt. Diese Sprachmittel sind aber auch im Relationenkalkül verfügbar, der seinerseits äquivalent mit der Relationenalgebra ist. Um die Entsprechungen zwischen Klauselmengen und relationalen Ausdrücken genauer auszuarbeiten, werden wir im folgenden die Stellen eines Relationensymbols nicht nur im relationalen, sonden auch im logischen Datenmodell mit Attributen bezeichnen. Diesen bislang nur grob umrissenen Ansatz wollen wir zunächst durch ein ausführliches Beispiel erläutern.

Logik	LOGODAT
atomare Formel	Prämisse
Konjunktion	trennendes Komma zwischen Prämissen
Disjunktion	mehrere Klauseln mit gleichem Relationensymbol in der Konklusion
Existenzquantifizierung einer Individuenvariablen	nur in Prämissen vorkommende Individuenvariable

Bild 14.6 In LOGODAT benutzte Sprachmittel der Logik

Beispiel: Die Basisrelationen seien bezeichnet durch

$\quad$ **EDB** = { R (R1,R2), S (S1, S2) }.

Das Anfrageprogramm habe relationales Schema

$\quad$ RS (Q) = { P (P1, P2), T (T1, T2) }

und sei gegeben durch die Klauselmenge

$\quad$ $Q = \{K_1, K_2, K_3, K_4, K_5\}$ mit

$\quad$ $K_1 \equiv$ P (P1 : x, P2 : y) :- R (R1 : x, R2 : z), S (S1 : z, S2 : y).

$\quad$ $K_2 \equiv$ P (P1 : x, P2 : a) :- R (R1 : x, R2 : x).

$\quad$ $K_3 \equiv$ P (P1 : x, P2 : y) :- S (S1 : x, S2 : b), x = c, y = d.

$\quad$ $K_4 \equiv$ T (T1 : x, T2 : y) :- P (P1 : x, P2 : u), S (S1 : z, S2 : y), u = z.

$\quad$ $K_5 \equiv$ T (T1 : x, T2 : y) :- T (T1 : x, T2 : z), T (T1 : z, T2 : y).

Wir verabreden zunächst wieder wie im Abschnitt 8.3 eine eineindeutige Zuordnung zwischen Individuenvariablen und Attributen, wobei der Individuenvariablen x das Attribut X entspreche. Dann übersetzen wir jede Prämisse mit einem Relationensymbol ungleich "=" in einen Projektion- bzw. Projektion-Selektion-Vergleich-Ausdruck, wobei wir für q-Projektionen die Attributfunktion q jeweils in der Tupelschreibweise notieren. Eine Prämisse der Form x = c übersetzen wir in einen konstanten Ausdruck. Der Definitionsbereich des Ausdrucks entspricht dabei jeweils genau der Menge der in der Prämisse vorkommenden Individuenvariablen.

Prämisse	Projektion-Selektion-Vergleich- bzw. konstanter Ausdruck
R(R1 : x, R2 : z)	$\pi \binom{x \quad z}{R1 \quad R2}(R)$
S(S1 : z, S2 : y)	$\pi \binom{z \quad Y}{S1 \quad S2}(S)$
R(R1 : x, R2 : x)	$\pi \binom{x}{R1}(\sigma_{R1=R2}(R))$
S(S1 : x, S2 : b)	$\pi \binom{x}{S1}(\sigma_{S2=b}(S))$
x = c	$\left\{\binom{X}{c}\right\}$
y = d	$\left\{\binom{Y}{d}\right\}$
P(P1 : x, P2 : u)	$\pi \binom{x \quad U}{P1 \quad P2}(P)$
T(T1 : x, T2 : z)	$\pi \binom{x \quad z}{T1 \quad T2}(T)$
T(T1 : z, T2 : y)	$\pi \binom{z \quad Y}{T1 \quad T2}(T)$

Für jede Klausel K_i übersetzen wir dann die Folge aller Prämissen in einen Vergleich-Verbund-Ausdruck, wobei die Operanden des Verbunds gerade die durch Übersetzung der oben genannten Prämissen entstandenen Ausdrücke sind, während die übrigen Prämissen (der Form $x = y$) die Vergleichsbedingung bestimmen.

Folge der Prämissen	Vergleich - Verbund - Ausdruck
$R(R1 : x, R2 : z), S(S1 : z, S2 : y)$	$\pi_{\binom{X\ Z}{R1\ R2}}(R) \bowtie \pi_{\binom{Z\ Y}{S1\ S2}}(S)$
$R(R1 : x, R2 : x)$	$\pi_{\binom{X}{R1}}(\sigma_{R1=R2}(R))$
$S(S1 : x, S2 : b), x = c, y = d$	$\pi_{\binom{X}{S1}}(\sigma_{S2=b}(S)) \bowtie \left\{ \binom{X}{c} \right\} \bowtie \left\{ \binom{Y}{d} \right\}$
	$= \sigma_{X=c}(\pi_{\binom{X}{S1}}(\sigma_{S2=b}(S))) \bowtie \left\{ \binom{Y}{d} \right\}$
	$= \pi_{\binom{X}{S1}}(\sigma_{S1=c \wedge S2=b}(S)) \bowtie \left\{ \binom{Y}{d} \right\}$
$P(P1 : x, P2 : u), S(S1 : z, S2 : y), \quad u = z$	$\sigma_{U=Z}(\pi_{\binom{X\ U}{P1\ P2}}(P) \bowtie \pi_{\binom{Z\ Y}{S1\ S2}}(S))$
$T(T1 : x, T2 : z), T(T1 : z, T2 : y)$	$\pi_{\binom{X\ Z}{T1\ T2}}(T) \bowtie \pi_{\binom{Z\ Y}{T1\ T2}}(T)$

Dann übersetzen wir jede Konklusion in eine q-Projektion, die auf den durch Übersetzung der Prämissenfolge entstandenen Ausdruck, der gegebenenfalls noch um konstante Ausdrücke erweitert werden muß, angewendet wird. Damit erhält man für jede Klausel K_i einen relationalen Ausdruck $\text{Exp}(K_i)$, dessen Definitionsbereich gerade die Menge der für das Relationensymbol $\text{concl}(K_i)$ vereinbarten Attribute ist.

Klausel K_i	relationaler Ausdruck $\text{Exp}(K_i)$
K_1	$\pi_{\binom{P1\ P2}{X\ Y}}(\pi_{\binom{X\ Z}{R1\ R2}}(R) \bowtie \pi_{\binom{Z\ Y}{S1\ S2}}(S))$
K_2	$\pi_{\binom{P1\ P2}{X\ P2}}(\pi_{\binom{X}{R1}}(\sigma_{R1=R2}(R)) \bowtie \left\{ \binom{P2}{a} \right\})$
K_3	$\pi_{\binom{P1\ P2}{X\ Y}}(\pi_{\binom{X}{S1}}(\sigma_{S1=c \wedge S2=b}(S)) \bowtie \left\{ \binom{Y}{d} \right\})$

Klausel K_i	relationaler Ausdruck $\mathrm{Exp}(K_i)$
K_4	$\pi_{\binom{T1\ T2}{X\ \ Y}}\left(\sigma_{U=Z}\left(\pi_{\binom{X\ \ U}{P1\ P2}}(P) \bowtie \pi_{\binom{Z\ \ Y}{S1\ S2}}(S)\right)\right)$
	$= \pi_{\binom{T1\ T2}{X\ \ Y}}\left(\pi_{\binom{X\ \ U}{P1\ P2}}(P) \bowtie \pi_{\binom{U\ \ Y}{S1\ S2}}(S)\right)$
K_5	$\pi_{\binom{T1\ T2}{X\ \ Y}}\left(\pi_{\binom{X\ \ Z}{T1\ T2}}(T) \bowtie \pi_{\binom{Z\ \ Y}{T1\ T2}}(T)\right)$

Abschließend bilden wir für jedes Relationensymbol aus dem relationalen Schema des Anfrageprogramms einen Vereinigung-Ausdruck. Als Operanden verwenden wir die Ausdrücke, die durch Übersetzung aus denjenigen Klauseln entstanden sind, die das Relationensymbol in der Konklusion enthalten. Für jedes dieser Relationensymbole stellen wir dann eine Wertzuweisung mit dem gebildeten Vereinigung-Ausdruck auf.

$$P\,(P1,\,P2) := \pi_{\binom{P1\ P2}{X\ \ Y}}\left(\pi_{\binom{X\ \ Z}{R1\ R2}}(R) \bowtie \pi_{\binom{Z\ \ Y}{S1\ S2}}(S)\right)$$

$$\cup\ \pi_{\binom{P1\ P2}{X\ \ P2}}\left(\pi_{\binom{X}{R1}}(\sigma_{R1=R2}(R)) \bowtie \left\{\binom{P2}{a}\right\}\right)$$

$$\cup\ \pi_{\binom{P1\ P2}{X\ \ Y}}\left(\pi_{\binom{X}{S1}}(\sigma_{S1=c \,\wedge\, S2=b}(S)) \bowtie \left\{\binom{Y}{d}\right\}\right)$$

$$T\,(T1,\,T2) := \pi_{\binom{T1\ T2}{X\ \ Y}}\left(\pi_{\binom{X\ \ U}{P1\ P2}}(P) \bowtie \pi_{\binom{U\ \ Y}{S1\ S2}}(S)\right)$$

$$\cup\ \pi_{\binom{T1\ T2}{X\ \ Y}}\left(\pi_{\binom{X\ \ Z}{T1\ T2}}(T) \bowtie \pi_{\binom{Z\ \ Y}{T1\ T2}}(T)\right)$$

Wir erhalten damit offensichtlich ein *System von Wertzuweisungen*, das die dem Anfrageprogramm **Q** zugeordnete Grundfakten-Transformation T_Q verwirklicht. Nimmt man noch formal die trivialen Wertzuweisungen für die Basisrelationen hinzu, nämlich

R(R1, R2) := R(R1, R2)   und

S(S1, S2) := S(S1, S2),

so erhält man eine Verwirklichung der Grundfakten-Transformation $T_{f\,\cup\,\mathbf{Q}}$.

Den durch dieses System von Wertzuweisungen bewirkten Datenfluß kann man durch einen sogenannten *Abhängigkeitsgraphen* veranschaulichen, in dem

durch ◯ bezeichnete *Stellen* Relationensymbole und

durch ▢ bezeichnete *Transitionen* die den Klauseln zugeordneten Ausdrücke

darstellen. In unserem Beispiel erhält man den Graphen aus Bild 14.7, den man auch als Regelgraphen (im Sinne von Abschnitt 5.2.2) oder als Netz (im Sinne von Abschnitt 5.2.3) deuten kann. Aus diesem Abhängigkeitsgraphen kann man jetzt eine *Kontrollstruktur* für einen Ausführungsplan zum Anfrageprogramm **Q** gewinnen. In diesem Beispiel soll der Ausführungsplan in Form einer Prozedur erstellt werden.

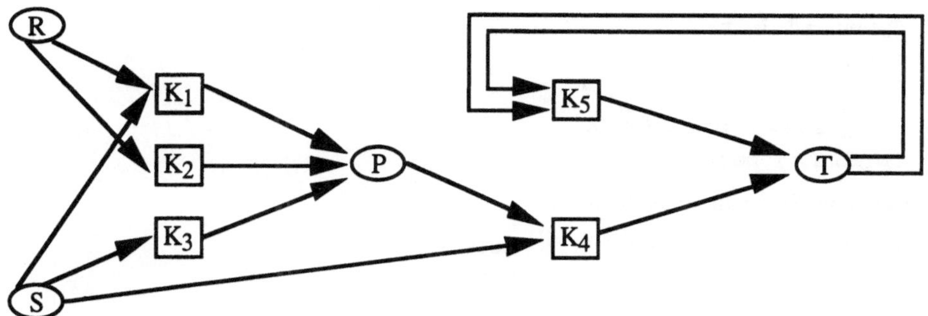

Bild 14.7   Abhängigkeitsgraph für eine Klauselmenge

Die Stellen der Basisrelationen ergeben die Eingabeparameter der Prozedur. Beim Ablauf der Prozedur werden sie wie üblich mit den Werten der gespeicherten Instanz initialisiert. Die Stellen des relationalen Schemas des Anfrageprogramms ergeben die Ausgabeparameter der Prozedur. Diese Parameter werden im allgemeinen in der Prozedur mit der leeren Tupelmenge initialisiert. Damit ergibt sich folgender Prozedurkopf:

```
PROCEDURE  Auswertung ( R, S : Relation;
                   VAR  P, T : Relation );
```

Die Transitionen ergeben Aufrufe der den Klauseln zugeordneten relationalen Ausdrücke.

Der *rückkopplungsfreie* Teil des Abhängigkeitsgraphen ergibt entsprechend einer topologischen Sortierung eine *Folge von Wertzuweisungen*. Da das Relationensymbol T auch im rückgekoppelten Teil vorkommt, benutzen wir zur Unterscheidung das Relationensymbol T_init.

```
P := Exp(K₁) ∪ Exp(K₂) ∪ Exp(K₃);
T_init := Exp(K₄);
```

Hier besteht im allgemeinen noch Spielraum für weitere Optimierung. So können insbesondere die Operanden einer Vereinigung (im Beispiel für P), aber auch Wertzuweisungen auf gleicher topologischer Stufe (kommt im Beispiel nicht vor) parallel ausgewertet werden, wobei mehrfach vorkommende Terme nur einmal berechnet werden müssen. Alle aus den Programmiersprachen bekannten Techniken zur Steuerung des Datenflusses bei solch parallel ausführbaren Anweisungen sind hier einsetzbar.

Der *rückgekoppelte* Teil des Abhängigkeitsgraphen ergibt eine *Wiederholungs-anweisung*. Deren Operationen bestehen wieder aus einer Folge von Wertzuweisungen für die betroffenen Relationensymbole, wobei wir die zu Beginn dieses Abschnittes angegebenen Eigenschaften (2) und (3) der zugrundeliegenden Grundfakten-Transformation ausnutzen. Die Abbruchbedingung der Wiederholungsanweisung überprüft, ob in einem Durchlauf (noch) eine Änderung der Werte für eine der betroffenen Relationen erfolgte. Für diese Überprüfung müssen jeweils sowohl die (unveränderten) Werte vor den Wertzuweisungen als auch die (veränderten) Werte nach den Wertzuweisungen geeignet verfügbar sein, was wir im Beispiel durch die zwischenzeitliche Erstellung einer Kopie für den neuberechneten Wert ausdrücken.

```
T_neu := T_init;
REPEAT
   T := T_neu;
   T_neu := T_init ∪ Exp(K₅)
UNTIL  T = T_neu;
```

Die gesamte Prozedur lautet dann:

```
PROCEDURE  Auswertung ( R, S : Relation;
                                VAR  P, T : Relation );
VAR   T_neu, T_init : Relation;
BEGIN
   P := Exp(K₁) ∪ Exp(K₂) ∪ Exp(K₃);
   T_init := Exp(K₄);
   T_neu := T_init;
   REPEAT
      T := T_neu;
      T_neu := T_init ∪ Exp(K₅)
   UNTIL  T = T_neu
END Auswertung;
```

Auch für den rückgekoppelten Teil des Abhängigkeitsgraphen besteht im allgemeinen
noch Spielraum für weitere Optimierung. So kann man insbesondere versuchen, das
wiederholte Erzeugen von schon vorhandenen Tupeln zu *vermeiden*. Eine notwendige
(aber im allgemeinen nicht hinreichende!) Bedingung für die Neuheit eines Tupels ist
offensichtlich durch die folgende Beobachtung gegeben:

Wird im j-ten Durchlauf ein Tupel μ für T erstmalig erzeugt, so wurde für die
Bildung von μ entsprechend $Exp(K_5)$ mindestens ein Tupel benutzt, das erst im
direkt vorangegangenen (j-1)-ten Durchlauf erzeugt wurde.

Deshalb liegt es nahe, für T jeweils den schon früher aufgelaufenen Teil und den im
letzten Durchlauf tatsächlich neu erzeugten Teil getrennt zu speichern, etwa als Werte
für die Relationensymbole

   T_init   bzw.   T_diff.

Der Wert von T ergibt sich dann jeweils als die Vereinigung von T_init und T_diff, und
die Abbruchbedingung prüft, ob T_diff in einem Durchgang leer geblieben ist.

In dem relationalen Ausdruck für die rekursive Klausel K_5 müssen wir nun die beiden
Vorkommen des Relationensymbols T (entsprechend den beiden Prämissen von K_5)
unterscheiden. Zweckmäßigerweise fassen wir dazu den Ausdruck als mit den
Relationensymbolen T' und T'' parametrisiert auf und bezeichnen mit $Exp(K_5, T', T'')$
den parametrisierten Ausdruck

$$\pi_{\binom{T1\ T2}{X\ Y}}\left(\pi_{\binom{X\ Z}{T1\ T2}}^{(T')} \bowtie \pi_{\binom{Z\ Y}{T1\ T2}}^{(T'')}\right).$$

Zerlegt man nun die Parameter wie oben angegeben, so zerfällt der zu berechnende
Verbund in vier Teile entsprechend folgender Skizze:

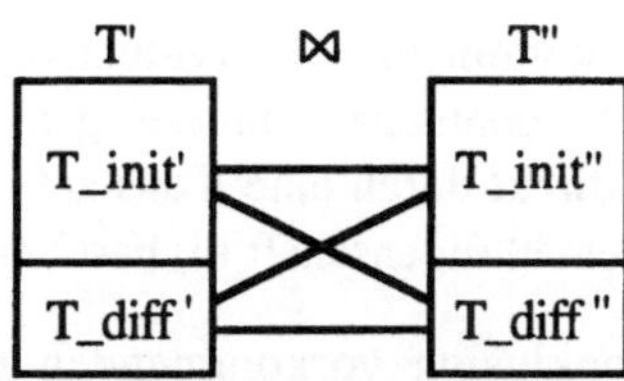

Der Teil T_init' $\bowtie$ T_init" kann aber gemäß obiger Beobachtung keine Tupel erstmalig liefern und kann deshalb entfallen.

Die gesamte Prozedur lautet dann:

```
PROCEDURE  Differenz_Auswertung ( R, S : Relation;
                                  VAR  P, T : Relation );
VAR   T_init, T_diff, T_diff_neu : Relation;
BEGIN
    P := Exp(K₁) ∪ Exp(K₂) ∪ Exp(K₃);
    T_diff_neu := Exp(K₄);
    T := ∅;
    REPEAT
        T_init := T;
        T_diff := T_diff_neu;
        T := T_init ∪ T_diff;
        T_diff_neu := (   Exp(K₅, T_init, T_diff)
                        ∪ Exp(K₅, T_diff, T_diff)
                        ∪ Exp(K₅, T_diff, T_init))
                        \  T
    UNTIL  T_diff_neu = ∅
END Differenz_Auswertung;
```

Um die bislang am Beispiel vorgeführte Erstellung eines Ausführungsplans allgemein zu beschreiben, geben wir zunächst eine geeignete Einschränkung für die eingangs genannten Endlichkeitsbedingungen an.

Definition 14.5 [sichere Klauseln]

Sei $K \equiv A_0 :\text{-} A_1,...,A_m.$ eine Klausel.

1. Eine in K vorkommende Individuenvariable x heißt *beschränkt* (limited)   :gdw
    i)   x in einer Prämisse A_i mit einem Relationensymbol ungleich "=" vorkommt
         oder
    ii) x in einer Prämisse A_i der Form x=a oder a=x mit einem Konstantenzeichen a vorkommt oder
    iii) x in einer Prämisse A_i der Form x=y oder y=x mit einer beschränkten Individuenvariablen y vorkommt.

2. K heißt *sicher* (safe)   :gdw
    jede in K vorkommende Individuenvariable ist beschränkt.

Der Begriff der "Sicherheit" lockert und verschärft gleichzeitig den Begriff der "Bereichsbeschränktheit":

- Die in der Konklusion vorkommenden Individuenvariablen müssen nicht mehr unbedingt direkt durch eine "ordentliche Prämisse" gemäß Eigenschaft i) beschränkt sein, sondern können auch direkt durch eine Konstante gemäß Eigenschaft ii) oder indirekt über Gleichheiten gemäß Eigenschaft iii) beschränkt werden.

- Auch die nicht in der Konklusion vorkommenden Individuenvariablen sollen beschränkt sein, damit auch für Zwischenergebnisse stets die Endlichkeit sichergestellt ist. (Da aber syntaktisch erkennbar ist, daß Wertebelegungen für solche Variablen nicht zum eigentlichen Ergebnis beitragen, könnte man grundsätzlich auch auf diese Verschärfung verzichten).

Für die Übersetzung von Anfrageklauseln in relationale Ausdrücke setzen wir nunmehr folgendes voraus:

- Alle Klauseln sind *sicher*.
- Die die Stellen bezeichnenden *Attribute* sind alle *untereinander verschieden* und verschieden von den den Individuenvariablen entsprechenden Attributen. Dies läßt sich gegebenenfalls durch Umbenennungen erreichen.

Um die Übersetzung einfacher beschreiben zu können, *normieren* wir alle Klauseln, so daß zusätzlich gilt:

- In einer Konklusion kommt kein Konstantenzeichen vor.
- In einer Prämisse mit einem Relationensymbol ungleich "=" kommt kein Konstantenzeichen vor.
- In einer Prämisse kommt jede Individuenvariable nur einmal vor.

Diese Normierung ist der in Abschnitt 14.1 vorausgesetzten Gleichheitsnormierung entgegengesetzt. Sie läßt sich leicht erreichen, indem man jeweils eine neue Individuenvariable und eine entsprechende neue Gleichheitsprämisse einführt:

nicht normiert	normiert
R(.., Ri : a, ..) :- ...	R(.., Ri : z, ..) :- .., z = a.
:- .., R(.., Ri : a, ..), ...	:- .., R(.., Ri : z, ..), z = a, ...
:- .., R(.., Ri : x, .., Rj : x, ..), ...	:- .., R(.., Ri : x, .., Rj : z, ..), x = z, ...
:- .., x = x, ...	:- ... (triviale Prämisse gestrichen)

Die vorausgesetzte Sicherheit wird durch diese Umformungen offensichtlich nicht zerstört.

Beispiel [Fortsetzung]: K_1 ist bereits normiert.
Eine Normierung von K_2 lautet P(P1 : x, P2 : z1) :- R(R1 : x, R2 : z2), z2 = x, z1 = a.
Eine Normierung von K_3 lautet P(P1 : x, P2 : y) :- S(S1 : x, S2 : z), z = b,x = c,y = d.
K_4 und K_5 sind bereits normiert.

Die Übersetzungsvorschrift wird dann durch die Tabelle aus Bild 14.8 definiert.

LOGODAT-Konstrukt	relationale Übersetzung
1a. "ordentliche" Prämisse der Form R(R1 : x1,.., Rn : xn)	$\pi \begin{pmatrix} X1 \dots Xn \\ R1 \dots Rn \end{pmatrix}^{(R)}$
1b. Gleichheitsprämisse der Form x=a oder a=x	$\left\{ \begin{pmatrix} X \\ a \end{pmatrix} \right\}$
1c. in Prämissen gemäß 1.a+b nicht vor- kommende Individuenvariable x, die (möglicherweise indirekt) beschränkt ist durch • Prämisse der Form y=a oder a=y • "ordentliche" Prämisse der Form R(.., Ri : y, ..)	 $\left\{ \begin{pmatrix} X \\ a \end{pmatrix} \right\}$ $\pi \begin{pmatrix} X \\ Ri \end{pmatrix}^{(R)}$
2. Folge aller Prämissen, wobei x1=y1,.., xk=yk die Folge der Vergleichsprämissen ist.	$\sigma_{X1=Y1 \wedge \dots \wedge Xk=Yk}$ (D_Exp), wobei D_Exp der Verbund aller gemäß 1.a+b+c gebildeten Aus- drücke ist.
3. Klausel mit Konklusion S(S1 : x1,..,Sn : xn)	$\pi \begin{pmatrix} S1 \dots Sn \\ X1 \dots Xn \end{pmatrix}^{(P\_Exp)}$, wobei P_Exp der gemäß 2. gebildete Ausdruck zur Folge aller Prämissen der Klausel ist.
4. Menge aller Klauseln $K_{i1},..,K_{is}$ mit gleichem Relationensymbol S(S1,.., Sn)	$S(S1,..,Sn) := K\_Exp_{i1} \cup \dots \cup$ K_Exp_{is}, wobei die K_Exp_{ij} die gemäß 3. gebildeten Ausdrücke zu den Klauseln K_{ij} sind.

Bild 14.8 Übersetzung von LOGODAT-Konstrukten in ein System von Wertzuweisungen
mit relationalen Ausdrücken

Beispiel [Fortsetzung]: Für die Klauseln K_1, K_4, K_5 liefert das allgemeine Verfahren
das Gleiche wie oben. Aufgrund der zur Vereinfachung der Darstellung eingeführten
Normierung erhalten wir für K_2 und K_3 syntaktisch leicht veränderte, aber natürlich
semantisch äquivalente Ausdrücke:

$$\pi \begin{pmatrix} P1 \ P2 \\ X \ Z1 \end{pmatrix} \left(\sigma_{X=Z2} \left(\pi \begin{pmatrix} X \ Z2 \\ R1 \ R2 \end{pmatrix}^{(R)} \bowtie \left\{ \begin{pmatrix} Z1 \\ a \end{pmatrix} \right\} \right) \right)$$

$$\pi \begin{pmatrix} P1 \ P2 \\ X \ Y \end{pmatrix} \left(\pi \begin{pmatrix} X \ Z \\ S1 \ S2 \end{pmatrix}^{(S)} \bowtie \left\{ \begin{pmatrix} Z \\ b \end{pmatrix} \right\} \bowtie \left\{ \begin{pmatrix} X \\ c \end{pmatrix} \right\} \bowtie \left\{ \begin{pmatrix} Y \\ d \end{pmatrix} \right\} \right)$$

Man beachte, daß der Definitionsbereich eines Ausdruckes P_Exp, der den Prämissen
einer Klausel K entspricht, durch die Menge derjenigen Individuenvariablen bestimmt

ist, die in den Prämissen vorkommen. Bildet man dann den Ausdruck K_Exp für die Klausel *mit* Konklusion, so werden die Attribute aus dem Definitionsbereich von P_Exp in die Attribute des in der Konklusion vorkommenden Relationensymbols mit Hilfe einer q-Projektion umbenannt; dabei können auch Spalten entfernt werden (wenn die entsprechende Variable in der Konklusion nicht vorkommt) und Spalten vervielfacht werden (wenn die entsprechende Individuenvariable in der Konklusion mehrfach vorkommt). In allen Fällen sorgt die vorausgesetzte Beschränktheit dafür, daß die in Bild 14.8 angegebene q-Projektion wohldefiniert ist.

Beispiel: Wir betrachten die Berechnung der "Gleichen Generation". Für die Klausel

$$GG(G1 : x, G2 : x) :\text{-} PER(N : x).$$

wird die Prämisse übersetzt in den Ausdruck

$$\pi \binom{X}{N} (PER) \quad \text{mit Definitionsbereich } \{X\}.$$

Wird dann die Konklusion berücksichtigt, so wird das Attribut X unter Verdopplung in die Attribute G1 und G2 des Relationensymbols GG umbenannt vermöge der q-Projektion mit q(G1) := q(G2) :=X, so daß die Klausel insgesamt wie folgt übersetzt wird:

$$\pi \begin{pmatrix} G1 & G2 \\ X & X \end{pmatrix} \left(\pi \binom{X}{N} (PER) \right).$$

Für die Klausel

$$GG(G1 : x, G2 : y) :\text{-} ELT(K : x, E : xe), GG(G1 : xe, G2 : ye), ELT(K : y, E : ye).$$

werden die Prämissen übersetzt in den Ausdruck

$$\pi \begin{pmatrix} X & Xe \\ K & E \end{pmatrix} (ELT) \bowtie \pi \begin{pmatrix} Xe & Ye \\ G1 & G2 \end{pmatrix} (GG) \bowtie \pi \begin{pmatrix} Y & Ye \\ K & E \end{pmatrix} (ELT)$$

mit Definitionsbereich $\{X, Xe, Y, Ye\}$.

Wird dann die Konklusion berücksichtigt, so werden die Attribute X bzw. Y in die Attribute G1 bzw. G2 des Relationensymbols GG umbenannt vermöge der q-Projektion mit q(G1) := X und q(G2) := Y, wobei die Attribute Xe und Ye entfernt werden. Insgesant wird also die Klausel wie folgt übersetzt:

$$\pi \begin{pmatrix} G1 & G2 \\ X & Y \end{pmatrix} \left(\pi \begin{pmatrix} X & Xe \\ K & E \end{pmatrix} (ELT) \bowtie \pi \begin{pmatrix} Xe & Ye \\ G1 & G2 \end{pmatrix} (GG) \bowtie \pi \begin{pmatrix} Y & Ye \\ K & E \end{pmatrix} (ELT) \right).$$

Mit Hilfe der Übersetzungsvorschrift aus Bild 14.8 erhalten wir aus einem Anfrageprogramm **Q** insgesamt ein *System von Wertzuweisungen* der Form

$$S_1 := Exp\_1(R_1,...,R_k, S_1,...,S_1)$$
$$\vdots$$
$$S_1 := Exp\_1(R_1,...,R_k, S_1,...,S_1).$$

Man kann dies auch als ein *System von Gleichungen* deuten, in dem für eine Instanz $f = (r_1,...,r_k)$ die Relationensymbole $R_1,...,R_k$ als Konstanten mit Werten $r_1,...,r_k$ angesehen werden. Eine minimale Lösung $(s_1,...,s_1)$ für die als Variablen angesehenen

Relationensymbole $S_1,...,S_1$ ist dann aufgrund der Konstruktion identisch mit dem tatsächlich zu berechnenden Teil des Fixpunkts fix $(f \cup \mathbf{Q})$.

Eine einfache Prozedur zur Bestimmung der Lösung des Gleichungssystems (oder äquivalent des zu berechnenden Teils des Fixpunkts) lautet dann wie folgt:

```
PROCEDURE  Auswertung (  R1,...,Rk : Relation;
                          VAR  S1,...,Sl : Relation );
VAR   S1_neu,...,Sl_neu : Relation;
BEGIN
    S1_neu := Ø;...;Sl_neu := Ø;
    REPEAT
       S1 := S1_neu;...;Sl := Sl_neu;
       COBEGIN
          S1_neu := Exp_1 (R1,.., Rk, S1,.., Sl);
              :           :
          Sl_neu := Exp_l (R1,.., Rk, S1,.., Sl)
       END
    UNTIL  S1 = S1_neu ∧...∧ Sl = Sl_neu
END  Auswertung;
```

Eine Verfeinerung der Kontrollstruktur kann man mit Hilfe eines *Abhängigkeitsgraphen* für das System der Wertzuweisungen gewinnen. In dem für das obige Beispiel gewählten Genauigkeitsgrad wird dieser Graph wie folgt gebildet:

- für jedes Relationensymbol einer Basisrelation R :   eine (Eingangs-) Stelle (R)

- für jedes Relationensymbol einer Anfragerelation S :   eine (Ausgangs-) Stelle (S)

- für jede Klausel K (bzw. für den durch Übersetzung aus K entstandenen relationalen Ausdruck K_Exp) :   eine Transition [K]

- für jedes Vorkommen eines Relationensymbols R in einer Prämisse einer Klausel K :   eine Kante (R)➔[K]

- für jedes Vorkommen eines Relationensymbols R in einer Konklusion einer Klausel K :   eine Kante [K]➔(R)

Der Abhängigkeitsgraph ist *zykelfrei (rückkopplungsfrei)* genau dann, wenn das ursprüngliche Anfrageprogramm kein Relationensymbol rekursiv verwendet. In diesem Fall beschreibt der Abhängigkeitsgraph eine partielle Ordnung. Jede topologische Sortierung der Stellen definiert dann eine mögliche sequentielle Anordnung der Wertzuweisungen, wobei eine Überprüfung der Abbruchbedingung (und damit die Einführung der Kopien Si_neu und die Wiederholungsstruktur) überflüssig wird.

Der Abhängigkeitsgraph ist *zyklisch (rückgekoppelt)* genau dann, wenn das ursprüngliche Anfrageprogramm mindestens ein Relationensymbol rekursiv verwendet. In solchen Fällen kann man versuchen, mit aus den Programmiersprachen bekannten Techniken eine verbesserte Kontrollstruktur zu bestimmen. Wichtige Gesichtspunkte dabei sind:

- Trennung rückkopplungsfreier und rückgekoppelter Teile,
- Erkennung parallel ausführbarer Teile,
- beschränkte "Abwicklung" rückgekoppelter Teile.

Zum letzten Punkt bemerken wir, daß zum Zeitpunkt des Aufrufs der Prozedur Auswertung in Abhängigkeit von den aktuellen Eingabewerten $(r_1,...,r_k)$, d.h. der gespeicherten Instanz f, eine vollständige "Abwicklung" stets möglich ist. Denn wegen der Sicherheit des Anfrageprogramms **Q** müssen alle erzeugten Tupel aus in f ∪ **Q** vorkommenden Konstantenzeichen aufgebaut werden. Sei d diese Menge der in f ∪ **Q** vorkommenden Konstantenzeichen. Ist dann Sj ein kj-stelliges Relationensymbol, so kann der Ausgabewert von Sj höchstens $\| d \|^{kj}$ viele Tupel enthalten, und die Wiederholungsanweisung muß deshalb nach spätestens $\Sigma_{j=1,...,1} \| d \|^{kj}$ Durchläufen abbrechen.

Unter besonderen Bedingungen ist es aber manchmal auch im zyklischen Fall möglich, eine von den Eingabewerten unabhängige Schranke für die Anzahl der Durchläufe zu bestimmen. Ein Ansatz hierfür verfährt wie folgt:

- Man wickelt Rückkopplungen teilweise ab und setzt die entstehenden Ausdrücke ineinander ein. Dabei entstehen immer längere Verbund-Ausdrücke bzw. auf der LOGODAT-Ebene immer längere Klauseln.
- Dann prüft man, ob aus der Struktur der hinzugefügten Prämissen erkennbar ist, daß diese stets redundant im Sinne von Abschnitt 14.2 sind. In diesem Fall kann man sie nämlich gleich streichen, d.h. man kann die Abwicklung beenden.

Die Verfeinerung der Kontrollstruktur dient neben einer Parallelisierung vorrangig dazu, die *wiederholte Ausführung* von Wertzuweisungen, deren Aufrufparameter sich nicht geändert haben, *zu vermeiden* und den Umfang der für die Abbruchbedingungen notwendigen Prüfungen zu verringern. Das *wiederholte Erzeugen* schon vorhandener Tupel kann weiter *vermieden* werden, indem man die Distributivität des Verbunds, nämlich

$$(P_1 \cup P_2) \bowtie Q = (P_1 \bowtie Q) \cup (P_2 \bowtie Q),$$

und die Monotonie der Fixpunkt-Annäherungen ausnutzt. Dazu teilt man für die Auswertung eines Anfrageprogramms jede Anfragerelation Si auf in

Si_init   , den schon früher aufgelaufenen Teil, und

Si_diff   , den im letzten Durchlauf tatsächlich neu erzeugten Teil.

Wird in einem Durchlauf ein Tupel μ erstmalig erzeugt, so muß für die Bildung von μ für mindestens ein Si ein Tupel aus Si_diff benutzt worden sein. Also kann man einen Verbund-Ausdruck der Form

Exp(R1,..,Rk, S1,..,S1)

ersetzen durch

$\bigcup_{\text{alle Vorkommen eines Si}}$ Exp(R1,..,Rk, S1,..,S1) [sub(Si, Si_diff)],

indem jeweils genau ein Vorkommen einer Anfragerelation Si durch Si_diff ersetzt wird. Den neuen Ausdruck bezeichnen wir mit

Diff_Exp(R1,..,Rk, S1,..,S1, S1_diff,..,S1_diff).

Diese Ersetzung kann entsprechend auch in den Vereinigung-Verbund-Ausdrücken, wie wir sie für das System von Wertzuweisungen erstellt haben, erfolgen.

Im obigen Beispiel, in dem nur ein zweistelliger Verbund vorliegt, haben wir die Differenzenbildung noch geschickter ausgenutzt, indem die wiederholte Berechnung des Verbundes von T_init mit sich selbst vermieden wurde. Entsprechend kann man natürlich auch im mehrstelligen Fall vorgehen, aber eine allgemeine Darstellung wird bezeichnungstechnisch sehr unübersichtlich.

Eine differentielle Auswertung sieht nun etwa wie folgt aus:

```
PROCEDURE  Differenz_Auswertung ( R1,...,Rk : Relation;
                                  VAR  S1,...,Sl : Relation );
VAR    S1_init, S1_diff, S1_diff_neu : Relation;
       :
       Sl_init, Sl_diff, Sl_diff_neu : Relation;
BEGIN
   S1 := ∅;...; Sl := ∅;
   COBEGIN
      S1_diff_neu := Exp_1(R1,...,Rk, S1,...,Sl);
      :
      Sl_diff_neu := Exp_l(R1,...,Rk, S1,...,Sl);
   END;
   REPEAT
      S1_init := S1;...; Sl_init := Sl;
      S1_diff := S1_diff_neu;...; Sl_diff := Sl_diff_neu;
      S1 := S1_init ∪ S1_diff;...; Sl := Sl_init ∪ Sl_diff;
      COBEGIN
         S1_diff_neu := Diff_Exp_1(R1,.., S1,.., S1_diff,...) \ S1;
         :
         Sl_diff_neu := Diff_Exp_l(R1,.., S1,.., Sl_diff,...) \ Sl
      END
   UNTIL S1_diff_neu = ∅ ∧...∧ Sl_diff_neu = ∅
END  Differenz_Auswertung;
```

14.4 Binden von Variablen

Im vorangehenden Abschnitt haben wir für ein auszuwertendes Anfrageprogramm **Q**, bzw. für das durch Übersetzung aus **Q** entstandene System von Wertzuweisungen einen Abhängigkeitsgraphen aufgestellt. Wir haben auch bereits angemerkt, daß – im allgemeinen in Abhängigkeit von den aktuellen Eingabewerten – eine vollständige "Abwicklung" stets möglich ist. Solch eine Abwicklung kann man *vorwärts* oder *rückwärts* durchführen. Eine *Vorwärts-Abwicklung* ausreichender Länge erhält man etwa dadurch, daß man einfach den Ablauf des Aufrufs der Prozedur Auswertung verfolgt.

Beispiel: Wir betrachten als Anfrageprogramm $Q = \{K_1, K_2\}$ eine vereinfachte Fassung des rückgekoppelten Teils des Beispiels aus dem vorangehenden Abschnitt. Die Klauseln K_1, K_2 sind in Bild 14.9a vereinbart. Das zugeordnete System von Wertzuweisungen ist in Bild 14.9b gegeben. Und der Abhängigkeitsgraph hat das in Bild 14.9c gezeigte Aussehen. Eine Ausprägung p für die Basisrelation P ist in Bild 14.10 durch eine Tabelle bzw. einen Graphen gegeben.

a) $K_1 \equiv T(T1 : x, T2 : y) :- P(P1 : x, P2 : y).$
    $K_2 \equiv T(T1 : x, T2 : y) :- P(P1 : x, P2 : z), T(T1 : z, T2 : y).$

b) $T(T1, T2) := \pi_{\left(\begin{smallmatrix} T1 & T2 \\ X & Y \end{smallmatrix}\right)}\left(\pi_{\left(\begin{smallmatrix} X & Y \\ P1 & P2 \end{smallmatrix}\right)}(P)\right)$

$\cup\; \pi_{\left(\begin{smallmatrix} T1 & T2 \\ X & Y \end{smallmatrix}\right)}\left(\pi_{\left(\begin{smallmatrix} X & Z \\ P1 & P2 \end{smallmatrix}\right)}(P) \bowtie \pi_{\left(\begin{smallmatrix} Z & Y \\ T1 & T2 \end{smallmatrix}\right)}(T)\right)$

c)
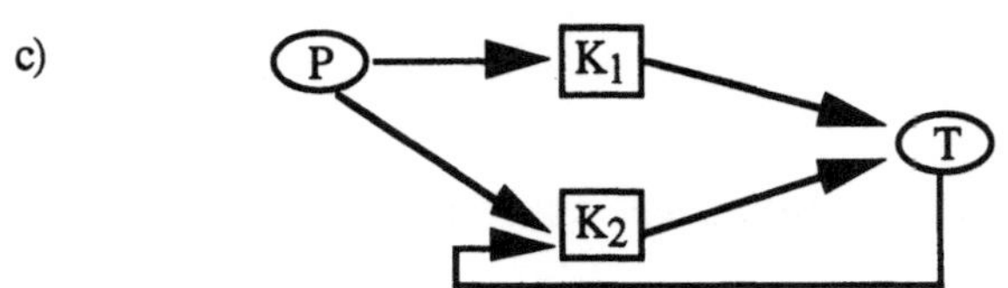

Bild 14.9 a) Ein Anfrageprogramm mit
              b) zugeordnetem System von Wertzuweisungen und
              c) zugehörigem Abhängigkeitsgraphen

p	P1	P2
	a	b
	a	c
	b	d
	c	d
	d	e

Bild 14.10 Eine Ausprägung für die Basisrelation P zum Anfrageprogramm aus Bild 14.9

Für die Abwicklung benutzen wir folgende Verabredungen:

- Um mehrfaches Vorkommen eines Relationensymbols in den Prämissen einer Klausel klarer unterscheiden zu können, führen wir für jedes Vorkommen (oder anders ausgedrückt für jede Prämisse) eine gesonderte Stelle ein. Dadurch erhalten wir insbesondere als Ergebnis der Abwicklung einen (gerichteten) *Baum* (anstelle eines (gerichteten) azyklischen Graphen).

- Da wir aufgrund der Abwicklung und der ersten Verabredung Stellen nicht mehr wie Programmvariablen wiederholt, sondern nur noch einmalig zur Darstellung einer einzigen Annäherung benutzen, kann jeweils die abschließende Umbenennung der Attribute in die für das betreffende Relationensymbol T fest vereinbarten Attribute T1,...,Tn entfallen.

- Jede in der Abwicklung vorkommende Transition bedeutet eine Auswertung der entsprechenden Klausel. Da die in der Klausel vorkommenden Variablen alle lokal verwendet sind, können wir für jede Auswertung die Variablen geeignet umbenennen. Diese Umbenennung führen wir nach folgenden Gesichtspunkten durch:

  a) Die Variablen in der Konklusion der Klausel sind gleich den Variablen in der diese Konklusion darstellenden Stelle (zu der eine Kante von der Transition führt).

  b) Die Variablen in einer Prämisse der Klausel sind gleich den Variablen in der diese Prämisse darstellenden Stelle (von der eine Kante zu der Transition führt).

  c) Mehrfache Auswertungen einer Klausel unterscheiden wir, indem wir alle nicht durch a) festgelegten Variablen mit einem Index entsprechend der Baumtiefe versehen.

Gesichtspunkt a) läßt sich im allgemeinen natürlich nur dann voll erfüllen, wenn in der Konklusion der Klausel jede Individuenvariable nur einmal vorkommt (wie in allen Prämissen wegen der vorausgesetzten Normiertheit); genau dann kann auch die abschließende Umbenennung der Attribute problemlos entfallen. Kommt hingegen eine Individuenvariable in der Konklusion mehrfach vor, etwa wie in der Klausel GG(G1 : x, G2 : x) :- PER(N : x), so kann diese Individuenvariable nur gleichgesetzt werden mit genau einer derjenigen Individuenvariablen, die an entsprechenden Positionen in der darstellenden Stelle erscheinen; in diesem Fall enthält die abschließende Umbenennung der Attribute auch eine Vervielfachung von Spalten, wie man im Beispiel der Berechnung der "Gleichen Generation" aus Abschnitt 14.3 für die erste Klausel an der q-Projektion $\pi \begin{pmatrix} G1 & G2 \\ x & x \end{pmatrix}$ erkennen kann. Ohne auf Einzelheiten einzugehen, bemerken wir noch, daß ganz allgemein im Sinne des automatischen Beweisens (siehe auch Unterabschnitt 14.2.1) *eine allgemeinste Unifikation* der abzuwickelnden Prämisse mit der Konklusion der Klausel durchzuführen ist.

Wir geben für das Beispielprogramm **Q** zunächst in Bild 14.11 eine reine Abwicklung der Tiefe 3 und dann in Bild 14.12 dieselbe Abwicklung mitsamt den jeweils bezeichneten bzw. berechneten Relationen an. Dabei verzichten wir auf das Zeichnen der die Stellen bzw. Transitionen umschließenden Kreise bzw. Rechtecke. Ferner unterscheiden wir jeweils bei einer mit der Anfragerelation T markierten Stelle zwischen dem schon früher aufgelaufenen Teil T_init und dem neu erzeugten Teil T_diff in der folgenden Weise:

T(u, v)

T_init
T_diff

Schließlich notieren wir bei einer mit (einer Umbenennung von) K_2 markierten Transition nur den Teil der berechneten Relationen, der sich mit Hilfe des Werts T_diff für die zweite Prämisse ergibt.

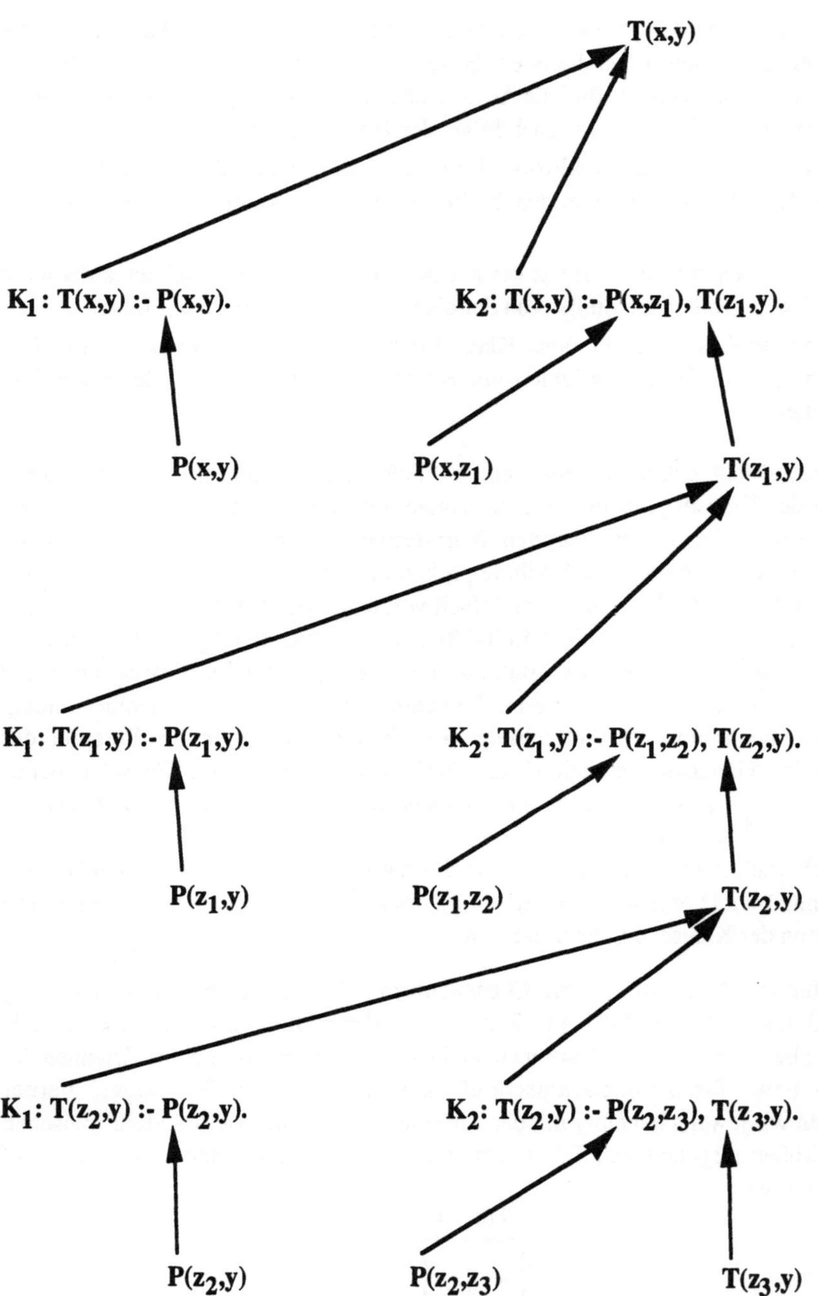

Bild 14.11 Abwicklung der Tiefe 3 für das Anfrageprogramm aus Bild 14.9

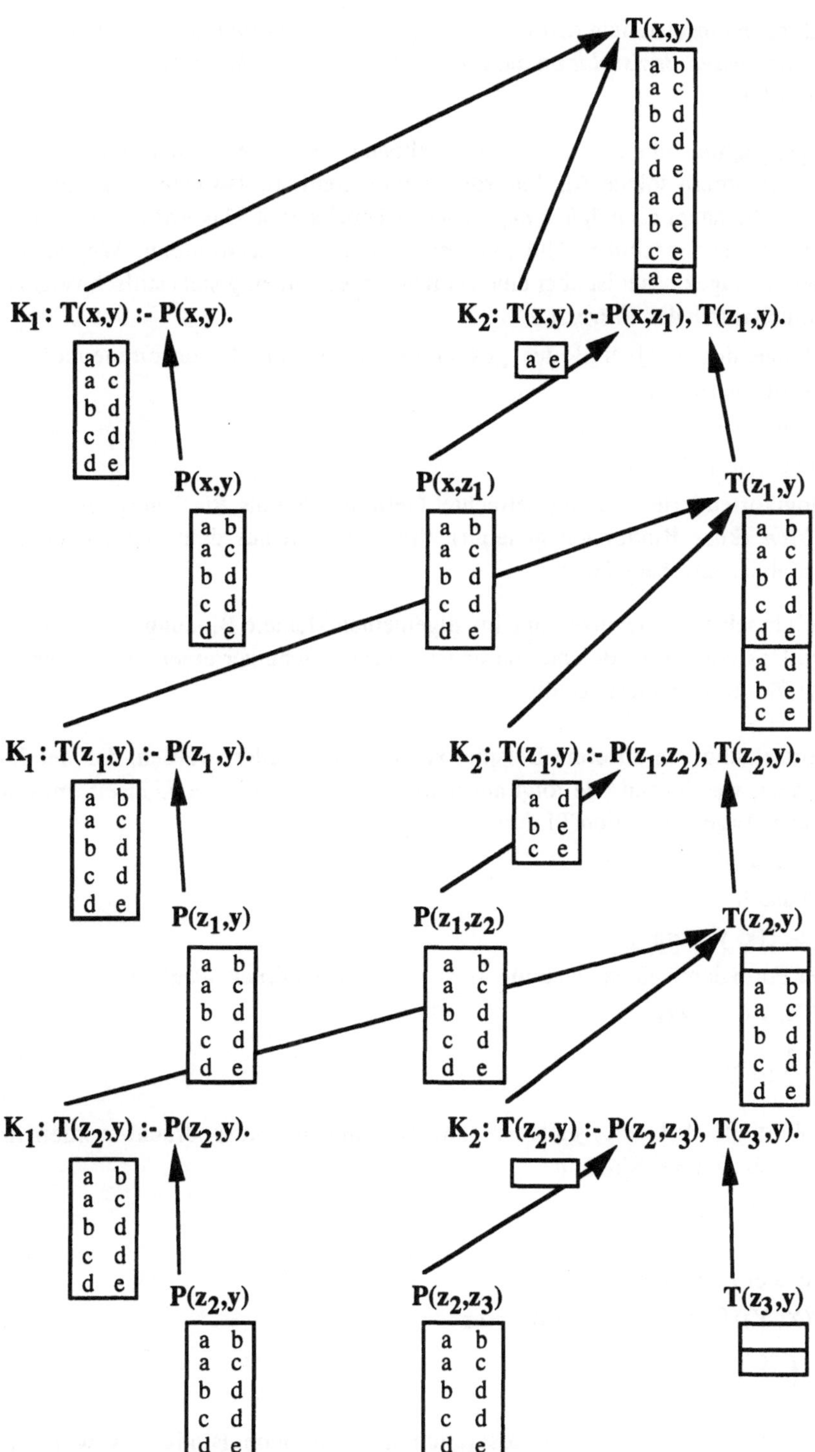

Bild 14.12 Abwicklung und Fluß der Werte für das Anfrageprogramm aus Bild 14.9 mit der Ausprägung aus Bild 14.10

Die Abwicklung veranschaulicht deutlich, daß der *Fluß der Werte* für die Ergebnistupel *von der grundlegenden Basisrelation ausgehend vorwärts gerichtet* (forward chaining, bottom-up) erfolgt.

Ein Anfrageprogramm soll *alle* durch die Klauselmenge **Q** beschriebenen Tupel liefern. Grundsätzlich erfordern solche All-Anforderungen eigentlich, daß man zusätzlich die *Gesamtheit* der überhaupt *als möglich angesehenen* Tupel angibt. Das Anfrageprogramm soll dann aus dieser Gesamtheit die *gewünschten* Tupel *aussondern*. Wegen der Sicherheit der Anfrageklausel ist aber eine geeignete Gesamtheit g stets stillschweigend gegeben, nämlich durch das *Universum*

$$d := \text{Menge der in } \mathbf{Q} \text{ und der gespeicherten Instanz } f \text{ vorkommenden Konstantenzeichen}$$

und für jede Anfragerelation S_i durch

$$g_i := \{ \mu \mid \mu : \text{dom } S_i \to d \}.$$

Eine mehr logikorientierte Deutung betrachtet Gesamtheiten als *Bindungsmengen für Tupelvariablen* (kurz Bindungen genannt), die man sich aus den entsprechenden Individuenvariablen aufgebaut denkt.

Häufig jedoch möchte ein Benutzer eine im allgemeinen kleinere Bindung ausdrücklich mit angeben. Das einfachste Beispiel dafür ist, daß der Benutzer einen oder mehrere Attributwerte für die Tupel fest vorgibt.

Beispiel [Fortsetzung]: In unserem Beispiel kann etwa gefordert werden, daß der X-Wert gleich a ist, was formal wie folgt ausgedrückt werden kann: in Klauselform mit Hilfe einer neuen Ergebnisrelation T1 durch

$$T1(a, y) :- T(a, y).$$

oder normiert durch

$$T1(x, y) :- T(x, y), x=a. ;$$

in relationaler Form durch einen Selektion- oder Verbund-Ausdruck, nämlich

$$\sigma_{X = a}(T(X, Y)) \quad \text{oder}$$

$$\left\{ \begin{pmatrix} X \\ a \end{pmatrix} \right\} \bowtie T(X, Y).$$

Soll der X-Wert gleich b oder gleich c sein, so kann dies ausgedrückt werden in Klauselform durch die zwei Klauseln

$$T2(x, y) :- T(x, y), x=b.$$
$$T2(x, y) :- T(x, y), x=c.$$

oder in relationaler Form durch

$$\sigma_{X = b}(T(X, Y)) \cup \sigma_{X = c}(T(X, Y)) \quad \text{oder}$$

$$\left\{ \begin{pmatrix} X \\ b \end{pmatrix}, \begin{pmatrix} X \\ c \end{pmatrix} \right\} \bowtie T(X, Y).$$

Die Beispiele zeigen, daß man grundsätzlich jede endliche Bindung sowohl in Klauselform als auch in relationaler Form angeben kann. Dabei lassen sich Bindungen, die alternative Werte für eine feste Teilmenge der Attribute eines Relationensymbols des

Schemas von **Q** vorschreiben, besonders einfach ausdrücken. Sind nämlich allgemein für Attribute $X_1,...,X_e$ eines Relationensymbols $T(X_1,...,X_e,...)$ alternativ die Werte $(a_{11},...,a_{1e})$ oder ... oder $(a_{n1},...,a_{ne})$ gefordert, so kann man die *konstante Relation*

t_b	X_1		X_e
a_{11}	$\cdots$	a_{1e}
$\vdots$		$\vdots$
a_{n1}	$\cdots$	a_{ne}

erstellen und dann auf syntaktischer Ebene den Verbund-Ausdruck

$$t\_b \bowtie T(X_1,...,X_e,...)$$

bilden oder auf semantischer Ebene diese Relation t_b (zusätzlich zu und getrennt von dem zu errechnenden Wert t) dem Relationensymbol T zuordnen.

Ein erster Ansatz für die Auswertung der gesamten Anfrage, also

- des Anfrageprogramms **Q**
- unter einer *abgespeicherten Instanz* $f = (r_1,...,r_k)$ für die Basisrelationen $R_1,...,R_k$,
- mit einer *vorgegebenen Bindung* $g = (s\_b_1,...,s\_b_1)$ für die Anfragerelationen $S_1,...,S_1$,

besteht nun darin,

- zunächst mit den bereits besprochenen Techniken das volle Ergebnis $\{s_1,...,s_1\} =$ fix $(f \cup \mathbf{Q}) \setminus f$ zu berechnen
- und dann abschließend die Verbünde $s\_b_i \bowtie s_i$ zu bestimmen.

Diesen Ansatz kann man sich auf syntaktischer Ebene durch einen erweiterten Abhängigkeitsgraphen veranschaulichen, in dem

S_B_i ein neues Relationensymbol für die S_i zugeordnete Gesamtheit s_b_i und

T_i ein neues Relationensymbol für das Verbundergebnis $s\_b_i \bowtie s_i$

sind. Bild 14.13 zeigt die Grobstruktur dieser Erweiterung.

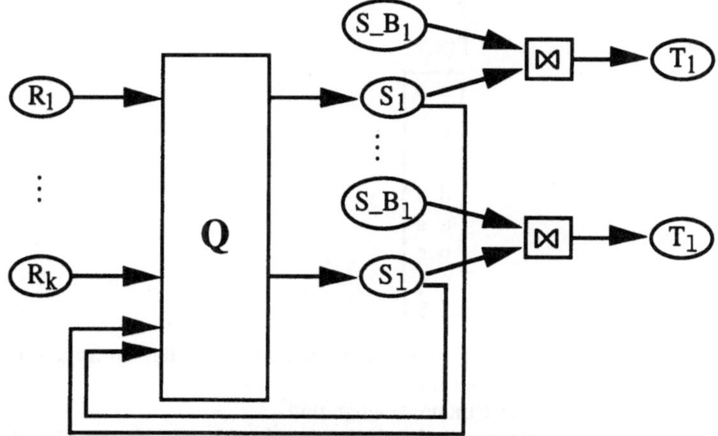

Bild 14.13   Grobstruktur eines erweiterten Abhängigkeitsgraphen mit Bindungsrelation S_B_i für die Anfragerelation S_i

Beispiel [Fortsetzung]: Für das in Bild 14.9 vereinbarte Anfrageprogramm liefert Bild 14.14a den erweiterten Abhängigkeitsgraphen, wobei T_B ein einstelliges Relationensymbol für die Bindung sei. Wenn die in Bild 14.14b gezeigte Bindungsmenge vorliegt, dann kann man die bislang erstellte, in Bild 14.12 gezeigte Abwicklung wie in Bild 14.14c ergänzen.

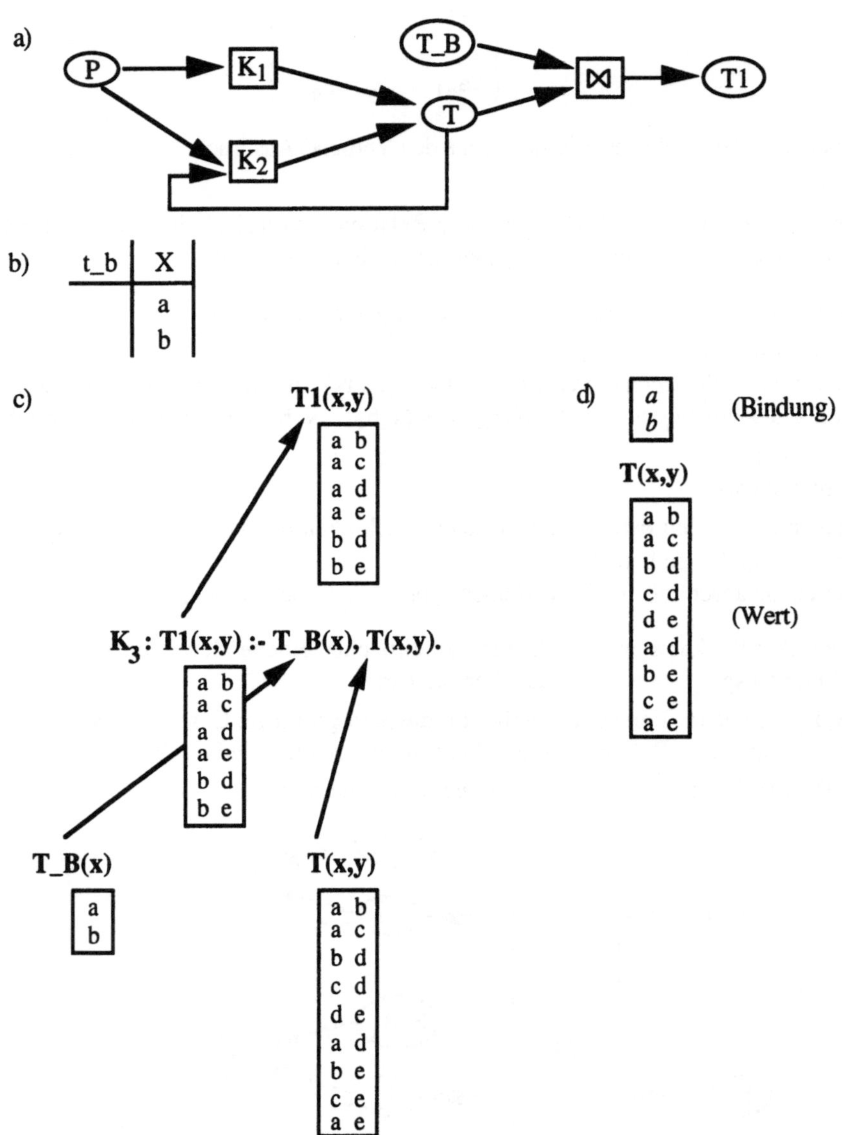

Bild   14.14   a)   Erweiterter Abhängigkeitsgraph für das Anfrageprogramm aus Bild 14.9 mit
b)   einer Bindungsmenge und
c)   entsprechender Ergänzung der Abwicklung aus Bild 14.12;
d)   gedrängte Darstellung von Bindungsmenge und ergänzter Abwicklung

Den durch solch eine Ergänzung dargestellten Sachverhalt kann man auf der semantischen Ebene in gedrängter Form darstellen, indem man einfach für eine Stelle oberhalb der Markierung durch das Relationensymbol die vorgegebene Bindung einträgt. Im vorliegenden Fall erhält man die in Bild 14.14d gezeigte Darstellung. Hierbei liegt das Verständnis zugrunde, daß wir eigentlich am natürlichen Verbund der oberhalb von $T(x,y)$ aufgeschriebenen Relation (Bindung) mit der unterhalb von $T(x,y)$ aufgeschriebenen Relation (Wert) interessiert sind.

Das Beispiel kann auch noch einmal die schon in der Einleitung zu diesem Kapitel erörterte Beobachtung verdeutlichen, daß bei der Auswertung einer Anfrage möglicherweise "zu große" Zwischenergebnisse erzeugt werden, von denen einige (oder gar viele) Tupel zum gewünschten Endergebnis schließlich nichts beitragen. Eines der allgemeinen Ziele der Optimierung, nämlich den *Suchraum zu beschränken*, soll diese Erscheinung gerade weitgehend verhindern.

Die oben eingeführten Bindungen kann man nun gerade als Spezifikationen von Suchräumen deuten. Für die Ergebniswerte spezifiziert der Benutzer diese Bindungen, aus denen dann eine Optimierung *rückwärts gerichtet* (backward chaining, top-down) für die Zwischenergebnisse weitere, möglichst enge Bindungen zu bestimmen hat. Dazu nutzt man grundlegende algebraische Eigenschaften des natürlichen Verbundes auf die folgende zunächst nur grob skizzierte Weise aus.

Die Distributivität des Verbundes, allgemein:

$$(1) \quad u \bowtie (v \cup w) = (u \bowtie v) \cup (u \bowtie w),$$

und speziell für die Bindung t_b für eine Stelle mit Wert $t' \cup t''$, wobei t' und t'' die Eingaben aus zwei mit der Stelle verbundenen Transitionen sind:

$$t\_b \bowtie (t' \cup t'') = (t\_b \bowtie t') \cup (t\_b \bowtie t''),$$

ermöglicht, daß die Bindung t_b an diese Transitionen *rückwärts* weitergegeben werden kann.

Die Assoziativität des Verbundes, allgemein:

$$(2) \quad (u \bowtie v) \bowtie w = u \bowtie (v \bowtie w)$$

und die Idempotenz des Verbundes, allgemein:

$$(3) \quad u \bowtie \pi_X (u) = u,$$

auf geschickte Weise angewendet auf die Bindung t_b für die Konklusion einer Transition und die Werte $p_1,...,p_m$ der Prämissen, die von den mit der Transition verbundenen Stellen schrittweise geliefert werden, ermöglichen, daß aus der Bindung t_b schrittweise neue Bindungen für diese Stellen bestimmt und jeweils *rückwärts* weitergegeben werden können. Im wesentlichen müssen wir nämlich für eine Transition den Verbund

$$(4) \quad t\_b \bowtie p_1 \bowtie ... \bowtie p_n$$

ausrechnen. Wegen der Assoziativität (2) kann die Berechnung von links nach rechts erfolgen, etwa vermöge der durch

$$h_0 := t\_b \quad \text{und} \quad h_i := h_{i-1} \bowtie p_i$$

definierten Anweisungsfolge.

Wegen der Idempotenz (3) und der Assoziativität (2) gilt nun aber jeweils

$$h \bowtie p = (h \bowtie \pi_{\text{dom } h \cap \text{dom } p}(h)) \bowtie p = h \bowtie (\pi_{\text{dom } h \cap \text{dom } p}(h) \bowtie p).$$

Also können wir unter der Voraussetzung, daß h bereits bekannt ist,

$$p\_b := \pi_{\text{dom } h \cap \text{dom } p}(h)$$

als *rückwärts* weitergegebene Bindung für die Berechnung von p benutzen.

Die Berechnung des Verbundes (4) kann also auch durch die wie folgt definierte Anweisungsfolge durchgeführt werden:

$$h_0 := t\_b \qquad\qquad\qquad\qquad \text{initialisiere partiellen Verbund}$$

und

$$p\_b_i := \pi_{\text{dom } h_{i-1} \cap \text{dom } p_i}(h_{i-1}); \qquad \text{berechne Bindung für die i-te Prämisse}$$

$$p_i' := p\_b_i \bowtie p_i; \qquad\qquad\qquad \text{berechne i-te Prämisse unter der weiter-} $$
$$\text{gegebenen Bindung}$$

$$h_i := h_{i-1} \bowtie p_i' \qquad\qquad\qquad \text{berechne partiellen Verbund}$$

Beispiel [Fortsetzung]: Bild 14.15a zeigt noch einmal das obige *Anfrageprogramm* **Q** mit (vereinfacht geschriebenen) Klauseln. Die ebenfalls wiederholt in Bild 14.15b angegebene Instanz p soll mit der in Bild 14.15c vorgegebenen Bindung ausgewertet werden.

a) $K1 \equiv T(x, y) :- P(x, y).$
       $K2 \equiv T(x, y) :- P(x, z), T(z, y).$

b)

p	P1	P2
	a	b
	a	c
	b	d
	c	d
	d	e

c)

t_b	T1
	b
	c

Bild 14.15   a) Ein Anfrageprogramm {K1, K2} mit
                 b) Instanz p für die Basisrelation P und
                 c) Bindung t_b für Ergebnisrelation T

Wir legen zunächst wieder die in Bild 14.11 gezeigte, einen Baum ergebene Abwicklung zugrunde. Die dann durch Bild 14.16 veranschaulichte Auswertung kann (bei gegebener Abwicklung geeigneter Tiefe!) durch einen Tiefendurchlauf des Baumes erfolgen. Dabei ist die Reihenfolge, in der die Transition-Vorgänger einer Stelle (d.h. die Operanden einer Vereinigung) durchlaufen werden, unbedeutend; es könnten auch alle Vorgänger parallel behandelt werden. Dagegen beeinflußt die Reihenfolge, in der die Stellen-Vorgänger einer Transition (d.h. die Operanden eines Verbundes) durchlaufen werden, die

(Zwischen-) Ergebnisse. Im Beispiel werden Vorgänger stets von links nach rechts abgearbeitet. In Bild 14.16 wird der Tiefendurchlauf durch die entsprechend der Numerierung geordnete Kantenfolge dargestellt.

Die *vorwärts* gerichteten Kanten sind die ursprünglichen, den *Fluß der Werte* veranschaulichenden Kanten der Abwicklung.

Die *rückwärts* gerichteten Kanten veranschaulichen dagegen den *Fluß der Bindungen.*

Entsprechend sind anfänglich nur die abgespeicherte Instanz p als Wert für mit der Basisrelation P markierten Blätter und die vorgegebene Bindung p_b als Bindung für die mit der Anfragerelation T markierte Wurzel bekannt. Alle anderen Bindungen und Werte werden erst während des Tiefendurchlaufs berechnet.

Bevor wir Prozeduren zur Auswertung einer Anfrage mit vorgegebener Bindung entwerfen, erörtern wir eine Reihe von zu beachtenden Gesichtspunkten. Die wegen ihrer Verwobenheit zunächst verwirrenden Verhältnisse fassen wir dann noch einmal stichwortartig zusammen.

Im Beispiel haben wir die *Vorwärts-Abwicklung* des Abhängigkeitsgraphen erhalten, indem wir den Ablauf des Aufrufs der Prozedur Auswertung (aus Abschnitt 14.3.) verfolgten. Die Prozedur verbindet unmittelbar jeweils die *formale Abwicklung* (durch den gemäß der Wiederholungsanweisung gesteuerten *Kontrollfluß*) mit dem *tatsächlichen Fluß der Werte* (durch Ausführung der *Wertzuweisungen*). Diese Prozedur arbeitet offensichtlich parallel "*in die Breite*" in dem Sinne, daß für alle Anfragerelationen bzw. Klauseln die Auswertungstiefe (Anzahl der Anwendungen der entsprechenden Grundfakten-Transformation) gleich gehalten wird. Wegen der unmittelbaren Verbindung von formaler Abwicklung und tatsächlichem Fluß der Werte ist die Arbeitsweise (parallel) "in die Breite" im allgemeinen notwendig, da ja jeweils die neuen Werte tatsächlich *vollständig* verfügbar sein müssen.

Die gleiche Abwicklung könnte man auch als *Rückwärts-Abwicklung* erhalten. Dazu muß man – mit den oben verabredeten Umbenennungen von Variablen – jeweils

- zu einer Stelle, die mit einer Konklusion markiert ist, die Transitionen, die mit den zugehörigen Klauseln markiert sind, bilden und

- zu einer Transition, die mit einer Klausel markiert ist, die Stellen, die mit den zugehörigen Prämissen markiert sind, bilden,

wobei mit den Stellen für die Anfragerelationen begonnen wird.

Dieses Vorgehen erstellt *rückwärts* zunächst nur die *formale Abwicklung*. Dabei kann grundsätzlich sowohl "*in die Breite*" als auch "*in die Tiefe*" gearbeitet werden, da ja immer formal jeweils eine einzige Klausel bzw. eine einzelne Prämisse "abgewickelt" wird.

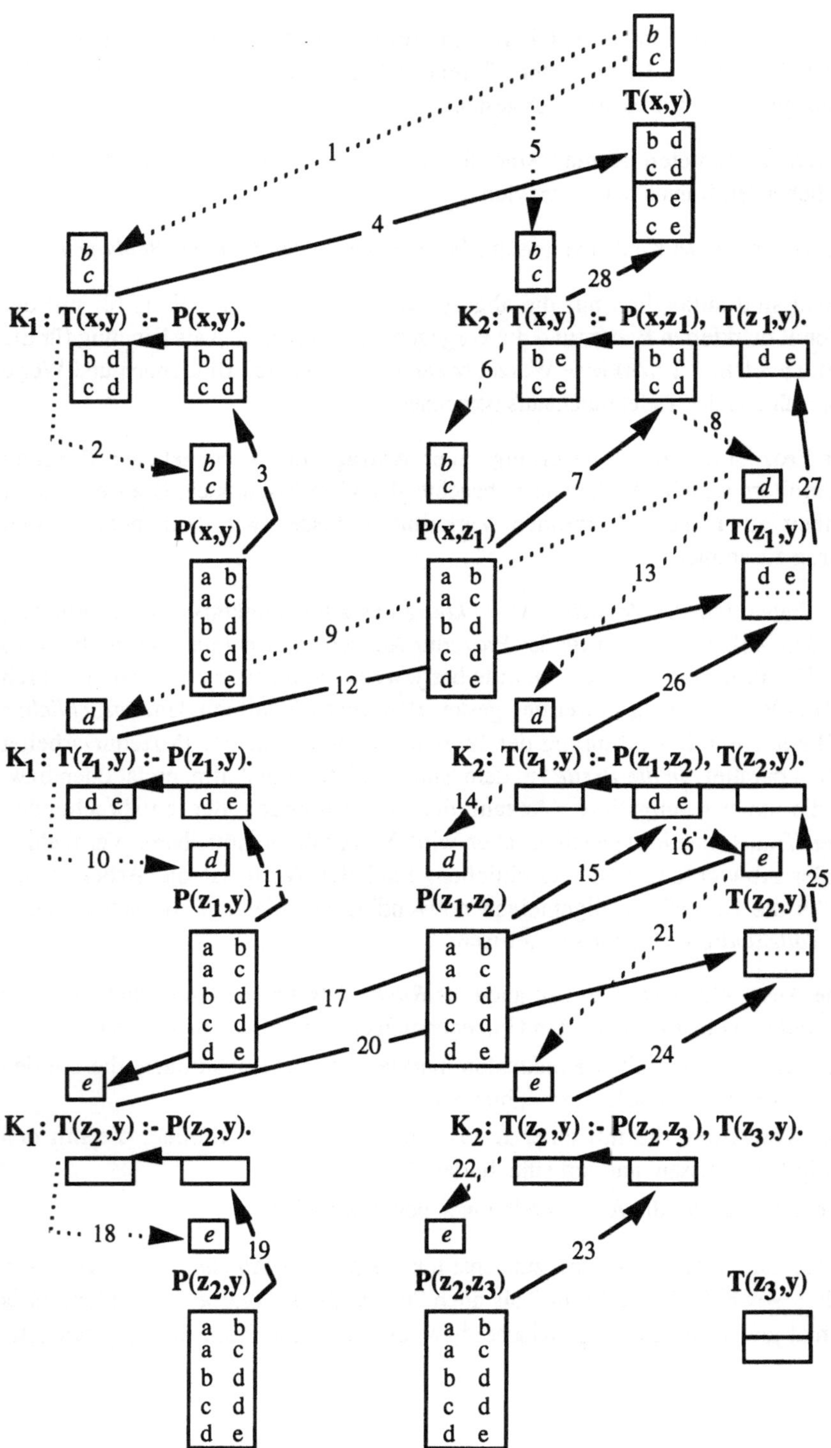

Bild 14.16 Abwicklung, Tiefendurchlauf, Fluß der Werte und Fluß der Bindungen für das Anfrageprogramm mit Instanz und Bindung aus Bild 14.15

Diese formale Abwicklung kann dann anschließend die Grundlage bilden für die Steuerung des Kontrollflusses beim *vorwärts* gerichteten *tatsächlichen Fluß der Werte*. Wenn man jeweils die neuen Werte der Relationen tatsächlich *vollständig* verfügbar macht, so bietet sich im allgemeinen wieder die Arbeitsweise *"in die Breite"* an. Unter zusätzlichen Gesichtspunkten kann aber auch die Arbeitsweise *"aus der Tiefe"* angemessen sein. In der Tat wurde im obigen Beispiel so verfahren, um die Bindungen ausnutzen zu können. Die *"aus der Tiefe"* gelieferten Teilmengen wurden aber zurückgehalten, bis die Arbeit "in die Breite" abgeschlossen war, und erst dann für die nächste Stufe verfügbar gemacht. Man könnte aber auch erlauben, Teilmengen der neuen Werte der Relationen schon verfügbar zu machen, wodurch dann aber der Kontrollfluß aufwendiger wird, weil die Restmengen später durch geeignete Wiederholungen berücksichtigt werden müssen.

Neben dem Fluß der Werte müssen wir aber auch den *Fluß der Bindungen* berücksichtigen, der grundsätzlich *rückwärts* gerichtet ist.

Wenn man die neuen Bindungen für die Stellen-Vorgänger einer Transition (Operanden eines Verbundes, Prämissen einer Klausel) von links nach rechts *vollständig* weitergeben will, so muß bei der Weitergabe insgesamt *"in die Tiefe"* gearbeitet werden. Wenn man etwa auch erlaubt, nur Teilmengen der Bindungen weiterzugeben, könnte man teilweise, nämlich soweit überhaupt schon dafür notwendige Werte verfügbar sind, auch "in die Breite" arbeiten. Dann müssen aber die Restmengen später durch geeignete Wiederholungen berücksichtigt werden.

Nun sind aber, wie das obige Beispiel zeigt, der *Fluß der Werte* und der *Fluß der Bindungen wechselseitig voneinander abhängig*. In der Abbildung wird dies dadurch sichtbar, daß in der den Tiefendurchlauf darstellenden Kantenfolge sich die beiden Kantenarten (für Fluß von Werten bzw. von Bindungen) abwechseln.

Als letzten Gesichtspunkt müssen wir schließlich betrachten, wie der *Abbruch* der formalen Abwicklung gesteuert werden kann. Die Prozedur Auswertung überprüft dazu jeweils vor dem Übergang zur nächsten Stufe "aus der Tiefe", ob der "in die Breite" gefächerte *Fluß der Werte* der jetzigen Stufe noch irgendein neues Tupel geliefert hat.

Das skizzierte Verfahren der Rückwärts-Abwicklung kann einen "in die Tiefe" entwickelten Ast unter verschiedenen Bedingungen schließen:

- *rein formal*, wenn der Ast mit einer Basisrelation endet;
- im Zusammenhang mit dem *Fluß der Bindungen*, wenn die an eine Stelle (Prämisse) weiterzugebende Bindung gleich der leeren Menge ist;
- im Zusammenhang mit dem *Fluß der Werte*, wenn erkennbar wird, daß eine weitere Abwicklung keine neuen Ergebnistupel mehr liefern kann (was im allgemeinen allerdings sehr schwierig ist).

Man beachte, daß in manchen Anfragen keiner der leicht erkennbaren ersten beiden Fälle auftritt, so daß dann nur der schwierige dritte Fall zu handhaben ist. Ersetzte man im obigen Beispiel die Klausel K_2 durch

$K_2' \equiv T(x, y) :- T(x, z), T(z, y)$

und vertauschte man für den Tiefendurchlauf zusätzlich K_2' mit K_1, so würde eine formale Abwicklung rein "in die Tiefe" den in Bild 14.17 gezeigten nicht abbrechenden Ast ergeben (in dem die gestrichelt angedeuteten Abzweigungen nie erreicht würden).

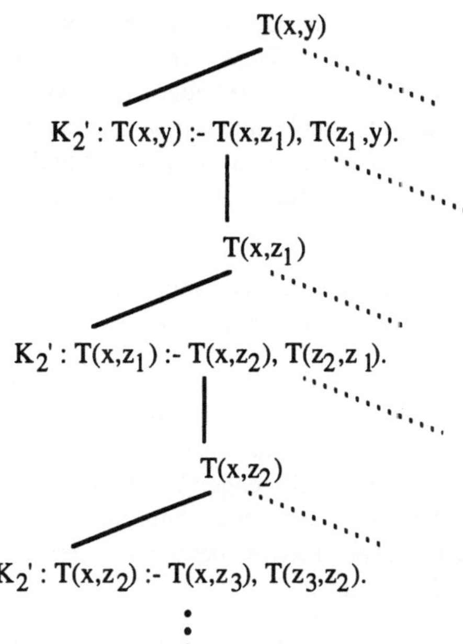

Bild 14.17 Ein nicht abbrechender Tiefendurchlauf

Aber auch schon in der ursprünglichen Form des Beispiels würden bei einer zyklischen Instanz, etwa der in Bild 14.18 gezeigten, die Bindungen nie leer werden. Und ohne Berücksichtigung des dritten Falles (es wird erkennbar, daß weitere Abwicklung keine neuen Tupel mehr liefern kann, hier speziell: weil der Anfangszustand sich wiederholt) würde ein nicht abbrechender Abstieg stattfinden. Dies wird durch Bild 14.19 veranschaulicht.

Bild 14.18 Eine zyklische Ausprägung für die Basisrelation P zum Anfrageprogramm aus Bild 14.15a

Wie angekündigt, fassen wir die Erörterungen in Bild 14.20 noch einmal stichwortartig zusammen. Die Zusammenstellung zeigt deutlich, daß der Kontrollfluß und der Fluß der Werte und der Fluß der Bindungen vielfältig miteinander verbunden sind und daß die Wahlmöglichkeiten "vorwärts oder rückwärts" und "in die Breite oder in die Tiefe" im allgemeinen nicht in reiner Form verfügbar sind.

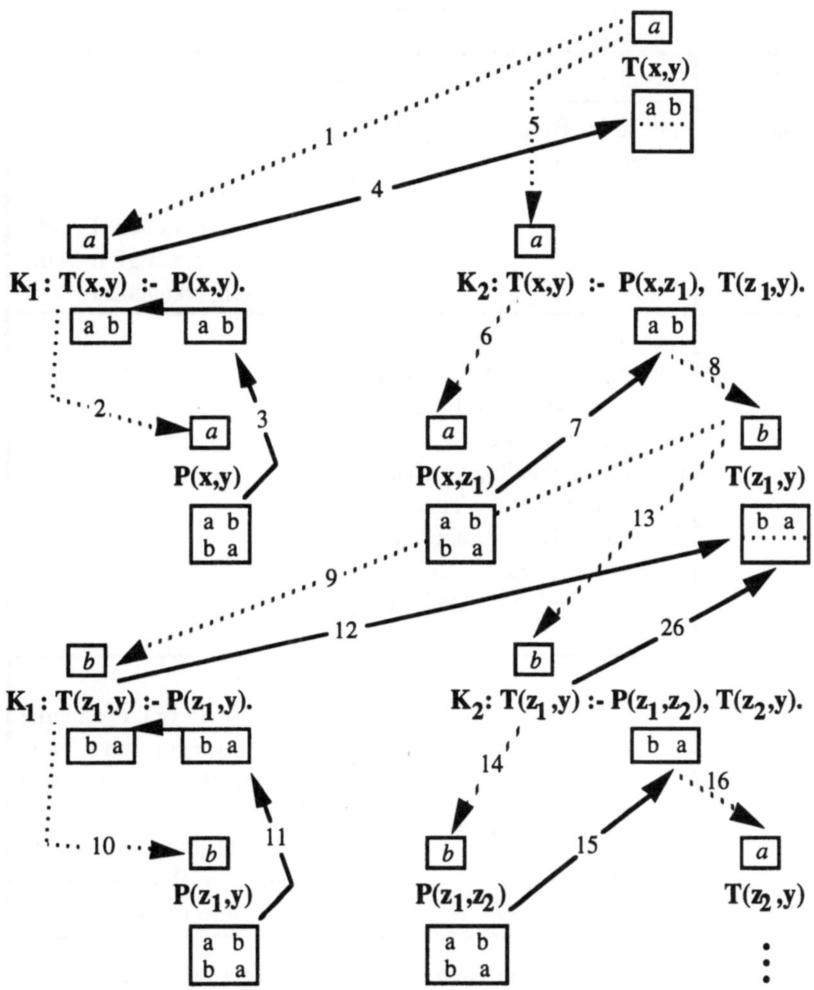

Bild 14.19 Anfang einer Abwicklung, (nicht abbrechender) Tiefendurchlauf, Fluß der Werte und Fluß der Bindungen für das Anfrageprogramm aus Bild 14.15a mit Instanz und Ausprägung aus Bild 14.18

Die folgenden, wechselseitig rekursiven Prozeduren `Stellen_Auswertung` und `Transitionen_Auswertung` bilden den Kern eines Verfahrens zur Auswertung einer Anfrage mit vorgegebenen Bindungen. Die zusätzliche Prozedur `Benutze_Gleichheitsprämissen` sorgt innerhalb von `Transitionen_Auswertung` für die richtige Behandlung von Gleichheitsprämissen. Die Prozedur `Tiefen_Auswertung_mit_Bindung` schließlich startet die Auswertung, indem die Prozedur `Stellen_Auswertung` mit der auszuwertenden atomaren Formel sowie der Bindungsrelation als Eingabeparameter und der Ergebnisrelation als Ausgabeparameter aufgerufen wird.

	vorwärts	rückwärts
formale Abwicklung	(parallel) in die Breite	in die Tiefe oder in die Breite
Abbruchbedingung	auf voller Breite keine neuen Tupel erzeugt	jeder Ast geschlossen durch • Basisrelation oder • leere Bindung, oder • weil keine neuen Ergebnistupel erzeugbar sind (schwierig erkennbar)
Fluß der Werte	(parallel) in die Breite; vor dem Verfügbarmachen für eine Transition: Verbund mit jeweiliger Bindung (beim Zurückhalten von Teilwerten: auch aus der Tiefe; beim Verfügbarmachen von Teilwerten: auch aus der Tiefe, aber mit Wiederholungen)	
Fluß der Bindungen		in die Tiefe; vor der Weitergabe an eine Stelle: Berechnung aus jeweiligem Wert des partiellen Verbundes (bei Weitergabe von Teilbindungen: auch in die Breite, aber mit Wiederholungen)

Bild 14.20 Einige Gesichtspunkte zur Auswertung von Klauseln mit Bindungen

In der Prozedur `Stellen_Auswertung` unterscheiden wir den einfachen (und häufigsten) Sonderfall, daß in der Konklusion einer Klausel jede Individuenvariable nur einmal vorkommt, vom allgemeinen Fall, daß eine Individuenvariable mehrfach vorkommt. Im einfachen Sonderfall können entsprechend den Verabredungen für Abwicklungen die Individuenvariablen $y_1,...,y_n$ aus der Konklusion eineindeutig in die Individuenvariablen $x_1,...,x_n$ der Stelle umbenannt werden. Dadurch wird eine allgemeinste Unifikation von Stelle und Konklusion auf besonders einfache Weise erreicht. Im allgemeinen Fall erfordert eine *allgemeinste Unifikation* etwas mehr Aufwand. In der Prozedur benutzen wir folgende, nur kurz skizzierte Möglichkeit: Für eine Individuenvariable y aus der Konklusion wird eine der entsprechenden Individuenvariablen aus der Stelle zur Umbenennung ausgewählt; nach Auswertung der Klausel muß dann durch eine geeignete q-Projektion eine passende Attributvervielfachung vorgenommen werden. In den folgenden Darstellungen werden wir die Einzelheiten des allgemeinen Falles im allgemeinen vernachlässigen.

```
PROCEDURE   Stellen_Auswertung
    (Atom : atomare_Formel      (* der normierten Form T(T1 : x1,...,Tn : xn)
                                    mit verschiedenen Variablen x1,...,xn *);
     T_Bindung : Relation       (* mit Attributen  dom T_Bindung ⊂ {X1,...,Xn} *);
     VAR  T_Wert : Relation      (* mit Attributen  dom T_Wert = {X1,...,Xn} *)
    );

VAR   gamma : Variablensubstitution;
      attributvervielfachung : Attributfunktion;
      Teilwert : Relation;

BEGIN
   IF  T_Bindung = ∅
      THEN T_Wert := ∅
   ELSE  (* T_Bindung ≠ ∅*)
       IF  rel(Atom) ∈ EDB          (* T ist Basisrelation *)
```

$$\text{THEN} \quad \text{T\_Wert} := \text{T\_Bindung} \bowtie \pi \begin{pmatrix} X1 \dots Xn \\ T1 \dots Tn \end{pmatrix}^{(T)}$$

```
                                 (* für gespeicherte Instanz der Basisrelation T *);
       ELSE (* rel (Atom) ∈ RS (Q), d.h. T ist Anfragerelation *)
          T_Wert := ∅             (* initialisiere *);
          FOR ALL   Klauseln K_i ∈ Q mit concl (K_i) = rel (Atom)
                                 (* concl(K_i) und rel(Atom) unifizierbar *)
          DO
             benenne Variablen in K_i um, so daß Atom und K_i variablenfremd;
             (* die Konklusion von K_i habe jetzt die Form T(T1 : y1,...,Tn : yn) *)
             IF  alle Individuenvariablen y_i sind paarweise verschieden
                 (* einfacher Sonderfall *)
                 THEN
```

$$\text{gamma} := \begin{pmatrix} y1 \dots yn \\ x1 \dots xn \end{pmatrix} ; \quad (\text{*bestimme allgemeinsten Unifikator *})$$

```
                 Transitionen_Auswertung(gamma (K_i), T_Bindung, Teilwert);
                 T_Wert := T_Wert ∪ Teilwert
                 ELSE
                 gamma := eine Variablensubstitution, die jedes y aus der
                          Konklusion auf eines der entsprechenden x_i
                          abbildet;
```

$$\text{attributvervielfachung} := \begin{pmatrix} X1 & \dots & Xn \\ \text{gamma}(Y1) & \dots & \text{gamma}(Yn) \end{pmatrix} ;$$

```
                 T_Bindung := T_Bindung entsprechend gamma angepaßt;
                 Transitionen_Auswertung(gamma (K_i), T_Bindung, Teilwert);
```

$$\text{T\_Wert} := \text{T\_Wert} \cup \pi_{\text{attributvervielfachung}}(\text{Teilwert})$$

```
                 END
             END   (* Iteration über alle Klauseln *)
          END
      END
END   Stellen_Auswertung;
```

```
PROCEDURE  Transitionen_Auswertung²

    (Regel : Horn-Klausel        (* der normierten Form A0 :- A1,...,Am, G1,...,Ge  mit
                                    Aj ist "ordentliche" Prämisse,
                                    Gi ist Gleichheitsprämisse
                                    mit dom Gi ⊂ ∪_{j=0,...,m} dom Aj *);
     T_Bindung : Relation        (* mit dom T_Bindung ⊂ dom A0 *);
     VAR  T_Wert : Relation      (* mit dom T_Wert = dom A0 *)
    );

VAR  j : CARDINAL                              (* Index für Prämissen *);
     H : Relation                              (* partieller Verbund *);
     P_Wert_unter_Bindung : Relation;
     Selektionen : Menge_von_Gleichheitsprämissen (* unverarbeitete Gleich-
                                                      heitsprämissen *);
     Relevante_Attribute : Menge_von_Attributen;

BEGIN
    Selektionen := {G1,...,Ge};
    H := T_Bindung;
    FOR j := 1 TO  m  DO
       H := Benutze_Gleichheitsprämissen(H, dom Aj, Selektionen)
                                                  (* so früh wie möglich *);
       Stellen_Auswertung(Aj, π_{dom H ∩ dom Aj} (H), P_Wert_unter_Bindung);
       Relevante_Attribute :=  (dom H ∪ dom Aj) ∩
                          (dom A0 ∪ ∪_{l=j+1,...,m} dom Al ∪ ∪_{G ∈ Selektionen} dom G);
       H := π_{Relevante_Attribute}(H ⋈ P_Wert_unter_Bindung)
    END;
    Benutze_Gleichheitsprämissen(H, dom H, Selektionen);
    T_Wert := π_{dom A0} (H)
END  Transitionen_Auswertung;
```

---

² Wir benutzen hier und in den anderen Prozeduren folgende Verabredungen: Es gibt genau
  eine nichtleere Relation r mit dom r = Ø; diese Relation habe das "leere Tupel" Ø als
  einziges Element. Ferner sei

$$\pi_\emptyset(r) := \begin{cases} \emptyset & \text{falls } r = \emptyset \\ \{\emptyset\} & \text{falls } r \neq \emptyset \end{cases}$$

, und es gilt {Ø} ⋈ s = s für alle Relationen s.

```
PROCEDURE  Benutze_Gleichheitsprämissen
   ( VAR  H : Relation              (* weiter zu gebende Bindung *);
     Dom : Menge_von_Attributen      (* einer Prämisse *);
     VAR  Selektionen : Menge_von_Gleichheitsprämissen
   ) ;

VAR  G : Gleichheitsprämisse;

BEGIN
   FOR  G ∈ Selektionen  DO
      CASE  Form von G  OF
```

$$x{=}a \text{ bzw. } a{=}x \land X \in \text{dom}\,H \cup \text{Dom} \quad : H := H \bowtie \left\{ \begin{pmatrix} X \\ a \end{pmatrix} \right\};$$
```
                                                 Selektionen := Selektionen \ {G} |
```

$$x{=}y \land \{X, Y\} \subset \text{dom}\,H \quad : H := \sigma_{X=Y}(H);$$
```
                                                 Selektionen := Selektionen \ {G} |
```

$$x{=}y \text{ bzw. } y{=}x \land X \in \text{dom}\,H$$
$$\land Y \in \text{Dom} \setminus \text{dom}\,H \quad : \text{definiere } q : \text{dom}\,H \cup \{Y\} \rightarrow \text{dom}\,H$$
$$q(A) = \begin{cases} A & \texttt{falls } A \in \text{dom}\,H \\ X & \texttt{falls } A = Y \end{cases}$$
$$H := \pi_q(H);$$
```
                                                 Selektionen := Selektionen \ {G}
```

(* auf rein syntaktischer Ebene, aber nicht auf semantischer Ebene wäre zusätzlich
benutzbar:

$$x{=}y \land \{X, Y\} \subset \text{Dom} \setminus \text{dom}\,H \quad : \text{werte Prämisse mit Selektion } \sigma_{X=Y} \text{ aus}$$
*)

```
      END   (* Fallunterscheidung Form von G *)
   END   (* Iterationen über Selektionen *)
END  Benutze_Gleichheitsprämissen;


PROCEDURE  Tiefen_Auswertung_mit_Bindung
   ( Q : Anfrageprogramm      (* Menge von sicheren, normierten Klauseln *);
     R1,...,Rk : Relation     (* abgespeicherte Instanz *);
     S_Bindung : Relation     (* vorgegebene Bindung für Anfragerelation S mit
                                 dom S_Bindung ⊂ dom S *);
     VAR  S : Relation        (* Anfragerelation *)
   ) ;

PROCEDURE  Stellen_Auswertung ... ;
PROCEDURE  Transitionen_Auswertung ... ;
PROCEDURE  Benutze_Gleichheitsprämissen ... ;
```

(* Bearbeitung von Prozeduraufrufen (wie üblich) *Keller-gesteuert*, d.h. *Tiefendurchlauf* *)

```
BEGIN
   Stellen_Auswertung("S(S1 : x1,...,Sn : xn)", S_Bindung, S)
END  Tiefen_Auswertung_mit_Bindung;
```

Satz 14.13 [(partielle) Korrektheit und Vollständigkeit von Tiefen_Auswertung_mit_Bindung]

Wenn die Prozedur `Tiefen_Auswertung_mit_Bindung`, aufgerufen mit Anfrageprogramm Q, Instanz $f = (r_1,...,r_k)$ und Bindung s_b terminiert, so gilt für den von der Prozedur gelieferten Wert s:

$$s = s\_b \bowtie \{S(c_1,...,c_n) \mid S(c_1,...,c_n) \in \text{fix } (f \cup Q)\}.$$

Beweisidee:

"⊂" [(partielle) Korrektheit]: Da der Prozeduraufruf terminiert, kann man die Auswertung wie oben am Beispiel erläutert durch eine endliche, baumartige Abwicklung darstellen. Man zeigt dann durch Induktion über die Höhe von Stellen in der Abwicklung, daß jedes Tupel μ, das für eine Stelle durch die Prozedur `Stellen_Auswertung` geliefert wird, folgende Eigenschaften besitzt:

1. $\mu \in \text{fix } (f \cup Q)$.

2. Zu μ gibt es ein (bezüglich des Verbundes) "passendes" Tupel in der zur Stelle gehörenden Bindungsrelation.

Dabei ist die Höhe einer Stelle in der Abwicklung als die Länge des längsten zu ihr führenden Pfades definiert. Die Korrektheit von s ergibt sich dann speziell aus obigen Eigenschaften 1. und 2. für die Wurzelstelle der Abwicklung.

"⊃" [Vollständigkeit]: Man zeigt durch Induktion über die Anzahl von Grundfakten-Transformationen, die man zur Erzeugung eines Tupels $\mu \in \text{fix } (f \cup Q)$ benötigt, daß für jede Stelle in der Abwicklung, die für ein Relationensymbol T mit Bindung T_Bindung auszuwerten ist, gilt:

Ist $\mu = T(T1 : c_1,...,Tn : c_n) \in \text{fix } (f \cup Q)$ und $\mu \lceil \text{dom T\_Bindung} \in \text{T\_Bindung}$, so liefert der zur Stelle gehörende Aufruf der Prozedur `Stellen_Auswertung` dieses Tupel μ.

Der Induktionsanfang, d.h. $\mu \in f$, ergibt sich unmittelbar aus der Behandlung einer Basisrelation durch die Prozedur `Stellen_Auswertung`. Der hier nicht weiter ausgeführte Induktionsschritt benutzt wesentlich, daß in der Prozedur `Stellen_Auswertung` die Umbenennungen von Variablen einer Klausel so "allgemein wie möglich" durchgeführt werden. (Allgemein wird in Methoden des *automatischen Beweisens*, die auf die Anwendung von *Resolution* gestützt sind, stets der *allgemeinste Unifikator* für zwei unifizierbare Literale (hier Transition) benutzt; die Eigenschaft der "Allgemeinstheit" sichert dabei gerade die Vollständigkeit.) ∎

In der obigen Erörterung der verschiedenen Gesichtspunkte haben wir bereits die Möglichkeit erwähnt, auch schon Teilmengen der neuen Werte von Relationen verfügbar zu machen bzw. schon Teilmengen der Bindungen weiterzugeben. Dann müssen aber "verspätet eintreffende" Tupel der jeweiligen Restmengen geeignete Wiederholungen von Berechnungen auslösen.Wir wollen in den folgenden Fallunterscheidungen genauer betrachten, welche Auswirkungen das "verspätete Eintreffen" eines Tupels μ haben kann. Diese Gegebenheiten werden auch durch die nachfolgenden Bilder 14.21 bis 14.23 veranschaulicht, in denen ein neues Tupel μ durch die entsprechende Nummer des Falles angedeutet ist.

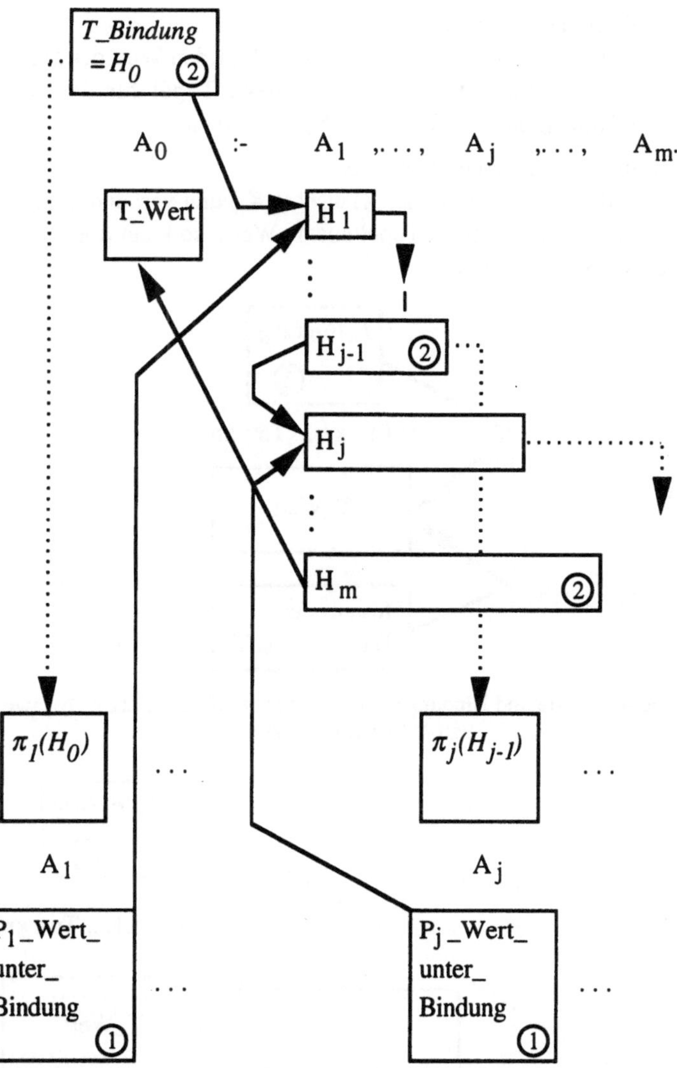

Bild 14.21 Fluß der Werte und Bindungen unter der Prozedur `Transitionen_Auswertung` ohne Berücksichtigung der Gleichheitsprämissen

(1) μ ist Tupel für den Wert einer Stelle:
ist diese Stelle die Prämisse A_j einer Transition, d.h. μ ist Tupel aus P_j_Wert_unter_Bindung, so kann μ zusammen mit Tupeln aus H_{j-1} neue Tupel für den partiellen Verbund H_j erzeugen.

(2) μ ist Tupel für die Bindung einer Transition bzw. für den Wert des partiellen Verbundes H_{j-1} einer Transition:
μ kann für $j-1 < m$ neue Tupel für die Bindung $\pi_j(H_{j-1})$ bzw. für $j-1 = m$ neue Tupel für den T_Wert der Transition erzeugen;
μ kann für $j-1 < m$ zusammen mit Tupeln aus P_j_Wert_unter_Bindung neue Tupel für den partiellen Verbund H_j erzeugen.

(3) μ ist Tupel für die Bindung einer Stelle:
      im Falle "T ist Basisrelation" kann μ neue Tupel für den Wert der Stelle erzeugen;
      im Falle "T ist Anfragerelation" kann μ neue Tupel für die Bindungen der
      verbundenen Transitionen $\gamma_1(K_1),...,\gamma_h(K_h)$ erzeugen.

(4) μ ist Tupel für den Wert einer Transition:
      ist diese Transition markiert mit der Klausel $\gamma_i(K_i)$ und verbunden mit der Stelle
      $T(T1 : x1,...,Tn : xn)$, d.h. μ ist Tupel aus T_Wert_i, so kann μ ein neues Tupel für
      den Wert dieser Stelle erzeugen.

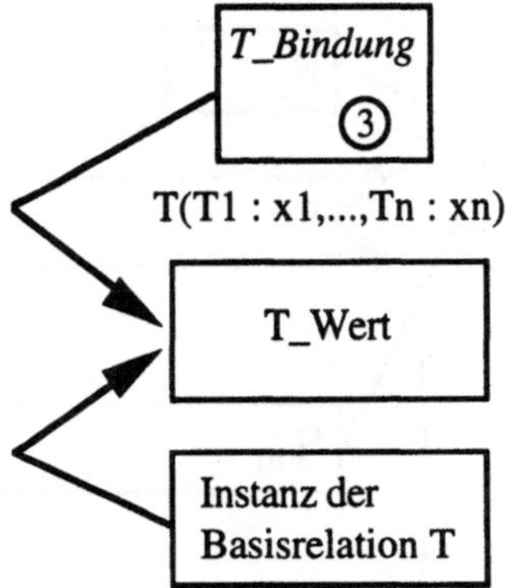

Bild 14.22 Fluß der Werte und Bindungen unter der Prozedur `Stellen_Auswertung` im Fall "T ist Basisrelation"

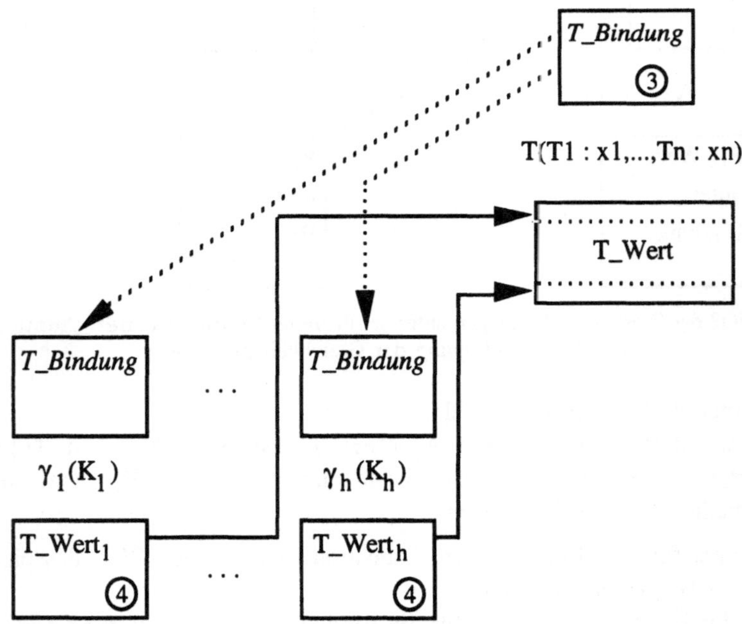

Bild 14.23 Fluß der Werte und Bindungen unter der Prozedur `Stellen_Auswertung` im Fall "T ist Anfragerelation"

Wir können nun eine Prozedur *Breiten_Auswertung_mit_Bindung* grob skizzieren:

- Es werden für den Breitendurchlauf geeignete (insbesondere die Wiederverwendung von Variablen vermeidende) Abwandlungen der Prozeduren Stellen_Auswertung und Transitionen_Auswertung verwendet.

- Die Bearbeitung von Prozeduraufrufen erfolgt *Warteschlangen-gesteuert*, so daß sich tatsächlich ein Breitendurchlauf ergibt.

- Es wird jeweils für eine Stufe die formale Abwicklung in die Breite durch Ablage der entsprechenden Prozeduraufrufe für die Prozedur Stellen_Auswertung bzw. für die Prozedur Transitionen_Auswertung in der Warteschlange erstellt.

- Es werden jeweils für eine Stufe die abgelegten Prozeduraufrufe nacheinander tatsächlich ausgeführt, und die dadurch entstehenden Auswirkungen "verspätet eintreffender" Tupel werden durch geeignete "Wiederholungen" (wie in den Fällen (1) bis (4) beschrieben) in den schon früher begonnenen und in den noch wartenden Prozeduraufrufen berücksichtigt.

- Der Breitendurchlauf wird abgebrochen, wenn (im allgemeinen schwierig erkennbar) keine neuen Ergebnistupel mehr erzeugbar sind.

Aus der obigen Fallunterscheidung für die Auswirkungen "verspätet eingetroffener" Tupel ergibt sich folgende Beobachtung:

> ein "verspätet eintreffendes" Tupel μ für den Wert einer Stelle S kann als Auswirkung nur Tupel für den Wert solcher Stellen erzeugen, die in (dem Baum) der soweit entwickelten formalen Abwicklung oberhalb oder rechts von der Stelle S liegen.

Denn die Auswirkung nach oben ist offensichtlich gemäß den Fällen (1) und (4); die Auswirkung nach rechts ergibt sich aus den Fällen (2) und (3).

Aus der Beobachtung zusammen mit der vorausgesetzten Sicherheit der Anfrageklauseln folgt unmittelbar, daß in der jeweils fest gewählten Abwicklung alle Auswirkungen durch endlich viele Wiederholungen berücksichtigt werden können.

Beispiel [Fortsetzung]: Wir betrachten erneut das Anfrageprogramm, die Instanz und die Bindung, mit denen wir schon den Tiefendurchlauf erläuterten. In Bild 14.24 bezeichnet

- die Numerierung $\langle i \rangle$ der Stellen bzw. Transitionen die Reihenfolge der entsprechenden Prozeduraufrufe durch Ablage in der Warteschlange;

- eine Markierung $\langle\!\langle i \rangle\!\rangle$ einer (rückwärts gerichteten) Kante den Fluß der Bindungen bei Ablage des mit $\langle i \rangle$ markierten Prozeduraufrufes;

- die Markierungen $\langle i \rangle$ von Kanten den Fluß von Werten oder Bindungen als Auswirkung "verspätet eingetroffener" Tupel.

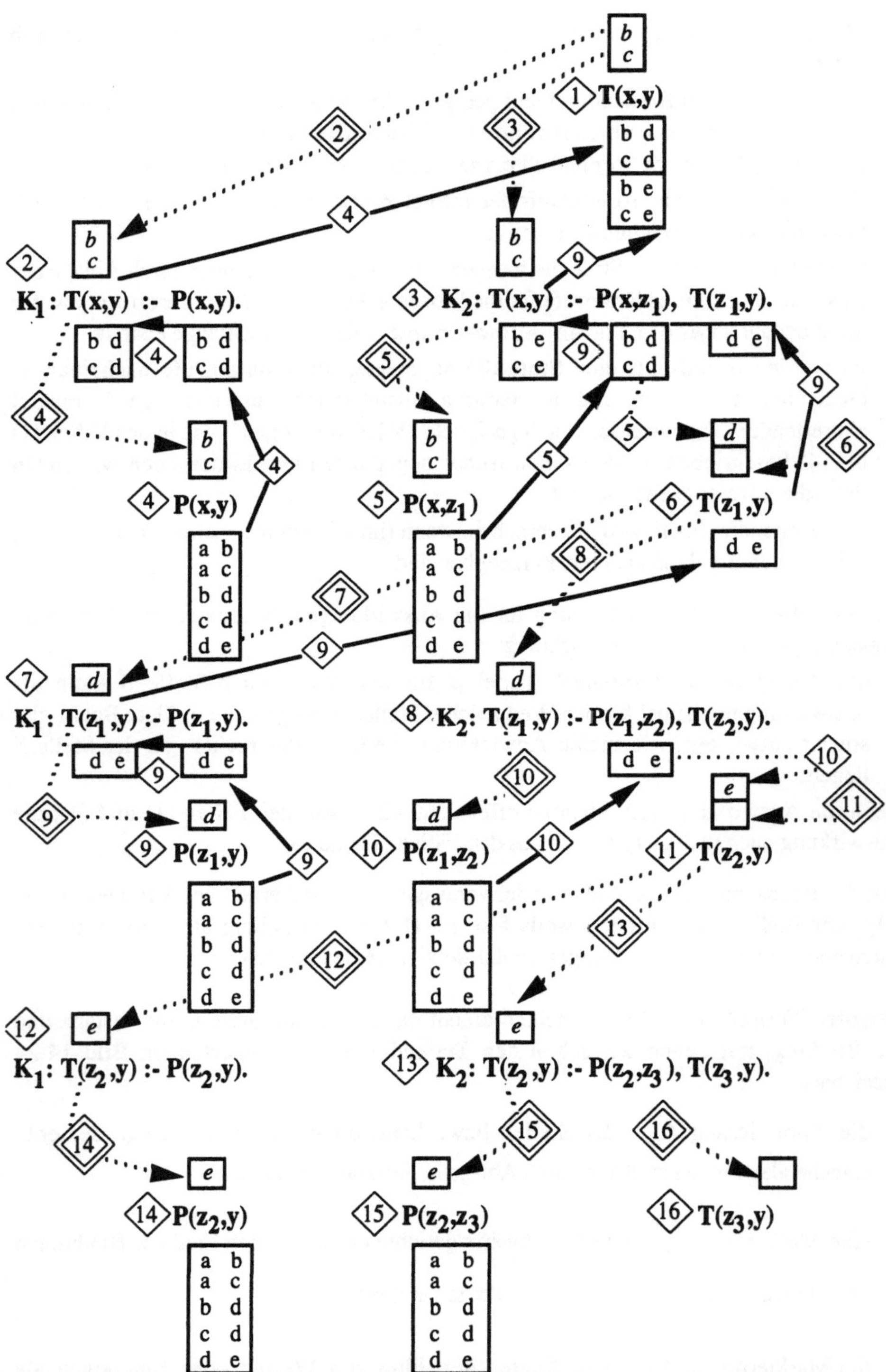

Bild 14.24 Abwicklung, Breitendurchlauf, Fluß der Werte und Fluß der Bindungen für das Anfrageprogramm mit Instanz und Bindung aus Bild 14.15

Die obigen Überlegungen kann man durch folgenden Satz 14.14 zusammenfassen, den
wir ohne Beweis angeben.

Satz 14.14 [Korrektheit und Vollständigkeit von
Breiten_Auswertung_mit_Bindung]

Die Prozedur `Breiten_Auswertung_mit_Bindung`, aufgerufen mit Anfrageprogramm Q, Instanz $f = (r_1,...,r_k)$ und Bindung s_b für die Anfragerelation S liefert

$$s = s\_b \bowtie \{\ S(c_1,...,c_n)\ |\ S(c_1,...,c_n) \in \text{fix}\ (f \cup Q)\ \}.$$

Beweis: Siehe etwa Kapitel 12 von [Ul 89].   ∎

Abschließend bemerken wir, daß eine Ausführung der oben skizzierten Prozedur
`Breiten_Auswertung_mit_Bindung` eine aufwendige Laufzeitkontrolle erfordert:

- Die grundlegenden Prozeduren `Stellen_Auswertung` und
  `Transitionen_Auswertung` rufen sich wechselseitig rekursiv auf.
- Die Warteschlange muß verwaltet werden.
- Die Auswirkungen "verspätet eintreffender" Tupel müssen durch "Wiederholungen"
  (d.h. erneute Ausführung schon begonnener Prozeduraufrufe bzw. Änderung der
  aktuellen Parameter noch wartender Prozeduraufrufe) berücksichtigt werden.
- Die Abbruchbedingung muß geeignet überprüft werden.

Deshalb ist eine derartige Breitenauswertung wohl letztlich kaum effizient durchführbar.

14.5 Globalisierung von Relationen und Rekursions-Eliminierung

Wir werden nun einen sogenannten "Magic-Set"-Ansatz beschreiben, wie man für eine
fest vorgegebene Anfrage das rekursive Verfahren des Breitendurchlaufs in ein iteratives
Verfahren umwandeln kann. Dabei werden wir grob wie folgt vorgehen:

1. *[bestimme Bindungsformate]*
   Wir bestimmen die tatsächlich vorkommenden Definitionsbereiche dom T_Bindung
   für die formalen Parameter `T_Bindung` in `Stellen_Auswertung` und
   `Transitionen_Auswertung`, sowie dom H für die lokalen Relationen H, die
   in `Transitionen_Auswertung` jeweils die partiellen Verbunde bezeichnen.

2. *[mache Bindungsformate eindeutig]*
   Falls für eine Anfragerelation T unterschiedliche Definitionsbereiche für
   `T_Bindung` tatsächlich vorkommen, so splitten wir T, indem wir für jeden
   vorkommenden Definitionsbereich Dom eine neue Anfragerelation T_Dom bilden
   und die Horn-Klauseln der Anfrage geeignet abändern.

3. *[verschmelze lokale Relationen zu globalen; simuliere Wertzuweisungen]*
   Wir ersetzen die nun vorliegenden Horn-Klauseln durch neue Horn-Klauseln, in
   denen Relationensymbole (mit jeweils fester Stelligkeit) für folgende Relationen

vorkommen:

Basisrelationen	: R1,...,Rk
(Werte der) Anfragerelationen	: S1,...,Sl
Bindungen der Anfragerelationen	: S1_B,...,Sl_B

partielle Verbunde bei der
Auswertung der Klauseln K_i mit
$K_i \equiv A_0 :- A_1,...,A_{mi}.$: K1_H0,...,K1_Hm1,

                                       :

                                       Kq_H0,...,Kq_Hmq

Die neuen Horn-Klauseln beschreiben im wesentlichen die bei Ausführungen von
`Stellen_Auswertung` und `Transitionen_Auswertung` vorgenommenen
Wertzuweisungen, und zwar sowohl die expliziten (durch Anweisungen mit :=) als
auch die impliziten (durch Übergabe aktueller Parameter bei Prozeduraufrufen). Dabei
werden alle obigen Relationen als globale Größen benutzt.

4. [*werte differentiell aus*]
   Die neuen Horn-Klauseln werden dann vorwärts, in die Breite iterativ, differentiell
   mit Abbruchbedingung "auf voller Breite keine neuen Tupel erzeugt" ausgewertet,
   d.h. durch Aufruf einer für die neuen Horn-Klauseln erstellten Prozedur
   `Differenz_Auswertung`.

Um die *tatsächlich vorkommenden Definitionsbereiche* für Bindungen und für die
lokalen Relationen H zu bestimmen, erstellen wir rückwärts eine formale (Teil-)
Abwicklung der Anfrage in Form eines stets endlichen *Bindungsgraphen*. Dessen
Knoten, Stellen und Transitionen, werden wie folgt markiert:
* eine *Stelle* durch ein Relationensymbol T für eine Basis- oder Anfragerelation mit
  Angabe eines *Bindungsformats* dom T_B ⊂ dom T;
* eine *Transition* durch ein Relationensymbol K_Hj, j = 0,...,m, für einen partiellen
  Verbund bei Auswertung der Klausel $K \equiv A_0 :- A_1,...,A_m.$ mit Angabe eines
  Definitionsbereichs dom K_Hj ⊂ {X | x ist in K vorkommende Individuenvariable}.

Definition 14.6 [Bindungsgraph]

Der *Bindungsgraph* für
     ein Anfrageprogramm **Q**
     mit Ergebnisrelationensymbol S
     und Definitionsbereich dom s_b der vorgegebenen Bindung für S
wird induktiv wie folgt definiert:

1. $S^{\text{dom } s\_b}$ ist eine Stelle.

2. [*Vorgänger einer Stelle*]
   a. Eine Stelle für eine Basisrelation hat keine Vorgänger.
   b. Eine Stelle T^{Dom} für eine Anfragerelation T(T1,...,Tn) mit Bindungsformat
      Dom ⊂ {T1,...,Tn} erhält für jede Klausel K ∈ **Q** der Form
      $K \equiv T(T1:x1,...,Tn:xn) :- A_1,...,A_m.$
      als Vorgänger die Transition $K\_H0^{\{Xi \mid Ti \in \text{Dom}\}}$.

3. [*Vorgänger einer Transition*]
   Eine Transition $K\_H(j\text{-}1)^{Dom}$ zur Klausel
   $K \equiv A_0 :\text{-} A_1,...,A_j,...,A_m.$ mit $A_j \equiv P(P1{:}z1,...,Pn{:}zn)$
   erhält als Vorgänger
   a. die Stelle $P^{\{Pi \,|\, Zi \,\in\, Dom\}}$ und
   b. die Transition $K\_Hj^{(Dom \,\cup\, dom\, Aj)\, \cap\, (dom\, A0\, \cup\, \bigcup_{1=j+1,...,m}\, dom\, Al)}$,
   wobei dom $Al := \{X \,|\, x$ ist in Al vorkommende Individuenvariable$\}$ sei (und die
   Gleichheitsprämissen zur Vereinfachung hier vernachlässigt werden). Eine
   Transition K_Hm^{Dom} hat keine Vorgänger und bräuchte hier eigentlich nicht
   betrachtet zu werden (muß aber natürlich für die Auswertung einer Anfrage
   berücksichtigt werden).

Beispiele:
1. Wir betrachten wieder das Anfrageprogramm $Q = \{K_1, K_2\}$ mit
   $K_1 \equiv T(T1{:}x, T2{:}y) :\text{-} P(P1{:}x, P2{:}y).$
   $K_2 \equiv T(T1{:}x, T2{:}y) :\text{-} P(P1{:}x, P2{:}z), T(T1{:}z, T2{:}y).$
   zusammen mit dem Ergebnisrelationensymbol T und dem Definitionsbereich $\{T1\}$ der
   vorgegebenen Bindung t_b. Als Ergebnis erhalten wir den in Bild 14.25 gezeigten
   Bindungsgraph.

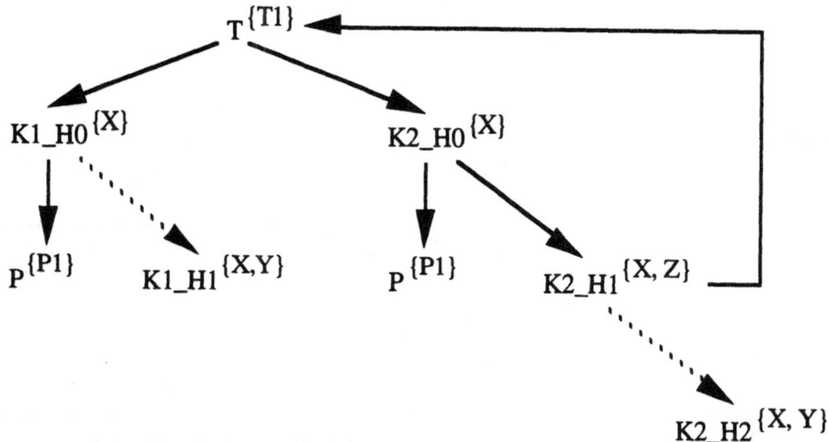

Bild 14.25 Bindungsgraph für Klauseln K_1 und K_2 zur Berechnung der transitiven Hülle T
der Relation P mit Bindung für die erste Komponente T1

2. Wir betrachten ein Anfrageprogramm $Q = \{K_1, K_2\}$ zur Beziehung, von der *gleichen*
Generation zu sein, wobei PER(N) und ELT (K, E) Basisrelationen bezeichnen:
   $K_1 \equiv GG(G1{:}x, G2{:}x) :\text{-} PER(N{:}x).$
   $K_2 \equiv GG(G1{:}x, G2{:}y) :\text{-} ELT(K{:}x, E{:}xe),$
   $\qquad\qquad\qquad\qquad\quad ELT(K{:}y, E{:}ye),$
   $\qquad\qquad\qquad\qquad\quad GG(G1{:}xe, G2{:}ye).$
Ferner sei GG Ergebnisrelationensymbol mit dem Definitionsbereich $\{G1\}$ einer
vorgegebenen Bindung gg_b. Als Ergebnis erhalten wir den in Bild 14.26 gezeigten
Bindungsgraph.

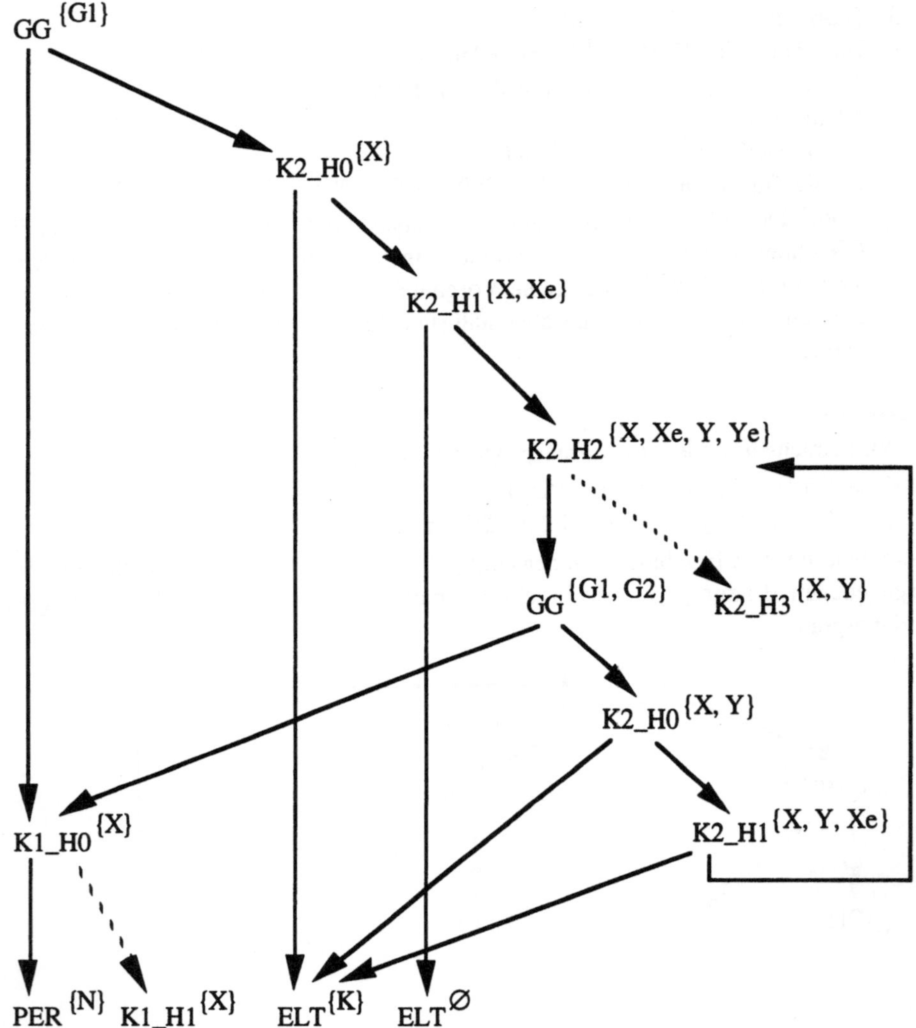

Bild 14.26 Bindungsgraph für Klauseln K_1 und K_2 zur Berechnung der Gleiche-Generation-Beziehung GG der Relation ELT mit Bindung für die erste Komponente G1

Man beachte, daß für die Anfragerelation GG sowohl der Definitionsbereich {G1} als auch der Definitionsbereich {G1, G2} vorkommt, d.h. daß für GG unterschiedliche Definitionsbereiche auftreten. Ferner kommt für die Basisrelation ELT in einem Fall der leere Definitionsbereich vor, d.h. es wird für die entsprechende Auswertung keine echte Bindung erzeugt.

3. Wir betrachten eine anderes Anfrageprogramm $Q = \{K_1, K_3\}$ für die gleiche Aufgabe, in der gegenüber dem vorangehenden Beispiel die Reihenfolge der Prämissen vertauscht wurde:

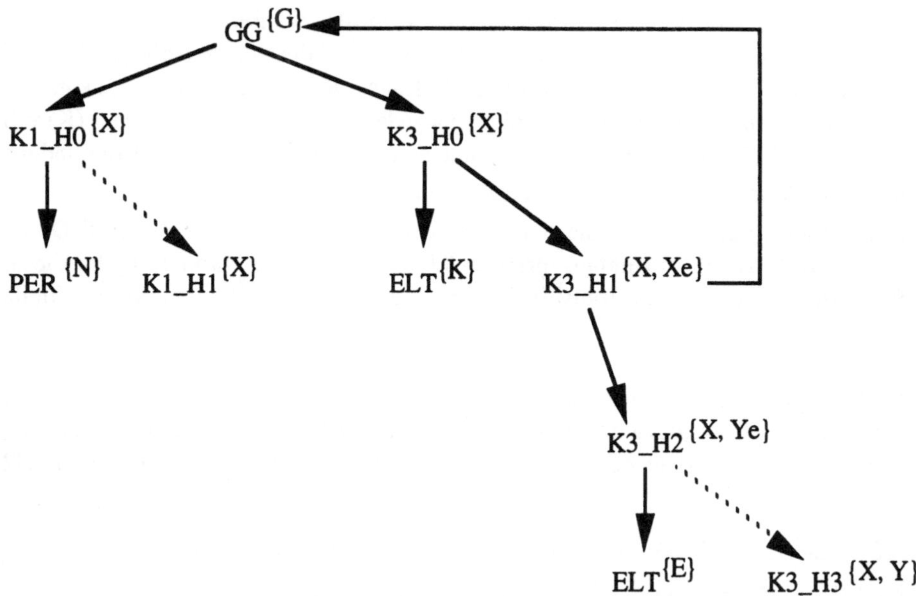

Bild 14.27 Bindungsgraph für die abgewandelten Klauseln K_1 und K_3 zur Berechnung der Gleiche-Generation-Beziehung GG der Relation ELT mit Bindung für die erste Komponente G1

$K_1 \equiv$ GG (G1:x, G2:x) :- PER (N:x).
$K_3 \equiv$ GG (G1:x, G2:y) :- ELT (K:x, E:xe),
                              GG (G1:xe, G2:ye),
                              ELT (K:y, E:ye).

Dann erhält man den in Bild 14.27 gezeigten Bindungsgraph. Bei dieser Reihenfolge der Prämissen ist also der Definitionsbereich für Bindungen der Anfragerelation eindeutig. Darüber hinaus erfolgen alle Auswertungen von ELT mit einer echten Bindung, einmal für das Attribut K(ind) und das andere Mal für das Attribut E(ltern).

Die Umordnung der Prämissen für die rekursive Klausel zur Berechnung der Gleiche-Generation-Beziehung bewirkte, daß bei der schrittweisen Berechnung des partiellen Verbundes die Erzeugung eines kartesischen Produkts (in Beispiel 2 bei der Auswertung von K2_H1(X, Xe) ⋈ ELT(Y, Ye)) vermieden wurde. Allgemein wird man entsprechend den Optimierungsregeln für mehrfache Verbunde stets versuchen, die Reihenfolge der (zweifachen) Verbunde so anzuordnen, daß die Zwischenergebnisse erwartungsgemäß möglichst klein bleiben, indem durch jeweils möglichst viele Verbundattribute (d.h. große Definitionsbereiche für Bindungen) die auswählende und damit verkleinernde Wirkung des Verbundes überwiegt.

Wir zeigen nun, wie man gegebenenfalls die *Definitionsbereiche* für die Bindungen S1_B,...,S1_B der Anfragerelationen und damit auch für die partiellen Verbünde K1_H0,...,Kq_Hmq *eindeutig machen* kann. Dazu nehmen wir an, daß der Bindungsgraph bereits erstellt sei. Falls im Bindungsgraphen als Stellenmarkierung jede Anfragerelation Si mit höchstens einem Bindungsformat dom Si_B vorkommt, so lassen wir die Klauseln unverändert. Andernfalls wählen wir für jede im Bindungsgraphen vorkommende Stellenmarkierung S^{Dom} durch eine Anfragerelation S mit einem Bindungsformat Dom ein neues (Anfrage-) Relationensymbol S_Dom und ersetzen die gegebenen Klauseln wie folgt: Für jede Klausel $K \in Q$ mit concl (K) $\equiv$ S und jedes neue Relationensymbol S_Dom bilden wir eine neue Klausel K_Dom, indem

- in der Konklusion S durch S_Dom ersetzt wird,
- in der j-ten Prämisse, falls sie eine Anfragerelation T enthält, T durch T_Domx ersetzt wird, wobei im Bindungsgraphen T^{Domx} gerade die Markierung des dieser Prämisse entsprechenden (transitiven) Vorgängers der mit S^{Dom} markierten Stelle ist.

Beispiel: Wir betrachten aus obigem Beispiel die zweite Klauselmenge. Für die Anfragerelation GG kommen im Bindungsgraphen die Bindungsformate {G1} und {G1, G2} vor, so daß wir zwei neue Relationensymbole, etwa GG_G1 und GG_G1.G2 wählen.

Für $K_1 \equiv$ GG(G1:x, G2:y) :- PER(N:x). bilden wir die neuen Klauseln

K_1_G1 $\equiv$ GG_G1(G1:x, G2:x) :- PER(N:x).

K_1_G1.G2 $\equiv$ GG_G1.G2(G1:x, G2:x) :- PER(N:x).

Für $K_2 \equiv$ GG(G1:x, G2:y) :- ELT(K:x, E:xe),
                                                        ELT(K:y, E:ye),
                                                        GG(G1:xe, G2:ye).

bilden wir die neuen Klauseln

K_2_G1 $\equiv$ GG_G1(G1:x, G2:y) :- ELT(K:x, E:xe),
                                                                                ELT(K:y, E:ye),
                                                                                GG_G1.G2(G1:xe, G2:ye).

K_2_G1.G2 $\equiv$ GG_G1.G2(G1:x, G2:y) :- ELT(K:x, E:xe),
                                                                                ELT(K:y, E:ye),
                                                                                GG_G1.G2(G1:xe, G2:ye).

Wir konstruieren dann für das

Anfrageprogramm {K_1_G1, K_1_G1.G2, K_2_G1, K_2_G1.G2} und Ergebnisrelationensymbol GG_G1 mit dem Definitionsbereich {G1} einer vorgegebenen Bindung gg_g1_b

den in Bild 14.28 gezeigten Bindungsgraphen. Man beachte, daß in diesem Bindungsgraphen die Anfragerelation GG_G1 nur mit Definitionsbereich {G1} und die Anfragerelation GG_G1.G2 nur mit Definitionsbereich {G1, G2} vorkommt.

Allgemein erzeugt das obige Verfahren stets eine Menge von Klauseln, so daß für den zugehörigen Bindungsgraphen gilt:

- Jedes Relationensymbol für eine Anfragerelation kommt mit genau einem Bindungsformat vor.
- Jedes Relationensymbol für einen partiellen Verbund kommt mit genau einem Definitionsbereich vor.

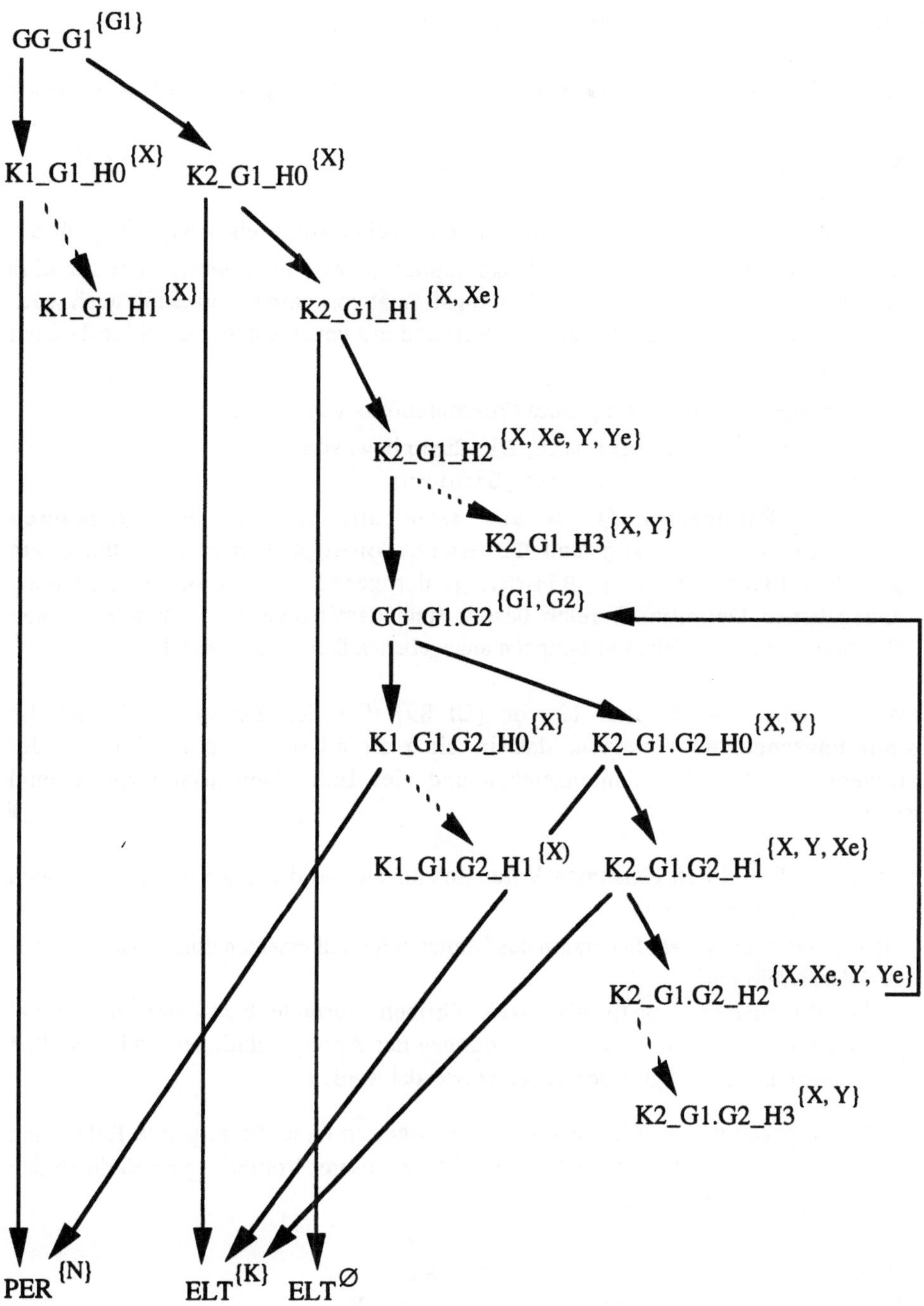

Bild 14.28 Bindungsgraph für die gesplitteten Klauseln K1_G1, K1_G1.G2, K2_G1 und K2_G1.G2 zur Berechnung der Gleiche-Generation-Beziehung GG_G1 mit Bindung für die erste Komponente G1

Darüber hinaus gilt sogar der folgende Satz, den wir wieder ohne Beweis angeben.

Satz 14.15 [Definitionsbereiche   von   Bindungen   entsprechend   Bindungsgraph]

Seien **Q** ein Anfrageprogramm,
    S ein Ergebnisrelationensymbol und
    Dom := dom s_b   der Definitionsbereich einer vorgegebenen Bindung für S

derart, daß im zugehörigen Bindungsgraphen jedes Relationensymbol für eine Anfragerelation mit genau einem Bindungsformat vorkommt (und damit auch jedes Relationensymbol für einen partiellen Verbund mit genau einem Definitionsbereich vorkommt).

Dann erfolgen bei Ausführung eines Prozeduraufrufs von

```
Tiefen_Auswertung_mit_Bindung bzw. von
Breiten_Auswertung_mit_Bindung
```

mit den Parametern **Q**, S und Dom alle Aufrufe der Prozeduren `Stellen_Auswertung` und `Transitionen_Auswertung` mit einem aktuellen Parameter für `T_Bindung`, der genau den im Bindungsgraphen angegebenen Definitionsbereich besitzt (und damit erhalten auch alle lokalen Relationen H den im Bindungsgraphen angegebenen Definitionsbereich).

Beweis: Siehe etwa Kapitel 12 von [Ul 89]. Für den Beweis muß man die Normierungsannahme benutzen, daß in einer Prämisse mit einer Basis- oder Anfragerelation kein Konstantenzeichen und eine Individuenvariable nur einmal vorkommt.   ∎

Unter den im Satz 14.15 genannten Voraussetzungen und den dann daraus folgenden Bedingungen können wir nun

- die *rückwärts gerichtete Rekursion* des Breitendurchlauf ersetzen durch eine *vorwärts gerichtete Iteration*,
- wobei die bislang jeweils als lokale Größen (formale Parameter bzw. lokal vereinbarte Variablen) benutzten Bindungen der Anfragerelationen und partiellen Verbunde nunmehr als globale Größen verwendet werden.

Wie oben angekündigt, werden wir also Relationensymbole für folgende Relationen verwenden, deren Definitionsbereiche entsprechend unserer Vorüberlegungen durch den Bindungsgraphen eindeutig bestimmt sind

- Basisrelationen   : R1,...,Rk
- (Werte der) Anfragerelationen   : S1,...,S1
- Bindungen der Anfragerelationen   : S1_B,...,S1_B
- partielle Verbunde bei der
  Auswertung der Klauseln
  K_i mit $K_i \equiv A_0$:- $A_1,...,A_{mi}$.   : K1_H0,...,K1_Hm1
                                               $\vdots$

                                             Kq_H0,...,KqHmq

Ein (dann vorwärts iterativ auszuwertendes) System von Wertzuweisungen für diese Relationensymbole, bzw. eine dazu äquivalente neue Menge von Klauseln erhalten wir, indem wir die zwischen den ehemals lokalen Größen vorgenommenen Wertzuweisungen nunmehr auf die entsprechenden globalen Größen übertragen. Dabei betrachten wir sowohl die schon bislang expliziten Wertzuweisungen durch Anweisungen mit := als auch die bislang impliziten Wertzuweisungen durch Übergabe aktueller Parameter bei Prozeduraufrufen.

Wir werden im folgenden zunächst nur die neuen Wertzuweisungen und dann in den Beispielen sowohl die neuen Wertzuweisungen als auch die dazu äquivalenten neuen Horn-Klauseln angeben.

I. Die Bindung `T_B(indung)` einer Anfragerelation T wird durch den zweiten Parameter von Aufrufen

`Stellen_Auswertung(`A_j`, `$\pi_{\text{dom H} \cap \text{dom Aj}}$` (H), P_Wert_unter_Bindung)`

aus der Prozedur `Transitionen_Auswertung` heraus für eine Klausel Ki und eine Prämisse $A_j \equiv (T1\text{:}z1,...,Tn\text{:}zn)$ bestimmt:

$\text{T\_B} := ... \cup \pi_q(\text{Ki\_H}(j\text{-}1))$ mit

$q : \text{dom T\_B} \to \text{dom Ki\_H}(j\text{-}1),\ q(Ti) := Zi.$

II. Der partielle Verbund `Ki_H0` einer Klausel $Ki \equiv A_0 \text{:-} A_1,...,A_{mi}.$ mit $A_0 \equiv (T1\text{:}x1,...,Tn\text{:}xn)$ wird durch den zweiten Parameter des Aufrufs

`Transitionen_Auswertung(gamma(Ki), T_Bindung, Teilwert)`

aus der Prozedur `Stellen_Auswertung` heraus zusammen mit der initialisierenden Wertzuweisung

`H := T_Bindung`

in der Prozedur `Transitionen_Auswertung` bestimmt:

$\text{Ki\_H0} := \pi_q(\text{T\_B})$ mit

$q : \text{dom Ki\_H0} \to \text{dom T\_B},\ q(Xi) := Ti.$

III. Der partielle Verbund `Ki_Hj` einer Klausel $Ki \equiv A_0 \text{:-} A_1,...,A_j,...A_m.$ mit $A_j \equiv P(P1\text{:}x1,...,Pn\text{:}xn)$ wird durch die Wertzuweisung

`H :=` $\pi_{\text{Relevante\_Attribute}}$ `(H ⋈ F_Wert_unter_Bindung)`

in der Prozedur `Transitionen_Auswertung` bestimmt:

$$\text{Ki\_Hj} := \pi_{\text{Relevante\_Attribute}}(\text{Ki\_H}(j\text{-}1) \bowtie \pi_{\binom{X1\,...\,Xn}{P1\,...\,Pn}}(P)).$$

IV. Die Anfragerelation T wird in der Prozedur `Stellen_Auswertung` über ihre Teilwerte errechnet:

```
T_Wert := Ø;
   :
   :
T_Wert := T_Wert ∪ Teilwert;
```

Die Teilwerte werden jeweils als dritter Parameter bei Aufrufen von

```
Transitionen_Auswertung(gamma(Ki), T_Bindung, Teilwert)
```

mit $Ki \equiv A_0 :\text{-} A_1,...,A_{mi}.$ und $A_0 \equiv T(T1{:}x1, ...,Tn{:}xn)$ bestimmt und zwar in der Prozedur `Transitionen_Auswertung` durch die abschließende Wertzuweisung:

```
T_Wert := π_dom A0 (H).
```

Insgesamt wird also die Anfragerelation T wie folgt bestimmt:

$$T := ... \cup \pi_q(Ki\_Hmi) \text{ mit } q : dom\ T \rightarrow dom\ Ki\_Hmi, \quad q(Ti) := Xi\ .$$

V. Die Bindung `S_B` der Ergebnisrelation S wird zusätzlich durch den initialisierenden Aufruf von

```
Stellen_Auswertung("S(S1:x1,...,Sn:xn)", S_Bindung, S)
```

mit der vorgegebenen Bindung s_b als zweitem Parameter bestimmt:

$$S\_B := ... \cup s\_b.$$

Natürlich kann man diese Wertzuweisungen noch vereinfachen, indem man die Berechnung des jeweils letzten partiellen Verbundes `Ki_Hmi` und die anschließende Weiterleitung an die Relation der Konklusion von Ki zusammenfaßt:

$$T := ... \cup \pi_q(\pi_{Relevante\_Attribute}(Ki\_H(mi\text{-}1) \bowtie \pi_{(...)}(Pm))).$$

Satz 14.16 [Korrektheit und Vollständigkeit der neuen Wertzuweisungen]

Seien **Q** ein Anfrageprogramm,
$\qquad$ $f = (r_1,...,r_k)$ eine Instanz und
$\qquad$ s_b eine Bindung für die Anfragerelation S derart,
daß für **Q**, S und dom s_b die Aussagen des obigen Satzes 14.15 gelten.

Sei ferner GSM das wie oben gebildete neue System von Wertzuweisungen (bzw. **QM** das dazu äquivalente neue Anfrageprogramm).

Dann gilt für den bei (iterativer, differentieller) Auswertung von GSM gelieferten Wert s für S:

$$s\_b \bowtie s = s\_b \bowtie \{ S(c_1,...,c_n) \mid S(c_1,...,c_n) \in fix(f \cup Q) \}.$$

Beweis: Siehe etwa Kapitel 13 von [Ul 89].   ∎

Bemerkung [Effizienz der neuen Wertzuweisungen]

Die neuen Wertzuweisungen erzeugen nur solche Tupel für Anfragerelationen, die auch von der Prozedur `Breiten_Auswertung_mit_Bindung` erzeugt werden.

Beispiele:

1. Wir betrachten wieder das Anfrageprogramm $\mathbf{Q} = \{K1, K2\}$ mit

$\quad$ K1 $\equiv$ T(T1:x, T2:y) :- P(P1:x, P2:y).

$\quad$ K2 $\equiv$ T(T1:x, T2:y) :- P(P1:x, P2:z), T(T1:z, T2:y). ,

dessen zugeordnetes System von Wertzuweisungen wie folgt aussieht:

$$T(T1, T2) := \pi_{\left(\begin{smallmatrix} T1 & T2 \\ X & Y \end{smallmatrix}\right)} \left(\pi_{\left(\begin{smallmatrix} X & Y \\ P1 & P2 \end{smallmatrix}\right)} (P) \right)$$

$$\cup \; \pi_{\left(\begin{smallmatrix} T1 & T2 \\ X & Y \end{smallmatrix}\right)} \left(\pi_{\left(\begin{smallmatrix} X & Z \\ P1 & P2 \end{smallmatrix}\right)} (P) \bowtie \pi_{\left(\begin{smallmatrix} Z & Y \\ T1 & T2 \end{smallmatrix}\right)} (T) \right)$$

Die Auswertung soll mit vorgegebener Bindung

t_b	T1
	b
	c

erfolgen. Wir verwenden dann folgende Relationensymbole:

Basisrelation	:	P(P1,P2)
(Werte der) Anfragerelation	:	T(T1,T2)
Bindung der Anfragerelation	:	T_B(T1)
partielle Verbunde	:	K1_H0(X), K1_H1(X,Y)
		K2_H0(X), K2_H1(X,Z), K2_H2(X,Y)

zu I. und V.:

$$T\_B := \pi_{\left(\begin{smallmatrix} T1 \\ Z \end{smallmatrix}\right)} (K2\_H1) \cup t\_b$$

zu II.:

$$K1\_H0 := \pi_{\left(\begin{smallmatrix} X \\ T1 \end{smallmatrix}\right)} (T\_B)$$

$$K2\_H0 := \pi_{\left(\begin{smallmatrix} X \\ T1 \end{smallmatrix}\right)} (T\_B)$$

zu III.:

$$K1\_H1 := \pi_{X,Y}(K1\_H0 \bowtie \pi_{\left(\begin{smallmatrix} X & Y \\ P1 & P2 \end{smallmatrix}\right)} (P))$$

$$K2\_H1 := \pi_{X,Z}(K2\_H0 \bowtie \pi_{\left(\begin{smallmatrix} X & Z \\ P1 & P2 \end{smallmatrix}\right)} (P))$$

$$K2\_H2 := \pi_{X,Y}(K2\_H1 \bowtie \pi_{\left(\begin{smallmatrix} Z & Y \\ T1 & T2 \end{smallmatrix}\right)} (T))$$

zu IV.:

$$T := \pi_{\left(\begin{smallmatrix} T1 & T2 \\ X & Y \end{smallmatrix}\right)} (K1\_H1) \cup \pi_{\left(\begin{smallmatrix} T1 & T2 \\ X & Y \end{smallmatrix}\right)} (K2\_H2)$$

Als neue Horn-Klauseln erhält man (unter der Vereinfachung, daß jeweils die Berechnung des letzten partiellen Verbundes mit der Berechnung des entsprechenden Teilwertes zusammengefaßt wird):

T_B(T1:z) :- K2_H1(X:x, Z:z).
T_B(T1:b).
T_B(T1:c).
K1_H0(X:x) :- T_B(T1:x).
K2_H0(X:x) :- T_B(T1:x).

K2_H1(X:x, Z:z) :- K2_H0(X:x), P(P1:x, P2:z).

T(T1:x, T2:y) :- K1_H0(X:x), P(P1:x, P2:y).
T(T1:x, T2:y) :- K2_H1(X:x, Z:z), T(T1:z, T2:y).

Der neue Abhängigkeitsgraph hat das in Bild 14.29 gezeigte Aussehen und ist im wesentlichen eine Verfeinerung des ursprünglichen Abhängigkeitsgraphen aus Bild 14.14a. Und die iterative, differentielle Auswertung liefert den in Bild 14.30 angegebenen Wertverlauf.

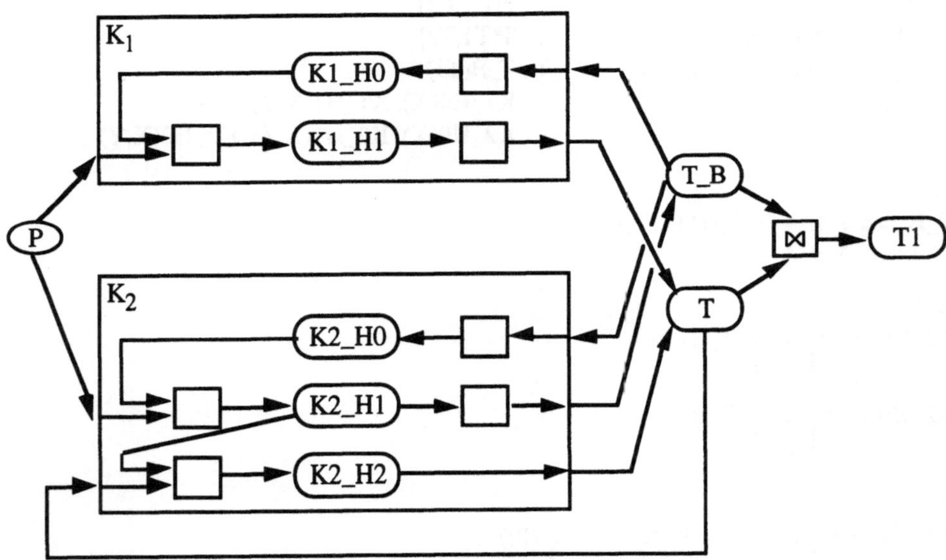

Bild 14.29 Abhängigkeitsgraph für das umgewandelte Anfrageprogramm zur Berechnung der transitiven Hülle mit Bindung für die erste Komponente

P1	P2	T_B T1	T T1	T T2	K1_H0 X	K1_H1 X	K1_H1 Y	K2_H0 X	K2_H1 X	K2_H1 Z	K2_H2 X	K2_H2 Y	Relationen- symbol Attribute
a a b c d	b c d d e	*b* *c*											
					b *c*			*b* *c*					
						b c	d d		b c	d d			
		d	b c	d d									
					d			*d*					
						d	e		d	e			
		e	d	e									
					e			*e*	b c	e e			
		b c	e e										
													Abbruch

Bild 14.30 Ein Wertverlauf der iterativen, differentiellen Auswertung des umgewandelten Anfrageprogrammes zur Berechnung der transitiven Hülle mit Bindung für die erste Komponente

2. Wir betrachten noch einmal das Anfrageprogramm $Q = \{K1,K3\}$ zur Beziehung, von der gleichen Generation sein, mit:

K1 ≡ GG(G1:x, G2:x) :- PER(N:x).
K3 ≡ GG(G1:x, G2:y) :- ELT(K:x, E:xe),
      GG(G1:xe, G2:ye),
      ELT(K:y, E:ye). ,

dessen zugeordnetes System von Wertzuweisungen wie folgt aussieht:

$$GG(G1, G2) := \pi_{\binom{G1\ G2}{X\ X}} (\pi_{\binom{X}{N}} (PER))$$

$$\cup\ \pi_{\binom{G1\ G2}{X\ Y}} (\pi_{\binom{X\ Xe}{K\ E}} (ELT) \bowtie \pi_{\binom{Xe\ Ye}{G1\ G2}} (GG) \bowtie \pi_{\binom{Y\ Ye}{K\ E}} (ELT))$$

Die Auswertung soll mit vorgegebener Bindung

gg_b	G1
	a

erfolgen.

Wir verwenden dann die folgenden Relationensymbole:

Basisrelationen	: PER(N), ELT(K,E)
(Werte der) Anfragerelation	: GG(G1, G2)
Bindung der Anfragerelation	: GG_B(G1)
partielle Verbunde	: K1_H0(X), K1_H1(X)
	K3_H0(X), K3_H1(X, Xe), K3_H2(X, Ye), K3_H3(X, Y)

zu I. und V.:

$$GG\_B := \pi \binom{G1}{Xe}(K3\_H1) \cup gg\_b$$

zu II.:

$$K1\_H0 := \pi \binom{X}{G1}(GG\_B)$$

$$K3\_H0 := \pi \binom{X}{G1}(GG\_B)$$

zu III.:

$$K1\_H1 := \pi_X(K1\_H0 \bowtie \pi\binom{X}{N}(PER))$$

$$K3\_H1 := \pi_{X,Xe}(K3\_H0 \bowtie \pi\binom{X\ Xe}{K\ E}(ELT))$$

$$K3\_H2 := \pi_{X,Ye}(K3\_H1 \bowtie \pi\binom{Xe\ Ye}{G1\ G2}(GG))$$

$$K3\_H3 := \pi_{X,Y}(K3\_H2 \bowtie \pi\binom{Y\ Ye}{K\ E}(ELT))$$

zu IV.:

$$GG := \pi\binom{G1\ G2}{X\ X}(K1\_H1) \cup \pi\binom{G1\ G2}{X\ Y}(K3\_H3)$$

Als neue Horn-Klauseln erhält man (unter der Vereinfachung, daß jeweils die
Berechnung des letzten partiellen Verbundes mit der Berechnung des entsprechenden
Teilwertes zusammengefaßt wird):

    GG_B(G1:xe) :- K3_H1(X:x, Xe:xe).
    GG_B(G1:a).

    K1_H0(X:x) :- GG_B(G1:x).
    K3_H0(X:x) :- GG_B(G1:x).

    K3_H1(X:x, Xe:xe) :- K3_H0(X:x), ELT(K:x, E:xe).
    K3_H2(X:x, Ye:ye) :- K3_H1(X:x, Xe:xe), GG(G1:xe, G2:ye).

    GG(G1:x, G2:x) :- K1_H0(X:x), PER(N:x).
    GG(G1:x, G2:y) :- K3_H2(X:x, Ye:ye), ELT(K:y, E:ye).

14.6 Zusammenfassung

Eine effiziente *Verwirklichung* mächtiger Anfragesprachen erfordert eine weitreichende Optimierung von Anfragen. Allgemeine Ziele der Optimierung sind: den Suchraum für die aufzufindenden Daten zu beschränken und dabei wiederholte Datenzugriffe zu vermeiden. Der *Entwurf* eines Optimierers muß äquivalente Umformungen von Anfragen, Erstellung von Ausführungsplänen für Anfragen, Aufwandsschätzungen für Ausführungspläne und Suchverfahren für kostengünstige Ausführungspläne berücksichtigen.

Die *Theorie* des Entscheidungsproblems der logischen Implikation stellt eine wichtige Grundlage für die Optimierung von LOGODAT-Anfragen durch Entfernen von Redundanz dar, wobei auch semantische Bedingungen genutzt werden können. Die *Theorie* der als Tableaus darstellbaren Teilklasse von LOGODAT-Anfragen zeigt, daß für einfache Tableaus sogar eine exakte Optimierung (bezüglich der Anzahl der auszuführenden Verbundoperationen) effizient durchführbar ist.

Die *Verwirklichung* des logischen Datenmodells mit Hilfe der operationalen Fixpunktsemantik kann verfeinert werden, indem man Klauselmengen in ein System von Gleichungen bzw. Wertzuweisungen mit relationalen Ausdrücken übersetzt und dieses dann iterativ oder differentiell iterativ auswertet. Dabei werden prozedurale Programmiersprachen und die Sprachen des relationalen Datenmodells *benutzt*.

Die Optimierungs-Heuristik, Selektionen vorzuziehen und damit Individuenvariable an möglichst kleine Mengen zu binden, kann auch für rekursive Anfragen eingesetzt werden. Dabei erweisen sich Rückwärts- bzw. Vorwärts-Abwicklungen und Breiten- bzw. Tiefendurchläufe als erfolgreiche *Abstraktionen*, um die vielfältigen Bezüge zwischen der Steuerung des Kontrollflusses bei der Auswertung einer Anfrage, des vorwärts gerichteten Flusses der Werte von den gespeicherten Basisrelationen zu den Ergebnisrelationen und des rückwärts gerichteten Flusses der Bindungen von der Anfrage zu den Ergebnisrelationen zu beschreiben.

Ein *Entwurf* eines effizienten Auswertungssystems für rekursive Anfragen verbindet schließlich die Einsichten über solche Bezüge mit Techniken der Programmtransformation und der differentiell iterativen Auswertung.

paradigm formale Sprache	theory	abstraction	design
erfinden			
verwirklichen	●	●	●
benutzen	●		

14.7 Bibliographische Hinweise

Unter den in Kapitel 1 genannten Lehrbüchern widmet das von J.Ullman [Ul 88, Ul 89] der Optimierung die meiste Aufmerksamkeit. J.C.Freytag [Fr 89] beschreibt kurz zusammengefaßt die grundlegenden Ziele und Methoden der Optimierung, und M. Jarke und J.Koch [JaKo 84] geben einen weiten Überblick über Optimierungstechniken.

Das Reduktionsverfahren zur Entscheidung der logischen Implikation stammt in der vorliegenden Form von B.Convent [Con 89]. Es stützt sich auf ein von A.V.Aho, C.Beeri und J.D.Ullman [AhBeUl 79] eingeführtes sogenanntes Chase-Verfahren, das später vielfältig verallgemeinert und verfeinert wird. J.Biskup und B.Convent [BiCo 91] stellen den Zusammenhang zwischen solchen Chase-Verfahren und den Beweisregeln der Resolution und Paramodulation dar.

Die Entfernung von Redundanz wird in mancherlei Form von vielen Autoren studiert, insbesondere von Y.Sagiv [Sag 88] und M.J.Maher [Mah 88] zur Optimierung von Anfragen unter sogenannter "uniformer Äquivalenz", von U.S.Chakravarthy, J.Grant und J.Minker [ChGrMi 88] in Verbindung mit semantischen Bedingungen und von B.Convent [Con 89] zur Optimierung von Schemas. Die Optimierung von Tableaus wird von A.V.Aho, Y. Sagiv und J.D.Ullman [AhSaUl 79a/b] auf der Grundlage von Ergebnissen von Chandra und Merlin [ChMe 77] behandelt. J. Biskup, P. Dublish und Y. Sagiv [BiDuSa 95] bestimmen eine größte Teilklasse von Tableaus, die noch in polynomialer Zeit optimiert werden können. Die Unentscheidbarkeit des Äquivalenzproblems für LOGODAT-Anfragen wird von O.Shmueli [Shm 87] bewiesen.

Mehrere Verfahren zur Optimierung rekursiver Anfragen durch Binden von Variablen werden von F.Bancilhon und R.Ramakrishnan [BaRa 86] verglichen. Ausführliche Darstellungen dieses Themas findet man im Buch von S.Ceri, G.Gottlob und L.Tanca [CeGoTa 90] sowie im Buch von J.D.Ullman [Ul 89], in dem insbesondere der sogenannte "Magic-Set"-Ansatz behandelt wird. F.Bry [Bry 90] beschreibt solche Verfahren mit den Sprachmitteln der Metainterpretation. I.S. Mumick und H. Pirahesh [MuPi 94] berichten über eine Implementierung des "Magic-Set"-Ansatzes, und K. Sagonas, T. Swift und D. Warren [SaSwWa 94] vertreten einen alternativen, auf eine geeignete Erweiterung einer PROLOG-Maschine gestützten Ansatz.

15 Entwurfstheorie für Schemas

Ein Informationssystem dient insbesondere dazu,
- Daten für *verschiedenartige* Benutzer verfügbar zu halten und
- Anfragen und Änderungen *effizient* zu bearbeiten.

Grundlage dafür sind eine gute Modellierung des Anwendungsfalles, etwa mit Hilfe der in Kapitel 5 eingeführten semantischen Begriffe, und eine geeignete Formalisierung der zeitunabhängigen Teile der Modellierung zu einem (Datenbank-)Schema für das gewählte Datenmodell.

Für die Güte der Modellierung ist zunächst entscheidend, daß die angestrebte Unterstützung kommunikativ Handelnder tatsächlich gelingt. Dies wird der Fall sein, wenn alle Beteiligten die Modellierung einvernehmlich als gemeinsame Beschreibung der bedeutsamen Gesichtspunkte des jeweiligen "Unternehmens" annehmen. Insbesondere haben die Beteiligten dann zumindest näherungsweise eine Verständigung über die folgenden Fragen erzielt:
- Welchen *grundlegenden* Einheiten ihrer (Unternehmens-)Welt soll ein Sein (eine "wirkliche Existenz") zugesprochen werden, d.h. aus welchen *einfachen Seienden* (entities) soll ihre Welt bestehen?
- Welche *Beziehungen* (relationships) zwischen diesen Seienden sollen als *grundlegend* im folgenden Sinne angesehen werden:

  [*Vollständigkeit*]   Alle anderen bedeutsamen Beziehungen lassen sich aus den als grundlegend ausgezeichneten Beziehungen und den Eigenschaften der einfachen Seienden erschließen.

  [*Redundanzfreiheit*] Eine als grundlegend ausgezeichnete Beziehung läßt sich nicht aus den anderen (als grundlegend ausgezeichneten) Beziehungen erschließen.

  [*Eindeutiges Verständnis*] Zusätzlich soll nach Möglichkeit eine als grundlegend ausgezeichnete Beziehung allein durch ihre Bestandteile benannt werden können, so daß ohne weitere Angaben die ausgezeichnete Beziehung als die tatsächlich gemeinte (im Rahmen der erzielten Verständigung) eindeutig verstanden werden kann.
- Welche *(formalen) Handlungen* sollen als *grundlegend* in dem Sinne angegeben werden, daß die zugehörigen Änderungen im Wissen durch einfache Änderungsanweisungen leicht ausführbar sind?

Natürlich sind diese drei Fragen eng miteinander verwoben. Insbesondere sind die ersten beiden Fragen, die statische Gesichtspunkte ansprechen, unmittelbar bezogen auf die dynamische Gesichtspunkte ansprechende dritte Frage. Einfache Seiende müssen ihre Existenz weitgehend unabhängig von ihrer Umgebung beginnen und beenden können, so daß entsprechende Änderungen im Wissen leicht ausführbar sein müssen; ebenso müssen grundlegende Beziehungen weitgehend unabhängig von höherstufigen Beziehungen eingeführt und wieder gelöst werden können, so daß entsprechende Änderungen leicht ausführbar sein müssen. Fordert man umgekehrt von Änderungen im Wissen, daß sie leicht ausführbar sein sollen, so werden in der Regel diese Änderungen auf einfache Seiende und grundlegende Beziehungen verweisen.

Beispiel: Wie schon zu Beginn von Abschnitt 5.4 festgestellt, ist der Vorgang der Modellierung nur schwer in einem Text nachzubilden, so daß auch hier das folgende und die weiteren Beispiele das Gemeinte jeweils nur grob erläutern können.

Bei der Modellierung eines Ausschnittes einer Arztpraxis haben wir grundlegende Beziehungen der Behandlung betrachtet (Bild 15.1).

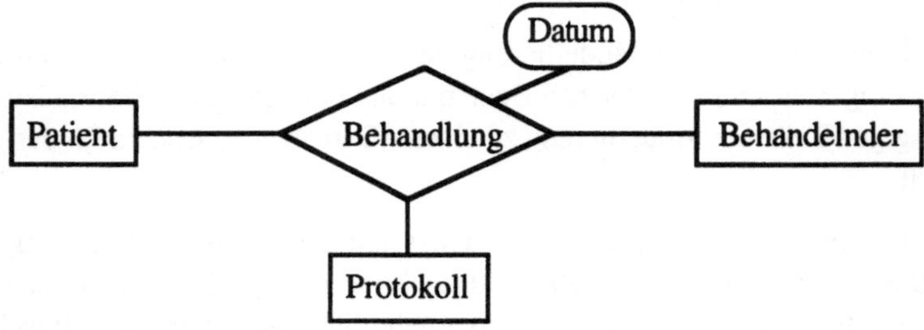

Bild 15.1 Beispiel für eine Klasse grundlegender Beziehungen

Dabei wurden ein Patient und ein Behandelnder als einfache Seiende, nämlich als Spezialisierung einer Person angesehen (Bild 15.2).

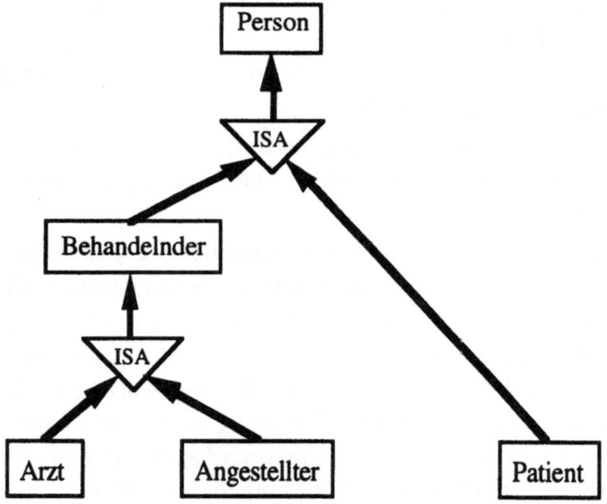

Bild 15.2 Beispiel für Klassen einfacher Seienden mit Aussonderungsbedingungen

Innerhalb des Anwendungsfalles beginnen Personen eine "wirkliche Existenz", wenn sie als Patient, Arzt, Angestellter oder sonstige Person für die Aufgaben der Arztpraxis wichtig werden, und sie beenden ihre Existenz, wenn die jeweiligen Aufgaben endgültig abgeschlossen sind. Entsprechend wurden im LOGODAT - Schema Basisrelationen für Personen vorgesehen, nämlich:

    ARZT (IdPe, DaPe, DaBe, DaAr)
    ANG (IdPe, DaPe, DaBe, DaAn)
    PAT (IdPe, DaPe, DaPa)
    SOP (IdPe, DaPe)

Diese Basisrelationen erlauben, daß eine Änderung im Wissen über eine Person meistens leicht ausführbar ist. Denn beginnt eine Person ihre Existenz, so können die je nach vorliegender Spezialisierung zutreffenden Daten genau in die jeweilige Basisrelation eingefügt werden: alle Daten passen genau in das Format dieser Basisrelation; das Format der Basisrelation verlangt keine Daten, die gemäß vorliegender Spezialisierung nicht zutreffen; die semantischen Bedingungen verlangen außer der Übertragung der Telefonnummer in die (hier nicht weiter behandelte) Basisrelation TEL keine Änderungen in weiteren Basisrelationen. Wandeln sich Eigenschaften einer Person, so können die entsprechenden Daten leicht im über die Schlüsselwerte eindeutig bestimmten Tupel der zutreffenden Basisrelationen geändert werden. Tritt allerdings für eine Person ein Wandel bezüglich ihrer Spezialisierung auf, wird etwa aus einem Angestellten ein Arzt, so kann diese Handlung der "Umspezialisierung" in der gewählten Formalisierung im allgemeinen nur noch durch eine komplexe Transaktion auf der Datenbank nachvollzogen werden. Beendet schließlich eine Person ihre Existenz, so kann das über die Schlüsselwerte eindeutig bestimmte Tupel der zutreffenden Basisrelation zunächst leicht gelöscht werden. Allerdings verlangen die semantischen Bedingungen, daß bereits schon vorher oder nunmehr als Folgeänderung alle Tupel (in anderen Basisrelationen), die Beziehungen dieser Person darstellen, ebenfalls gelöscht werden. Dies ist aber durchaus sinnvoll, denn die Handlung der "Existenzbeendigung" setzt vorherige Handlungen zur "Beziehungslösung" voraus oder muß solche "Beziehungslösungen" als Teilhandlungen umfassen. Die (formalen) Handlungen des "Existenzbeginns", der "Eigenschaftswandlung" und der "Existenzbeendigung" unter der Voraussetzung vollständig gelöster Beziehungen" sind also als grundlegend ausgezeichnet.

Die Beziehungen der Behandlung können als grundlegend ausgezeichnet werden. Entsprechend wurde im LOGODAT - Schema die Basisrelation

BEH (IdPe_Pa, IdPe_Beh, IdPro, Dat)

vorgesehen. Hat eine Behandlung stattgefunden, so können die in allen Fällen gleichartigen Daten, nämlich die Identifikation des Patienten, des Behandelnden und des Protokolles sowie das Datum, genau passend zum Format dieser Basisrelation als ein Tupel eingefügt werden. Die je nach Spezialisierung des Protokolles verschiedenartigen Daten werden in die Basisrelationen

PROT   (IdPro, ArtPro)
PROTX1   (IdPro, DaProX1)   ...   PROTXk   (IdPro, DaProXk)

eingefügt, wobei ein Protokoll als ein (einfaches) Seiendes verstanden wird. Die grundlegende (formale) Handlung des "Abschlusses einer Behandlung" setzt die Existenz des Patienten, des Behandelnden und des Protokolles voraus und ist dann leicht durch das Einfügen des entsprechenden Tupels erreichbar, wobei durch die als semantische Bedingungen vereinbarten Enthaltenseinsabhängigkeiten

PATID (IdPe_Pa)   :- BEH (IdPe_Pa, IdPe_Beh, IdPro, Dat).
BEHAID (IdPe_Beh)   :- BEH (IdPe_Pa, IdPe_Beh, IdPro, Dat).
PROTID (IdPro)   :- BEH (IdPe_Pa, IdPe_Beh, IdPro, Dat).

die Existenzvoraussetzungen überprüft werden. Die (formale) Handlung "Vorbereitung, Durchführung und Abschluß einer Behandlung" erfordert aber in der gewählten Formalisierung im allgemeinen eine komplexe Transaktion.

Aus den grundlegenden Beziehungen der Behandlung zusammen mit den ebenfalls grundlegenden Beziehungen der Dokumentation und den einfachen Seienden der Protokolle lassen sich die Krankengeschichten als weitere bedeutsame Beziehungen erschließen. Andererseits lassen sich die Beziehungen der Behandlung nicht ihrerseits aus den anderen als grundlegend ausgezeichneten Beziehungen erschließen. Ferner lassen sich die dreistelligen bzw. unter Einschluß des Datums vierstelligen Beziehungen der Behandlung ohne weitere Annahmen auch nicht aus den jeweiligen echten Teilbeziehungen erschließen.

Allerdings ist zu bemerken, daß man im allgemeinen genaue Aussagen über die Nicht-erschließbarkeit allenfalls innerhalb der gewählten Formalisierung zu einem (Datenbank-) Schema des gewählten Datenmodells erhalten kann. Denn nur dann wird man die erforderlichen Fallunterscheidungen als tatsächlich erschöpfend nachweisen und den Begriff des Erschließens genau abgrenzen können. Schließlich liegt es nahe, daß innerhalb des Anwendungsfalles die Nennung eines Tupels der Form

$$\left(\begin{array}{c|c|c|c} \text{IdPe\_Pa} & \text{IdPe\_Beh} & \text{IdPro} & \text{Dat} \\ i1 & i2 & i3 & d \end{array} \right)$$

auf eine Behandlung verweist, daß also dieses Tupel eindeutig als Element der Relation BEH verstanden wird, ohne daß dies ausdrücklich gesagt zu werden braucht.

Das Beispiel zeigt, daß die Fragen zur Güte der Modellierung kaum losgelöst von der gewählten Formalisierung behandelt werden können. Obwohl Modellierung mit semantischen Begriffen zunächst weitgehend unabhängig von Datenmodellen durchgeführt werden kann, lassen sich die Auswirkungen von manchen dabei zu treffenden Entscheidungen erst nach ihrer genauen Formalisierung zu einem (Datenbank-) Schema abschließend beurteilen. Dabei muß man dann auch die Ausdrucksmöglichkeiten für Änderungen und Anfragen mit berücksichtigen. Die Verwobenheit von Modellierung und Formalisierung und deren Einfluß auf Änderungen und Anfragen sollen noch einmal mit Hilfe des Bildes 15.3 erläutert werden, das an Abbildungen aus den Kapiteln 1 und 3 anknüpft.

Im obigen Beispiel haben wir zwei grundlegende *Entwurfsheuristiken* für *Basisrelationen*, nämlich *Trennung* von Gesichtspunkten und von Spezialisierungen, benutzt:

* [*Trennung von Gesichtspunkten*]
  Eine *Basisrelation* zählt *genau einen Gesichtspunkt* auf: Eine Basisrelation soll *genau eine* Klasse von Seienden oder von grundlegenden Beziehungen darstellen. Außer den jeweils ein Seiendes oder eine Beziehung eindeutig bestimmenden Werten, also den Schlüsselwerten, sollen nur Werte für die *genau* zugehörigen Eigenschaften hinzugefügt werden.

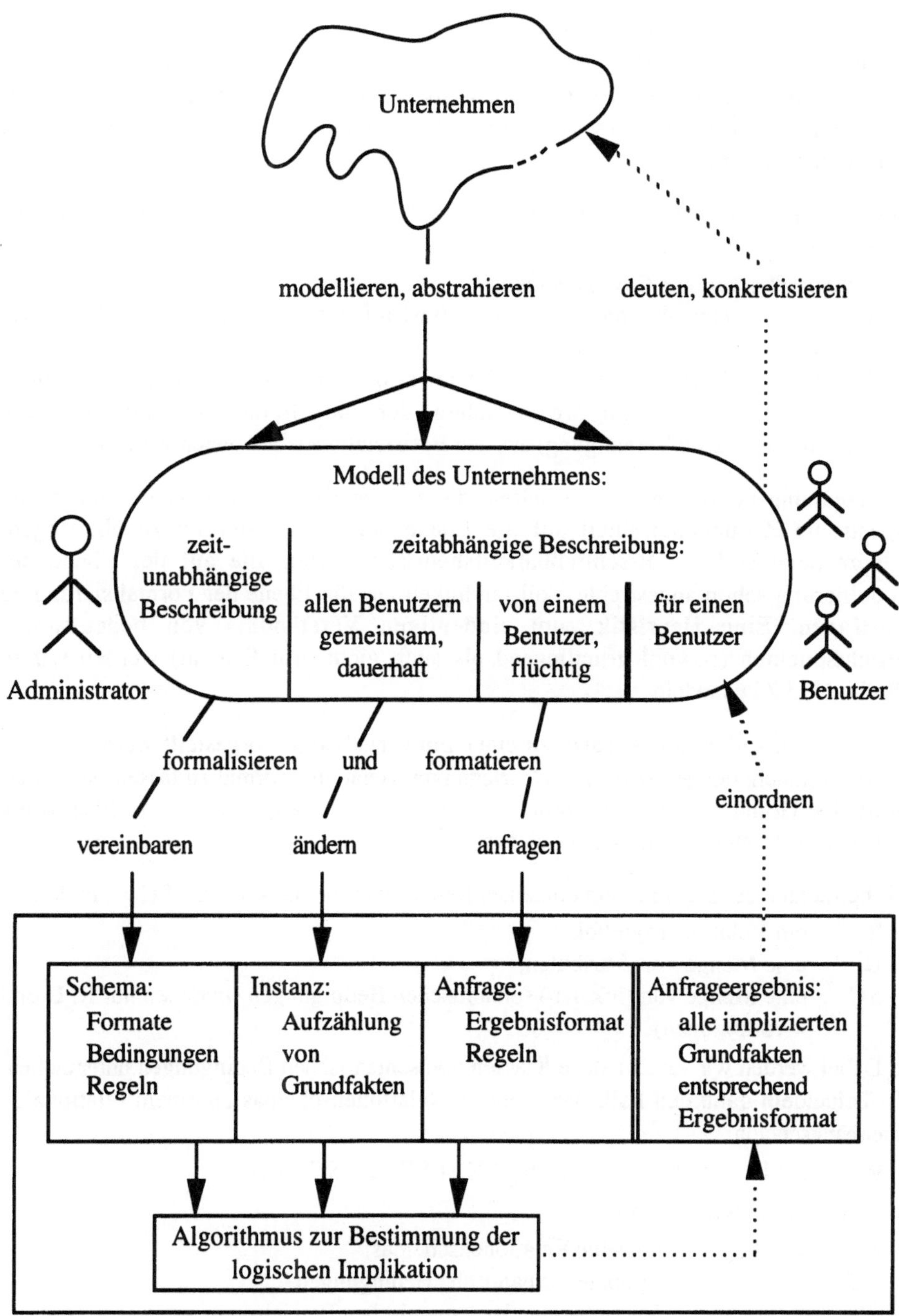

Bild 15.3 Schematische Erläuterung von Modellierung, Formalisierung und Ausführung von Anfragen bzw. Änderungen

- [*Trennung von Spezialisierungen*]
  Eine *Basisrelation* zählt nur *Spezialisierungen gleichen Formates* auf: Gibt es innerhalb einer Klasse von Seienden Spezialisierungen von unterschiedlichem Format, so soll für jedes vorkommende Format eine getrennte Basisrelation eingerichtet werden.

Eine weitere *Entwurfsheuristik* bezieht sich auf die *Erschließbarkeit* von *Sichtrelationen* aus Basisrelationen:

- [*Erschließbarkeit von Gesichtspunkten*]
  Alle bedeutsamen, aber nicht durch eine Basisrelation aufgezählten Gesichtspunkte sind als *Sichtrelationen* erschließbar: Eine Aufzählung für einen solchen Gesichtspunkt kann durch eine in der jeweiligen Anfragesprache *ausdrückbare Anfrage* (meistens im wesentlichen der natürliche Verbund oder die mengentheoretische Vereinigung) aus den Basisrelationen gewonnen werden.

Die Trennungsheuristiken sollen helfen, die auf der Ebene der Modellierung schon angestrebte Redundanzfreiheit auf die Ebene der Formalisierung zu übertragen. Entsprechend soll die Erschließbarkeitsheuristik helfen, die auf der Ebene der Modellierung schon angestrebte Vollständigkeit auf die Ebene der Formalisierung zu übertragen. Eine Heuristik zum eindeutigen Verständnis von bedeutsamen Gesichtspunkten (sowohl grundlegend als auch nicht grundlegend) werden wir in Abschnitt 15.7 behandeln.

Im folgenden sollen nun Ansätze zu einer Entwurfstheorie vorgestellt werden. Diese Theorie versucht einige der obigen Überlegungen genau und formal zu fassen. Sie liefert damit eine Grundlage, die angesprochenen Entwurfsziele algorithmisch zu überprüfen oder sogar halb-algorithmisch zu erreichen.

Wir betrachten zunächst nur ein einzelnes Relationenschema $< R \mid U \mid SC >$, in dem

R	ein Relationensymbol,
U	eine Menge von Attributen,
SC	eine Menge von (lokalen) semantischen Bedingungen (in denen nur R, U und = vorkommen)

ist. Dabei werden wir verschiedene Klassen von semantischen Bedingungen untersuchen. Wir behandeln dann den Fall, daß mehrere Relationenschemas zu einem relationalen Datenbankschema

$$RS = <\, <R_1 \mid X_1 \mid SC_1 >,...,< R_n \mid X_n \mid SC_n > \mid SC \mid a >$$

zusammengefaßt werden, wobei

$< R_i \mid X_i \mid SC_i >$	einzelne Relationenschemas,
SC	(globale) semantische Bedingungen,
a	Vereinbarung der semantischen Bereichsnamen

sind. Danach untersuchen wir, wie die durch semantische Bedingungen formalisierten statischen Gesichtspunkte die dynamischen Gesichtspunkte beeinflussen. Schließlich beschreiben wir einige Transformationen für Datenbankschemas, mit denen der Entwurf eines Datenbankschema halb-algorithmisch unterstützt werden kann.

15.1 Funktionale Abhängigkeiten

Wir betrachten ein einzelnes Relationenschema $< R \mid U \mid F >$, in dem

R   ein Relationensymbol,

U   eine Menge von Attributen,

F   eine Menge von funktionalen Abhängigkeiten (über R und U)

ist. Eine *funktionale Abhängigkeit* (functional dependency) ist dabei eine Formel, die wir in Kurzform aufschreiben als

$X \rightarrow Y$ mit $X \subset U$, $Y \subset U$.

Diese Kurzform ist eine Abkürzung für die wie folgt gebildete Menge von Horn-Klauseln

$K = \{ K_1,...,K_1 \}$,

wobei mit den Bezeichnungen

$U = \{ A_1,...,A_n \}$,
$X = \{ A_{i1},...,A_{ik} \}$,
$Y = \{ A_{j1},...,A_{j1} \}$

für jedes Attribut $A_{je} \in Y$ mit $e = 1,...,1$

$$K_e \equiv a_{je} = a'_{je} :- R\ (A_1 : a_1,...,A_n : a_n),$$
$$R\ (A_1 : a'_1,...,A_n : a'_n),\ a_{i1} = a'_{i1},...,a_{ik} = a'_{ik}\ .$$

eine *gleichheitsbestimmende* Klausel sei. Diese Klauseln drücken jeweils aus, daß zwei auf den X-Attributen übereinstimmende Tupel aus (der Ausprägung zu) R auch auf dem Attribut A_{je} übereinstimmen.

Zu Beginn von Kapitel 8 haben wir diese Kurzform schon für den Sonderfall $\|Y\| = 1$ und $X \cap Y = \emptyset$ eingeführt, wobei wir allerdings die abgekürzte Klausel gleichheitsnormiert aufgeschrieben haben: mit den Bezeichnungen

$U = \{ A_1,...,A_n \}$,
$X = \{ A_{i1},...,A_{ik} \}$,
$U \setminus X = \{ A_{z1},...,A_{z1} \}$

ist für ein Attribut $A_{ze} \in U \setminus X$ die obige, durch $X \rightarrow A_{ze}$ abgekürzte Klausel[1] K_e äquivalent mit

$$a_{ze} = a'_{ze}\ :-\ R\ (A_{i1} : a_{i1},...,A_{ik} : a_{ik}, A_{z1} : a_{z1},...,A_{z1} : a_{z1}),$$
$$R\ (A_{i1} : a_{i1},...,A_{ik} : a_{ik}, A_{z1} : a'_{z1},...,A_{z1} : a'_{z1}).$$

Im folgenden wollen wir für die Syntax nur noch die Kurzform verwenden und auch für die Semantik teilweise abkürzende, aber inhaltlich mit früheren Definitionen übereinstimmende Redeweisen benutzen:

- Eine funktionale Abhängigkeit $X \rightarrow Y$ heißt *gültig* in einer Relation r mit dom r = U (oder r ist *Instanz* von $X \rightarrow Y$) :gdw

  für alle $\mu, \nu \in r$:   wenn $\mu \lceil X = \nu \lceil X$, dann $\mu \lceil Y = \nu \lceil Y$.

---

[1] Wie auch sonst in der Literatur üblich, lassen wir häufig Mengenklammern um Aufzählungen von Attributen einfach weg, manchmal auch die trennenden Kommas. Hier zum Beispiel steht A_{ze} für $\{A_{ze}\}$.

- Eine Menge von funktionalen Abhängigkeiten $F = \{\ X_1 \twoheadrightarrow Y_1,...,X_p \twoheadrightarrow Y_p\ \}$ heißt
  gültig in einer Relation r mit dom r = U (oder r ist *Instanz* von F)   :gdw
  alle $X_i \twoheadrightarrow Y_i$ aus F sind gültig in r.

Mit einer funktionalen Abhängigkeit $X \twoheadrightarrow Y$ kann man als semantische Bedingung
ausdrücken, daß in den Instanzen zu einem Relationenschema die X-Werte eines Tupels
die Y-Werte eindeutig bestimmen sollen. Diese Bedingung ist typischerweise die
Formalisierung einer Gegebenheit auf der Ebene der Modellierung der folgenden Art: ein
durch die X-Werte identifiziertes Seiendes bestimmt eindeutig die durch die Y-Werte
beschriebenen Eigenschaften, bzw. ein durch die X-Werte identifiziertes Seiendes steht
mit genau einem durch die Y-Werte identifizierten Seienden in Beziehung.

In dem vorgegebenen Relationenschema < R I U I F > wird als semantische Bedingung
ausdrücklich *vereinbart*, welche funktionalen Abhängigkeiten gültig sein sollen. Darüber
hinaus werden in Instanzen von F im allgemeinen noch weitere, nicht ausdrücklich
genannte funktionale Abhängigkeiten gültig sein. Wir betrachten dann diejenigen
funktionalen Abhängigkeiten, die in allen Instanzen von F gültig sind:

- F *impliziert (logisch)* $X \twoheadrightarrow Y$:gdw
  für alle r mit dom r = U : wenn F in r gültig ist, dann ist auch $X \twoheadrightarrow Y$ in r gültig.

Dieser Begriff von "logischer Implikation" unterscheidet sich von dem allgemeinen, in
Kapitel 6 eingeführten nur dadurch,
- daß wir jetzt nur die Zuordnung $\delta(R) := r$ für die Festlegung einer Struktur angeben,
  aber das Universum d nicht bestimmen,
- daß wir jetzt nur Strukturen mit Datenbankrelationen, die gemäß den Definitionen in
  Abschnitt 8.1 stets *endlich* sein sollen, zulassen.

Man kann aber zeigen (insbesondere mit Hilfe von weiter unten folgenden Beweisen),
daß diese Unterschiede für funktionale Abhängigkeiten und einige andere in diesem
Kapitel noch zu betrachtende Arten von Klauseln unwesentlich sind. Wir werden deshalb
im folgenden wieder das in Kapitel 6 eingeführte Zeichen $\models$ für die logische Implikation
benutzen:

   $F^+ := \{\ X \twoheadrightarrow Y\ |\ F \models X \twoheadrightarrow Y\ \}.$

Da wir in diesem Abschnitt verabredungsgemäß nur ein einzelnes Relationenschema mit
endlicher Attributmenge U betrachten, ist F^+ ebenfalls endlich (weil wir F^+ als
Teilmenge von $\wp U \times \wp U$ ansehen können).

Satz 15.1 [Korrektheit von Reflexivität, Transitivität und Erweiterung]

Die folgenden Implikationen sind für die Klasse der funktionalen Abhängigkeiten
korrekt:
[*Reflexivität*] $\emptyset \models X \twoheadrightarrow Y$ für alle $Y \subset X$.
[*Transitivität*] $\{\ X \twoheadrightarrow Y,\ Y \twoheadrightarrow Z\ \} \models X \twoheadrightarrow Z.$
[*Erweiterung*] $\{\ X \twoheadrightarrow Y\ \} \models X \cup W \twoheadrightarrow Y \cup Z$ für alle $W \supset Z$.

Beweis: Offensichtlich.   ∎

Aus diesen logischen Implikationen kann man einen Entscheidungsalgorithmus für das Problem "$X \twoheadrightarrow Y \in F^+$" gewinnen. Dieser erzeugt für die linke Seite X der zu betrachtenden funktionalen Abhängigkeit schrittweise alle Attribute A mit $X \twoheadrightarrow A \in F^+$ und prüft, ob Y ganz in der Menge der so erzeugten Attribute enthalten ist. Die folgende Definition beschreibt das Erzeugungsverfahren, und der folgende Satz zeigt die Korrektheit und Vollständigkeit des Entscheidungsalgorithmus.

Definition 15.1 [Abschluß einer Attributmenge unter funktionalen Abhängigkeiten]

F   sei eine Menge von funktionalen Abhängigkeiten und

$X \subset U$ eine Menge von Attributen.

Dann ist der *Abschluß* (closure) von X unter F, cl (F,X), die (bezüglich $\subset$) kleinste Menge mit den folgenden Eigenschaften:

1. $X \subset$ cl (F,X).
2. Wenn $R \subset$ cl (F,X) und $R \twoheadrightarrow S \in F$,
   dann ist auch $S \subset$ cl (F,X).

Satz 15.2 [logische Implikation für funktionale Abhängigkeiten]

1. $X \twoheadrightarrow$ cl $(F,X) \in F^+$.
2. $X \twoheadrightarrow Y \in F^+$ genau dann, wenn $Y \subset$ cl (F,X).

Beweis:

1. Wir betrachten eine "Berechnung" von cl (F,X), d.h. eine Folge von Attributmengen
   $$X =: X_0,...,X_k := \text{cl } (F,X)$$
und eine Folge von funktionalen Abhängigkeiten $R_i \twoheadrightarrow S_i$ für $i = 0,...,k\text{-}1$ mit
   $$R_i \subset X_i,$$
   $$R_i \twoheadrightarrow S_i \in F,$$
   $$X_{i+1} = X_i \cup S_i.$$
Für diese Folge beweisen wir durch Induktion über i, daß $X \twoheadrightarrow X_i \in F^+$.

Für $i = 0$ ist die Behauptung, $X \twoheadrightarrow X \in F^+$, gerade ein Spezialfall der Reflexivität.

Für i+1 prüfen wir die Behauptung, $X \twoheadrightarrow X_{i+1} \in F^+$, anhand der Definition von "impliziert". Sei also r mit dom r = U eine Relation, so daß

(1)   F in r gültig ist.

Gemäß Induktionsannahme ist dann auch

(2) $X \twoheadrightarrow X_i$ in r gültig.

Es seien dann $\mu, \nu \in r$ Tupel mit

(3) $\mu \lceil X = \nu \lceil X$.

Aus (2) folgt dann

(4) $\mu \lceil X_i = \nu \lceil X_i$.

Wegen $R_i \subset X_i$ gilt also auch

(5) $\mu \lceil R_i = \nu \lceil R_i$.

Aus (1) folgt dann

(6) $\mu \lceil S_i = \nu \lceil S_i$.

Wegen $X_{i+1} = X_i \cup S_i$ besagen (4) und (6) gerade $\mu\lceil X_{i+1} = \nu\lceil X_{i+1}$, was für μ,ν zu zeigen war.

2. "$\Leftarrow$" [Korrektheit]:   Sei $Y \subset$ cl (F,X). Gemäß 1. gilt $X \twoheadrightarrow$ cl $(F,X) \in F^+$ und damit offensichtlich auch $X \twoheadrightarrow Y \in F^+$.

"$\Rightarrow$" [Vollständigkeit in Kontraposition]:   Sei $Y \not\subset$ cl (F,X). Wir konstruieren uns eine (sogenannte Armstrong-) Relation r, für die wir dann zeigen, daß

a) F in r gültig ist, aber

b) $X \twoheadrightarrow Y$ in r nicht gültig ist,

d.h. r ist ein Gegenbeispiel dafür, daß $X \twoheadrightarrow Y$ von F impliziert wird.

Die Relation r enthalte genau zwei Tupel μ und ν, die wie folgt definiert seien:

$$\mu(A) := \quad 1 \quad \text{für alle } A \in U,$$

$$\nu(A) := \begin{cases} 1 & \text{falls } A \in \text{cl } (F,X) \\ 0 & \text{falls } A \in U \setminus \text{cl } (F,X) \end{cases}$$

Die Relation r hat also das in Bild 15.4 gezeigte Aussehen.

r	cl (F,X)	$U \setminus$ cl (F,X)
μ	$1 \ldots 1$	$1 \ldots 1$
ν	$1 \ldots 1$	$0 \ldots 0$

Bild 15.4 Armstrong-Relation für X und F

Gemäß Voraussetzung gibt es ein Attribut $A_0 \in Y \setminus$ cl (F,X), und damit ist insbesondere μ verschieden von ν. Also gilt Eigenschaft b).

Um Eigenschaft a) nachzuweisen, betrachten wir eine funktionale Abhängigkeit $R_i \twoheadrightarrow S_i$ aus F. Falls dann (für die einzigen zwei Tupel aus r)

$$\mu\lceil R_i = \nu\lceil R_i$$

gilt, so muß nach Konstruktion von r

$$R_i \subset \text{cl } (F,X)$$

gelten, woraus aber nach Definition des Abschlusses auch

$$S_i \subset \text{cl } (F,X)$$

folgt. Nach Konstruktion von r bedeutet dies aber gerade, daß

$$\mu\lceil S_i = \nu\lceil S_i,$$

was für μ,ν zu zeigen war.   ∎

Beispiel: Sei $U = \{$ Id, Geschlecht, DaPa, Arzt, DaAr, ArtPro $\}$

und $F = \{$ Id $\twoheadrightarrow$ Geschlecht,

                         Id $\twoheadrightarrow$ DaPa,

                         Arzt $\twoheadrightarrow$ DaAr,

                         Id,Arzt $\twoheadrightarrow$ ArtPro $\}$.

Dann kann cl(F,{Id, Arzt}) etwa wie folgt berechnet werden:

$X_0 = \{$ Id, Arzt $\}$,

$X_1 = \{$ Id, Geschlecht, Arzt $\}$ vermöge   Id $\twoheadrightarrow$ Geschlecht,

$X_2 = \{$ Id, Geschlecht, DaPa, Arzt $\}$ vermöge   Id $\twoheadrightarrow$ DaPa,

$$X_3 = \{ \text{ Id, Geschlecht, DaPa, Arzt, DaAr } \} \qquad \text{vermöge} \quad \text{Arzt} \twoheadrightarrow \text{DaAr},$$
$$X_4 = \{ \text{ Id, Geschlecht, DaPa, Arzt, DaAr, ArtPro } \} \quad \text{vermöge} \quad \text{Id,Arzt} \twoheadrightarrow \text{ArtPro}.$$

Also gilt $\{ \text{ Id, Arzt } \} \twoheadrightarrow U \in F^+$.

Ferner gilt $\quad \text{cl}(F,\{\text{Id}\}) \quad = \{ \text{ Id, Geschlecht, DaPa } \}$ und
$$\text{cl}(F,\{\text{Arzt}\}) = \{ \text{ Arzt, DaAr } \},$$
also insbesondere $\quad \text{Id} \twoheadrightarrow U \notin F^+ \quad$ und $\quad \text{Arzt} \twoheadrightarrow U \notin F^+$.

Wir können nun genau beschreiben, was wir auf der Ebene eines Relationenschemas unter einem Schlüssel verstehen: dies ist eine minimale Attributmenge, deren Werte ein Tupel innerhalb einer Ausprägung schon eindeutig bestimmen.

Definition 15.2 [Schlüssel]

Sei $< R \mid U \mid F >$ ein Relationenschema.
1. Eine Menge von Attributen $X \subset U$ heißt *Schlüssel* (key) von $< R \mid U \mid F >$:gdw
    1. [*Eindeutigkeit*] $\quad X \twoheadrightarrow U \in F^+$.
    2. [*Minimalität*] $\quad$ Für alle $Y \subsetneq X$ gilt: $\quad Y \twoheadrightarrow U \notin F^+$.
2. Ein Attribut $A \in U$ heißt *Schlüsselattribut* von $< R \mid U \mid F >$:gdw
es gibt einen Schlüssel X von $< R \mid U \mid F >$ mit $A \in X$.
3. Ein Attribut $A \in U$ heißt *Nichtschlüsselattribut* von $< R \mid U \mid F >$:gdw
A kommt in keinem Schlüssel von $< R \mid U \mid F >$ vor.

Beispiel [Fortsetzung]: Für obige Attributmenge U und obige Menge von funktionalen Abhängigkeiten F gilt:

$\{ \text{ Id, Arzt } \} \twoheadrightarrow U \in F^+$, aber $\text{Id} \twoheadrightarrow U \notin F^+$ und $\text{Arzt} \twoheadrightarrow U \notin F^+$.

Also ist $\{ \text{ Id, Arzt } \}$ ein Schlüssel von $< \mid U \mid F >$.

Im allgemeinen kann ein Relationenschema mehrere Schlüssel besitzen. Zum Beispiel sind in einem Relationenschema mit $U = \{ A,B,C \}$ und $F = \{ A,B \twoheadrightarrow C, \ C \twoheadrightarrow B \}$ sowohl $\{ A,B \}$ als auch $\{ A,C \}$ Schlüssel. In diesem Fall sind darüber hinaus alle Attribute Schlüsselattribute, oder anders ausgedrückt: es gibt keine Nichtschlüsselattribute. Mit Hilfe des Begriffes eines *Extremalattributes*, d.h. eines Attributes, das von den restlichen Attributen nicht funktional bestimmt wird, können wir nun diejenigen Relationenschemas leicht bestimmen, die nur genau einen Schlüssel besitzen.

Satz 15.3 [Relationenschemas mit genau einem Schlüssel]

Sei $< R \mid U \mid F >$ ein Relationenschema, und sei
$\text{ex}(U,F) := \{ A \mid A \in U, \ U \setminus \{A\} \twoheadrightarrow A \notin F^+ \}$ die Menge der *Extremalattribute*.
Dann sind äquivalent:
1. $< R \mid U \mid F >$ besitzt genau einen Schlüssel.
2. $\text{ex}(U,F)$ ist Schlüssel von $< R \mid U \mid F >$.
3. $\text{ex}(U,F) \twoheadrightarrow U \in F^+$.

Beweis:

Wir zeigen zunächst, daß die Extremalattribute in allen Schlüsseln enthalten sind, genauer:

(4)   für alle X mit X ⇀ U ∈ F^+ gilt: ex (U,F) ⊂ X.

Dazu betrachten wir ein Attribut A ∈ U \ X. Wegen X ⇀ U ∈ F^+ gilt insbesondere X ⇀ A ∈ F^+ und also auch U \ {A} ⇀ A ∈ F^+, d.h. A ∉ ex (U,F).

"1.⇒ 2.": Sei X der einzige Schlüssel von < R I U I F >. Gemäß (4) gilt ex (U,F) ⊂ X. Um die umgekehrte Inklusion zu zeigen, sei andererseits A ∉ ex (U,F). Nach Definition folgt U \{A} ⇀ A ∈ F^+. Also erfüllt U \ {A} die Eindeutigkeitseigenschaft von Schlüsseln. Dann enthält U\{A} eine minimale Teilmenge mit dieser Eindeutigkeitseigenschaft: diese Teilmenge ist ein Schlüssel. Nach Voraussetzung ist diese Teilmenge gerade X, d.h. es gilt X ⊂ U \{A} und damit insbesondere A ∉ X.

"2.⇒ 3.": Gemäß Definition von Schlüssel.

"3.⇒ 1.": Sei ex (U,F) ⇀ U ∈ F^+. Angenommen < R I U I F > besitzt zwei verschiedene Schlüssel X1 ≠ X2. Gemäß (4) gilt dann

(5)   ex (U,F) ⊂ X1 ∩ X2.

Wegen der Minimalitätseigenschaft von Schlüsseln können X1 und X2 nicht ineinander enthalten sein, d.h. es gilt

(6)   X1 ∩ X2 ⊂≠ X1 und X1 ∩ X2 ⊂≠ X2.

(5) und (6) zusammen widersprechen aber der Minimalitätseigenschaft von X1 bzw. X2. ∎

Die folgende Definition liefert eine Formalisierung der Entwurfsheuristik "Trennung von Gesichtspunkten". Sie zeichnet diejenigen Relationenschemas aus, in denen die linken Seiten aller (vereinbarter oder implizierter) funktionaler Abhängigkeiten einen Schlüssel enthalten. Die einzigen durch funktionale Abhängigkeiten ausdrückbaren Strukturen innerhalb des Relationenschemas sind also durch Schlüssel und die jeweils von ihnen funktional abhängigen Attribute gegeben.

Definition 15.3 [3.Normalform und Boyce / Codd-Normalform]

1. Ein Relationenschema < R I U I F > heißt in *3.Normalform*   :gdw
   für alle Z ⊂ U, für alle Nichtschlüsselattribute A ∈ U:
   wenn Z ⇀ A ∈ F^+ und A ∉ Z, dann   Z ⇀ U ∈ F^+.

2. Ein Relationenschema < R I U I F > heißt in *Boyce / Codd-Normalform*   :gdw
   für alle Z ⊂ U, für alle A ∈ U:
   wenn Z ⇀ A ∈ F^+ und A ∉ Z, dann   Z ⇀ U ∈ F^+.

Boyce / Codd-Normalform ist offensichtlich eine Verschärfung von 3.Normalform, weil für mehr Attribute (nämlich alle, einschließlich der Schlüsselattribute) die Normalformeigenschaft gefordert wird. Das obige Beispiel < R I { A,B,C } I { A,B ⇀ C, C ⇀ B } > zeigt, daß die Verschärfung echt ist. Dieses Schema ist in 3.Normalform, weil es überhaupt keine Nichtschlüsselattribute besitzt. Dieses Schema ist nicht in Boyce / Codd-Normalform, weil C ⇀ B ∈ F ⊂ F^+, aber C ⇀ A ∉ F^+.

Obwohl die schärfere Eigenschaft der Boyce / Codd-Normalform die eigentlich wünschenswerte ist, muß man sich dennoch manchmal mit der schwächeren Eigenschaft der 3.Normalform begnügen, weil nur die schwächere, aber nicht die stärkere zusammen mit weiteren, noch zu erörternden Eigenschaften immer verträglich ist.

In einem Relationenschema in Boyce / Codd-Normalform können offensichtlich insbesondere die beiden folgenden Situationen nicht auftreten:

* *partielle Abhängigkeiten* der Form:
  X ist Schlüssel,
  $Y \subset\neq X$, d.h. insbesondere $Y \twoheadrightarrow X \notin F^+$,
  $A \notin Y$ und $Y \twoheadrightarrow A \in F^+$.
* *transitive Abhängigkeiten* der Form:
  $X \twoheadrightarrow Y \in F^+$,
  $Y \twoheadrightarrow X \notin F^+$,
  $A \notin Y$ und $Y \twoheadrightarrow A \in F^+$.

In der ersten Situation ist das Attribut A nur von einer echten Teilmenge des Schlüssels X funktional abhängig; in der zweiten Situation ist das Attribut A transitiv über Y von X abhängig, ohne daß Y funktional äquivalent mit X ist. Aus der formalen Form dieser Situationen ergibt sich sofort, daß partielle Abhängigkeiten ein Spezialfall von transitiven Abhängigkeiten darstellen. Im Zusammenhang mit der Vermeidung von partiellen Abhängigkeiten hat man in der Literatur auch eine sogenannte 2.Normalform eingeführt. Der Begriff einer 1.Normalform wurde ebenfalls geprägt, steht aber nicht im Zusammenhang mit funktionalen Abhängigkeiten. Er besagt, daß die Tupel einer Relation aus atomaren Werten aufgebaut sind, was wir bei der Einführung unseres logikorientierten Datenmodells und des relationalen Datenmodells von vornherein vorausgesetzt haben.

Obwohl in einem Relationenschema in Boyce / Codd-Normalform alle Strukturen im wesentlichen durch Schlüssel gegeben sind, muß doch nicht notwendig ein solches Relationenschema nur genau einen Schlüssel besitzen. Denn ein Relationenschema mit $U = \{\ A,B,C\ \}$ und $F = \{\ A,B \twoheadrightarrow C,\ A,C \twoheadrightarrow B\ \}$ ist offensichtlich in Boyce / Codd-Normalform, hat aber zwei verschiedene Schlüssel.

Während man zeigen kann, daß die Eigenschaft der 3.Normalform im allgemeinen schwer bestimmbar ist (insbesondere weil ein Relationenschema "sehr viele" Schlüssel haben kann und deshalb die Nichtschlüsselattribute schwierig bestimmbar sind), kann die Eigenschaft der Boyce / Codd-Normalform ziemlich leicht entschieden werden.

Satz 15.4 [Relationenschemas in Boyce / Codd-Normalform]

> Ein Relationenschema $< R\ |\ U\ |\ F >$ ist in Boyce / Codd-Normalform genau dann,
> wenn   für alle $X \twoheadrightarrow Y \in F$ mit $Y \not\subset X$ gilt $X \twoheadrightarrow U \in F^+$.

Beweis:

"$\Rightarrow$": Sei $< R\ |\ U\ |\ F >$ in Boyce / Codd-Normalform. Sei ferner $X \twoheadrightarrow Y \in F$ mit $Y \not\subset X$. Dann gibt es ein Attribut $A \in Y \setminus X$ mit $X \twoheadrightarrow A \in F^+$. Gemäß Definition von Boyce / Codd-Normalform folgt $X \twoheadrightarrow U \in F^+$.

"$\Leftarrow$" (in Kontraposition): Sei $< R \mid U \mid F >$ nicht in Boyce / Codd-Normalform. Dann gibt es eine Attributmenge $Z \subset U$ und ein Attribut $A \in U \setminus Z$ mit

$$Z \twoheadrightarrow A \in F^+, \text{ aber } Z \twoheadrightarrow U \notin F^+.$$

Wir betrachten eine "Berechnung" von cl (F,Z), d.h. eine Folge von Attributmengen

$$Z =: X_0,...,X_k := \text{cl } (F,Z)$$

und eine Folge von funktionalen Abhängigkeiten $R_i \twoheadrightarrow S_i$ für $i = 0,...,k-1$ mit

$$R_i \subset X_i, \qquad R_i \twoheadrightarrow S_i \in F, \qquad X_{i+1} = X_i \cup S_i.$$

Weil einerseits $A \notin X_0$ und andererseits $Z \twoheadrightarrow A \in F^+$ und deshalb $A \in$ cl (F,Z), gibt es ein i mit $A \in S_i \setminus X_i$, d.h. A wird durch $R_i \twoheadrightarrow S_i \in F$ erstmals als Element von cl (F,Z) erzeugt. Wir behaupten, daß für diese funktionale Abhängigkeit $R_i \twoheadrightarrow S_i \in F$ die im Satz genannte Eigenschaft nicht gilt.

Denn zum einen gilt $S_i \not\subset R_i$ wegen $R_i \subset X_i$ und $A \in S_i \setminus X_i$. Und zum anderen wäre $R_i \twoheadrightarrow U \in F^+$, so würde mit $Z \twoheadrightarrow X_i \in F^+$ (siehe Beweis des Satzes über logische Implikationen für funktionale Abhängigkeiten) wegen $R_i \subset X_i$ auch $Z \twoheadrightarrow R_i \in F^+$ gelten, woraus dann aufgrund der Transitivität der logischen Implikation auch $Z \twoheadrightarrow U \in F^+$ folgen würde, was aber einen Widerspruch zur Wahl von Z ergibt. ∎

15.2 Mehrwertige Abhängigkeiten

Mit funktionalen Abhängigkeiten kann man auf der Ebene der Modellierung erkannte Funktionalitäten einer Eigenschaft bzw. einer Beziehung formalisieren. Dies setzt aber voraus, daß die Funktionalität einwertig und nicht mengenwertig ist. Dazu betrachten wir wieder den in Abschnitt 8.1 eingeführten, stark vereinfachten Ausschnitt einer Arztpraxis, in dem wir insbesondere die Beziehungen der Elternschaft und der Behandlung modelliert haben (Bild 15.5).

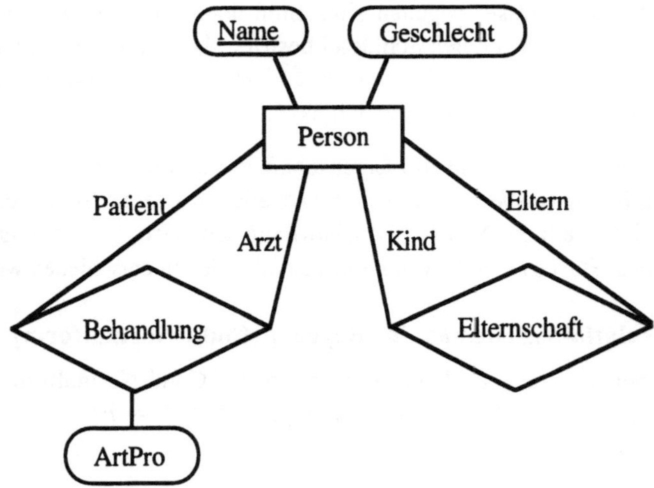

Bild 15.5 Eine Modellierung von Behandlungen und Elternschaften

Auf der Ebene der Modellierung liegt offensichtlich insbesondere folgende Funktionalität vor:

Jedes Elternteil bestimmt die *Menge* seiner Kinder.

Auf der Ebene der von uns bislang gewählten Formalisierung, nämlich im Relationenschema

< ELT I { Name, Eltern } I Ø >

braucht diese Funktionalität nicht mehr ausdrücklich als semantische Bedingung formalisiert werden: für jede Instanz elt gilt trivialerweise, daß jedes Konstantenzeichen e (für ein Elternteil) den Wert von

$$\pi_{Name} (\sigma_{Eltern=e} (elt))$$

(für die Menge seiner Kinder) eindeutig bestimmt.

Wir nehmen nun einmal an, daß wir – entgegen unserer Entwurfsheuristik "Trennung von Gesichtspunkten" – auf der Ebene der Formalisierung die Beziehung der Elternschaft zusammen mit der Beziehung der Behandlung innerhalb eines gemeinsamen Relationenschemas formalisiert hätten, etwa vermöge der folgenden Attributmenge:

$$U = \{ \quad Kind, \qquad \text{(für ein Kind eines Patienten)}$$
$$\qquad Patient, \qquad \text{(für einen Patienten)}$$
$$\qquad Behand, \qquad \text{(für einen Behandelnden)}$$
$$\qquad Prot \ \} \qquad \text{(für ein Protokoll)}$$

Ein Tupel

$$\left(\begin{array}{c|c|c|c} Kind & Patient & Behand & Prot \\ ki & pa & be & pr \end{array} \right)$$

bedeutet dann:

"ki ist Kind von pa, und pa wurde von be behandelt, wobei das Protokoll pr angefertigt wurde."

Bildet man nun wieder für einen Patienten die Menge seiner Kinder, also für die etwa elt_beh genannte Relation mit dom elt_beh = U den Wert

$$\pi_{Kind} (\sigma_{Patient=pa} (elt\_beh)),$$

so ist dieser Wert trivialerweise (weil π und σ Funktionen sind) immer noch eindeutig bestimmt.

Aber unter dieser Formalisierung sind nun neben der Selektions-Attributmenge (hier: {Patient}) und der Projektions-Attributmenge (hier: {Kind}) noch weitere Attribute vorhanden (nämlich {Behand, Prot}). Man kann nun fordern, daß die auf der Ebene der Modellierung vorliegende Funktionalität auf der Ebene der Formalisierung *unabhängig* von Werten dieser weiteren Attribute sichtbar sein soll, d.h. genauer: Für jedes Konstantenzeichen pa (für einen Patienten als Elternteil) soll der Wert

$$\pi_{Kind} (\sigma_{Patient=pa} (\sigma_{Behand=be \ \wedge \ Prot=pr} (elt\_beh)))$$

entweder gleich Ø sein, nämlich wenn pa zusammen mit (be,pr) überhaupt nicht vorkommt, oder aber eindeutig und unabhängig von (be,pr) bestimmt sein. Etwas anschaulicher ausgedrückt soll jeder Behandelnde be, der sich für ein beliebiges Protokoll pr interessiert, stets alle Kinder des Patienten pa sehen.

Diese mengenwertige Funktionalität ist aber innerhalb der Formalisierung im relationalen Datenmodell nicht mehr mit Hilfe funktionaler Abhängigkeiten ausdrückbar. Denn die funktionale Abhängigkeit Patient $\rightarrow$ Kind würde ja etwas ganz anderes bedeuten, nämlich daß jeder Patient nur ein Kind haben darf. Der eigentliche Grund für diese Schwierigkeit liegt natürlich in der für unser logikorientiertes Datenmodell und für das relationale Datenmodell getroffenen Festlegung, daß die Tupel einer Relation stets aus atomaren Werten aufgebaut sein müssen. Für einen Patienten pa kann deshalb die Menge seiner Kinder, etwa $\{k1, k2, k3\}$ nicht in einem Tupel der Form

$$(\{k1, k2, k3\}, pa, \dots)$$

dargestellt werden, sondern man muß eine Art kartesisches Produkt bilden, nämlich die Tupel

$$(k1, pa, \dots),$$
$$(k2, pa, \dots),$$
$$(k3, pa, \dots).$$

Um dann aber die auf der Ebene der Modellierung vorliegende Funktionalität noch sichtbar zu machen, muß man nun fordern, daß dieses Produkt für *alle* mit pa zusammen vorkommenden Werte weiterer Attribute gleichermaßen gebildet wird. Da dann für alle diese Werte das gleiche Produkt gebildet wird, ist diese Produktbildung unabhängig von diesen Werten, also bezüglich pa eindeutig.

Wir wollen nun diese Vorüberlegungen über mengenwertige Funktionalitäten und Produktbildungen weiter formalisieren. Wir betrachten wieder ein einzelnes Relationenschema $< R \mid U \mid SC >$, in dem

R   ein Relationensymbol,
U   eine Menge von Attributen,
SC   eine Menge von funktionalen und *mehrwertigen Abhängigkeiten*

ist. Dabei ist eine *mehrwertige Abhängigkeit* (multivalued dependency) eine Formel, die wir in Kurzform aufschreiben als

$$X \twoheadrightarrow Y \mid Z \quad \text{mit} \quad X \subset U, Y \subset U, Z = U \setminus (X \cup Y).$$

Da für ein festgewähltes Relationenschema mit Attributmenge U die Menge Z schon durch $X \cup Y$ vollständig bestimmt ist, schreibt man häufig auch einfach

$$X \twoheadrightarrow Y.$$

Dabei ist aber zu beachten, daß die genaue Kenntnis der Komplementmenge Z wichtig für die Semantik von mehrwertigen Abhängigkeiten ist. Diese Kurzformen sind Abkürzungen für die wie folgt gebildete *tupelerzeugende* Horn-Klausel K: für

$$U = \{ A_1,\dots,A_n \},$$
$$X = \{ A_{i1},\dots,A_{ik} \},$$
$$Y \setminus X = \{ A_{j1},\dots,A_{jl} \},$$
$$Z = \{ A_{z1},\dots,A_{zp} \},$$

also insbesondere $U = X \cup (Y \setminus X) \cup Z$, sei (bereits in gleichheitsnormierter Form)

$$
\begin{aligned}
K \equiv\ & R\,(A_{i1} : a_{i1},\dots,A_{ik} : a_{ik},\ A_{j1} : a_{j1},\dots,A_{jl} : a_{jl},\ A_{z1} : a_{z1},\dots,A_{zp} : a_{zp})\ :\text{-} \\
& R\,(A_{i1} : a_{i1},\dots,A_{ik} : a_{ik},\ A_{j1} : b_{j1},\dots,A_{jl} : b_{jl},\ A_{z1} : a_{z1},\dots,A_{zp} : a_{zp}), \\
& R\,(A_{i1} : a_{i1},\dots,A_{ik} : a_{ik},\ A_{j1} : a_{j1},\dots,A_{jl} : a_{jl},\ A_{z1} : b_{z1},\dots,A_{zp} : b_{zp}).
\end{aligned}
$$

Zu Beginn von Kapitel 8 haben wir die erste Kurzform schon für den Sonderfall $X \cap Y = \emptyset$ eingeführt. Die abgekürzte Klausel K kann man übersichtlicher auch als *Tableau* der in Kapitel 14 eingeführten Form schreiben, wobei man das in Bild 15.6 gezeigte Tableau erhält.

$K \equiv R$	X		Y \ X		Z	
	A_{i1} ... A_{ik}		A_{j1} ... A_{j1}		A_{z1} ... A_{zp}	
0	a_{i1} ... a_{ik}		a_{j1} ... a_{j1}		a_{z1} ... a_{zp}	
1	a_{i1} ... a_{ik}		b_{j1} ... b_{j1}		a_{z1} ... a_{zp}	
2	a_{i1} ... a_{ik}		a_{j1} ... a_{j1}		b_{z1} ... b_{zp}	

Bild 15.6 Die mehrwertige Abhängigkeit $X \twoheadrightarrow Y \mid Z$ als Tableau

Auch für die Semantik wollen wir wieder teilweise abkürzende Redeweisen benutzen, die sich aber unmittelbar aus der Schreibweise als Tableau ergeben:

- Eine mehrwertige Abhängigkeit $X \twoheadrightarrow Y$ heißt *gültig* in einer Relation r mit dom r = U (oder r ist *Instanz* von $X \twoheadrightarrow Y$) :gdw

  für alle $\mu, \nu \in r$: wenn $\mu \lceil X = \nu \lceil X$, dann gilt für ξ mit

$$\xi(A) := \begin{cases} \mu(A) & \text{falls } A \in X \cup (U \setminus (X \cup Y)) \\ \nu(A) & \text{falls } A \in Y \setminus X \end{cases} \quad , \text{daß } \xi \in r.$$

Aus den Definitionen ergibt sich mit Hilfe der Gleichheiten

$$X \cup Y = X \cup (Y \setminus X) \text{ und } Y \setminus X = (Y \setminus X) \setminus X$$

unmittelbar, daß gilt:

$X \twoheadrightarrow Y$ ist gültig in r   gdw $X \twoheadrightarrow Y \setminus X$ ist gültig in r.

Wir werden deshalb im folgenden häufig ohne Einschränkung der Allgemeinheit (manchmal sogar ohne weitere Erwähnung) annehmen, daß $X \cap Y = \emptyset$.

In den Vorüberlegungen haben wir schon gesehen, daß im relationalen und im logikorientierten Datenmodell mengenwertige Funktionalitäten zu Produktbildungen führen. Die obige Definition der Semantik von mehrwertigen Abhängigkeiten formalisiert nun diese Produktbildungen. In Aussage 2. des folgenden Satzes wird dieser Gesichtspunkt weiter vertieft, indem der Zusammenhang mit dem Problem vertikaler Zerlegungen von Relationen hergestellt wird. Dieses Problem haben wir in Kapitel 8 bei der Behandlung grundlegender Eigenschaften des natürlichen Verbundes und der Projektion schon kurz erwähnt. In Aussage 3. des folgenden Satzes wird dagegen der Gesichtspunkt mengenwertiger Funktionalitäten erfaßt. Der Satz mit seinen Beweisen zeigt, daß im vorliegenden Modell beide Gesichtspunkte eigentlich nur verschiedene Deutungen der durch eine mehrwertige Abhängigkeit abgekürzten Klausel sind.

Satz 15.5   [Mengenwertige Funktionalität und Produktbildungen]

Sei r eine Relation mit dom r = U, und sei $U = X \cup Y \cup Z$. Dann sind folgende Aussagen äquivalent:

1. $X \twoheadrightarrow Y$ ist gültig in r.

2. $r = \pi_{X \cup Z}(r) \bowtie \pi_{X \cup Y}(r)$.

3. Für alle $\eta \in \pi_{X \cup Z}(r)$ gilt: $\pi_Y(\sigma_{X \cup Z = \eta}(r)) = \pi_Y(\sigma_{X = \eta \lceil X}(r))$,
   wobei diese Gleichheit ausführlicher geschrieben werden kann als

$$\{ \alpha\lceil Y \mid \alpha \in r, \alpha\lceil X \cup Z = \eta \} = \{ \alpha\lceil Y \mid \alpha \in r, \alpha\lceil X = \eta\lceil X \}.$$

Beweis:

"1.$\Leftrightarrow$ 2.": Wir erinnern zunächst daran, daß für r gilt:

(1) $r \subset \pi_{X \cup Z}(r) \bowtie \pi_{X \cup Y}(r)$.

Ferner ist leicht zu sehen, daß als eine Anfrage betrachtet die Semantik der durch $X \Rrightarrow Y$ abgekürzten Klausel K bzw. des zugehörigen Tableaus gerade durch

(2) $\mathrm{eval}(K)(r) = \pi_{X \cup Z}(r) \bowtie \pi_{X \cup Y}(r)$

gegeben ist. Also kann man die Semantik von $X \Rrightarrow Y$, nun wieder als semantische Bedingung betrachtet, auch wie folgt ausdrücken:

(3) $X \Rrightarrow Y$ ist gültig in r gdw $\mathrm{eval}(K)(r) \subset r$.

Aussage (3) zusammen mit (2) und (1) liefert dann gerade die Behauptung.

"1.$\Leftrightarrow$ 3.": Wir bemerken zunächst, daß für alle η trivialerweise gilt:

(4) $\pi_Y(\sigma_{X \cup Z = \eta}(r)) \subset \pi_Y(\sigma_{X = \eta\lceil X}(r))$.

Daß für $\eta \in \pi_{X \cup Z}(r)$ auch die umgekehrte Inklusion gilt, kann man äquivalent wie folgt ausdrücken:

für alle $\mu \in r$ [so daß $\eta := \mu\lceil X \cup Z \in \pi_{X \cup Z}(r)$],

    für alle $\nu \in r$:

        wenn $\nu\lceil X = \mu\lceil X$ [d.h. $\nu\lceil X = \eta\lceil X$, so daß $\nu\lceil Y \in \pi_Y(\sigma_{X = \eta\lceil X}(r))$],
        dann gilt für ξ mit

$$\xi(A) := \begin{cases} \mu(A) = \eta(A) & \text{falls } A \in X \cup Z \\ \nu(A) = \nu\lceil Y(A) & \text{falls } A \in Y \end{cases}$$

        daß $\xi \in r$ [d.h. $\nu\lceil Y \in \pi_Y(\sigma_{X \cup Z = \eta}(r))$].

Dies ist aber gerade die Definition von Aussage 1.

Der Deutlichkeit halber wollen wir die Äquivalenz von 1. und 3. noch einmal ganz ausführlich beweisen (und dabei auch $X \cap Y \neq \emptyset$ erlauben).

"1.$\Rightarrow$ 3.": Sei für ein $\mu \in r$

(5) $\eta = \mu\lceil X \cup Z$.

Die linke Menge aus der behaupteten Gleichheit ist trivialerweise in der rechten Menge enthalten. Um auch die umgekehrte Inklusion zu zeigen, betrachten wir ein Element der rechten Menge, etwa $\nu\lceil Y$ mit $\nu \in r$ und

(6) $\nu\lceil X = \eta\lceil X$.

Aus (5) und (6) zusammen ergibt sich unmittelbar

(7) $\nu\lceil X = \mu\lceil X$.

Weil nach Voraussetzung $X \Rrightarrow Y$ in r gültig ist, folgt für ξ mit

(8) $\xi\lceil X \cup Z := \mu\lceil X \cup Z$ und

(9) $\xi\lceil Y \setminus X := \nu\lceil Y \setminus X$,

daß $\xi \in r$. Dann gelten

$$\begin{aligned} \xi\lceil X \cup Z &= \mu\lceil X \cup Z &= \eta && \text{wegen (8) und (5),} \\ \xi\lceil Y \cap X &= \mu\lceil Y \cap X &= \nu\lceil Y \cap X && \text{wegen (8) und (7),} \end{aligned}$$

$$\xi\lceil Y \setminus X \;=\; \nu\lceil Y \setminus X \qquad\qquad \text{wegen (9)}.$$

Diese drei Gleichheiten bedeuten aber gerade, daß $\nu\lceil Y$ auch Element der linken Menge ist, was zu zeigen war.

"1. $\Leftarrow$ 3.": Für $\mu,\nu \in r$ mit

(10) $\mu\lceil X = \nu\lceil X$

betrachten wir ξ mit

(11) $\xi\lceil X \cup Z := \mu\lceil X \cup Z$ und

(12) $\xi\lceil Y \setminus X := \nu\lceil Y \setminus X$.

Sei dann

(13) $\eta := \mu\lceil X \cup Z \in \pi_{X\cup Z}\,(r)$.

Aus (13) und (10) sowie nach Voraussetzung folgt dann

$$\nu\lceil Y \in \{\, \alpha\lceil Y \mid \alpha \in r,\, \alpha\lceil X = \eta\lceil X \} = \{\, \alpha\lceil Y \mid \alpha \in r,\, \alpha\lceil X \cup Z = \eta \,\}.$$

Also gibt es ein $\alpha \in r$ mit

(14) $\nu\lceil Y = \alpha\lceil Y$ und

(15) $\eta = \alpha\lceil X \cup Z$.

Dann gelten

$$\xi\lceil X \cup Z = \mu\lceil X \cup Z = \eta = \alpha\lceil X \cup Z \qquad \text{wegen (11), (13) und (15),}$$
$$\xi\lceil Y \setminus X = \nu\lceil Y \setminus X = \alpha\lceil Y \setminus X \qquad \text{wegen (12) und (14).}$$

Also ist $\xi = \alpha$, woraus $\xi \in r$ folgt, was zu zeigen war. $\blacksquare$

Aus dem vorstehenden Satz kann man mit Hilfe der schon bekannten Eigenschaften des natürlichen Verbundes und mengenalgebraischer Umformungen eine Reihe von interessanten Folgerungen leicht gewinnen.

Korollar 15.6

Sei r eine Relation mit dom $r = U$, und sei $X \subset U$, $Y \subset U$. Dann gilt:

1. $X \twoheadrightarrow Y$ ist gültig in r genau dann, wenn $X \twoheadrightarrow U \setminus (X \cup Y)$ in r gültig ist.
2. $X \twoheadrightarrow U \setminus X$ ist gültig in r.
3. Falls $Y \subset X$, so ist $X \twoheadrightarrow Y$ gültig in r.
4. Falls $X \cup Y = U$, so sind paarweise äquivalent:
   a. $r = \pi_Y\,(r) \bowtie \pi_X\,(r)$.
   b. $X \cap Y \twoheadrightarrow X \setminus Y$ ist gültig in r.
   c. $X \cap Y \twoheadrightarrow Y \setminus X$ ist gültig in r.

Beweisskizze:

1. O.B.d.A. können wir $X \cap Y = \emptyset$ annehmen. Für $Z := U \setminus (X \cup Y)$ gilt dann:

$X \twoheadrightarrow Y$ ist gültig in r

$$\begin{aligned}
\text{gdw}\quad r &= \pi_{X\cup Z}\,(r) \bowtie \pi_{X\cup Y}\,(r)\\
&= \pi_{X\cup Y}\,(r) \bowtie \pi_{X\cup Z}\,(r)\\
&= \pi_{X\cup(U\setminus X\cup Z)}\,(r) \bowtie \pi_{X\cup Z}\,(r)
\end{aligned}$$

gdw $X \twoheadrightarrow Z$ ist gültig in r.

2. Für $Y := U \setminus X$ gilt $Z := U \setminus (X \cup Y) = \emptyset$. Es folgt

$$\begin{aligned}
\pi_{X\cup Z}\,(r) \bowtie \pi_{X\cup Y}\,(r) &= \pi_X\,(r) \bowtie \pi_U\,(r)\\
&= \pi_X\,(r) \bowtie r\\
&= r
\end{aligned}$$

3. Gemäß unserer Überlegung zur Definition von Gültigkeit ist zu zeigen, daß $X \Rightarrow \emptyset$ in r gültig ist. Dies folgt mit 1. aber unmittelbar aus 2.

4. Es gilt $U = (X \cap Y) \cup (X \setminus Y) \cup (Y \setminus X)$,
    $X = (X \cap Y) \cup (X \setminus Y)$ und
    $Y = (X \cap Y) \cup (Y \setminus X)$.   ∎

Der in Kapitel 6 allgemein eingeführte und in Abschnitt 15.1 für funktionale Abhängigkeiten angepaßte Begriff der "logischen Implikation" kann nun entsprechend für die in diesem Abschnitt betrachteten semantischen Bedingungen angepaßt werden:

*   Sei **K** eine Menge von funktionalen und mehrwertigen Abhängigkeiten
    und K eine funktionale oder mehrwertige Abhängigkeit.
    K *impliziert (logisch)* K (bezüglich U)   :gdw
    für alle r mit dom r = U : wenn **K** in r gültig ist, dann ist auch K in r gültig.

Wie schon bei den funktionalen Abhängigkeiten verwenden wir im folgenden wieder das allgemeine Zeichen für die logische Implikation. Sei dann wieder
$$\mathbf{K}^+ := \{\, K \mid \mathbf{K} \models K \,\}.$$
Da wir wieder nur ein einzelnes Relationenschema mit endlicher Attributmenge U betrachten, ist $\mathbf{K}^+$ wieder ebenfalls endlich.

Da funktionale und mehrwertige Abhängigkeiten als Abkürzungen für bereichsbeschränkte, gleichheitsnormierte Horn-Klauseln angesehen werden können, ist das in Kapitel 14 entwickelte Reduktionsverfahren zur Entscheidung von $\mathbf{K} \models K$ anwendbar. Weil in den Prämissen der abgekürzten Horn-Klauseln nur das Relationensymbol R vorkommt, können wir dieses Reduktionsverfahren vereinfacht mit Hilfe von Tableaus darstellen, nämlich mit den in Bild 15.7 gezeigten Identifikationen.

a)

	X	Y	Z
0	a	a	a
1	a	b_y	a
2	a	a	b_z

b)

	X	U \ X
0	$a_j = a'_j$	
1	a	a
2	a	a'

Bild 15.7 Tableaus für a) mehrwertige Abhängigkeit $X \Rightarrow Y \mid Z$ und
b) funktionale Abhängigkeit $X \rightarrow A_j$

Reduktionsverfahren zum Entscheiden von $\mathbf{K} \models K_1$:

1. Ist K_1 eine mehrwertige Abhängigkeit der Form $X \Rightarrow Y \mid Z$, so identifizieren wir K_1 wie eingangs dargestellt mit einem Tableau der in Bild 15.7a gezeigten groben Gestalt. Ist K_1 eine funktionale Abhängigkeit der Form $X \rightarrow A_j$ mit $A_j \in U \setminus X$, so identifizieren wir K_1 entsprechend mit einem "Tableau" (im erweiterten Sinn) der in Bild

15.7b gezeigten groben Gestalt.

Beispiel: Sei $U = \{\ A_1,\ A_2,\ A_3,\ A_4\ \}$. Die mehrwertige Abhängigkeit $A_1 \Rrightarrow A_2 A_3\ |$ A_4 wird dann identifiziert mit dem in Bild 15.8a gezeigten Tableau. Und die funktionale Abhängigkeit $A_4 \rightarrowtail A_3$ wird identifiziert mit dem in Bild 15.8b gezeigten Tableau.

a)

	A_1	A_2	A_3	A_4
0	a_1	a_2	a_3	a_4
1	a_1	b_2	b_3	a_4
2	a_1	a_2	a_3	b_4

b)

	A_1	A_2	A_3	A_4
0		$a_3 = a'_3$		
1	a_1	a_2	a_3	a_4
2	a'_1	a'_2	a'_3	a_4

Bild 15.8 Tableaus für a) $A_1 \Rrightarrow A_2 A_3\ |\ A_4$ und b) $A_4 \rightarrowtail A_3$

2. Sei dann K_i ein wie unter 1. beschriebenes oder induktiv entsprechend dieser Vorschrift erstelltes Tableau. Ein **K**-Reduktionsschritt (wie in Abschnitt 14.2.1 definiert) vermöge einer Klausel

$$K \equiv B_0 :\text{-} B_1, B_2. \in \mathbf{K}$$

(die dann eine funktionale Abhängigkeit oder eine mehrwertige Abhängigkeit darstellt und also ebenfalls wie in 1. beschrieben als Tableau dargestellt werden kann) besteht aus folgenden Teilschritten:

a. Aus der Suche nach einer Variablensubstitution γ, so daß

- $\gamma(B_0)$ weder mit einer der Prämissen-Zeilen von K_i identifiziert werden kann (die Konklusions-Zeile des $\gamma(K)$ darstellenden Tableaus ist also nicht gleich einer der Prämissen-Zeilen von K_i) noch identisch mit einer trivialen Gleichheitsklausel der Form t=t ist und daß
- $\gamma(B_1)$ und $\gamma(B_2)$ mit Prämissen-Zeilen von K_i identifiziert werden können (die Prämissen-Zeilen des $\gamma(K)$ darstellenden Tableaus sind in den Prämissen-Zeilen von K_i enthalten).

b. Aus der Bildung eines neuen Tableaus K_{i+1} gemäß folgender Fallunterscheidung:

- Ist K eine mehrwertige Abhängigkeit (insbesondere gilt dann concl $(K) = R$), so entstehe K_{i+1} aus K_i, indem eine mit $\gamma(B_0)$ zu identifizierende Prämissen-Zeile angefügt wird.
- Ist K eine funktionale Abhängigkeit und hat die durch γ veränderte Konklusions-Zeile von K die Form $\gamma(B_0) \equiv$ x=y mit x,y $\in \mathbf{V}$, so entstehe K_{i+1} aus K_i, indem jedes Vorkommen von x durch y ersetzt wird (und zwar sowohl in den Prämissen-Zeilen als auch in der Konklusions-Zeile von K_i).

3. Wenn das laufende Tableau K_i nicht mehr durch **K**-Reduktionsschritte verändert werden kann (wenn also K_i schließlich **K**-reduziert ist), so führen wir den eigentlichen

Implikationstest gemäß folgender Fallunterscheidung durch:

- Ist K_1 eine mehrwertige Abhängigkeit, so gilt $\mathbf{K} \models K_i$ (und damit auch $\mathbf{K} \models K_1$) genau dann, wenn K_i eine Prämissen-Zeile enthält, die gleich der Konklusions-Zeile von K_i ist.
- Ist K_1 eine funktionale Abhängigkeit, so gilt $\mathbf{K} \models K_i$ (und damit auch $\mathbf{K} \models K_1$) genau dann, wenn die Gleichheitsklausel in der Konklusions-Zeile von K_i nun trivial, d.h. von der Form t=t ist.

Natürlich kann der Implikationstest auch schon jeweils nach den einzelnen Reduktionsschritten durchgeführt werden. Falls die zu testende Bedingung dann schon erfüllt ist, so gilt $\mathbf{K} \models K_1$ und das Reduktionsverfahren kann beendet werden; anderenfalls muß das Verfahren fortgeführt werden (sofern noch weitere Reduktionsschritte möglich sind).

Satz 15.7 [logische Implikation für funktionale und mehrwertige Abhängigkeiten]

Das obige Reduktionsverfahren entscheidet $\mathbf{K} \models K$ für die Klasse der funktionalen und mehrwertigen Abhängigkeiten.

Beweis: Siehe Abschnitt 14.2.   ∎

Wir bemerken ferner, daß das in Abschnitt 15.1 eingeführte Verfahren zur Entscheidung der logischen Implikation allein für funktionale Abhängigkeiten mit Hilfe der Berechnung des Abschlusses einer Attributmenge X unter einer Menge von funktionalen Abhängigkeiten nur eine geschickte Implementierung des allgemeinen Reduktionsverfahrens für den vorliegenden besonderen Fall darstellt. Dies kann man sich etwa anhand des alten Beispiels aus Abschnitt 15.1 verdeutlichen.

Beispiel [Fortsetzung]:   Sei wieder
$$U = \{ \text{Id, Geschlecht, DaPa, Arzt, DaAr, ArtPro} \}$$
und $F = \{$ Id $\twoheadrightarrow$ Geschlecht,

        Id $\twoheadrightarrow$ DaPa,

        Arzt $\twoheadrightarrow$ DaAr,

        Id,Arzt $\twoheadrightarrow$ ArtPro $\}$.

Wir betrachten die trivialerweise geltende Implikation

    $F \models$ Id, Arzt $\twoheadrightarrow$ ArtPro.

Um diese Implikation algorithmisch zu entscheiden, identifizieren wir Id, Arzt $\twoheadrightarrow$ ArtPro mit dem folgenden "Tableau":

	Id	Geschlecht	DaPa	Arzt	DaAr	ArtPro
0	$a_6 = a'_6$					
1	a_1	a_2	a_3	a_4	a_5	a_6
2	a_1	a'_2	a'_3	a_4	a'_5	a'_6

Wir wollen dann vermöge der durch Id, Arzt $\twoheadrightarrow$ ArtPro abgekürzten, gleichheitsnormierten Klausel

$$K \equiv a_6 = a'_6 \;\; :\text{-} \;\;\; R(a_1, a_2, a_3, a_4, a_5, a_6),$$
$$R(a_1, a'_2, a'_3, a_4, a'_5, a'_6).$$

einen F-Reduktionsschritt durchführen. Wir haben die Variablen bereits so benannt, daß die identische Variablensubstitution γ mit $\gamma(x) := x$ das Gewünschte leistet: die erste bzw. zweite Prämisse von K kann mit der ersten bzw. zweiten Prämissen-Zeile des Tableaus identifiziert werden. Wir können dann im Tableau jedes Vorkommen von a_6 durch a'_6 ersetzen und erhalten dadurch das folgende Tableau:

	Id	Geschlecht	DaPa	Arzt	DaAr	ArtPro
0			$a'_6 = a'_6$			
1	a_1	a_2	a_3	a_4	a_5	a'_6
2	a_1	a'_2	a'_3	a_4	a'_5	a'_6

Nunmehr ist die Gleichheitsklausel in der Konklusions-Zeile trivial.

Beispiel: Wir betrachten ein zweites Beispiel für das Reduktionsverfahren, in dem sowohl funktionale als auch mehrwertige Abhängigkeiten vorkommen. Weitere Beispiele werden wir im Beweis des folgenden Satzes angeben. Sei $U = \{ A_1, A_2, A_3, A_4 \}$, $K = \{ A_1 \twoheadrightarrow A_2 A_3 \mid A_4, \; A_4 \rightarrowtail A_3 \}$ und $K_1 \equiv A_1 \twoheadrightarrow A_3 \mid A_2 A_4$. K_1 wird identifiziert mit dem Tableau

	A_1	A_2	A_3	A_4
0	a_1	a_2	a_3	a_4
1	a_1	a_2	b_3	a_4
2	a_1	b_2	a_3	b_4

Für die Variablensubstitution

$$\gamma_1 = \begin{pmatrix} a_1 & a_2 & a_3 & a_4 & b_2 & b_3 & b_4 \\ a_1 & b_2 & a_3 & a_4 & a_2 & b_3 & b_4 \end{pmatrix}$$

sind die Prämissen-Zeilen von $\gamma_1(K)$ für das Tableau der mehrwertigen Abhängigkeit $A_1 \twoheadrightarrow A_2 A_3 \mid A_4$ in den Prämissen von K_1 enthalten. Also fügen wir die durch γ veränderte Konklusions-Zeile zu K_1 hinzu und erhalten K_2:

	A_1	A_2	A_3	A_4
0	a_1	a_2	a_3	a_4
1	a_1	a_2	b_3	a_4
2	a_1	b_2	a_3	b_4
3	a_1	b_2	a_3	a_4

Für die Variablensubstitution

$$\gamma_2 = \begin{pmatrix} a_1 & a_2 & a_3 & a_4 & a'_1 & a'_2 & a'_3 \\ a_1 & a_2 & b_3 & a_4 & a_1 & b_2 & a_3 \end{pmatrix}$$

sind die Prämissen-Zeilen von $\gamma_2(K)$ für das Tableau der funktionalen Abhängigkeit $A_4 \twoheadrightarrow A_3$ in den Prämissen-Zeilen von K_2 enthalten (nämlich gleich der 1. und der 3. Zeile). Also verändern wir die Konklusions-Zeile durch γ, wobei sich $b_3 = a_3$ ergibt, ersetzen dann jedes Vorkommen von b_3 durch a_3 und erhalten so K_3:

	A_1	A_2	A_3	A_4
0	a_1	a_2	a_3	a_4
1	a_1	a_2	a_3	a_4
2	a_1	b_2	a_3	b_4
3	a_1	b_2	a_3	a_4

In K_3 ist nun die erste Prämissen-Zeile gleich der Konklusions-Zeile. Also gilt $K \models K_1$.

Satz 15.8 [Korrektheit einiger Implikationen]

Die folgenden Implikationen sind für die Klasse der funktionalen und mehrwertigen Abhängigkeiten korrekt:

1. [*Reflexivität*] $\emptyset \models X \twoheadrightarrow Y,$ für alle $Y \subset X$.
2. [*Komplementarität*] $\emptyset \models X \twoheadrightarrow U \setminus X,$ für alle X.
3. [*subtrahierende Transitivität*]
   $$\{ X \twoheadrightarrow Y, Y \twoheadrightarrow Z \} \models X \twoheadrightarrow Z \setminus Y.$$
4. [*Erweiterung*] $\{ X \twoheadrightarrow Y \} \models X \cup W \twoheadrightarrow Y \cup Z,$ für alle $W \supset Z$.

5. [*(durch funktionale Abhängigkeiten bewirkte) Zerlegungen*]
   $$\{ X \twoheadrightarrow Y \} \models \{ X \twoheadrightarrow Y \}.$$
6. [*Zusammenwirken (von mehrwertigen und funktionalen Abhängigkeiten)*]
   Falls $W \cap Y = \emptyset,$
   dann gilt: $\{ X \twoheadrightarrow Y, W \twoheadrightarrow Z \} \models X \twoheadrightarrow Y \cap Z.$

Beweis:
1. und 2.: Diese Behauptungen haben wir bereits als Aussagen 3. und 2. des Korollars 15.6 zum Satz 15.5 über mengenwertige Funktionalität und Produktbildungen bewiesen.

Von den folgenden Behauptungen wollen wir einige "syntaktisch" mit Hilfe des Reduktionsverfahrens und andere "semantisch" unter Rückgriff auf die Definition der Gültigkeit mehrwertiger Abhängigkeiten nachprüfen. Natürlich kann man stets sowohl die eine wie die andere Beweisart wählen.

3. Wir zerlegen zunächst die zugrunde liegende Attributmenge U gemäß folgendem Mengendiagramm:

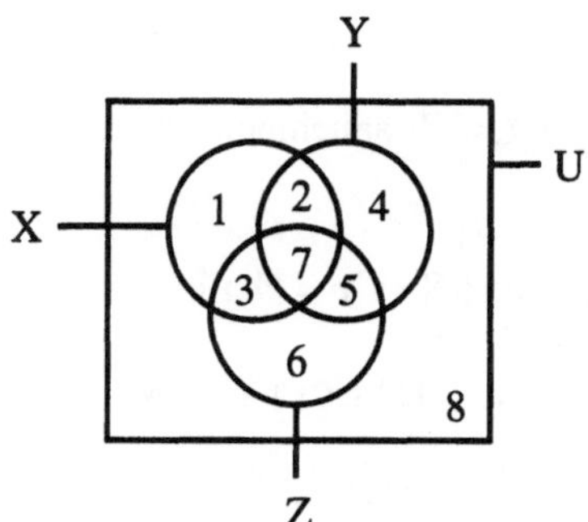

$$\text{Sei} \quad \begin{aligned}
V_1 &:= X \setminus (Y \cup Z), \\
V_2 &:= (X \cap Y) \setminus Z, \\
V_3 &:= (X \cap Z) \setminus Y, \\
V_4 &:= Y \setminus (X \cup Z), \\
V_5 &:= (Y \cap Z) \setminus X, \\
V_6 &:= Z \setminus (X \cup Y), \\
V_7 &:= X \cap Y \cap Z, \\
V_8 &:= U \setminus (X \cup Y \cup Z).
\end{aligned}$$

Wir führen dann für

$$\mathbf{K} = \{\, X \twoheadrightarrow Y,\ Y \twoheadrightarrow Z \,\} \quad \text{und} \quad K_1 \equiv X \twoheadrightarrow Z \setminus Y$$

das Reduktionsverfahren durch. Wegen

$$X = V_1 \cup V_2 \cup V_3 \cup V_7, \qquad Z \setminus Y = V_6 \cup V_3,$$
$$W_1 := U \setminus (X \cup (Z \setminus Y)) = V_4 \cup V_5 \cup V_8$$

hat das Tableau für K_1 die folgende Gestalt:

	V_1	V_2	V_3	V_4	V_5	V_6	V_7	V_8
0	a	a	a	a	a	a	a	a
1	a	a	a	a	a	b	a	a
2	a	a	a	b	b	a	a	b

Wegen

$$Y \setminus X = V_4 \cup V_5 \quad \text{und} \quad W_2 := U \setminus (X \cup Y) = V_6 \cup V_8$$

liefert ein erster Reduktionsschritt mit Hilfe von $X \twoheadrightarrow Y$ die aus den gestrichelt umrandeten Teilen gebildete Zeile:

	V_1	V_2	V_3	V_4	V_5	V_6	V_7	V_8
3	a	a	a	a	a	a	a	b

Die Prämissen-Zeilen 1 und 3 stimmen nun auf $Y = V_2 \cup V_4 \cup V_5 \cup V_7$ überein. Wegen

$$Z \setminus Y = V_3 \cup V_6 \quad \text{und} \quad W_3 := U \setminus (Y \cup Z) = V_1 \cup V_8$$

liefert ein zweiter Reduktionsschritt mit Hilfe von $Y \twoheadrightarrow Z$ die neue Zeile:

	V_1	V_2	V_3	V_4	V_5	V_6	V_7	V_8
4	a	a	a	a	a	a	a	a

Dies ist gerade die Konklusions-Zeile, woraus die Behauptung folgt.

4. Wir können o.B.d.A. $X \cap Y = \emptyset$ annehmen. Ferner brauchen wir o.B.d.A. nur zu zeigen, daß
(1) $X \cup W \Rightarrow (Y \cup Z) \setminus (X \cup W)$
impliziert wird. Wegen $W \supset Z$ und $X \cap Y = \emptyset$ gilt
$\quad (Y \cup Z) \setminus (X \cup W) = Y \setminus W$.
Das Tableau für (1) hat also für $V := U \setminus (X \cup Y \cup W)$ folgende Gestalt

	X	W\(X∪Y)	W∩Y	Y\W	V
0	a	a	a	a	a
1	a	a	a	b	a
2	a	a	a	a	b

Ein Reduktionsschritt mit Hilfe von $X \Rightarrow Y$ liefert dann eine neue Zeile, die gerade aus den gestrichelt umrandeten Teilen gebildet wird. Diese neue Zeile ist gleich der Konklusions-Zeile.

5. Sei $X \twoheadrightarrow Y$ gültig in r. Seien dann $\mu, \nu \in r$ mit $\mu \lceil X = \nu \lceil X$. Nach Voraussetzung folgt auch
(1) $\mu \lceil Y = \nu \lceil Y$.
Wir betrachten dann folgendes ξ:

$$\begin{matrix}(2)\\(3)\end{matrix} \quad \xi(A) := \begin{cases} \mu(A) & \text{falls } A \in X \cup (U \setminus (X \cup Y)) \\ \nu(A) & \text{falls } A \in Y \setminus X \end{cases}$$

Aus (2) und (3),(1) folgt $\xi = \mu$ und damit $\xi \in r$. Also ist auch $X \Rightarrow Y$ in r gültig.

6. Seien $X \Rightarrow Y$ und $W \twoheadrightarrow Z$ in r gültig. Seien dann $\mu, \nu \in r$ mit
(4) $\mu \lceil X = \nu \lceil X$.
Dann folgt aus der Gültigkeit von $X \Rightarrow Y$, daß für ξ mit

$$\begin{matrix}(5)\\(6)\end{matrix} \quad \xi(A) := \begin{cases} \mu(A) & \text{falls } A \in X \cup (U \setminus (X \cup Y)) \\ \nu(A) & \text{falls } A \in Y \setminus X \end{cases}$$

$\xi \in r$ gilt.
Da nach Voraussetzung $W \cap Y = \emptyset$ ist, ergibt sich auch
$\quad \xi \lceil W = \mu \lceil W$.
Aus der Gültigkeit von $W \twoheadrightarrow Z$ folgt dann
(7) $\xi \lceil Z = \mu \lceil Z$.
Schließlich folgt für $A \in Y \cap Z$:

$$\nu(A) = \begin{cases} \mu(A) & \text{falls } A \in (Y \cap Z) \cap X & \text{gemäß (4)} \\ \xi(A) = \mu(A) & \text{falls } A \in (Y \cap Z) \setminus X & \text{gemäß (6),(7)} \end{cases}$$

Also ist auch $X \twoheadrightarrow Y \cap Z$ in r gültig.　　　　　　　　　■

Den in Abschnitt 15.1 eingeführten Begriff eines Schlüssels kann man für die in diesem Abschnitt betrachtete Menge von semantischen Bedingungen, nämlich funktionale und mehrwertige Abhängigkeiten, erweitern: man ersetzt in der Definition einfach F durch

SC. Wir können auch unsere Formalisierung der Entwurfsheuristik "Trennung von Gesichtspunkten" übertragen:

Definition 15.4 [4.Normalform]

> Ein Relationenschema $< R \mid U \mid SC >$, wobei SC eine Menge von funktionalen und mehrwertigen Abhängigkeiten ist, heißt in *4.Normalform* :gdw
> für alle $X, Y \subset U$:
> wenn $X \twoheadrightarrow Y \in SC^+$ und $Y \not\subset X$ und $X \cup Y \subset\neq U$, dann $X \to U \in SC^+$.

Die 4.Normalform ist offensichtlich eine Verschärfung der Boyce / Codd-Normalform. Denn einerseits sei für ein Schema $< R \mid U \mid SC >$ in 4. Normalform $Z \to A \in SC^+$ mit $A \notin Z$. Dann folgt auch $Z \twoheadrightarrow A \in SC^+$ wegen der Zerlegungs-Eigenschaft funktionaler Abhängigkeiten und damit $Z \to U$ wegen der 4.Normalform. Andererseits ist das in den Vorüberlegungen gebildete Schema mit $U = \{$Kind, Patient, Behand, Prot$\}$ und $SC = \{$ Patient $\twoheadrightarrow$ Kind $\}$ in Boyce / Codd-Normalform, aber nicht in 4.Normalform. Unsere Trennungsheuristik hatte schon früher nahe gelegt, die Attributmenge U zu zerlegen in $X_1 = \{$ Patient, Behand, Prot $\}$ und $X_2 = \{$ Patient, Kind $\}$. Dieser Zerlegung der Attributmenge entspricht genau der von der mehrwertigen Abhängigkeit Patient $\twoheadrightarrow$ Kind bewirkten Zerlegbarkeit der Instanzen r gemäß der Beziehung $r = \pi_{\{\text{Patient, Behand, Prot}\}}(r) \bowtie \pi_{\{\text{Patient, Kind}\}}(r)$.

15.3 Verbundabhängigkeiten

Die Entwurfsheuristik "Trennung von Gesichtspunkten" verlangt, daß eine Basisrelation genau einen Gesichtspunkt aufzählen soll. Die in den vorangehenden Abschnitten behandelten Normalformen versuchen, diese Heuristik zu formalisieren. Sie deuten eine funktionale Abhängigkeit $X \to Y$, die nichttrivial ist (d.h. $Y \not\subset X$) oder eine mehrwertige Abhängigkeit $X \twoheadrightarrow Y$, die nichttrivial ist (d.h. $Y \not\subset X$ und $X \cup Y \subset\neq U$), als einen "Gesichtspunkt" und fordern dann, daß dieser "Gesichtspunkt" schon die gesamte Relation bestimmt (d.h. $X \to U \in SC^+$). Die vorgestellten Sätze zeigen dann, daß man einen nicht die ganze Relation bestimmenden "Gesichtspunkt" (d.h. wenn $X \to U \notin SC^+$) von den übrigen Gesichtspunkten trennen kann, indem man die Attribute $X \cup Y$ abspaltet. Denn dann kann jede Instanz r zum ursprünglichen Schema zerlegt werden vermöge der Gleichung

$$r = \pi_{X \cup (U \setminus (X \cup Y))}(r) \bowtie \pi_{X \cup Y}(r).$$

Hierbei handelt es sich um eine Zerlegbarkeit in *zwei* Komponenten. Man kann nun allgemeiner auch Zerlegbarkeit in mehr als zwei Komponenten betrachten. Solche Zerlegbarkeiten werden durch die folgende Verallgemeinerung von mehrwertigen Abhängigkeiten beschrieben.

Wir betrachten wieder ein einzelnes Relationenschema $< R \mid U \mid SC >$, in dem

R ein Relationensymbol,

U eine Menge von Attributen,

SC   eine Menge von funktionalen Abhängigkeiten und Verbundabhängigkeiten ist.
Dabei ist eine *Verbundabhängigkeit* (join dependency) eine Formel, die wir in Kurzform
aufschreiben als

$\bowtie$ $[X_1,...,X_k]$ mit $X_1 \cup ... \cup X_k = U$.

Diese Kurzform ist eine Abkürzung für eine *tupelerzeugende* Horn-Klausel K, die als
Tableau wie folgt gebildet wird:

mit $U = \{ A_1, ... ,A_n \}$ als mit $\{1,...,n\}$ identifizierte Stellenindexmenge,

a_i eine dem Attribut A_i zugeordnete Individuenvariable,

$E = \{1,...,k\}$ als Zeilenindexmenge,

$$t_{i,j} := \begin{cases} a_j & \text{falls } A_j \in X_i \\ b_{i,j} & \text{falls } A_j \notin X_i, \end{cases} \quad \text{wobei alle } b_{i,j} \text{ paarweise verschieden sind,}$$

$t_{0,j} := a_j,$

sei $K := (t_{i,j})_{\substack{i \in E \cup \{0\} \\ j \in U}}.$

- Eine Verbundabhängigkeit $\bowtie$ $[X_1, ... ,X_k]$ ist *gültig* in einer Relation r mit
  dom r = U (oder r ist *Instanz* von $\bowtie$ $[X_1, ... ,X_k]$)
  gdw   für alle $\mu_1,...,\mu_k \in r$:

  wenn $\mu_i \lceil X_i \cap X_j = \mu_j \lceil X_i \cap X_j$ für alle i,j ,

  dann gilt für μ mit $\mu \lceil X_i = \mu_i \lceil X_i$, daß $\mu \in r$.

  gdw $\bowtie_{i=1,...,k} \pi_{X_i} (r) \subset r$

  gdw $\bowtie_{i=1,...,k} \pi_{X_i} (r) = r.$

Man kann leicht anhand der Definitionen nachprüfen, daß die mehrwertige Abhängigkeit
$X \twoheadrightarrow Y \mid Z$ gleichbedeutend mit der Verbundabhängigkeit $\bowtie$ $[X \cup Z, X \cup Y]$ ist. Die
obigen Äquivalenzen kann man beweisen, indem man die in Abschnitt 15.2
vorgestellten Überlegungen für mehrwertige Abhängigkeiten auf den allgemeineren Fall
der Verbundabhängigkeiten überträgt.

Ferner kann man wieder für eine Menge **K** von funktionalen Abhängigkeiten und
Verbundabhängigkeiten und eine funktionale Abhängigkeit oder Verbundabhängigkeit K
die in den beiden vorangehenden Abschnitten betrachteten Begriffe und Verfahren
übertragen:

- **K** *impliziert (logisch)* K :gdw
  für alle r mit dom r = U: wenn **K** in r gültig ist, dann ist auch K in r gültig.
- $K^+ := \{ K \mid K \models K \}.$
- **K** $\models$ K kann mit dem in Abschnitt 14.2.1 entwickelten Reduktionsverfahren
  entschieden werden, das sich wieder vereinfacht mit Tableaus darstellen läßt.

Schließlich kann man auch unsere Formalisierung der Entwurfsheuristik "Trennung von
Gesichtspunkten" übertragen.

Definition 15.5 [5.Normalform]

Ein Relationenschema $< R \mid U \mid SC >$, wobei SC eine Menge von funktionalen Abhängigkeiten und Verbundabhängigkeiten ist, heißt in *5.Normalform*   :gdw für alle $X_1,...,X_k \subset U$ mit $X_1 \cup ... \cup X_k = U$:

wenn $\bowtie [X_1,...,X_k] \in SC^+$ mit $X_i \subset\neq U$ und

$\bowtie [X_1,...,X_{i-1},X_{i+1},...,X_k] \notin SC^+$ für alle $i=1,...,k$,

dann $X_i \twoheadrightarrow U \in SC^+$ für alle $i=1,...,k$.

Die 5.Normalform ist eine Verschärfung der 4.Normalform. Denn einerseits sei für ein Schema $< R \mid U \mid SC >$ in 5.Normalform $X \twoheadrightarrow Y \mid Z \in SC^+$ mit $Y \not\subset X$ und $X \cup Y \subset\neq U$. Dies ist gleichbedeutend damit, daß $\bowtie [X \cup Z, X \cup Y] \in SC^+$ mit $X \cup Z \subset\neq U$ und $X \cup Y \subset\neq U$ und damit $X \cup Z \twoheadrightarrow U \in SC^+$ und $X \cup Y \twoheadrightarrow U \in SC^+$ wegen der 5. Normalform. Dann folgt auch $X \twoheadrightarrow U \in SC^+$. Um dies zu beweisen, betrachten wir ein Attribut $A \in U \setminus X$, etwa o.B.d.A. $A \in Y$. Ist dann SC gültig in r und sind $\mu, \nu \in r$ mit $\mu\lceil X = \nu\lceil X$, so gilt für ξ mit $\xi\lceil X \cup Z = \mu\lceil X \cup Z$ und $\xi\lceil X \cup Y = \nu\lceil X \cup Y$, daß $\xi \in r$. Wegen $X \cup Z \twoheadrightarrow U \in SC^+$ und $A \in Y$ folgt dann $\mu(A) = \xi(A) = \nu(A)$. Also gilt $X \twoheadrightarrow A \in SC^+$.

Andererseits ist ein Schema mit $U := \{A,B,C\}$ und $SC := \{ \bowtie [\{A,B\}, \{A,C\}, \{B,C\}] \}$ in 4.Normalform (weil SC^+ keine nichttrivialen mehrwertigen Abhängigkeiten enthält), aber nicht in 5.Normalform.

15.4 Eingebettete und ungetypte Abhängigkeiten

In den vorangehenden Abschnitten haben wir für ein einzelnes Relationenschema $< R \mid U \mid SC >$ semantische Bedingungen betrachtet, die sich durch bereichsbeschränkte (und gleichheitsnormierte) Horn-Klauseln ausdrücken lassen, nämlich

* *funktionale Abhängigkeiten* als *gleichheitsbestimmende* Klauseln und
* *Verbundabhängigkeiten* als *tupelerzeugende* Klauseln.

Die Bereichsbeschränktheit der gleichheitsbestimmenden Klauseln ist einfach eine syntaktische Bedingung dafür, daß die funktionalen Abhängigkeiten etwas über die betrachtete Attributmenge U aussagen, d.h. daß eine inhaltlich sinnvolle Deutung möglich ist. Die Bereichsbeschränktheit der tupelerzeugenden Klauseln sichert, daß für alle Stellen des Relationensymbols R in der Konklusion eine echte Forderung ausgedrückt wird. Da wir eine unendliche Menge von Konstantenzeichen C vorausgesetzt haben, wird dadurch insbesondere sichergestellt, daß von der durch R benannten Relation nicht implizit gefordert wird, daß sie unendlich ist. Eine solche Bedingung würde ja überhaupt keine Instanzen zulassen. Im folgenden Beispiel wird nun eine inhaltlich sinnvolle Bedingung vorgestellt, die sich nicht unmittelbar als eine bereichsbeschränkte Horn-Klausel ausdrücken läßt.

Beispiel: Sei

$U = \{ A, B, C, D, E \}$ und $SC = \{ \bowtie [\{A, B, C\}, \{B, C, D\}, \{C, D, E\}] \}$, d.h. wir erlauben solche Relationen r mit dom r = U als Instanz von $<\ |\ U\ |\ SC\ >$, für die gilt:

$$\pi_{\{A,B,C\}}(r) \Join \pi_{\{B,C,D\}}(r) \Join \pi_{\{C,D,E\}}(r) = r.$$

Wir betrachten dann für

$$Z := \{A, B, C, D\}$$

die Projektionen $\pi_Z(r)$ von Instanzen r von $<\ |\ U\ |\ SC>$ und fragen danach, ob sie zerlegt werden können in die durch die Attributmengen $\{A, B, C\}$ und $\{B, C, D\}$ bestimmten Komponenten. Genauer fragen wir, ob für alle Instanzen r von $<\ |\ U\ |\ SC>$ gilt:

$$\pi_Z(r) = \pi_{\{A,B,C\}}(\pi_Z(r)) \Join \pi_{\{B,C,D\}}(\pi_Z(r)).$$

Hierbei ist die Inklusion "$\subset$" wieder stets erfüllt, so daß die Frage eigentlich auf die Inklusion "$\supset$" gerichtet ist. Diese Inklusion kann man durch Horn-Klauseln nur mit Hilfe einer die Projektion auf Z bezeichnenden Sichtrelation ausdrücken: für die durch

$$PROJZ\ (v_A, v_B, v_C, v_D) :\text{-}\ R\ (v_A, v_B, v_C, v_D, v_E).$$

definierte Sichtrelation PROJZ, fordert man dann die semantische Bedingung

$$PROJZ\ (v_A, v_B, v_C, v_D)\ :\text{-}\ PROJZ\ (v_A, v_B, v_C, v'_D),\ PROJZ\ (v'_A, v_B, v_C, v_D).$$

Bezeichnet man die semantische Bedingung in einer Kurzform durch

$$\Join_Z [\ \{A, B, C\}, \{B, C, D\}],$$

so lautet unsere Frage nun wie folgt:
Wird $\Join_Z [\ \{A, B, C\}, \{B, C, D\}]$ durch $\Join\ [\ \{A, B, C\}, \{B, C, D\}, \{C, D, E\}\ ]$ impliziert? Die Antwort ist nicht offensichtlich und wird in Abschnitt 15.7 gegeben.

Im Beispiel haben wir eine sogenannte *eingebettete* (embedded) *Verbundabhängigkeit* der Form $\Join_Z [X_1,...,X_k]$ mit $X_i \subset Z$ betrachtet, die im wesentlichen eine semantische Bedingung für die Projektion $\pi_Z(r)$ einer Instanz r zu $<\ R\ |\ U\ |\ SC\ >$ ausdrückt. Eine rein prädikatenlogische Formulierung ohne die Umschreibung mit Hilfe einer Sichtrelation ist nur durch Verwendung des Existenzquantors möglich (um gerade die Projektion zu beschreiben). Die Bedingung des obigen Beispiels wird zum Beispiel als Allabschluß der folgenden Formel ausgedrückt:

$$(\exists\ v_E)\ R\ (v_A, v_B, v_C, v_D, v_E) \lor\ \neg R\ (v_A, v_B, v_C, v'_D, v'_E) \lor$$
$$\neg R\ (v'_A, v_B, v_C, v_D, v''_E).$$

Solche eingebetteten Abhängigkeiten muß man insbesondere auch betrachten, wenn man ein Relationenschema vertikal zerlegt, etwa in zwei Komponenten $<\ R1\ |\ X1\ |\ SC1\ >$ und $<\ R2\ |\ X2\ |\ SC2\ >$ mit $X1 \cup X2 = U$. Dann möchte man nämlich die semantischen Bedingungen aus SC an die Komponenten *vererben* in dem Sinne, daß

$$SCi^+ := \{\ K\ |\ \text{für alle r mit dom r} = U :$$
$$\text{wenn SC in r gültig ist, dann ist K in } \pi_{Xi}(r) \text{ gültig}\ \}.$$

Sind als semantische Bedingungen nur eine Menge F von funktionalen Abhängigkeiten gegeben, so gilt offensichtlich

$$Fi^+ := \{\ X \twoheadrightarrow Y\ |\ X, Y \subset Xi,\quad X \twoheadrightarrow Y \in F^+\ \},$$

und es bleibt nur das Problem, eine einfache Darstellung von Fi^+ zu finden, d.h. eine möglichst einfache (kleine) Menge Gi mit $Gi^+ = Fi^+$. Sind als semantische Bedingungen auch Verbundabhängigkeiten gegeben, so legt das obige Beispiel nahe, daß dann SCi^+ nicht so leicht bestimmbar ist. Tatsächlich ist das in Kapitel 14 eingeführte Reduktionsverfahren nur für bereichsbeschränkte Horn-Klauseln ohne weiteres anwendbar, weil sonst nicht gesichert ist, daß jede Reduktionsfolge nach endlich vielen Schritten abbricht. Denn wenn in einem Reduktionsschritt eine neue Prämisse $\gamma(B_0)$ hinzugefügt wird, dann muß $\gamma(B_0)$ in den Stellen, die nicht durch die Prämissen bestimmt sind, sondern eine nur durch den Existenzquantor gebundene Variable enthalten, *neue* (mit Hilfe von Skolemfunktionen gebildete) Terme enthalten.

Die bislang betrachteten Abhängigkeiten sind *getypt*, d.h. wenn eine Individuenvariable x in der abgekürzten Horn-Klausel mehrfach vorkommt, so liegen alle diese Vorkommen (außer das Vorkommen in der Konklusion einer gleichheitsbestimmenden Klausel) in der gleichen Stelle des Relationensymbols R. Die Getyptheit der Verbundabhängigkeiten ergibt sich gerade daraus, daß wir den natürlichen Verbund von Projektionen (nach einer Attributmenge X) einer Relation als beabsichtigte Semantik ausdrücken wollen. Will man aber etwa den Verbund von beliebigen q-Projektionen beschreiben, so kann dies in gleichheitsnormierter Form im allgemeinen nur durch *ungetypte* Klauseln erfolgen. So wird zum Beispiel der Abschluß einer Relation bezüglich Produktbildung durch die ungetypte Klausel R (a_1,a_2) :- R (a_1,b), R (b,a_2). gefordert. Man beachte, daß das Reduktionsverfahren auch für ungetypte Klauseln anwendbar ist.

15.5 Afunktionale Abhängigkeiten, min-max-Abhängigkeiten und Nichtnull-Abhängigkeiten

Die bislang betrachteten funktionalen Abhängigkeiten und Verbundabhängigkeiten liefern Bedingungen dafür, daß sich jede Instanz zu einem Relationenschema < R | U | SC > aus gewissen ihrer Projektionen wieder zurückgewinnen läßt. Die Normalformen besagen dann im wesentlichen, daß eine solche vertikale Zerlegbarkeit für "nichttriviale" Projektionen unerwünscht ist, und formalisieren dadurch die Entwurfsheuristik "Trennung von Gesichtspunkten".

Wir betrachten nun semantische Bedingungen, die zu sogenannten horizontalen Zerlegungen führen und dadurch Hinweise zur Entwurfsheuristik "Trennung von Spezialisierungen" liefern. Eine Relation r heißt dabei *horizontal* in die Relationen $r_1,...,r_k$ *zerlegt*, wenn $r = r_1 \cup ... \cup r_k$. Entsprechend wie bei vertikalen Zerlegungen der natürliche Verbund als Umkehrfunktion der Projektionen wirkt, wird bei horizontalen Zerlegungen die Vereinigung als Umkehrfunktion von Aussonderungen benutzt. Allerdings ergeben sich bei horizontalen Zerlegungen einige Besonderheiten. Zum einen, während die vertikale Zerlegungsfunktion, nämlich die Projektion, eine grundlegende Operation der relationalen Ablgebra ist, sind die zu betrachtenden horizontalen Zerlegungsfunktionen nicht immer so einfach. Zum anderen legen die Anforderungen eines Anwendungsfalles es manchmal nahe, daß die horizontalen

Zerlegungskomponenten nicht voll vereinigungsverträglich sind und deshalb auch die übliche mengentheoretische Vereinigung nur mit einigen Abänderungen als Umkehrfunktion geeignet ist.

Wir betrachten im folgenden wieder ein einzelnes Relationenschema $< R \mid U \mid SC >$, in dem

R   ein Relationensymbol,
U   eine Menge von Attributen,
SC   eine Menge semantischer Bedingungen (über R und U)

ist, und behandeln drei Ansätze für horizontale Zerlegungen.

Eine *afunktionale Abhängigkeit* (afunctional dependency) ist eine Formel, die wir in Kurzform aufschreiben als

$\quad$ X $\twoheadrightarrow\!\!\!\!|\;$ Y   mit $X \subset U$, $Y \subset U$.

- Eine afunktionale Abhängigkeit X $\twoheadrightarrow\!\!\!\!|\;$ Y heißt *gültig* in einer Relation r mit
  dom r = U   :gdw
  für alle $\mu \in r$ gibt es ein $\nu \in r$: $\mu\lceil X = \nu\lceil X$ und $\mu\lceil Y \neq \nu\lceil Y$.

Offensichtlich stellen die Gültigkeit von X $\twoheadrightarrow$ Y und die Gültigkeit von X $\twoheadrightarrow\!\!\!\!|\;$ Y zwar einander ausschließende, aber *keine* komplementären Gegebenheiten dar. Zum Beispiel sind in der Relation r aus Bild 15.9a weder A $\twoheadrightarrow$ B noch A $\twoheadrightarrow\!\!\!\!|\;$ B gültig. Jedoch kann man r auf natürliche Weise horizontal zerlegen in eine A $\twoheadrightarrow$ B erfüllende Komponente und eine A $\twoheadrightarrow\!\!\!\!|\;$ B erfüllende Komponente, nämlich in die in Bild 15.9b gezeigten Relationen r_1 und r_2. Solch eine Zerlegung läßt sich allgemein wie im folgenden Satz beschrieben durchführen.

a)	r	A	B
		1	1
		2	2
		3	3a
		3	3b

b)	r_1	A	B
		1	1
		2	2

	r_2	A	B
		3	3a
		3	3b

Bild 15.9 Horizontale Zerlegung einer Relation in eine A $\twoheadrightarrow$ B und eine A $\twoheadrightarrow\!\!\!\!|\;$ B erfüllende
Komponente

Satz 15.9 [horizontale Zerlegung in funktionale und afunktionale Komponente]

Sei r eine Relation mit dom r = U, und seien $X \subset U$ und $Y \subset U$.
Dann läßt sich r zerlegen in r_1 und r_2 mit folgenden Eigenschaften:
1. $r = r_1 \cup r_2$.
2. $r_1 \cap r_2 = \emptyset$.
3. X $\twoheadrightarrow$ Y ist gültig in r_1.
4. X $\twoheadrightarrow\!\!\!\!|\;$ Y ist gültig in r_2.

Beweis: Sei
$r_1 := \{ \mu \mid \mu \in r,$ und für alle $\nu \in r \setminus \{\mu\}:$ wenn $\mu\lceil X = \nu\lceil X$, dann $\mu\lceil Y = \nu\lceil Y \}$,

$r_2 := \{\ \mu \mid \mu \in r,$ und es gibt $v \in r \setminus \{\mu\}:\quad \mu\lceil X = v\lceil X$ und $\mu\lceil Y \neq v\lceil Y\ \}$.

Die Eigenschaften 1. und 2. folgen unmittelbar aus den Definitionen von r_1 und r_2, weil die jeweils zweiten Qualifikationen für μ Verneinungen voneinander sind. Die Eigenschaft 3. folgt aus der Definition von r_1, weil $r_1 \subset r$. Die Eigenschaft 4. folgt auch direkt aus der Definition, weil für $\mu \in r_2$ das gemäß der zweiten Qualifikation existierende $v \in r \setminus \{\mu\}$ mit $\mu\lceil X = v\lceil X$ und $\mu\lceil Y \neq v\lceil Y$ ebenfalls diese Qualifikation erfüllt und damit ebenfalls $v \in r_2$ gilt. ∎

Eine mögliche Deutung und Anwendung des Satzes 15.9 ist durch folgende Beobachtung gegeben. Wenn man auf der Ebene der Modellierung zunächst *vermutet*, daß ein durch die X-Werte identifiziertes Seiendes eindeutig die durch Y-Werte beschriebenen Eigenschaften bestimmt, bzw. mit genau einem durch die Y-Werte identifzierten Seienden in Beziehung steht, so stellt sich bei näherer Betrachtung doch häufig heraus, daß diese Eigenschaften zwar *meistens* gelten, aber daß es auch *Ausnahmen* gibt. Diese Ausnahmen kann man dann als eine *Spezialisierung* der betrachteten Klasse von Seienden betrachten. Entsprechend der Entwurfsheuristik "Trennung von Spezialisierungen" ist also möglicherweise eine horizontale Zerlegung wie im Satz beschrieben angebracht.

Eine *min-max-Abhängigkeit* (min-max dependency) ist eine Formel, die wir in Kurzform aufschreiben als

$$X \xrightarrow{\ 1\text{-}u\ } Y \quad \text{mit } X \subset U,\ Y \subset U \quad \text{und}\quad 1 \in \mathbb{N},\ u \in \mathbb{N} \cup \{\infty\}.$$

* Eine min-max-Abhängigkeit $X \xrightarrow{\ 1\text{-}u\ } Y$ heißt *gültig* in einer Relation r mit
  dom r = U :gdw
  für alle $\mu \in \pi_X(r):\ 1 \leq \|\,\pi_Y(\sigma_{X=\mu}(r))\,\| \leq u,$
  d.h. zu einem in r vorkommenden X-Wert μ gibt es innerhalb von r mindestens 1 und höchstens u verschiedene Y-Werte.

Offensichtlich stellen min-max-Abhängigkeiten eine Verallgemeinerung von funktionalen und afunktionalen Abhängigkeiten dar:

$$X \xrightarrow{\ 1\text{-}1\ } Y \quad \text{ist gleichbedeutend mit}\quad X \rightarrow Y,$$
$$X \xrightarrow{\ 2\text{-}\infty\ } Y \quad \text{ist gleichbedeutend mit}\quad X \nrightarrow Y.$$

Min-max-Abhängigkeiten kann man manchmal wieder entsprechend folgender Beobachtung anwenden. Wenn man auf der Ebene der Modellierung feststellt, daß ein durch die X-Werte identifiziertes Seiendes mit mindestens 1 und höchstens u verschiedenen durch Y-Werte identifizierten Seienden in Beziehung steht, dann liegen möglicherweise für die vorkommenden Anzahlen 1, 1+1,..., u, verschiedene Spezialisierungen der betrachteten Klasse von Seienden vor. Entsprechend der Entwurfsheuristik "Trennung von Spezialisierungen" ist also gegebenfalls eine horizontale Zerlegung in Komponenten, in denen jeweils $X \xrightarrow{\ i\text{-}i\ } Y$ gültig ist, angebracht. Auf der Ebene der Formalisierung wird dann also eine Instanz r zerlegt in

$$r_i := \{\mu \mid \mu \in r, \text{ und } \|\,\pi_Y(\sigma_{X=\mu\lceil X}(r))\,\| = i\ \}$$

für i=1,...,u. Natürlich kann so eine Zerlegung auch gröber ausfallen. Die weiter oben eingeführte Zerlegung in einen funktionalen und einen afunktionalen Teil ist ein

Beispiel für eine grobe Zerlegung, bei der $X \xrightarrow{1\text{-}1} Y$ bzw. $X \xrightarrow{2\text{-}\infty} Y$ in den Komponenten gültig sind.

Für einen kleinen Maximalwert u bietet sich manchmal auch eine andere Anwendung einer min-max-Abhängigkeit $X \xrightarrow{1\text{-}u} Y$ an, insbesondere wenn Y nur aus einem einzelnen Attribut besteht. Dann ist es manchmal angebracht, anstelle von Y neue Attribute $Y_1,...,Y_u$ einzuführen und dann für einen vorkommenden X-Wert $\mu' := \mu \lceil X$ anstelle der Teilrelation $\sigma_{X=\mu \lceil X}(r)$, die etwa von der in Bild 15.10a gezeigten Form sei, einfach ein einziges Tupel der in Bild 15.10b gezeigten Form zu speichern. Dieses Vorgehen liegt zum Beispiel nahe, wenn das Attribut X Personen identifiziert, das Attribut Y Telefonnummmern angibt und höchstens zwei Telefonnummern gespeichert werden sollen. Dann bezeichnet nämlich Y_1 die erste und Y_2 die zweite Telefonnummer.

a)

X	Y
μ'	ν_1
.	.
.	.
μ'	ν_u

b)

X	Y_1	$Y_2 ... Y_u$
μ'	ν_1	$\nu_2 ... \nu_u$

Bild 15.10 Transformation einer $X \xrightarrow{1\text{-}u} Y$ erfüllenden Relation durch Einführung neuer Attribute $Y_1,...,Y_u$

Allerdings muß man darauf achten, daß eine durch die mehrwertige Abhängigkeit $X \twoheadrightarrow Y$ formalisierte mengenwertige Funktionalität vorliegt. Denn nur dann gilt mit $Z := U \setminus (X \cup Y)$, daß eine

ursprüngliche Relation r mit dom $r = X \cup Y \cup Z$,

die in eine Relation r^* mit dom $r = X \cup Y_1 \cup ... \cup Y_u \cup Z$ umgewandelt wurde,

aus den Projektionen $r_i := \pi_{X \cup Yi \cup Z}(r^*)$

zurückgewonnen werden kann vermöge

$$r = \pi_{q1}(r_1) \cup ... \cup \pi_{qu}(r_k), \qquad \text{wobei}$$

$$qi : X \cup Y \cup Z \to X \cup Y_i \cup Z \quad \text{geeignet definiert sei.}$$

Bislang sind wir immer stillschweigend davon ausgegangen, daß jedes Tupel μ aus einer Instanz r zum gegebenen Relationenschema $< R \mid U \mid SC >$ auf allen Attributen wohldefiniert ist. Formal läßt sich dies natürlich immer erreichen, aber inhaltlich ergeben sich manchmal Schwierigkeiten. Identifiziert etwa wieder wie oben das Attribut X Personen und gibt das Attribut Y Telefonnummern an, so kann für eine Person p, die keinen Telefonanschluß besitzt, nur dann ein Tupel gebildet werden, wenn wir für das Telefonnummer-Attribut Y einen besonderen Wert λ einführen (der gerade die Bedeutung "kein Anschluß" hat). Solch einen Wert nennt man dann einen *Nullwert*. Erlaubt man die Benutzung eines Nullwertes, so gewinnt man einerseits rein syntaktisch neue Möglichkeiten des Einfügens von Tupeln, muß aber andererseits eine Reihe von technischen und semantischen Schwierigkeiten lösen. Eine technische Schwierigkeit ergibt sich etwa, wenn man den Nullwert für Schlüsselattribute zuläßt, deren Werte für Zugriffsstrukturen, etwa für einen durch einen B*-Baum verwirklichten Index, genutzt werden. Semantische Schwierigkeiten ergeben sich insbesondere bei der Frage, welche Gleichheiten zwischen verschiedenen Vorkommen des Nullwertes oder zwischen dem Nullwert und den "normalen" Werten gelten sollen. Um solchen Schwierigkeiten vorzubeugen, kann man als semantische Bedingung verlangen, daß für gewisse Tupel in gewissen Attributen *kein Nullwert* vorkommen darf.

Eine *Nichtnull-Abhängigkeit* (nonnull dependency) ist eine Formel, die wir in Kurzform aufschreiben als

$$\sigma_\Phi \rightarrow X \neq \lambda, \quad \text{wobei } X \subset U \text{ und } \Phi \text{ eine (für Tupel auswertbare) Formel ist.}$$

- Eine Nichtnull-Abhängigkeit $\sigma_\Phi \rightarrow X \neq \lambda$ heißt *gültig* in einer Relation r mit dom r = U :gdw

  für alle $\mu \in \sigma_\Phi(r)$, für alle $A \in X$: $\mu(A) \neq \lambda$,

  d.h. alle die Formel Φ erfüllenden Tupel μ aus r besitzen in allen X-Attributen "normale" Werte.

Beispiel: In unserer Modellierung eines Ausschnittes einer Arztpraxis haben wir insbesondere zwischen Behandelnden und Patienten unterschieden. Wir haben dann

IdPe	als identifizierende Attribute einer Person, d.h. eines Behandelnden oder eines Patienten,
DaBe	als weitere Attribute eines Behandelnden,
DaPa	als weitere Attribute eines Patienten

eingeführt. Wenn man zusätzlich

Art	als ein zweiwertiges Attribut, etwa mit Werten b(ehandelnder) und p(atient)

verwendet, so könnte man ansatzweise eine Basisrelation bilden, um die Klasse aller Personen aufzählend abzuspeichern. Diese Basisrelation hätte dann etwa die Attributmenge

U = { IdPe, Art, DaBe, DaPa },

und als semantische Bedingungen würde man neben der funktionalen Abhängigkeit

IdPe $\rightarrow$ Art,DaBe,DaPa

noch die Nichtnull-Abhängigkeiten

$$\sigma_{Art=b} \rightarrow DaBe \neq \lambda \quad \text{und}$$
$$\sigma_{Art=p} \rightarrow DaPa \neq \lambda$$

vereinbaren. Dadurch würde man verlangen, daß für jede der beiden Arten von Personen die jeweils zutreffenden Attribute tatsächlich mit "normalen" Werten versehen werden.

Tatsächlich haben wir entsprechend unserer Entwurfsheuristik "Trennung von Spezialisierungen" diese Darstellung nicht gewählt, sondern eine horizontale Zerlegung vorgenommen, d.h. anstelle einer Relation r mit dom r = U haben wir

$$r_b := \pi_{IdPe,DaBe} (\sigma_{Art=b} (r)) \quad \text{und}$$
$$r_p := \pi_{IdPe,DaPa} (\sigma_{Art=p} (r))$$

gebildet. Offensichtlich liefert dann

$$\{ \mu \mid \mu : U \rightarrow C, \mu \lceil IdPe,DaBe \in r_b, \mu(Art) = b, \mu(DaPa) = \lambda \} \cup$$
$$\{ \mu \mid \mu : U \rightarrow C, \mu \lceil IdPe,DaPa \in r_p, \mu(Art) = p, \mu(DaBe) = \lambda \}$$

wieder eine Relation r' mit dom r' = U. Wenn zusätzlich in der ursprünglichen Relation r die jeweils nicht zutreffenden Attribute mit einem Nullwert versehen sind, (d.h. wenn *Null-Abhängigkeiten* etwa der Form $\sigma_{Art=b} \rightarrow DaPa = \lambda$ und $\sigma_{Art=p} \rightarrow DaBe = \lambda$ gültig sind) so gilt sogar r = r'.

Nichtnull-Abhängigkeiten (zusammen mit Null-Abhängigkeiten) treten typischerweise dann auf, wenn auf der Ebene der Modellierung eine Verallgemeinerungs-Aussonderungs-Hierarchie vorliegt und die Spezialisierungen nicht getrennt werden. Daneben wird meistens stillschweigend vorausgesetzt, daß Schlüsselwerte ungleich dem Nullwert sind, d.h. daß die Nichtnull-Abhängigkeit

$$\sigma_{true} \rightarrow X \neq \lambda \qquad \text{für einen Schlüssel X}$$

gilt.

15.6 Enthaltenseinsabhängigkeiten

Während wir bislang nur lokale semantische Bedingungen betrachtet haben, soll nun der Fall behandelt werden, daß mehrere Relationenschemas zu einem Datenbankschema

$$RS = <\ < R_1 \mid X_1 \mid SC_1 >,...,< R_n \mid X_n \mid SC_n > \mid SC \mid a\ >$$

zusammengefaßt werden. Wir werden zwei Gesichtspunkte untersuchen:

* *Enthaltenseins-Beziehungen* zwischen den Relationen r_i einer Instanz $M = (d, r_1,...,r_n)$,
* durch die Attributmengen $X_1,...,X_n$ gebildete *Hypergraph-Strukturen*.

Eine *Enthaltenseinsabhängigkeit* (inclusion dependency) ist eine Formel, die wir in Kurzform aufschreiben als

$$\pi_{(A_1,...,A_k)}(R_i) \subset \pi_{(B_1,...,B_k)}(R_j) \qquad \text{mit } A_e \in X_i \text{ und } B_e \in X_j,$$

wobei die A_e bzw. die B_e paarweise verschiedene Attribute seien.

* Eine Enthaltenseinsabhängigkeit $\pi_{(A_1,...,A_k)}(R_i) \subset \pi_{(B_1,...,B_k)}(R_j)$ heißt *gültig* in einer Ausprägung $f = (r_1,...,r_n)$:gdw
  für $q : \{B_1,...,B_k\} \rightarrow X_i$ mit $q(B_e) := A_e$ für $e = 1,...,k$ gilt:
  $$\pi_q(r_i) \subset \pi_{\{B_1,...,B_k\}}(r_j),$$
  d.h. alle in der Relation r_i vorkommenden $(A_1,...,A_k)$-Werte kommen in r_j als $(B_1,...,B_k)$-Werte vor.

Wir werden im folgenden diese Schreibweisen manchmal weiter verkürzen, indem wir für die Syntax eine Folge $(A_1,...,A_k)$ auch als Menge $\{A_1,...,A_k\}$ schreiben (und dabei eine Anordnung als gegeben annehmen) und für die Semantik die Umbenennung der Attribute vermöge $q(B_e) := A_e$ vernachlässigen (weil wir annehmen, daß sie sich aus den Anordnungen ergibt). Eine kurz als $\pi_X(R_i) \subset \pi_Y(R_j)$ mit $\|X\| = \|Y\|$, $X \subset X_i$, $Y \subset Y_j$ geschriebene Enthaltenseinsabhängigkeit ist dann gültig in f genau dann, wenn die durch $\pi_X(r_i) \subset \pi_Y(r_j)$ verkürzt beschriebene Beziehung vorliegt.

Eine Enthaltenseinsabhängigkeit ist also im wesentlichen eine semantische Bedingung für die Projektionen $\pi_X(r_i)$ und $\pi_Y(r_j)$ einer Instanz und in dieser Hinsicht eine *eingebettete* Abhängigkeit. Eine rein prädikatenlogische Formulierung einer eingebetteten Abhängigkeit hat die Form $(\exists\, x)\ A_0(x) \vee \neg A_1 \vee ... \vee \neg A_m$ (mit m=1 für Enthaltenseinsabhängigkeiten und m=Anzahl der Zerlegungskomponenten für eingebettete Verbundabhängigkeiten), d.h. man benötigt den Existenzquantor, um die gewünschte Projektion zu beschreiben. Obwohl wir Horn-Klauseln als allquantifiziert ansehen, kann man eingebettete Abhängigkeiten doch in unserem logischen Datenmodell mit Hilfe von Sichtrelationen ausdrücken:

- Eine Projektion $\pi_{(A_1,...,A_k)}(R)$ wird durch eine Sichtrelation R1 beschrieben, für die wir die Klausel $R1(A_1:a_1,...,A_k:a_k)\ \text{:-}\ R(A_1:a_1,...,A_k:a_k,A_{k+1}:a_{k+1},...)$. in **IDB** vereinbaren.
- Die gewünschte semantische Bedingung drücken wir in **SC** als Horn-Klausel mit Prädikatenzeichen für solche Sichtrelationen aus.

Eine Enthaltenseinsabhängigkeit

$$\pi_{(A_1,...,A_k)}(R_i) \subset \pi_{(B_1,...,B_k)}(R_j)$$

kürzt dann also die **IDB**-Klauseln

$R_i1(A_1:a_1,...,A_k:a_k)\ \text{:-}\ R_i(A_1:a_1,...,A_k:a_k,...)$.
$R_j1(B_1:b_1,...,B_k:b_k)\ \text{:-}\ R_j(B_1:b_1,...,B_k:b_k,...)$.

und die **SC**-Klausel

$R_j1(B_1:a_1,...,B_k:a_k)\ \text{:-}\ R_i1(A_1:a_1,...,A_k:a_k)$.

ab. Da man in der **SC**-Klausel die Prämisse durch ihre **IDB**-Definition ersetzen darf, kann man die Enthaltenseinsabhängigkeit auch als Abkürzung für die **IDB**-Klausel

$R_j1(B_1:b_1,...,B_k:b_k)\ \text{:-}\ R_j(B_1:b_1,...,B_k:b_k,...)$.

und die **SC**-Klausel

$R_j1(B_1:a_1,...,B_k:a_k)\ \text{:-}\ R_i(A_1:a_1,...,A_k:a_k,...)$.

auffassen.

Enthaltenseinsabhängigkeiten dienen hauptsächlich der Formalisierung von *Aussonderungsbedingungen* bei der Bildung von Verallgemeinerungs-Aussonderungs-Hierarchien und von *Verweisbedingungen* bei der Bildung von Beziehungen. Im ersten Fall drückt man durch eine Enthaltenseinsabhängigkeit der Form

$$\pi_X(\text{AUSS}) \subset \pi_Y(\text{VERA})$$

aus, daß jedes in der Aussonderung AUSS vorkommende, durch seine X-Werte identifizierte Seiende auch in der Verallgemeinerung VERA vorkommt und dort durch die gleichen Werte (aber gegebenenfalls unter anderen Attributen) identifiziert wird. Im zweiten Fall drückt man durch Enthaltenseinsabhängigkeiten der Form

$$\pi_X(\text{BEZ}) \subset \pi_{KX}(\text{SEIX}),$$
$$\pi_Y(\text{BEZ}) \subset \pi_{KY}(\text{SEIY})$$

aus, daß die in einer (zweistelligen) Beziehung BEZ vorkommenden, durch ihre X-Werte bzw. Y-Werte identifizierten Seienden auch in den jeweiligen Seiendenklassen SEIX bzw. SEIY vorkommen und dort durch die gleichen Werte (aber gegebenenfalls unter anderen Attributen, nämlich den Attributen aus KX bzw. KY) identifiziert werden. KX bzw. KY sind somit typischerweise *Schlüssel* in SEIX bzw. SEIY, und X und Y nennt man dann *Fremdschlüssel* in BEZ.

Beispiel: Wir betrachten wieder einen geeignet abgeänderten Ausschnitt einer Arztpraxis. Auf der Ebene der Modellierung liege das ER-Diagramm aus Bild 15.11 vor.

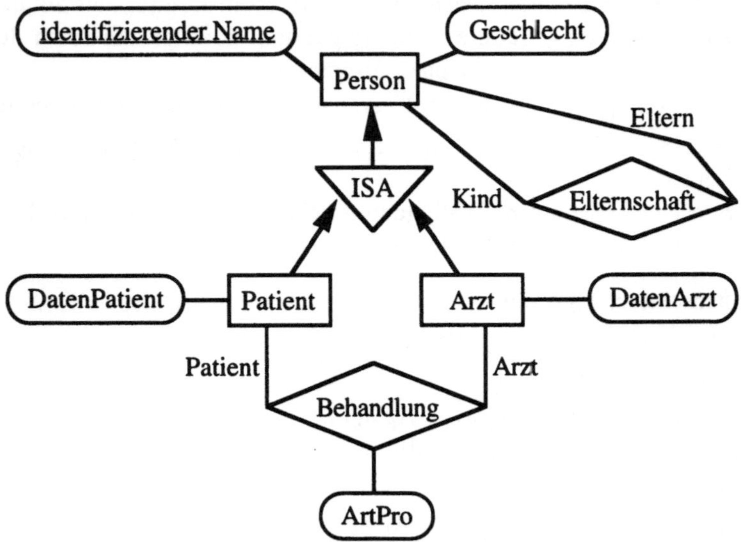

Bild 15.11 Modellierung eines Ausschnittes einer Arztpraxis

Für die Formalisierung vereinbaren wir Relationenschemas mit paarweise disjunkten Attributmengen wie folgt:

für Seiendenklassen: $<$ PERSON | {Id, Geschlecht} | {Id $\rightarrow$ Geschlecht} $>$,
$<$ PAT | {IdPa, DaPa} | {IdPa $\rightarrow$ DaPa} $>$,
$<$ ARZT | {IdAr, DaAr} | {IdAr $\rightarrow$ DaAr} $>$;

für Beziehungenklassen: $<$ BEH | {Patient, Arzt, ArtPro} | {Patient,Arzt $\rightarrow$ ArtPro} $>$,
$<$ ELT | {Kind, Eltern} | $\emptyset$ $>$.

Zur Bildung der Verallgemeinerungs-Aussonderungs-Hierarchie formalisieren wir die *Aussonderungsbedingungen* durch

$$\pi_{IdPa}(PAT) \subset \pi_{Id}(PERSON),$$
$$\pi_{IdAr}(ARZT) \subset \pi_{Id}(PERSON),$$

und die *Verweisbedingungen* bei der Bildung der Beziehungen werden ausgedrückt durch

$$\pi_{Patient}(BEH) \subset \pi_{IdPa}(PAT),$$
$$\pi_{Arzt}(BEH) \subset \pi_{IdAr}(ARZT),$$

sowie

$$\pi_{Kind}(ELT) \subset \pi_{Id}(PERSON),$$
$$\pi_{Eltern}(ELT) \subset \pi_{Id}(PERSON).$$

Also sind Patient und Arzt *Fremdschlüssel* in BEH, und Kind und Eltern sind *Fremdschlüssel* in ELT.

Man kann nun wieder danach fragen, welche semantischen Bedingungen neben den in einem Datenbankschema RS ausdrücklich vereinbarten in allen Instanzen M von RS gültig sind. Wir beschränken uns im folgenden auf den Fall, daß als lokale semantische Bedingungen nur funktionale Abhängigkeiten und als globale semantische Bedingungen nur Enthaltenseinsabhängigkeiten vorkommen. Ferner wollen wir vereinfachend annehmen, daß die Relationenschemas *paarweise disjunkte* Attributmengen besitzen, so daß alle globalen Gesichtspunkte ausschließlich über Enthaltenseinsabhängigkeiten ausgedrückt werden müssen. Genauer betrachten wir in diesem Abschnitt ein Datenbankschema

$RS = << R_1 \mid X_1 \mid F_1 >,...,< R_n \mid X_n \mid F_n > \mid I \mid >$ mit

R_i Relationensymbol,

X_i Menge von Attributen, wobei $X_i \cap X_j = \emptyset$ für $i \neq j$,

F_i Menge von funktionalen Abhängigkeiten,

I Menge von Enthaltenseinsabhängigkeiten.

Ferner sei

$F := \bigcup_{i=1,...,n} F_i$ die Menge aller in RS vereinbarten funktionalen Abhängigkeiten.

Dann definieren wir:

- $F \cup I$ *impliziert* (logisch) eine funktionale Abhängigkeit $X \rightarrow Y$ mit $X \cup Y \subset X_i$
  :gdw   für alle Ausprägungen $(r_1,...,r_n)$ mit dom $r_1 = X_1$, $1=1,...n$:
        wenn $F \cup I$ in $(r_1,...,r_n)$ gültig ist, dann ist auch $X \rightarrow Y$ in r_i gültig.

- $F \cup I$ *impliziert* (logisch) eine Enthaltenseinsabhängigkeit $\pi_X(R_i) \subset \pi_Y(R_j)$ mit $X \subset X_i$ und $Y \subset X_j$
  :gdw   für alle Ausprägungen $(r_1,...,r_n)$ mit dom $r_1 = X_1$, $1=1,...,n$:
        wenn $F \cup I$ in $(r_1,...,r_n)$ gültig ist, dann ist auch $\pi_X(R_i) \subset \pi_Y(R_j)$ in $(r_1,...,r_n)$ gültig.

Schließlich sei:

- $(F \cup I)_i^+ := \{ \Phi \mid \Phi \equiv X \rightarrow Y \text{ mit } X \cup Y \subset X_i, \text{ und } F \cup I \text{ impliziert } \Phi \}$ für $i=1,...,n,$

- $(F \cup I)_l^+ := \bigcup_{i=1,...,n} (F \cup I)_i^+ ,$

- $(F \cup I)_g^+ := \{ \Phi \mid \Phi \equiv \pi_X(R_i) \subset \pi_Y(R_j), \text{ und } F \cup I \text{ impliziert } \Phi \},$

- $(F \cup I)^+ := (F \cup I)_l^+ \cup (F \cup I)_g^+ .$

Das folgende Beispiel zeigt zunächst, daß funktionale Abhängigkeiten und Enthaltenseinsabhängigkeiten einander implizieren können und daß der obige Begriff von (logischer) "Implikation" (in dem nur *endliche* Strukturen betrachtet werden) *nicht* mehr mit dem allgemeinen (auch *unendliche* Strukturen einbeziehenden) Begriff übereinstimmt.

Beispiel: Sei $RS = << R_1 \mid X_1 \mid F_1 >, < R_2 \mid X_2 \mid F_2 > \mid I \mid >$ gegeben durch
    $X_1 := \{A,B\},\ F_1 := \emptyset,$
    $X_2 := \{C,D\},\ F_2 := \{ C \rightarrow D\},$
    $I := \{ \pi_{A,B}(R_1) \subset \pi_{C,D}(R_2),\ \pi_C(R_2) \subset \pi_B(R_1) \}.$

Wir zeigen, daß (unter anderen) folgende Abhängigkeiten impliziert sind:

1. $A \rightarrow B$
2. $\pi_A(R_1) \subset \pi_B(R_1)$.
3. $\pi_B(R_1) \subset \pi_A(R_1)$.

zu 1.:   Sei $q : \{C,D\} \rightarrow \{A,B\}$ mit $q(C) := A$ und $q(D) := B$. Sei dann $F \cup I$ gültig in (r_1, r_2), und seien $\mu,\nu \in r_1$ mit $\mu\lceil A = \nu\lceil A$. Die erste Enthaltenseinsabhängigkeit aus I besagt, daß $\mu \cdot q, \nu \cdot q \in r_2$. Offensichtlich gilt dann $\mu \cdot q\lceil C = \nu \cdot q\lceil C$ und gemäß F_2 auch $\mu \cdot q\lceil D = \nu \cdot q\lceil D$. Damit folgt $\mu\lceil B = \nu\lceil B$. Also ist $A \rightarrow B$ in r_1 gültig. Man beachte, daß $A \rightarrow B \notin F_1{}^+$, d.h. die Gültigkeit von $A \rightarrow B$ in Instanzen von RS beruht auf dem *Zusammenwirken* von funktionalen Abhängigkeiten und Enthaltenseinsabhängigkeiten.

zu 2.: $\pi_{A,B}(R_1) \subset \pi_{C,D}(R_2)$ impliziert offensichtlich insbesondere $\pi_A(R_1) \subset \pi_C(R_2)$. Diese Enthaltenseinsabhängigkeit impliziert zusammen mit der zweiten Enthaltenseinsabhängigkeit aus I offensichtlich $\pi_A(R_1) \subset \pi_B(R_1)$, weil sich die Transitivität der Mengeninklusion auf die Enthaltenseinsabhängigkeiten überträgt. Man beachte, daß wir für die Übertragung nur die Enthaltenseinsabhängigkeiten alleine betrachtet haben.

zu 3.:   Wir wissen bereits, daß in jeder Instanz (r_1, r_2) in der ersten Relation r_1 die folgenden Abhängigkeiten gültig sind:

$A \rightarrow B$ und $\pi_A(R_1) \subset \pi_B(R_1)$.

Die Relation r_1 beschreibt also (den Graphen) eine(r) Funktion f_1 mit

$\mathrm{dom}\, f_1 = \pi_A(r_1)$ und $\mathrm{range}\, f_1 = \pi_B(r_1)$.

Da f_1 eine Funktion ist, gilt

(1) $\| \pi_A(r_1) \| \geq \| \pi_B(r_1) \|$.

Wegen der Gültigkeit von $\pi_A(R_1) \subset \pi_B(R_1)$ gilt

(2) $\pi_A(r_1) \subset \pi_B(r_1)$.

Weil r_1 eine *endliche* Relation ist, sind auch $\pi_A(r_1)$ und $\pi_B(r_1)$ endlich, und damit folgt aus (1) und (2)

(3) $\pi_A(r_1) = \pi_B(r_1)$.

Also ist insbesondere $\pi_B(R_1) \subset \pi_A(R_1)$ in (r_1, r_2) gültig.

Man beachte, daß die Gültigkeit von $\pi_B(R_1) \subset \pi_A(R_1)$ in Instanzen von RS auf dem *Zusammenwirken* von funktionalen Abhängigkeiten und Enthaltenseinsabhängigkeit beruht. Denn das folgende Beispiel zeigt, daß wir die funktionale Abhängigkeit $C \rightarrow D$ für die Herleitung tatsächlich benötigen:

r_1	A	B
	1	1
	1	2

r_2	C	D
	1	1
	1	2
	2	2

In (r_1, r_2) sind die Inklusionsabhängigkeiten aus I gültig, aber nicht die fragliche Inklusionsabhängigkeit $\pi_B(R_1) \subset \pi_A(R_1)$. Ferner beachte man, daß $\pi_B(R_1) \subset \pi_A(R_1)$ *keine* Implikation im allgemeinen Sinne ist. Denn für unendliche Mengen folgt aus (1) und (2) nicht notwendig (3), wie das folgende Beispiel zeigt:

r_1	A	B		r_2	C	D
	2	1			2	1
	3	2			3	2
	4	3			4	3
	⋮	⋮			⋮	⋮

Im Abschnitt 15.1 haben wir offensichtlich geltende logische Implikationen für funktionale Abhängigkeiten alleine zusammengestellt. Diese übertragen sich sinngemäß auf den in diesem Abschnitt behandelten Fall. Betrachtet man Enthaltenseinsabhängigkeiten alleine, so kann man leicht nachprüfen, daß die folgenden logischen Implikationen gelten.

Satz 15.10 [Korrektheit von Reflexivität, Transitivität, Projektion und Permutation]

Die folgenden Implikationen sind für die Klasse der Enthaltenseinsabhängigkeiten korrekt:

[*Reflexivität*] $\emptyset$ impliziert $\pi_X(R_i) \subset \pi_X(R_i)$ für alle $X \subset X_i$.

[*Transitivität*] $\{\pi_X(R_i) \subset \pi_Y(R_j), \pi_Y(R_j) \subset \pi_Z(R_k)\}$ impliziert $\pi_X(R_i) \subset \pi_Z(R_k)$.

[*Projektion und Permutation*]

$\{\pi_{(A_1,...,A_k)}(R_i) \subset \pi_{(B_1,...,B_k)}(R_j)\}$ impliziert

$\pi_{(A_{e1},...,A_{el})}(R_i) \subset \pi_{(B_{e1},...,B_{el})}(R_j)$

für alle Auswahlen $(e1,...,el)$ aus $\{1,...k\}$.

Beweis: Leicht nachprüfbar.   ∎

Aus diesen logischen Implikationen kann man wieder einen Entscheidungsalgorithmus für das Problem "$\pi_X(R_i) \subset \pi_Y(R_j) \in I_g^+$" gewinnen. Dieser erzeugt für die linke Seite $\pi_X(R_i)$ der zu betrachtenden Enthaltenseinsabhängigkeit schrittweise alle möglichen rechten Seiten $\pi_Z(R_k)$ mit $\pi_X(R_i) \subset \pi_Z(R_k) \in I_g^+$ und prüft, ob $\pi_Y(R_j)$ unter den erzeugten rechten Seiten vorkommt.

Definition 15.6 [Abschluß unter Enthaltenseinsabhängigkeiten]

I   sei eine Menge von Enthaltenseinsabhängigkeiten und

$\pi_X(R_i)$ ein Projektionsausdruck (als linke Seite).

Dann ist der *Abschluß* von $\pi_X(R_i)$ unter I, $cl(\pi_X(R_i), I)$ die (bezüglich $\subset$) kleinste Menge von Projektionsausdrücken mit den folgenden Eigenschaften:

1. $\pi_X(R_i) \in cl(\pi_X(R_i), I)$.
2. Wenn der Projektionsausdruck $\pi_V(R_k) \in cl(\pi_X(R_i), I)$ und die Enthaltenseinsabhängigkeit $\pi_V(R_k) \subset \pi_W(R_l)$ aus einer Enthaltenseinsabhängigkeit $\pi_{V1}(R_k) \subset \pi_{W1}(R_l) \in I$ durch Projektion und Permutation gewonnen werden kann, dann ist auch der Projektionsausdruck $\pi_W(R_l) \in cl(\pi_X(R_i), I)$.

Satz 15.11 [logische Implikation für Enthaltenseinsabhängigkeiten]

$\pi_X(R_i) \subset \pi_Y(R_j) \in I_g^+$ genau dann, wenn $\pi_Y(R_j) \in cl(\pi_X(R_i), I)$.

Beweis:

"$\Leftarrow$" [*Korrektheit*]: Durch Induktion über die Anzahl der Regelanwendungen aus obiger Definition des Abschluß zeigt man leicht, daß für alle erzeugten $\pi_Y(R_j) \in cl(\pi_X(R_i), I)$ gilt, daß $\pi_X(R_i) \subset \pi_Y(R_j) \in I_g^+$.

"$\Rightarrow$" [*Vollständigkeit in Kontraposition*]: Sei $\pi_Y(R_j) \notin cl(\pi_X(R_i), I)$. Wir konstruieren uns Relationen $r_1,...,r_n$, für die wir dann zeigen, daß

a)   I ist in $(r_1,...,r_n)$ gültig, aber

b) $\pi_X(R_i) \subset \pi_Y(R_j)$ ist in $(r_1,...,r_n)$ nicht gültig, d.h. $(r_1,...,r_n)$ ist ein Gegenbeispiel dafür, daß $\pi_X(R_i) \subset \pi_Y(R_j)$ von I impliziert wird.

Die Konstruktion von $r_1,...,r_n$ erfolgt induktiv:

1.   Sei o.B.d.A. $X = \{A_1,...,A_m\}$. Dann sei $\mu : dom\ R_i \rightarrow \{0,...,m\}$ definiert durch

$$\mu(A) := \begin{cases} e & \text{falls } A = Ae \in X \\ 0 & \text{falls } A \in dom\ R_i \setminus X. \end{cases}$$

Ferner seien die Anfangswerte der zu konstruierenden Relationen definiert durch

$r_i := \{\mu\}$ und $r_k := \emptyset$ für $k \neq i$.

2.   Wenn $v \in r_k$ für ein $k \in \{1,...,n\}$ und $\pi_{V1}(R_k) \subset \pi_{W1}(R_1) \in I$ mit $V1 = (B_1,...,B_d)$ und $W1 = (C_1,...,C_d)$, so sei das Tupel $\xi : dom\ R_1 \rightarrow \{0,...,m\}$ mit

$$\xi(A) := \begin{cases} v(Be) & \text{falls } A = Ce \in W1 \\ 0 & \text{falls } A \in dom\ R_1 \setminus W1 \end{cases}$$

ein Element von r_1, d.h. $\xi \in r_1$.

Eigenschaft a) folgt unmittelbar aus der Konstruktion von $r_1,...,r_n$, denn die Regel 2. sorgt gerade für die Gültigkeit aller Enthaltenseinsabhängigkeiten aus I.

Eigenschaft b) beweisen wir indirekt. Angenommen $\pi_X(R_i) \subset \pi_Y(R_j)$ ist in $(r_1,...,r_n)$ gültig. Wir betrachten dann das Tupel μ aus dem Anfangswert von r_i. Gemäß unserer Annahme gibt es dann ein Tupel $\xi \in r_j$ mit

$$\mu \circ q(A) = \xi(A) \quad \text{für } A \in Y, \text{ wobei } q : Y \xrightarrow[\text{auf}]{1\text{-}1} X$$

die Umbenennung der Attribute aus Y gemäß der gegebenen Anordnungen von Y und X sei. Das Tupel ξ ist dann gemäß obiger Konstuktion induktiv erzeugt worden. Sei etwa $\mu = \xi_0, \xi_1,...,\xi_p = \xi$ eine Konstruktionsfolge. Man kann dann nachprüfen, daß die Folge der dabei benutzten Enthaltenseinsabhängigkeiten eine Ableitungsfolge von $\pi_Y(R_j)$ als Element von $cl(\pi_X(R_i), I)$ liefert, was einen Widerspruch zur Voraussetzung ergibt.   ∎

Der obige Entscheidungsalgorithmus stellt im wesentlichen wieder eine Anpassung des Reduktionsverfahrens aus Abschnitt 14.2.1 dar. Obwohl Enthaltenseinsabhängigkeiten eingebettete Abhängigkeiten sind, für die das Reduktionsverfahren im allgemeinen die wiederholte Bildung *neuer* Terme verlangt, gelingt es in diesem besonderen Fall, die zu bildenden Ausdrücke endlich zu beschränken. Insbesondere können wir das im

Vollständigkeitsbeweis erzeugte "Gegenbeispiel" über der endlichen Grundmenge $\{0,...,m\}$ bilden, so daß das Gegenbeispiel selbst auch endlich ist. Damit ergibt sich auch, daß für Enthaltenseinsabhängigkeiten alleine der in diesem Abschnitt benutzte Begriff von "logischer Implikation" (in dem nur endliche Strukturen betrachtet werden) doch wieder mit dem allgemeinen Begriff übereinstimmt.

Wir haben nun gesehen, daß sowohl funktionale Abhängigkeiten allein als auch Enthaltenseinsabhängigkeiten allein algorithmisch gut behandelt werden können. Das einführende Beispiel deutet aber schon an, daß das *Zusammenwirken* dieser beiden Arten von Abhängigkeiten schwieriger zu durchschauen ist. In der Tat kann man beweisen [ChVa 85], daß der allgemeine Fall des Problems "$\Phi \in (F \cup I)^+$" sogar *unentscheidbar* ist. Andererseits kann man interessante Spezialfälle dieses Problems finden, die wieder entscheidbar sind. Wir beschreiben im folgenden zwei solcher Spezialfälle.

- Eine Menge I von Enthaltenseinsabhängigkeiten heißt *azyklisch*, wenn gilt:
a) I enthält *keine intrarelationalen* Enthaltenseinsabhängigkeiten außer gegebenfalls triviale, d.h. wenn $\pi_X(R_i) \subset \pi_Y(R_i) \in I$, dann gilt $X = Y$.
b) I enthält *keine* bezüglich der vorkommenden Relationensymbole *zyklisch anordbare* Teilmenge, d.h. es gibt keine Folge von Enthaltenseinsabhängigkeiten aus I der Form $\pi_{X1}(R_{i1}) \subset \pi_{Y1}(R_{i2})$,
$$\pi_{X2}(R_{i2}) \subset \pi_{Y2}(R_{i3})$$
$$\cdots \qquad \cdots$$
$$\pi_{Xk}(R_{ik}) \subset \pi_{Yk}(R_{i1}).$$

Interpretiert man die Azyklizität unter dynamischen Gesichtspunkten, so fordert man, daß das Einfügen eines neuen Tupels in eine Relation r_{i1} niemals das Vorhandensein (oder gleichzeitige Einfügen) eines anderen Tupels in r_{i1} verlangt. Die Überprüfungen (oder Folgeeinfügungen) erfolgen also nur jeweils in anderen Relationen. Man kann dann beweisen [CoKa 84], daß das Problem "$\Phi \in (F \cup I)^+$" bei Beschränkung auf azyklische Mengen I entscheidbar ist.

- Eine Enthaltenseinsabhängigkeit $\pi_X(R_i) \subset \pi_Y(R_j)$ heißt *unär*, wenn $\| X \| = \| Y \| = 1$. Wenn in einem Datenbankschema alle Schlüssel aus nur jeweils einem Attribut bestehen, so benötigt man bei der oben besprochenen Formalisierung von Aussonderungsbedingungen und von Verweisbedingungen nur unäre Enthaltenseinsabhängigkeiten. Man kann dann beweisen [KaCoVa 83], daß das Problem "$\Phi \in (F \cup I)^+$" bei Beschränkung auf unäre Enthaltenseinsabhängigkeiten entscheidbar ist.

Bei der Untersuchung des Problems "$\Phi \in (F \cup I)^+$" benötigt man neben den schon bekannten logischen Implikationen für funktionale Abhängigkeiten allein und für Enthaltenseinsabhängigkeiten allein auch logische Implikationen für das Zusammenwirken dieser beiden Arten von Abhängigkeiten. Zwei Beispiele dafür werden im folgenden Satz vorgestellt.

Satz 15.12 [Korrektheit von F-I-Rückschluß, F-I-Vereinigung]

Die folgenden Implikationen sind für die Klasse der funktionalen Abhängigkeiten und Enthaltenseinsabhängigkeiten korrekt:

[*F-I-Rückschluß*] $\{\ \pi_{V \cup W}(R_i) \subset \pi_{X \cup Y}(R_j),\ X \twoheadrightarrow Y\ \}$ impliziert $V \twoheadrightarrow W$,
für $\|\,V\,\| = \|\,X\,\|$ und $\|W\,\| = \|\,Y\,\|$.

[*F-I-Vereinigung*] $\{\ \pi_{U \cup V}(R_i) \subset \pi_{X \cup Y}(R_j),\ \pi_{U \cup W}(R_i) \subset \pi_{X \cup Z}(R_j),\ X \twoheadrightarrow Y\ \}$
impliziert $\pi_{U \cup V \cup W}(R_i) \subset \pi_{X \cup Y \cup Z}(R_j)$,

für $\|\,U\,\| = \|\,X\,\|$, $\|\,V\,\| = \|\,Y\,\|$ und $\|\,W\,\| = \|\,Z\,\|$.

Beweis: *zu F-I-Rückschluß:* Diese Implikation ist der allgemeine Fall des schon im obigen Beispiel unter 1. behandelten Spezialfalles. Der dort gegebene Beweis kann unmittelbar auf den allgemeinen Fall übertragen werden.

zu F-I-Vereinigung: Wir bemerken zunächst, daß gemäß F-I-Rückschluß die vorausgesetzten Abhängigkeiten auch die funktionale Abhängigkeit $U \twoheadrightarrow V$ implizieren. Sei dann $f = (r_1,...,r_n)$ eine Ausprägung, in der die drei vorausgesetzten Abhängigkeiten und damit auch $U \twoheadrightarrow V$ gültig sind. Wir betrachten dann

$$s_i := \pi_{U \cup V \cup W}(r_i) \quad \text{und} \quad s_j := \pi_{X \cup Y \cup Z}(r_j).$$

Dann folgt:

$s_i = \pi_{U \cup V}(s_i) \bowtie \pi_{U \cup W}(s_i)$ weil $U \twoheadrightarrow V$ auch in s_i gültig ist

$\subset \pi_{X \cup Y}(s_j) \bowtie \pi_{X \cup Z}(s_j)$ weil die Enthaltenseinsabhängigkeiten
$\pi_{U \cup V}(R_i) \subset \pi_{X \cup Y}(R_j)$ und $\pi_{U \cup W}(R_i) \subset \pi_{X \cup Z}(R_j)$ die entsprechenden Inklusionen auch bezüglich s_i und s_j bewirken und weil der Verbund monoton ist

$= s_j$ weil $X \twoheadrightarrow Y$ auch in s_j gültig ist.   ∎

In unseren bisherigen Betrachtungen über funktionale Abhängigkeiten und Enthaltenseinsabhängigkeiten spielen Schlüssel eine besondere Rolle. Zum einen führten unsere Formalisierungen der Entwurfsheuristik "Trennung von Gesichtspunkten" zu Normalformen von Relationenschemas, deren Struktur im wesentlichen bereits durch ihre *Schlüssel*, am besten durch einen eindeutigen Schlüssel vollständig (bezüglich der funktionalen Abhängigkeiten) bestimmt sind. Zum anderen bemerkten wir bei der Einführung von Enthaltenseinsabhängigkeiten, daß diese hauptsächlich dazu dienen, Verbindungen zwischen dem Vorkommen von Seiende identifizierenden Attributwerten in verschiedenen Relationen auszudrücken. Dies bedeutet syntaktisch insbesondere, daß in einer solchen Enthaltenseinsabhängigkeit $\pi_X(R_i) \subset \pi_Y(R_j)$ die Attributmenge Y ein *Schlüssel* in R_j ist. Ausgehend von solchen Beobachtungen kann man nun versuchen, die bislang vorgestellten Begriffe einer Normalform weiter zu verfeinern. Ein Ansatz dazu wäre zum Beispiel, daß man zusätzlich von allen bezüglich der Attributmengen X bzw. Y maximalen Enthaltenseinsabhängigkeiten der Form $\pi_X(R_i) \subset \pi_Y(R_j)$ fordert, daß Y ein Schlüssel ist. Dann können alle bei der Änderung einer Instanz vorzunehmenden Überprüfungen von semantischen Bedingungen ausschließlich durch Zugriffe auf Schlüsselwerte durchgeführt werden. Wenn man wie üblich für die Schlüsselwerte jeweils noch Zugriffsstrukturen wie B*-Bäume oder Hash-Verfahren unterhält, so sind diese Überprüfungen besonders effizient ausführbar.

15.7 Hypergraphen

Wir betrachten weiterhin den Fall, daß mehrere Relationenschemas zu einem
Datenbankschema zusammengefaßt werden, und untersuchen nun den Hypergraphen, der
durch die Attributmengen der Relationenschemas gebildet wird. Zur Vereinfachung
vernachlässigen wir zunächst die semantischen Bedingungen. Genauer betrachten wir in
diesem Abschnitt ein Datenbankschema

$$RS \;=\; < <R_1 \mid X_1 \mid >,...,<R_n \mid X_n \mid > \mid \mid \; > \text{ mit}$$

R_i Relationensymbol,
X_i Menge von Attributen, wobei die X_i paarweise verschieden seien.

Ferner sei

$$U := \bigcup_{i=1,...,n} X_i \qquad \text{die Menge aller in RS vereinbarten Attribute.}$$

Das Datenbankschema RS kann man dann durch einen (relationalen) *Hypergraphen*
RG= (U,H) darstellen mit

Knotenmenge   U   und
Hyperkantenmenge $H := \{X_1,...,X_n\}$.

Bild 15.14 weiter unten zeigt ein Beispiel. Ein Datenbankschema RS ohne semantische
Bedingungen und sein Hypergraph RG sind im wesentlichen (nämlich abgesehen von
den Relationensymbolen R_i, die man als "Namen" der Attributmengen X_i ansehen kann)
zwei verschiedene Schreibweisen des gleichen Sachverhaltes. Deshalb werden wir im
folgenden oft RS mit RG identifizieren.

In Kapitel 8 haben wir bereits die Bedeutung dieses Hypergraphen für die Formalisierung
eines zunächst umgangssprachlich ausgedrückten Anfragewunsches kennengelernt: für
Zusammenhänge zwischen den im Anfragewunsch vorkommenden Begriffen müssen
formale Entsprechungen *als Pfade* im Hypergraphen gefunden werden. Im einfachsten
Fall bestimmt dann solch ein Pfad, etwa $X_{i1},...,X_{im}$ mit $X_{ij} \cap X_{i(j+1)} \neq \emptyset$, schon den
gesuchten Verbundausdruck, nämlich $R_{i1} \bowtie ... \bowtie R_{im}$. Dies setzt aber voraus, daß die
benötigten Verbindungen zwischen den Relationensymbolen bereits im
Datenbankschema durch passende Durchschnitte der Attributmengen angelegt sind. Oder
anders ausgedrückt: die Wahl der Attributmengen im Datenbankschema und damit die
Wahl der Durchschnitte begünstigt die Formalisierung mancher Anfragewünsche,
während andere (wie die Beispiele in Kapitel 8 zeigen) Umbenennungen von Attributen
oder weitergehende Sprachkonstrukte verlangen.

Diese Beobachtungen und die in der Einleitung zu diesem Kapitel genannte Forderung
nach einem eindeutigen Verständnis von als grundlegend ausgezeichneten Beziehungen
kann man zu einer weiteren *Entwurfsheuristik* zusammenfassen, die sich auf die
Bedeutung von Attributen in Basisrelationen und von bei der Formalisierung von
Anfragewünschen gebildeten *Attributmengen* bezieht.
* *[Eindeutiges Verständnis von Gesichtspunkten]*
   Bedeutsame Gesichtspunkte sollen über ihre als Attribute formalisierten Bestandteile
   eindeutig verstanden werden.

Um dieser Eindeutigkeitsheuristik zu folgen, kann man versuchen, die Attribute $A \in U$ und ihre Gruppierung zu Relationenschemas $< | X_i | >$ so zu wählen, daß sie den folgenden, aufeinander aufbauenden Annahmen möglichst weitgehend genügen.

- *Universalrelation-Schema-Annahme (universal relation scheme assumption), URSA:*
  Jedes Attribut $A \in U$ hat genau eine Bedeutung bezüglich der Modellierung des Anwendungsfalles, die unabhängig ist vom Vorkommen des Attributes in möglicherweise mehreren Relationenschemas. Dabei werden insbesondere schon durch die (Namen der) Attribute die Rollen von Seienden oder Eigenschaften in Beziehungen eindeutig (sprachlich) unterschieden. Diese Annahme kann man auch so ausdrücken, daß allein durch die Angabe der vereinbarten Attribute $A \in U$ mitsamt ihrer (eindeutigen, vom Vorkommen in Relationenschemas unabhängigen) Bedeutung ein Verständnis des modellierten "Unternehmens" möglich ist.

Ist diese Annahme erfüllt, so kann man U als die Attributmenge eines sogenannten *Universalrelation-Schemas* $< | U | >$ ansehen, das man den vorgesehenen Benutzern anstelle des vollen Datenbankschemas RS zeigen kann.

- *Basiszusammenhang-Annahme (basic connection assumption), BCA:*
  Für die vorgesehenen Benutzer kann man davon ausgehen, daß sie jeder Attributmenge $X \subset U$
    genau eine Bedeutung (nämlich die gemäß URSA eindeutig bestimmte), falls
    $X = \{A\}$ für $A \in U$, und
    genau einen Zusammenhang zwischen den durch die Attribute bezeichneten Gegebenheiten, falls $\| X \| > 1$,
  (vorrangig) zuordnen.

Ist auch diese Annahme erfüllt, so können die vorgesehenen Benutzer einen Anfragewunsch, der sich auf die (vorrangig) zugeordnete Bedeutung eines einzelnen Attributes oder auf den (vorrangig) zugeordneten Zusammenhang zwischen Attributen bezieht, zumindest grundsätzlich dadurch ausdrücken, daß sie einfach die betreffenden Attribute nennen. Denn dann ist eine automatische Übersetzung eines derart verkürzt ausgedrückten Anfragewunsches in einen Ausdruck der Relationenalgebra zum gewählten Datenbankschema RS möglich.

- *Ein-Geschmack-Annahme (one flavor assumption), OFA:*
  Für die vorgesehenen Benutzer und eine vorgesehene automatische Übersetzung von Attributmengen X (denen gemäß BCA genau eine Bedeutung bzw. genau ein Zusammenhang zugeordnet wird) in einen relationen Ausdruck kann man davon ausgehen, daß für jede Attributmenge X und jede Ausprägung $(r_1,...,r_n)$ gilt:
  einem durch die automatische Übersetzung gelieferten Ergebnistupel kann unabhängig von der (für die Benutzer verdeckten) Art der tatsächlichen Erzeugung eine eindeutig bestimmte Bedeutung zugeordnet werden.

Diese Annahmen sind offensichtlich nicht von rein formaler Natur (also nicht nur anhand des Datenbankschemas RS bzw. des Hypergraphen $(U, \{X_1,...,X_n\})$ zu entscheiden), sondern beziehen sich auf Bedeutungen von formalen Konstrukten (müssen also wesentlich inhaltlich in Bezug auf die Ebene der Modellierung bewertet werden).

Insbesondere unterliegen diesen Annahmen weittragende Entwurfsentscheidungen, nämlich welche Benutzer (vorrangig) bedient werden sollen und welche automatischen Übersetzungen man vorsehen will. Bezüglich der zweiten Entscheidung werden wir in Kapitel 16 zwei Ansätze kurz vorstellen und dabei auch die obigen Annahmen weiter erörtern. Trotz dieser Vorbehalte kann man jedoch versuchen, allein aus der Struktur des Hypergraphen bereits schon Hinweise abzuleiten, ob man die Annahmen näherungsweise erfüllen kann.

Wir betrachten zunächst die Figuren aus Bild 15.12 und Bild 15.13, deren Auftreten im Hypergraphen RG = (U,H) wahrscheinlich mit Schwierigkeiten behaftet ist:

- Ein *purer Zyklus* der Länge m ≥ 3 hat die Form

  $(Y_1,...,Y_m,Y_{m+1})$ mit $Y_i \in H$ und $Y_1 = Y_{m+1}$, $Y_i \cap Y_{i+1} \neq \emptyset$ für $1 \leq i \leq m$, so daß für je drei verschiedene $i, j, k \in \{1,...,m\}$ $Y_i \cap Y_j \cap Y_k = \emptyset$ gilt.

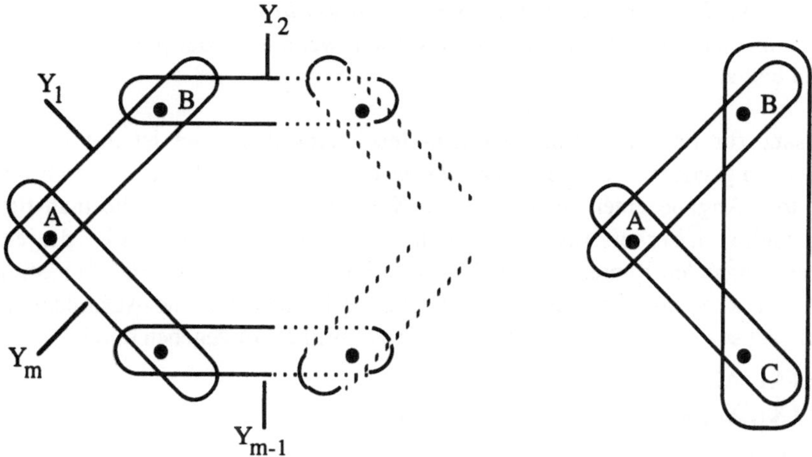

Bild 15.12 Ein purer Zyklus der Länge m, sowie speziell für m=3

In Bild 15.12 gibt es für die Attributmenge $X := \{A, B\}$ zwei A und B verbindende Pfade: zum einen $Y_1 \supset X$ und zum anderen $Y_2,...,Y_m$. Im allgemeinen kann man erwarten, daß diese beiden Pfade verschiedene Zusammenhänge formalisieren.

- Ein γ- *Zyklus* hat die Form (Y_1, Y_2, Y_3) mit $Y_i \in H$ und

  $(Y_1 \cap Y_3) \setminus Y_2 \neq \emptyset$, $(Y_2 \cap Y_3) \setminus Y_1 \neq \emptyset$ und $Y_1 \cap Y_2 \cap Y_3 \neq \emptyset$.

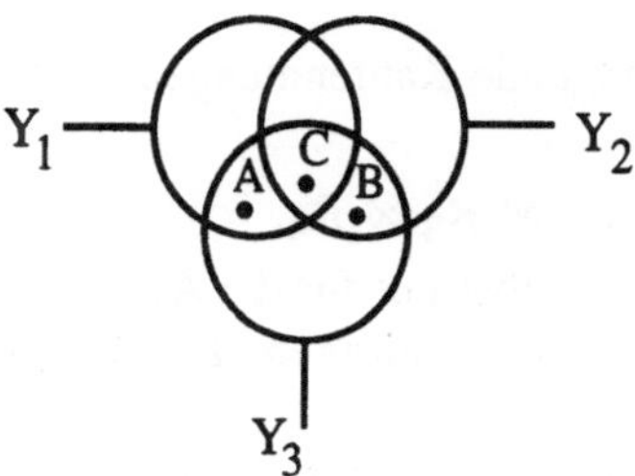

Bild 15.13 Ein γ - Zyklus

In Bild 15.13 gibt es für die Attributmenge $X = \{A, B\}$ wieder zwei A und B verbindende Pfade: zum einen $Y_3 \supset X$ und zum anderen Y_1, Y_2. Im allgemeinen wird man wieder erwarten, daß diese beiden Pfade verschiedene Zusammenhänge formalisieren.

Enthält ein Datenbankschema also einen puren Zyklus oder einen γ - Zyklus, so erscheint es der Entwurfsheuristik "Eindeutiges Verständnis von Gesichtspunkten" schwerlich voll entsprechen zu können. Für den anderen Fall, d.h. wenn weder pure Zykel noch γ - Zykel vorkommen, werden wir im folgenden einige Aussagen zusammenstellen, die belegen, daß dann für das Datenbankschema eine Reihe von wünschenswerten Eigenschaften gelten, die auf eine Erfüllbarkeit der Annahmen zur Eindeutigkeitsheuristik hinweisen. Diesen wünschenswerten Fall benennen wir zunächst wie folgt:

Definition 15.7 [γ - azyklisches   Datenbankschema]
   Ein Datenbankschema RS heißt γ - *azyklisch*, wenn es weder pure Zykel noch γ - Zykel enthält.

Ein Ansatz zur Formalisierung der Ein-Geschmack-Annahme ist durch folgende Überlegungen gegeben. Wenn ein vorgesehener Benutzer seinen Anfragewunsch verkürzt allein durch Angabe einer Attributmenge $X \subset U$ ausdrückt, so sollte man für eine automatische   Übersetzung   in   einen   relationalen   Ausdruck   diejenigen zusammenhängenden Kantenmengen $E \subset H$ im Hypergraphen $RG = (U, H)$ bestimmen, die X überdecken, d.h. $X \subset \bigcup E$, und die entsprechenden Verbund-Ausdrücke bilden. Zum Beispiel sei der Hypergraph $RG = (U, H)$ aus Bild 15.14 gegeben durch

$U = \{A1, A2, A3, A4, A5, A6, A7\}$ und
$H = \{X_1, X_2, X_3, X_4\}$ mit

$X_1 = \{A1, A2, A3\}$,
$X_2 = \{A3, A4, A5\}$,
$X_3 = \{A3, A4, A6\}$,
$X_4 = \{A6, A7\}$,

und der Anfragewunsch werde ausgedrückt durch $X = \{A2, A3, A4\}$.
Dann sind

$E_1 = \{X_1, X_2\}$,
$E_2 = \{X_1, X_3\}$,
$E_3 = \{X_1, X_3, X_4\}$

X überdeckende, zusammenhängende Kantenmengen in RG, und die entsprechenden Verbund-Ausdrücke lauten

$R_1 \bowtie R_2$, $R_1 \bowtie R_3$, $R_1 \bowtie R_3 \bowtie R_4$.

Da der vorgesehene Benutzer sich aber nur für die Attribute aus X interessiert, müssen wir noch eine Projektion nach X hinzufügen. Im Beispiel erhalten wir dann die Projektion-Verbund-Ausdrücke

$\pi_{\{A2,A3,A4\}} (R_1 \bowtie R_2)$, $\pi_{\{A2,A3,A4\}} (R_1 \bowtie R_3)$, $\pi_{\{A2,A3,A4\}} (R_1 \bowtie R_3 \bowtie R_4)$.

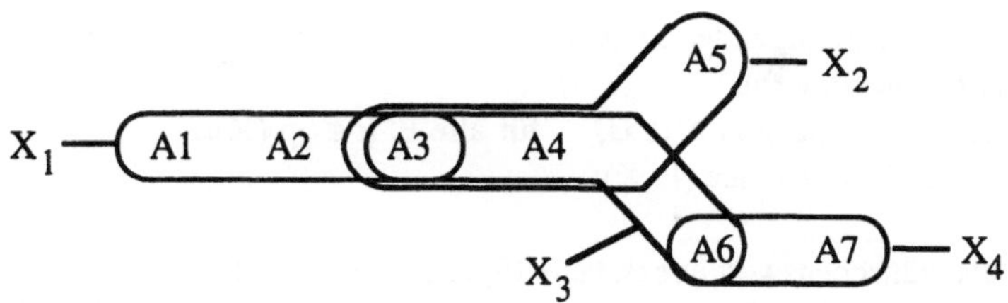

Bild 15.14 Ein Hypergraph mit Hyperkanten X_1, X_2, X_3 und X_4

Im allgemeinen gibt es zur Attributmenge X mehrere überdeckende, zusammenhängende Kantenmengen. Von diesen brauchen wir nur die unverkürzbaren zu berücksichtigen, weil diese bei der Auswertung der Projektion-Verbund-Ausdrücke schon alle überhaupt auftretenden Tupel liefern. Aber auch von den unverkürzbaren Kantenmengen kann es noch mehrere geben, wie das Beispiel zeigt. Die Ein-Geschmack-Annahme, nämlich daß der vorgesehene Benutzer einem durch eine automatische Übersetzung gelieferten Ergebnistupel eine eindeutig bestimmte Bedeutung zuordnen kann, fassen wir nun so auf, daß die Bedeutung unabhängig davon ist, durch welchen der möglichen Projektion-Verbund-Ausdrücke das Tupel tatsächlich erzeugt wurde. Dieses kann man unter der Basiszusammenhang-Annahme dadurch erreichen, daß alle möglichen Projektion-Verbund-Ausdrücke in ihren sie *wesentlich* bestimmenden Attributmengen übereinstimmen: wesentlich sind dabei solche Attributmengen, die aus den beteiligten Kanten X_i durch Entfernen derjenigen Attribute entstehen, die weder für die abschließende Projektion nach X noch als Verbundattribut benötigt werden. Im obigen Beispiel erhält man folgende wesentlichen Attributmengen:

für $\pi_{\{A2,A3,A4\}}$ $(R_1 \bowtie R_2)$ die Attributmengen $\{A2, A3\}$, $\{A3, A4\}$ und

für $\pi_{\{A2,A3,A4\}}$ $(R_1 \bowtie R_3)$ ebenfalls die Attributmengen $\{A2, A3\}$, $\{A3, A4\}$,

d.h. die wesentlichen Attributmengen stimmen überein. Wir fassen diese Überlegungen nun zu genauen Definitionen zusammen.

Definition 15.8 [Datenbankschema mit wesentlich eindeutigen Verbundmengen]

Sei $RG = (U, H)$ der dem Datenbankschema RS zugeordnete Hypergraph.

1. Eine Kantenmenge $E \subset H$ heißt *zusammenhängend*, wenn je zwei Kanten X_i, $X_j \in E$ in E durch einen Pfad miteinander verbunden sind.
    RS heißt *zusammenhängend*, wenn H selbst zusammenhängend ist.

2. Eine Kantenmenge $E = \{X_{i1},...,X_{im}\} \subset H$ *überdeckt* eine Attributmenge $X \subset U$, wenn $X \subset X_{i1} \cup ... \cup X_{im}$.

3. Für $X \subset U$ sei
    $jp\,(X) := \{ E \mid E \subset H,\ E\ \text{zusammenhängend},\ E\ \text{überdeckt}\ X;$
    $\qquad\qquad E\ \text{ist (bezüglich der erstgenannten Eigenschaften) unverkürzbar} \}$
    die *Verbundmenge* (join paths) von X.

4. Für eine Kantenmenge $E \subset H$ und eine Attributmenge $X \subset U$ sei
    $\text{essence}\,(E, X) := \{X_i \cap (X \cup \bigcup_{X_j \in E, X_i \neq X_j} X_j) \mid X_i \in E\}$
    das *Wesentliche* (essence) von E und X.

5. Ein zusammenhängendes Datenbankschema RS besitzt *wesentlich eindeutige Verbundmengen*, wenn
   für alle Attributmengen $X \subset U$,   für alle $E, F \in jp\,(X)$:
   essence (E, X) = essence (F, X).

Die nächste als wünschenswert angesehene Eigenschaft bezieht sich auf die Optimierung des Verbund-Ausdruckes $R_1 \bowtie ... \bowtie R_n$, den man etwa unter der Ein-Geschmack-Annahme für einen durch die Attributmenge U ausgedrückten Anfragewunsch auswerten muß. Bei einer schrittweisen Auswertung möchte man verhindern, daß zunächst durch die aggregierende und damit vergrößernde Wirkung des natürlichen Verbundes in Zwischenergebnissen Tupel erzeugt werden, die später durch die aussondernde und damit verkleinernde Wirkung des natürlichen Verbundes keinen Beitrag zum Endergebnis liefern. Dazu muß man natürlich insbesondere die Bildung kartesischer Produkte vermeiden. Oder anders ausgedrückt: man möchte erreichen, daß für jedes zu bildende Zwischenergebnis die beiden Operanden eine nichtleere Menge von Verbundattributen besitzen und vollständig verbindbar sind. Das letztere Teilziel ist allerdings nicht unabhängig von der vorliegenden Instanz $f = (r_1,...,r_n)$:

- Ist f etwa durch Projektion einer sogenannten Universalrelation r mit dom r = U auf die Attributmengen X_i entstanden, d.h. $r_i = \pi_{X_i}(r)$ für $i = 1,...,n$, so gilt wegen der grundlegenden Eigenschaft $r \subset \pi_{X_1}(r) \bowtie ... \bowtie \pi_{X_n}(r)$, daß für jedes Tupel aus einem r_i passende Tupel in den anderen Relationen vorhanden sind.

- Sind die gespeicherten Relationen r_i dagegen noch nicht einmal paarweise vollständig verbindbar, so kann man im allgemeinen nicht erwarten, daß alle Zwischenergebnisse vollständig verbindbar sind.

Im folgenden werden wir deshalb das Ziel nur für Instanzen mit paarweise vollständig verbindbaren Relationen anstreben. Offensichtlich liegt der bestmögliche Fall dann vor, wenn sogar *alle* schrittweisen Auswertungen für solche Instanzen das Ziel erreichen.

Beispiel: Sei RS ein Datenbankschema mit Attributmengen $X_1 := \{A, B, C\}$, $X_2 := \{B, C, D\}$, $X_3 := \{C, D, E\}$, dessen Hypergraph in Bild 15.15a dargestellt ist. Und es liege die in Bild 15.15b gezeigte Instanz $f = (r_1, r_2, r_3)$ vor.

Wertet man den Verbund-Ausdruck $R_1 \bowtie R_2 \bowtie R_3$
entsprechend der Klammerung $(R_1 \bowtie R_2) \bowtie R_3$,   bzw.
entsprechend dem Syntaxbaum

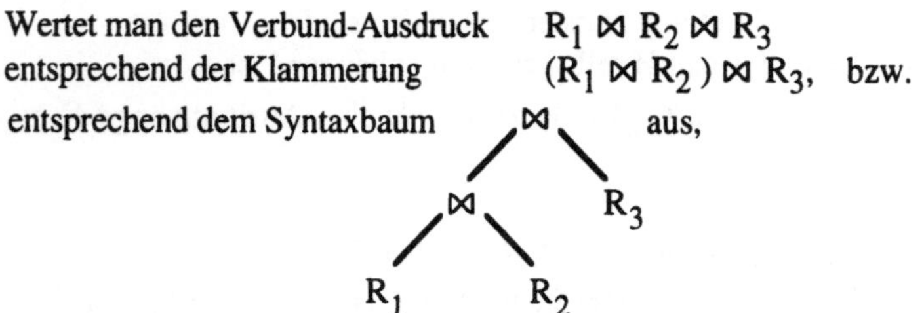

so erhält man als Zwischenergebnis die in Bild 15.15c angegebene Relation $r_1 \bowtie r_2$ und das Endergebnis $(r_1 \bowtie r_2) \bowtie r_3$ ergibt sich wie in Bild 15.15e.

Wertet man jedoch entsprechend der Klammerung $(R_1 \bowtie R_3) \bowtie R_2$,   bzw.

entsprechend dem Syntaxbaum 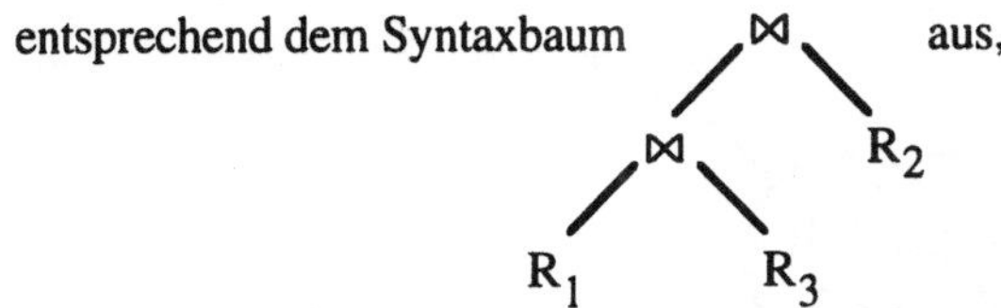 aus,

so erhält man als Zwischenergebnis für $r_1 \bowtie r_3$ die in Bild 15.15d angegebene Relation mit zehn Tupeln. Verbindet man dann dieses Zwischenergebnis mit r_2, so werden die sechs Tupel des Endergebnisses ausgesondert. Es liegt also *nicht* der bestmögliche Fall vor. Wir werden sehen, daß dies durch den von (X_1, X_2, X_3) gebildeten γ - Zyklus verursacht wird.

Wir fassen diese Überlegungen wieder zu genauen Definitionen zusammen.

Definition 15.9 [Monotones Datenbankschema]

Sei RS ein zusammenhängendes Datenbankschema.

1. Eine *Verbund-Klammerung*, bzw. ein *Verbund-Baum* zu RS ist ein binärer Syntaxbaum für $\bowtie_{i=1,\dots,n} R_i$ (dessen Blätter also mit $R_1,\dots,R_n$ und dessen innere Knoten mit dem Operationszeichen $\bowtie$ markiert sind).

2. Der *Definitionsbereich* dom : $K \to \wp\, U$ eines Verbund-Baumes mit Knotenmenge K ist induktiv wie folgt definiert:

$$
\mathrm{dom}\,(k) := \begin{cases} X_i & \text{falls } k \in K \text{ das mit } R_i \\ & \text{markierte Blatt ist} \\ \mathrm{dom}\,(k_1) \cup \mathrm{dom}\,(k_2) & \text{falls } k \in K \text{ ein innerer Knoten} \\ & \text{mit Nachfolgerknoten } k_1 \text{ und } k_2 \text{ ist} \end{cases}
$$

3. Ein Verbund-Baum mit Knotenmenge K heißt *nichtkartesisch*, falls für alle inneren Knoten $k \in K$ mit Nachfolgerknoten k_1 und k_2 gilt :
   $$\mathrm{dom}\,(k_1) \cap \mathrm{dom}\,(k_2) \neq \emptyset.$$

4. Die (bottom-up) *Auswertung* eval eines Verbund-Baumes mit Knotenmenge K für eine Instanz $f = (r_1,\dots,r_n)$ ist induktiv wie folgt definiert:

$$
\mathrm{eval}\,(k)\,(f) := \begin{cases} r_i & \text{falls } k \in K \text{ das mit } R_i \\ & \text{markierte Blatt ist} \\ \mathrm{eval}\,(k_1)\,(f) \bowtie \mathrm{eval}\,(k_2)\,(f) & \text{falls } k \in K \text{ ein innerer Knoten} \\ & \text{mit Nachfolgerknoten } k_1 \text{ und } k_2 \text{ ist} \end{cases}
$$

   Offensichtlich gilt: dom (k) = dom eval $(k)(f)$.

5. Ein Verbund-Baum mit Knotenmenge K heißt *monoton*, falls für alle Instanzen $f = (r_1,\dots,r_n)$ mit paarweise vollständig verbindbaren Relationen r_i gilt:
   für alle inneren Knoten $k \in K$ mit Nachfolgerknoten k_1 und k_2 gilt:
   eval $(k_1)\,(f)$ und eval $(k_2)\,(f)$ sind vollständig verbindbar.

6. Das Datenbankschema RS heißt *monoton*,
   falls alle nichtkartesischen Verbund-Bäume zu RS monoton sind.

Der folgende Satz zeigt, daß im letzten Teil der Definition die Beschränkung auf nichtkartesische Verbund-Bäume notwendig ist.

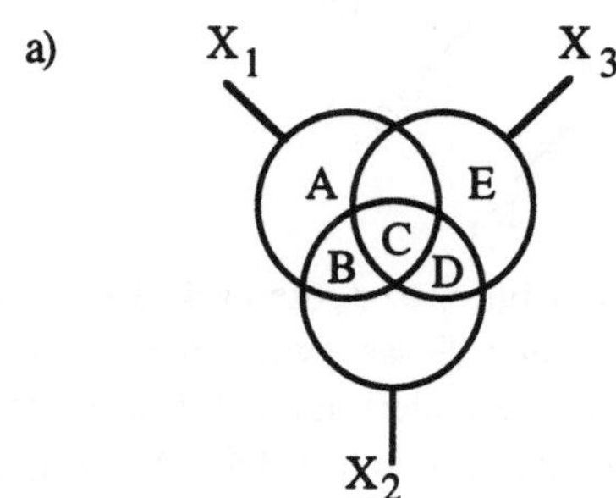

b)

r_1	A	B	C
	1	3	5
	1	4	5
	2	3	5
	2	4	6

r_2	B	C	D
	3	5	7
	4	5	8
	3	5	9
	4	6	8

r_3	C	D	E
	5	7	10
	5	8	10
	5	9	11
	6	8	11

c)

$r_1 \bowtie r_2$	A	B	C	D
	1	3	5	7
	1	3	5	9
	1	4	5	8
	2	3	5	7
	2	3	5	9
	2	4	6	8

d)

$r_1 \bowtie r_3$	A	B	C	D	E
	1	3	5	7	10
	1	3	5	8	10
	1	3	5	9	11
	1	4	5	7	10
	1	4	5	8	10
	1	4	5	9	11
	2	3	5	7	10
	2	3	5	8	10
	2	3	5	9	11
	2	4	6	8	11

e)

$(r_1 \bowtie r_2) \bowtie r_3$	A	B	C	D	E
	1	3	5	7	10
	1	3	5	9	11
	1	4	5	8	10
	2	3	5	7	10
	2	3	5	9	11
	2	4	6	8	11

Bild 15.15 Ein nicht monotones Datenbankschema:

a) Hypergraph bildet γ - Zyklus

b) eine Instanz f = (r_1, r_2, r_3)

c) Zwischenergebnis $r_1 \bowtie r_2$ zur Instanz f

d) Zwischenergebnis $r_1 \bowtie r_3$ zur Instanz f

e) Ergebnis $(r_1 \bowtie r_2) \bowtie r_3 = (r_1 \bowtie r_3) \bowtie r_2$ zur Instanz f

Satz 15.13 [monotone Verbund-Bäume]

Sei RS ein zusammenhängendes Datenbankschema. Dann ist jeder monotone Verbund-Baum nichtkartesisch.

Beweis (in Kontraposition):

Sei ein Verbund-Baum zu RS mit Knotenmenge K gegeben, der einen inneren Knoten k $\in$ K mit Nachfolgerknoten k_1 und k_2 besitzt derart, daß

(1) dom $(k_1) \cap$ dom $(k_2) = \emptyset$.

Wir betrachten dann die Relation $r = \{\mu0, \mu1\}$ mit dom $r = U$ und

(2) $\mu0$ (A) := 0 für alle A $\in$ U,

$\quad\ \mu1$ (A) := 1 für alle A $\in$ U,

und wir bilden aus den Projektionen

(3) $r_i := \pi_{X_i}$ (r)

die Instanz $f = (r_1,...,r_n)$, die offensichtlich aus paarweise vollständig verbindbaren Relationen besteht. Nach Konstruktion gilt dann

$\quad \{\mu0 \lceil$ dom (k_1), $\mu1 \lceil$ dom $(k_1)\} \subset$ eval (k_1) (f) und

$\quad \{\mu0 \lceil$ dom (k_2), $\mu1 \lceil$ dom $(k_2)\} \subset$ eval (k_2) (f).

Wegen (1) ist eval (k) (f) das kartesische Produkt von eval (k_1) (f) und eval (k_2) (f), d.h. es gilt:

$\quad \{\mu0 \lceil$ dom $(k_1) \cup \mu0 \lceil$ dom (k_2),

$\quad \{\mu0 \lceil$ dom $(k_1) \cup \mu1 \lceil$ dom (k_2),

(4) $\{\mu1 \lceil$ dom $(k_1) \cup \mu0 \lceil$ dom (k_2),

$\quad \{\mu1 \lceil$ dom $(k_1) \cup \mu1 \lceil$ dom $(k_2)\} \subset$ eval (k) (f).

Andererseits aber zeigen wir unten, daß für den Wurzelknoten k_w des Baumes gilt:

(5) eval (k_w) (f) := $\bowtie_{i=1,...,n} r_i = \{\mu0, \mu1\}$.

Also werden aus dem gemäß (4) mindestens 4-elementigen Zwischenergebnis eval (k) (f) bei der weiteren Auswertung alle bis auf zwei Tupel wieder herausgefiltert. Dies bedeutet, daß für einen Knoten oberhalb von k die Auswertungen zu dessen Nachfolgerknoten nicht vollständig verbindbar sind. Damit ist der Verbund-Baum nicht monoton. Um (5) zu zeigen, brauchen wir wegen der grundlegenden Eigenschaften des natürlichen Verbundes nur die Inklusion "$\subset$" nachzuprüfen. Sei dazu

(6) $v \in \bowtie_{i=1,...,n} r_i$ mit $v = v_1 \cup ... \cup v_n$ und

(7) $v_i = \eta_i \lceil X_i \in \pi_{X_i}$ (r) $= r_i$ für geeignete $\eta_i \in$ r.

Dann gilt:

(8) $\eta_i = \mu0$ für alle i = 1,...,n oder $\eta_i = \mu1$ für alle i = 1,...,n.

Denn für i $\neq$ j sind X_i und X_j im Hypergraphen durch einen Pfad verbunden, dessen jeweils aufeinanderfolgende Hyperkanten X_k, X_{k+1} einen nichtleeren Durchschnitt haben: auf den Attributen dieses Durchschnittes müssen η_k und η_{k+1} gemäß (6) und (7) übereinstimmen, und deshalb gilt gemäß (2) $\eta_k = \eta_{k+1}$; also folgt insgesamt $\eta_i = \eta_j$. (6), (7) und (8) zusammen besagen dann, daß $v = \mu0$ oder $v = \mu1$. ∎

Schließlich besprechen wir noch eine dritte als wünschenswert anzusehende Eigenschaft. Sei dazu

$$E = \{X_{i1},...,X_{im}\} \subset H$$

eine zusammenhängende Kantenmenge des Hypergraphen $RG = (U, H)$ und

$$\Phi \equiv R_{i1} \bowtie ... \bowtie R_{im}$$

der entsprechende Verbund-Ausdruck mit $\mathrm{dom}\ \Phi = X_{i1} \cup ... \cup X_{im}$. Sicherlich gilt $E \in \mathrm{jp}\ (\mathrm{dom}\ \Phi)$. Andererseits überdeckt auch die volle Kantenmenge H die Attributmenge $\mathrm{dom}\ \Phi$, aber falls $E \subset\neq H$ gilt, ist H nicht unverkürzbar. Wir haben weiter oben schon bemerkt, daß jedes beim vollen Projektion-Verbund-Ausdruck

$$\pi_{\mathrm{dom}\ \Phi}\ (R_1 \bowtie ... \bowtie R_n)$$

auftretende Tupel auch von $R_{i1} \bowtie ... \bowtie R_{im}$ geliefert wird, d.h. für alle Instanzen $f = (r_1,...,r_n)$ gilt:

(1) $\mathrm{eval}_{Al}\ (\pi_{X_{i1} \cup ... \cup X_{im}}\ (R_1 \bowtie ... \bowtie R_n))\ (f) \subset \mathrm{eval}_{Al}\ (R_{i1} \bowtie ... \bowtie Ri_m)\ (f)$

Man kann nun als wünschenswert ansehen, daß in (1) sogar die Gleichheit gilt. Dann nämlich ist folgendes sichergestellt: ein Benutzer, der nur den durch die Kantenmenge E definierten Ausschnitt der Datenbank sieht, verfügt bezüglich der in E vorkommenden Attribute über die volle in der gesamten Datenbank vorhandene Information, insbesondere "geht ihm nicht die Information verlustig", welche Tupel seines Ausschnittes denn auch im Verbund der gesamten Datenbank vorhanden sind. Diese Betrachtungsweise ist allerdings wieder nicht unabhängig von der vorliegenden Instanz f. Denn sind die gespeicherten Relationen nicht vollständig verbindbar, so wird man im allgemeinen nicht erwarten können, daß in (1) die Gleichheit gilt. Im folgenden werden wir deshalb nur durch Projektion einer Universalrelation r entstandene Instanzen berücksichtigen.

Beispiel [Fortsetzung]: Im obigen Beispiel ist die dort im Bild 15.15 angegebene Instanz $f = (r_1, r_2, r_3)$ durch Projektion einer Universalrelation r entstanden, nämlich aus $r := r_1 \bowtie r_2 \bowtie r_3$. Für diese Instanz und für die zusammenhängende Kantenmenge $E := \{X_1, X_3\}$ mit entsprechendem Verbund-Ausdruck $\Phi \equiv R_1 \bowtie R_3$ gilt:

$$\mathrm{eval}_{Al}\ (\pi_{X_1 \cup X_3}\ (R_1 \bowtie R_2 \bowtie R_3))\ (f)$$
$$= r_1 \bowtie r_2 \bowtie r_3$$
$$\subset\neq r_1 \bowtie r_3$$
$$= \mathrm{eval}_{Al}\ (R_1 \bowtie R_3)\ (f),$$

d.h. die gewünschte Eigenschaft ist *nicht* erfüllt.

Wir fassen diese Überlegungen wieder zu einer genauen Definition zusammen.

Definition 15.10 [Datenbankschema mit verlustlosen Projektionen]

Sei RS ein zusammenhängendes Datenbankschema mit Hypergraph $RG = (U, H)$. RS besitzt *verlustlose Projektionen*, falls

für alle zusammenhängenden Kantenmengen $E = \{X_{i1},...,X_{im}\} \subset H$,

für alle Relationen r mit $\mathrm{dom}\ r = U$ und $r = \bowtie_{i=1,...,n}\ \pi_{X_i}\ (r)$ gilt:

$$\mathrm{eval}_{Al}\ (\pi_{X_{i1} \cup ... \cup X_{im}}(R_1 \bowtie ... \bowtie R_n))\ (\pi_{X_1}\ (r),...,\pi_{X_n}(r))$$
$$= \mathrm{eval}_{Al}\ (R_{i1} \bowtie ... \bowtie Ri_m)\ (\pi_{X_1}(r),...,\pi_{X_n}(r))\ .$$

Diese Eigenschaft kann man auch mit Hilfe von Verbundabhängigkeiten ausdrücken.

Satz 15.13 [verlustlose Projektionen]

Sei RS ein zusammenhängendes Datenbankschema mit Hypergraph RG = (U, H). Dann sind äquivalent:

1. RS besitzt verlustlose Projektionen.
2. Die Verbundabhängigkeit $\bowtie [X_1,...,X_n]$ impliziert alle eingebetteten Verbundabhängigkeiten $\bowtie_{X_{i1} \cup ... \cup X_{im}} [X_{i1},...,X_{im}]$ für zusammenhängende Kantenmengen $\{X_{i1},...,X_{im}\} \subset H$.

Beweis:

Die Behauptung folgt unmittelbar aus den Definitionen. Sei nämlich $E = \{X_{i1},...,X_{im}\} \subset H$ eine zusammenhängende Kantenmenge und $X := X_{i1} \cup ... \cup X_{im}$. Dann gilt:

RS besitzt verlustlose Projektionen

gdw   für alle r mit dom r = U und $r = \bowtie_{i=1,...,n} \pi_{X_i} (r)$:

$$\pi_X (r) = \pi_{X_{i1}} (r) \bowtie ... \bowtie \pi_{X_{im}} (r)$$

gdw   für alle r mit dom r = U und $r = \bowtie_{i=1,...,n} \pi_{X_i} (r)$:

$$\pi_X (r) = \pi_{X_{i1}} (\pi_X (r)) \bowtie ... \bowtie \pi_{X_{im}} (\pi_X (r))$$

gdw   für alle r mit dom r = U:

    wenn $\bowtie [X_1,...,X_n]$ in r gültig ist,

    so ist $\bowtie [X_{i1},...,X_{im}]$ in $\pi_X (r)$ gültig

gdw $\bowtie [X_1,...,X_n]$ impliziert $\bowtie_X [X_{i1},...,X_{im}]$.   ∎

Satz 15.14 [Eigenschaften γ - azyklischer Datenbankschemas]

Sei RS ein zusammenhängendes Datenbankschema mit Hypergraph RG = (U, H). Dann sind folgende Eigenschaften äquivalent:

1. RS ist γ - azyklisch.
2. RS besitzt wesentlich eindeutige Verbundmengen.
3. RS ist monoton.
4. RS besitzt verlustlose Projektionen.

Beweis: Die technisch aufwendigen Beweise findet man in [Fa 83, BiBSK 86].   ∎

Der vorangehende Satz zeigt, daß die Eigenschaft der γ - Azyklizität unter verschiedenen Gesichtspunkten sehr wünschenswert ist. Andererseits ist sie aber auch so einschränkend, daß sie für größere Anwendungsfälle kaum für das gesamte Datenbankschema erreichbar ist. Dann kann man immer noch Teilschemas auf γ - Azyklizität hin betrachten. Ferner kann man nach geeigneten Abschwächungen der γ - Azyklizität suchen. Eine solche Abschwächung erhält man, indem man eine Charakterisierung von (einfachen) azyklischen Graphen (d.h. von ungerichteten Bäumen) auf Hypergraphen geeignet überträgt: streicht man in einem (einfachen) Graphen schrittweise solche Knoten, die nur noch in höchstens einer Kante vorkommen, und dann jeweils auch die zugehörige Kante, so ist der Graph azyklisch genau dann, wenn man alle Knoten und Kanten auf diese Weise entfernen kann. Anschaulich gesprochen kann man also einen azyklischen Graphen von seinen Rändern her "aufessen".

Definition 15.11 [α-azyklisches Datenbankschema]

Ein Datenbankschema RS mit Hypergraph RG = (U, H) heißt α - *azyklisch*, wenn das folgende Reduktionsverfahren GrYuOz (U, H)[2] den leeren Hypergraphen (∅, {∅}) liefert:

PROCEDURE   GrYuOz ((U, H) : Hypergraph) : Hypergraph;
REPEAT   wende eine der folgenden Regeln an:
        1. [streiche isolierte Knoten]
           IF   Knoten $A \in U$ in höchstens einer Hyperkante $X \in H$ vorkommt
           THEN $U := U \setminus \{A\}$; $X := X \setminus \{A\}$;
        2. [streiche überdeckte Hyperkanten]
           IF   Kanten $X_i \in H$, $X_j \in H$ und $X_i \subset X_j$
           THEN $H := H \setminus \{X_i\}$;
UNTIL   keine Streichungen mehr möglich;
RETURN (U, H);
END Gr YuOz;

Beispiele:

1. Wir betrachten in Bild 15.16 eine GrYuOz-Reduktion des Hypergraphen RG = (U,H) mit U = {A, B, C, D, E, F} und H = {AD, ABC, CEF}. Man kann zunächst die isolierten Knoten D, B, E und F streichen. Dann kann man die überdeckten Hyperkanten {A} und {C} streichen. Schließlich kann man die nunmehr isolierten Knoten A, C streichen. Also ist der Hypergraph α - azyklisch.

2. Im Hypergraphen aus Bild 15.17 kann man zunächst die isolierten Knoten D, E und F streichen. Da nunmehr keine Streichungen mehr möglich sind, ist der Hypergraph *nicht* α - azyklisch.

3. Im Hypergraphen aus Bild 15.18 kann man zunächst wieder die isolierten Knoten D, E und F streichen. Dann kann man die überdeckten Hyperkanten {A, B}, {B, C} und {A, C} streichen. Schließlich kann man die nunmehr isolierten Knoten A, B und C streichen. Also ist der Hypergraph α - azyklisch. Man beachte, daß entgegen der – in einfachen Graphen richtigen – Anschauung man aus einem nicht α - azyklischen Graphen (Beispiel 2) durch Hinzufügen einer Kante (im Beispiel {A,B,C}) einen α - azyklischen Graphen gewinnen kann.

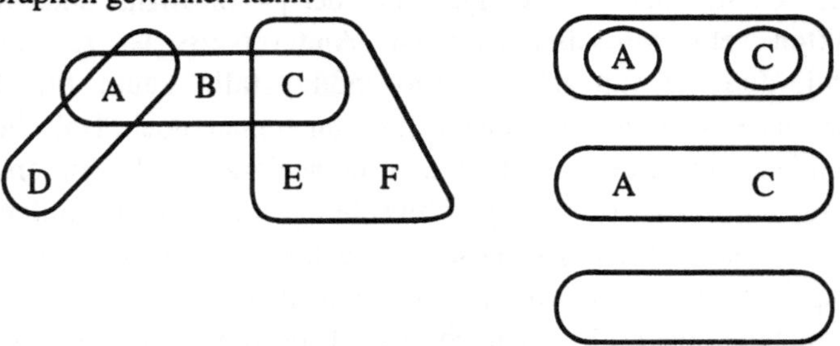

Bild 15.16 GrYuOz-Reduktion eines α-azyklischen Datenbankschemas

---

2 GrYuOz steht für die Urheber dieses Verfahrens: M.H. Graham, C.T. Yu und M.Z. Ozsoyoglu.

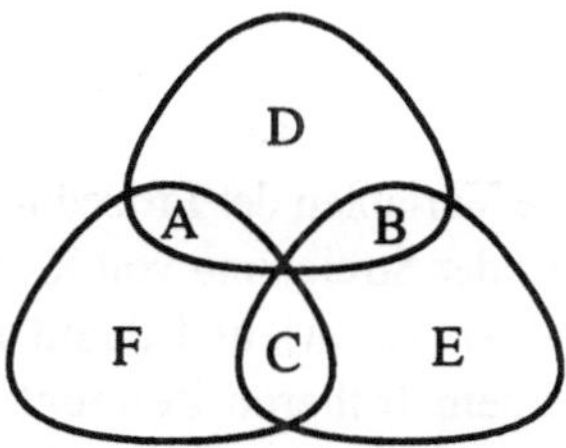
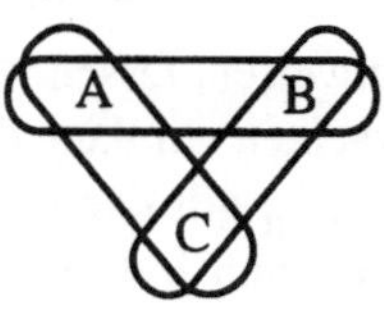

Bild 15.17 GrYuOz-Reduktion eines nicht α-azyklischen Datenbankschemas

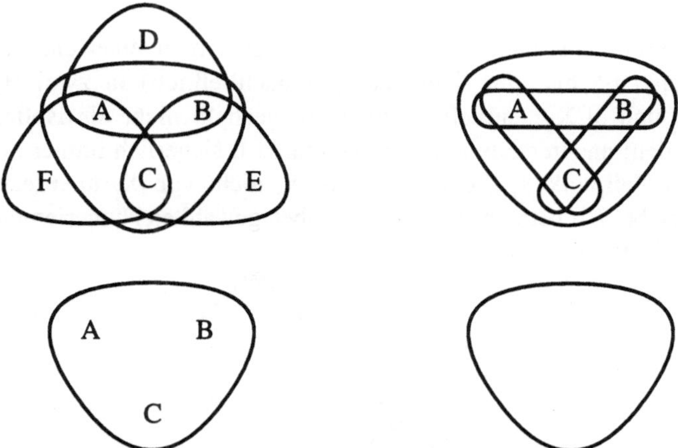

Bild 15.18 GrYuOz-Reduktion eines α-azyklischen Datenbankschemas

Satz 15.15 [Eigenschaften α - azyklischer Datenbankschemas]

Sei RS ein zusammenhängendes Datenbankschema mit Hypergraph RG = (U,H). Dann sind folgende Eigenschaften äquivalent:

1. RS ist α - azyklisch.
2. RS besitzt einen monotonen Verbund-Baum.
3. Jede Instanz $f = (r_1,...,r_n)$ mit paarweise vollständig verbindbaren Relationen ist vollständig verbindbar, d.h. f ist durch Projektion einer Universalrelation r mit $r_i = \pi_{X_i} (r)$ entstanden.
4. Die Menge der mehrwertigen Abhängigkeiten
   $\{X \twoheadrightarrow Y \mid X \cup Y \subset U,\ \bowtie [X_1,...,X_n]$ impliziert $X \twoheadrightarrow Y\}$
   impliziert die Verbundabhängigkeit $\bowtie [X_1,...,X_n]$.

Beweis:

"1. $\Rightarrow$ 2.": O.B.d.A. numerieren wir die Attributmengen des Relationenschemas derart um, daß ihre Numerierung die Reihenfolge der Kantenstreichungen bei einer Ausführung des Reduktionsverfahrens GrYuOz mit dem aktuellen Parameter (U,H) angibt, d.h. insbesondere ist X_1 die zuerst gestrichene Hyperkante und X_n die zuletzt übriggebliebene (durch Knotenstreichungen inzwischen entleerte) Hyperkante. Diese Numerierung hat folgende Eigenschaft:

Für alle $i=1,...,n-1$ gibt es ein $j > i$ mit

(1) $X_i \cap (X_{i+1} \cup ... \cup X_n) \subset X_j$.

Um dies nachzuweisen, fassen wir die X_k als lokale Variablen der Prozedur GrYuOz auf. Für jedes i betrachten wir dann den Zeitpunkt t_i vor der Streichung von X_i: für die Werte von X_i, X_{i+1},...,X_n gilt dann $X_i \subset X_j$ für ein $j \in \{i+1,...,n\}$ und damit insbesondere (1). Wir nehmen nun indirekt an, daß (1) zu einem früheren Zeitpunkt $t_i{}^*$ verletzt gewesen ist. Dann würde es zu diesem Zeitpunkt ein Attribut A und einen Index $1 \in \{i+1,...,n\} \setminus \{j\}$ geben mit

$A \in X_i \cap X_1$,   aber $A \notin X_j$.

Diese Annahme führt aber unmittelbar zu einem Widerspruch: einerseits ist das Attribut A vom Zeitpunkt $t_i{}^*$ bis zum Zeitpunkt t_i (einschließlich) in zwei Hyperkanten, nämlich in X_i und in X_1, enthalten und kann deshalb nicht als isolierter Knoten gestrichen werden; andererseits gilt zum Zeitpunkt t_i sicherlich immer noch $A \notin X_j$; also wird zum Zeitpunkt t_i die Hyperkante X_i nicht von X_j überdeckt, was den Widerspruch ergibt. Wir betrachten nun zu der oben gewählten Numerierung den in Bild 15.19 gezeigten Verbund-Baum.

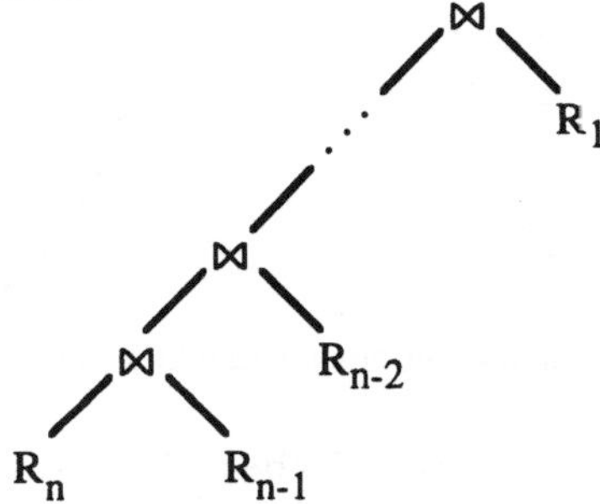

Bild 15.19 Monotoner Verbund-Baum zu einem α-azyklischen Datenbankschema entsprechend einer Numerierung nach dem Reduktionsverfahren

Man kann dann nachprüfen, daß in (1) auch

$X_i \cap (X_{i+1} \cup ... \cup X_n) \neq \emptyset$

gilt, weil RS zusammenhängend ist. Also ist der Verbund-Baum nichtkartesisch. Sei dann $f = (r_1,...,r_n)$ eine Instanz mit paarweise vollständig verbindbaren Relationen, d.h.

(2) $\pi_{X_i \cap X_j} (r_i) = \pi_{X_i \cap X_j} (r_j)$ für alle i,j.

Durch (rückläufige) Induktion über i sieht man nun leicht, daß

(3) $\pi_{Z_i} (r_i) = \pi_{Z_i} (r_{i+1} \bowtie ... \bowtie r_n)$, wobei

      $Z_i := X_i \cap (X_{i+1} \cup ... \cup X_n)$, und daß

(4) $\pi_{X_j} (r_i \bowtie ... \bowtie r_n) = r_j$,   für alle $i+1 \leq j \leq n$.

Denn für $i = n-1$ folgen (3) und (4) unmittelbar aus (2). Und für $i < n-1$ betrachten wir dasjenige $j > i$ mit Eigenschaft (1): dann gilt

(5) $Z_i = X_i \cap X_j$

und damit

$$\begin{aligned}
\pi_{Z_i}(r_i) &= \pi_{X_i \cap X_j}(r_i) && \text{gemäß (5)} \\
&= \pi_{X_i \cap X_j}(r_j) && \text{gemäß (2)} \\
&= \pi_{X_i \cap X_j}(\pi_{X_j}(r_{i+1} \bowtie ... \bowtie r_n)) && \text{gemäß Induktionsannahme für (4)} \\
&= \pi_{Z_i}(r_{i+1} \bowtie ... \bowtie r_n) && \text{gemäß (5)}
\end{aligned}$$

Also gilt wieder (3). Hieraus und mit der Induktionsannahme für (4) folgt auch wieder (4). Eigenschaft (3) besagt nun aber gerade, daß der obige Verbund-Baum monoton ist. Man beachte auch, daß dieser Verbund-Baum "entartet" ist in dem Sinne, daß er als eine sequentielle Liste angesehen werden kann: für die tatsächliche Auswertung muß man stets nur genau ein Zwischenergebnis speichern.

"2. $\Rightarrow$ 3.": Wir betrachten einen monotonen Verbund-Baum zu RS und wenden ihn auf eine Instanz $f = (r_1,...,r_n)$ mit paarweise vollständig verbindbaren Relationen an. Gemäß der Definition von Monotonie werden alle Auswertungen des natürlichen Verbundes im Baum mit vollständig verbindbaren Zwischenergebnissen durchgeführt, d.h. jedes Tupel aus einem Zwischenergebnis (einschließlich der Basisrelationen r_i) wird Teiltupel eines Tupels des nächsten Zwischenergebnisses. Durch Induktion erhält man dann insbesondere, daß jedes Tupel einer Basisrelation r_i Teiltupel eines Tupels des Endergebnisses ist. Also gilt

$$r_i \subset \pi_{X_i}(\bowtie_{j=1,...,n} r_j).$$

Da die umgekehrte Inklusion trivialerweise gilt, ergibt sich sogar die Gleichheit, und also ist f vollständig verbindbar.

Beweisidee zu "$\neg$ 1. $\Rightarrow \neg$ 3." (indirekt): Angenommen, es gibt ein zusammenhängendes Datenbankschema, das nicht α - azyklisch ist, aber dennoch Eigenschaft 3. erfüllt. Sei dann RS ein solches Datenbankschema mit minimaler Anzahl n von Relationenschemas und unter diesen mit minimaler Anzahl von Attributen. Man kann dann nachprüfen, daß eine Ausführung des Reduktionsverfahrens GrYuOz mit RS als aktuellem Parameter RS unverändert läßt: bei einer Änderung zu RS' würde die Anzahl der Komponenten oder die Anzahl der Attribute verringert, und deshalb würde Eigenschaft 3. nicht mehr gelten; aus einer dies zeigenden Instanz f' zu RS' könnte man eine entsprechende Instanz f zu RS konstruieren, die Eigenschaft 3. für RS widerlegt; ein Widerspruch.

Ferner kann man nachprüfen, daß RS auch keinen "Flaschenhals" enthält, d.h. es gibt keine Hyperkante X_i, deren Entfernung den Zusammenhang von RS zerstören würde: denn anderenfalls wäre eine der entstehenden neuen Zusammenhangskomponenten wieder nicht α - azyklisch, und deshalb würde Eigenschaft 3. nicht mehr gelten; aus einer dies zeigenden Instanz f* könnte man wieder eine entsprechende Instanz f zu RS konstruieren, die Eigenschaft 3. für RS widerlegt; ein Widerspruch.

Wir konstruieren nun zu RS eine Instanz $f = (r_1,...,r_n)$ mit paarweise vollständig verbindbaren Relationen, die aber nicht vollständig verbindbar ist, wie folgt: sei

$$X_1 = \{A_1,...,A_p\},$$
$$U \setminus X_1 = \{A_{p+1},...,A_q\},$$

und für $1 = 1,...,p$ sei das Tupel μ_1 mit dom $\mu_1 = U$ definiert durch:

$$\mu_1(A_j) := \begin{cases} 1 & \text{falls } l = j, \\ 0 & \text{falls } l \neq j \text{ und } j \leq p, \\ 1 & \text{falls } p < j. \end{cases}$$

Ferner sei

$$r := \{\mu_1,...,\mu_p\} \quad \text{und}$$
$$r_i := \pi_{X_i}(r) \quad \text{für } i = 1,...,n.$$

Man kann dann die Eigenschaften von RS benutzen, um nachzuprüfen, daß

$$r = r_2 \bowtie ... \bowtie r_n.$$

Fügt man nun zu r_1 das Tupel μ_0 mit dom $\mu_0 = X_1$ und $\mu_0(A_j) := 0$ für $j = 1,...,p$ hinzu, so kann man

$$f := (r_1 \cup \{\mu_0\}, r_2,...,r_n)$$

als die gesuchte Instanz nachzuweisen: Die Relationen bleiben beim Hinzufügen von μ_0 paarweise vollständig verbindbar, aber f ist nicht mehr vollständig verbindbar.

"1. $\Leftrightarrow$ 4.": siehe [BFMY 83]. ∎

15.8 Dynamische Gesichtspunkte

In der Einleitung zu diesem Kapitel haben wir bemerkt, daß beim Schemaentwurf die statischen Gesichtspunkte, nämlich die Fragen nach den einfachen Seienden und den grundlegenden Beziehungen, unmittelbar bezogen sind auf die dynamischen Gesichtspunkte, nämlich die Frage nach den grundlegenden Handlungen. Semantische Bedingungen wie funktionale Abhängigkeiten, Verbundabhängigkeiten oder Enthaltenseinsabhängigkeiten formalisieren zunächst einmal statische Gesichtspunkte: sie beschreiben, welche Eigenschaften das in Form von Relationen aufzählend dargestellte Wissen besitzen soll. Wie schon in Kapitel 5 angesprochen, werden dadurch aber indirekt auch dynamische Gesichtspunkte berücksichtigt: Veränderungen im Wissen müssen stets wieder zu einer den statischen Gesichtspunkten genügenden Aufzählung führen.

Wir wollen nun umgekehrt von einem dynamischen Gesichtspunkt ausgehen. Wir haben ein Seiendes begrifflich bestimmt als "etwas, das wirklich existiert". Zunächst soll etwas "wirklich Existierendes" eindeutig bestimmbar sein. Ferner soll die "wirkliche Existenz" eines einfachen Seienden weitgehend unabhängig von den sonstigen Gegebenheiten beginnen und enden können, d.h. der Beginn und die Beendigung der Existenz sollen sich nicht umittelbar auf andere Gegebenheiten auswirken. Oder anders ausgedrückt sollen die (formalen) Handlungen des "Existenzbeginns" und der "Existenzbeendigung" eines einfachen Seienden als grundlegend ausgezeichnet sein, so daß die entsprechenden Änderungen im Wissen leicht ausführbar sind: das Einfügen der ein solches einfaches Seiendes eindeutig bestimmenden Attributwerte soll allein die Überprüfung der Eindeutigkeitsbedingungen erfordern; das Löschen solcher Werte soll nicht Löschungen von Attributwerten anderer einfacher Seiender nach sich ziehen. Diese Gesichtspunkte sollen nun für Datenbankschemas der in Abschnitt 15.6 behandelten Art formalisiert werden. Sei also wieder

$$RS = \;<\;<R_1 \mid X_1 \mid F_1 >,...,<R_n \mid X_n \mid F_n > \mid I \mid \;>$$

ein Datenbankschema mit

R_i Relationensymbol,

X_i Menge von Attributen, wobei $X_i \cap X_j = \emptyset$ für $i \neq j$,

F_i Menge von funktionalen Abhängigkeiten,

I Menge von echt zwischenrelationalen Enthaltenseinsabhängigkeiten, d.h. der Form $\pi_X (R_i) \subset \pi_Y (R_j)$ mit $i \neq j$.

Ferner seien

$$U \;:=\; \bigcup_{i=1,...,n} X_i,$$
$$F \;:=\; \bigcup_{i=1,...,n} F_i.$$

Dabei nehmen wir o.B.d.A. an, daß für alle funktionalen Abhängigkeiten $V \twoheadrightarrow W \in F$ gilt:

i) W besteht aus genau einem Attribut.

ii) $V \twoheadrightarrow W$ ist nichttrivial, d.h. $W \not\subset V$.

iii) V ist minimal, d.h. für $V' \subset_{\neq} V$ gilt $V' \twoheadrightarrow W \notin (F \cup I)^+$.

Definition 15.12 [einfache Attributmenge]

1. Eine Attributmenge X *stellt ein (streng) einfaches Seiendes dar* oder kurz X ist *(streng) einfach*   :gdw

es gibt ein $i \in \{1,...,n\}$ mit $X \subset X_i$ und folgenden Eigenschaften:

O1.   *[Eindeutigkeit]* $X \twoheadrightarrow X_i \in (F \cup I)_i^+$,

O2.   *[starke unabhängige Existenz]* Für jede Instanz $f = (r_1,...,r_i,...,r_n) \in \mathrm{sat}_{RS}$ von RS und für jedes Tupel μ mit dom $\mu = X_i$ und $\mu \lceil X \notin \pi_X(r_i)$ gilt:

       $f^+ := (r_1,...,r_i \cup \{\mu\},...,r_n) \in \mathrm{sat}_{RS}$,

       d.h. μ kann in r_i lokal eingefügt werden.

2. Eine Attributmenge X ist *schwach einfach*   :gdw

es gibt ein $i \in \{1,...,n\}$ mit $X \subset X_i$ und folgenden Eigenschaften:

O1.   *[Eindeutigkeit]* $X \twoheadrightarrow X_i \in (F \cup I)_i^+$,

O2*.   *[schwache unabhängige Existenz]* Für jede Instanz $f = (r_1,...,r_i,...,r_n) \in \mathrm{sat}_{RS}$ von RS und für jedes Tupel ν mit dom $\nu = X$ und $\nu \notin \pi_X(r_i)$ gibt es ein Tupel μ mit dom $\mu = X_i$ und $\mu \lceil X = \nu$, so daß gilt:

       $f^+ := (r_1,...,r_i \cup \{\mu\},...,r_n) \in \mathrm{sat}_{RS}$,

       d.h. das aus den vorgegebenen X-Werten und geeignet gewählten $X_i \setminus X$ -Werten gebildete Tupel μ kann in r_i lokal eingefügt werden.

Beispiel: Wir betrachten wieder das in Abschnitt 15.6 benutzte Datenbankschema, das einen geeignet abgeänderten Ausschnitt einer Arztpraxis formalisiert. Die Attributmenge $\{Id\}$ ist (streng) *einfach*. Denn Id ist ein Schlüssel von

    $<$ PERSON $\mid \{Id, Geschlecht\} \mid \{Id \twoheadrightarrow Geschlecht\} >$,

und wenn ein identifizierender Wert id noch nicht vorkommt, so kann für jeden Geschlechtswert ge das Tupel (id,ge) in die durch PERSON bezeichnete Relation lokal eingefügt werden, ohne daß Enthaltenseinsbedingungen verletzt werden. Wandelt man das Datenbankschema ab, indem man im durch PERSON benannten Relationenschema das Attribut Id etwa ersetzt durch die Attribute

PeNu,   eindeutig identifizierende Personennummer,

Name,   voller Name, und

Geburt,   Geburtsdaten, wobei ein voller Name und Geburtsdaten zusammen ebenfalls eine Person eindeutig identifizieren sollen,

und die Enthalteneinsabhängigkeiten geeignet anpaßt, so sind {PeNu} und {Name, Geburt} nur *schwach einfach*. Denn wenn zum Beispiel identifizierende Namens- und Geburtswerte (name,geburt) noch nicht vorkommen, so kann eine Personennummer penu geeignet gewählt werden (nämlich verschieden von allen bislang benutzten), und für jeden Geschlechtswert ge kann dann das Tupel (penu,name,geburt,ge) lokal eingefügt werden, ohne daß Enthalteneinsabhängigkeiten verletzt werden.

Die Eigenschaft der unabhängigen Existenz formalisiert offensichtlich einen dynamischen Gesichtspunkt, nämlich eine Zusicherung für Einfügungen. Dagegen ist die Eigenschaft der Eindeutigkeit bereits als statischer Gesichtspunkt formalisiert. Diese Eigenschaft kann man nun wie in Abschnitt 15.1 besprochen weiter verschärfen:

[*X ist Schlüssel*]
$X \twoheadrightarrow X_i \in (F \cup I)_i^+$,   [Eindeutigkeit]
für alle $Y \subsetneq X$: $Y \twoheadrightarrow X_i \notin (F \cup I)_i^+$.   [Minimalität]

[*X ist einziger Schlüssel*]
$X \twoheadrightarrow X_i \in (F \cup I)_i^+$,   [Eindeutigkeit]
für alle $Y \subsetneq X$: $Y \twoheadrightarrow X_i \notin (F \cup I)_i^+$,   [Minimalität]
für alle Schlüssel Z von $< | X_i | (F \cup I)_i^+ > :$ $Z = X.$ [einziger Schlüssel]

Ferner betrachten wir zwei weitere statische Gesichtspunkte, die Bedingungen an die im Datenbankschema RS vorkommenden funktionalen Abhängigkeiten F und Enthalteneinsabhängigkeiten I stellen:

[*R_i in Boyce / Codd-Normalform*]
Für alle $Z \subset X_i$, für alle $A \in X_i$:
wenn $Z \twoheadrightarrow A \in (F \cup I)_i^+$ und $A \notin Z$, dann $Z \twoheadrightarrow X_i \in (F \cup I)_i^+$.

[*R_i nicht referenzierend*]
Das Relationensymbol R_i kommt in keiner linken Seite einer Enthalteneins-abhängigkeit aus I vor.

Satz 15.16 [schwache und strenge Einfachheit]
Sei $RS = < < R_1 | X_1 | F_1 >,...,< R_n | X_n | F_n > | I | >$ ein Datenbankschema mit paarweise disjunkten Attributmengen X_i und $F := \bigcup_{i=1,...,n} F_i$.
Dann gilt für $X \subset X_i$:

1. Wenn X *schwach einfach* ist, dann gelten die folgenden Eigenschaften:
   - R_i ist nicht referenzierend,
   - X ist Schlüssel.

2. Wenn die folgenden Eigenschaften gelten:
   - R_i ist nicht referenzierend,
   - X ist Schlüssel,
   - R_i ist in Boyce / Codd-Normalform,

   dann ist X *schwach einfach*.
3. X ist *(streng) einfach* genau dann, wenn die folgenden Eigenschaften gelten:
   - R_i ist nicht referenzierend,
   - X ist einziger Schlüssel,
   - R_i ist in Boyce / Codd-Normalform.

Beweis: Man kann zunächst nachprüfen [BiDu 91], daß für ein nicht referenzierendes R_i das Implikationsproblem für Enthaltenseinsabhängigkeiten trivial wird und das im allgemeinen schwierig durchschaubare Zusammenwirken von funktionalen Abhängigkeiten und Enthaltenseinsabhängigkeiten sich sehr einfach gestaltet:

(1) Wenn R_i nicht referenzierend ist, dann

folgt aus $\pi_X (R_i) \subset \pi_Y(R_j) \in (F \cup I)^+$, daß X = Y und i = j.

(2) Wenn R_i nicht referenzierend ist, dann gilt

$$(F \cup I)_i^+ = F_i^+.$$

Ohne weiteren Beweis wollen wir diese Behauptungen im Rest dieses Abschnittes benutzen.

zu 1.: Angenommen R_i wäre referenzierend. Dann gäbe es V, W und $j \neq i$ mit $\pi_V(R_i) \subset \pi_W(R_j) \in I$. Sei dann $f_0 := (\emptyset,...,\emptyset)$ die leere Datenbank. Sicherlich gilt $f_0 \in \mathrm{sat}_{RS}$. Da nach Voraussetzung X schwach einfach ist, gibt es insbesondere ein Tupel η, so daß $f_\eta := (\emptyset,...,\{\eta\},...,\emptyset) \in \mathrm{sat}_{RS}$; andererseits ist aber die obige Enthaltenseinsabhängigkeit in f_η offensichtlich nicht gültig; ein Widerspruch. Um zu zeigen, daß X ein Schlüssel ist, müssen wir aufgrund der Voraussetzung nur noch die Minimalität nachweisen. Sei dazu $Y \subset_{\neq} X$. Wir betrachten wieder obige Instanz f_η und ein Tupel v mit dom $v = X$ derart, daß

$$v \lceil Y = \eta \lceil Y, \text{ aber } v \lceil X \setminus Y \neq \eta \lceil X \setminus Y.$$

Dann gilt $v \notin \pi_X(r_i)$, und da X schwach einfach ist, gibt es ein Tupel μ mit dom $\mu = X_i$ und

$$\mu \lceil X = v \text{ und } f^+ = (\emptyset,...,\{\eta, \mu\},...,\emptyset) \in \mathrm{sat}_{RS}.$$

Die Tupel η und μ zeigen, daß in f^+ die funktionale Abhängigkeit $Y \twoheadrightarrow X \setminus Y$ nicht gültig ist, also folgt $Y \twoheadrightarrow X_i \notin F_i^+$.

zu 2.: Sei $f = (r_1,...,r_i,...,r_n) \in \mathrm{sat}_{RS}$ eine Instanz von RS und v mit dom $v = X$ und $v \notin \pi_X(r_i)$ ein Tupel. Da wir die Menge **C** der Konstantenzeichen als unendlich voraussetzen, können wir v zu einem Tupel μ mit dom $\mu = X_i$ erweitern derart, daß

$$\mu \lceil X = v \text{ und } \mu(A) \text{ für } A \in X_i \setminus X \text{ in f nicht vorkommt.}$$

Dann gilt $f^+ := (r_1,...,r_i \cup \{\mu\},...,r_n) \in \mathrm{sat}_{RS}$. Denn zum einen kann durch das Einfügen von μ keine Enthaltenseinsabhängigkeit verletzt werden, weil R_i nicht referenzierend ist. Um zu zeigen, daß zum anderen auch keine funktionale Abhängigkeit verletzt wird, betrachten wir ein $Z \twoheadrightarrow A \in F_i^+$ mit $A \notin Z$. Angenommen, diese

funktionale Abhängigkeit wäre nicht gültig in f^+. Dann gäbe es ein Tupel $\xi \in r_i$ mit $\xi\lceil Z = \mu\lceil Z$, aber $\xi(A) \neq \mu(A)$. Gemäß Konstruktion von μ ergibt sich $Z \subset X$. Weil $\mu\lceil X = \nu \notin \pi_X(r_i)$, gilt sogar $Z \subset \neq X$. Dann folgt:
weil X Schlüssel ist, gilt einerseits $Z \twoheadrightarrow X_i \notin F_i^+$;
weil R_i in Boyce / Codd-Normalform ist, gilt andererseits $Z \twoheadrightarrow X_i \in F_i^+$,
d.h. ein Widerspruch.

zu 3.: "$\Rightarrow$": Daß R_i nicht referenzierend ist, haben wir schon unter 1. gezeigt. Ebenfalls unter 1. haben wir bereits bewiesen, daß X ein Schlüssel ist. Angenommen, es gäbe einen weiteren Schlüssel Z mit $Z \neq X$. Da für beide Schlüssel die Minimalität gilt, folgt $X \setminus Z \neq \emptyset$ und $Z \setminus X \neq \emptyset$. Wir betrachten dann eine Instanz $f = (r_1,...,\{\xi\},...,r_n) \in \text{sat}_{RS}$ für ein ξ mit dom $\xi = X_i$ und ein Tupel μ mit dom $\mu = X_i$ und

$$\mu\lceil X \cap Z = \xi\lceil X \cap Z, \quad \mu\lceil X \setminus Z \neq \xi\lceil X \setminus Z \quad \text{und} \quad \mu\lceil X_i \setminus X = \xi\lceil X_i \setminus X.$$

Dann gilt $\mu\lceil X \notin \pi_X(r_i)$, und da X nach Voraussetzung einfach ist, folgt einerseits $f^+ := (r_1,...,\{\xi, \mu\},...,r_n) \in \text{sat}_{RS}$; andererseits erfüllt f^+ nach Wahl von μ aber offensichtlich nicht die funktionale Abhängigkeit $Z \twoheadrightarrow X_i \in F_i^+$; ein Widerspruch.

Schließlich zeigen wir, daß R_i in Boyce / Codd-Normalform ist. Sei dazu $Z \twoheadrightarrow A \in F_i^+$ mit $A \notin Z$. Falls $X \subset Z$, so folgt $Z \twoheadrightarrow X_i \in F_i^+$, weil X ein Schlüssel ist. Der andere Fall, nämlich $X \not\subset Z$, führt zu einem Widerspruch. Denn angenommen $X \setminus Z \neq \emptyset$. Dann betrachten wir wieder eine Instanz $f = (r_1,...,\{\xi\},...,r_n) \in \text{sat}_{RS}$ für ein ξ mit dom $\xi = X_i$ und ein Tupel μ mit dom $\mu = X_i$ und

$$\mu(B) = \begin{cases} = \xi(B) & \text{falls } B \in X \cap Z \\ \neq \xi(B) & \text{falls } B \in X \setminus Z \\ = \xi(B) & \text{falls } B \in Z \setminus X \\ \neq \xi(B) & \text{falls } B \in X_i \setminus (X \cup Z). \end{cases}$$

Dann gilt $\mu\lceil X \notin \pi_X(r_i)$, und da X nach Voraussetzung einfach ist, folgt einerseits $f^+ := (r_1,...,\{\xi, \mu\},...,r_n) \in \text{sat}_{RS}$; andererseits erfüllt f^+ nach Wahl von μ aber offensichtlich nicht die funktionale Abhängigkeit $Z \twoheadrightarrow A \in F_i^+$; ein Widerspruch.

"$\Leftarrow$": Sei $f = (r_1,...,r_i,...,r_n) \in \text{sat}_{RS}$ eine Instanz von RS und μ mit dom $\mu = X_i$ und $\mu\lceil X \notin \pi_X(r_i)$ ein Tupel. Dann gilt $f^+ := (r_1,...,r_i \cup \{\mu\},...,r_n) \in \text{sat}_{RS}$. Denn zum einen kann durch das Einfügen von μ keine Enthaltenseinsabhängigkeit verletzt werden, weil R_i nicht referenzierend ist. Um zu zeigen, daß zum anderen auch keine funktionale Abhängigkeit verletzt wird, betrachten wir ein $Z \twoheadrightarrow A \in F_i^+$ mit $A \notin Z$. Angenommen, diese funktionale Abhängigkeit wäre nicht gültig in f^+. Dann gäbe es eine Tupel $\xi \in r_i$ mit $\xi\lceil Z = \mu\lceil Z$, aber $\xi(A) \neq \mu(A)$.
Ferner gilt:
weil R_i in Boyce / Codd-Normalform ist, gilt $Z \twoheadrightarrow X_i \in F_i^+$, d.h. Z erfüllt die Eindeutigkeit und enthält deshalb einen Schlüssel;
weil X einziger Schlüssel ist, muß deshalb $X \subset Z$ gelten.
Also folgt $\mu\lceil X = \xi\lceil X \in \pi_X(r_i)$; ein Widerspruch. ∎

Betrachtet man $< R_i \mid \{A,B,C\} \mid \{A \twoheadrightarrow B, B \twoheadrightarrow C\} >$ und $X = \{A\}$, so kann man leicht nachprüfen, daß die Attributmenge X schwach einfach ist, aber das Relationenschema nicht in Boyce / Codd-Normalform ist. Also läßt sich im obigen Satz die Aussage 1. nicht entsprechend Aussage 3. weiter verschärfen.

Tupel über (streng oder schwach) einfachen Attributmengen können leicht eingefügt werden. Wir fragen nun danach, wie beim Entwurf eines Datenbankschemas diejenigen Attributmengen ausgezeichnet werden, die einfach werden sollen. Zum einen kann dies ausdrücklich, zusätzlich zur Angabe der Relationenschemas und Enthaltenseinsabhängigkeiten erfolgen. Dann muß man mit Hilfe des vorangehenden Satzes testen, ob die dynamischen Forderungen (geforderte einfache Attributmengen) und die statischen Forderungen (geforderte funktionale Abhängigkeiten und Enthaltenseinsabhängigkeiten) miteinander verträglich sind. Zum anderen kann man häufig die statischen Forderungen auch wie folgt als dynamische Forderungen deuten:

- Wenn man eine funktionale Abhängigkeit

    $X \twoheadrightarrow A$, $X \subset X_i$ und $A \in X_i$, mit minimaler linker Seite X

    fordert, so drückt man dadurch eine eindeutige Beziehung zwischen einem einfachen Seienden, das durch seine X-Werte identifiziert wird, und die durch einen A-Wert formalisierte Gegebenheiten aus: die Attributmenge X soll also insbesondere einfach sein.

- Wenn man eine Enthaltenseinsabhängigkeit der Form

    $$\pi_{Y_i} (R_i) \subset \pi_{Y_j} (R_j)$$

    fordert, so drückt man dadurch eine Abhängigkeit der in R_i formalisierten Gegebenheiten von den in R_j formalisierten Gegebenheiten aus, so daß (formale) Handlungen bezüglich R_i gegebenenfalls Folgehandlungen bezüglich R_j bewirken müssen: insbesondere soll also keine Teilmenge $X \subset X_i$ einfach sein.

Wenn die beiden vorstehenden Deutungen einander widersprechen, so wollen wir die zweite als vorrangig betrachten. Einen verbleibenden Sonderfall deuten wir noch wie folgt:

- Wenn für ein Relationenschema mit Attributmenge X_i überhaupt keine funktionalen Abhängigkeiten und auch keine Enthaltenseinsabhängigkeit der Form

    $$\pi_{Y_i} (R_i) \subset \pi_{Y_j} (R_j)$$

    gefordert werden, so drückt man dadurch aus, daß X_i -Werte ein einfaches Seiendes identifizieren: die Attributmenge X_i soll also insbesondere einfach sein.

Die folgende Definition formalisiert, daß statische Forderungen (geforderte funktionale Abhängigkeiten und Enthaltenseinsabhängigkeiten) verträglich sein sollen mit ihren obigen Deutungen als dynamische Forderungen.

Definition 15.13 [verträgliches Datenbankschema]

Sei RS = $< < R_1 \mid X_1 \mid F_1 >,...,< R_n \mid X_n \mid F_n > \mid I \mid >$ ein Datenbankschema wie zu Beginn dieses Abschnittes 15.8 beschrieben.

1. Soll$_{RS}$:= { X | es gibt ein i $\in$ {1,...,n} mit $X \subset X_i$ und
    - i) es gibt $A \in X_i$ mit $X \twoheadrightarrow A \in F_i$ oder ($F_i = \emptyset$ und $X = X_i$),
    - ii) R_i ist nicht referenzierend }

2. RS heißt (streng) *verträglich*, bzw. *schwach verträglich* (bezüglich der einfach
sein sollenden Attributmengen)   :gdw
alle Attributmengen $X \in \text{Soll}_{RS}$ sind (streng) einfach, bzw. schwach einfach.

Satz 15.17 [Verträglichkeit und Boyce / Codd-Normalform]

Sei RS $= <\,< R_1 \mid X_1 \mid F_1 >,...,< R_n \mid X_n \mid F_n > \mid I \mid >$ ein Datenbankschema wie
zu Beginn dieses Abschnittes 15.8 beschrieben.

1. RS ist schwach verträglich genau dann, wenn
   für alle Attributmengen $X \in \text{Soll}_{RS}$ mit $X \subset X_i$ gilt:
   R_i ist in Boyce / Codd-Normalform.

2. RS ist (streng) verträglich genau dann, wenn
   für alle Attributmengen $X \in \text{Soll}_{RS}$ mit $X \subset X_i$ gilt:
   X ist einziger Schlüssel und
   R_i ist in Boyce / Codd-Normalform.

Beweis: Die Aussagen 1.“$\Leftarrow$” und 2. folgen ziemlich leicht aus dem obigen, schwache
und strenge Einfachheit beschreibenden Satz 15.16.

Um 1.“$\Rightarrow$” nachzuweisen, betrachten wir für $X \in \text{Soll}_{RS}$ mit $X \subset X_i$ eine funktionale
Abhängigkeit $Z \rightarrow A \in F_i^+$ mit $Z \subset X_i$ und $A \notin Z$. Gemäß den Ergebnissen aus
Abschnitt 15.1 ist $Z \rightarrow A \in F_i^+$ gleichbedeutend mit $A \in cl(F,Z)$. Also muß F eine
nichttriviale funktionale Abhängigkeit $Y \rightarrow B$ mit $Y \subset Z$ enthalten. Dann ist auch $Y \in$
Soll_{RS} und damit nach Voraussetzung schwach einfach. Aussage 1. des oben genannten
Satzes 15.16 besagt dann, daß Y Schlüssel von R_i ist, also insbesondere $Y \rightarrow X_i \in$
F_i^+ und damit auch $Z \rightarrow X_i \in F_i^+$. ∎

Beispiel [Fortsetzung]: Wir betrachten wieder das schon in Abschnitt 15.6
benutzte, einen geeignet abgeänderten Ausschnitt einer Arztpraxis formalisierende
Datenbankschema RS. Da die Relationensymbole PAT, ARZT, BEH und ELT
referenzierend sind und für PERSON nur die funktionale Abhängigkeit Id $\rightarrow$ Geschlecht
vereinbart ist, gilt $\text{Soll}_{RS} = \{Id\}$. Im Relationenschema $<$ PERSON $\mid \{Id, Geschlecht\} \mid$
$\{Id \rightarrow Geschlecht\} >$ ist Id einziger Schlüssel, und dieses Relationenschema ist auch in
Boyce / Codd-Normalform. Also ist RS verträglich.

Korollar 15.18

Sei RS $= <\,< R_1 \mid X_1 \mid F_1 >,...,< R_n \mid X_n \mid F_n > \mid \mid >$ ein Datenbankschema *ohne*
Enthaltenseinsabhängigkeiten wie zu Beginn dieses Abschnittes 15.8 beschrieben.

1. RS ist *schwach verträglich* genau dann, wenn
   alle Relationenschemas $< R_i \mid X_i \mid F_i >$ in Boyce / Codd-Normalform sind.

2. RS ist (streng) *verträglich* genau dann, wenn
   alle Relationenschemas $< R_i \mid X_i \mid F_i >$ in Boyce / Codd-Normalform sind und
   genau einen Schlüssel besitzen.

Beweis: Da kein R_i referenzierend ist, enthält Soll_{RS} für jedes i ein X mit $X \subset X_i$. ∎

15.9 Wünschenswerte Eigenschaften, verbotene Teilstrukturen und Transformationen

In den vorangehenden Abschnitten haben wir Entwurfsheuristiken ansatzweise formalisiert und dabei einige wünschenswerte Eigenschaften eines Datenbankschemas RS betrachtet. Solche wünschenswerten Eigenschaften kann man meistens auf folgende Weise beschreiben:

- Man sieht gewisse Teilstrukturen als "verboten" an.
- Man erklärt, daß solche verbotenen Teilstrukturen nicht vorkommen sollen.

Wir geben im folgenden noch einmal die jeweils *"verbotenen Teilstrukturen"* in Kurzform an. Dabei verwenden wir im wesentlichen die früheren Schreibweisen, aber für Eigenschaften einzelner Relationenschemas benutzen wir jetzt die Komponenten $< R_i \mid X_i \mid >$ von RS, und SC sei jetzt die Gesamtheit der vereinbarten semantischen Bedingungen.

- Relationenschema R_i mit genau einem Schlüssel:

  $X \rightarrowtail X_i \in SC^+, \quad X$ minimal,

  $Y \rightarrowtail X_i \in SC^+, \quad Y$ minimal,

  $X \neq Y.$

- R_i in 3.Normalform:

  $Z \rightarrowtail A \in SC^+,$

  $A \notin Z,\ A$ Nichtschlüsselattribut,

  $Z \rightarrowtail X_i \notin SC^+.$

- R_i in Boyce / Codd-Normalform:

  $Z \rightarrowtail A \in SC^+,$

  $A \notin Z,$

  $Z \rightarrowtail X_i \notin SC^+.$

- R_i in 4.Normalform:

  $X \twoheadrightarrow Y \in SC^+,$

  $Y \not\subset X,\ X \cup Y \subset\neq X_i,$

  $X \rightarrowtail X_i \notin SC^+.$

- R_i in 5.Normalform:

  $\bowtie [Y_1,...,Y_k] \in SC^+,$

  $Y_j \subset\neq X_i$ und $\bowtie [Y_1,...,Y_{j-1},Y_{j+1},...,Y_k] \notin SC^+ \quad$ für $j = 1,..,k,$

  es gibt j mit $Y_j \rightarrowtail X_i \notin SC^+.$

- horizontale Zerlegung, z.B. in funktionale und afunktionale Komponente:

  $X \subset X_i,\ Y \subset X_i,$

  $X \rightarrowtail Y \notin SC^+$ und $X \not\rightarrowtail Y \notin SC^+.$

- Enthaltenseinsabhängigkeiten referenzieren Schlüssel:

  $\pi_X (R_i) \subset \pi_Y (R_j) \in SC^+,$

  $Y \rightarrowtail X_j \notin SC^+.$

- (strenge) Verträglichkeit:
  $X \in \text{Soll}_{RS}$ mit $X \subset X_i$,
  X nicht einziger Schlüssel in R_i oder R_i nicht in Boyce / Codd-Normalform.

- schwache Verträglichkeit:
  $X \in \text{Soll}_{RS}$ mit $X \subset X_i$,
  R_i nicht in Boyce / Codd-Normalform.

- γ - Azyklizität:
  purer Zyklus oder γ - Zyklus im Hypergraphen (U,H).

- α - Azyklizität:
  $GrYuOz\ (U,H) \neq (\emptyset, \{\emptyset\})$.

In den vorangehenden Abschnitten haben wir jeweils mit Hilfe unserer
Entwurfsheuristiken begründet, warum es wünschenswert ist, daß solche verbotenen
Teilstrukturen nicht vorkommen. Diese Art der Begründung stellt einen Zusammenhang
her zwischen guter Modellierung eines Anwendungsfalles und wünschenswerter Art
seiner Formalisierung. Man kann darüber hinaus weitere Rechtfertigungen entwickeln,
die sich allein auf die Ebene der Formalisierungen beziehen. Dazu betrachten wir die
Kostenarten beim Betreiben einer Datenbank:

- *Speicherungskosten* fallen im wesentlichen durch das Speichern der Instanzen zum
  Datenbankschema, also (in der Sprachweise von LOGODAT) der *Basisrelationen* an.

- *Anfragekosten* entstehen bei der Auswertung von Anfragen. Wenn keinerlei Kenntnis
  über die vorgesehenen Benutzer vorliegt, muß man mit allen möglichen Anfragen
  rechnen, so daß auch eine Schätzung der Anfragekosten nur schwerlich möglich
  erscheint. Häufig jedoch kennt man die Wünsche bestimmter Benutzergruppen und
  kann sie etwa (wie in LOGODAT vorgestellt) als Regeln für Sichtrelationen
  ausdrücklich vereinbaren. Dann erscheint es sinnvoll, beim Entwurf eines
  Datenbankschemas für die Abschätzung der Anfragekosten (neben Anfragen an
  Basisrelationen) nur die die *Sichtrelationen* definierenden Anfragen zu
  berücksichtigen.

- *Änderungskosten* entstehen bei der Ausführung von Änderungen, wobei insbesondere
  die Überprüfung und Sicherstellung der vereinbarten *semantischen Bedingungen* zu
  berücksichtigen sind.

Damit entsprechen die drei Kostenarten gerade den drei Darstellungsarten von Wissen
(Aufzählungen, Regeln, Bedingungen) bzw. den drei Teilen eines (LOGODAT-)
Schemas < **EDB** I **IDB** I **SC** >. Zwischen den drei Kostenarten bestehen nun offensichtlich Wechselbeziehungen, so daß eine Senkung der Kosten einer Art eine Erhöhung
der Kosten bei den anderen Arten bewirken kann. Darüber hinaus hängen die Kosten
stark von den Einzelheiten des vorliegenden Schemas ab, so daß genaue, allgemeingültige Aussagen über die unter einem Datenbankschema anfallenden Kosten kaum
herleitbar sind. Dennoch kann man bezüglich der als wünschenswert ausgezeichneten
Eigenschaften einige zumindest qualitativ gültigen Feststellungen treffen.

Die *Normalformen* und damit zusammenhängend die *Verträglichkeits-Eigenschaften* fordern Relationenschemas, deren Struktur im wesentlichen bereits durch Schlüssel, am besten durch *genau einen Schlüssel* bestimmt sind. Verwendet man solche Relationenschemas für Basisrelationen, so kann man durch geeignet angelegte Zugriffsstrukturen, etwa als B*-Bäume oder durch Hash-Verfahren verwirklichte Indexe bezüglich der Schlüsselattribute oder Sortierungen bezüglich der Schlüsselattribute, die Anfragekosten für Selektionen an diese Relationen gering halten. Ferner sichern die Verträglichkeits-Eigenschaften, daß die Änderungskosten gering sind, da weitgehend nur die lokalen Schlüsselbedingungen überprüft werden müssen.

Schließlich besagen die Normalformen auch, daß die gespeicherten Relationen im gewissen Sinne redundanzfrei sind und daß damit die Speicherungskosten gering sind. Denn wenn eine (formal) tupelerzeugende Abhängigkeit impliziert ist, speziell

- für Boyce / Codd-Normalform durch eine nichttriviale funktionale Abhängigkeit
  $Z \rightarrow A$ als $\bowtie [Y_1, Y_2] := \bowtie [X_i \setminus \{A\}, Z \cup \{A\}]$,

- für 4.Normalform durch eine nichttriviale mehrwertige Abhängigkeit
  $X \twoheadrightarrow Y \mid Z$ als $\bowtie [Y_1, Y_2] := \bowtie [X \cup Z, X \cup Y]$,

- für 5.Normalform als nichttriviale und reduzierte Verbundabhängigkeit
  $\bowtie [Y_1, ..., Y_k]$,

so besitzen alle Attributmengen Y_j die Eindeutigkeitseigenschaft, so daß jede Y_j-Projektion einer gespeicherten Relation r genauso viele Tupel wie r enthält, d.h. $\| \pi_{Y_j} (r) \| = \| r \|$ für alle Y_j.

Zerlegte man also r in diese Projektionen, so würden beim Wiederherstellen von r als

$$r = \bowtie_j \pi_{Y_j} (r)$$

keine "wirklich neuen Tupel erzeugt", sondern die zusammenpassenden Tupel würden "einander nur verlängern". Oder anders ausgedrückt: durch das Zerlegen könnten die Speicherungskosten niemals gesenkt werden, sondern im Gegenteil durch das mehrfache Abspeichern der Werte zu den Verbundattributen sogar stets erhöht werden. Ist umgekehrt ein Relationenschema *nicht* in Normalform, so ist eine nichttriviale und reduzierte Verbundabhängigkeit $\bowtie [Y_1, ..., Y_k]$ impliziert derart, daß ein Y_j nicht die Eindeutigkeitseigenschaft besitzt. Dann ist

$$\| \pi_{Y_j} (r) \| < \| r \|$$

möglich, und man kann hoffen, daß die Speicherung der Projektionen bezüglich Speicherungskosten günstiger ist als die Speicherung der vollen Relationen. Eine Anfrage nach der vollen Relation r verlangt dann aber natürlich erhöhte Anfragekosten, weil ja r aus den Projektionen mit Hilfe des Verbundes wiedergewonnen werden muß. Zusammenfassend kann man also feststellen, daß die aggregierende und damit vergrößernde Wirkung des natürlichen Verbundes sich bei einer Speicherung der vollen Relation auf die Speicherungskosten und bei einer Speicherung der Projektionen auf die Anfragekosten auswirkt.

Eine Rechtfertigung der Azyklizitätseigenschaften kann ebenfalls unter Kostengesichtspunkten erfolgen: azyklische Datenbankschemas besitzen einen monotonen Verbund-Baum, so daß für viele Verbunde die Anfragekosten gering bleiben.

Eigenschaften von Datenbankschemas kann man also unter zwei Gesichtspunkten als wünschenswert rechtfertigen:

- Sie entsprechen den *Entwurfsheuristiken* für eine gute Modellierung des Anwendungsfalles.
- Sie stellen eine zum Entwurfszeitpunkt vorgenommene *Optimierung* dar, vorrangig der Speicherungs- und Änderungskosten und nachrangig der Anfragekosten.

Will man den Entwurf von Datenbankschemas zumindest halbalgorithmisch unterstützen, so muß man im wesentlichen zwei Aufgaben beherrschen:

- verbotene Teilstrukturen erkennen,
- erkannte verbotene Teilstrukturen entfernen.

Um verbotene Teilstrukturen algorithmisch erkennen zu können, muß man hauptsächlich das Implikationsproblem für semantische Bedingungen algorithmisch behandeln können. Die Möglichkeiten und Grenzen dieser Aufgabe haben wir bereits in den vorangehenden Abschnitten besprochen.

Um eine erkannte verbotene Teilstruktur zu entfernen, muß man versuchen, ein vorliegendes Datenbankschema abzuändern. Dabei kann man drei wesentlich verschiedene Fälle unterscheiden:

- Es stellt sich heraus, daß die verbotene Teilstruktur im wesentlichen schon in den Gegebenheiten des Anwendungsfalles angelegt ist, so daß man erwarten kann, daß alle Formalisierungsversuche wieder auf die vorliegende oder eine ähnliche verbotene Teilstruktur führen.
- Die verbotene Teilstruktur beruht auf einer fehlerhaften Modellierung, die dann geeignet verbessert werden muß. Das abgeänderte Datenbankschema muß dann also die verbesserte Modellierung formalisieren.
- Die verbotene Teilstruktur beruht auf einer unglücklichen Formalisierung einer richtigen Modellierung. Das abgeänderte Datenbankschema muß dann die gleiche Modellierung formalisieren wie das ursprüngliche Datenbankschema.

Der erste und der zweite Fall sind einer algorithmischen Behandlung weitgehend unzugänglich, weil die Beurteilung einer (nichtformalen) Modellierung durch eine Verständigung zwischen den beteiligten Personengruppen erreicht werden muß. Allerdings können (formale) graphische Werkzeuge diese Verständigung wesentlich erleichtern, etwa indem verschiedene Modellierungen mit Hilfe der Werkzeuge probeweise durchgespielt werden. Um die Forderung des dritten Falles algorithmisch zu behandeln, müssen wir sie in eine rein formale Form übertragen: wir werden verlangen, daß bei der Abänderung des Datenbankschemas bezüglich von Modellierungen wesentliche und formal ausdrückbare Eigenschaften invariant bleiben sollen.

Ein halbalgorithmisches Verfahren zum *Entwurf von Datenbankschemas* kann also nach folgendem groben Muster entworfen werden. Wir geben dabei für die einzelnen Schritte an, ob sie interaktiv vom seine Einsicht in den Anwendungsfall benutzenden Entwerfer oder rein algorithmisch ausgeführt werden.

1. [*Initialisierung*]
   Entwerfer:
   bestimme aufgrund der Modellierung
   a) ein anfängliches Datenbankschema RS_0,
   b) wesentliche Eigenschaften Γ von RS_0, die invariant bleiben sollen,
   c) als wünschenswert angesehene Eigenschaften Ω (etwa aus obiger Liste).

2. [*schrittweises Entfernen verbotener Teilstrukturen*]
   Algorithmus:
   erkenne bezüglich Ω verbotene Teilstrukturen.
   Entwerfer:
   wähle eine verbotene Teilstruktur aus und bewerte sie entsprechend der obigen
   Fallunterscheidung:
   falls sie unvermeidbar ist, so kennzeichne sie als solche und betrachte nächste
   verbotene Teilstruktur;
   falls sie auf fehlerhafter Modellierung beruht, so ändere entsprechend die
   Modellierung, das laufende Datenbankschema, sowie gegebenfalls Γ und Ω
   und fahre geeignet mit dem Verfahren fort;
   sonst: *Algorithmus:*
   entferne die verbotene Teilstruktur durch eine Γ-invariante Transformation
   und fahre bei 2. fort.

Natürlich kann dieses Muster auf vielfältige Weisen abgeändert und ausgestaltet werden. Wir werden im folgenden nur beispielhaft einige mögliche Initialisierungen und dazu passende Transformationen vorstellen. Dabei ist eine Transformation **T** passend, wenn sie folgendes leistet:

- Für ein laufendes Datenbankschema RS und eine ausgewählte verbotene Teilstruktur V wird ein neues Datenbankschema **T**(RS,V) erzeugt, in dem die verbotene Teilstruktur nicht mehr enthalten ist und in dem auch keine neuen verbotenen Teilstrukturen entstanden sind.

- Wenn die wesentlichen Eigenschaften Γ für RS gelten, so gelten sie auch für **T**(RS,V).

Falls dann in einem Verfahren jede bezüglich der wünschenswerten Eigenschaften Ω als verboten erkannte Teilstruktur "auf unglücklicher Formalisierung" beruht (d.h. in Schritt 2. des Musters tritt stets der sonst-Fall ein), so bricht das Verfahren schließlich ab, und für das letztlich erzeugte Datenbankschema gelten offensichtlich sowohl die wesentlichen als auch die wünschenswerten Eigenschaften, d.h. $\Gamma \wedge \Omega$.

Schließlich sollen noch einige Überlegungen zu den (bezüglich der jeweiligen Modellierung) wesentlichen und durch die verwendeten Transformationen invariant zu bleibenden Eigenschaften Γ zusammengestellt werden. Anschaulich gesprochen möchte man entsprechend der Entwurfsheuristik "Erschließbarkeit von Gesichtspunkten" erreichen, daß alle Anfragen und Änderungen, die man bezüglich des anfänglichen bzw. eines laufenden Datenbankschemas RS ausdrücken kann, auch bezüglich des transformierten Datenbankschemas RS' ausgeführt werden können. Offensichtlich muß dafür jeder Instanz zu RS mindestens eine Instanz zu RS' entsprechen. Wir können dann

RS als eine *Sicht* auf RS' ansehen, d.h. wir betrachten die Instanzen zu RS als *Sichtrelationen*, die aus den Instanzen zu RS' erschlossen werden können. Wenn dann RS' das letztlich benutzte Datenbankschema ist, so sind die Instanzen zu RS' die tatsächlich abgespeicherten *Basisrelationen*, und jede Anfrage bzw. Änderung bezüglich der (gedachten) Sichtrelationen muß übersetzt werden in eine Anfrage bzw. Änderung, die auf den (tatsächlich gespeicherten) Basisrelationen wirklich ausgeführt werden kann. Um diese Überlegungen zu formalisieren, betrachten wir auch Produkte von relationalen Anfragen (wie in Abschnitt 8.2 eingeführt) im folgenden wieder als Anfragen.

Definition 15.14 [Instanzenunterstützung]

$RS = <\, <R_1 \mid X_1 \mid SC_1 >,...,< R_n \mid X_n \mid SC_n > \mid SC \mid \,>$ und
$RS' = <\, <R'_1 \mid X'_1 \mid SC'_1 >,...,< R'_{n'} \mid X'_{n'} \mid SC'_{n'} > \mid SC' \mid \,>$
seien Datenbankschemas.

1. RS' *unterstützt* RS (mit Anfragesprache **L**)   :gdw
   es gibt (in **L** ausdrückbare) relationale Anfragen $Q_1,...,Q_n$, so daß gilt:
   i) $Q_i : sat_{<< \mid X'_1 \mid >,...,< \mid X'_{n'} \mid > \mid \mid >} \rightarrow sat_{< \mid X_i \mid >}.$
   ii) Die Anfrage $Q := (Q_1,...,Q_n)$ mit $Q(f') := (Q_1(f'),...,Q_n(f'))$ ist surjektiv bezüglich Instanzen, d.h. $sat_{RS} \subset Q[sat_{RS'}]$.

2. RS' *unterstützt* RS *treu*, wenn zusätzlich $Q[sat_{RS'}] \subset sat_{RS}.$

3. RS' *unterstützt* RS *eindeutig*, wenn zusätzlich Q auf $sat_{RS'}$ injektiv ist.

Satz 15.19 [Instanzenunterstützung und Anfrageübersetzung]

1. RS' unterstützt RS genau dann, wenn
   zu jeder Anfrage P bezüglich RS gibt es eine Anfrage P' bezüglich RS', so daß gilt: zu jeder Instanz $f \in sat_{RS}$ gibt es eine Instanz $f' \in sat_{RS'}$ mit $P(f) = P'(f')$.

2. Diese Äquivalenz gilt auch für alle Teilklassen von Anfragen, die die identische Anfrage enthalten und abgeschlossen unter Komposition sind.

Beweis:

1. "$\Rightarrow$": RS' unterstütze RS vermöge $Q := (Q_1,...,Q_n)$. Sei dann P eine Anfrage bezüglich RS. Dann hat $P' := P \circ Q$ die gewünschte Eigenschaft. Denn zu $f \in sat_{RS}$ kann man wegen der Surjektivität von Q ein $f' \in sat_{RS'}$ finden mit $f = Q(f')$. Dann folgt $P(f) = P(Q(f')) = P'(f')$.

"$\Leftarrow$": Es gelte die im Satz angegebene Übersetzungseigenschaft. Insbesondere gibt es dann zur identischen Anfrage P bezüglich RS mit $P(f) := f$ eine Anfrage Q bezüglich RS, so daß für alle $f \in sat_{RS}$ ein $f' \in sat_{RS'}$ mit $f = P(f) = Q(f')$ existiert, d.h. Q ist surjektiv bezüglich Instanzen.

2. Die Behauptung ergibt sich aus dem Beweis zu 1.   ∎

Der Beweis zeigt ferner, daß bei gegebener Unterstützungsanfrage Q die Übersetzung von Anfragen sogar effektiv durchführbar ist. Die Übersetzung von Änderungen ist dagegen mit einer grundsätzlichen Schwierigkeit behaftet, nämlich daß die Unterstützungsanfrage im allgemeinen nicht als injektiv (auf $\mathrm{sat}_{RS'}$) angenommen werden kann. Deshalb können einer gegebenen (Sicht-) Instanz f zu RS, wie sie durch eine Änderung bezüglich RS entstehen soll, mehrere (Basis-) Instanzen zu RS' entsprechen, und ohne zusätzliche Information läßt sich nicht entscheiden, welche dieser (Basis-) Instanzen die gewünschte ist. Dieses sogenannte *"Sichten-Änderungsproblem"* läßt sich am folgenden Beispiel veranschaulichen.

Beispiel:
RS   bestehe nur aus dem Relationenschema   < R | {A,B,C} | {A $\Rightarrow$ B | C} >, und
RS' bestehe aus den Relationenschemas   < R1 | {A,B} | > und < R2 | {A,C} | >.

Für alle Instanzen r zum ersten Relationenschema gilt dann

$$r = \pi_{\{A,B\}}(r) \bowtie \pi_{\{A,C\}}(r).$$

Also ist $Q(r1,r2) := r_1 \bowtie r_2$ surjektiv bezüglich Instanzen, d.h. RS' *unterstützt* RS vermöge Q. RS' unterstützt RS sogar *treu*, denn für alle r_1 und r_2 gilt:

$$r_1 \bowtie r_2 = \pi_{\{A,B\}}(r_1 \bowtie r_2) \bowtie \pi_{\{A,C\}}(r_1 \bowtie r_2).$$

Q ist aber nicht injektiv, weil von einer Instanz $f' = (r'_1, r'_2)$ zu RS' nur die Tupel zum Ergebnis beitragen, für die ein "passendes" Tupel in der jeweils anderen Relation vorhanden ist. Besteht etwa die Instanz r nur aus einem Tupel μ, so muß für jedes Q-Urbild (r'_1, r'_2)

$$\mu \lceil \{A,B\} \in r'_1 \quad \text{und} \quad \mu \lceil \{A,C\} \in r'_2,$$

gelten, aber r'_1 und r'_2 können durchaus noch weitere Tupel enthalten. Beispielsweise könnten folgende Relationen vorliegen, wobei (d,b) solch ein weiteres Tupel ist.

R	A	B	C		R_1	A	B		R_2	A	C
	a	b	c			a	b			a	c
						d	b				

Aber auch ohne das weitere Tupel (d,b) hat eine Änderung bezüglich RS, die das Entfernen des Tupels (a,b,c) aus R fordert, nun keine eindeutige Übersetzung in eine Änderung bezüglich RS': man kann das Tupel (a,b) aus R_1 entfernen oder das Tupel (a,c) aus R_2 entfernen oder beide Tupel entfernen. Fügt man aber zu RS' noch als globale semantische Bedingungen die Enthaltenseinsabhängigkeiten

$$\pi_A(R_1) \subset \pi_A(R_2) \quad \text{und} \quad \pi_A(R_2) \subset \pi_A(R_1)$$

hinzu, so wird die Unterstützungsfunktion Q injektiv auf Instanzen, d.h. die Unterstützung wird eindeutig, und im obigen Beispiel könnte das weitere Tupel (d,b) nicht auftreten und beim Entfernen des Tupels (a,b,c) aus R müßte man beide Teiltupel (a,b) und (a,c) aus R_1 bzw. R_2 entfernen.

15.10 Zerlegungen gemäß einer Verbundabhängigkeit

In diesem Abschnitt wollen wir zeigen, wie man die *wünschenswerten Eigenschaften* Boyce / Codd-, 4. oder 5.Normalform erreichen kann. Dabei soll als *wesentliche Eigenschaft* invariant bleiben, daß ein Universalrelation-Schema $< R \mid U \mid SC >$ mit Hilfe des natürlichen Verbundes unterstützt wird. Diese Unterstützungseigenschaft drücken wir zunächst mit Hilfe einer Verbundabhängigkeit aus.

Satz 15.20 [Verbund-Unterstützung eines Universalrelation-Schemas]

Sei $< R \mid U \mid SC >$ ein Universalrelation-Schema und $RS = <\, < R_1 \mid X_1 \mid \emptyset >,...,$ $< R_n \mid X_n \mid \emptyset > \mid \emptyset \mid >$ ein Datenbankschema mit $U := \bigcup_{i=1,...,n} X_i$.

Sei ferner $Q : \mathrm{sat}_{RS} \to \mathrm{sat}_{< R \mid U \mid >}$ definiert durch $Q(r_1,...,r_n) := \bowtie_{i=1,...,n} r_i$.

Dann sind folgende Aussagen äquivalent:

1. $\mathrm{sat}_{< R \mid U \mid SC >} \subseteq Q[\mathrm{sat}_{RS}]$,
    d.h. RS unterstützt $< R \mid U \mid SC >$ mit Unterstützungsanfrage Q (genauer: das nur aus diesem Relationenschema bestehende Datenbankschema).

2. $\bowtie [X_1,...,X_n] \in SC^+$.

Beweis:

"1. $\Rightarrow$ 2.": Wegen der grundlegenden Eigenschaften des natürlichen Verbundes gilt für alle $(r_1,...,r_n) \in \mathrm{sat}_{RS}$:

$$\bowtie_{i=1,...,n} r_i = \bowtie_{j=1,...,n} \pi_{X_j} (\bowtie_{i=1,...,n} r_i).$$

Also erfüllen alle Relationen $r \in Q[\mathrm{sat}_{RS}]$ die Verbundabhängigkeit $\bowtie [X_1,...,X_n]$. Aus $\mathrm{sat}_{< R \mid U \mid SC >} \subseteq Q[\mathrm{sat}_{RS}]$ folgt dann $\bowtie [X_1,...,X_n] \in SC^+$.

"2. $\Rightarrow$ 1.": Sei $r \in \mathrm{sat}_{< R \mid U \mid SC >}$. Aus $\bowtie [X_1,...,X_n] \in SC^+$ folgt dann

$$r = \bowtie_{i=1,...,n} \pi_{X_i} (r) = Q(\pi_{X_1}(r),...,\pi_{X_n}(r)),$$

wobei $(\pi_{X_1}(r),...,\pi_{X_n}(r)) \in \mathrm{sat}_{RS}$. Also gilt $\mathrm{sat}_{< R \mid U \mid SC >} \subseteq Q[\mathrm{sat}_{RS}]$. ∎

Die Unterstützung eines Universalrelation-Schemas, in dem nur funktionale Abhängigkeiten vereinbart sind, durch ein aus zwei Komponenten bestehendes Datenbankschema kann man noch genauer charakterisieren.

Satz 15.21 [Verbund-Unterstützung eines Universalrelation-Schemas mit funktionalen Abhängigkeiten]

Sei $< R \mid U \mid F >$ ein Universalrelation-Schema, wobei F eine Menge von funktionalen Abhängigkeiten sei, und $RS = <\, < R_1 \mid X_1 \mid \emptyset >, < R_2 \mid X_2 \mid \emptyset > \mid \emptyset \mid >$ ein Datenbankschema mit $X_1 \cup X_2 = U$ und $X_1 \cap X_2 \neq \emptyset$.

Dann sind folgende Aussagen äquivalent:

1. RS unterstützt $< R \mid U \mid F >$ mit Unterstützungsanfrage $Q(r_1,r_2) := r_1 \bowtie r_2$.
2. $\bowtie [X_1,X_2] \in F^+$.
3. $X_1 \cap X_2 \to X_1 \setminus X_2 \in F^+$ oder $X_1 \cap X_2 \to X_2 \setminus X_1 \in F^+$.

Beweis: Wir brauchen nur noch "2. $\Leftrightarrow$ 3." zu zeigen. Die Richtung "3. $\Rightarrow$ 2." folgt unmittelbar aus der in Abschnitt 15.2 bewiesenen Korrektheit der Implikation $\{ X \twoheadrightarrow Y \} \models \{ X \Rightarrow Y \}$. Die Richtung "2. $\Rightarrow$ 3." prüft man nach, indem man einen syntaktischen Beweis von $\bowtie [X_1, X_2] \in F^+$ mit Hilfe des in Abschnitt 15.2 eingeführten Reduktionsverfahrens betrachtet. Das mit $\bowtie [X_1, X_2]$ identifizierte Tableau hat folgende Gestalt:

	$X_1 \cap X_2$	$X_1 \setminus X_2$	$X_2 \setminus X_1$
0	a	a	a
1	a	a	b_1
2	a	b_2	a

$\bowtie [X_1, X_2] \in F^+$ ist gleichbedeutend damit, daß mit Reduktionsschritten entsprechend den funktionalen Abhängigkeiten aus F das Tableau so verändert werden kann, daß eine der Prämissen-Zeilen t_i gleich der Konklusions-Zeile wird. Eine dafür verwendete Folge von funktionalen Abhängigkeiten beschreibt dann gerade eine "Berechnung" von $cl(F, X_1 \cap X_2)$, die für i=1 mindestens X_2 bzw. für i=2 mindestens X_1 liefert. Im ersten Fall folgt $X_1 \cap X_2 \to X_2 \setminus X_1 \in F^+$, im zweiten Fall $X_1 \cap X_2 \to X_1 \setminus X_2 \in F^+$. ∎

Satz 15.22 [Verbund-unterstützte Zerlegung in Boyce / Codd-Normalform]

Sei $< R \mid U \mid F >$ ein Universalrelation-Schema, wobei F eine Menge von funktionalen Abhängigkeiten sei. Dann gibt es ein Datenbankschema $RS = < < R_1 \mid X_1 \mid F_1 >, ..., < R_n \mid X_n \mid F_n > \mid \mid >$ mit folgenden Eigenschaften:

1. RS unterstützt $< R \mid U \mid F >$ mit Unterstützungsanfrage $Q(r_1, ..., r_n) := \bowtie_{i=1,...,n} r_i.$
2. $F_i = \{X \twoheadrightarrow Y \mid X \cup Y \subset X_i, X \twoheadrightarrow Y \in F^+\}.$
3. Jede Komponente $< R_i \mid X_i \mid F_i >$ ist in Boyce / Codd-Normalform.

Beweis: Wir konstruieren RS induktiv, indem wir entsprechend unserem Muster für Entwurfsverfahren jede bezüglich Boyce / Codd-Normalform verbotene Teilstruktur durch eine das entsprechende Relationenschema zerlegende Transformation entfernen. Sei $RS_0 := < < R \mid U \mid F^+ > \mid \mid >$. RS_0 erfüllt sicherlich die Eigenschaften 1. und 2. Sei RS_j schon konstruiert, und es erfülle die Eigenschaften 1. und 2., aber noch nicht die Eigenschaft 3. Dann gibt es eine Komponente $< R_i \mid X_i \mid F_i >$ von RS_j, die eine bezüglich Boyce / Codd-Normalform verbotene Teilstruktur der folgenden Form enthält:

$Z \subset X_i, A \in X_i,$
$Z \twoheadrightarrow A \in F_i^+,$
$A \notin Z,$
$Z \twoheadrightarrow X_i \notin F_i^+.$

Wir zerlegen dann diese Komponente in zwei Komponenten mit Attributmengen

$X_{i1} := Z \cup \{A \mid Z \twoheadrightarrow A \in F_i^+\}$ und

$X_{i2} := Z \cup (X_i \setminus X_{i1})$.

RS_{j+1} entstehe dann aus RS_j, indem man die alte Komponente $< R_i \mid X_i \mid F_i >$ ersetzt durch die neuen Komponenten

$< R_{i1} \mid X_{i1} \mid F_{i1} >$ und $< R_{i2} \mid X_{i2} \mid F_{i2} >$,

wobei F_{i1} und F_{i2} gemäß Eigenschaft 2. definiert seien. Insbesondere erfüllt RS_{j+1} also wieder die Eigenschaft 2. RS_{j+1} erfüllt auch wieder die Eigenschaft 1. Denn gemäß dem vorangehenden Satz unterstützen die beiden neuen Komponenten die alte, und gemäß Induktionsannahme unterstützt RS_j das Universalschema $< R \mid U \mid F >$. Dieser Zerlegungsvorgang muß schließlich abbrechen, weil einerseits die Attributmenge U endlich ist und andererseits die Attributmengen X_{i1} und X_{i2} der jeweils neuen Komponenten *echte* Teilmengen der Attributmenge X_i der alten Komponente sind.   ∎

Beispiel: Wir wandeln das in Abschnitt 15.6 behandelte Beispiel geeignet ab.
Sei   U := { Id, Geschlecht, DaPa, Arzt, DaAr, ArtPro }
und   F   := { Id ⭢ Geschlecht,

                Id ⭢ DaPa,

                Arzt ⭢ DaAr,

                Id,Arzt ⭢ ArtPro   }.

$<\ \mid U \mid F >$ ist nicht in Boyce / Codd-Normalform: Arzt ⭢ DaAr stellt eine verbotene Teilstruktur dar. Zerlegt man das Universalrelation-Schema entsprechend, so erhält man die Relationenschemas

    < R1 ⏐ {Arzt, DaAr} ⏐ { Arzt ⭢ DaAr } >   und
    < R2 ⏐ {Id, Geschlecht, DaPa, Arzt, ArtPro} ⏐ { Id ⭢ Geschlecht, Id ⭢ DaPa,
                                                                Id,Arzt ⭢ ArtPro } >.

Das zweite Relationenschema ist noch nicht in Boyce / Codd-Normalform: Id ⭢ DaPa stellt eine verbotene Teilstruktur dar. Zerlegt man wieder entsprechend, so erhält man

    < R21 ⏐ {Id, Geschlecht, DaPa} ⏐ { Id ⭢ Geschlecht, Id ⭢ DaPa } >   und
    < R22 ⏐ {Id, Arzt, ArtPro} ⏐ { Id,Arzt ⭢ ArtPro } >.

Nunmehr sind die durch R1, R21 und R22 benannten Relationenschemas alle in Boyce / Codd-Normalform. Das Zerlegungsergebnis entspricht weitgehend dem in Abschnitt 15.6 definierten Datenbankschema, außer daß

- wir die Beziehung der Elternschaft noch nicht berücksichtigt haben (was wir am Ende dieses Abschnittes mit Hilfe mehrwertiger Abhängigkeiten nachholen werden),

- wir die Verallgemeinerungs-Aussonderungs-Hierarchie ohne Enthaltenseinsabhängigkeiten nicht ausdrücken können,

- wir Fremdschlüssel ohne Enthaltenseinsabhängigkeiten nicht ausdrücken können.

Die gemäß dem vorangehenden Satz erzeugten Datenbankschemas unterstützen das vorgegebene Universalrelation-Schema nicht notwendigerweise treu. Das folgende Beispiel zeigt sogar, daß das Erreichen von Boyce / Codd-Normalform und von treuer Unterstützung einander ausschließen können.

Beispiel: Wir betrachten noch einmal das in Abschnitt 15.1 vorgestellte Relationenschema

$$< R \mid \{A, B, C\} \mid \{ A,B \twoheadrightarrow C, \; C \twoheadrightarrow B \} >.$$

Es ist nicht in Boyce / Codd-Normalform, weil durch $C \twoheadrightarrow B$ eine verbotene Teilstruktur vorliegt. Zerlegt man das Relationenschema, so erhält man

$$< R_1 \mid \{B, C\} \mid \{ C \twoheadrightarrow B \} >,$$
$$< R_2 \mid \{A, B\} \mid \varnothing >.$$

Wie man sieht, kann die im ursprünglichen Relationenschema vereinbarte funktionale Abhängigkeit $A,B \twoheadrightarrow C$ in der Zerlegung nicht mehr "repräsentiert" werden. Somit ist es leicht, eine Beispielinstanz (r_1, r_2) der Zerlegung zu konstruieren, deren Verbund keine Instanz des Universalrelation-Schemas ist:

r_1	B	C
	b	c
	b	d

r_2	A	B
	a	b

$r_1 \bowtie r_2$	A	B	C
	a	b	c
	a	b	d

Ferner kann man leicht nachprüfen, daß auch keine andere Zerlegung gleichzeitig Relationenschemas in Boyce / Codd-Normalform und treue Unterstützung liefert. Man beachte, daß das ursprüngliche Relationenschema bereits in 3.Normalform ist. Wenn also nur diese schwächere Eigenschaft als wünschenswert angesehen wird, würde in diesem Beispiel keine weitere Zerlegung mehr angezeigt sein.

Zur obigen Beobachtung über die "Repräsentation" von funktionalen Abhängigkeiten läßt sich allgemein folgendes feststellen.

Satz 15.23 [treue Zerlegungen]

Sei $< R \mid U \mid F >$ ein Universalrelation-Schema und $RS = << R_1 \mid X_1 \mid F_1 >,...,$ $< R_n \mid X_n \mid F_n > \mid \quad \mid >$ ein Datenbankschema mit $\bigcup_{i=1,...,n} X_i = U$, wobei F und $F_1,...,F_n$ Mengen von funktionalen Abhängigkeiten seien.

Sei ferner $Q : \mathrm{sat}_{RS} \to \mathrm{sat}_{< R \mid U \mid >}$ definiert durch $Q(r_1,...,r_n) := \bowtie_{i=1,...,n} r_i$.

Wenn $(\bigcup_{i=1,...,n} F_i)^+ \supset F$,

dann gilt $Q[\mathrm{sat}_{RS}] \subset \mathrm{sat}_{< R \mid U \mid F >}$.

Beweis: Sei $(r_1,...,r_n) \in \mathrm{sat}_{RS}$ und $r := \bowtie_{i=1,...,n} r_i$. Wir zeigen unten, daß

(1) alle funktionalen Abhängigkeiten $X \twoheadrightarrow Y \in \bigcup_{i=1,...,n} F_i$ in r gültig sind.

Dann sind auch alle funktionalen Abhängigkeiten aus $(\bigcup_{i=1,...,n} F_i)^+$ in r gültig, und nach Voraussetzung sind damit auch alle funktionalen Abhängigkeiten aus F in r gültig. Also gilt $r \in \mathrm{sat}_{< R \mid U \mid F >}$.

Zum Beweis von (1) sei $X \twoheadrightarrow Y \in F_i$, insbesondere gilt also $X \cup Y \subset X_i$. Wir betrachten zwei Tupel $\mu \in r$ und $\nu \in r$ mit $\mu\lceil X = \nu\lceil X$. Nach Definition von r gilt $\mu_i := \mu\lceil X_i \in r_i$ und $\nu_i := \nu\lceil X_i \in r_i$. Ferner gilt auch $\mu_i\lceil X = \nu_i\lceil X$. Da $X \twoheadrightarrow Y$ in r_i gültig ist, folgt $\mu_i\lceil Y = \nu_i\lceil Y$ und also auch $\mu\lceil Y = \nu\lceil Y$. ∎

Korollar 15.24 [treue Verbund-Unterstützung eines Universalrelation-Schemas mit funktionalen Abhängigkeiten]

Sei $< R \mid U \mid F >$ ein Universalrelation-Schema und $RS = << R_1 \mid X_1 \mid F_1 >,...,$ $< R_n \mid X_n \mid F_n > \mid \mid >$ ein Datenbankschema mit $\bigcup_{i=1,...,n} X_i = U$, wobei F und $F_1,...,F_n$ Mengen von funktionalen Abhängigkeiten seien mit

(1) $F_i^+ \subset \{R \twoheadrightarrow S \mid R \cup S \subset X_i, R \twoheadrightarrow S \in F^+\}$.

Wenn $\bowtie [X_1,...,X_n] \in F^+$ und $(\bigcup_{i=1,...,n} F_i)^+ \supset F$,

dann *unterstützt* RS das Universalrelation-Schema $< R \mid U \mid F >$ *treu* mit Anfrageunterstützung $Q(r_1,...,r_n) := \bowtie_{i=1,...,n} r_i$.

Beweis: Der Beweis von Satz 15.20 über die Verbund-Unterstützung eines Universalrelation-Schemas zeigt, daß $\bowtie [X_1,...,X_n] \in F^+$ auch für die in der Voraussetzung angegebenen Verhältnisse hinreichend für $sat_{< R \mid U \mid F >} \subset Q[sat_{RS}]$ ist. Wenn nämlich $r \in sat_{< R \mid U \mid F >}$, so sind alle funktionalen Abhängigkeiten aus $\{R \twoheadrightarrow S \mid R \cup S \subset X_i, R \twoheadrightarrow S \in F^+\}$ in $\pi_{X_i}(r)$ gültig, so daß gemäß Voraussetzung (1) $(\pi_{X_1}(r),...,\pi_{X_n}(r)) \in sat_{RS}$. Der vorangehende Satz zeigt dann, daß die Unterstützung treu ist.   ∎

Die oben vorgeführte schrittweise Zerlegung eines Universalrelation-Schemas mit funktionalen Abhängigkeiten in Komponenten, die in Boyce / Codd-Normalform sind, läßt sich für den Fall von mehrwertigen Abhängigkeiten, bzw. von Verbundabhängigkeiten ansatzweise verallgemeinern: solange noch eine jeweils als verboten angesehene mehrwertige Abhängigkeit $X \twoheadrightarrow Y \mid Z$ bzw. allgemeiner Verbundabhängigkeit $\bowtie [Y_1,...,Y_k]$ in einer Komponente vorkommt, zerlegt man diese entsprechend in Teilkomponenten $X \cup Y$ und $X \cup Z$ bzw. $Y_1,...,Y_k$. Auf diese Weise erhält man schließlich ein Datenbankschema mit Relationenschemas in 4. bzw. 5. Normalform. Allerdings ist dabei die Vererbung der vorhandenen semantischen Bedingungen an die Komponenten schwieriger als im Falle der funktionalen Abhängigkeiten.

Beispiel [Fortsetzung] Wir ergänzen das schon oben betrachtete Beispiel um die Beziehung der Elternschaft, indem wir

   das Attribut Eltern   und
   die mehrwertige Abhängigkeit Id $\twoheadrightarrow$ Eltern

hinzufügen.
Das so abgeänderte Universalrelation-Schema

   $<$ { Id, Eltern, Geschlecht, DaPa, Arzt, DaAr, ArtPro } |
      { Id $\twoheadrightarrow$ Eltern,
        Id $\twoheadrightarrow$ Geschlecht,
        Id $\twoheadrightarrow$ DaPa,
        Arzt $\twoheadrightarrow$ DaAr,
        Id,Arzt $\twoheadrightarrow$ ArtPro } $>$

ist nicht in 4.Normalform:

Id $\twoheadrightarrow$ Eltern stellt eine verbotene Teilstruktur dar. Zerlegt man entsprechend, so erhält man

$\quad$ < R' | {Id, Eltern} | $\emptyset$ >$\quad$ und

$\quad$ < R | U | F >,

wobei die zweite Komponente wie oben definiert ist und weiter zerlegt werden muß. Man beachte, daß die mehrwertige Abhängigkeit nach der Zerlegung nicht mehr ausdrücklich in Erscheinung tritt.

15.11 Synthese

Das Korollar 15.24 über die treue Verbund-Unterstützung eines Universalrelation-Schemas mit funktionalen Abhängigkeiten weist einen Weg, wie man folgendes erreichen kann: als *wünschenswerte Eigenschaft* die 3.Normalform, wobei als *wesentliche Eigenschaft* invariant bleiben soll, daß ein Universalrelation-Schema < R | U | F > mit Hilfe des natürlichen Verbundes treu unterstützt wird. Das schrittweise Entfernen der bezüglich 3.Normalform verbotenen Teilstrukturen erfolgt dabei durch geeignete Transformationen der Menge F von funktionalen Abhängigkeiten.

Satz 15.25 [treue Verbund-unterstützte Synthese in 3.Normalform]

$\quad$ Sei < R | U | F > ein Universalrelation-Schema, wobei F eine Menge von funktionalen Abhängigkeiten sei. Dann gibt es ein Datenbankschema RS = < < R_1 | X_1 | F_1 >,...,< R_n | X_n | F_n > | | > mit folgenden Eigenschaften:

$\quad$ 1. RS unterstützt < R | U | F > treu mit Unterstützungsanfrage $Q(r_1,...,r_n) := \bowtie_{i=1,...,n} r_i$.

$\quad$ 2. $F_i = \{X \twoheadrightarrow Y \mid X \cup Y \subset X_i, X \twoheadrightarrow Y \in F^+\}$.

$\quad$ 3. Jede Komponente < R_i | X_i | F_i > ist in 3.Normalform.

Beweis: Wir werden grob wie folgt vorgehen: Wir bestimmen zunächst zur gegebenen Menge F von funktionalen Abhängigkeiten eine dazu äquivalente Menge G mit F^+ = G^+ derart, daß G in gewissem Sinne redundanzfrei ist. Dann "synthetisieren" wir für die funktionalen Abhängigkeiten aus G Relationenschemas, die die redundanzfreien funktionalen Abhängigkeiten "repräsentieren". Die Unterstützung mit der Unterstützungsanfrage des natürlichen Verbundes wird dadurch gesichert, daß wir ein Relationenschema mit einem Schlüssel K für die gesamte Attributmenge U hinzufügen, falls keines der "synthetisierten" Relationenschemas schon einen solchen Schlüssel enthält.

Zunächst also bestimmen wir G schrittweise wie folgt:

1. [*mache funktionale Abhängigkeiten elementar*]
$\quad$ Setze G := $\{X \twoheadrightarrow A \mid$ es gibt $X \twoheadrightarrow Y \in F$ mit $A \in Y\}$,
$\quad$ d.h. ersetze $X \twoheadrightarrow \{A_1,...,A_k\} \in F$ durch $X \twoheadrightarrow A_1,...,X \twoheadrightarrow A_k$.

2. *[entferne lokale Redundanz]*
   Für $X \twoheadrightarrow A \in G$ bestimme eine (bezüglich $\subset$) minimale Attributmenge $X' \subset X$
   mit $X' \twoheadrightarrow A \in G^+$ und ersetze, falls $X' \subset\neq X$, $X \twoheadrightarrow A$ durch $X' \twoheadrightarrow A$.

3. *[entferne globale Redundanz]*
   Für $X \twoheadrightarrow A \in G$ prüfe, ob $X \twoheadrightarrow A \in (G \setminus \{X \twoheadrightarrow A\})^+$;
   falls dies der Fall ist, so entferne $X \twoheadrightarrow A$ aus G.

Gemäß Konstruktion gilt offensichtlich $F^+ = G^+$. Man beachte, daß G nicht eindeutig
bestimmt ist, weil das Endergebnis von der Reihenfolge der bei der Minimierung der
linken Seiten betrachteten Attribute bzw. der bei der globalen Redundanzentfernung
betrachteten funktionalen Abhängigkeiten abhängen kann. Die Redundanzfreiheit sichert,
wie wir unten zeigen werden, daß die wie folgt "synthetisierten" Relationenschemas
keine verbotenen Teilstrukturen bezüglich 3.Normalform enthalten:

4. *["synthetisiere" Relationenschemas in 3.Normalform, "repräsentiere" F]*
   Sei $\text{Soll}_G := \{ X \mid \text{es gibt } A \in U \text{ mit } X \twoheadrightarrow A \in G \}$
   die Menge der in G vorkommenden linken Seiten von funktionalen Abhängigkeiten.
   Für $Y_i \in \text{Soll}_G$ bilde ein Relationenschema $< R_i \mid X_i \mid F_i >$ mit
   $$X_i := Y_i \cup \{ A \mid Y_i \twoheadrightarrow A \in G \} \quad \text{und}$$
   $$F_i := \{ X \twoheadrightarrow Y \mid X \cup Y \subset X_i, X \twoheadrightarrow Y \in G^+ \} \supset \{ Y_i \twoheadrightarrow A \mid Y_i \twoheadrightarrow A \in G \}.$$

5. *[Verbund-Unterstützung]*
   Prüfe, ob für ein $Y_i \in \text{Soll}_G$ die funktionale Abhängigkeit $Y_i \twoheadrightarrow U \in G^+$ gilt.
   Falls dies *nicht* der Fall ist, so bestimme einen Schlüssel K von $< R \mid U \mid F >$ und
   bilde ein weiteres Relationenschema mit
   $$X_i := K \quad \text{und} \quad F_i := \emptyset.$$

Sei schließlich $RS = < < R_1 \mid X_1 \mid F_1 >,...,< R_n \mid X_n \mid F_n > \mid \; \mid >$ das
Datenbankschema, das die in Schritt 4 und gegebenenfalls Schritt 5 gebildeten
Relationenschemas enthält. Wir müssen dann die im Satz behaupteten Eigenschaften
beweisen.

zu 1.: Nach Konstruktion gilt
$$\bigcup\nolimits_{i=1,...,n} \{ Y_i \twoheadrightarrow A \mid Y_i \twoheadrightarrow A \in G \} = G \quad \text{und} \quad F^+ = G^+, \text{ also insbesondere}$$
(1) $(\bigcup\nolimits_{i=1,...,n} F_i)^+ \supset F.$

Unter dieser Gegebenheit kann man beweisen, daß

(2) $\bowtie [X_1,...,X_n] \in F^+$ genau dann, wenn

(3)   für ein $i \in \{1,...,n\}$ gilt $X_i \twoheadrightarrow U \in F^+.$

(Um dies nachzuprüfen, zeigt man [BiDaBe 79], daß ein syntaktischer Beweis von
$\bowtie [X_1,...,X_n]$ mit Hilfe des in Abschnitt 15.2 eingeführten Reduktionsverfahrens
genau einer "Berechnung" $cl(F, X_i) = U$ für ein $i \in \{1,...,n\}$ entspricht.) Schritt 5
sichert gerade (3), so daß auch (2) gilt. Gemäß dem Korollar 15.24 über treue Verbund-
Unterstützung folgt aus (1) und (2) die Eigenschaft 1.

zu 2.: Nach Konstruktion.

zu 3. (indirekt): Angenommen für ein Relationenschema $< R_i \mid X_i \mid F_i >$ aus RS gibt es
eine verbotene Teilstruktur der Form

(4) $Z \rightarrow A \in F_i^+$,

(5) $A \notin Z$,

(6)   A Nichtschlüsselattribut,

(7) $Z \rightarrow X_i \notin F_i^+$.

Dieses Relationenschema kann nicht das gegebenenfalls in Schritt 5 hinzugefügte sein, denn der dort bestimmte Schlüssel K erfüllt die Eigenschaft der Minimalität. Also handelt es sich um ein in Schritt 4 "synthetisiertes" Schema. In diesem Schema ist

(8) $Y_i \in \text{Soll}_G$ ein Schlüssel,

denn $Y_i \rightarrow X_i \in F^+$ gilt nach Konstruktion, und Y_i erfüllt die Eigenschaft der Minimalität gemäß Schritt 2.

Wegen (6) und (8) gilt

(9) $A \notin Y_i$.

Also können wir uns die vorliegenden Gegebenheiten bezüglich der funktionalen Abhängigkeiten wie folgt veranschaulichen:

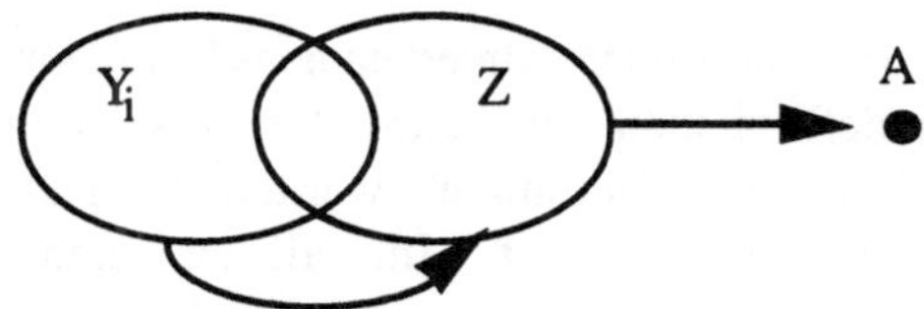

Wegen (9) ist $Y_i \rightarrow A \in G$ in Schritt 4 bei der Bildung von X_i benutzt worden. Andererseits beweisen wir nun, daß $Y_i \rightarrow A$ aber in Schritt 3 hätte entfernt werden müssen: der gesuchte Widerspruch.

Dazu zeigen wir, daß für das nach Schritt 3 vorliegende G gilt:

(10) $Y_i \rightarrow Z \in (G \setminus \{Y_i \rightarrow A\})^+$ und

(11) $Z \rightarrow A \in (G \setminus \{Y_i \rightarrow A\})^+$,

woraus dann mit der Transitivität $Y_i \rightarrow A \in (G \setminus \{Y_i \rightarrow A\})^+$ folgt. Um (10) nachzuweisen, betrachten wir die Attribute $B \in Z$ einzeln.

Für $B \in Z \cap Y_i$ gilt wegen der Reflexivität $Y_i \rightarrow B \in (G \setminus \{Y_i \rightarrow A\})^+$.

Für $B \in Z \setminus Y_i$ gibt es $Y_i \rightarrow B \in G$, wobei wegen (5) $A \neq B$, so daß $Y_i \rightarrow B \in (G \setminus \{Y_i \rightarrow A\}) \subset (G \setminus \{Y_i \rightarrow A\})^+$.

(11) weisen wir indirekt nach:

Angenommen $Z \rightarrow A \notin (G \setminus \{Y_i \rightarrow A\})^+$.

Andererseits gilt wegen (4) $Z \rightarrow A \in G^+$. Bei der Berechnung von cl(G, Z) muß also die funktionale Abhängigkeit $Y_i \rightarrow A$ notwendigerweise tatsächlich benutzt werden. Also folgt $Y_i \subset cl(G, Z)$ und damit $Z \rightarrow Y_i \in G^+$ und also auch $Z \rightarrow Y_i \in F_i^+$. Daraus ergibt sich zusammen mit (8) wegen der Transitivität $Z \rightarrow X_i \in F_i^+$: ein Widerspruch zu (7). ∎

Beispiel [Fortsetzung]: Wir betrachten wieder das schon bei der Zerlegung in Boyce / Codd-Normalform benutzte Universalrelation-Schema:

* Schritte 1, 2 und 3 ergeben G := F, lassen also die vereinbarten funktionalen Abhängigkeiten unverändert.

- In Schritt 4 ergibt sich

    $\text{Soll}_G := \{\text{Id, Arzt, \{Id, Arzt\}}\}$,

    und es werden folgende Relationenschema "synthetisiert":

    $< R_1 \mid \{\text{Id, Geschlecht, DaPa}\} \mid \{ \text{Id} \rightarrow \text{Geschlecht, Id} \rightarrow \text{DaPa} \} >$,

    $< R_2 \mid \{\text{Arzt, DaAr}\} \mid \{ \text{Arzt} \rightarrow \text{DaAr} \} >$,

    $< R_3 \mid \{\text{Id, Arzt, ArtPro}\} \mid \{ \text{Id,Arzt} \rightarrow \text{ArtPro} \} >$.

- In Schritt 5 stellt man fest, daß

    $\text{cl}(F, \{\text{Id, Arzt}\}) = U$,

    so daß kein weiteres Relationenschema hinzugeführt werden muß.

In diesem besonderen Beispiel liefern Zerlegung und Synthese das gleiche Ergebnis, was aber im allgemeinen nicht der Fall ist.

15.12 Sichtintegration

Bei der Modellierung eines sehr großen "Unternehmens" kann man wie folgt vorgehen. Für jede Abteilung modelliert man den benötigten Ausschnitt des Unternehmens einzeln. Diese "Abteilungsmodellierungen" werden dann zu genannten "Sicht-(Datenbank-) Schemas" formalisiert. Im allgemeinen werden sich die Abteilungsmodellierungen überlappen, und dementsprechend wird die Gesamtheit der Sichtschemas nicht redundanzfrei sein. Die wiederholte Formalisierung einer Gegebenheit des Unternehmens in mehreren Sichtschemas kann man dann als eine verbotene Teilstruktur in der Gesamtheit der Sichtschemas ansehen, die durch geeignete Transformationen zu entfernen ist.

15.13 Zusammenfassung

Die *Theorie* des Schemaentwurfes gibt Hinweise, wie in früheren Kapiteln erfundene formale Sprachen zur Definition von Schemas *benutzt* werden sollen. Dazu werden wünschenswerte Eigenschaften von Datenbankschemas entwickelt: Normalformen bzw. Azyklizität formalisieren ansatzweise die Entwurfsheuristiken der Trennung von Gesichtspunkten und von Spezialisierungen bzw. die Entwurfsheuristik des eindeutigen Verständnisses von Gesichtspunkten. Beim Erreichen solcher wünschenswerten Eigenschaften, das man auch als Optimierung zum Zeitpunkt des Schemaentwurfes ansehen kann, muß man die Unterstützung eines ursprünglichen Schemas durch ein transformiertes sicherstellen, wodurch man der Entwurfsheuristik der Erschließbarkeit von Gesichtspunkten folgt.

Für den Fall, daß als semantische Bedingungen nur funktionale Abhängigkeiten vorliegen, werden ein Zerlegungs- und ein Syntheseverfahren zum Erreichen der Entwurfsziele vorgestellt. Diese Verfahren sind Beispiele für ein allgemeines Muster der halbalgorithmischen Unterstützung beim Schemaentwurf, nach dem man durch geeignete, jeweils wesentliche Eigenschaften invariant lassende Transformationen schrittweise jeweils verbotene Teilstrukturen entfernt.

Grundlage der formalen Eigenschaften und der Entwurfsverfahren ist die algorithmische Behandlung der (logischen) Implikation zwischen semantischen Bedingungen, insbesondere von funktionalen Abhängigkeiten, mehrwertigen Abhängigkeiten, Verbundabhängigkeiten und Enthaltenseinsabhängigkeiten.

paradigm formale Sprache	theory	abstraction	design
erfinden			
verwirklichen			
benutzen	●		

15.14 Bibliographische Hinweise

Von den in Kapitel 1 und Kapitel 8 genannten Lehrbüchern enthalten die von D. Maier [Mai 83], J.D. Ullman [Ul 88, 89], J. Paredaens et al. [PaDGV 89] und G. Vossen [Vo 94, 91a] jeweils umfangreichere Darstellungen der Entwurfstheorie. H. Mannila und K.-J. Räihä [MaRä 92] geben einen neueren Überblick über den Entwurf relationaler Datenbankschemas.

E.F. Codd führt in seinen grundlegenden Schriften [Co 70, 72b] funktionale Abhängigkeiten und die zugehörigen Normalformen ein. W.W. Armstrong [Ar 74] beginnt das Studium des Implikationsproblems für funktionale Abhängigkeiten. R. Fagin [Fa 77], C. Delobel [De 78] und C. Zaniolo [Za 76] führen unabhängig voneinander mehrwertige Abhängigkeiten ein. C. Beeri und M.Y. Vardi [BeVa 84a, 84b, Va 84] untersuchen Möglichkeiten und Grenzen algorithmischer Verfahren für das Implikationsproblem allgemeiner Abhängigkeiten. P. DeBra und J. Paredaens [DePa 84, PaDGV 89] betrachten afunktionale Abhängigkeiten und horizontale Zerlegungen, J. Grant und J. Minker [GrMi 85] numerische Abhängigkeiten und M.A. Casanova et al. [CaTFB 89] Nichtnull-Abhängigkeiten.

M.A. Casanova, R. Fagin und C.H. Papadimitriou [CaFaPa 84], J.C. Mitchell [Mi 83] sowie S.S. Cosmadakis, P.C. Kanellakis, M.Y. Vardi und A.K. Chandra [KaCoVa 83, CoKa 84, ChVa 85] studieren Enthaltenseinsabhängigkeiten. C. Beeri, R. Fagin, D. Maier und M. Yannakakis [Fa 83, BFMY 83] behandeln Azyklizität von Datenbankschemas zugeordneten Hypergraphen und dazu äquivalente Eigenschaften. J. Biskup et al. [BiBSK 86] erörtern den Zusammenhang zwischen der Ein-Geschmack-Annahme und γ - Azyklizität. J. Biskup und P. Dublish [BiDu 91] stellen den

Zusammenhang zwischen Boyce / Codd-Normalform und Verträglichkeit her.

C. Beeri, P.A. Bernstein und N. Goodman [BeBeGo 78] erörtern Verfahren zur Normalisierung, insbesondere die von P.A. Bernstein [Be 76] eingeführte Synthese, die später von J. Biskup, U. Dayal und P.A. Bernstein [BiDaBe 79] ergänzt wird. J. Biskup und B. Convent [BiCo 86] formalisieren die Aufgabe der Sichtintegration. W. Kent [Ke 83] erörtert verschiedene Normalformen. Unterstützung und Äquivalenz von Datenbankschemas werden von P. Atzeni et al. [AtABM 82], R. Hull [Hu 86] sowie J. Biskup und U. Räsch [BiRä 87] behandelt.

Überblicke über die Theorie von semantischen Bedingungen und ihr Implikationsproblem werden von R. Fagin und M.Y. Vardi [FaVa 84, Va 88], sowie von B. Thalheim [Th 91] gegeben. G.O.H. Katona [Ka 92] führt in kombinatorische Probleme im Zusammenhang mit dem Schemaentwurf ein.

16 Universalrelation-Sichten

In der schichtenmäßigen Architektur von Informationssystemen schirmt die mengenorientiert arbeitende konzeptionelle Schicht die Benutzer von den Einzelheiten der *tupelweisen* (bzw. objektweisen) *Navigation* in den Zugriffsstrukturen ab. Dadurch erreicht man eine sogenannte *physische Datenunabhängigkeit*, d.h. die in den jeweiligen Umgebungen laufenden Anwendungsprogramme der Benutzer sind unabhängig von den durch das interne Schema beschriebenen Zugriffsstrukturen und damit natürlich auch unabhängig von den noch darunter liegenden Speicher- und Gerätestrukturen.

Die Benutzer müssen aber weiterhin die *relationenweise* (bzw. klassenweise) *Navigation* beherrschen: wie in Abschnitt 8.4 erläutert müssen sie für ihren jeweiligen Anfragewunsch einen geeigneten Pfad in dem durch das konzeptionelle Schema beschriebenen Hypergraphen der Relationenschemas (bzw. in einem entsprechenden Graphen der Klassenvereinbarungen) bestimmen. Damit bleiben die Benutzer wesentlich gebunden an die Entwurfsentscheidungen des Administrators, der wie in Kapitel 15 dargestellt festlegen muß, wie die jeweiligen Attribute zu Relationenschemas (bzw. Klassenvereinbarungen) zusammengefaßt werden. Folgt der Administrator dabei der in Abschnitt 15.7 vorgestellten Entwurfsheuristik *"Eindeutiges Verständnis von Gesichtspunkten"*, so eröffnen sich jedoch begrenzte Möglichkeiten, die Benutzer auch von der relationenweisen Navigation zu befreien. Denn sind die in Abschnitt 15.7 eingeführten Annahmen, nämlich die Universalrelation-Schema-Annahme, die Basiszusammenhang-Annahme und die Ein-Geschmack-Annahme hinlänglich erfüllt, so ist innerhalb der durch diese Annahmen gegebenen Begrenzungen auch eine Art *logischer Datenunabhängigkeit* erreichbar, d.h. dann brauchen die in den jeweiligen Umgebungen laufenden *Anfragen* der Benutzer nur noch die jeweils zu betrachtenden Attribute, aber nicht mehr deren Vorkommen in Relationenschemas (bzw. Klassenvereinbarungen) zu berücksichtigen. Die Anfragen sind dann also unabhängig von dem im konzeptionellen Schema beschriebenen Hypergraphen der Relationenschemas (bzw. dem entsprechenden Graphen der Klassenvereinbarungen) ausdrückbar. Wegen des im Abschnitt 15.9 erwähnten Sichten-Änderungsproblems kann diese Art logischer Datenunabhängigkeit aber im allgemeinen nicht für beliebige, auch Änderungen enthaltene Anwendungsprogramme zur Verfügung gestellt werden.

In diesem Kapitel sollen für das relationale Datenmodell zwei Ansätze vorgestellt werden, solche sogenannten Universalrelation-Sichten einzurichten, bei denen die Benutzer nur noch die unstrukturierte Menge der (gemäß der Eindeutigkeitsheuristik sorgfältig benannten) Attribute sehen und dementsprechend weitgehend von Navigation überhaupt befreit sind. Bild 16.1 faßt den Zweck solcher Universalrelation-Sichten noch einmal stichwortartig zusammen.

Grundlage einer Universalrelation-Sicht ist jeweils ein Datenbankschema

$RS = <<R_1 \mid X_1 \mid SC_1>,...,<R_n \mid X_n \mid SC_n> \mid SC \mid >$ mit

R_i Relationensymbol,

X_i Menge von Attributen, wobei die X_i paarweise verschieden seien.

Schicht	sichtbare Strukturen	erforderliche Navigation	geeignet für
Universalrelation-Sicht	Attribute (gemäß Eindeutigkeitsheuristik)	–	Anfragen
konzeptionell	Hypergraph (Attribute und Relationenschemas)	relationenweise	Anfragen und Änderungen
intern	Zugriffsstrukturen (für Tupel mit Durchläufen)	tupelweise	Anfragen und Änderungen

Bild 16.1 Zweck von Universalrelation-Sichten

Ferner sei

$$U := \bigcup_{i=1,\ldots,n} X_i \text{ die Menge aller in RS vereinbarten Attribute.}$$

Kern einer Universalrelation-Sicht ist jeweils eine sogenannte *Fensterfunktion* (window function) [ ], die jeder Attributmenge $X \subset U$ eine Evaluierungsfunktion [X] mit

$$[X] : sat_{RS} \rightarrow sat_{<|X|>}$$

zuordnet. Aufbauend auf einen solchen Kern kann dann eine reichhaltige Anfragesprache verwirklicht und benutzt werden. Ein Benutzer gibt in einer Anfrage Φ jeweils eine Attributmenge X (gegebenenfalls dem Gebrauch von Tupelvariablen in SQL entsprechend auch mehrere Attributmengen) und relationale Operationen, insbesondere Selektionen und Projektionen an. Solch eine Anfrage wird dann vom Informationssystem ausgewertet, indem auf das Ergebnis der Evaluierungsfunktion [X] bezüglich der vorliegenden Instanz $(d,r_1,\ldots,r_n)$, nämlich der Relation $[X](d,r_1,\ldots,r_n)$, die angegebenen Operationen ausgeführt werden.

Beispiel: Wir betrachten das in Abschnitt 8.1 definierte relationale Datenbankschema für den stark vereinfachten Ausschnitt einer Arztpraxis, dessen Hypergraph in Bild 8.2 gezeigt wird. Der erste in Abschnitt 8.4 behandelte Anfragewunsch, nämlich

"Bestimme für das Kind `theresia` ihr Geschlecht und ihre Eltern!"

erfordert eine relationenweise Navigation im Hypergraphen, die in einem entsprechenden Ausdruck der Relationenalgebra, nämlich etwa

$$\sigma_{Name=theresia} (PERSON \bowtie ELT),$$

durch den Verbund und in einer entsprechenden SQL-Anfrage, nämlich etwa

```
SELECT  DISTINCT  Name, Geschlecht, Eltern
   FROM  PERSON, ELT
      WHERE  PERSON.Name = ELT.Name
         AND  PERSON.Name = 'theresia',
```

durch die FROM-Klausel und die erste Atomformel in der WHERE-Klausel ausgedrückt wird. Unter gewissen Annahmen könnte eine Universalrelation-Sicht den Benutzer davon befreien, diese relationenweise Navigation selbst bestimmen zu müssen. Für eine solche Universalrelation-Sicht könnte der Anfragewunsch in SQL-ähnlicher syntaktischer Form einfach

```
SELECT  DISTINCT  Name, Geschlecht, Eltern
   WHERE  Name = 'theresia'
```

lauten. In dieser Anfrage wird vom Benutzer im wesentlichen nur die Attributmenge X = {Name, Geschlecht, Eltern} und eine Selektion angegeben. Bei einer Auswertung durch das Informationssystem ist die Relation

[Name, Geschlecht, Eltern](d, person, elt, beh)

zu bestimmen, auf die dann die gewünschte Selektion $\sigma_{Name=theresia}$ angewendet werden muß. Natürlich kann das System vor einer tatsächlichen Auswertung auch noch eine semantikerhaltende Optimierung durchführen.

16.1 Eine Hypergraph-gestützte Fensterfunktion

In einem ersten Ansatz für eine Universalrelation-Sicht wird die den Kern bildende Fensterfunktion ausschließlich mit Hilfe des in Abschnitt 15.7 eingeführten Hypergraphen RG = (U,H) zum Datenbankschema RS festgelegt, so daß also die semantischen Bedingungen aus RS nicht berücksichtigt werden. Diese Fensterfunktion ist im wesentlichen durch die in Definition 15.8.3 eingeführten *Verbundmengen* bestimmt.

Definition 16.1 [Hypergraph-gestützte Fensterfunktion]

Sei RG = (U,H) der dem Datenbankschema RS zugeordnete Hypergraph. Die *Hypergraph-gestützte Fensterfunktion* [ ]$_{RG}$ ist definiert durch

$[X]_{RG} : sat_{RS} \rightarrow sat_{<\,|X|\,>}$ für $X \subset U$ mit

$[X]_{RG}(d, r_1, ..., r_n) := \bigcup_{E \in jp(X)} \pi_X(\bowtie_{X_i \in E} r_i)$.

Beispiel [Fortsetzung]: Für den obigen Anfragewunsch an die Arztpraxisdatenbank erhält man für

die Attributmenge X = {Name, Geschlecht, Eltern}
die Verbundmenge jp(X) = {{PERSON, ELT}},

und die Hypergraph-gestützte Fensterfunktion liefert die Evaluierungsfunktion

$[X]_{RG}(d, person, elt, beh) = \pi_X(person \bowtie elt)$
$= person \bowtie elt.$

Für den zweiten in Abschnitt 8.4 behandelten Anfragewunsch, nämlich

"Bestimme alle Ärzte, die weibliche Patienten behandeln!",

würde die Hypergraph-gestützte Fensterfunktion [ ]$_{RG}$ nicht ohne weiteres das gewünschte Ergebnis liefern. Denn einerseits verbindet diese Fensterfunktion zwei Relationensymbole nur vermöge dem Verbund über ihre gemeinsamen Attribute, aber andererseits ist im vorliegenden Datenbankschema die Verbindung zwischen den Relationensymbolen BEH und PERSON nicht durch gemeinsame Attribute erkennbar, sondern muß erst durch zusätzliche Sprachmittel (Attribut umbenennende q-Projektion, Vergleich) hergestellt werden.

Für die Hypergraph-gestützte Fensterfunktion wird die Basiszusammenhang-Annahme derart gedeutet, daß die vorgesehenen Benutzer einer Attributmenge X denjenigen Zusammenhang zuordnen, der durch die *Vereinigung* aller X überdeckenden, zusammenhängenden Kantenmengen beschrieben wird. In gewissem Sinn wird damit unter den überhaupt als sinnvoll anzusehenden Deutungen die das *maximale* Ergebnis liefernde als die tatsächlich gemeinte angenommen.

Sollen gewisse Kantenmengen bzw. die entsprechenden Verbunde keinen Beitrag zum Ergebnis liefern, so kann man dies grundsätzlich auf zwei Weisen erreichen:

- Man kann die Fensterfunktion, und das heißt hier die Funktion jp, entsprechend abändern, etwa indem man durch aus der Deutung der Basiszusammenhang-Annahme gewonnenen "*Kontextangaben*" jeweils gewisse Kantenmengen von der Bildung der Verbundmengen ausschließt. Anstelle der Verbundmengen-Funktion jp verwendet man dann also eine Funktion jp_kontext der Form

$$jp\_kontext(X) \ := \ \{E \mid E \subset H, \ E \ \text{zusammenhängend}, \ E \ \text{überdeckt} \ X; \ E \ \text{ist}$$
$$(\text{bezüglich der erstgenannten Eigenschaften}) \ \text{unverkürzbar};$$
$$E \ \text{erfüllt weitere "Kontextangaben"}\}$$
$$\subset jp(X).$$

- Man kann durch geeignete Wahl des Datenbankschemas den *einzelnen* Benutzer in die Lage versetzen, die von *ihm* bevorzugte Deutung dadurch zu erreichen, daß er durch sogenannte "*charakteristische Attribute*" die ursprüngliche relationenweise Navigation (mit Hilfe von Relationenschemas) allein mit Hilfe von Attributen simulieren kann.

Ferner kann man durch geeignete Wahl des Datenbankschemas erreichen, daß die aufgrund von verschiedenen Kantenmengen $E \in jp(X)$ und $F \in jp(X)$ bzw. den entsprechenden Verbunden erzeugten Tupelmengen über X stets übereinstimmen. Da wir für die Hypergraph-gestützte Fensterfunktion die semantischen Bedingungen nicht berücksichtigen, wird die genannnte Unabhängigkeitseigenschaft genau dann erreicht, wenn die in Definition 15.8 eingeführten *Wesentlichen* essence(E,X) und essence(F,X) stets übereinstimmen. Der Satz 15.14 charakterisiert solche Datenbankschemas genau als die γ-azyklischen. Man beachte, daß man gemäß Satz 15.14 für γ-azyklische Datenbankschemas auch die in Abschnitt 15.7 besprochenen Eigenschaften der Monotonie und der verlustlosen Projektionen benutzen kann, etwa zur Optimierung von Anfragen an die Universalrelation-Sicht.

16.2 Eine Semantik-gestützte Fensterfunktion

In einem anderen Ansatz für eine Universalrelation-Sicht wird die den Kern bildende Fensterfunktion dadurch festgelegt, daß mit Hilfe der im Datenbankschema RS vereinbarten semantischen Bedingungen zu jeder Instanz $f = (d, r_1, ..., r_n)$ eine fiktive Universalrelation u mit dom u = U gebildet wird, die alle semantischen Bedingungen erfüllt. Diese fiktive Universalrelation soll jeweils *alle* verfügbaren Informationen *repräsentieren*: einerseits die tatsächlich gespeicherten Relationen r_i und andererseits die im Datenbankschema RS vereinbarten semantischen Bedingungen.

Damit die Tupel der fiktiven Universalrelation u jeweils tatsächlich für alle in RS vorkommenden Attribute $A \in U$ definiert sind, muß man sogenannte *Nullwerte* einführen, die man als *existentiell gebundene* (nondistinguished) *Individuenvariablen* im Sinne der in Abschnitt 14.2.3 behandelten Tableaus deuten kann. Entsprechend werden wir diese Nullwerte durch b_1, b_2, b_3, ... bezeichnen. Im folgenden besteht die fiktive Universalrelation u also aus Tupeln der Form

$$\mu : U \to \mathbf{C} \cup \{b_1, b_2, b_3, ...\}.$$

Definition 16.2 [Semantik-gestützte   Fensterfunktion]

Sei RS = $<<R_1 \mid X_1 \mid SC_1>,...,<R_n \mid X_n \mid SC_n> \mid SC \mid >$ ein Datenbankschema mit $U = X_1 \cup ... \cup X_n$ und Sem = $SC_1 \cup ... \cup SC_n \cup SC$.

1. Ist $f = (d,r_1,...,r_n)$ eine Instanz zu RS, so heißt eine Nullwerte enthaltende Relation u mit dom u = U eine *repräsentierende Universalrelation* zu f und RS, wenn gilt:

   i) $r_i \subset \pi_{X_i}(u)$ für i=1,...,n.

   ii) u erfüllt alle semantischen Bedingungen Sem aus RS.

   iii) u ist "minimal" (bezüglich der Eigenschaften i) und ii)).

2. $\pi_X{\downarrow}(u) = \{v\lceil X \mid v \in u$ und $v(A) \in \mathbf{C}$ für alle $A \in X\}$
   heißt die *totale Projektion* der Relation u auf X.

3. Die *Semantik-gestützte Fensterfunktion* [ ]$_{Sem}$ ist definiert durch

   $[X]_{Sem} : \text{sat}_{RS} \to \text{sat}_{< \mid X \mid >}$ für $X \subset U$ mit

   $[X]_{Sem}(d,r_1,...,r_n) := \pi_X{\downarrow}(u)$, wobei

   u eine repräsentierende Universalrelation zu $(d,r_1,...,r_n)$ und RS ist.

Die obige Definition wirft natürlich eine Reihe von Fragen auf, insbesondere nach

- der globalen Deutung von lokal vereinbarten *semantischen Bedingungen*,
- einer genauen Definition von "*minimal*",
- der *Existenz*,
- *Konstruktion* und
- *Eindeutigkeit* einer repräsentierenden Universalrelation, sowie
- einer *Optimierung*.

Im folgenden sollen diese Fragen nur noch einführend behandelt und passende Lösungsansätze angedeutet werden.

Einige Arten von *semantischen Bedingungen*, insbesondere Verbundabhängigkeiten beziehen sich nicht auf beliebige Relationen, sondern jeweils auf Relationen mit einem vorgegebenen Definitionsbereich. Dann muß die obige Eigenschaft 1.ii) jeweils geeignet genauer gefaßt werden, etwa indem eine Verbundabhängigkeit über einem X_i nunmehr als eine eingebettete Verbundabhängigkeit über U aufgefaßt wird.

Die obige Eigenschaft 1.iii) der *"Minimalität"* ist zunächst bezüglich der Mengeninklusion zu verstehen. Diese Eigenschaft muß aber noch weiter verfeinert werden, indem man für Werte, Tupel und Relationen eine *Subsumtions*-Beziehung einführt, etwa durch folgende Festlegungen:

$$x \leq y \quad :\text{gdw} \quad x = y \quad \text{oder} \quad x \in \{b_1, b_2, b_3, \ldots\},$$
$$\mu \leq v \quad :\text{gdw} \quad \mu(A) \leq v(A) \quad \text{für alle } A \in U,$$
$$v \leq u \quad :\text{gdw} \quad \text{für alle } v \in v \text{ gibt es ein } \mu \in u \text{ mit } v \leq \mu.$$

Diese Beziehungen können jeweils anschaulich so gedeutet werden, daß durch das kleinere Element dargestellte Information auch von dem größeren dargestellt wird. Ist eine derartige Subsumtions-Beziehung definiert, dann kann man in einer Relation u offenbar solche Tupel entfernen, die von einem verbleibenden subsumiert werden.

Die *Existenz* einer repräsentierenden Universalrelation ist nicht in allen Fällen gesichert. Insbesondere kann es vorkommen, daß in RS zunächst nur lokal zu erfüllende funktionale Abhängigkeiten, die in einer Instanz f tatsächlich lokal gültig sind, in der zu bildenden Universalrelation global nicht erfüllt werden können. Liegt zum Beispiel für das Datenbankschema

$$RS = < \; <R_1 \mid \{A1, A2\} \mid A1 \twoheadrightarrow A2 >,$$
$$<R_2 \mid \{A2, A3\} \mid A2 \twoheadrightarrow A3 >,$$
$$<R_3 \mid \{A1, A3\} \mid A1 \twoheadrightarrow A3 > \mid \; \mid >,$$

dessen zyklischer Hypergraph mit einer Veranschaulichung der funktionalen Abhängigkeiten in Bild 16.2a gezeigt ist, die in Bild 16.2b angegebene Instanz vor, so müßte die zu bildende Universalrelation u die in Bild 16.2c gezeigte Relation v subsumieren.

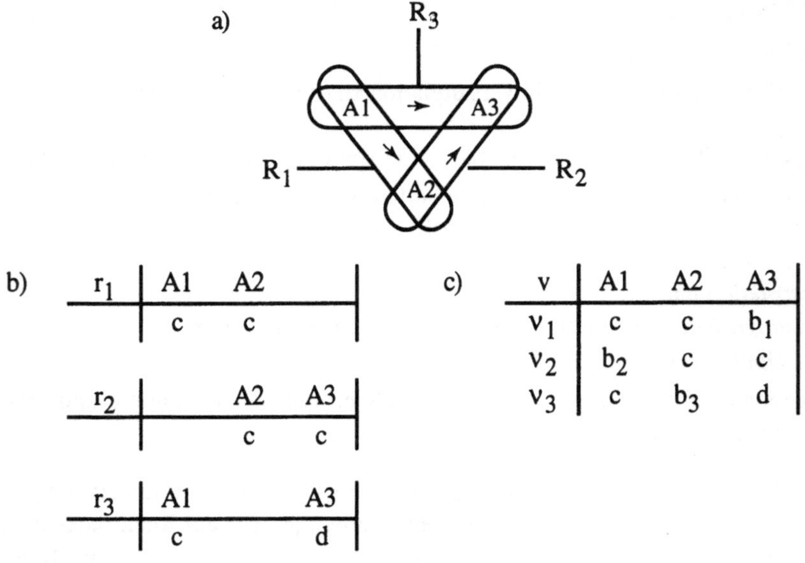

b)

r_1	A1	A2
	c	c

r_2	A2	A3
	c	c

r_3	A1	A3
	c	d

c)

v	A1	A2	A3
v_1	c	c	b_1
v_2	b_2	c	c
v_3	c	b_3	d

Bild 16.2 a) zyklischer Hypergraph mit funktionalen Abhängigkeiten
b) eine die funktionalen Abhängigkeiten lokal erfüllende Instanz
c) von repräsentierender Universalrelation zu subsumierende Relation

Wenn man nun die funktionalen Abhängigkeiten global, d.h. hier in der Relation v erfüllen will, so muß offensichtlich $b_3 = c$ gelten wegen der funktionalen Abhängigkeit A1 $\rightarrow$ A2 vermöge der Tupel v_1 und v_3. Dann widersprechen aber die Tupel v_2 und v_3 der funktionalen Abhängigkeit A2 $\rightarrow$ A3 wegen $c \neq d$.

Im Fall der Existenz kann die tatsächliche *Konstruktion* einer repräsentierenden Universalrelation in zwei Schritten erfolgen:

1. Die gespeicherten Relationen r_i der Instanz werden wie in Abbildung 16.2c für das Beispiel gezeigt in eine Art Tableau für ein Relationenschema mit Attributmenge U eingetragen. Zunächst fehlende Einträge werden durch paarweise verschiedene Nullwerte (bzw. existentiell gebundene Individuenvariablen) aufgefüllt.

2. Dann benutzt man das in Abschnitt 14.2.1 eingeführte Reduktionsverfahren zur Entscheidung der logischen Implikation, das wie in Abschnitt 15.2 für Tableaus geeignet angepaßt wird, um aus dem anfänglichen Tableau ein Tableau zu erzeugen, das alle semantischen Bedingungen erfüllt: für gleichheitsbestimmende semantische Bedingungen werden dabei entsprechende Termersetzungen vorgenommen, an denen jeweils mindestens ein Nullwert beteiligt ist; für tupelerzeugende semantische Bedingungen werden dabei gegebenenfalls zusätzliche Tupel erzeugt. Wenn die wiederholte Anwendung der semantischen Bedingungen schließlich erfolgreich abbricht, so stellt das dann vorliegende Tableau eine repräsentierende Universalrelation dar. Anderenfalls sind entweder wie im obigen Beispiel Tupel gefunden worden, die einer gleichheitsbestimmenden semantischen Bedingung widersprechen, oder der Erzeugungsvorgang kann unendlich oft fortgesetzt werden, etwa bei eingebetteten Verbundabhängigkeiten. Im ersten Fall gibt es überhaupt keine repräsentierende Universalrelation, im zweiten Fall erhält man eine unendliche, nicht abschließend erzeugbare Relation.

Im Falle der Existenz muß man sich vergewissern, daß der skizzierte Erzeugungsvorgang im wesentlichen, d.h. bis auf die Benennung der Nullwerte, ein *eindeutiges* Ergebnis liefert. Eine Beweismethode hierfür ist, daß man für die vorliegenden semantischen Bedingungen eine Church-Rosser-Eigenschaft nachweist.

Schließlich möchte man nach Möglichkeit die Auswertung von $\pi_X\!\downarrow\!(u)$ dadurch optimieren, daß man die repräsentierende Universalrelation gar nicht erst vollständig bestimmt, um dann eine anschließende Projektion auf den eigentlich interessierenden Teil auszuführen. Insbesondere kann man versuchen, wie bei der Hypergraph-gestützten Fensterfunktion zur Attributmenge X einen Ausdruck $\Phi(X)$ der relationalen Algebra zu finden, so daß gilt

$$[X]_{Sem}(d,r_1,...,r_n) := \pi_X\!\downarrow\!(u) = \Phi(X)(d,r_1,...,r_n).$$

Unter gewissen, hier nur grob angedeuteten Voraussetzungen gelingt dies tatsächlich, insbesondere wenn man im Zusammenhang mit Azyklizität als wünschenswert angesehene, in Abschnitt 15.7 eingeführte Eigenschaften ausnutzt. Wenn zum Beispiel die semantischen Bedingungen sicherstellen, daß eine Instanz f aus paarweise vollständig verbindbaren Relationen besteht, und wenn zusätzlich der Hypergraph α-azyklisch ist, dann ist diese Instanz f gemäß Satz 15.15 durch Projektion einer Relation r mit

$$r_i = \pi_{X_i}(r)$$

entstanden. Wenn diese Relation r die Verbundabhängigkeit $\bowtie$ $[X_1,...,X_n]$ erfüllt, d.h.

$$r = \bowtie_{i=1,...,n} \pi_{X_i}(r),$$

und wenn zusätzlich der Hypergraph γ-azyklisch ist, dann sind gemäß Satz 15.14 verlustlose Projektionen direkt bestimmbar.

16.3 Zusammenfassung

Um Benutzer von der relationenweisen Navigation im Hypergraphen eines Datenbankschemas weitgehend zu befreien, kann man Anfragesprachen für Universalrelation-Sichten *erfinden*, in denen ein Anfragewunsch im wesentlichen allein durch Angabe einer Attributmenge und gegebenfalls zusätzlichen relationalen Operationen ausgedrückt werden kann. Solch eine Universalrelation-Sicht ermöglicht durch logische Datenunabhängigkeit eine *Abstraktion* von der Zusammenfassung von Attributen zu Relationenschemas.

Die Semantik derartiger Anfragesprachen wird durch sogenannte Fensterfunktionen festgelegt, wobei eine Abstützung auf Eigenschaften des Hypergraphen oder der semantischen Bedingungen des zugrundeliegenden Datenbankschemas möglich ist. Solche Sprachen können *verwirklicht* werden durch Übersetzung in die Relationenalgebra oder mit Hilfe des Reduktionsverfahrens zur Entscheidung der logischen Implikation. Die *Theorie* der Azyklizitätseigenschaften von Datenbankschemas liefert Hinweise über die Anwendbarkeit, Wohldefiniertheit und Anfrageoptimierung von Universalrelation-Sichten.

paradigm formale Sprache	theory	abstraction	design
erfinden	●	●	
verwirklichen	●		
benutzen			

16.4 Bibliographische Hinweise

Für Universalrelation-Sichten sind viele verschiedene Ansätze entwickelt worden, insbesondere von H.F. Korth, M.Y. Vardi, J.D. Ullman et al. [MaUlVa 84, KoKFVU 84, Va 88a], von J. Biskup und H.H. Brüggemann [BiBr 83, BiBSK 86, BiBr 88a] und von V. Brosda und G. Vossen [BrVo 88]. Y. Sagiv [Sa 83] legt die Grundlagen für eine Semantik-gestützte Fensterfunktion. Algebraische Untersuchungen zu Subsumtions-Beziehungen werden unter anderen von J. Biskup [Bi 81] und in sehr allgemeiner Form von L. Libkin [Li 95] durchgeführt. Die Bücher von J.D. Ullman [Ul 89], von P. Kandzia und H.-J. Klein [KaKl 93], von P. Atzeni und V. DeAntonellis [AtDe 93] und von G. Vossen [Vo 94] enthalten jeweils zusammenfassende Darstellungen von Universalrelation-Sichten. M. Levene [Le 92] erweitert die Ansätze für ein Datenmodell mit genesteten Relationen. J. Van den Bussche und G. Vossen [VaVo 93] sowei Y.E. Ioannidis und Y. Lashkari [IoLa 94] übertragen Ansätze auf objektorientierte Datenmodelle.

17 Sicherheit: Gewährleistung und Begrenzung des Informationsflusses

Wir wiederholen zunächst in leicht abgewandelter Form unsere Sicht eines Informationssystems: Ein Informationssystem vermittelt Mitteilungen kommunikativ Handelnder innerhalb eines "Unternehmens". Dabei gelten die folgenden Besonderheiten:

- Es sind im allgemeinen schon eine große Anzahl von Mitteilungen eingegangen, und alle entsprechenden Daten stehen zur weiteren Vermittlung zur Verfügung.

- Die Vermittlung erfolgt im allgemeinen zeitlich verzögert, indem das Informationssystem im wesentlichen ein dreischrittiges Verfahren durchführt: Annahme (oder Ablehnung) der Mitteilung gemäß der vereinbarten semantischen Bedingungen, dauerhaftes Speichern der entsprechenden Daten gemäß der im Schema vereinbarten Formate, Zusammenstellung oder Erschließung der durch eine Anfrage angeforderten Daten und ihre anschließende Duplizierung.

- Die Qualität der Vermittlung wird verläßlich gesichert durch die Einhaltung semantischer Bedingungen und korrekte Ausführung von Transaktionen.

- Die Vermittlung wird im allgemeinen vielen und verschiedenartigen Handelnden angeboten, die im allgemeinen aufgrund unterschiedlicher Verpflichtungen tätig sind.

- Die Vermittlung muß effizient erfolgen.

Damit kann man ein Informationssystem anschaulich deuten als ein *"großes schwarzes Brett"*:
- Viele und verschiedenartige "Schreiber" können formatierte Mitteilungen anschlagen und wieder entfernen.
- Ein "Brettverwalter" sorgt für die Einhaltung gewisser Regeln.
- Viele und verschiedenartige "Leser" können angeschlagene Mitteilungen oder aus diesen zusammengestellte Mitteilungen abschreiben.

Oder in mehr technischer Redeweise kann man ein Informationssystem deuten als einen *Kanal* mit (sehr großem) Gedächtnis:
- Es speichert jede angenommene Mitteilung, die von vielen und verschiedenartigen "Sendern" stammen kann.
- Es prüft den Strom der Mitteilungen im Hinblick auf semantische Bedingungen und korrekte Transaktionsausführung.
- Es bietet vielen und verschiedenartigen "Empfängern" an, gespeicherte Mitteilungen oder aus diesen erschlossene Mitteilungen zu duplizieren.

Obwohl einerseits zwar alle Handelnde (Sender, Empfänger) das Informationssystem (den Kanal) gemeinsam nutzen, können andererseits ihre Verpflichtungen sehr unterschiedlich sein. Eine *Verpflichtung* legt nun zunächst einmal nur fest, welche Kommunikation mit anderen Handelnden durchgeführt werden muß oder darf. Darüber hinaus ist es aber wünschenswert, auch ausdrücklich zu bestimmen, welche Kommunikation mit anderen Handelnden verboten ist. Meistens drückt man die Verbote durch eine einfache Regel aus, nämlich daß "alles verboten ist, was nicht ausdrücklich erlaubt ist". Aber in besonderen Fällen könnte man natürlich alle bekannten Methoden der Wissensdarstellung, also durch Aufzählung, Bedingungen oder Regeln, auch für die Darstellung der Erlaubnisse und Verbote verwenden.

Die Verpflichtungen eines Handelnden sind häufig nicht der Person des Handelnden als solchem zugeordnet, sondern den *Rollen* der Person innerhalb eines Unternehmens. Dabei muß in der Regel eine Person mehrere unterschiedliche Rollen ausführen, die durchaus verschiedene Verpflichtungen und Verbote verlangen können. Zusammenfassend möchte man also folgende Ziele erreichen:

- Jeder Benutzer kann in seiner jeweiligen Rolle für die entsprechenden Verpflichtungen die Dienste des Informationssystems, insbesondere dauerhafte Speicherung, Einhaltung semantischer Bedingungen, Auswertung von Anfragen, korrekte Ausführung von Transaktionen, ungehindert und verläßlich in Anspruch nehmen.

- Jeder Benutzer kann diese Dienste aber nur *ausschließlich* für seine Verpflichtungen einsetzen, d.h. sie nicht für andere Zwecke (böswillig) mißbrauchen oder sie (unbeabsichtigt) fehlerhaft auslösen.

- Dabei sollen die verschiedenen Nutzungen des Informationssystems einander nicht in unvorhergesehener Weise beeinflussen.

Deutet man ein Informationssystem wieder als einen Kanal, so fordert man damit, daß

- zwischen (Gruppen von) Benutzern entsprechend den Verpflichtungen ihrer jeweiligen Rollen Unterkanäle eingerichtet werden können,

- auf diesen Unterkanälen die erforderlichen Dienste ungehindert und verläßlich verfügbar sind,

- diese Unterkanäle voneinander getrennt bleiben oder einander nur in vorherbestimmter Weise begrenzt beeinflussen können.

Es soll also auf jedem eingerichteten Unterkanal der erforderliche Informationsfluß *gewährleistet* werden, aber zwischen den Unterkanälen soll überhaupt kein oder nur ein in vorherbestimmter Weise *begrenzter* Informationsfluß möglich sein. Die Anforderungen zielen also auf *Kontrolle des Informationsflusses* im Sinne von Gewährleistung *und* Begrenzung.

Informationsfluß ist nur schwer begrifflich genau zu erfassen, denn man muß nicht nur den grundlegenden Begriff der Information formalisieren, sondern auch jegliche Art von "Vorwissen" des Empfängers über die jeweiligen Gegebenheiten berücksichtigen. Eine Kontrolle des Informationsflusses ist im allgemeinen nicht rein algorithmisch durchführbar. Denn haben Sender und Empfänger eine universelle Programmiersprache zur Verfügung, so müßte eine algorithmische Kontrolle insbesondere erkennen können, ob eine bestimmte Anweisung (die einen Informationsfluß bewirken kann) innerhalb eines Programms überhaupt ausgeführt wird. Diese Fragestellung ist jedoch äquivalent zu dem bekanntermaßen algorithmisch unentscheidbaren Halteproblem.

Solche grundsätzlichen Schwierigkeiten versucht man üblicherweise dadurch zu überwinden, daß man den Informationsfluß nur mittelbar kontrolliert. Man legt dazu im wesentlichen nur *Zugriffsrechte bzw. -verbote* fest, die ausdrücken,

- welche Benutzer oder Prozesse (einzeln oder in Zusammenarbeit)
- unter welchen Bedingungen
- welche Operationen (oder auch Folgen von Operationen)
- auf welche Objekte (oder auch Folgen von Objekten)

ausführen *dürfen* bzw. *nicht dürfen*. Der Gesichtspunkt, daß Kommunikation durchgeführt werden *muß*, ist damit jedoch noch nicht erfaßt. Dazu würde man zusätzlich das Konzept von *Zugriffspflichten* benötigen. Das Informationssystem muß dann die Kontrolle der Zugriffe entsprechend der jeweils vorliegenden Rechte und Verbote verläßlich und unumgehbar durchführen. Die Ziele der Kontrolle können allerdings im Widerstreit mit den eigentlich erforderlichen Diensten des Informationssystems stehen. Solch ein Widerstreit liegt zum Beispiel vor, wenn einerseits ein Benutzer Operationen nur bezüglich eines bestimmten Objektes o1 ausführen darf und andererseits eine semantische Bedingung erfordert, daß Werteänderungen in o1 in gewissen Fällen Folgeänderungen in einem anderen Objekt o2 auslösen müssen.

Im folgenden stellen wir zunächst die Grundzüge von drei Vorschlägen dar, wie Kontrolle des Informationsflusses ansatzweise durch Kontrolle der Zugriffe erfolgen kann. In der Praxis werden diese Vorschläge natürlich auch in Mischformen verwendet. Wir beschreiben jeweils

- schlagwortartig die dem Ansatz zugrunde liegenden unternehmensbedingten Anforderungen,
- die ausdrückbaren Zugriffsrechte bzw. -verbote,
- die damit einrichtbaren Unterkanäle,
- die Auswirkungen auf die Dienste der Informationssysteme und die erreichbaren Trennungen der Unterkanäle,
- sowie einige bibliographische Hinweise.

Anschließend werden einige übergreifende Gesichtspunkte behandelt, die für die Verwirklichung jedes Ansatzes nützlich sein können.

17.1 Militärischer oder Sicherheitsstufen-Ansatz

Im Militärwesen und in öffentlicher und teilweise auch nichtöffentlicher Verwaltung möchte man häufig *Geheimnisse* vor Unbefugten bewahren. Dazu bedient man sich herkömmlicherweise sogenannter Sicherheitsstufen, um auszudrücken, welche Personen zu welchen Schriftstücken Zugang haben sollen. Zum Beispiel werden häufig die linear angeordneten Geheimhaltungsstufen 'offen', 'vertraulich', 'geheim', 'streng_geheim' verwendet. Manchmal werden in die Sicherheitsstufen auch Inhalte ausdrückende Schlagworte einbezogen, wie zum Beispiel 'Gesundheit' oder 'Gehalt' oder 'Projekt'. Formal hat es sich als zweckmäßig erwiesen, die Menge der *Sicherheitsstufen* mit der

Struktur eines *Verbandes* zu versehen, so daß man in wohldefinierter Weise über eine partielle Ordnung und die Operationen der kleinsten oberen bzw. größten unteren Schranke verfügt. Für die oben angeführten Sicherheitsstufen ist die Verbandsstruktur bereits durch die lineare Anordnung gegeben, wie in Bild 17.1a als Hasse-Diagramm dargestellt. Für die Schlagworte legt die Mengeninklusion auf der Potenzmenge der Schlagwortmenge eine Verbandsstruktur fest. Diese ist in Bild 17.1b als Hasse-Diagramm dargestellt. Zwei Verbände kann man dann durch Produktbildung (vermöge $(x1, y1) \leq (x2, y2)$:gdw $x1 \leq x2$ und $y1 \leq y2$) zu einem Produktverband verbinden.

a) offen < vertraulich < geheim < streng_geheim

b)

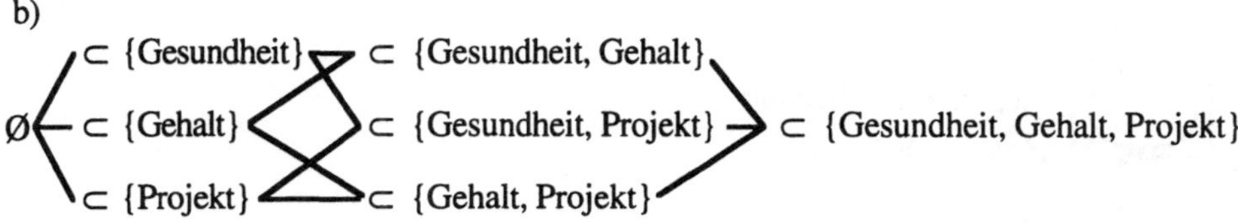

Bild 17.1   Hasse-Diagramme   a) zur linearen Ordnung der Geheimhaltungsstufen
b) zum Verband der Schlagwortmengen

Für den Einsatz eines Informationssystems ordnet man dann

- Benutzern oder für sie tätigen Prozessen eine Sicherheitsstufe (security level) als *Freigabe* (clearance) und

- Objekten oder ihren Werten eine Sicherheitsstufe als *Klassifikation* (classification) zu.

Als grundlegendes Ziel möchte man erreichen, daß die Freigabe eines Benutzers stets größer oder gleich der Klassifikation von ihm zugänglichen Objekten oder Werten ist. Freigaben und Klassifikationen bestimmen dazu die *Zugriffsrechte* bzw. *-verbote*, genauer die *Bedingungen*, unter denen ein Benutzer die Lese- bzw. Schreiboperationen bezüglich eines Objekts ausführen darf:

- Lesen ist nur erlaubt, wenn   Klassifikation des Objekts $\leq$ Freigabe des Benutzers;
- Schreiben ist nur erlaubt, wenn Freigabe des Benutzers $\leq$ Klassifikation des Objekts.

Diese Bedingungen sollen sicherstellen, daß Informationsfluß nur "aufwärts" (im Sinne der Sicherheitsstufen) möglich ist. Diese strenge, auf *einseitige* Richtung zielende Begrenzung des Informationsflusses ist jedoch mit grundsätzlichen Schwierigkeiten behaftet. Zum einen benötigt man in einem "Unternehmen" im allgemeinen *wechselseitigen* Informationsfluß mit Hin- und Rückmeldungen. Unternehmensbedingt notwendige Rückmeldungen von hohen zu niedrigen Sicherheitsstufen müssen im militärischen Ansatz unter Umgehung der oben beschriebenen Kontrolle der Zugriffe erfolgen, wobei solche Umgehungen im allgemeinen durch besonders qualifizierte Menschen durch Überprüfung der Einzelfälle überwacht werden. Zum anderen erfordern die Dienste der Informationssysteme, daß bei ihrer Verwirklichung die beteiligten Komponenten und Objekte *wechselseitig* Nachrichten austauschen. Sobald solchen Objekten aber unterschiedliche Sicherheitsstufen zugeordnet worden sind, ist im Rahmen der oben beschriebenen Kontrolle der Zugriffe allenfalls noch das Senden von Nachrichten in einer Richtung erlaubt, und für die andere Richtung müssen gegebenenfalls wieder Umgehungen der Kontrolle zugelassen oder aufwendige Simulationen eingeführt werden.

Durch jede Sicherheitsstufe 1 wird ein *Unterkanal* ch_1 wie folgt eingerichtet: Die erlaubten Sender sind solche Benutzer, deren Freigabe kleiner oder gleich 1 ist; die erlaubten Empfänger sind solche Benutzer, deren Freigabe größer oder gleich 1 ist. Die Situation kann man sich für linear geordnete Sicherheitsstufen grob wie in Bild 17.2 veranschaulichen.

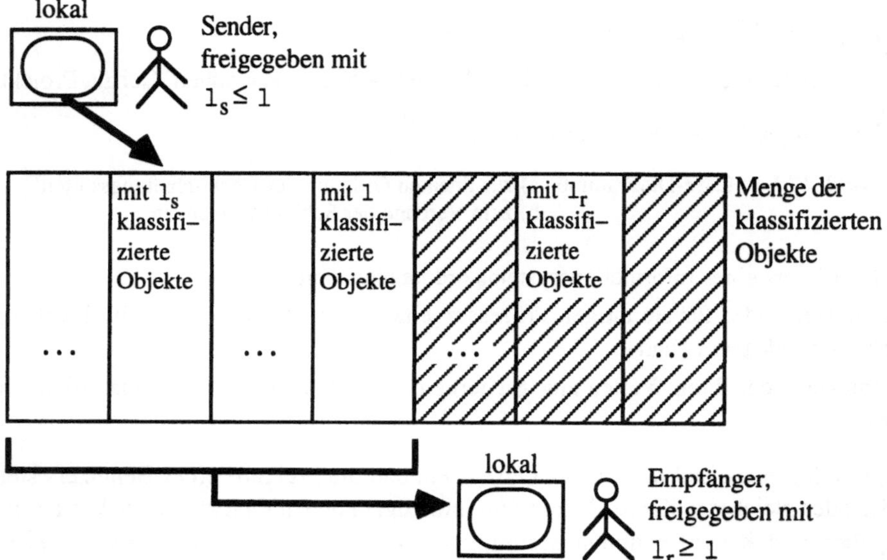

Bild 17.2 Durch Sicherheitsstufe 1 bestimmter Unterkanal

Immer wenn ein Objekt *dauerhaft gespeichert* wird (und im allgemeinen auch, wenn es verändert wird), muß für das Objekt eine Klassifikation erzeugt werden. Oft kann man diese Klassifikation sinnvollerweise festlegen als kleinste obere Schranke der Freigaben der Benutzer oder Prozesse, die das Objekt erzeugt haben, und der Klassifikationen der Bestandteile, aus denen das Objekt gebildet wurde.

Bezieht sich eine *semantische Bedingung* auf eine Klasse von Objekten, die alle die gleiche Klassifikation besitzen, und wird eine Änderungsoperation von einem Benutzer mit derselben Sicherheitsstufe als Freigabe ausgelöst, so kann das Informationssystem die semantische Bedingung im wesentlichen wie üblich durchsetzen: Alle Überprüfungen sind erlaubt, alle möglicherweise ausgelösten Fehlermeldungen sind (als Leseoperation gedeutet) erlaubt, und alle möglicherweise ausgelösten Folgeänderungen sind (als Schreiboperationen gedeutet) ebenfalls erlaubt. In anderen Fällen jedoch kann sich eine grundlegende Schwierigkeit ergeben: Die Überprüfung der semantischen Bedingung und die möglicherweise anschließend auszulösenden Folgeoperationen sind nicht ohne weitere Vorsichtsmaßnahmen erlaubt. Darüber hinaus kann auch die Auswertung einer Anfrage von dieser Schwierigkeit betroffen sein, denn semantische Bedingungen (wie zum Beispiel Schlüsselbedingungen) bestimmen häufig die Zugriffsstrukturen und unterstützen möglicherweise die Optimierung. Man versucht, diese Schwierigkeit im wesentlichen mit zwei Mitteln zu bewältigen, ohne allerdings bislang zweifelsfrei überzeugende Lösungen gefunden zu haben:

- *Verträglichkeit* der semantischen Bedingungen mit Klassifikationen,

- *Polyinstantisierung*, d.h. man erlaubt, daß Identifikatoren von Objekten eindeutig nur noch bezüglich einer Sicherheitsstufe sind, aber ihre systemweite Eindeutigkeit einbüßen können.

Als *Verträglichkeitsbedingungen* für relationale Datenbanken wurden insbesondere diskutiert:

- Die Klassifikationen der Schlüsselwerte eines Tupels müssen alle gleich sein (damit entweder alle oder keine der Schlüsselwerte zugänglich sind).

- Die Klassifikation der Schlüsselwerte eines Tupels muß kleiner oder gleich den Klassifikationen der anderen Tupelwerte sein (damit ein Zugriff mit Hilfe der Schlüsselwerte möglich ist).

- Ist $\pi_X(R) \subset \pi_Y(S)$ eine Enthaltenseinsabhängigkeit, d.h. jeder in der Relation R vorkommende X-Wert muß auch in der Relation S als Y-Wert vorkommen (speziell also falls die Attribute aus X in R einen Fremdschlüssel für die Relation S bilden), so müssen die Klassifikationen der X-Werte eines Tupels aus der Relation R alle gleich sein und darüber hinaus größer oder gleich den Klassifikationen der Y-Werte der entsprechenden Tupel in S (damit keine scheinbar "hängenden Referenzen" entstehen).

- Die Klassifikationen von Schemaspezifikationen müssen kleiner oder gleich den Klassifikationen der Tupel in den zugehörigen Ausprägungen sein (damit das Datenwörterbuch für Zugriffe genutzt werden kann).

- Die Klassifikation einer Sichtrelation muß größer oder gleich den Klassifikationen der benutzten Basisrelationen sein (damit Sichtrelationen tatsächlich erzeugt werden dürfen).

- Die Klassifikationen von Tupeln innerhalb einer (tatsächlich gespeicherten) Basisrelation sollen vorzugsweise alle gleich sein (wodurch Schwierigkeiten auf die Ebene der Sichtrelation verlagert werden).

Werden Objekte einerseits durch benutzersichtbare Schlüsselwerte identifiziert und andererseits auch mit Klassifikationen versehen, so können sich unvermeidbare Konflikte ergeben: Verlangt nämlich ein Benutzer unter Vorgabe bestimmter Schlüsselwerte und bestimmter Klassifikationen, daß ein Objekt mit diesen Schlüsselwerten neu erzeugt wird, so kann ein Objekt mit diesen Schlüsselwerten, aber abweichenden anderen Werten und abweichenden Klassifikationen schon vorhanden sein; verlangt entsprechend ein Benutzer ein vorhandenes, durch Schlüsselwerte bestimmtes Objekt bezüglich Nichtschlüsselwerten unter Vorgabe bestimmter Klassifikationen abzuändern, so können die vorhandenen Nichtschlüsselwerte abweichende

Klassifikationen besitzen. Sind die Klassifikationen des vorhandenen Objekts nicht gleich oder kleiner der vom Benutzer bestimmten, so darf dieser Benutzer das vorhandene Objekt oder einzelne seiner Werte nicht sehen und darüber hinaus nicht einmal über das Vorhandensein des alten Objekts oder der alten Werte benachrichtigt werden; sind die Klassifikationen des vorhandenen Objekts kleiner als die vom Benutzer bestimmten, so dürfen nicht einfach die vorhandenen Werte überschrieben werden, weil andere Benutzer mit solch kleinerer Freigabe dann die Tatsache der Änderung verbotenerweise beobachten könnten. Als Ausweg wurde vorgeschlagen, die Klassifikationen als Bestandteile des Schlüssels zu betrachten, · also bezüglich der ursprünglichen Schlüsselwerte *Polyinstantisierung* zuzulassen. Allerdings verlieren dann Schlüsselbedingungen ihre bisherige einfache und klare semantische Bedeutung, und im Datenmodell werden einige weitere Neuerungen, insbesondere bei der Datenmanipulationssprache, notwendig.

Zusammenfassend kann man feststellen, daß für den durch die Sicherheitsstufe 1 definierten Unterkanal ch_1 semantische Bedingungen im wesentlichen allenfalls für diejenige Sicht auf das Informationssystem durchgesetzt werden können, die alle Objekte und Werte mit einer Klassifikation kleiner oder gleich 1 enthält. Einem Benutzer mit einer Freigabe 1_u wird aber im allgemeinen die Möglichkeit angeboten, durch eine geeignete Anmeldung einen der Unterkanäle ch_1 mit $1 \leq 1_u$ anzuwählen. Wählt er innerhalb dieses Angebots einen Unterkanal mit kleinerer Sicherheitsstufe, so erhält er eine eingeschränktere Sicht, die er aber gegebenenfalls mit einer größeren Anzahl anderer Benutzer teilen kann; wählt er innerhalb dieses Angebots einen Unterkanal mit größerer Sicherheitsstufe, so erhält er eine umfassendere Sicht, die er aber gegebenenfalls nur mit wenigen anderen Benutzern teilen kann.

Der für Informationssysteme wichtige Dienst der korrekten Ausführung von Transaktionen erfordert, daß zwischen dem Scheduler, den beteiligten Transaktionen und den betroffenen Objekten wechselseitig Nachrichten, etwa zur Verwaltung von Sperren oder von Zeitmarken und zur Benutzung der Logdateien, ausgetauscht werden müssen. In einer Reihe von erst kürzlich erschienenen Arbeiten wird untersucht, in wieweit und mit welchem Aufwand diese Dienste auch mit einseitig gerichtetem Informationsfluß noch verwirklicht werden können.

Die Unterkanäle überlappen sich natürlich entsprechend der Verbandsstruktur der Sicherheitsstufen. Sie werden in dem Sinne voneinander *getrennt*, daß wenn ein Benutzer, als Empfänger, einen Unterkanal ch_1 benutzt, er gleichzeitig, als Sender, nur Unterkanäle ch_k mit $1 \leq k$ benutzen darf. Diese sogenannte *∗-Eigenschaft* (∗-property) sichert gerade, daß Informationsfluß nur "aufwärts" (im Sinne der Sicherheitsstufen) möglich ist, und zwar auch dann, wenn Folgen von abwechselnden Leseoperationen und Schreiboperationen von verschiedenen Benutzern ausgeführt werden. Dadurch erreicht man, daß transitiver Informationsfluß wirkungsvoll kontrolliert werden kann.

Der militärische Ansatz geht zurück auf überkommene (noch nicht rechnergestützte) Verwaltungsverfahren. Rechnergestützte Fassungen wurden in [BeLa 74] ausgearbeitet, in [DoD 83] als Anforderungen für kommerzielle Produkte zusammengefaßt, zum Beispiel im SeaView-Projekt [DeLSHS 87, De 88, LuDSHS 90] als prototypisches

Datenbanksystem verwirklicht und in zahlreichen Einzelarbeiten behandelt. Polyinstantisierung wurde im SeaView-Projekt eingeführt und anschließend vielfältig diskutiert, u.a. auch in [SaJa 92, SmWi 92]. Für den militärischen Ansatz angepaßte Verfahren zur Verwaltung von Transaktionen werden zum Beispiel in [JaMcBl 94, ThSa 94] vorgeschlagen. Viele diesem Ansatz eigene Schwierigkeiten beruhen auf der geforderten Einseitigkeit des Informationsflusses und von der recht indirekten Art, Unterkanäle einzurichten, nämlich indem einzelnen Objekten und Werten bzw. einzelnen Benutzern Sicherheitsstufen zugeordnet werden. Anspruchsvolle Sicherheitsziele können wohl mit dem letztlich recht einfachen Mittel von Markierungen durch Sicherheitsstufen nur schwerlich umfassend kodiert werden.

17.2 Kommerzieller Ansatz

Für viele kommerzielle Anwendungen von Informationssystemen steht der Schutz von *Eigentum* im Mittelpunkt der Sicherheitsbetrachtungen. Die Abwicklung elektronischen Zahlungsverkehrs zwischen Geldinstituten oder das betriebliche Rechnungswesen verlangen zum Beispiel, daß die in den Objekten eines Informationssystems dargestellten Zahlen tatsächlich die in der "Außenwelt" geltenden Geldwerte und vorliegenden Güter stets richtig wiedergeben. Die bisherigen Erfahrungen scheinen zu belegen, daß Gefährdungen hauptsächlich von Benutzern ausgehen, die als Mitarbeiter des betreffenden Unternehmens für ihre Verpflichtungen gezielten Zugang zum Informationssystem benötigen, ihre dazu notwendigen Zugriffsrechte aber mißbräuchlich einsetzen oder dazu verwenden, Sicherheitsmaßnahmen zu umgehen.

Da einerseits herkömmliche Informationssysteme wie zum Beispiel relationale Datenbanken nur semantisch sehr einfache Sprachmittel anbieten, aber andererseits die Beschreibungen von Verpflichtungen in einem Unternehmen semantisch hohe Ausdrucksstärke verlangen, sind im kommerziellen Bereich Lösungsansätze entstanden, die Benutzern nur einen indirekten Zugang zu einem Informationssystem über sogenannte "wohlgeformte Transaktionen" (well-formed transactions) erlauben. Eine solche *"wohlgeformte Transaktion"* ist eigentlich zunächst nur ein Anwendungsprogramm, mit dessen Ausführung ein Benutzer eine einzelne, klar abgegrenzte Verpflichtung erfüllen kann. Dieses Anwendungsprogramm darf dazu nur auf genau bestimmte Objekte oder Werte des Informationssystems lesend oder schreibend zugreifen, die es für seinen Zweck wirklich benötigt.

Für den Einsatz eines Informationssystems legt man dann *Zugriffsrechte* fest,

- die Benutzern entsprechend ihren Verpflichtungen entworfene "wohlgeformte Transaktionen" auszuführen erlauben, bzw.

- solchen "wohlgeformten Transaktionen" die benötigten Lese- oder Schreiboperationen erlauben.

Als grundlegendes Ziel möchte man erreichen, daß Benutzer keinen anderen Zugang zum Informationssystem als über die ihnen jeweils erlaubten "wohlgeformten Transaktionen" besitzen und daß solche "wohlgeformten Transaktionen" ausschließlich auf die ihnen zugeordneten Objekte in der vorgesehenen Form zugreifen. Das zweite Ziel erfordert im allgemeinen, daß das Informationssystem fein eingeteilte Lese- und Schreibrechte verwalten kann. Das erste Ziel erfordert eine zusätzliche Sicherheitsschicht, die das Informationssystem wirkungsvoll von den Benutzern abschirmt.

Für die Deutung eines Informationssystems als einen Kanal sind im Rahmen des soweit nur grob umrissenen kommerziellen Ansatzes *Unterkanäle* nur unscharf angebbar. Aber wenigstens zwei Sichtweisen erscheinen sinnvoll. Zum einen kann man eine einzelne "wohlgeformte Transaktion", die einer Gruppe von Benutzern (als Sender) ermöglicht, Objekte in das Informationssystem neu einzuführen oder zu entfernen oder Werte abzuändern, und einer anderen oder auch der gleichen Gruppe von Benutzern (als Empfänger) ermöglicht, zu den entsprechenden oder abgeleiteten Daten zuzugreifen, als einen lokalen Unterkanal betrachten. Zum anderen kann man eine Folge von Transaktionen, deren Ausführungsreihenfolge gegebenenfalls vorgeschrieben ist, ebenfalls als einen Unterkanal betrachten: Seine Sender, bzw. Empfänger, sind dann wieder diejenigen Benutzer, die Objekte neu einführen oder entfernen oder Werte abändern können, bzw. die auf entsprechende oder abgeleitete Daten zugreifen können. Die Situation kann man sich grob wie in Bild 17.3 veranschaulichen.

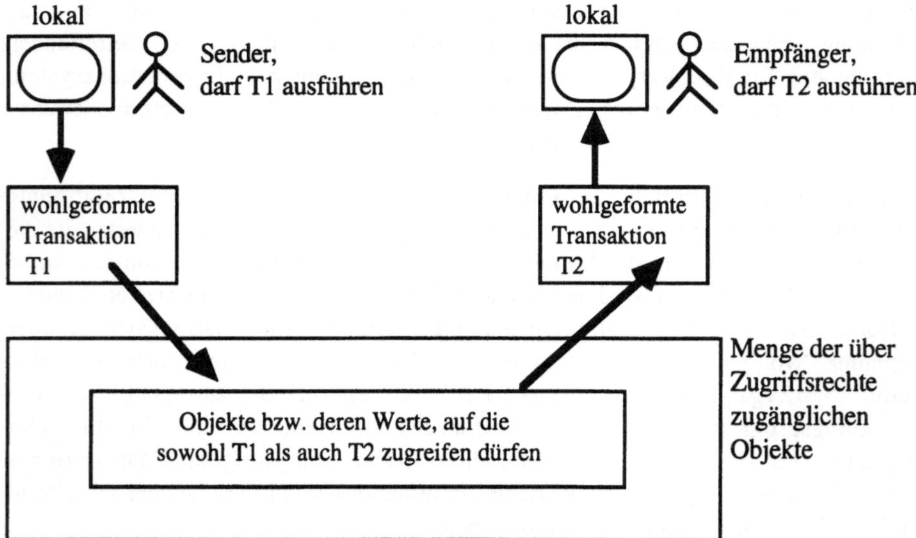

Bild 17.3   Durch "wohlgeformte Transaktionen" bestimmter Unterkanal

Man kann "wohlgeformte Transaktionen" als Anwendungsprogramme für ein Informationssystem natürlich als *Transaktionen* im üblichen Sinne von Kapitel 12 gestalten, so daß sie also insbesondere *semantische Bedingungen* erhalten können und korrekt, d.h. entweder gar nicht oder vollständig und dann auch dauerhaft, sowie isoliert von anderen Transaktionen, ausgeführt werden können. Die erste Eigenschaft kann letztlich nur dadurch sichergestellt werden, daß eine Transaktion im Hinblick auf die zu erhaltenden semantischen Bedingungen sorgfältig entworfen und das lauffähige

Programm entsprechend verifiziert wird. Die zweite Eigenschaft wird als wichtige Dienstleistung gängiger Informationssysteme, nämlich durch deren Transaktionsverwaltung durchgesetzt.

Eine Trennung der Unterkanäle kann man wiederum nur durch sorgfältigen Entwurf der "wohlgeformten Transaktionen" erreichen, der geleitet werden muß von den Grundsätzen der *Aufgabentrennung* (separation of duty) zwischen den Benutzern und der *kleinstmöglichen Berechtigung* (least privilege) von Benutzern. Diese Grundsätze müssen zunächst in der Organisation des betreffenden Unternehmens verwirklicht und dann geeignet auf die "wohlgeformten Transaktionen" übertragen werden. Dabei muß insbesondere darauf geachtet werden, daß neue "wohlgeformte Transaktionen" nur nach umfassender Verifikation zugelassen werden und daß nur ausdrücklich dazu berechtigte Sicherheitsverwalter in der Lage sind, "wohlgeformte Transaktionen" einzufügen und Benutzern Zugriffsrechte auf diese zu gewähren. Die erste Anforderung ist wieder (einmal abgesehen von den erheblichen Schwierigkeiten, größere Programme zu verifizieren) eine organisatorische Aufgabe, während die zweite Anforderung im wesentlichen von der Benutzer vom eigentlichen Informationssystem abschirmenden Sicherheitsschicht erfüllt werden muß.

Der kommerzielle Ansatz entwickelte sich in der Praxis und wird offensichtlich in vielerlei Abwandlungen angewendet. Er wurde erstmals in [ClWi 87] ausdrücklich zusammengefaßt und in Abgrenzung zum militärischen Ansatz empfohlen. Obwohl diese Arbeit manche Folgebetrachtungen auslöste, gibt es derzeit kein im einzelnen ausgearbeitetes und gründlich untersuchtes Modell wie für den militärischen Ansatz. Dies liegt natürlich auch darin begründet, daß der Begriff einer "wohlgeformten Transaktion" nur schwerlich formal genau faßbar ist, da er sich ja ausdrücklich auf Verpflichtungen von Menschen in ihren Unternehmen bezieht. Deshalb müssen auch die Sicherheitsziele im wesentlichen im Einzelfall anwendungsspezifisch durch organisatorische Maßnahmen wie Aufgabentrennung, gründliche Prüfverfahren und sorgfältige Vergabe der Zugriffsrechte gewährleistet werden. Weitergehende, allgemein verwendbare Verfahren müßten bei der das eigentliche Informationssystem abschirmenden Sicherheitsschicht ansetzen.

17.3   Ansatz des persönlichen Wissens

Rechnergestützte Informationssysteme erlangten während der letzten zwei Jahrzehnte zunehmende Bedeutung für das öffentliche und wirtschaftliche Leben unserer Gesellschaften. Die Vielfalt und der Umfang von in solchen Informationssystemen gespeicherten personenbezogenen Daten und die aufkommenden technischen Möglichkeiten, diese Daten massenweise schnell und preisgünstig zu verarbeiten und sie über Rechnernetze zusammenzuführen, wurden von besorgten Bürgern als Herausforderung ihrer Persönlichkeitsrechte und zumindest denkbare Bedrohung demokratischer Verfassungen empfunden. Daraufhin wurden in einer Reihe von Staaten besondere Gesetze erlassen, deren Bestimmungen als erste staatliche Abwehrmaßnahmen gegen solche Gefahren verstanden werden können, z.B. der "Privacy Act" der USA [Co 74] aus dem Jahre 1974 oder das "Bundesdatenschutzgesetz" der Bundesrepublik Deutschland [TiTu 88, Bu 91] aus dem Jahre 1977, das 1990 novelliert wurde. Seither wird gefordert, das Datenschutzrecht weiterzuentwickeln und zu einem umfassenden *Informationsrecht* auszugestalten, das die Wünsche nach freier Entfaltung der rechnergestützten Informationsverarbeitung in Ausgleich bringt mit den Persönlichkeitsrechten betroffener Bürger und dem Schutzbedürfnis von Gruppen. In der Bundesrepublik entstanden einige sogenannte *bereichsspezifische Regelungen*, die zum Teil an älteres Recht anknüpfen. So ist die im Hippokratischen Eid überlieferte und durch § 203 des Strafgesetzbuches seit langem abgesicherte ärztliche Schweigepflicht ergänzt worden durch das in § 35 des Sozialgesetzbuches I geforderte, von allen Sozialleistungsträgern zu achtende Sozialgeheimnis, das nur durch die Regelungen der §§ 66-77 des Sozialgesetzbuches X eingeschränkt werden darf. Ferner erklärte das Bundesverfassungsgericht im Volkszählungsurteil aus dem Jahre 1983 das Recht auf *informationelle Selbstbestimmung* zu einem von der Verfassung geschützten Grundrecht [Bvg 83]:

"1. Unter den Bedingungen der modernen Datenverarbeitung wird der Schutz des Einzelnen gegen unbegrenzte Erhebung, Speicherung, Verwendung und Weitergabe seiner persönlichen Daten von dem allgemeinen Persönlichkeitsrecht des Art.2 Abs.1 in Verbindung mit Art.1 Abs.1 Grundgesetz umfaßt. Das Grundrecht gewährleistet insoweit die Befugnis des Einzelnen, grundsätzlich selbst über die Preisgabe und Verwendung seiner persönlichen Daten zu bestimmen.

2. Einschränkungen dieses Rechts auf "informationelle Selbstbestimmung" sind nur im überwiegenden Allgemeininteresse zulässig ...""

Der Begriff der "informationellen Selbstbestimmung" kann am besten aus einer bestimmten soziologischen Sichtweise weiter erklärt werden, siehe [Mü 74]. Danach handelt ein Einzelner in verschiedenen sozialen Rollen, die jeweils ein Verhaltensmuster bezüglich einer Gruppe von anderen Personen beinhalten. Zum Beispiel kann der Verfasser unter anderem in folgenden Rollen handeln: als Ehemann bezüglich seiner Ehefrau, als Vater bezüglich seiner Kinder, als Steuerzahler bezüglich den Finanzbeamten, als Patient bezüglich den Ärzten, als Informatiker bezüglich den Herausgebern dieses Buches, usw. "Informationelle Selbstbestimmung" bedeutet dann:

- Der Einzelne kann eigenverantwortlich über seine Rollen verfügen.

- Der Einzelne kann darauf vertrauen, daß öffentliche und private Institutionen die von ihm angestrebten Rollentrennungen streng beachten, insbesondere daß eine Sicht von ihm, die er in einer ersten Rolle jemandem erlaubt, nicht in einer zweiten Rolle, gegebenenfalls durch Weitergabe der Sicht, mißbraucht wird.

Da Informationssysteme aber gerade entwickelt wurden, um für viele und verschiedenartige und damit im allgemeinen auch in verschiedenen sozialen Rollen Handelnde Daten zusammenzuführen (um Redundanz zu vermeiden, semantische Bedingungen aufrechtzuerhalten, die Verfügbarkeit zu erhöhen usw.), ergibt sich ein letztlich nicht voll auflösbarer Zielkonflikt zwischen dem Grundrecht der informationellen Selbstbestimmung einerseits und dem aufgrund anderer Bedürfnisse oder Rechte angestrebten technischen Zweck eines Informationssystems andererseits. In allgemeiner Form ist dieser Zielkonflikt natürlich schon in den eingangs genannten Sicherheitszielen angelegt und in entsprechender Ausprägung auch im militärischen und kommerziellen Ansatz sichtbar.

Im folgenden soll ein experimenteller Ansatz für ein Informationssystem vorgestellt werden, der Techniken relationaler und objektorientierter Datenbanken und Capability-gestützter Betriebssysteme zusammenführt, um vorrangig (und damit einseitig) das Ziel der informationellen Selbstbestimmung zu fördern.

Der Ansatz des *persönlichen Wissens* versucht programmiersprachlich eine Welt nachzubilden, in der jeder Handelnde zunächst nur über sein eigenes, für ihn notwendiges persönliches Wissen verfügt und darüber hinaus dann mit anderen Handelnden innerhalb festgelegter Regelungen Mitteilungen austauschen kann. Es soll in dieser gedachten Welt also keine großen Nachschlagewerke geben, die Daten sozusagen auf Vorrat zusammenführen und dadurch der unmittelbaren Kontrolle der Betroffenen entziehen. Stattdessen soll eine Denkweise versucht werden, in der jeder Handelnde alles über sich selbst weiß, aber Daten über andere Handelnde im allgemeinen nicht auf Dauer aufbewahren kann, sondern immer wieder neu direkt von ihnen erfragen muß. Auch in dieser Denkweise erfordern natürlich Beziehungen zwischen Handelnden, zum Beispiel Verträge, daß im jeweils persönlichen Wissen auch Daten über andere Handelnde enthalten sind. Ferner könnte die Zusammenschau des persönlichen Wissens aller Handelnder wieder als "Nachschlagewerk" betrachtet werden; eine solche Zusammenschau soll aber gerade im allgemeinen nicht tatsächlich möglich sein.

Jeder Handelnde oder Betroffene wird im Informationssystem als ein eingekapseltes, systemweit eindeutig durch ein Surrogat identifiziertes Objekt (person)[1] repräsentiert. Sein persönliches Wissen wird im strukturellen Teil dieses Objekts in Form einer (möglicherweise nur ansatzweise ausgeprägten) relationalen Datenbank dargestellt. Diejenigen anderen Handelnden oder Betroffenen, denen er Mitteilungen senden darf, werden im strukturellen Teil dieses Objekts durch die Menge der entsprechenden Surrogate (acquaintances) dargestellt. Die Struktur der wichtigsten Komponenten des Datenteils eines solchen Objekts kann man sich durch ein nichtnormalisiertes Tabellengerüst veranschaulichen wie etwa im Beispiel aus Bild 17.4, in dem anwendungsabhängig eine Person seinen Namen, seine Wohnsitze und seine Grade "weiß".

SURROGATE	KNOWS							ACQUAINTED	...
	NAME	WOHNSITZ			GRADE				
		STADT	STRASSE	NR	ART	FACH	UNI		

Bild 17.4 Komponenten eines Objektes, das eine Person repräsentiert

---

[1] In Klammern wird jeweils die für das experimentelle *Datenschutz-orientierte Informationssystem* DORIS [BiBr 88] verwendete Redeweise angegeben.

Wie üblich werden solche Objekte als Instanzen von Klassen (groups) erzeugt. In deren Vereinbarung werden der anwendungsabhängige Abschnitt des strukturellen Teils, die KNOWS-Komponente, durch Attribute und deren Typen und auch der anwendungsabhängige Abschnitt des operationalen Teils festgelegt. Einige Standard–operationen wie zum Beispiel Lesen, Einfügen, Entfernen, Ändern von "Wissen", d.h. Werten in KNOWS-Unterkomponenten, (tell, insert, delete, modify) oder Einfügen, Entfernen von Mitteilungsempfängern, d.h. Surrogaten in die ACQUAINTED-Komponente, (grant, revoke) sind vordefiniert.

Die Verpflichtungen einer Gruppe von Handelnden oder Betroffenen werden dann dadurch ausgedrückt, daß für die Klasse der sie repräsentierenden Objekte Rollen (roles) und Vollmachten (authorities) bestimmt werden. Eine Rolle besteht neben einem Rollennamen aus einer Menge von (parametrisierten) Operationennamen, die für die entsprechende Klasse definiert sein müssen. Die Vereinbarung einer Rolle für eine Klasse besagt, daß (ausgelöst durch im allgemeinen andere Objekte) auf die Instanzen dieser Klasse die in der Rolle aufgeführten Operationen ausgeführt werden können. Eine Vollmacht besteht aus einem Klassennamen und einem Rollennamen. Die Vereinbarung einer Vollmacht für eine Klasse besagt, daß die Instanzen dieser Klasse die durch den Rollennamen bestimmten Operationen bei den Instanzen der in der Vollmacht genannten Klasse auslösen dürfen, sofern sie für diese zusätzlich noch (in der ACQUAINTED-Komponente) deren Surrogat besitzen. In einer verfeinerten Fassung des Ansatzes des persönlichen Wissens werden in der ACQUAINTED-Komponente die Surrogate sogar für jede Vollmacht getrennt verwaltet.

Die Datenmanipulationssprache für Anfragen und Änderungen ist mengenorientiert und relational ausgerichtet. Eine Anfrage wird dreischrittig ausgewertet: Zunächst wird eine Relation über Surrogate bestimmt, sodann aus deren KNOWS-Komponenten eine Relation über Werten ermittelt, die abschließend noch relational bearbeitet werden kann. Anschaulich bestimmt man zunächst (eine Beziehung zwischen) Personen, sodann befragt man diese Personen (über Teile ihres Wissens), deren Antworten abschließend noch verarbeitet werden können.

Jeder Benutzer des Informationssystems wird, wie alle anderen Handelnden und Betroffenen auch, als ein Objekt repräsentiert. Stellt ein Benutzer eine Anfrage, so wird sie für sein ihn repräsentierendes Objekt ausgeführt. Ein Anfrageergebnis wird nur geliefert, wenn dieses Objekt Instanz einer Klasse ist, in der für alle zur Auswertung benötigten Operationen die passenden Vollmachten vereinbart sind, wobei für jede unter den Operandenobjekten auftretende Klasse höchstens eine Rolle benutzt werden darf; andernfalls wird die Anfrage als unerlaubt zurückgewiesen. Darüber hinaus wird im ersten Auswertungsschritt die Bildung der in der Anfrage beschriebenen Relation auf diejenigen Surrogate eingeschränkt, die das repräsentierende Objekt in seiner ACQUAINTED-Komponente (in der verfeinerten Fassung bezüglich der verwendeten Vollmacht) vorweisen kann. Entsprechende Regelungen gelten für Änderungen.

Für den Einsatz eines Informationssystems legt man die *Zugriffsrechte* also wie folgt fest:

- Man vereinbart für jede Gruppe von Handelnden oder Betroffenen einschließlich der Benutzer eine geeignete Klasse mit ihren Verpflichtungen entsprechenden Rollen und Vollmachten.

- Man erzeugt jeweils die repräsentierenden Objekte und versieht deren ACQUAINTED-Komponente mit den für ihre Verpflichtungen notwendigen Surrogaten.

Als grundlegendes Ziel möchte man erreichen, daß Benutzer Zugang zum Informationssystem nur entsprechend der statisch vereinbarten Vollmachten und der dynamisch veränderbaren Surrogatmengen (in der ACQUAINTED-Komponente) ihrer repräsentierenden Objekte besitzen.

Die Sprachmittel des Ansatzes des persönlichen Wissens ermöglichen es, gemäß folgendem, durch Bild 17.5 veranschaulichten Schema in durchsichtiger Weise (lokale, potentielle) *Unterkanäle* einzurichten:

- Für eine Klasse `Medium` vereinbaren wir eine Rolle, die ausdrückt, daß in einen gewissen Teil der KNOWS-Komponente ihrer Instanzen Daten eingefügt werden können, etwa durch `accept(insert[...])`, und eine weitere Rolle, die ausdrückt, daß dieser Teil der KNOWS-Komponente gelesen werden kann, etwa durch `deliver(tell[...])`.

- Für eine Klasse `Sender` vereinbaren wir eine Vollmacht für die Rolle des Dateneinfügens bezüglich der Klasse `Medium` durch `Medium: accept`.

- Für eine Klasse `Receiver` vereinbaren wir eine Vollmacht für die Rolle des Datenlesens bezüglich der Klasse `Medium` durch `Medium: deliver`.

Die für diesen Unterkanal erlaubten Sender sind dann diejenigen Benutzer, deren repräsentierendes Objekt Instanz der Klasse `Sender` ist und über geeignete Surrogate für Objekte aus der Klasse `Medium` verfügt. Entsprechend sind die erlaubten Empfänger dann diejenigen Benutzer, deren repräsentierendes Objekt Instanz der Klasse `Receiver` ist und über geeignete Surrogate für Objekte aus der Klasse `Medium` verfügt. Der Unterkanal ist potentiell in dem Sinne, daß eine Kommunikation nur dann zustandekommt, wenn ein tatsächliches Senderobjekt und ein tatsächliches Empfängerobjekt über gemeinsame Surrogate in der Klasse `Medium` verfügen. Der Unterkanal ist lokal in dem Sinne, daß man solche Unterkanäle hintereinanderschalten kann, wodurch man transitiv entstehende, umfassendere Unterkanäle erhält.

Da im Ansatz des persönlichen Wissens die Grundkonzepte objektorientierter Programmiersprachen verfügbar sind, kann man Unterkanäle nicht nur mit Hilfe elementarer Lese- und Schreiboperationen einrichten, sondern kann dazu alle inhaltlich angemessenen und geeignet vereinbarten Klassen-spezifischen Operationen verwenden.

Semantische Bedingungen werden in diesem Ansatz nicht unmittelbar unterstützt. Stattdessen kann man aber Klassen-spezifische Operationen derart definieren, daß die Invarianten der beabsichtigten Semantik der strukturellen Teile der Objekte bei Änderungen erhalten bleiben. Mit Klassen-spezifischen Operationen könnte man auch einige Dienstleistungen von *Transaktionen* nachbilden.

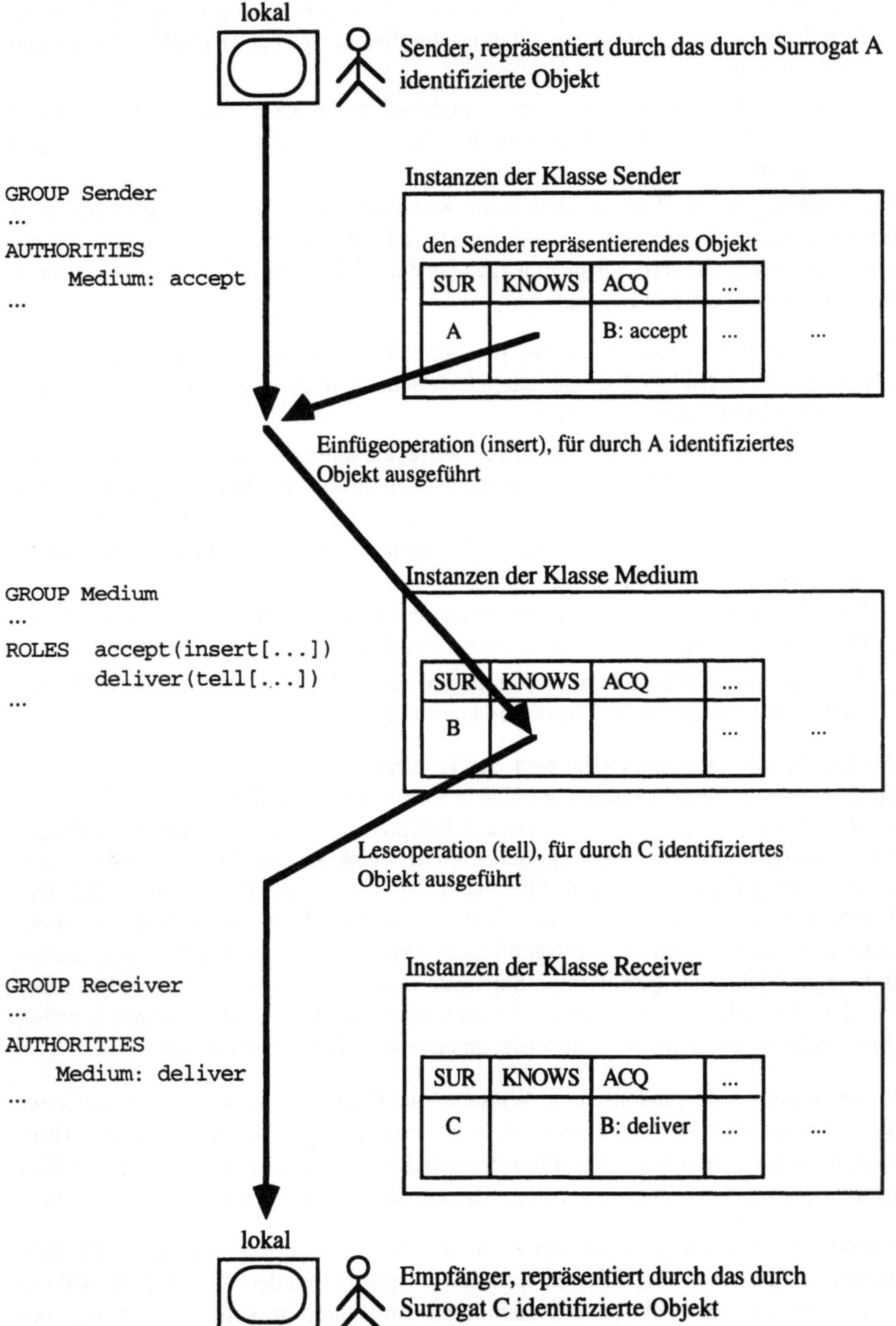

Bild 17.5   Durch Rollen und Vollmachten bestimmter Unterkanal

Eine *Trennung* der Unterkanäle muß wie im kommerziellen Ansatz anwendungsbezogen und weitgehend durch sorgfältigen Entwurf der Vereinbarungen, hier also von Klassen, Rollen und Vollmachten erreicht werden. Indem das System erzwingt, daß bei der Auswertung von Anfragen oder Änderungen pro Klasse höchstens eine Rolle benutzt werden darf, wird zumindest teilweise verhindert, daß Benutzer mit verschiedenen Verpflichtungen ihre Vollmachten für nichtvorgesehene Zwecke (unabsichtlich oder böswillig) zusammenführen.

Der Ansatz des persönlichen Wissens wurde im Rahmen universitärer Forschung entworfen und in seinen wichtigsten Teilen ausgearbeitet und untersucht [BiBr 88, Bi 88, BiGr 89, Br 89, BiBr 91]. Prototypische Teilimplementierungen sollen insbesondere die Möglichkeiten einer vollständig verteilten Verwirklichung erkunden. Die bisherigen Erfahrungen zeigen, daß weitere Verbesserungen durch Ergänzungen und Weiterentwicklungen auf den folgenden Gebieten wünschenswert sind: ausdrückliche Betrachtung von transitiv entstehenden Unterkanälen, Einhaltung semantischer Bedingungen durch Klassen-spezifische Operationen, ausdrückliche Einführung von Transaktionen, umfassendere Kontrolle von unbeabsichtigter Zusammenführung von Vollmachten, Werkzeuge zum Entwurf und zur Bewertung von Klassenvereinbarungen.

17.4 Übergreifende Gesichtspunkte und weitere bibliographische Hinweise

Die Unterschiede der behandelten Ansätze rühren zum Teil daher, daß in den für den Einsatz der Informationssysteme vorgesehenen Unternehmen unterschiedliche *Werte* vorrangig geschützt werden sollen, schlagwortartig eben Geheimnisse, Eigentum bzw. informationelle Selbstbestimmung. Viele Unternehmen werden jedoch diese und auch weitere Gesichtspunkte gleichzeitig berücksichtigen wollen, und entsprechend ergibt sich die Aufgabe, für Weiter- und Neuentwicklungen geeignete Mischformen zu finden. Ausgangspunkt derartiger Überlegungen sollte stets eine weitgefaßte *unternehmensbezogene Sicht* sein.

- In [Do 88, DoMc 89, Do 90, McHo 90] wird dazu ein "Unternehmens-Modell" entfaltet und ansatzweise operationalisiert, das wie in der Einleitung skizziert die handelnden Personen und ihre Verantwortlichkeiten und Haftbarmachungen ebenso einbezieht wie die kommunikativen Handlungen und die sie vermittelnden Daten.

- [Fu 88] verbindet die Spezifikation von Sicherheitsanforderungen mit den erprobten Methoden des allgemeinen Entwurfs von Informationssystemen, die sich semantischer Datenmodelle und der Schichtenarchitektur solcher Systeme bedienen. [SeTu 94] erweitert dieses Vorgehen im Rahmen des militärischen Ansatzes für den objektorientierten Entwurf von Informationssystemen.

- [Ge 93] erfaßt im Konzept eines "Informationsrahmens", daß Benutzer mit einem Informationssystem in verschiedenen Rollen arbeiten, wobei eine Rolle die soziale, organisatorische, funktionelle oder andere Stellung des Rolleninhabers im

> Unternehmen in Form von Erlaubnissen, Verboten, Pflichten und Freiheiten bestimmt.

- [Ha 88, Ti 88, LoWo 88, Bi 88, HuDeTi 93, BiEc 93, GrSt 93, NyOs 95] sind Beispiele für weitere Arbeiten, in denen eine unternehmensbezogene Sicht unter Betonung von Rollen in Bezug auf die verschiedenen Ansätze für Sicherheit diskutiert und empfohlen werden.

- Viele Autoren, insbesondere [Re 93], untersuchen neuerdings unter dem Stichwort "Workflow-Management" ganz allgemein, wie Informationssysteme in Unternehmensstrukturen und deren Arbeitsabläufen eingebettet werden können.

Um Wirklichkeit möglichst treu programmiersprachlich nachzubilden, sind die Mittel des objektorientierten Programmierens besonders gut geeignet. Deshalb liegt es nahe, eine unternehmensbezogene Sicht mit Rollen eben objektorientiert auszudrücken. Diese Technik ist grundlegender Bestandteil des Ansatzes des persönlichen Wissens, wird aber auch anderweitig vertreten. Da darüber hinaus objektorientierte Informationssysteme auch aus anderen Gründen zunehmende Bedeutung erlangen, werden auch die anderen Ansätze für solche Systeme überdacht. Objektorientiertheit erlaubt insbesondere, Objekte zu strukturieren und Eigenschaften entlang der Klassenhierarchie zu vererben. Damit ergeben sich neue Möglichkeiten, aber auch neue Schwierigkeiten, Sicherheitsanforderungen und besonders Zugriffsrechte auszudrücken [Ra 88, DiHaPf 89, LaGSF 90, Br 92, BeOrSa 95]. Klassen müssen geeignet gebildet werden, und Zugriffsrechte für ein Objekt oder eine Objektkomponente können explizit oder implizit über die Objektstruktur oder durch Vererbung vergeben werden. Dabei ist es nützlich, nicht nur wie üblich positive Rechte (Erlaubnisse), sondern auch negative Rechte (Verbote) zuzulassen, wodurch dann aber die nicht einfache Festlegung und durchsichtige Begründung von Vorrangregeln notwendig werden.

Jeder Ansatz muß schließlich so verwirklicht werden, daß das jeweilige grundlegende Ziel tatsächlich und mit hoher Laufzeiteffizienz erreicht wird. Zusätzlich kann man sich wünschen, vorhandene Software für Informationssysteme möglichst weitgehend weiterverwenden zu können. Betrachtet man den groben schichtenmäßigen Aufbau eines Informationssystems, so bieten sich zwei Schnittstellen an, dort wie in Bild 17.6 angedeutet mit *Schranken* den Informationsfluß zu kontrollieren.

Die Schranken können ihre Aufgabe durch unmittelbare *Einschränkung* der Zugriffsmöglichkeiten (man versucht also, die Objekte und Werte zu verbergen) oder durch *Verschlüsselung* (man versucht, unbefugt erhaltene Daten nutzlos zu machen) erreichen. Einschränkungen der Zugriffsmöglichkeiten wurden verwirklicht als ein möglichst kleiner, unumgehbar alle Zugriffe vermittelnder *Sicherheitskern*, der meistens eine "tiefe Schranke" innerhalb des Informationssystems oder gar erst im zugrundeliegenden Betriebssystem darstellt [DoPo 77, Bo 80, Am 81, Gr 90], oder durch *Flußfilter*. Flußfilter wurden als "hohe Schranke" unter Verwendung kryptographischer Prüfsummen und Integritätsriegel (integrity locks) [De 84, Gr 84, Me 87, Gr 90] oder als "tiefe Schranke" mit Hilfe von Sicherheitsprädikaten [SpKWSH 86] vorgeschlagen. Verschlüsselungen können als "tiefe Schranken" eingesetzt werden [DaWeKa 81, AkTa 83, DaDeLi 80, Gu 80, OmWe 83], aber auch als "hohe Schranken" [DaYe 82, RiAdDe

78], vorausgesetzt, die stark eingeschränkten Möglichkeiten, verschlüsselte Daten logisch zu verarbeiten, reichen für die Anwendung aus.

Für alle Versuche stellt die in der konzeptionellen Schicht durchgeführte logische Verarbeitung (mengenorientiert, Mehrrelationen-Verarbeitung, zum Beispiel vermöge relationaler Verbundoperationen) ein besonders schwieriges Problem dar. Denn die Zusammenhänge zwischen den Objekten und Werten, zu denen nach unten hin zugegriffen wird, und den Daten, die nach oben dem Benutzer ausgegeben werden, sind vielfältig und im allgemeinen schwer durchschaubar und können damit für verdeckten Informationsfluß mißbraucht werden.

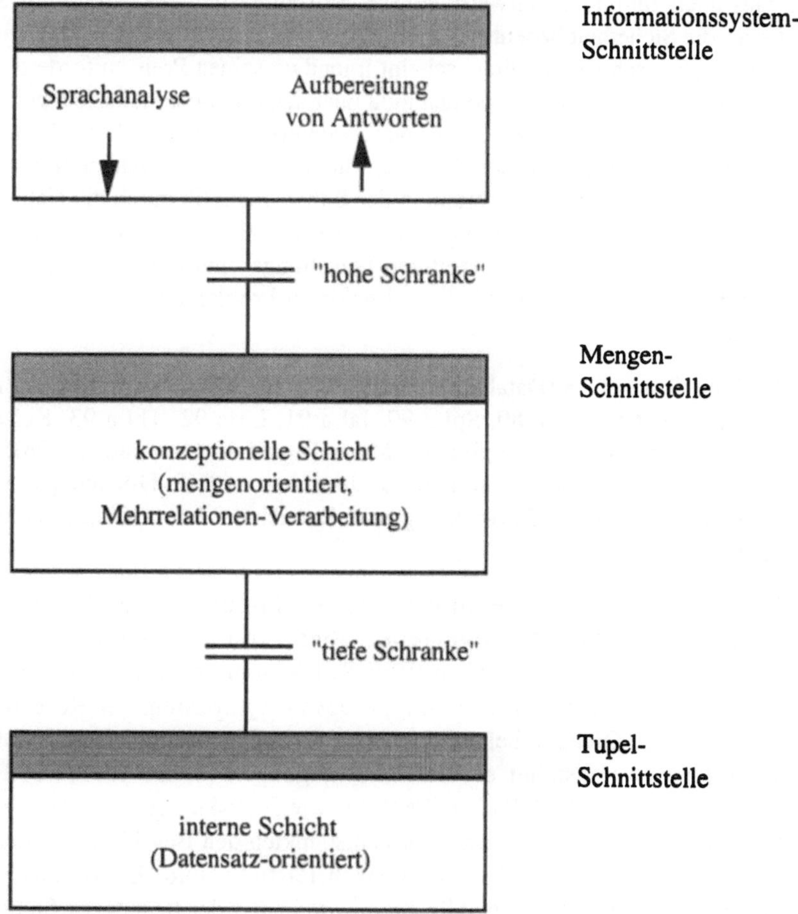

Bild 17.6 "Hohe Schranke" und "tiefe Schranke" zur Informationsflußkontrolle in der Schichtung eines Informationssystems

[Gr 90] gibt eine vergleichende Übersicht über drei verfolgte Entwicklungslinien in den USA, [Me 90] zeigt interessante Zusammenhänge auf zwischen einem Sicherheitsansatz für ein militärisches Nachrichtensysten [LaHeMc 84] und der Architektur von SeaView

[DeLSHS 87, De 88, LuDSHS 90], die sich auf einen im zugrunde liegenden Betriebssystem befindlichen Sicherheitskern stützt. Implementierungen des kommerziellen Ansatzes bestehen in einfacher Form im wesentlichen aus der das eigentliche Informationssystem abschirmenden Sicherheitsschicht. Wenn man jedoch wie gefordert die Ziele weiter verfeinert, werden sich viele der oben genannten Probleme wieder einstellen. Für den Ansatz des persönlichen Wissens sind ebenfalls noch viele Einzelheiten einer sicheren und effizienten Implementierung, insbesondere in einer verteilten Fassung, offen.

Zusammenfassend ergibt sich der Eindruck, daß die mächtige Funktionalität von Informationssystemen notwendigerweise sehr umfangreiche Software benötigt, die sich darüber hinaus noch zumindest teilweise auf das Betriebssystem abstützen muß. Jeder Versuch, die für die Sicherheit bedeutsamen Teile von den anderen streng zu trennen und klein und damit beherrschbar zu halten, scheint irgendwo seinen Preis zu fordern, etwa daß die Funktionalität eingeschränkt werden muß oder daß die Sicherheitsziele gelockert werden müssen. Die Anforderungen der Anwenderunternehmen und die fortlaufenden Bemühungen von staatlichen Behörden, Kriterien für sichere Rechensysteme festzulegen und Produkte in Bezug darauf zu bewerten, in der Bundesrepublik durch die Nationalen IT-Sicherheitskriterien [NaS 89] und innerhalb der Europäischen Gemeinschaft durch [ITSEC 91], werden sicherlich die derzeitigen Forschungs- und Entwicklungsarbeiten antreiben, für die vielen noch unbefriedigend gelösten Probleme bessere Vorschläge hervorzubringen.

Die IFIP Working Group 11.3 (Database Security) berichtet über Fortschritte auf ihren jährlichen Treffen in [La 88, La 89, SpLa 90, JaLa 91, LaJa 92, ThLa 93, KeLa 94, BiMoLa 95]. S. Castano, M.G. Fugini, G. Martella und P. Samarati [CaFMS 95] fassen den Entwicklungsstand zusammen. D. Jonscher und K. Dittrich [JoDi 95] erörtern die Auswirkungen neuer Entwicklungen im Bereich der Informationssysteme für deren Sicherheit.

D. Denning [De 82] gibt eine allgemeine Einführung in Sicherheit von Rechensystemen. Sicherheit allgemein, aber unter anderem auch in Informationssystemen wird im jährlichen IEEE Symposium on Security and Privacy sowie im bislang dreimal durchgeführten European Symposium on Research in Computer Security, ESORICS, behandelt. Die GI-Fachgruppe 2.5.3 (Verläßliche Informationssysteme) veranstaltet ebenfalls Fachtagungen (1985, 1991, 1993 und 1995). R. Dierstein [Di 90], D.P. Parker [Pa 92] sowie J. Biskup und G. Bleumer [Bi 93, BiBl 94] erörtern unter verschiedenen Gesichtspunkten den Begriff der Sicherheit, den wir hier nur recht speziell als "Gewährleistung und Begrenzung des Informationsflusses" betrachtet haben. Allgemein wird häufig der Begriff der Sicherheit durch eine Ausdeutung der vier Schlagworte "Verfügbarkeit - Integrität - Vertraulichkeit - Authentizität" bestimmt.

18 Literaturverzeichnis

ACM 88   ACM Task Force on the Core of Computer Science, (P. J. Denning, chairman), *Computing as a Disciplin*, ACM Publ. # 201880, 1988. auszugsweise auch in: Communications of the ACM 32 (1989), pp. 9-23.

AhBeUl 79   A.V. Aho, C. Beeri, J.D. Ullman, *The theory of joins in relational databases*, ACM Transactions on Database Systems 4 (1979), pp. 297 - 314.

AhHoUl 83   A.V. Aho, J.E. Hopcroft, J.D. Ullman, *Data Structures and Algorithms*, Addison-Wesley, Reading etc., 1983.

AhUl 79   A. Aho, J.D. Ullman, *Universality of data retrieval languages*, Proc. 6th ACM Symposium on Principles of Programming Languages, 1979, pp. 110-120.

AhSaUl 79a   A.V. Aho, Y. Sagiv, J.D. Ullman, *Equivalence among relational expressions*, SIAM Journal on Computing 8 (1979), pp. 218 - 246.

AhSaUl 79b   A.V. Aho, Y. Sagiv, J.D. Ullman, *Efficient optimization of a class of relational expressions*, ACM Transactions on Database Systems 4 (1979), pp. 435 - 454.

AkTa 83   S.G. Akl, P.D. Taylor, *Cryptographic solution to a problem of access control in a hierarchy*, ACM Transactions on Computer Systems, Vol.1, No.3, 1983, pp. 239 - 248.

Am 81   S.R. Ames, *Security kernels: a solution or a problem?*, Proc. IEEE Symp. on Security and Privacy, Oakland, 1981, pp. 141 - 150.

ANSI 75   ANSI/X3/SPARC Study Group on Data Base Management Systems, *Interim Report*, FDT (ACM SIGMOD Record) 7 (2).

ANSI 86   American National Standards Institute, *The database language SQL*, Document ANSI X3.135, 1986.

ANSI 89   American National Standards Institute, *Database language SQL-Addendum 1*, Document ANSI X3.135.1, 1989.

Ar 74   W.W. Armstrong, *Dependency structures of data base relationships*, Proc. IFIP Congress 1974, North-Holland, Amsterdam, 1974, pp. 580-583.

AsBC 76   M.M. Astrahan, M.W. Blasgen, D.D. Chamberlin et al., *System /R: a relational approach to data base management*, ACM Transaction on Database Systems 1 (1976), pp. 97-137.

AtABM 82   P. Atzeni, G. Ausiello, C. Batini, M. Moscarini, *Inclusion and equivalence between relational database schemes*, Theoretical Computer Science 19 (1982), pp. 267-285.

AtBDDMZ 89   M. Atkinson, F. Bancilhon, D.J. DeWitt, K.R. Dittrich, D. Maier, S. Zdonik, *The object-oriented database system manifesto*, Proc. Conf. on Deductive and Object-Oriented Databases (DOOD), Kyoto, 1989, pp. 40-57.

AtDe 93   P. Atzeni und V. DeAntonellis, *Relational Database Theory*, Benjamin / Cummings, Redwood City etc., 1993.

Ba 78   F. Bancilhon, *On the completeness of query languages for relational databases*, Proc. 7th Symposium on Mathematical Foundations of Computing, Springer, New York etc., 1978, pp. 112-123.

Ba 88   F. Bancilhon, *Object-oriented database systems*, Proc. ACM Symposium on Principles of Database Systems, 1988, pp.152-162.

BaDeKa 92   F. Bancilhon, C. Delobel, P. Kanellakis (eds.), *Building an Object-Oriented Database System: The Story of O2*, Morgan Kaufmann, San Mateo, 1992.

BaRa 86   F. Bancilhon, R. Ramakrishnan, *An amateur's introduction to recursive query processing strategies*, Proc. ACM Int. Conf. Management of Data (SIGMOD '86), 1986, pp. 16-52.

Be 76   P.A. Bernstein, *Synthesizing third normal form relations from functional dependencies*, ACM Transactions on Database Systems 1 (1976), pp. 272-298.

BeBeGo 78   C. Beeri, P.A. Bernstein, N. Goodman, *A sophisticate's introduction to database normalization theory*, Proc. 4th International Conference on Very Large Data Bases, Berlin, 1978, pp. 113-124.

BeHaGo 87   P.A. Bernstein, V. Hadzilacos, N. Goodman, *Concurrency Control and Recovery in Database Systems*, Addison-Wesley, Reading etc., 1987.

BeVa 84a   C. Beeri, M.Y. Vardi, *Formal systems for tuple- and equality generating dependencies*, SIAM Journal on Computing 13 (1984), pp. 76-98.

BeVa 84b   C. Beeri, M.Y. Vardi, *A proof procedure for data dependencies*, Journal ACM 31 (1984), pp.718-741.

BeLa 74   D.E. Bell, L.J. LaPadula, *Secure Computer Systems*, Mitre Corporation, Bedford, 1974.

BeNo 77   E. Bergmann, H. Noll, *Mathematische Logik mit Informatik-Anwendungen*, Springer, Berlin etc., 1977.

BeOrSa 95   E. Bertino, F.Origgi, P. Samarati, *A new authorization model for object-oriented databases*, Database Security, VIII: Status and Prospects (eds: J. Biskup, M. Morgenstern, C.E. Landwehr), North-Holland, Amsterdam etc.,1995, pp. 199-222.

BFMY 83   C. Beeri, R. Fagin, D. Maier, M. Yannakakis, *On the desirability of acyclic database schemes*, Journal ACM 30 (1983), pp. 479-513.

Bi 81   J. Biskup, *A formal approach to null values in database relations*, Advances in Data Bases Theory - Volume 1 (eds: H. Gallaise, J. Minker, J.M. Nicolas), Plenum, New York - London, 1981, pp. 299-341.

Bi 88   J. Biskup, *Privacy respecting permissions and rights,* Database Security: Status and Prospects (ed.: C.E. Landwehr), North-Holland, Amsterdam etc., 1988, pp. 173-185.

Bi 89   J. Biskup, *Verantwortung des Hochschullehrers für Informatik*, Informatik-Spektrum 12 (1989), pp. 158-161.

Bi 93   J. Biskup, *Sicherheit von IT-Systemen als "sogar wenn - sonst nichts - Eigenschaft"*, Proc. GI-Fachtagung Verläßliche Informationssysteme, VIS '93, Vieweg, Braunschweig-Wiesbaden, 1993, pp. 239-254.

Bi 94   J. Biskup, *Impacts of creating, implementing and using formal languages*, Proc. 13 th World Computer Congress 94, Volume 3 (eds: K. Duncan, K. Krueger), Elsevier, Amsterdam etc., 1994, pp. 402-407.

Bib 93   W. Bibel, *Wissensrepräsentation und Inferenz*, Vieweg, Braunschweig-Wiesbaden, 1993.

BiBl 94   J. Biskup, G. Bleumer, *Reflections on security of database and datatransfer systems in health care*, Proc. 13th of World Computer Congress 94, Volume 2 (eds: K. Brunnstein, E. Raubold), Elsevier, Amsterdam etc., 1994, pp. 549-556.

BiBr 83   J. Biskup, H.H. Brüggemann, *Universal relation views: a pragmatic approach*, Proc. 9th International Conference on Very Large Data Bases, Florence, 1983, pp. 172-185.

BiBr 88   J. Biskup, H.H. Brüggemann, *The personal model of data - towards a privacy-oriented information system*, Computers & Security 7 (1988), pp. 575-597.

BiBr 88a   J. Biskup, H.H. Brüggemann, Data manipulation languages for the universal relation view DURST, Proc. 1st Symposium on Mathematical Fundamentals of Database Systems, Lecture Notes in Computer Science 305, Springer, Berlin etc., 1988, pp. 20-41.

BiBr 91   J. Biskup, H.H. Brüggemann, *Das datenschutzorientierte Informationssystem DORIS: Stand der Entwicklung und Ausblick*, Proc. GI-Fachtagung Verläßliche Informationssysteme, VIS '91, Darmstadt, Informatik-Fachberichte 271, Springer, Berlin etc., 1991, pp. 146-158.

BiBSK 86   J. Biskup, H.H. Brüggemann, L. Schnetgöke, M. Kramer, *One flavor assumption and γ-acyclicity for universal relation views*, Proc. 5th ACM SIGACT-SIGMOD Symposium on Principles of Database Systems, Cambridge, 1986, pp. 148-159.

BiCo 86   J. Biskup, B. Convent, *A formal view integration method*, Proc. ACM SIGMOD Int. Conference on Management of Data, Washington, 1986, pp. 398-407.

BiCo 91   J. Biskup, B. Convent, *Relational chase procedures interpreted as resolution with paramodulation*, Fundamenta Informaticae 15 (1991), pp.123-138.

BiDaBe 79   J. Biskup, U. Dayal, P.A. Bernstein, *Synthesizing independent database schemes*, Proc. ACM SIGMOD Int. Conference on Management of Data, Boston, 1979, pp. 143-151.

BiDu 91   J. Biskup, P. Dublish, *Objects in relational database schemes with functional, inclusion and exclusion dependencies*, extented abstract: Proc. 3rd Symposium on Mathematical Fundamentals of Database and Knowledge Base Systems, Rostock, 1991, Lecture Notes in Computer Science 495, Springer, Berlin etc., 1991, pp. 276-290; full paper: RAIRO Theoretical Informatics and Applications 27 (1993), pp. 183-219.

BiDuSa 95   J. Biskup, P. Dublish, Y. Sagiv, *Optimization of a subclass of conjunctive queries*, Acta Informatica 32 (1995), pp. 1-26.

BiEc 93   J. Biskup, Ch. Eckert, *Sichere Delegation in Informationssystemen*, Proc. GI-Fachtagung Verläßliche Informationssysteme (Hrsg.: G. Weck, P. Horster), Vieweg, Braunschweig-Wiesbaden, 1993, pp. 107-133.

BiGr 89   J. Biskup, H.-W. Graf, *Analysis of the privacy model for the information system DORIS*, Database Security, II: Status and Prospects (ed.: C.E. Landwehr), North-Holland, Amsterdam etc., 1989, pp.123-140.

BiMoLa 95   J. Biskup, M. Morgenstern, C.E. Landwehr, editors, Database Security, VIII: Status and Prospects, North-Holland, Amsterdam etc., 1995.

BiRä 87   J. Biskup, U. Räsch, *The equivalence problem for relational database schemes*, Proc. 1st Symposium on Mathematical Fundamentals of Database Systems, Dresden, 1987, Lecture Notes in Computer Science 305, Springer, Berlin etc., pp. 42-70.

Bo 80   D.A. Bonyun, *The secure relational database management system kernel - three years after*, Proc. IEEE Symp. on Security and Privacy, Oakland, 1980, pp. 34 - 37.

Bö 85   E. Börger, *Berechenbarkeit, Komplexität, Logik*, Vieweg, Braunschweig-Wiesbaden, 1985, 1992.

Br 89   H.H. Brüggemann, *Interaction of authorities and acquaintances in the DORIS privacy model of data*, Proc. MFDBS 89, Lecture Notes in Computer Science 364, Springer, Berlin etc., 1989, pp. 85-99.

Br 92   H.H. Brüggemann, *Rights in an object-oriented environment*, Database Security, V: Status and Prospects (eds: C.E. Landwehr, S. Jajodia), North-Holland, Amsterdam etc., 1992, pp. 99-105.

BrHaMü 89   W. Brauer, W. Haacke, S. Münch, *Studien- und Forschungsführer Informatik*, Springer, Berlin etc., 1989.

BrMyS 84   M.L. Brodie, J. Mylopoulos, J.W. Schmidt (editors), *On Conceptual Modelling*, Springer, Berlin etc., 1984.

BrVo 88   V. Brosda, G. Vossen, *Update and retrieval in a relational database through a universal schema interface*, ACM Transactions on Database Systems 13 (1988), pp. 449-485.

Bry 90   F. Bry, *Query evaluation in recursive databases: bottom-up and top-down reconciled*, Data & Knowledge Engineering 5 (1990), pp. 289-312.

Bu 91   Der Bundesbeauftragte für den Datenschutz, *Bundesdatenschutzgesetz – Text und Erläuterung*, Bonn, 1991.

BuOtSt 91   P. Butterworth, A. Otis, J. Stein, *The GemStone object database system*, Communications of the ACM 34 (10) 1991, pp. 64-77.

BuSh 84   B. Buchanen, E. Shortliffe (eds), *Rule Based Expert Systems*, Addison-Wesley, Reading etc., 1984.

Bvg 83   Bundesverfassungsgericht, *Urteil vom 15. Dezember 1983 zum Volkszählungsgesetz 1983*, Bundesanzeiger 35, 241a (1983).

Ca 94   R.G.G. Cattell, editor, *The Object Database Standard ODMG 93*, Morgan Kaufman, San Mateo, 1994.

CaFaPa 84   M.A. Casanova, R. Fagin, C.H. Papadimitriou, *Inclusion dependencies and their interaction with functional dependencies*, Journal of Computer and System Sciences 28 (1984), pp. 29-59.

CaFMS 95   S. Castano, M.G. Fugini, G. Martella und P. Samarati, *Database Security*, Addison-Wesley / ACM, Reading etc., 1995.

CaTFB 89   M.A. Casanova, L. Tucherman, A.L. Furtado, A. Braga, *Optimization of relational schemes containing inclusion dependencies*, Proc. 15th International Conference on Very Large Data Bases, Amsterdam, 1989, pp. 317-325.

CeGoTa 90   S. Ceri, G. Gottlob, L.Tanca, *Logic Programming and Databases*, Springer, Berlin etc., 1990.

CePe 84   S. Ceri, G. Pelagatti, *Distributed Databases: Principles and Systems*, McGraw-Hill, New York, 1984.

Ch 76   P.P.-S. Chen, *The entity-relationship-model - towards a unified view of data*, ACM Transactions on Database Systems 1 (1976), pp. 9-36.

ChAE 76   D.D. Chamberlin, M.M. Astrahan, K.P.Eswaran et al., *SEQUEL2: a unified approach to data definition, manipulation, and control*, IBM Journal Research and Development 20 (1976), pp. 560-575.

ChGrMi 88   U.S. Chakravarthy, J.Grant, J. Minker, *Foundations of semantic query optimisation for deductive databases*, Foundations of Deductive Databases and Logic Programming (ed.: J.Minker), Morgan-Kaufmann, Los Altos, 1988, pp.243 - 273.

ChHa 80   A.K. Chandra, D. Harel, *Computable queries for relational data bases*, Journal of Computer and System Sciences 21 (1980), pp. 156-178.

ChVa 85   A.K. Chandra, M.Y. Vardi, *The implication problem for functional and inclusion dependencies is undecidable*, SIAM Journal on Computing 14 (1985), pp. 671-677.

ChLe 73   C.-L. Chang, R.C.-T. Lee, *Symbolic Logic and Mechanical Theorem Proving*, Academic Press, New York - London, 1973.

ChMc 85   E. Charniak, D. McDermott, *Introduction to Artificial Intelligence*, Addison-Wesley, Reading etc., 1985.

ChMe 77   A.K. Chandra, P.M. Merlin, *Optimal implementation of conjunctive queries in relational databases*, Proc. 9th ACM SIGACT Symposium on Theory of Computing, 1977, pp.77 -90.

ClWi 87   D.D. Clark, D.R. Wilson, *A comparison of commercial and military computer security policies*, Proc. IEEE Symp. on Security and Privacy, 1987, Oakland, pp. 184-194.

Co 70   E.F. Codd, *A relational model of data for large shared data banks*, Communications of the ACM 13 (1970), pp. 377-387.

Co 72a   E.F. Codd, *Relational completeness of database sublanguages*, Data Base Systems, Courant Institute Computer Science Symposia Series 6, (ed.: R. Rustin), Prentice-Hall, Englewood Cliffs, 1972, pp.65-98.

Co 72b   E.F. Codd, *Further normalization of the database relational model*, Data Base Systems, Courant Institute Computer Science Symposia Series 6, (ed.: R. Rustin), Prentice-Hall, Englewood Cliffs, 1972, pp.33-64.

Co 74   Congress, 93rd - 2nd Session, *Privacy Act of 1974*, Public Law 93 - 579.

Co 79   E.F. Codd, *Extending the database relational model to capture more meaning*, ACM Transaction on Database Systems 4 (1979), pp. 397-434.

Co 82   E.F. Codd, *Relational databases: a practical foundation for productivity*, Communications of the ACM 25 (1982), pp. 109-117.

CoKa 84   S.S. Cosmadakis, P.C. Kanellakis, *Functional and inclusion dependencies - a graph theoretic approach*, 3rd ACM SIGACT-SIGMOD Symposium on Principles of Database Systems, Waterloo, 1984, pp. 29-37.

Con 89   B. Convent, *Datenbankschemaentwurf für ein logikorientiertes Datenmodell*, Dissertation, Universität Hildesheim, 1989.

CoNPRSSS 92   W. Coy, F. Nake, J.-M. Pflüger, A. Rolf, J. Seetzen, D. Siefkes, R. Strausfeld (Hrsg.), *Sichtweisen der Informatik*, Vieweg, Braunschweig-Wiesbaden, 1992.

Coy 89   W. Coy, *Brauchen wir eine Theorie der Informatik ?*, Informatik-Spektrum 12 (1989), pp. 256-266.

CrGrHi 94   A.B. Cremers, U. Griefahn, R. Hinze, *Deduktive Datenbanken - Eine Einführung aus der Sicht der logischen Programmierung*, Vieweg, Braunschweig-Wiesbaden, 1994.

Cu 89   R. Cummins, *Meaning and Mental Representation*, MIT Press, Cambridge-London, 1991.

CyCo 94   G. Cyranek, W. Coy, Herausgeber, Die maschinelle Kunst des Denkens – Perspektiven und Grenzen der Künstlichen Intelligenz, Vieweg, Braunschweig-Wiesbaden, 1994.

Da 86   C.J. Date, *An Introduction to Database Systems, Volume I* (4th Edition), Addison-Wesley, Reading etc., 1986.

Da 83   C.J. Date, *An Introduction to Database Systems, Volume II*, Addison-Wesley, Reading etc., 1983.

DaDeLi 80   G.I. Davida, R.A. DeMillo, R.J. Lipton, *A system architecture to support a verifiably secure multilevel security system*, Proc. IEEE Symp. on Security and Privacy, Oakland, 1980, pp. 137 - 144.

DaMyNy 67   O.J. Dahl, B. Myrhaug, K. Nygaard, *SIMULA 67: Common Base Language*, Publication NS 22, Norsg Regnesentral, Oslo 1967.

DaWeKa 81   G.I. Davida, D.L. Wells, J.B. Kam, *A database encryption system with subkeys*, ACM Transactions on Database Systems 6 (1981), pp. 312 - 328.

DaYe 82   G.I. Davida, Y. Yeh, *Cryptographic relational algebra*, Proc. IEEE Symp. on Security and Privacy, Oakland, 1982, pp. 111 - 116.

De 78   C. Delobel, *Normalization and hierarchical dependencies in the relational data model,* ACM Transactions on Database Systems 3 (1978), pp. 201-222.

De 82   D.E. Denning, *Cryptography and Data Security*, Addison-Wesley, Reading etc., 1982.

De 84   D.E. Denning, *Cryptographic checksums for multilevel database security,* Proc. IEEE Symp. on Security and Privacy, 1984, Oakland, pp. 52 - 61.

De 88   D.E. Denning, *Lessons learned from modeling a secure multilevel relational database system*, Database Security : Status and Prospects (ed. C.E. Landwehr), North-Holland, Amsterdam etc., 1988, pp. 35-43.

DeLSHS 87   D.E. Denning, T.F. Lunt, R.R. Schell, M. Heckman, W. Shockley, *A multilevel relational data model*, Proc. IEEE Symp. on Security and Privacy, Oakland, 1987, pp. 220-234.

DePa 84   P. DeBra, J. Paredaens, *Horizontal decompositions for handling exceptions to functional dependencies*, Advances in Data Base Theory - Volume 2, (H. Gallaire, J. Minker, J.M. Nicolas, eds.), Plenum, New York - London, 1984, pp. 123-141.

Di 90   R. Dierstein, The concept of secure information processing systems and their basic functions, Proc. IFIP/SEC '90 (ed.: K. Dittrich), Espoo (Helsinki), North-Holland, Amsterdam etc., 1991, pp. 133-149.

DiHaPf 89   K. Dittrich, M. Härtig, H. Pfefferle, *Discretionary Access control in structurally object-oriented database systems*, Database Security, II: Status and Prospects (ed.: C.E. Landwehr), North-Holland, Amsterdam etc., 1989, pp.105-121.

Do 88   J. Dobson, *Security and Databases: A Personal View*, Database Security: Status and Prospects (ed.: C.E. Landwehr), North-Holland, Amsterdam etc., 1988, pp. 11-21.

Do 90   J. Dobson, *Conversation structures as a means of specifying security policy*, Database Security, III: Status and Prospects (eds: D.L. Spooner, C.E. Landwehr), North-Holland, Amsterdam etc., 1990, pp. 25-39.

DoD 83   Department of Defense Computer Security Center, *Trusted Computer Systems Evaluation Criteria*, CSC-STD-011-83, Fort Meade, 1983.

DoMc 89   J.E. Dobson, J.A. McDermid, *Security models and enterprise models*, Database Security, II : Status and Prospects (ed. C.E. Landwehr), North-Holland, Amsterdam etc., 1989, pp. 1-39.

DoPo 77   D. Downs, G. Popek, *A kernel design for a secure data base managment system*, Proc. 3rd Int. Conf. on Very Large Data Bases, 1977, pp. 507-514.

Dr 94   H. Dreyfus, *Den Geist konstruieren vs. Das Gehirn modellieren: Die KI kehrt zu einem Scheideweg zurück,* Die maschinelle Kunst des Denkens (Hrsg: G. Cyranek, W. Coy), Vieweg, Braunschweig-Wiesbaden, 1994, pp. 215-230.

DuRi 92   R. Durchholz, G. Richter, *Compositional Data Objects: The IMC / IMC2 Reference Manual,* Wiley, Chichester etc., 1992.

ElNa 89   R. Elmasri, S.B. Navathe, *Fundamentals of Database Systems,* Benjamin / Cummings, Redwood City etc., 1989.

EsGLT 76   K.P. Eswaran, J.N. Gray, R.A. Lorie, I.L. Traiger, *The notions of consistency and predicate locks in a database system,* Communications of the ACM 19 (1976), pp. 624 - 633.

Fa 77   R. Fagin, *Multivalued dependencies and a new normal form for relational databases,* ACM Transactions on Database Systems 2 (1977), pp. 262-278.

Fa 83   R. Fagin, *Degrees of acyclicity for hypergraphs and relational database schemes,* Journal ACM 30 (1983), pp. 514-550.

FaVa 84   R. Fagin, M.Y. Vardi, *The theory of data dependencies - an overview,* Proc. 11th Int. Colloquium on Automata, Languages and Programming, Lecture Notes in Computer Science 172, Springer, Berlin etc., 1984, pp. 1-22.

FlZBK 92   Ch. Floyd, H. Züllighoven, R. Budde, R. Keil-Slawik, editors, *Software Development and Reality Construction,* Springer, Berlin etc., 1992.

Fr 89   J.C. Freytag, *The basic principles of query optimization in relational database management systems,* Information Processing 89 (G.X. Ritter, ed.), Elseviers Science Publishers (North-Holland), Amsterdam etc., 1989, pp. 801-807.

Fu 88   M. Fugini, *Secure database development methodologies,* Database Security: Status and Prospects (ed.: C.E. Landwehr), North-Holland, Amsterdam etc., 1988, pp. 103-129.

GaMi 78   H. Gallaire, J. Minker (eds.), *Logic and Data Bases,* Plemm, New York, 1978.

Ge 93   W. Gerhardt, *Zugriffskontrolle bei Datenbanken,* Oldenbourg, München-Wien, 1993.

GoRo 83   A. Goldberg, D. Robson, *Smalltalk-80: The Language and its Implementation,* Addison-Wesley , Reading, etc., 1983.

Gr 84   R. Graubart, *The integrity-lock approach to secure database management,* Proc. IEEE Symp. on Security and Privacy, 1984, Oakland, pp. 62 - 74.

Gr 90   R. Graubart, *A comparison of three secure dbms architectures*, Database
         Security, III: Status and Prospects (eds: D.L. Spooner, C.E. Landwehr),
         North-Holland, Amsterdam etc., 1990, pp. 167-190.

GrMi 85 J. Grant, J. Minker, *Normalization and axiomatization for numerical
         dependencies*, Information and Control 65 (1985), pp. 1-17.

GrRe 93 J. Gray, A. Reuter, *Transaction Processing: Concepts and Techniques*,
         Morgan Kaufmann, San Mateo, 1993.

GrSt 93 R. Grimm, A. Steinacker, *Das Kooperations- und das
         Gleichgewichtsmodell – Theorie und Praxis*, Proc. GI-Fachtagung
         Verläßliche Informationssysteme (Hrsg.: G. Weck, P. Horster), Vieweg,
         Braunschweig-Wiesbaden, 1993, pp. 85-106.

Gu 80   E. Gudes, *The design of a cryptography based secure file system*, Proc.
         IEEE Transactions on Software Engineering, Vol. SE-6, No.5, 1980,
         pp. 411-420.

Gü 92   R.H. Güting, *Datenstrukturen und Algorithmen*, Teubner, Stuttgart,
         1992.

Ha 81   J. Habermas, *Theorie des kommunikativen Handelns*, Band I :
         Handlungsrationalität und gesellschaftliche Rationalisierung, Band II : Zur
         Kritik der funktionalistischen Vernunft, Suhrkamp, Frankfurt, 1981.

Ha 88   J.T. Haigh, *Modeling database security requirements*, Database Security:
         Status and Prospects (ed.: C.E. Landwehr), North-Holland, Amsterdam
         etc., 1988, pp. 103-129.

Hä 78   T. Härder, *Implementierung von Datenbank-Systemen*, Hanser, München,
         1978.

Hä 87   T. Härder, *Realisierung von operationalen Schnittstellen*, in: Datenbank-
         Handbuch (Hrsg.: P.C. Lockemann, J.W. Schmidt), Springer, Berlin etc.,
         1987, pp. 163-335.

He 73   H. Hermes, *Introduction to Mathematical Logic*, Springer, Berlin etc.,
         1973.

He 86   T. Herrmann, *Zur Gestaltung der Mensch-Computer-Interaktion :
         Systemerklärung als kommunikatives Problem*, Niemeyer, Tübingen,
         1986.

He 92   A. Heuer, *Objektorientierte Datenbanken: Konzepte, Modelle, Systeme*,
         Addison-Wesley, Bonn etc., 1992.

HoKu 89 D. Hofbauer, R.-D. Kutsche, *Grundlagen des mathematischen Beweisens*,
         Vieweg, Braunschweig - Wiesbaden, 1989.

Hu 86   R. Hull, *Relative information capacity of simple relational database
         schemata*, SIAM Journal on Computing 15 (1986), pp. 856-886.

Hu 87   R. Hull, *A survey of theoretical research on typed complex database
         objects*, Databases (ed. J. Paredaens), International Lecture Series in
         Computer Science, Academic Press, London etc., 1987.

HuDeTi 93   M.-Y. Hu, S.A. Demurjian, T.C. Ting, *User-role based security profiles for an object-oriented design model*, Database Security, VI: Status and Prospects (eds: B.M. Thuraisingham, C.E. Landwehr), North-Holland, Amsterdam etc., 1993, pp. 333-348.

HuKi 87   R. Hull, R. King, *Semantic database modeling : survey, applications, and research issues*, ACM Computing Surveys 19 (1987), pp. 201-260.

IoLa 94   Y.E. Ioannidis, Y. Lashkari, *Incomplete path expressions and their disambiguation*, Proc. ACM SIGMOD International Conference on Management of Data, 1994, pp. 138-149.

ITSEC 91   *Information Technology Security Evaluation Criteria (ITSEC)*, Office for Official Publications of the European Communities, Luxembourg, 1991.

JaJa 60   A.M. Jaglom, I.M. Jaglom, *Wahrscheinlichkeit und Information* (Übersetzung aus dem Russischen), VEB Deutscher Verlag der Wissenschaften, Berlin, 1960.

JaKo 84   M. Jarke, J. Koch, *Query optimization in database systems*, ACM Computing Surveys 16,2 (1984), pp. 111-152.

JaLa 91   S. Jajodia, C.E. Landwehr, editors, *Database Security, IV : Status and Prospects*, North-Holland, Amsterdam etc., 1991.

JaMcBl 94   S. Jajodia, C.D. McCollum, B.T. Blaustein, *Integrating concurrency control and commit algorithms in distributed multilevel secure databases*, Database Security, VII: Status and Prospects (eds: T.F. Keefe, C.E. Landwehr), North-Holland, Amsterdam etc., 1994, pp. 109-121.

JeRe 91   T. Jell, A. von Reelsen, *Objektorientiertes Programmieren mit C++*, Hanser, München-Wien, 1991.

JoDi 95   D. Jonscher, K. Dittrich, *Current trends in database technology and their impact on security concepts*, Database Security, VIII: Status and Prospects (eds: J. Biskup, M. Morgenstern, C.E. Landwehr), North-Holland, Amsterdam etc.,1995, pp. 11-33.

Ju 90   G. Jumarie, *Relative Information*, Springer, Berlin etc., 1990.

Ka 92   G.O.H. Katona, *Combinatorial and algebraic results for database relations*, Proc. 4th Inf. Conference on Database Theory, Berlin, 1992, Lecture Notes in Computer Science 646, Springer, Berlin etc. 1992, pp. 1-20.

KaCoVa 83   P.C. Kanellakis, S.S. Cosmadakis, M.Y. Vardi, *Unary inclusion dependencies have polynomial inference problems*, Proc. 15th Symposium on Theory of Computing, Boston, 1983, pp. 246-277.

KaKl 93   P. Kandzia, H.-J. Klein, *Theoretische Grundlagen relationaler Datenbanksysteme*, BI Wissenschaftsverlag, Mannheim etc., 1993.

KaWe 73   T. Kameda, K. Weihrauch, *Einführung in die Codierungstheorie I*, Bibliographisches Institut, Mannheim etc., 1973.

Ke 78   W. Kent, *Data and Reality - Basic Assumptions in Data Processing Reconsidered*, North-Holland, Amsterdam etc., 1978.

Ke 83   W. Kent, *A simple guide to five normal forms in relational databases*, Communications of the ACM 26 (1983), pp. 120-125.

KeLa 94   T.F. Keefe, C.E. Landwehr, editors, Database Security, VII: Status and Prospects, North-Holland, Amsterdam etc., 1994.

KeMo 93   A. Kemper, G. Moerkotte, *Basiskonzepte objektorientierter Datenbanksysteme*, Informatik-Spektrum 16, 2 (1993), pp. 69-80.

KiKiSa 92   M. Kifer, W. Kim, Y. Sagiv, Querying object-oriented databases, Proc. ACM SIGMOD Int. Conference on Management of Data, 1992, pp. 393-402.

KiLa 89   M. Kifer, G. Lausen, *F-Logic: a higher order language for reasoning about objects, inheritance and schema*, Proc. ACM SIGMOD Int. Conference on Management of Data, 1989, pp. 134-146.

KiLaWu 93   M. Kifer, G. Lausen, J. Wu, *Logical foundations of object-oriented and frame-based languages*, TR 93/06, Department of Computer Science, SUNY at Stony Brook, 1993, to appear in Journal of the ACM.

Kn 68   D. Knuth, *The Art of Computer Programming*, Volume 1: Fundamental Algorithms (2nd edition), Addison-Wesley, Reading etc., 1973.

Kn 73   D. Knuth, *The Art of Computer Programming*, Volume 3: Sorting and Searching, Addison-Wesley, Reading etc., 1973.

KoKFVU 84   H.F. Korth, G.M. Kuper, J. Feigenbaum, A. VanGeldern, J.D. Ullman, *A database system based on the universal relation assumption*, ACM Transactions on Database Systems 9 (1984), pp. 331-347.

La 88   C.E. Landwehr, editor, *Database Security: Status and Prospects*, North-Holland, Amsterdam etc., 1988.

La 89   C.E. Landwehr, editor, *Database Security, II: Status and Prospects*, North-Holland, Amsterdam etc., 1989.

La 81   G. Lamprecht, *Introduction to SIMULA 67*, Vieweg, Braunschweig-Wiesbaden, 1981.

LaGSF 90   M. Larrondo-Petrie, E. Gudes, H. Song, E.B. Fernandez, *Security policies in object-oriented databases*, Database Security, III: Status and Prospects (eds: D.L. Spooner, C.E. Landwehr), North-Holland, Amsterdam etc., 1990, pp.257-268.

LaHeMc 84   C.E. Landwehr, C.L. Heitmeyer, J. McLean, *A security model for military message systems*, ACM Transactions on Computer Systems, Vol. 2, No. 3, 1984, pp. 198 - 222.

LaJa 92   C.E. Landwehr, S. Jajodia, editors, *Database Security, V : Status and Prospects*, North-Holland, Amsterdam etc., 1992.

LaMa 91   G. Lausen, B. Marx, *Eine Einführung in Frame-Logik, in: Entwicklungstendenzen bei Datenbanksystemen* (Hrsg.: G. Vossen, K.-U. Witt), Oldenbourg, München, 1991, pp. 173-202.

Le 92   M. Levene, *The Nested Universal Relation Database Model*, Lecture Notes in Computer Science 595, Springer, Berlin etc., 1992.

Li 95   L. Libkin, *Approximation in databases*, Proc. 5th International Conference on Database Theory, ICDT '95, Lecture Notes in Computer Science 893, Springer, Berlin etc., pp. 411-424.

Ll 87   J.W. Lloyd, *Foundations of Logic Programming* (2nd, extended edition), Springer, Berlin etc., 1987.

LoDi 87   P.C. Lockemann, K.R. Dittrich, *Architektur von Datenbanksystemen*, in: Datenbank-Handbuch (Hrsg.: P.C. Lockemann, J.W. Schmidt), Springer, Berlin etc., 1987, pp. 85-161.

LoKrKr 93   P.C. Lockemann, G. Krüger, H. Krumm, Telekommunikation und Datenhaltung, Hanser, München-Wien, 1993.

LoMiRa 92   J. Lobo, J. Minker, A. Rajaseker, *Foundations of Disjunctive Logic Programming*, MIT Press, Cambridge, 1992.

LoSc 87   P.C. Lockemann, J.W. Schmidt, *Datenbank-Handbuch*, Springer, Berlin. etc., 1987.

LoWo 88   F.H. Lochovsky, C.C. Woo, *Role-based security in data base management systems*, Database Security: Status and Prospects (ed.: C.E. Landwehr), North-Holland, Amsterdam etc., 1988, pp. 209-222.

Lu 84   N. Luhmann, *Soziale Systeme - Grundriß einer allgemeinen Theorie*, Suhrkamp, Frankfurt, 1984 (Zitat nach Suhrkamp Taschenbuch Wissenschaft 666, 1987).

Lu 88   A.L. Luft, *Informatik als Technik-Wissenschaft : Eine Orientierungshilfe für das Informatikstudium*, Bibliographisches Institut, Mannheim etc., 1988.

LuDSHS 90   T.F. Lunt, D.E. Denning, R.R. Schell, M. Heckman, W.R. Shockley, *The SeaView security model*, IEEE Transactions on Software Engineering 16 (1990), pp. 593-607.

LyMWF 94   N. Lynch, M. Merritt, W. Weihl, A. Fekete, *Atomic Transactions*, Morgan Kaufmann, San Mateo, 1994.

Ma 84   S. Maaß, *Mensch-Rechner-Kommunikation : Herkunft und Chancen eines neuen Paradigmas*, Dissertation, Universität Hamburg, FBI-HH-B-104184, 1984.

Mah 88   M.J. Maher, *Equivalence of logic programs*, Foundations of Deductive Databases and Logic Programming (ed.: J. Minker), Morgan-Kaufmann, Los Altos, 1988, pp. 627 - 658.

Mai 83   D. Maier, *The Theory of Relational Databases*, Computer Science Press, Rockville, 1983.

MaMa 83   F. Machlup, U. Mansfield (eds.), *The Study of Information*, Wiley, New York etc., 1983.

MaRä 92   H. Mannila, K.-J. Räihä, *The Design of Relational Databases*, Addison-Wesley, Wokingham etc., 1992.

MaUlVa 84   D. Maier, J.D. Ullman, M.Y. Vardi, *On the foundations of the universal relation model*, ACM Transactions on Database Systems 9 (1984), pp. 283-308.

McHo 90   J.A. McDermid, E.S. Hocking, *Security policies for integrated project support environments*, Database Security, III: Status and Prospects (eds.: D.L. Spooner, C.E. Landwehr), North-Holland, Amsterdam etc., 1990, pp. 41-74.

Me 84a   K. Mehlhorn, *Data Structures and Algorithms 1: Sorting and Searching*, Springer, Berlin etc., 1984.

Me 84b   K. Mehlhorn, *Data Structures and Algorithms 2: Graph-Algorithms and NP-Completeness*, Springer, Berlin etc., 1984.

Me 84c   K. Mehlhorn, *Data Structures and Algorithms 3: Multi - Dimensional - Searching and Computational Geometry*, Springer, Berlin etc., 1984.

Me 87   C. Meadows, *The integrity lock architecture and its application to message systems: reducing covert channels*, Proc. IEEE Symp. on Security and Privacy, 1987, Oakland, pp. 212-218.

Me 90   C. Meadows, *Constructing containers using a multilevel relational data model*, Database Security, III: Status and Prospects (eds.: D.L. Spooner, C.E. Landwehr), North-Holland, Amsterdam etc., 1990, pp. 127-141.

Mi 83   J.C. Mitchell, *The implication problem for functional and inclusion dependencies*, Information and Control 56 (1983), pp. 154-173.

MiEi92   P. Mishra, M.H. Eich, *Join processing in relational databases*, ACM Computing Surveys 24 (1992), pp. 63-113.

MuPi 94   I.S. Mumick, H. Pirahesh, *Implementation of magic-sets in a relational database system*, Proc. ACM SIGMOD Int. Conference on Management of Data, Minneapolis, 1994, pp. 103-114.

Mü 74   P.J. Müller, *Die Gefährdung der Privatsphäre durch Datenbanken*, in: U. Dammann, M. Karhausen, P. Müller, W. Steinmüller, Datenbanken und Datenschutz, Frankfurt-New York 1974, pp. 63 - 90.

NaS 89   *Nationale IT-Sicherheitskriterien*, Bundesanzeiger-Verlag, 1989.

NyOs 95   M. Nyanchama, S. Osborn, *Access rights administration in role-based security systems*, Database Security, VIII: Status and Prospects (eds: J. Biskup, M. Morgenstern, C.E. Landwehr), North-Holland, Amsterdam etc., 1995, pp. 37-56.

OmWe 83   K.A. Omar, D.L. Wells, *Modified architecture for the sub-keys model*, Proc. IEEE Symposium on Security and Privacy, 1983, Oakland, pp. 79 - 86.

Ont 92a   Ontos Inc., *Ontos DB 2.2: First Time User's Guide*, User Manual, Ontos Inc., Burlington, 1992.

Ont 92b   Ontos Inc., *Ontos DB 2.2: Reference Manual, Volume 1, Class and Function Libraries*, Ontos Inc., Burlington, 1992.

Ora 90   Oracle Corporation, *SQL Language Reference Manual, Version 6.0*, Redwood Shores, 1990.

OtWi 90   T. Ottmann, P. Widmayer, *Algorithmen und Datenstrukturen*, BI-Wissenschaftsverlag, Mannheim etc., 1990.

ÖzVa 91   M.T. Özsu, P. Valduriez, *Principles of Distributed Database Systems*, Prentice-Hall, Englewood Cliffs, 1991.

Pa 78   J. Paredaens, *On the expressive power of the relational algebra*, Information Processing Letters 7 (1978), pp. 44-49.

Pa 86   C. Papadimitriou, *The Theory of Database Concurrency Control*, Computer Science Press, Rockville, 1986.

Pa 92   D.B. Parker, *Restating the foundation of information security*, IT-Security: The Need for International Cooperation, Proc. IFIP/SEC '92, North-Holland, Amsterdam etc., 1992, pp. 139-151.

PaDGV 89   J. Paredaens, P. De Bra, M. Gyssens, D. Van Gucht, *The Structure of the Relational Database Model*, Springer, Berlin etc., 1989.

PaVa 92   M. Papazoglou, W. Valder, *Entwurf relationaler Datenbanken in C*, Hanser / Prentice-Hall, Wien / London, 1992.

Pe 62   C.A. Petri, *Kommunikation mit Automaten*, Schriften des Institutes für Instrumentelle Mathematik Nr.2, Bonn, 1962.

PeMa 88   J. Peckham, F. Maryanski, *Semantic data models*, ACM Computing Surveys 20 (1988), pp. 153-189.

Pr 94   I. Pratt, *Artificial Intelligence*, Macmillan, Houndsmills – London, 1994.

Ra 82   P. Raulefs, *Methoden der künstlichen Intelligenz: Übersicht und Anwendungen in Expertensystemen*, GI-Jahrestagung '82, Informatik-Fachbericht 57, Berlin etc., 1982, pp. 170-187.

Ra 88   F. Rabitti, D. Woelk, W. Kim, *A model of authorization for object-oriented and semantic databases*, Proc. Int. Conf. on Extending Database Technology, Venice, March 1988, Lecture Notes in Computer Science 303, Springer, Berlin etc., 1988, pp. 231-250.

Re 85a   W. Reisig, *Petri Nets - An Introduction*, EATCS Monographs on Theoretical Computer Science, Springer, Berlin etc., 1985.

Re 85b   W. Reisig, *Systementwurf mit Netzen*, Springer, Berlin etc., 1985.

Re 89   H.L. Resnikoff, *The Illusion of Reality*, Springer, New York etc., 1989.

Re 93   B. Reinwald, *Workflow-Management in verteilten Systemen*, Teubner, Stuttgart-Leipzig, 1993.

RiAdDe 78   R.L. Rivest, L. Adleman, M.L. Dertouzos, *On data banks and privacy homomorphisms*, in: Foundation of Secure Computation (eds: DeMillo, Dobkin, Jones, Lipton), Academic Press, New York, 1978, pp. 169 - 177.

RuBPEL 91   J. Rumbaugh, M. Blaha, W. Premerlani, F. Eddy, W. Lorensen, *Object-Oriented Modeling and Design*, Prentice-Hall, Englewood Cliffs, 1991.

Sa 83   Y. Sagiv, *A characterization of globally consistent databases and their correct access paths*, ACM Transactions on Database Systems 8 (1983), pp. 266-286.

Sag 88   Y. Sagiv, *Optimizing datalog programs*, Foundations of Deductive Databases and Logic Programming (ed.: J.Minker), Morgan-Kaufmann, Los Altos, 1988, pp.659 - 698.

SaJa 92   R.S. Sandhu, S. Jajodia, *Polyinstantiation for cover stories*, Proc. 2nd European Symposium on Research in Computer Security, ESORICS '92, Lecture Notes in Computer Science 648, Springer, Berlin etc., 1992, pp. 307-328.

SaSwWa 94   K. Sagonas, T. Swift, D.S. Warren, *XSB as an efficient deductive database engine*, Proc. ACM SIGMOD Int. Conference on Management of Data, Minneapolis, 1994, pp. 442-453.

Sch 76   G. Schlageter, *Prozeßsynchronisation in Datenbanksystemen*, Habilitationsschrift, Universität Karlsruhe, 1976 (Process synchronization in database systems, ACM Transactions on Database Systems 3 (1978), pp. 248 - 271).

SchBr 83   J.W. Schmidt, M.L. Brodie, *Relational Database Systems - Analysis and Comparison*, Springer, Berlin etc., 1983.

SeTu 94   P.S. Sell, B.M. Thuraisingham, *Applying OMT for designing multilevel database application*, Database Security, VII: Status and Prospects (eds: T.F. Keefe, C.E. Landwehr), North-Holland, Amsterdam etc., 1994, pp. 41-64.

Sh 67   J.R. Shoenfield, *Mathematical Logic*, Addison-Wesley, Reading etc., 1967.

Shm 87   O. Shmueli, *Decidability and expressiveness aspects of logic queries*, Proc. ACM SIGACT-SIGMOD Symposium on Principles of Database Systems, 1987, pp.237 - 249.

Si 90   D. Siefkes, *Formalisieren und Beweisen - Logik für Informatiker*, Vieweg, Braunschweig-Wiesbaden, 1990.

SmSm 77   J.M. Smith, D.C.P. Smith, *Database abstraction : aggregation and generalization*, ACM Transactions on Database Systems 2 (1977), pp. 105-133.

SmWi 92   K. Smith, M. Winslett, *Entity modeling in the MLS relational model*, Proc. 18th Int. Conf. on Very Large Data Bases, 1992, pp. 199-210.

SpKWSH 86   D. Spooner, A.M. Keller, G. Wiederhold, J. Solasin, D. Heystek, *Framework for the security component of an ADA DBMS*, Proc. 12 th. Int. Conf. on Very Large Data Bases, Kyoto, 1986, pp. 347-354.

SpLa 90   D.L. Spooner, C.E. Landwehr, editors, *Database Security, III: Status and Prospects*, North-Holland, Amsterdam etc., 1990.

St 86   M. Stonebraker (ed.), *The INGRES Papers: Anatomy of a Relational Database System*, Addison-Wesley, Reading etc., 1986.

StLeRo 76   R.E.Stearns, P.M.Lewis II, D.J.Rosenkrantz, *Concurrency control for database systems*, Proc. 17th IEEE Symp. on Foundations of Computer Science, 1976, pp. 19 - 32.

Str 86   B. Stroustrup, *The C++ Programming Language*, Addison-Wesley, Reading etc., 1986.

StWKH 76   M. Stonebraker, E: Wong, P.Kreps, G. Held, *The design and implementation of INGRES*, ACM Transactions on Database Systems 1 (1976), pp. 189-222.

Ta 88   A.S. Tanenbaum, *Computer Networks* (2nd edition), Prentice-Hall, Englewood Cliffs, 1988.

TaZa 71   G. Takeuti, W.M. Zaring, *Introduction to Axiomatic Set Theory*, Springer, Berlin etc., 1971.

TeYaFr 86   T.J. Teory, D. Yang, J.P. Fry, *A logical design methodology for relational databases using the extended entity-relationship model*, ACM Computing Surveys 18 (1986), pp.197-222.

Th 91   B. Thalheim, *Dependencies in Relational Databases*, Teubner, Stuttgart - Leipzig, 1991.

ThLa 93   B.M. Thuraisingham, C.E. Landwehr, editors, Database Security, VI: Status and Prospects, North-Holland, Amsterdam etc., 1993.

ThSa 94   R.K. Thomas, R.S. Sandhu, *Towards a unified framework and theory for reasoning about security and correctness of transactions in multilevel databases*, Database Security, VII: Status and Prospects (eds: T.F. Keefe, C.E. Landwehr), North-Holland, Amsterdam etc., 1994, pp. 309-328.

Ti 88   T.C. Ting, *A user-role based data security approach*, Database Security: Status and Prospects (ed.: C.E. Landwehr), North-Holland, Amsterdam etc., 1988, pp. 187-208.

TiTu 88   M.-T. Tinnefeld, H. Tubies, *Datenschutzrecht*, Oldenbourg, München-Wien, 1988.

TsKl 78   D. Tsichritzis, A. Klug, *The ANSI/X3/SPARC DBMS framework*, Information Systems 3 (1978), pp.173-191.

Ul 88   J.D. Ullman, *Principles of Database and Knowledge-Base Systems, Volume I*, Computer Science Press, Rockville, 1988.

Ul 89   J.D. Ullman, *Principles of Database and Knowledge-Base Systems, Volume II*, Computer Science Press, Rockville, 1989.

Ul 91   J.D. Ullman, *A comparison between deductive and object-oriented database systems*, Proc. 2nd Inf. Conf. on Deductive and Object-Oriented Databases (DOOD '91), Munich, Lecture Notes in Computer Science 566, Springer, Berlin etc., 1991, pp. 263-277.

Va 84   M.Y. Vardi, *The implication and finite implication problem for typed template dependencies*, Journal of Computer and System Sciences 28 (1984), pp. 3-28.

Va 88   M.Y. Vardi, *Fundamentals of dependency theory*, Trends in Theoretical Computer Science (E.Börger, ed.), Computer Science Press, Rockville, 1988, pp. 171-224.

Va 88a   M.Y. Vardi, *The universal-relation data model for logical independence*, IEEE Software 5 (1988), pp. 80-85.

VaVo 93   J. Van den Bussche, G. Vossen, *An extension of path expresssions to simplify navigation in object-oriented queries*, Proc. 3rd International Conference on Deductive and Object-Oriented Databases, Lecture Notes in Computer Science 760, Springer, Berlin etc., 1993, pp. 267-282.

ViVi 87   B. Vickery, A. Vickery, *Information Science in Theory and Practice*, Bowker-Saur, London etc., 1987.

Vo 94   G. Vossen, *Datenmodelle, Datenbanksprachen und Datenbank-management-Systeme*, Addison-Wesley, Bonn etc., 2. aktualisierte und veränderte Auflage 1994.

Vo 91a   G. Vossen, *Data Models, Database Languages and Database Management Systems*, Addison-Wesley, Wokingham etc., 1991.

Vo 91b   G. Vossen, *Modellbildung für Datenbank-Transaktionen*, in: Entwicklungstendenzen bei Datenbanksystemen (Hrsg.: G.Vossen, K.-U.Witt), Oldenbourg, München, 1991, pp. 277 - 316.

VoHa 93   G. Vossen, M. Gross-Hardt, *Grundlagen der Transaktionsverarbeitung*, Addison-Wesley, Bonn etc., 1993.

VoWi 88   G. Vossen, K.-U. Witt, *Das SQL / DS - Handbuch*, Addison-Wesley, Bonn etc., 1988.

We 88   G. Weikum, *Transaktionen in Datenbanksystemen*, Addison-Wesley, Bonn etc., 1988.

We 85   C.F. von Weizsäcker, *Aufbau der Physik*, Hanser, München-Wien, 1985.

We 92   H. Wedekind, Objektorientierte Schemaentwicklung – Ein kategorialer Ansatz für Datenbanken und Programmierung, BI-Wissenschaftsverlag, Mannheim etc., 1992.

WeHä 76   H. Wedekind, T. Härder, *Datenbanksysteme II*, Bibliographisches Institut, Mannheim etc., 1976.

Wi 86   N. Wirth, *Algorithmen und Datenstrukturen mit Modula-2*, Teubner, Stuttgart, 1986.

Wi 87   G. Wiederhold, *File Organization for Database Design*, McGraw-Hill, New York, 1987.

Wi 92   K.-U. Witt, *Einführung in die objektorientierte Programmierung*, Oldenbourg, München-Wien, 1992.

Ya 79   S.B. Yao, *Optimization of query evaluation algorithms*, ACM
           Transactions on Database Systems 4 (1979), pp.133-155.

Za 76   C. Zaniolo, *Analysis and design of relational schemata for database
           systems*, UCLA-ENG-7669, Computer Science Department, University
           of California Los Angelos, 1976.

Ze 71   H. Zemanek, *Was ist Informatik ?*, Symposium "Informatik: Aspekte und
           Studienmodelle", 17.-19.2.1971, Technische Hochschule Wien, 1971, pp.
           5-18.

Ze 89   C.A. Zehnder, *Informationssysteme und Datenbanken* (5. Auflage),
           Teubner, Stuttgart, 1989.

Ze 92   H. Zemanek, *Das geistige Umfeld der Informationstechnik*, Springer,
           Berlin etc., 1992.

Zl 77   M.M. Zloof, *Query-by-Example: a data base language*, IBM Systems
           Journal 16 (1977), pp. 324-343.

Zl 82   M.M. Zloof, *Office-by-Example: a business language that unifies data,
           word processing and electronic mail*, IBM Systems Journal 21 (1982),
           pp. 272 - 304.

19 Schlagwortverzeichnis

Englische Schlagworte

Datenbanken in verteilten Systemen

von Winfried Lamersdorf

1994. XII, 238 Seiten. Kartoniert.
ISBN 3-528-05467-0

Aus dem Inhalt: Datenverwaltung in verteilten Systemen – Kommunikation und Kooperation – Aufruf entfernter Prozeduren – Transaktionsverwaltung in verteilten Systemen – ISO/OSI Fernzugriff auf Datenbanken in offenen Rechnernetzen – Remote Database Access (RDA) in der ISO/OSI – Standards für den Zugriff auf Datenbanken in Netzen (z. B. DRDA)

Der Zugang zu Datenbanken in verteilten Systemen ist das Thema dieses Buches, sicherlich eines der brennendsten Themen in der gegenwärtigen DV-Praxis. Dem technisch interessierten Leser werden wesentliche Orientierungsmöglichkeiten erfolgreicher DB-Praxis in verteilten und offenen Systemen aufgezeigt. Nach Darstellung der Grundlagen und Alternativen geht es u. a. um die Themen Remote Database Access (RDA), systemtechnische Unterstützung von Transaktionen (TP) sowie allgemeine Dienste in verteilten Systemen. Aktuelle Projekte werden vor dem Hintergrund industrieller und internationaler Standardisierungsgremien (ECMA, ISO, X/Open etc.) vorgestellt. Das Buch empfiehlt sich nicht nur als Standardwerk für technisch interessierte Praktiker (Ingenieure, Informatiker), sondern auch zur Verwendung in entsprechenden Lehrveranstaltungen.

Über den Autor: Prof. Dr. Winfried Lamersdorf befaßt sich am FB Informatik der Universität Hamburg mit Datenbanken, insbesondere mit offenen und verteilten Kommunikations- und Informationssystemen.

Verlag Vieweg · Postfach 15 46 · 65005 Wiesbaden

Hochleistungs-Transaktionssysteme

von Erhard Rahm

1993. XIV, 286 Seiten. (Datenbanksysteme; hrsg. von Theo Härder/Andreas Reuter) Kartoniert. ISBN 3-528-05343-7

Aus dem Inhalt: Einführung in Transaktionssysteme (Online Transaction Processing, OLTP) – Klassifikation verteilter Transaktionssysteme – Hauptspeicher-Datenbanken – Nutzung von Disk-Arrays – E/A-Optimierung durch erweiterte Speicherhierarchien (Platten-Caches, Solid-State-Disk, Erweiterter Hauptspeicher) – Nah gekoppelte Mehrrechner-Datenbanksysteme (Closely Coupled Systems) – Parallele Datenbankverarbeitung – Katastrophen-Recovery – Lastkontrolle

Transaktionssysteme sind in der kommerziellen Datenverarbeitung weit verbreitet. Gerade wegen ihrer ökonomischen Bedeutung spielen zunehmend Leistungsanforderungen eine Rolle, die nur von sogenannten Hochleistungs-Transaktionssystemen erfüllt werden können. Das Buch zeigt, welche neueren Systementwicklungen bei Hochleistungs-Transaktionssystemen zu beachten sind. Die Darstellung konzentriert sich auf die Datenbankaspekte, insbesondere auch die von Mehrrechner-Systemen. Stets im Auge behalten wird, daß die grundlegenden Konzepte und Methoden dem Leser verständlich vermittelt werden. Das Buch richtet sich an Studenten, DB-Praktiker und Informatiker an Hochschulen und in der Industrie, die an dem State-of-the-Art und neueren Entwicklungen von Transaktions- und Datenbanksystemen interessiert sind.

Über den Autor: Dr. Erhard Rahm ist Dozent und Leiter eines Forschungsprojektes über Hochleistungstransaktionssysteme am Fachbereich Informatik der Universität Kaiserslautern.

Verlag Vieweg · Postfach 15 46 · 65005 Wiesbaden

Datenbank-Integration von Ingenieuranwendungen

von Christoph Hübel und Bernd Sutter

1993. X, 324 Seiten. (Datenbanksysteme; hrsg. von Theo Härder/Andreas Reuter) Kartoniert.
ISBN 3-528-05348-8

Aus dem Inhalt: Entwurfsmethodologie und rechnerunterstützter Entwurf – Verarbeitungsproblematik DB-gestützter Ingenieuranwendungen – Workstation/Server-DB-Systeme zur Handhabung komplex-strukturierter Objekte – Technisches Modellieren als Zugang zur integrierten Entwurfsunterstützung – Entwurfsumgebungsmodellierung in einem DB-integrierten Ingenieursystem.

Das Buch leistet einen Beitrag zur Nutzbarmachung neuerer DB-Konzepte im Bereich technisch-ingenieurwissenschaftlicher Entwurfsanwendungen. Ausgehend von einer grundlegenden Problemanalyse, die sowohl die anwendungsseitigen Aspekte als auch die Datenhaltungsproblematik berücksichtigt, werden entsprechende Anforderungen abgeleitet. Schließlich wird ein DB-Integrationssatz als Basis einer durchgängigen Rechnerunterstützung aufgezeigt. Angepaßte, auf die strukturelle Komplexität technischer Objekte und auf eine verteilte, workstation-orientierte Ablaufumgebung hin ausgerichtete Datenverarbeitungsmodelle ermöglichen eine ausreichende Performanz DB-gestützter Ingenieursysteme. Technische Modellierungswerkzeuge erlauben anwendungsseitig den Aufbau von mit mehr Semantik ausgestatteten rechnerinternen Modellen. Die umfassende Modellierung aller, für eine ingenieurwissenschaftliche Entwurfsumgebung relevanten Aspekte in einem Entwurfsumgebungsmodell unterstützt die rechnerseitige Erfassung und Kontrolle komplexer Entwurfstätigkeiten.

Über die Autoren: Dr. Christoph Hübel und Dr. Bernd Sutter arbeiten am FB Informatik (Lehrstuhl Datenbanksysteme) an der Universität Kaiserslautern.

Verlag Vieweg · Postfach 15 46 · 65005 Wiesbaden